国家社会科学基金艺术学重大招标项目学术研究成果
（项目编号：13ZD03）

# 基于可持续发展的中国绿色设计体系构建

## 上篇　绿色设计理论与策略

王立端　等著

## 内容简介

本书是在国家社会科学基金艺术学重大招标项目“绿色设计与可持续发展研究”历时四年研究所取得的成果的基础上编写而成的，由可持续发展研究、中国古代造物之生态观溯源、绿色材料与生产、城乡居住空间绿色设计策略、绿色设计评价标准、绿色设计教育体系构建、激励与保障：法学视野下的绿色设计、绿色设计是构建绿色生活方式的重要举措、循环经济与绿色设计、技术革新的绿色设计概述、基于系统革新的绿色设计、基于设计活动的研究方法、产品绿色设计实践、交通工具绿色设计实践、环境设施绿色设计实践、非物质化服务产品设计实践构成。本书先对全球生态危机爆发的根源、中国古代思想家对可持续思想观的论述、现代可持续发展理念的孕育和形成进行了分析和解读，并在此基础上从可持续发展的行动方法角度提出设计对生产与消费的深刻影响及其所具有的正、反两方面的作用，进而展开本书的论述主题——绿色设计；再从绿色设计的社会功效、绿色设计对生活方式的影响和手段、绿色设计的评价等角度，采用从理论到实践、从方法到管理的方式进行全面论述。

本书既可作为高等院校设计专业的教材，也可作为社会上从事各类设计工作的设计师的培训教材，还可供政府有关部门、科研机构、大中型企业管理部门等参考。

**图书在版编目（CIP）数据**

基于可持续发展的中国绿色设计体系构建 / 王立端等著. —北京：北京大学出版社，2020.1
ISBN 978-7-301-31530-9

Ⅰ. ①基… Ⅱ. ①王… Ⅲ. ①工业设计—研究—中国 Ⅳ. ① TB47

中国版本图书馆 CIP 数据核字 (2020) 第 150710 号

**书　　名**　基于可持续发展的中国绿色设计体系构建
JIYU KECHIXU FAZHAN DE ZHONGGUO LÜSE SHEJI TIXI GOUJIAN
**著作责任者**　王立端　等著
**策划编辑**　孙　明
**责任编辑**　蔡华兵
**标准书号**　ISBN 978-7-301-31530-9
**出版发行**　北京大学出版社
**地　　址**　北京市海淀区成府路 205 号　100871
**网　　址**　http://www.pup.cn　新浪微博：@ 北京大学出版社
**电子信箱**　pup_6@163.com
**电　　话**　邮购部 010-62752015　发行部 010-62750672　编辑部 010-62750667
**印 刷 者**　北京市科星印刷有限责任公司
**经 销 者**　新华书店
889 毫米 ×1194 毫米　16 开本　33.5 印张　1060 千字
2020 年 1 月第 1 版　2020 年 1 月第 1 次印刷
**定　　价**　228.00 元

---

『绿色设计与可持续发展研究』

# 学术成果编委会

# 参与撰写人员

第一章　郭　莉　任文永
第二章　马　敏　易　欣　隋李娜
第三章　汤重熹
第四章　黄　耘　郭　辉　任　洁
王平好　朱　猛
第五章　吴菡晗　赵　宇
第六章　吴菡晗　任　宇
第七章　郭　莉
第八章　任　宇　杨昌军
第 九 章　皮永生
第 十 章　皮永生
第十一章　皮永生
第十二章　皮永生
第十三章　张　军
第十四章　张　军
第十五章　张　军
第十六章　张　军

# 序言

项目首席专家
王立端

## 一、可持续发展与绿色设计研究综述

在全球生态危机和资源消耗严重的形势下，世界大多数国家都意识到，面向未来人类必须理性地根据人、自然、社会的和谐共生思路制定生产行为准则。唯有这样，人类生存的条件才能可持续，人类社会才能有序、持久、和平地发展。这就是被世界各国所认可和推行的可持续发展。

### （一）可持续发展研究的兴起

20世纪六七十年代，以美国海洋生物学家蕾切尔·卡逊的《寂静的春天》等一批著作的发表为标志，现代可持续发展思想开始孕育。《寂静的春天》列举了自工业革命以来所发生的重大的公害事件，将人们从工业时代的富足美梦中唤醒。林恩·怀特揭示了环境危机的根源来自西方文化的根基，即"创世记"本身。加勒特·哈丁将"公有资源的悲剧"归咎于人类的本性和资本主义经济的本质。多纳拉·米德斯则计算出地球资源的极限，警示了人类生存的危机。

1987年，以布伦特兰为首的世界环境与发展委员会（World Commission on Environment and Development，WCED）发表了《我们的共同未来》的报告，对可持续发展理论与实践产生了巨大推动作用。1992年，在巴西里约热内卢举行的联合国环境与发展会议通过《21世纪议程》，第一次把可持续发展问题从理论和概念层面推向行动层面，从而使可持续发展的理念在国际上被广泛接受。这次会议以后，国际上对可持续发展的研究进入了一个活跃时期，研究重点集中在可持续发展的内涵、绿色设计评价标准等方面。

### （二）关于可持续发展定义的讨论

《我们的共同未来》对可持续发展的定义广为人知，即“满足当代人需要的同时，不损害后代人满足其自身需要的能力”。基于这一定义，学者们从不同视角给出了可持续发展的定义。

戴维·皮尔斯（1996）借鉴布伦特兰的定义，给出的可持续发展经济的定义是：当发展能够保证当代人的福利增加时也不会使后代人的福利减少。

海蒂（1995）从技术角度给出的定义是：可持续发展就是建立极少生产废料和污染物的工艺或技术系统。

缪纳兴哈（1995）等人从生态角度给出的定义是：为了当代和后代的经济进步，为将来提供尽可能多的选择，维持或提高地球生命支持系统的完整性。

缪纳兴哈和麦克米利（1998）从社会可持续性角度给出的定义是：在经济体系和生态系统的动态作用下，人类生命可以无限延续，人类个体可以充分发展，人类文化可以发展。

我国学者王书明等人对广为人知的布伦特兰的定义提出了质疑：布伦特兰的定义有很大的局限性，它没有突出人与自然的关系的首先性地位，仅仅从人与人的关系定义持续发展，而持续发展目标实现的前提恰恰是人与自然关系的协调。在人与人的关系中，它又把人们的注意力引向了上下两代人之间的关系，而掩盖了当代人之间的矛盾及其重要性。实际上，阻碍持续发展的成因恰恰在于当代人之间的关系不协调，说得具体些，就是发达国家与发展中国家、地区、民族等之间的矛盾。这一观点深化了人们对可持续发展内涵的认识。

### （三）对可持续发展的评价

在可持续发展的评价研究中，最重要的是指标体系的建立和评价模型的构造与应用，它是可持续发展从理论层面走向实践层面的一个关键环节。

对目前国际上现有的可持续发展的各种指标体系及其计算方法的内涵和特点进行分析，不难发现，这些指标体系及其计算方法主要可分为以下 3 类：

一是以系统理论和方法为指导构建的指标体系。这些指标体系有联合国可持续发展委员会（United Nations Conference on Sustainable Development，UNCSD）的“驱动力—状态—响应”指标体系、Prescott Allen（1995）提出的“可持续性的晴雨表”模型、中国科学院可持续发展研究组（1999）提出的“中国可持续发展指标体系”等。

二是基于环境货币化估值的指标体系。这些指标体系有世界银行（World Bank，WB）的“国家财富”指标体系、Daly 和 Cobb（1989）提出的“可持续经济福利指数”（Index of Sustainable Economic Welfare，ISEW）、Cobb 等人（1995）提出的“真实发展指标”（Genuine Progress Indicator，GPI）等。

三是具体的生物物理量衡量的指标体系。这些指标体系以 Wackernagel 等人（1996）提出的“生态足迹”（Ecological Foot Print ）的概念及其计算模型为代表。

此外，2015年9月25日，联合国可持续发展峰会在纽约总部召开，联合国193个会员国在峰会上正式通过了17项可持续发展目标，用来评估一个国家或区域的可持续发展状况，也可对照有关目标要求检验其完成或推进的状况。

### （四）可持续发展研究述评

1. 既有可持续发展定义的缺失

对于可持续发展的内涵，学者们从经济、技术、生态、社会等不同角度展开讨论，丰富了我们对可持续发展的认识。但是，可持续发展是否包括文化的可持续发展，学者们却鲜有论及。文化维度的缺失，是过去可持续发展定义研究的一大缺陷。

2. 可持续发展评价研究的不足

在许多对可持续发展的评价中，指标体系或过于宏观，或过度强调货币化，突出了总体性，却对拉升或制约可持续发展的具体的行业和关键环节缺乏度量要求。所以，可持续发展很大程度上仍停留在观念层面上而对社会各界起到讨论和引导作用。

3. 对人类历史上可持续思想理念缺乏溯源研究

在人类历史发展中，东西方思想家都曾经发表过诸多与现代可持续思想理念一致的言论，并且这些言论在历史上的生产与生活实践中也曾发挥过指导和引领作用。寻找蛰伏于民族文化根脉之中的思想资源，能够为本土的可持续发展实践提供强大的民族人文背景支撑，提升民族致力于绿色发展的自信心，也成为我们最为确切的可持续发展思想理念的基础。

4. 缺乏相关行动与路径、措施与策略的系统研究

可持续发展是基于人与自然和谐共处的一种生存方式，是人类的理想化愿景。但是，人类的生存必然离不开经济活动的开展，人对自然的绝大部分索取都是通过产品的形式来实现的。各种各样的产品的生产与消费都涉及对自然资源的消耗，而在产品消费过程中的污染排放和废弃物丢弃又是造成环境污染的直接原因。可以通过哪些行动措施来消减矛盾，对环境资源的保护应该制定哪些法规来加以保障，这些都是需要相关部门和机构的专业人员去系统思考研究的问题。

在对可持续发展既有概念的定义、评价及对研究本身既有评述进行分析的基础上，我们认为实现可持续发展的根本意义和宗旨是：通过提高满足人们生活的各种物质形式的质量，达到减少资源与能源代价的目的，实现既让当代人过上富裕生活又能留下美好的环境与充足的资源让后代人也有继续发展机会的双赢局面。不难看出，要实现这种双赢局面，前提是要“通过提高满足人们生活的各种物质形式的质量，达到减少资源与能源代价的目的”。实际上，实现这个“前提”的措施和方法就是“绿色设计”。

### （五）绿色设计研究

对于绿色设计的研究，始于20世纪七八十年代，至21世纪初在理论界掀起研究热潮。绿色设计研究大致可以从价值论、本体论和方法论3个方面进行述评。

1. 绿色设计价值论

在20世纪六七十年代对设计的论争中，设计师们从对美与形式及优越文化的陶醉中开始转向对自然的关注。1971年，美国设计理论家Victor Papanek在《为了真实世界的设计——人类生态学和社会变化》一书中强调，设计应该认清有限的地球资源的使用问题，并为保护地球的环境服务。它促进了“绿色设计”“生态设计”的概念和价值观的初步形成。

总体而言，中国设计价值观也经历了与西方一样的“以物为本”“以人为本”“以自然为本”这3个历史阶段。2000年以前，“产品”本身更受到设计的重视；2004年，《美术观察》杂志社曾开展了“关于中国当代设计价值取向”的讨论，提出设计“为人民服务”；而近期研究“以自然为本”的绿色设计规则受到了一定的重视（李立新，2011；王培华，2010；等等）。

2. 绿色设计本体论

（1）概念命名。大多数研究指出，绿色设计（Green Design）也称生态设计（Ecological Design）、环境设计（Design for Environment）或环境意识设计（Environment Conscious Design）。

（2）基本内涵。对于绿色设计的基本内涵，研究者大致集中在满足功能、质量、成本等一般要求，实施产品全周期过程控制，资源能源利用率高，对环境的负面影响小，从根本上防止污染。西蒙·范·迪·瑞恩和斯图亚特·考恩（1996）指出，任何与生态过程相协调，尽量使其对环境的破坏程度达到最小的设计形式都称为生态设计。由此看来，绿色设计和生态设计共同的特征都在于强调对环境保护的重要性。

（3）思想渊源。我国也有不少学者从中国传统文化和美学思想中汲取营养，梳理中国绿色设计的思想渊源，寻找中国绿色设计的哲学基础。相关的研究如：孙晓铭（2011）、马骥（2012）从儒家哲学中的生态哲学意识和“天人合一”思想谈对绿色设计的启示；有学者（廖兆龙，2010）就禅宗文化与绿色设计进行了讨论；也有学者（孙湘明，2010；于修彬，2010）关注的是道家思想与现代绿色设计的关联；还有学者从中国古代设计思想中探寻绿色设计理念（姚民义，2008；张莉雅，2011）；等等。

3. 绿色设计方法论

20世纪80年代以来，联合国环境规划署（United Nations Environment Programme，UNEP）为帮助工业界改善环境表现做了大量工作，并于1997年4月出版了名为《生态设计——一种有希望的可持续生产与消费思路》的手册。该手册总结了环境思路不断演变的过程，即从末端治理（20世纪六七十年代）到过程控制（20世纪80年代），再到清洁产品（20世纪90年代）；提出了“生态设计”概念，论述了在开发产品时需要找到生态要求与经济要求之间的平衡，认为环境问题应贯穿于产品开发的全过程，并建议采用一种逐步逼近法设计环境负荷最小的产品。该手册设计了与传统设计完全兼容的6个步骤，提供了9个全面覆盖生态设计的专门模块，对于生态设计（绿色设计）的发展起到了重要的指导作用。

其他代表性研究如：2000年，荷兰代尔夫特理工大学的Han Brezet教授提出了“绿色设计”四阶段模型，从4个革新阶段形象地反映了绿色设计各环节中环境效率因子所占的比重，以此来对绿色设计进行直观的评估；2003年，日本学者、国际著名材料科学家、环境材料创始人、东京大学山本良一先生在所著的《战略环境经营生态设计——范例100》一书对生态设计（绿色设计）的方法与实践进行了总结和升华，论述了实现环境经营需要遵循的生态设计基本原则及方法；2008年，英国诺丁汉大学John Stark教授在所著的《产品生命周期管理——21世纪企业制胜之道》中对企业在产品生命周期管理领域的实践应用和理论研究做出了深刻总结。

我国对于绿色设计的研究，也是在世纪之交时全面深入开展的。相关代表性研究如：刘光复等人（2000）提出了从绿色产品的描述与建模、绿色产品结构设计、绿色设计的材料选择、产品资源性能设计、产品环境性能设计、绿色设计评价6个方面探讨了绿色设计的体系结构与实施策略；杨旭静等人（2001）对绿色产品设计及其关键技术开展研究综述后提出了我国绿色产品设计应优先发展的四大关键技术，介绍了公理化、模块化、质量功能配置等方法在绿色设计范畴内的应用，指出绿色设计必须与现有设计方法和并行工程有效融合。

### （六）绿色设计与可持续发展关联研究

绿色设计是可持续发展思潮发展的产物，二者紧密关联。至今，对绿色设计与可持续发展进行关联研究的成果可简要归纳为以下3个方面。

1. 强调绿色设计对于可持续发展战略的作用与责任

这方面的研究如：赵子夫、唐利（2003）强调，绿色设计是可持续发展能力不断增强的最佳途径，是工业设计者“给后代留一片净土”应尽的责任和义务，是全面建成小康社会，中国工业设计者的历史责任；刘敬东（2006）指出，绿色设计在真正意义上的确立源于可持续发展战略的实施；张荔子（2007）认为，发展绿色建筑是可持续发展的必然要求；张璐（2008）认为，“绿色设计”对西部经济可持续发展的重要性；钟丽颖（2011）认为，“绿色设计”是“合理地利用环境和空间，节省资源，发展循环经济，实现可持续发展”的有效途径；等等。

2. 基于可持续发展理念下的绿色设计的原理与方法

这方面的代表性研究如俞孔坚（1998）的城市可持续发展的生态设计理论与方法，王立端、吴菡晗（2013）的再论绿色设计等。

3. 探寻绿色设计与行业、产业、领域的可持续发展

这类研究成果丰硕，如贾芸（1999）的绿色设计——服装业可持续发展的战略考虑、张京辉（2003）的绿色设计与机械制造业的可持续发展、金崇斌（2005）的可持续发展观和现代城市居住区景观生态设计、何家章（2005）的绿色设计——包装可持续发展的必由之路、王立端（2008）的生态设计是工业设计创新思维的新焦点、蒋荃等人（2009）的生态设计——实现建材行业可持续发展战略的新技术、张建峰等人（2010）的绿色设计——现代制造领域可持续发展的新趋势等。

### （七）绿色设计的定义

学术界对绿色设计的定义有多种说法。2002年，四川美术学院工业设计系开展绿色设计教学工作时，在教学大纲中明确提出："绿色设计就是通过设计去解决生态与供给矛盾的思维及实践过程。"绿色设计的含义包括：一是从保护环境的角度考虑，通过设计达到减少资源消耗的目的；二是从商业角度考虑，减少潜在的责任风险，增强产品的竞争力；三是将循环经济的理念贯彻于产品和服务的设计之中，让有限的物质资源物尽其用；四是加强绿色理念和技术对设计的渗透力，以生态产品的形式为人们提供消费成本较低、消费质量更高的生活方式与服务。

## 二、体系构建的路径与方法

我们围绕构建"基于可持续发展的中国绿色设计体系"开展研究工作：一方面，立足国内，溯本求源，寻求中国传统智慧；另一方面，面向国际，开阔视野，探求国际先进理念，实现国内外传统的交汇，进行视野融合、行动协同。同时，根据国家战略调整、社会发展需要及学术领域所凸显的理论需求，从"理论的系统研究、行动的方法研究、推广的策略研究"3个层面进行重点研究，为搭建中国绿色设计理论构架提出基础性的理论反思和实践性策略探索。

首先，从绿色设计概念的产生到具体实践，对其价值论、本体论、方法论进行剖析；其次，对可持续发展的思想内涵、愿景追求、行动方式的既有成果进行梳理；最后，从可持续发展的角度倒逼反推总结出新时期对绿色设计的更高要求，从而从理论研究、实践方法、行动策略等方面，本着促进中国生态文明建设、在中国绿色发展进程中起到积极推动作用的宗旨，提出本体系的内容结构、逻辑结构、目标愿景，最终完成"基于可持续发展的中国绿色设计体系"构建。本书体系构建路径与研究框架如图0.1所示。

## 三、体系构建的目标

（1）本体系系统地以"可持续发展目标与价值观－绿色产品设计－绿色生活方式设计"为研究路径，在绿色设计与可持续发展二者互向价值的探讨中架构起一道有效的研究桥梁，夯实绿色设计理论基础与实践方法，构建起"基于可持续发展的中国绿色设计体系"。

（2）本体系通过挖掘国外可持续与绿色设计理论观点，汲取中国古代人文传统中倡导的人与自然和谐的可持续思想观和造物理念，深入探讨可持续发展和绿色设计的思想方法与支撑实践的基础理论。

（3）本体系力图从多个层级系统地完善绿色设计的实践方法体系、设计评价体系，并且通过案例实践分析，分享设计心得。

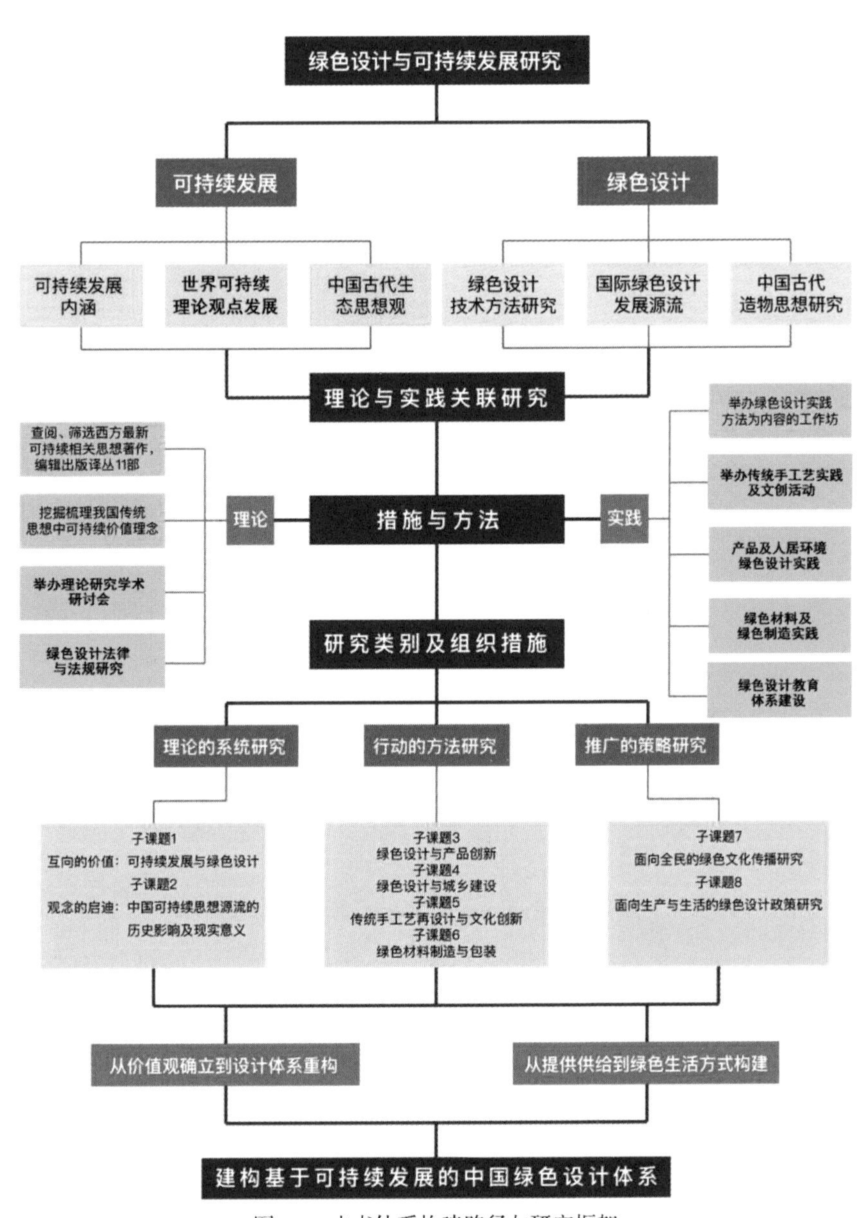


图 0.1　本书体系构建路径与研究框架

（4）本体系系统地提出了绿色设计教育体系的构建方案，有利于通过推进绿色设计教育有效地开展全民参与的绿色设计教育，增强国民的生态环保意识，并探讨了如何建立绿色设计的专业培养体系为国家培养绿色设计专门人才。

（5）本体系从绿色设计法制保障和激励机制建设的角度，为政府可持续发展政策制定提供建议。

（6）本体系提出应该通过绿色设计为社会提供充足的绿色产品，完善绿色采购体制，促进全民绿色生活方式的形成。

## 四、本书的内容架构

### 第一章　可持续发展研究

本章回顾了人类社会发展的简要过程，指出社会发展的不同阶段是人类自身发展一次次的选择过程，人与自然的关系经历了“敬畏—顺应—凌驾—共生”的过渡演变。人类在面临社会发展不同阶段的复杂问题时，所采取的不同的应对措施，都是为了更好地生存和进一步发展，而可持续发展作为终极目标，最终的归宿就是人与自然的和谐共生。“绿色设计”这一概念被提出至今，经历了漫长的过程，其理念和内涵在发展的过程中逐渐丰富。在生态危机日益迫近的当下，反思工业社会的发展路径与增长模式，从“生态”与“可持续”等角度探讨人类未来的自我拯救之路，已经成为全球范围内的一种基本共识。而与人类生存处境息息相关的“物”的设计、制造与实践，无疑是其中最为根本的一个领域。本章从可持续发展的视角反思绿色设计，以有关历史与现实问题为导向，“提出问题，努力求解”，论证了绿色设计为什么能够成为人类社会实现可持续发展的重要抓手。

### 第二章　中国古代造物之生态观溯源

近年来，“可持续发展战略”与“生态文明建设”可谓是我国国家发展战略的重大举措，绿色设计、可持续设计、设计伦理等思潮的持续升温，与全球范围内的绿色技术、绿色政治、环境哲学等思潮的蓬勃发展相呼应。

在绿色设计、可持续设计的体系建构方面，广泛吸纳、借鉴西方国家在生态运动与绿色理念方面数十年积累的基本理论与经验的同时，我们却发现，无论是从生态思想的构建还是哲学的本源方面，越来越多的西方学者将目光投向了东方世界，尤其是古代中国的历史深处。中国本土古老的思想传统及在这一思想传统中萌生的本土造物观，天然地含有与当代生态思想与伦理相呼应的基因与价值取向，而这一宝贵的思想资源，在历经漫长的历史长河沉淀之后，在现代化急促的步伐中，却几乎为我们所遗忘。本章重点探讨的内容是中国绿色设计应该返身于历史深处，寻找蛰伏于文化根脉之中的思想资源。只有这样，才能为本土的可持续发展与绿色设计实践提供强大的民族人文背景支撑和最根本的思想理念支撑与指引。

### 第三章　绿色材料与生产

如何将生态环保理念融入产品生产领域是绿色设计必须要重视的问题。对绿色材料与制造加以研究并迅速转化成现实的经济活动，在绿色可持续发展的大背景下显得尤为重要。绿色材料与生产研究是绿色设计与可持续发展中的重要部分。本章对绿色材料与制造技术的基本内容进行阐述，对材料与设计创新的内在联系进行归纳，对能够在生产中广泛应用的绿色材料与生产的技术要素进行分析，遵循造物和设计制造的理念、方式和战略，充分利用现有科学技术手段，从社会人文的高度去审视绿色设计与制造的主要内容及发展方向；通过理论和技术层面分析绿色制造的内涵和相关技术内容，为进一步探索绿色设计的制造技术奠定了理论与实践研究的基础。

### 第四章　城乡居住空间绿色设计策略

在当代社会中，人的存在状况，即“人居环境”，是绿色设计的根本目的与出发点，也是绿色设计实践中不可或缺的重要内容。绿色设计在城乡居住空间的实践，涉及城乡规划学、建筑学、园林景观学等多个学科，涉及区域、城镇、街区等多个层次。本章围绕绿色设计在城乡居住空间的应用，结合案例就有关问题进行讨论并分享。第一，以西南流域山地城市生态安全建设为例，探讨了绿色设计的生态安全基础。第二，在城乡居住空间构建合理的绿色基础设施，是对自然空间资源的保护，以及对社会、经济、人文等要素的充分尊重，是城市支撑系统的基础；同时，对绿色基础设施的构成、布局原则、布局方法及相关案例进行了分析。第三，绿色设计理论在不同地域特征中有着不同的应用方式，课题以泸沽湖少数民族聚落为例，探讨了基于绿色可持续发展理念的少数民居聚落的保护和发展研究。第四，城市人居空间的艺术建构是绿色设计在空间美学上的探索，课题探讨了绿色设计与人居环境科学的相关关系，并提出人居环境科学的空间艺术的审美演进与文化脉络关系。第五，基于绿色设计理念，课题对既有城乡居住空间进行演替，总结了城市修补、文脉传构、新型巧筑3种演替更新的方式，探讨了城市既有空间的可持续发展问题。

### 第五章　绿色设计评价标准

绿色设计的评价是设计活动的重要环节之一，对指导设计过程的进行和对设计方案的完善具有重要作用。目前，运用最广泛的生命周期评价标准（Life Cycle Assessment，LCA）是用于评估从原材料提取到材料加工、制造、运输、使用、维修和维护，以及废弃物处理或回收利用的技术工具，是与产品生命的所有阶段相关的重要环境管理工具。在产品的全生命周期里，从设计开发阶段系统考虑原材料选用、生产、销售、使用、回收、处理等各个环节对资源环境造成的影响，力求产品在全生命周期中最大限度地降低资源消耗，尽可能少用或不用含有有毒有害物质的原材料，减少污染物产生和排放，从而实现环境保护。而本体系所提出的绿色设计评价标准，在LCA评价的基础上，分别从生态、文化、社会3个方面对绿色设计提出了要求，并且将“构建绿色生活方式”作为绿色设计的目标。我们尝试着对绿色设计评价标准做出较为清晰的描述与定义，建立了“绿色设计综合评价模型”（Comprehensive Green-design Evaluation Module，CGEM），丰富和完善了现有的评价标准。

### 第六章　绿色设计教育体系构建

绿色设计教育体系应该是中国绿色设计体系的重要组成部分。本章重点阐述绿色设计教育应该根据教育目的、受教者的特性等差异，将绿色培养教育分为基础教育、公众教育、专业教育3类。其中，基础教育主要是指中小学环境教育，在人们接受知识的最初阶段就将生态思想、绿色发展理念等贯彻于其中，可使青少年从小就接受正确的生态环境价值观影响；公众教育也是社会教育，主要通过大众媒体传播绿色文化，在全社会树立绿色发展的价值观念，创造绿色发展社会氛围。而高校的专业教育是重点，因为产品具有批量化生产的特性，所以高校培养的设计人才是否具有生态意识和绿色设计能力对社会的影响很大。通过高校设计专业，为国家培育大量具有生态环保意识、熟悉绿色行动方式方法、具有绿色设计创新能力和社会责任感的绿色设计人才，为绿色发展提供设计、管理、科研人才，是加快推进我国可持续发展的有效措施。本章从环保理念如何渗透到中小学环境教育中、高校专业教育如何进行绿色设计专门人才培养，到对大众进行绿色设计文化的普及，为建立绿色设计教育体系提出了全面的方案对策。

第七章　激励与保障：法学视野下的绿色设计

绿色设计的法律问题是实践中十分敏感和突出的问题，也是目前理论的系统研究较为欠缺的问题。本章从多角度、多层次系统地论证了绿色设计的价值属性，构建了一个观察和思考绿色设计的自由—秩序谱系，并提出了在基于可持续和绿色设计的同时具有的实践指导意义的激励—保障价值观。绿色设计的自由—秩序谱系具有很强的解释力，通过价值的分析，丰富和深化了绿色设计，也能给设计实践的自我定位提供理论参考和论证。自由决定了绿色设计的改良性，秩序决定了绿色设计的守成性；自由决定了绿色设计的超越性，秩序决定了绿色设计的适应性；自由决定了绿色设计的交往性，秩序决定了绿色设计的控制性。绿色设计在这个连续的统一之间，在特定的社会历史时期，寻求一种相对的平衡。秩序与法律一致的主要表现为有法律有秩序、良法良秩序、优法优秩序，即按经济学理念进行的法律运用、法律理想图景。通过分析绿色设计的价值，展示一些关于设计本身的属性；通过在自由与秩序之间的设计定位，来引导绿色设计的自觉，从而培养富有真正的自由精神的、绿色秩序的社会历史活动的状态，培育新的社会生活方式，为自由的个人与秩序的社会之间的绿色发展做出自己的贡献，也是法律回应社会的应有之义。

第八章　绿色设计是构建绿色生活方式的重要举措

构建绿色生活方式对于促成人与自然关系的真正和谐、保护自然环境、实现国家绿色发展至关重要。本章通过阐述什么是绿色生活方式、生活价值观引领生活方式、转变生活方式是实现绿色发展的重要途径、绿色设计可为生活方式重构提供思维启迪、绿色设计可为构建绿色生活方式提供技术支撑、绿色设计可为实践绿色生活提供行动措施、绿色设计可为验证绿色生活品质提供评价体系、绿色设计可引导大众绿色产品消费、绿色设计可参与顶层设计，为绿色生产生活政策保障提供咨询服务，为企业绿色生产转型提供系统规划。本章重点阐述了绿色设计以生态文明价值观为指导，向人们提供绿色供给的方式，系统地指出生活方式绿色转型的条件是构筑绿色生活方式的重要措施。

第九章　循环经济与绿色设计

当下，我国学术界从环境保护、技术范式、经济增长方式等角度对循环经济进行了界定。较为正式的界定是国家发改委对循环经济的描述：循环经济的核心是资源的循环高效利用，强调“减量化、再利用、资源化”的原则，在可持续发展理念的统整下体现“低消耗、低排放、高效率”的特征，从而在根本上变革“大量生产、大量消费、大量废弃”的传统增长模式。由此可见，从传统经济模式向循环经济模式转型是时代发展的方向，从而倒逼工业设计的设计范式转型，体现了设计界对传统工业社会大量生产和大量消费所造成的环境与生态破坏的反思。循环经济的实现离不开绿色设计活动，绿色设计提倡的“3R原则”是循环经济活动的行为准则。在环境和生态遭受严重破坏的当下，设计的目光应该更多地聚焦于地球资源的合理使用及设计如何为保护地球环境服务，从而支撑人类社会的可持续发展。

第十章　技术革新的绿色设计概述

绿色设计是基于人类对人与自然的关系来思考的，要实现绿色设计就需要通过技术的不断革新来提高生产效率，减少能源资源的消耗。技术革新主要包括用于建构产品（人工物）的材料的技术革新，在生产、制造、使用过程中的能量供给技术的革新，废弃后的材料回收、降解、再利用等的技术革新。技术革新为绿色设计提供了各种可能的手段，使绿色设计的各种理念及设计意图能够顺利地得以实施。因此，要密切关注有关工业科学技术和传统造物智慧，采用技术延伸、技术压缩、技术转化、技术整合的创新方式，通过以可持续发展思想来指导增效资源、绿色开发生产与营销、低能耗消费与循环利用策略、弱势群体服务解决方案及民族文化传承与区域经济振兴等方面来开展设计实践活动，在践行设计为可持续发展服务的行动中不断地去丰富、验证、完善绿色设计方法。

第十一章　基于系统革新的绿色设计

全人类都可以作为循环经济的参与者，我们除了将消费后的物品进行回收，变成原材料再次利用之外，还可以改变消费行为模式，从追求拥有变为追求服务。在这样的背景下，设计的边界不断拓展，为服务设计及系统创新带来了挑战并提供了进一步发展的动力。绿色设计的思想方法就是将市场经济、生态系统、社会系统甚至整个世界作为一个统一的综合体，以系统思维替换传统的过于强调经济发展和商业利益的价值追求，促使设计必须从生态整体系统的视角来思考问题、分析问题、解决问题。系统的革新带来了生活方式的改变，绿色设计的宗旨即实现绿色生活方式。

第十二章　基于设计活动的研究方法

人类自觉的“设计活动”始于15世纪欧洲文艺复兴时期，莱昂纳多·达·芬奇的《莱昂纳多手稿》是世界上第一本真正意义上的工程技术和设计手册，标志着“设计”开始成为一种系统的知识和方法体系。在18世纪60年代西方社会发生的工业革命后，出现了机器生产、劳动分工和商业的发展，促使设计脱离生产制造的其他环节，成为一门独立的学科和一个新兴的职业。今天，我们十分清楚地认识到，设计已经变成一项复杂的和多学科性的创造性活动。基于这样的认识，设计活动涉及方方面面的问题，不仅仅是对人的关怀、对技术的应用，同时要做到对环境的友好，为我们创造一个更加美好的未来。而基于设计活动的研究自然就会涉及社会的研究，人的生理、心理及习惯的研究，产品工艺、形态及功能等研究。绿色设计可能不断降低产品非绿色现象发生的频率，并且在绿色发展的进程中逐步将“非绿”变为“浅绿”再逐步推向“深绿”的过程，恰恰说明了为什么绿色设计会永远处在路上的状态，而这种状态也正是激励从事设计实践和研究的人对设计自身发展不断地探索和追求的动力。

第十三章　产品绿色设计实践

彻底的绿色设计的实现有着理论上的可能性，但在实践中绿色设计关系到整个产品生命周期。在时代技术水平的限制下，绿色产品虽然经过了绿色设计的各种考量，但在生产消费中仍然或多或少地存在非绿色的现象，如某些有害材料仍然无法找到理想的替代品，制造工艺中仍然会产生大量的切削液，在一些欠发达地区绿色的营销广告方式仍然难以推广等。

产品绿色设计是一个复杂和系统化的过程，涉及供应链、材料、加工工艺、电工电子、机械结构等物理化学属性和加工生产过程，以及运输、销售、回收、再设计和再生产等社会系统和环节。本章重点分析和总结了家电、家具和生活用品等主流产品领域的绿色设计问题及其属性，并对实践过程中涉及的材料选择、工艺优化、资源合理利用、能源节约等主要设计方法进行挖掘和提炼。我们在分析家电、家具和生活用品等领域的绿色设计问题时，应重点关注产品的生态属性和常用的绿色设计方法，核心理念仍然是以产品生命周期的系统化思考为基础。产品生命周期评价法也是产品绿色设计的基本方法之一。

第十四章　交通工具绿色设计实践

交通出行是人们生产、生活中重要的组成部分，但随着交通出行工具的快速发展，使用传统能源车辆排放的尾气已成为主要的空气污染源。交通工具设计实践涉及个人出行工具、公共出行工具及工程装备类交通工具等不同的领域，需要从新能源替代，人性化、个性化出行方案到高效率工程设备等方面对设计方案进行全面而详细的分析。

随着科技的发展，越来越多的清洁、可再生能源被开发出来，并运用于交通工具，而且交通工具的设计所针对的使用对象与功能也越来越细分。这些变化都促使交通工具的设计实践日益向多元化方向发展。

第十五章　环境设施绿色设计实践

应该说，环境设施与环境接触最为紧密，而环境设施设计也是人们最早提出的可持续设计的领域之一。本章选择城乡户外设施、临时售卖设施、公交车站、生态示范服务设施、防灾救援设施、智能服务设施等案例，从宏观城市规划到设施细节设计，深入探讨绿色设计之于环境设施的重要性与方法。

环境设施的绿色设计应充分利用原生环境条件，趋利避害并因势利导，运用人性化、减量化、多用途、智能化等设计方法，将地域文化特征融入设计之中，进行多维度考量，共同构建出绿色健康的公共环境。

第十六章　非物质化服务产品设计实践

产品服务系统（Product Service System，PSS）的概念在理论界首次被提出，它是一种能实现制造企业可持续发展的解决方案，即预先设计好的包含产品、服务，支持网络和基础设施，能够满足客户需求的方案。其核心思想是制造企业向客户提供产品功能而非产品实体，进而满足市场需求，实现价值链重组。

根据产品和服务的比重不同，产品服务系统可以分为3种类型：产品导向型系统（Product-Oriented Service，POS）、使用导向型系统（Use-Oriented Service，UOS）、结果导向型系统（Result-Oriented Service，ROS）。其中，对于使用导向型系统来说，生产制造企业会保留其产品产权并以多种方式（包括租赁、共享等）出售产品的使用权。

产品服务系统作为比产品设计更系统的企业战略和产品开发策略，成为实现制造企业可持续发展的解决方案和商业创新的前瞻性设计方法。产品服务系统相对传统商业模式来说，具有更低的环境影响和更高的系统性生态效益。

## 五、建构本体系的价值与意义

设计是生产和建设的前端，设计的“好坏”直接影响产品在生产、营销、使用、回收、再利用等方方面面的品质。因此，设计是在促进人、自然、社会和谐共生方面大有作为的阶段。基于此，对功能、环境、资源进行统筹考虑的绿色设计蓬勃兴起。中国科学院可持续发展战略研究组（2010）指出，创新和绿色成为今后相当长时间内驱动经济转型的两个最重要的轮子，而绿色设计正是集合创新与绿色两大驱动的核心载体。作为世界最大的新兴经济体和最大的能源消费国与碳排放国，中国对全球经济与资源环境的影响举足轻重。在这个意义上，“基于可持续发展的中国绿色设计体系”的建构具有重要的世界性价值和意义。

### （一）理论价值

通过开展绿色设计与可持续发展关联研究，在二者互动的视野下深入研究，形成“宏观”（可持续发展——目标与价值观）、“中观”（绿色生活方式设计）与“微观”（绿色产品设计）有机融合的具有中国特色的绿色设计体系，使之成为解决设计内部问题（设计体系缺失）和解决社会发展问题（生态环境恶化）的理论支撑基础和解决具体问题的措施与抓手。

### （二）学术价值

本体系从可持续发展的视角反思绿色设计，以有关历史与现实问题为导向，在体系内容的建构上，尤其在史料选取与案例分析的方面，十分强调中国视角与国外研究相比较的方法。这样既有利于普适性问题的聚焦，也有利于中国经验的形成。随着研究的不断深入，不仅可以使绿色设计的学术研究烙上浓重的中国印记，而且势必将绿色设计的研究引向深远，继而为设计学研究的本土化发展及探讨“用中国方式解决中国问题”做出具有价值的贡献。

绿色设计及其相关性领域的历史进程本身就是复杂的，而这一特征在当前全球化发展的重要转型时期显得尤为明显。“基于可持续发展的中国绿色设计体系”的建构，发掘出了绿色设计的本质属性，为当前绿色设计的现实发展提供了关乎根本的学理依据。

### （三）研究价值

（1）通过对本体系的应用进一步探讨绿色设计本体论、方法论。长期以来，绿色设计研究常常就设计而谈论设计，缺乏从绿色设计实践、绿色产品制造、绿色设计教育、绿色设计政策等方面展开系统研究的视角，而本次研究构建了一个集设计实践、产品制造、设计教育、设计政策一体化的应用研究体系，改变了绿色设计成为停留在学科专业内部的学说或实验的现状。

（2）本体系以人类社会的可持续发展作为目标愿景，通过理论与实践相结合的逻辑思路，为可持续设计领域提供了大量切实有效的解决方案，从行为、系统、经验、文化 4 种主要的视角出发，围绕绿色设计价值与伦理、视野与思维、类型与方法等领域建构了一套较为完整的可持续设计概念框架，整体提升了绿色设计学术理论。

（3）激发文化引领绿色设计的活力。本次研究提出，应该从历史文化维度审视可持续发展，寻找到可持续思想在中国的文化根源，从而在丰富可持续发展文化内涵的同时，为引领绿色设计自身的发展提供了新的思考：设计的观念意识要从“对物的设计”改变为对生活方式的设计；设计的价值观要转变为设计为推动人类整体的可持续发展服务。这对进一步加强绿色设计价值研究，对于明确设计的未来发展方向，殊为重要。

### （四）应用价值与现实意义

本体系将理论研究与实践相结合，为可持续设计领域提供了大量切实有效的解决方案，向当前更加多元化的经济与生态利益相关者传达了可持续设计的观点，建构了这套较为完整的“基于可持续发展的中国绿色设计体系”的概念框架。

党的十八届五中全会明确提出“创新、协调、绿色、开放、共享”五大发展理念。这是我国在“十三五”时期，乃至更长一段时间的发展思路、方向和着力点。其中，“绿色”位居五大发展理念的核心地位。在我国发布的《关于推进贸易高质量发展的指导意见》中特别强调：“推动贸易与环境协调发展。发展绿色贸易……鼓励企业进行绿色设计和制造，构建绿色技术支撑体系和供应链，并采用国际先进环保标准，获得节能、低碳等绿色产品认证，实现可持续发展。”这说明在当前，国家绿色发展需要具有操作性强、普及推广易、绿色效益持久的行动措施。本书可为我国生态文明建设、国家的绿色发展、建立中国特色自主创新体系的发展，提供有益的参考。

# 总目

## 上篇　绿色设计理论与策略

## 下篇　绿色设计方法与实践

# 目录

## 上篇　绿色设计理论与策略

第三章

## 绿色材料与生产 / 77



第四章

## 城乡居住空间绿色设计策略 / 137

本书上篇通过可持续发展研究、中国古代造物之生态观溯源、绿色材料与生产、城乡居住空间绿色设计策略、绿色设计评价标准、绿色设计教育体系构建、激励与保障：法学视野下的绿色设计、绿色设计是构建绿色生活方式的重要举措8章内容系统地论述了绿色设计的理论与策略。

从上篇论述中可以了解，架构中国的绿色设计体系除了应该回顾缘起于世界可持续发展潮流的绿色设计理念形成的背景及实践的发展趋势之外，还应该追溯源自中国传统文化中的可持续思想脉络，从中挖掘出中华古代文明中的生态思想基因和造物实践的价值取向，梳理并归纳出能够切实推动中国可持续发展理论建设与行动方法的思想理念的支撑、价值观念的基础、实践参照的依据。

本书上篇还通过对绿色材料与生产基本内容的分析，阐述了实现绿色设计和绿色生产的基本条件和规律，为进一步探索绿色制造技术奠定了方法认知与设计实践的基础。同时，上篇通过对居住空间这一人类生活必要条件领域中的绿色设计实践研究的分享，以及将绿色设计评价标准、教育体系构建、法律法规保障、绿色生活方式构建等与绿色设计自身完善及发展密切相关的内容纳入其中，形成了较为全面的绿色设计策略系统，从而充实了绿色设计体系的内涵、扩大了绿色设计体系构建的边界，能够为读者带来更多思考线索、理论与实践的参考与借鉴。

# 第一章

# 可持续发展研究

人类社会的发展过程也是人类自身进行一次次选择的过程。人与自然的关系经历了“敬畏—顺应—凌驾—共生”的过程。人类在面临社会发展不同阶段的复杂问题时所采取的不同应对措施，都是为了更好地生存和进一步发展。而可持续发展成为终极目标，其最终所追求的就是人与自然的和谐共生。“绿色设计”这一概念被提出至今，已经经历了较长的时期，其理念和内涵在发展的过程逐渐得以丰富。如今，绿色设计已成为人类社会实现可持续发展的重要抓手。

## 第一节
# 可持续发展的概念

### 一、人类与自然的关系演进

#### （一）第一阶段——敬畏自然（原始文明时期）

原始文明时期是人类文明史上最长的时代，据历史记载有上百万年的历史。这一时期的生产力水平极其低下，人类只能通过采集野果、狩猎动物等方式来获取生活资料，这种原始的获取生活资料的方式对生态系统的影响是最小的。在整个原始文明阶段，由于人口数量少，再加上生产力水平极其低下，人类只能被动地适应自然、盲目地崇拜自然，人类对环境的破坏和影响微乎其微，几乎谈不上环境问题。人与自然的关系是：人受制于自然，人类寄生于大自然，始终以自然为中心，属于典型的自然中心主义时期。在此阶段，人类的生产活动是为了能够在自然世界中生存。

#### （二）第二阶段——顺应自然（农耕文明时期）

1. 造物能力提高，利用和改造自然的欲望觉醒

在原始文明时期，人与自然之间保持着一种顺应关系，后来早期的农业社会也保持着这种顺应关系。虽然生产力低下，但此时人类却拥有一个优越的生态环境。在历经了成千上万年的发展后，人类的生活方式发生了改变，农耕文明在世界不同的地方独立地发展起来。这是人类历史上重要的变革之一，人类由此开始了改造自然的漫长之旅。

2. 造成的环境问题很少

原始农耕使用的工具很简单，对土壤的破坏较小。随着耕犁和大规模水利灌溉两项技术的发明，集约农业开始出现。而农业集约化需要开垦森林或湿地，直接导致的后果就是

土壤侵蚀、盐碱化、保水能力损失和蒸腾作用的减退，以及随之发生的空气湿度和降水量的下降；同时，森林的减少限制了动物的繁衍，甚至导致部分生物灭绝。另外，农业促使人口增长和居住集中，农耕村落与狩猎部落相比，总体规模更大。随着农业的逐渐发达，一些城市的雏形渐渐形成。城市的产生及其发展所带来的最大问题就是人口聚集，由此产生的粮食短缺、土地资源的过度开发、森林的滥伐等问题，最终导致生态平衡被破坏。总体来讲，这一时期环境问题并没有扩大化，负面问题还较少，也可控。

3. 造物活动的动因：生活与生产

由于当时科学技术的发展相对缓慢，人类思想相对禁锢。在此阶段，人类造物活动的动机主要是满足人类生活和生产的需要。总体来讲，人与自然的关系是人顺从自然。

### （三）第三阶段——凌驾自然（工业文明时期）

1. 能力急速膨胀，社会富足

自人类社会爆发了第一次工业革命之后，地球的生态系统以前所未有的方式遭到破坏。人类对自然界的开发达到了空前的规模。这个时期，既见证了蒸蒸日上的经济发展，也经历了世界经济的大萧条。尤其是两次世界大战，不仅对人类自身，而且对整个生态系统，都造成了史上最严重的破坏。

2. 大量生产、大量消费、大量废弃，生态危机空前严峻

城市大规模发展是这一时期的主要变化。城市的集中化侵占了原有的耕地面积和土地资源，并且城市继续向外延伸寻求粮食和其他物质资源。大面积土地的使用改造了自然地貌和环境，进而在局部地区改变了生态系统，直接影响了周边的气候：其一，导致平均气温升高，云雾天气和降水增多；其二，导致空气湿度降低、风和光照时间减少；其三，空气污染和水污染日益严重。

加剧人类开发利用地球资源能力的另一因素是科技的进步。近现代以来，以煤炭和天然气为代表的化石燃料在数量和种类上都得到了前所未有的增长。不可再生资源在不断消耗的同时带来了空气污染。19 世纪 80 年代末，德国机械工程师戈特利布·戴姆勒发明了改进版的内燃机，这种机器以汽油为动力，质量轻、体积小、效率高，适合安装在车辆上，这一发明为现代交通和机械化农业带来了一场革命，先后出现了以汽油为驱动力的拖拉机、推土机和链锯等。所有这些机动高效的机器都大大提高了人类开荒、犁地和耕种的速度和效率，但同时也加速了对生态的破坏。以链锯为例，1929 年，一种轻便易操作且由燃油驱动的手提式链锯被德国人安德里亚斯·斯蒂尔发明出来，并在第二次世界大战之后得到了广泛的使用，对森林生态圈产生了深远的影响。在链锯出现以前，伐木工人使用横切锯手工伐木，锯倒一棵大树大约需要 2h，而使用链锯伐木仅需要 2min。因此，正是链锯加剧了人类对森林的滥砍滥伐，而这项发明仅仅是 20 世纪技术进步的一个缩影。拖拉机、收割机等新型农用工具被用来大面积种植单一经济作物，这样一来，害虫很容易在这些种植土地滋生蔓延，于是有毒的化学药品又被发明出来喷洒到农作物上，试图解决所谓

害虫的问题，最终却因为杀虫剂的滥用带来新的灾难。美国海洋生物学家蕾切尔·卡逊在1962年出版的《寂静的春天》正是针对农药，特别是杀虫剂对环境的污染发出的第一声警报。

20世纪初，尽管有一些洞察力非常敏锐的人早已注意到技术进步给整个社会带来的负面影响，并且推断长此以往会给世界带来更严重的灾难，但当时社会的主流声音还是对科技创新表示乐观。另外，大多数人对科技的力量都非常自信，认为科技不仅可以提高人力效率、促进经济发展，而且可以解决科技进步本身带来的问题。这种盲目的自信直到原子弹发明和使用后才被彻底动摇了，但惨痛的教训已经无法挽回。

3. 生产活动的动因：经济与消费

经济增长是推动人类来开发利用自然资源的第三股势力。工业化国家，首先是西欧国家和美国，率先开始了资本积累和国际投资，如果没有对自然资源的开发利用，这些经济活动都不可能实现。经济活动透支利用可再生资源，同时挥霍浪费掉了不可再生资源，这种不可持续的经济模式从20世纪初开始越演越烈。在各国经历了第二次世界大战的刺激和破坏后，资本主义国家的经济学家们开始合力建立一种宏观经济结构。1944年，布雷顿森林会议促成了国际货币基金组织和关税与贸易总协定，此时全球经济一体化的雏形开始形成。由于这一经济结构鼓励自由贸易，允许私有企业开发全球自然资源（包括可再生和不可再生资源），所以得到了前所未有的公开支持及跨国公司的热烈拥护。随着全球经济的一体化和贸易的自由化进程加快，环境问题的全球化、国际化、经济化日益显现出来并开始受到广泛关注，使世界贸易步入环保时代，一系列的环境标准和环境限制通过贸易的手段得以实施和保证。但是，为了保护人类共同环境的初衷却以并不公平的方式呈现，一些发达国家对其他国家特别是发展中国家所设置的环境壁垒过于强调本国的环境质量和经济利益，使得发展中国家在环境保护方面将蒙受较大的损害。在此阶段，追求经济的发展和满足个体逐渐膨胀的消费欲望是社会生产活动的主要因素。

### （四）第四阶段——共生自然（生态文明时期）

面对工业文明时期的野蛮发展所带来的生态系统的破坏，人类开始重新审视人与自然的关系。20世纪下半叶以来，关注生态环境问题，协调经济发展与环境保护之间的关系，走可持续发展之路，逐渐成为全人类的共识。人类正从对大自然的征服型、掠夺型和污染型的工业文明走向环境友好型、资源节约型、消费适度型的生态文明。生态文明是人类文明史上的一次革命性进步，是对农耕文明、工业文明的继承与超越，是人类文明质的提升和飞跃，也是人类文明史上的新里程碑。生态文明不只是关乎生态环境领域的一项重大研究课题，也涉及人与自然、人与人、人与社会、经济与环境的关系协调、协同进化、达到良性循环的理论理性和实践理性，是人类社会跨入一个新时代的标志。走生态文明的发展之路，是人类生产与生活方式转型的动因，也是当今世界发展的大趋势，更提出了可持续发展的理念。

## 二、生态危机是人类共同的灾难

### （一）什么是生态危机

要理解生态危机，就必须理解生态平衡（Ecological Equilibrium）。生态平衡是指生态系统的一种相对稳定的状态。当处于这一状态时，生态系统内生物之间和生物与环境之间相互高度适应，种群结构和数量比例长久保持相对稳定，生产与消费和分解之间相互协调，系统能量和物质的输入与输出之间接近平衡。生态系统平衡是一种动态平衡，因为能量流动和物质循环仍在不间断地进行，生物个体也在不断地进行更新。在现实中，生态系统常受到外界的干扰，但干扰造成的损坏一般都可通过负反馈机制的自我调节作用得到修复，维持稳定与平衡。不过生态系统的调节能力是有一定限度的。当外界干扰压力很大，使系统的变化超出其自我调节能力限度即生态阈限（Ecological Threshold）时，系统的自我调节能力随之就会丧失。此时，系统结构遭到破坏、功能受阻，整个系统受到严重伤害乃至崩溃，随之生态平衡失调。

当严重的生态平衡失调威胁到人类的生存时，就称为生态危机（Ecological Crisis），即由于人类盲目的生产和生活活动而导致的局部甚至整个生物圈结构和功能的失调。生态平衡失调起初往往不易被人们觉察，一旦出现生态危机就很难在短期内恢复平衡。也就是说，生态危机并不是指一般意义上的自然灾害问题，而是指由于人的活动所引起的环境质量下降、生态秩序紊乱、生命维持系统瓦解，从而危害人的利益、威胁人类生存和发展的现象。

### （二）生态危机的主要表现

1. 温室效应

全球气候变暖的原因是人类生产活动排放出二氧化碳、甲烷、氯氟烃等多种吸热性强的温室气体增多。二氧化碳来源于石油、煤炭和木材的燃烧；甲烷来自未经过燃烧的天然气；氯氟烃俗称氟利昂，最初被人们用来做冰箱制冷剂。但由于氯氟烃会对臭氧层起到分解作用，所以从 1996 年 1 月 1 日起，氯氟烃被禁止生产。温室效应带来的后果是：地球上的病虫害增加；海平面上升；气候反常，海洋风暴增多；土地干旱，沙漠化面积增大；等等。

其中，备受关注的是随着气温的升高，冰川融化导致海平面上升。世界观察研究所（World Watch Institute，WWI）的人员表明，格陵兰岛目前的冰融速度远高于预期，如果按照预测的未来几十年的变暖规模发展，所有冰盖很可能全部消融；北极海冰的面积正以远远超过预计的速度快速减缩；南极洲也出现冰融，尤其是南极洲西部的冰盖，如果全部消融，足以让海平面上升 5m。联合国政府间气候变化专门委员会（Intergovernmental Panel on Climate Change，IPCC）预测到 2100 年，海平面将上升 20～80cm。届时，全球约有 5% 的人口将被迫迁移，一些岛屿国家和沿海城市将淹于水中，其中包括几个著名的国际大城市：纽约、上海、东京和悉尼。

2. 空气污染

19世纪末20世纪初，因为燃煤工业的发展，空气污染开始抬头；到了20世纪后期，汽油的大量使用又带来新的空气污染。早在第二次世界大战后，西方国家一些城市的上空就被一层光化学烟雾笼罩，这是汽车、工厂等污染物排入大气在阳光的作用下发生化学反应后形成的，严重的空气污染致使许多人染病甚至丧命。到了21世纪，空气污染的形势更加严峻，尤其是近年来，空气污染最典型、最频发的就是雾霾。雾霾是一种污染状态，是对大气中各种悬浮颗粒物含量超标的笼统表述。尤其PM2.5（空气动力学当量直径小于等于2.5μm的颗粒物）是造成雾霾天气的“元凶”。由于雾霾天气现象频频出现，且覆盖面积大，持续时间长，危害不断加重，所以我国将“雾霾”作为灾害性天气现象进行预警预报，统称为“雾霾天气”。2013年，世界卫生组织（World Health Organization，WHO）宣布空气污染物是地球上“最危险的环境致癌物质之一”，而且有足够的科学研究结果证明大气细粒子能吸附大量有致癌物质和基因毒性诱变物质，所以置身于严重的雾霾天气中的人们无疑是在“吸毒”。[1]

3. 淡水污染

地球上的水资源总量中，其中有2.5%左右为淡水，而97%左右的淡水资源又存在于山地、南极和北极的冰、永久积雪或以地下水的形式存储于地下。人类使用的淡水主要来自湖泊、河流、土壤和相对浅的地下水，仅占所有淡水资源总量的1%。世界上有100多个国家缺水，其中40多个国家缺水十分严重。如此珍贵的淡水却主要因人类排放的生活污水和工业废水而受到不同程度的污染。[2]

与空气污染程度相比，我国的水污染情况其实更为严重。据国家监察委员会统计，近10年来中国水污染事件高发，水污染事故近几年每年都在1700起以上。在全国城镇中，饮用水源地水质不安全涉及1.4亿人。水利部门近期公布的数据显示，目前中国水库水源地水质有11%不达标，湖泊水源地水质约70%不达标，地下水源地水质约60%不达标。仅2014年上半年，国内曝光的自来水异味事件就达到10余起，兰州市自来水苯超标事件更是引发大量市民对水质安全的恐慌和担忧。[3]

4. 资源枯竭

（1）生物多样性减少。生物多样性对于人类社会的重要作用是难以估计的。尤其是农业劳动生产率较低的地区的人，其生存更加依赖这包含生物基因多样性的环境。有效利用生物多样性的各个层次——基因、物种和生态系统，是可持续发展的前提。然而，由于人类的活动造成对动植物的影响，导致动植物物种灭绝的速度远高于其在自然环境下

[1] 陈甜甜. 环境传播中的媒介动员[D]. 南京：南京师范大学，2018：38.

[2] 摘自联合国环境规划署2012年的报告《全球水资源：重要事实》[EB/OL]. https://www.un.org/zh/sustainability/waterpollution/impfacts.shtml.

[3] 摘自《经济参考报》2015年3月23日的文章《“水十条”将出台 或涉两万亿投资》[EB/OL]. http://dz.jjckb.cn/www/pages/webpage2009/html/2015-03/23/content_3441.htm.

灭绝的速度。20 世纪 90 年代初，联合国环境规划署首次评估生物多样性的结论是，在可以预见的未来，5%～10% 的动植物种群可能受到灭绝的威胁。根据国际自然保护联盟（International Union for Conservation of Nature，IUCN）2018 年发布的世界自然保护联盟濒危物种红色名录（IUCN Red List of Threatened Species）显示，IUCN 红色名录现已评估 93577 个物种，其中 26197 个濒临灭绝。

（2）土地荒漠化。自然形成 1cm 厚的土壤腐殖质层需要 300～600 年，但人类长期的耕种让土地没有片刻喘息的机会，导致土地质量不断下降。同时，森林砍伐、植被破坏、过度放牧、耕地轮耕不当和灌溉不利、过度使用重型机械等人类活动又加剧了荒漠化。2019 年 2 月，美国国家航天局研究结果表明，全球从 2000 年到 2017 年新增的绿化面积中，约 1/4 来自中国，中国的贡献比例居全球首位。但是，当前世界荒漠化现象仍在加剧，全球现有 12 亿多人受到荒漠化的直接威胁，其中有 1.35 亿人在短期内有失去土地的危险。荒漠化已经不再是一个单纯的生态环境问题，它除了带来粮食减产、人类遭受风沙侵袭等危害之外，还演变为经济问题和社会问题，给人类带来生活贫困和社会不稳定因素。

（3）矿产资源枯竭。矿产资源是经过亿万年地质变化形成的资源，从其生成的漫长时间来看，属于不可再生的资源。人类目前使用的不同种类的能源、工业原材料和农业生产资料都与矿产资源相关。随着经济的发展和人口的增加，人们对资源的需求不断增长，可供开采的矿产资源将越来越少。

5. 固体废弃物剧增

固体废弃物是指在生产、日常生活和其他活动中产生的污染环境的固态、半固态废弃物质。未经处理的工厂废物、废渣、医疗和生活垃圾如果简单露天堆放，会占用土地，破坏景观，而且废物中的有害成分或散发到空气中，或侵入土壤和地下水源，或通过雨水流入河流，这些都是固体废弃物会造成的污染。

据报道，我国固体废弃物的污染状况较之空气污染和水污染不相上下，超过 1/3 的城市已经被垃圾包围，侵占土地 75 万亩，高速发展的中国城市正在遭遇“垃圾围城”之痛。例如，北京市日产垃圾 1.84 万吨，如果用装载量 2.5t 的卡车来运输，长度接近 50km，能够排满三环线一圈；而且，北京市每年垃圾量以 8% 的速度增长。上海市每天生活垃圾清运量高达 2 万吨，每 16 天的生活垃圾可以堆出一幢金茂大厦。“垃圾围城”不仅是城市病，而且蔓延到了农村。生态环境部部长曾就环保问题做报告时指出，全国 4 万个乡镇、近 60 万个行政村大部分没有环保基础设施，每年产生生活垃圾 $2.8 \times 10^5$ 万吨，不少地方还处于“垃圾靠风刮，污水靠蒸发”的状态。[1]

6. 有害有毒物质聚集

20 世纪的工业和化学革命的迅猛发展，将无数新的化学物质带到了人们生活的环境，进入大气、水体、土壤，造成了破坏性的影响，给人类社会和健康带来极大的挑战。例

[1] 王聪聪．我国超三分之一城市遭垃圾围城　侵占土地 75 万亩 [N]．中国青年报，2013-07-19（08）．

如，砷是一种高毒性无机物质，在各种金属矿中含量很高，而许多砷化合物无味，很早就一直被用作杀虫剂。但是，工业生产和含砷农药使得这种有毒物质遍布世界各地。因饮用富砷水而使健康受到严重影响的人群在全世界分布十分广泛，甚至某些地区水体中的砷含量严重超标。例如，一些国家和地区在饮用水中也发现了高浓度的砷，包括美国、智利、阿根廷、墨西哥等，而中国是受砷中毒危害最为严重的国家之一。砷中毒会导致皮肤癌、膀胱癌、肾癌、肺癌及各种影响足部和腿部血管的疾病，还会导致糖尿病、高血压和生殖障碍。

如今，不仅有害有毒化学物质的种类和浓度增加到了前所未有的水平，而且一些有毒物质自身还进行了升级。由有害有毒化学物质聚集形成的持久性生物累积性污染物毒性非常持久，可以在环境中存留很长的时间而不被降解，当这类物质在食物链中向上流动，其浓度还会增加，并在人体和环境中长久停留。更可怕的是，这类污染无国界，因为任何一处食物链中毒最终将导致所有地方的食物链中毒。

7. 海洋环境问题

覆盖地球表面 70% 的海洋所面临的形势与陆地一样严峻。海洋环境问题主要分为海洋污染和海洋生态恶化两个方面。从全球范围来看，由于集约化农业的高速发展，农业化学品的使用激增，向近海排放氮和磷已经成为严重的海洋污染问题；随之而来的有害微生物爆发及其导致的赤潮，也已成为沿海地区面临的棘手问题。工业污染、危险废物处理不当、石油和重化工业造成的海洋污染愈演愈烈，仅海洋白色污染这一项就足以让人触目惊心。海洋白色污染造成了相当严重的环境问题，许多海洋生物因此丧命。

海洋生态同样处于严重恶化的趋势之中。“进入 21 世纪以来，一种可怕的趋势是，世界鱼类中的 3/4 正被大肆捕捞，许多趋于枯竭。”“过度捕捞、污染和温度上升已威胁到世界被评估渔业资源的 63%。自 20 世纪 60 年代以来，海洋死亡带的范围每 10 年翻一番……有近 400 个海岸带周期性或经常出现因化肥径流、废水排放和化石燃料燃烧引起的氧气耗竭现象。”沿海红树林、珊瑚礁和潮汐湿地均具有重要的生态养护功能，但珊瑚礁的退化和破坏已经广为人知；在水产养殖、过度商业性捕捞和大规模城市化、工业化进程的影响下，沿海红树林和潮汐湿地也遭到了全球性的严重破坏。这些海洋生态恶化现象已对海洋生物多样性造成了严重的破坏。

8. 社会管理（环境）成本攀升

人类长期对自然生态环境的免费使用超出了一定限度，导致社会及环境问题更加加重，可持续发展受到了前所未有的挑战。企业作为社会重要的财富创造者，在为社会提供产品和服务的同时，也在不断地污染环境。近年来，政府和企业两个层面都为解决社会及环境问题做了很多努力，但实际中仍存在很多问题。政府已经逐渐意识到问题所在，从被动转变为主动，依然存在的问题是行业准入条件过宽和执法力度不够；而企业，大都还处于被动治理的阶段，且存在环境污染意识薄弱、忽略社会及环境治理成本、治理模式落后等问题。另外，由于社会及环境破坏的因素越来越复杂，导致治理成本也随之剧增。

9. 国际关系紧张

一直以来，影响国际关系的，除了从霸权主义和强权政治演变而来的新干涉主义之外，作为一种全球力量关系格局新形势的新殖民主义逐渐成为新的国际关系中不稳定、不确定的因素。新殖民主义不是直接通过政治，而是通过经济来对其他国家实施剥削和掠夺。例如，发达国家将制造业的岗位转移至发展中国家、贫困国家或地区，在这些国家或地区，从人工的角度来看，工人的报酬低，工作环境恶劣，并且少有制度或法律来保证工作安全；从环境和社会的角度来看，这些环保意识和措施落后的国家或地区不仅要承担生产给环境带来污染的后果，还要承担日后治理环境污染所需的巨大费用。因此，财富向高收入国家汇聚，伴随而来的是低收入国家挥之不去的贫穷；世界上最好的资源汇聚到高收入国家，伴随而来的是低收入国家资源短缺和污染加剧。全球化扩张不仅给自然环境施加了更大的压力，而且形成了一道将世界上富裕的人群与贫困的人群隔离开来的鸿沟，这道鸿沟会把每个人都推入更大的战争和恐怖主义的风险之中，因为富裕的国家永不满足，而贫困的国家需要挑战那些威胁到其生存的资源配置不公。

10. 环保和商业冲突

在现行的商业范畴里，利润额是衡量一家企业收入情况的重要指标，是企业盈利多少的主要体现。一直以来，利润指标还被广大投资者作为制定投资决策时的重要参考条件，甚至是最直接依据的主要财务指标。因而，就出现了一种怪圈，企业只重视利润，而忽视其他指标。例如，前几年，我国的煤炭企业取得了突飞猛进的发展，但是由于企业的开采数量过大导致周围矿区的下沉，在生产过程中产生了许多的废气、废渣，严重影响了人们的生活质量。这些在当时看来无关紧要的隐性因素给环境施加的压力，如今已经开始慢慢地反作用于人类，使人类的生存面临巨大的挑战。与重视利润指标相伴随的是，企业在报表中缺乏对环境成本的详细披露。从目前的环境成本披露情况来看，企业要么将符合资本化的环境成本计入固定资产或存货的成本，要么将符合费用化的环境成本计入期间费用，而现有的会计报表并没有对环境成本进行详细的披露。环保和商业的冲突需要人们重新定义商业，人类的商业活动需要将环境保护作为一个重要的要素纳入进去。

## 三、部分西方早期哲学家、科学家关于可持续的思想

### （一）恩格斯：我们不要过分陶醉于我们对自然界的胜利

马克思和恩格斯对人与自然的论述独到而深刻，他们从“自然—人—社会”的整体系统思想出发，认为人与自然是密不可分的整体，所以人要爱护自然，在改造自然的过程中要按规律办事。

马克思曾说：“人本身是自然界的产物，是在他们的环境中并且和这个环境一起发展起来的。”可见，自然界对人具有先在性，人类是自然界发展到一定阶段的产物，人和自然也是共生的，自然界绝对不是单纯的被改造对象。另外，人类在自然界中生存，人

与自然界是不可分割的。"所谓人的肉体生活和精神生活同自然界相联系，也就等于说自然界同自身相联系，因为人是自然界的一部分。"在这里，马克思把人类看作自然界的一员，自然界是人类生存和发展的基础。所以，人类不能完全凌驾在自然之上。显而易见，在关于人和自然的关系上，马克思和恩格斯认为人和自然是一种辩证关系，坚持这种既对立又统一的关系，就是坚持生态可持续发展。

恩格斯曾说："我们不要过分陶醉于我们对自然界的胜利，对于每一次这样的胜利，自然界都报复了我们。"人类在改造自然的过程中，往往由于自身欲望的驱使和科学技术水平的限制，仅沉湎于对自然的征服和胜利的喜悦之中，忽视了自然界各个部分之间的联系，也忽视了人类行为所产生的长远影响和后果，从而遭到了自然的报复。恩格斯还从反面事例论证了不按规律办事的后果，他通过西班牙种植主在古巴焚烧山坡上的森林，以获取木灰作为咖啡树的肥料致使植被破坏、岩石裸露的事实指出，"在今天的生产方式中，面对自然界以及社会，人们注意到的主要是最初的最明显的成果，可是后来人们又感到惊讶的是：人们为取得上述成果而做出的行为所产生的较远的影响，竟完全是另外一回事，在大多数情况下甚至是完全相反的。"

可见，在当时，人们就意识到自然界是人类赖以生存和发展的基础，为了自身和后代的生存发展，人类在改造自然界的劳动过程中，必须正确地认识和尊重自然规律。所以，恩格斯说："我们对自然界的全部支配力量，就在于我们比其他一切生物强，能够认识和正确运用自然规律。"否则，将破坏自然的生态平衡，遭到自然的报复，导致人类发展不可持续。[1]

### （二）马尔萨斯：注意人口与生活资料比例协调，防止人口的过速增长

英国经济学家马尔萨斯的人口理论在客观上提醒人们要注意人口与生活资料比例的协调，要防止人口的过速增长，从而成为现代人口理论的开端。虽然马尔萨斯的人口理论否定了人口规律的社会性和历史性，忽视了科技进步和社会生产力的发展对解决人口问题的作用，但其思想对于人类社会的可持续发展和对于人作为生产者和消费者等理念的影响不可忽视。

### （三）蕾切尔·卡逊的《寂静的春天》："生态运动"的起跑信号

美国海洋生物学家蕾切尔·卡逊是现代环境保护运动的先驱，其著作《寂静的春天》早在 1962 年就为人类利用现代科技手段破坏自己的生存环境的现象发出了第一声呐喊，她唤醒的不只是美国，还有全世界。这本书一直被视为当代环境保护运用的起始点，美国国家环境保护局的成立很大程度上是基于蕾切尔·卡逊所唤起的环保意识和关怀。

[1] 马克思，恩格斯. 马克思恩格斯选集（第一卷）[M]. 北京：人民出版社，1995：382-385.

### （四）丹尼斯·米都斯组成的罗马俱乐部：增长的极限

1972年3月，美国麻省理工学院丹尼斯·米都斯教授领导的17人小组向罗马俱乐部（罗马俱乐部是关于未来学研究的国际性民间学术团体，也是一个研讨全球问题的全球智囊组织）提交了一篇研究报告，题为《增长的极限——罗马俱乐部关于人类困境的报告》。他们选择了5个对人类命运具有决定意义的参数：人口、工业发展、粮食、不可再生的自然资源和环境所遭到的污染。其主导思想完全体现在书名文字上，即“罗马俱乐部关于人类困境的报告”。全书分为“指数增长的本质”“指数增长的极限”“世界系统中的增长”“技术和增的极限”“全球均衡状态”5个部分，从人口、农业生产、自然资源、工业生产和环境污染几个方面阐述了人类发展过程中，尤其是产业革命以来，经济增长模式给地球和人类自身带来的毁灭性的灾难。米都斯认为，“地球是有限的，任何人类活动越是接近地球支撑这种活动的能力限度，对不能同时兼顾的因素的权衡就变得更加明显和不能解决”，同时警告，“如果在世界人口、工业化、污染、粮食生产和资源消费方面按现在的趋势继续下去，这个行星上的极限有朝一日将在今后100年中发生，最可能的结果将是人口和工业生产力双方有相当突然的和不控制的衰退”。

## 四、当代可持续发展理念的提出

### （一）可持续发展理念产生和发展

1987年，世界环境与发展委员会发表了一篇影响全球的报告——《我们共同的未来》。该报告从“共同的关切”“共同的挑战”和“共同的努力”3个方面进行详细论述，包括提出了可持续理念的概念，探讨了人类面临的经济、社会和环境等共同问题，并论证了可持续发展的紧迫性和重要性。

1992年，在里约热内卢举行的联合国环境与发展会议通过了《关于环境与发展的里约热内卢宣言》《21世纪议程》《关于森林问题的原则声明》这3项重要文件。同时，共有154个国家签署了《气候变化框架公约》，148个国家签署了《保护生物多样性公约》，会议还通过了有关森林保护的非法律性文件《关于森林问题的政府声明》。

从学者的最早发声，到地区性的倡议文件，再到全球性的政策文件，可持续发展逐渐成为全人类的共同追求。

### （二）可持续发展理念的不同认知及内涵

1. 生态学的角度——承载的极限

生态学是研究生物与环境之间相互关系及其作用机理的科学。1866年，德国生物学家恩斯特·海克尔初次把生态学定义为“研究动物与其有机及无机环境之间相互关系的科学”。他通过研究人类发现，任何生物的生存都不是孤立的，同种个体之间有互助有竞争；而植物、动物、微生物不同物种之间也存在复杂的相生相克关系。人类作为生态系统的一个部分，在为满足自身的需要而不断改造自然的同时，自然反过来又影响着人类。在目睹人类生存与发展给生态带来的诸多负面影响之后，生态学陆续产生了多个研究热点，如生物多样性的研究、全球气候变化的研究、受损生态系统的恢复与重建研究等。所以，生态学最早意识到人类与环境休戚相关，并通过生态学研究的方式收集了有力的证据来证明人类活动对环境与资源带来的巨大压力，由此引发人们最初对环境污染的广泛关注，也促使人类开始反省和思考发展与环境之间的问题。

当我们站在生态学的角度谈论可持续发展时，更多指的是保护地球的承载能力。地球生物圈本身是具有自我调节功能的，只因人类的过度开发和利用才打破了这种动态平衡。因此，生态学参与可持续发展最直接的方式首先是用生态学理论来治理目前的环境问题；其次是将生态学的理论嫁接到经济、文化等方面，从而实现其他领域的良性发展及依靠自身去协调社会发展和生态环境的关系，形成一个多方协同，内力、外力共同作用的多重生态圈。

2. 经济学的角度——需求与限制

经济是最初为了满足人类物质生活需要而诞生的，在欲望驱使下渐渐沦为一种牟利的工具。科技的进步推动人类的经济活动空前繁荣，却是以牺牲环境为代价获取的财富。最早意识到这个问题的是富裕国家，因为这些国家的环境问题开始显现。然而，从承认这个事实到在全球范围内达成共识经历了很长一段时间，因为很多国家还挣扎在贫困线上，发展中国家正步入经济快速增长时期，而富裕国家也想借助经济扩张进一步控制世界经济活动。《我们共同的未来》正是基于此提出了可持续发展的理念。如果说发展是一枚硬币，那么需求和限制就是硬币的两个面。

首先，必须肯定只有依靠发展才能改变落后地方人们的生存质量，尤其对于一些极度贫困的国家而言，谋生使得每个日子都变得生死攸关，关键因素之一就是这些地区的经济生产力极低。其次，要认清环境压力和经济发展方式是相互联系的。农业政策或许是土地、水体和森林遭受破坏的原因，能源政策也可以是全球温室效应及许多发展中国家为取得燃料而砍伐森林的原因，而所有这些压力反过来又都威胁着经济的发展。所以，科学而有节制的经济活动也是为了更好的可持续发展，经济学与生态学必须在决策和立法过程中保持一致性。经济学不仅仅在于创造财富，生态学也不仅仅在于保护自然，二者同样都是为了改变人类的命运。

另外，发展总是与经济联系在一起，甚至把经济当作唯一的评价标准，所谓经济基础决定上层建筑。诚然，财富是人类社会的最基本保障，但是我们把一个国家经济总量的国内生产总值（Gross Domestic Product，GDP）这个指标作为衡量生活质量和幸福的标尺有失偏颇的。根据这一说法，富裕的国家就是健康和幸福的国度，这显然带有误导性和局限性：某个国家的 GDP 保持快速增长势头，但可能掩盖了践踏人权、社会贫富差距大和环境恶化的事实，我们能称之为国家的发展吗？把 GDP 作为衡量经济繁荣的指标，是一种只以货币考虑经济效益得失的方法，GDP 的确是全球发展水平最重要指标，但是我们还要考虑其他因素。例如，联合国在《1990 年人文发展报告》中提出的人类发展指数（Human

Development Index，HDI）就是对传统 GDP 指标的挑战结果，也是衡量国民幸福更全面的指数，即根据“预期寿命、教育水平和生活质量”这 3 项基础变量，按照一定的方法计算得出的综合指标。

3. 社会学的角度——公平与公正

为什么社会学会对环境感兴趣？一方面，因为种种环境问题并不是自然世界本身产生的，而是人类具体行为的结果，所以它们也是社会问题。另一方面，如同环境与经济互为作用一样，环境也同许多社会和政治因素相联系。例如，人口膨胀对许多地区的环境和发展具有非常深远的影响，但其膨胀的部分是由妇女的社会地位及其他文化准则等因素造成的。而且，环境压力和不均衡的发展也会增加社会压力，可以认为社会中权利的影响和分配是大多数环境和发展问题的关键。因此，可持续发展必然包括社会的公平与公正，特别是在保护弱者等方面，不仅仅是出于人道主义的关怀。

关于社会内部的不平等讨论，最多的是贫富差距及由此带来的许多重大社会问题。凯特·皮克和理查德·威尔金森富有争议的《精神层面》一书证明了收入不平等与社会问题息息相关。他们考察了由于社会内部的不平等而造成人们生理和精神层面的问题，分析了 23 个经济发达国家，发现收入不平等最终反映在社会成员的寿命、健康和幸福差异方面。这还是富裕国家的情况，更糟糕的情况是在贫困国家，贫富悬殊和对资源的争夺带来的或许是犯罪、死亡甚至社会动荡。很显然，财富的平均分配难以实现，但是至少可以保证资源分配的机会均等。前面已经提到设计师在解决国家内部社会不平等的问题上大有作为，设计师应该立足本土，更多关注需要帮助的人群。

每个社会成员都对国家内部的社会不平等有切身的感受，但最大的社会不平等不是在国家内部，而是国家与在国家之间。世界上大约有 14 亿人每天都在辛苦劳作，却依然贫困。例如，在孟加拉国，服装占该国出口经济商品总数的 77%，从事制衣工作的人有 77% 的是妇女，她们每天工作接近 12h，每周工作 7d，而一年所赚的钱却只有 500 美元，相当于美国制衣工人收入的零头。这种不平等的社会模式是一种世界性的现象，富裕的国家之所以富裕，既得益于它们拥有先进的技术和高度发达的生产力，又得益于它们控制了世界的经济。因此，贫困不仅是一个“技术问题”，而且是一个“政治问题”。即使已经拥有了较高的生产力，人类还必须要解决一些至关重要的、关于资源如何在社会内部及世界各地进行分配的问题。

上述情况属于可持续发展理念中的代内公平的范畴，即当代人在利用自然资源满足自身利益时要机会平等，任何国家和地区的发展都不能以损害其他国家和地区的发展为代价。可持续发展理念对于公平与公正的阐述还包括代际公平这个重要部分。代际公平是指当代人与后代人共同享有地球资源与生态环境，实质是当代人对环境资源的利用不能妨碍、透支后代人对环境资源的利用，要建立有限资源在不同代际间的合理分配与补偿机制。当然，代际公平的前提是代内公平得以实现。

可持续发展对于公平的追求是一个漫长的过程，但是刷新评价人生价值与意义的标准确实就在一念之间：有限度地追求利益并且不损害后代人的生存权利。如果自下而上，每个人都能从单纯追求物质利益和个人享受的观念中解脱出来，选择一种更为合理的生活方式，承担起应尽的责任和义务，那么，公平与公正离我们并不遥远，即使我们离物质的公平还有一段路要走，起码我们可以做到在精神世界平等的对话。另外，可持续设计不仅要满足发达国家需求，而且要满足发展中国家和落后国家的需求，而不同地区的需求有很大的差异，需要从需求层面有区别地对待。所幸已有越来越多的设计师响应维克多·马格林的呼吁："……从全球角度看经济和社会发展，解决工业化国家和发展中国家人民资源消耗的严重不平等。"

4. 文化学的角度——多样性共存

文化的价值在于使人获得认同感、归属感、幸福感，而文化多样性的价值在于文化的丰富性、平等的对话、国际和平与安全。多元文化的共存有利于平息社会冲突，增强社会凝聚力，促使社会更具包容性。所以，当新的信息和传播技术推动全球化进程对文化多样性发起挑战时，联合国教科文组织（United Nations Educational，Scientific and Cultural Organization，UNESCO）开始担负起保护和促进丰富多彩的文化多样性的特殊职责。在2005年，在该组织颁布的《保护和促进文化表现形式多样性公约》中，文化多样性被定义为"各群体和社会借以表现其文化的多种不同形式。这些表现形式在他们内部及其间传承"。"文化多样性不仅体现在人类文化遗产通过丰富多彩的文化表现形式来表达、弘扬和传承的多种方式，也体现在借助各种方式和技术进行的艺术创造、生产、传播、销售和消费的多种方式"。该公约站在人类文化发展的高度提出保护文化多样性的重要，作为人类共同的遗产，应当对其加以珍爱和维护。正如联合国教科文组织原总干事松浦晃一郎所说："文化多样性于全人类之必要正如生物多样性于自然之必要。"因此，该公约以"保护和促进文化表现形式的多样性"为首要目标，然而当时并没有很清晰地认识到文化的发展会成为经济增长的新引擎，而是说"文化是发展的主要推动力之一，所以文化的发展与经济的发展同样重要"。

接下来的10年，该公约承认政府出台保护和促进文化表现形式多样性政策的主权，强调文化活动、产品及服务的双重属性：文化维度和经济维度——传递身份认同感和价值观，培养社会包容度与民众归属感；同时，提供就业和收入、推动创新和可持续经济增长，尤其是全球性文化创意产业的迅猛发展，使得世界各国最终认识到文化及文化多样性对经济、对可持续发展的重大意义。于是，联合国《2030可持续发展议程》于2016年1月正式启动，除了将减贫、健康、环境和国际合作作为奋斗目标之外，首次在全球层面将"文化""创意""文化多样性"写进议程，作为可持续发展的核心推动力量。正像时任联合国秘书长潘基文说的那样，太多好的发展计划以失败告终的原因在于未考虑文化环境，终于可以见证文化与经济组合的多种优势，既可作为促进人权和基本自由的动力，也可以作为社会经济可持续发展的动力。

那么，可持续设计在文化发展及文化多样性方面将做出什么样的贡献呢？每一个民族都有自己独特的设计文化，或者称为手工艺传统。手工制作的产品通常具有实用价值，并且深深植根于地方文化与传统，可以帮助当地保存其文化认同感，反映独特的审美价值。在许多发展中国家，手工生产至今都是就业的一个重要门路，在出口经济中占很大比重。根据联合国《2008 创意经济报告》，手工艺品是发展中国家领先全球市场的唯一创意产业。因此，可持续设计应当要关注传统工艺的继承与发扬，设计师扶持手工艺人是其中的一条途径，这对发展中国家的贫苦大众、妇女、残疾人及其他社会边缘群体极为重要。非营利组织手工艺人援助协会认为，只有当传统手工艺人比较富足时，手工业才有生存空间。设计师的介入可以促进传统工艺与现代工业生产进行结合，并创造就业机会，使得手工艺人的收入分配更合理。然而，手工艺生产又不能完全依赖于现代工业和经济需求，因为手工艺本质上要保留制作的传统和文化的内涵，一旦完全商业化极有可能丢失手工艺的原汁原味。那么，设计师如何在尊重和保护当地资源及丰富的文化传统下，帮助手工艺人自主设计产品呢？这还需要深入地探索扶持与合作的模式。

## 五、中国政府关于可持续发展的相关部署

### （一）科学发展观

科学发展观第一要义是发展，核心是以人为本，基本要求是全面协调可持续性，根本方法是统筹兼顾，指明了中国高层推动中国经济改革与发展的思路和战略，明确了科学发展观是指导经济社会发展的根本指导思想。具体内容包括：以人为本的发展观、全面发展观、协调发展观和可持续发展观。

1. 必须坚持把发展作为党执政兴国的第一要义

要牢牢抓住经济建设这个中心，坚持聚精会神搞建设、一心一意谋发展，不断解放和发展社会生产力。要着力把握发展规律、创新发展理念、转变发展方式、破解发展难题，提高发展质量和效益，实现又好又快发展。

2. 必须坚持以人为本

要始终把实现好、维护好、发展好最广大人民的根本利益作为党和国家一切工作的出发点和落脚点，尊重人民主体地位，发挥人民首创精神，保障人民各项权益，走共同富裕道路，促进人的全面发展，做到发展为了人民、发展依靠人民、发展成果由人民共享。

3. 必须坚持全面协调可持续发展

要按照中国特色社会主义事业总体布局，全面推进经济建设、政治建设、文化建设、社会建设，促进现代化建设各个环节、各个方面相协调，促进生产关系与生产力、上层建筑与经济基础相协调。

4. 必须坚持统筹兼顾

要正确认识和妥善处理中国特色社会主义事业中的重大关系，统筹个人利益和集体利益、局部利益和整体利益、当前利益和长远利益，充分调动各方面积极性。既要总揽全局、统筹规划，又要抓住牵动全局的主要工作、事关群众利益的突出问题，着力推进、重点突破。

## （二）生态文明建设和美丽中国

1. 基本概念

生态文明建设是把可持续发展提升到绿色发展高度，为后人“乘凉”而“种树”，就是不给后人留下遗憾而是留下更多的生态资产。生态文明建设是中国特色社会主义事业的重要内容，关系人民福祉，关乎民族未来，事关“两个一百年”奋斗目标和中华民族伟大复兴中国梦的实现。党中央、国务院高度重视生态文明建设，先后出台了一系列重大决策部署，推动生态文明建设取得了重大进展和积极成效。

2. 大力推进生态文明建设

（1）2012 年，党的十八大做出“大力推进生态文明建设”的战略决策。

建设生态文明，是关系人民福祉、关乎民族未来的长远大计。面对资源约束趋紧、环境污染严重、生态系统退化的严峻形势，必须树立尊重自然、顺应自然、保护自然的生态文明理念，把生态文明建设放在突出地位，融入经济建设、政治建设、文化建设、社会建设各方面和全过程，努力建设美丽中国，实现中华民族永续发展。

坚持节约资源和保护环境的基本国策，坚持节约优先、保护优先、自然恢复为主的方针，着力推进绿色发展、循环发展、低碳发展，形成节约资源和保护环境的空间格局、产业结构、生产方式及生活方式，从源头上扭转生态环境恶化趋势，为人民创造良好的生产生活环境，为全球生态安全做出贡献。

一是要优化国土空间开发格局。国土是生态文明建设的空间载体，必须珍惜每一寸国土。发展海洋经济，保护海洋生态环境，坚决维护国家海洋权益，建设海洋强国。

二是要全面促进资源节约。节约资源是保护生态环境的根本之策。要节约集约利用资源，控制能源消费总量，加强节能降耗，推进水循环利用。

三是要加大自然生态系统和环境保护力度。良好生态环境是人和社会可持续发展的根本基础。扩大森林、湖泊、湿地面积，保护生物多样性。加快水利建设，增强城乡防洪抗旱排涝能力。加强防灾减灾体系建设，提高气象、地质、地震灾害防御能力。

四是要加强生态文明制度建设。保护生态环境必须依靠制度。积极开展节能量、碳排放权、排污权、水权交易试点。

（2）2015 年，《中共中央 国务院关于加快推进生态文明建设的意见》发布。

意见明确了加快推进生态文明建设的基本原则：一是坚持把节约优先、保护优先、自然恢复为主作为基本方针；二是坚持把绿色发展、循环发展、低碳发展作为基本途径；三是坚持把深化改革和创新驱动作为基本动力；四是坚持把培育生态文化作为重要支撑；五是坚持把重点突破和整体推进作为工作方式。

（3）2015 年，增强生态文明建设首度被写入国家五年规划。

2015 年 10 月 25 日，十八届五中全会召开，发布了“十三五”规划的 10 个任务目标：保持经济增长；转变经济发展方式；调整优化产业结构；推动创新驱动发展；加快农业现代化步伐；改革体制机制；推动协调发展；加强生态文明建设；保障和改善民生；推进扶贫开发。其中，加强生态文明建设（美丽中国）首度写入国家五年规划。

（4）2017 年，十九大报告中指出，加快生态文明体制改革，建设美丽中国。

人与自然是生命共同体，人类必须尊重自然、顺应自然、保护自然。十九大报告中指出，我们要建设的现代化是人与自然和谐共生的现代化，既要创造更多物质财富和精神财富以满足人民日益增长的美好生活需要，也要提供更多优质生态产品以满足人民日益增长的优美生态环境需要。必须坚持节约优先、保护优先、自然恢复为主的方针，形成节约资源和保护环境的空间格局、产业结构、生产方式、生活方式，还自然以宁静、和谐、美丽。

一是要推进绿色发展。加快建立绿色生产和消费的法律制度和政策导向，建立健全绿色低碳循环发展的经济体系。构建市场导向的绿色技术创新体系，发展绿色金融，壮大节能环保产业、清洁生产产业、清洁能源产业。推进能源生产和消费革命，构建清洁低碳、安全高效的能源体系。推进资源全面节约和循环利用，实施国家节水行动，降低能耗、物耗，实现生产系统和生活系统循环链接。倡导简约适度、绿色低碳的生活方式，反对奢侈浪费和不合理消费，开展创建节约型机关、绿色家庭、绿色学校、绿色社区和绿色出行等行动。

二是要着力解决突出环境问题。坚持全民共治、源头防治，持续实施大气污染防治行动，打赢蓝天保卫战。加快水污染防治，实施流域环境和近岸海域综合治理。强化土壤污染管控和修复，加强农业面源污染防治，开展农村人居环境整治行动。加强固体废弃物和垃圾处置。提高污染排放标准，强化排污者责任，健全环保信用评价、信息强制性披露、严惩重罚等制度。构建政府为主导、企业为主体、社会组织和公众共同参与的环境治理体系。积极参与全球环境治理，落实减排承诺。

三是要加大生态系统保护力度。实施重要生态系统保护和修复重大工程，优化生态安全屏障体系，构建生态廊道和生物多样性保护网络，提升生态系统质量和稳定性。完成生态保护红线、永久基本农田、城镇开发边界三条控制线划定工作。开展国土绿化行动，推进荒漠化、石漠化、水土流失综合治理，强化湿地保护和恢复，加强地质灾害防治。完善天然林保护制度，扩大退耕还林还草。严格保护耕地，扩大轮作休耕试点，健全耕地草原森林河流湖泊休养生息制度，建立市场化、多元化生态补偿机制。

四是要改革生态环境监管体制。加强对生态文明建设的总体设计和组织领导，设立国有自然资源资产管理和自然生态监管机构，完善生态环境管理制度，统一行使全民所有自然资源资产所有者职责，统一行使所有国土空间用途管制和生态保护修复职责，统一行使监管城乡各类污染排放和行政执法职责。构建国土空间开发保护制度，完善主体功能区配套政策，建立以国家公园为主体的自然保护地体系。坚决制止和惩处破坏生态环境行为。

### （三）绿色发展理念

绿色发展理念的提出是对可持续发展理念的发展，更加务实，针对性更强。

1. 2010中国可持续发展战略报告的主题：绿色发展与创新

中国可持续发展战略报告重点围绕应对国际金融危机、全球气候变化和解决国内资源环境问题的三重挑战，探讨了绿色复苏、系统创新、低碳技术、新兴产业发展等广泛议题；根据国内外发展绿色经济的经验、存在的问题和障碍、路径选择与制度安排等，提出了“十二五”期间及今后10年，中国应以绿色发展为统领、以绿色创新为桥梁、以资源环境绩效和结构调整为重点目标，构建综合发展框架，统筹各种相关的新发展理念，发挥多种手段的组合效益，创造出新的绿色发展模式，实现建设绿色中国的构想，为自身乃至全球的可持续发展做出重要贡献，以迎接高效的可持续的低碳未来。

2. 对绿色发展的解读

2015年，绿色发展被写入国家的“十三五”规划，进一步深化并推动了可持续发展理念的实践。绿色发展理念主要包含以下5个方面：

（1）绿色经济理念。绿色经济理念是指基于可持续发展思想产生的新型经济发展理念，致力于提高人类福利和社会公平。绿色经济发展是绿色发展的物质基础，涵盖了两个方面的内容：其一，经济要环保。任何经济行为都必须以保护环境和生态健康为基本前提，它要求任何经济活动不仅不能以牺牲环境为代价，而且要有利于环境的保护和生态的健康。其二，环保要经济。即从环境保护的活动中获取经济效益，将维系生态健康作为新的经济增长点，实现“从绿掘金”。要求把培育生态文化作为重要支撑，协同推进新型工业化、城镇化、信息化、农业现代化和绿色化，牢固树立“绿水青山就是金山银山”的理念，坚持把节约优先、保护优先、自然恢复作为基本方针，把绿色发展、循环发展、低碳发展作为基本途径。

（2）绿色环境发展理念。绿色环境发展理念是指通过合理利用自然资源，防止自然环境与人文环境的污染和破坏，保护自然环境和地球生物，改善人类社会环境的生存状态，保持和发展生态平衡，协调人类与自然环境的关系，以保证自然环境与人类社会的共同发展。

（3）绿色政治生态理念。习近平总书记在中央政治局第十六次集体学习时首次提出“要有一个好的政治生态”，并在此后多个场合强调要净化政治生态。绿色政治生态理念是绿色发展理念的重要内容，是将绿色发展理念上升到政治高度。绿色政治生态理念是指政治生态清明，从政环境优良。绿色生态是生产力，绿色政治生态同样能够极大促进社会生产力的发展，最终实现绿色政治生态的巨大效能。

（4）绿色文化发展理念。绿色文化作为一种文化现象，是与环保意识、生态意识、生命意识等绿色理念相关的，以绿色行为为表象的，体现了人类与自然和谐相处、共进共荣共发展的生活方式、行为规范、思维方式及价值观念等文化现象的总和。绿色文化是绿色发展的灵魂。作为一种观念、意识和价值取向，绿色文化不是游离于其他系统之外，而是自始至终地渗透贯穿并深刻影响着绿色发展的方方面面，并在其中起到灵魂的作用。要推动绿色文化繁荣发展，要从以下几个方面努力：一是要树立绿色的世界观、价值观文化；二要树立绿色生活方式和消费文化，“用之无节，取之无时”将后患无穷；三是要树立绿色 GDP 文化，不能把 GDP 作为衡量经济发展的唯一指标；四是要树立绿色法律文化。新修订的《中华人民共和国环境保护法》集中体现了党和国家对加强环境保护法治、努力破解环境污染难题、大力推动生态文明建设的坚定决心，有助于树立绿色法律文化，形成全面、完善、长效的环境治理机制体系，为调整经济结构和转变发展方式保驾护航。

（5）绿色社会发展理念。绿色是大自然的特征颜色，是生机活力和生命健康的体现，是稳定安宁和平的心理象征，是社会文明的现代标志。绿色蕴涵着经济与生态的良性循环，意味着人与自然的和谐平衡，寄予着人类未来的美好愿景。十八届五中全会《公报》提出，要“促进人与自然和谐共生，构建科学合理的城市化格局”。《国家新型城镇化规划（2014—2020 年）》提出，要加快绿色城市建设，将生态文明理念全面融入城市发展，构建绿色生产方式、生活方式和消费模式。这意味着，“十三五”期间的城镇化要着力推进绿色发展、循环发展、低碳发展，节约集约利用土地、水、能源等资源，强化环境保护和生态修复，减少对自然的干扰和损害，推动形成绿色低碳的生产生活方式和城市建设运营模式。绿色社会成为一种极具时代特征的历史阶段，辐射渗入经济社会的不同范畴和各个领域，引领 21 世纪的时代潮流。

## 第二节
# 绿色设计与可持续发展

## 一、绿色设计的定义、产生的背景、应对措施及基本理念

### （一）绿色设计的定义

绿色设计是在生态伦理的思想指引下提出的一种设计概念，通常也称为生态设计、环境设计、生命周期设计（Life Cycle Design，LCD）或环境意识设计等，由于它们的目标和任务基本相同，都是设计生命周期环境负面影响最小的产品，因而名称经常被互换使用。2000 年以后，绿色设计的称呼逐渐成为主流。绿色设计就是通过设计去解决生态与供给矛盾的思维及实践过程。其核心是主张绿色设计思想应贯穿于产品从设计、制造、销售、使用到废弃处理的整个生命周期；其价值主要体现在尊重生命、节约资源、保护环境 3 个方面；其作用与意义是构建绿色生活方式的行动措施，为推动可持续发展服务。

### （二）绿色设计产生的背景

面对日趋严重的全球化生态危机治理，面对各种凸显的设计问题治理，中西方学者、社会各领域开始竭尽所能，纷纷提出建设性的想法和建议。其中，美国设计理论家、教育

家维克多·帕帕奈克于1971年出版的《为真实的世界设计》堪称西方设计理论的经典。维克多·帕帕奈克提出的“设计要考虑自然资源的有限性”的呼吁引起了广泛的共鸣。于是，他就提出了“绿色设计”“生态设计”“人文设计”等众多具有伦理思想的设计理念。“绿色设计”的核心就是要关注人与自然的和谐关系，尊重自然本身的生存规律；关注人与人的和谐关系，推动区域协调发展，构建社会整体的可持续发展模式。从整体和长远来看，这也是创造经济效益的最佳选择。

维克多·帕帕奈克在著作中重点讨论了设计为谁服务的伦理问题，并用“真实”和“虚幻”这对哲学概念来描述设计的两类服务对象，指出设计师必须学会面对真实的服务对象并如何“重新设计”。他明确地提出了设计的3个主要问题：一是设计应该为广大人民服务，而不是只为少数富裕国家服务；二是设计不仅为健康人服务，而且必须考虑为残疾人服务；三是设计体现设计伦理的思想，开启设计理念的新思维。伦理价值作为设计的一种价值取向，将进入设计理念的高端层次。同时，这种高层次设计理念能对各种广义的设计活动产生积极的指导性作用，大到国家发展战略，中到城市规划，小到产品设计，以及设计的各个具体门类，诸如建筑设计、工业设计、艺术设计等方面。因此，它是一条普遍性的原则。

人类的一切设计活动都是以满足人们的某种需要为前提和目的的，无论为满足共性需求还是个性需求而进行的设计活动都必须是一种合目的性的理性行为，必须遵守一定设计原则。其中，实用、经济、美观已被公认为设计的3条基本原则，而伦理思想的提出则是保证设计活动更加合理而有序地进行。维克多·帕帕奈克所提出的设计伦理思想可以作为实用、经济、美观等基本需求的有效补充，并使之更加完善、合理与和谐。

设计伦理是生态伦理思想拓展的多个领域中应用范畴的“子系统”之一。生态伦理的本质是“以人为本”，使“人”处于一种合理的关系之中而使人的价值得以充分的尊重与展现。将生态伦理价值导入设计过程中形成的设计伦理就是指在整个设计活动中，包括设计理念与设计实践诸方面，设计创意、设计过程与设计结果诸环节，都必须考量与人的合理关系及行动准则。例如，在设计领域，人机工程学就是这样一个结合了伦理诉求和实用原理的综合学科。在这一系统中，人在使用机器的过程中，不仅要考虑使用安全，保障人的生命尊严，而且要追求使用过程的舒适，享受劳动的快乐。为此，对机器的材质、与人体的尺寸比例、操作的力度及劳动的环境等，都需要做出规定和要求。正是这些人文关怀的伦理考量，使得这些被使用的机器更为实用。

### （三）绿色设计的应对措施

面对人类社会发展所面临的共同的严峻问题，自20世纪60年代开始，学术界率先为环保发声；继而，世界各地的民间组织掀起了轰轰烈烈的环保运动；之后，国际民间生态环保组织将环境保护运动推向高潮，各国政府和联合国也不得不重视民众的呼声，通过环境立法和鼓励公众参与等制度来遏制全球环境污染的进一步恶化；最后，环保问题因为具有国际性，所以国际不断加强合作和拓宽合作领域，利用多种组合措施来解决国际环境问题。面向复杂社会及全球环境问题提出应对措施并不断升级应对措施的整个过程，也是绿色设计基本理念形成并逐步稳定的过程。

1. 学术界的发声与自省

以维克多·帕帕奈克为代表的设计界也发出了有力的声音，其标志性成果是1971年出版的《为真实的世界设计》。在书中，他提出设计应该为大众服务；应该为保护我们居住的地球的有限资源服务，反对制造不安全、花哨、不当或基本无用的产品。维克多·帕帕奈克这种针对设计界直言不讳的批评，以及对设计价值严肃反省的态度在当时是极为超前的，因此颇具争议。1995年，维克多·帕帕奈克晚年思考之大成《绿色律令：设计与建筑中的生态学和伦理学》出版。该书在《为真实的世界设计》思考的基础之上，对“设计伦理”“设计生态学”等问题进行了深入的讨论，并通过大量的案例和分析证明，设计可以而且必须对人类生存环境的持续恶化负责。

整体而言，近现代关于环境保护的思想在时间上落后人类同时期的其他活动太多，但终于还是出现了。来自学术各界的声音越来越强，最终让人们、社会、政府、全世界正视环境保护这个问题，并虚心自省应该在工业发展与自然生态之间做出努力。

2. 非政府环保组织的活动

美国非政府环保组织的活动在当今世界上是最活跃、最富有成效的，这是因为第二次世界大战前后美国经济迅猛发展对环境造成的危害已经开始显现，在一些城市，尤其是洛杉矶，雾霾已经引起人们的关注。人们开始关心周围的生存环境和自身的生活质量，这使得环保行动有了广泛的群众基础；此外，学术界的呼声也加速了环保活动的开展。1972年，时任美国副总统阿尔·戈尔在给《寂静的春天》作序时这样评价：“如果没有这本书，环境运动也许会被延误很长时间，或者现在没有开始。”除了美国之外，其他西方发达国家也是以各自不同的方式来组建自己的非政府环保组织，这些非政府环保组织在环境保护中发挥着越来越重要的作用。

最初基于人道主义传统或慈善传统建立的非政府环保组织大部分是和保护动物有关的，但在发展中逐渐将人道主义传统扩展到了更广、更深的领域。例如，成立于1824年的世界上最古老的动物福利慈善机构——英国防止虐待动物协会后来发展成为野生动植物保护国际协会。非政府环保组织在发展中越来越意识到环境保护是全球性的环境保护，除了新生的非政府环保组织一开始走的就是国际化的路线以外，原先建立于某一国的环保组织也一步一步地走向国际化。此外，非政府环保组织还呈现出环保领域的多样化和区域化等特点。

非政府环保组织的贡献在于：一是为环境做出切实有效的保护和努力，迫使有违自然和社会生态的企业停止不法行为，并以各种方式干预和控制生态环境的恶化；二是促进政府的环境立法和环保政策的改善，并从政府、国家层面保护自然环境和自然资源；三是推动公众环境保护意识的觉醒和加强，进而形成一种社会道德规范。

3. 政府机构多措并举

环境问题伴随着经济活动产生却不受市场规律的调节，而民间环保组织对经济活动的监督和约束十分有限，因此，强化政府机构在环境保护中的地位和作用成了世界各国立法不可回避的责任。20 世纪早期，各国政府相继出台了各种环境保护措施，到今天已经形成多措并举的态势。

从各国的实践情况来看，管制措施颇受政府偏爱，社会接受度高，能够起到很好的环境保护效果。其管制手段主要是行政当局根据相关法规和标准，直接规定活动者产生和排放污染所允许的数量和方式，或对生产投入和消费过程直接提出环境要求。其表现形式为环境标准、排污许可证、产品环境性能标准、产品能源消耗定额等。其中，法规是管制的重要组成部分，目前世界各国的环境保护法规呈现出涉及面宽、划分细致、立法严格等趋势。

除了管制措施之外，各种经济措施逐渐建立和成熟。这些措施主要有：一是税收手段，即对燃料、环境不友好产品和包装物征收环境税，这是发达国家在环境保护政策方面的通行做法，一般针对能源的消耗量、污染的排放量、环境不友好产品和包装的产量征税，同时也对减少能源耗费和污染等行为给予税收方面的优惠。二是环境收费，包括排污收费制度、生活污水处理、垃圾处理和危险废物处理的收费等。三是财政补贴或生态补偿，即财政补贴通常采用拨款、贷款、税收减免和贷款贴息的形式提供。生态补偿计划目前只有少数发达国家实施，如英国鼓励农场主在经营中考虑生态保护，对于促进并增强自然景观和野生动植物价值的农场主的生态保护支出，在签订自愿协议的基础上，对农场主给予补偿。就我国当前的环境措施来看，相关政策体系已经初步建立，但还需要完善。目前，管制仍然是最重要的手段，因为经济手段还很不成熟。

4. 联合国环境规划署的使命

随着环境问题的复杂化，国际社会逐渐认识到环境保护不再仅仅是本国的事，必须在国际层面予以应付。1972 年 12 月 15 日，联合国大会做出建立环境规划署的决议。1973 年 1 月，作为联合国统筹全世界环保工作的组织，联合国环境规划署正式成立。联合国环境规划署的使命是“激发、推动和促进各国及其人民在不损害子孙后代生活质量的前提下提高自身生活质量，领导并推动各国建立保护环境的伙伴关系”。这是第一个设在第三世界国家（肯尼亚）的重要的联合国机构。联合国环境规划署工作最有效的一个方面就是促进了国际条约和协定的协商工作。

1972 年，联合国在斯德哥尔摩召开的人类环境会议提出了保护和改善人类环境的目标，拉开了可持续发展国际合作的序幕，并将每年的 6 月 5 日定位世界环境日。联合国环境规划署还与联合国教科文组织合作，通过培训教育工作者和向学校提供环保教育材料来发展环境教育。

1992 年，在里约热内卢召开的联合国环境与发展会议具有里程碑意义。这次会议标志着可持续发展全球行动的正式启动，不仅各国在可持续发展方面达成了广泛的共识，确立了国家协调机制和各自的可持续发展战略，而且发达国家对发展中国家的援助也进入了实质性阶段，并相继发表了《里约环境与发展宣言》《21 世纪议程》《关于森林问题的原则声明》，以及签署了《联合国气候变化框架公约》《生物多样性公约》等一系列维护全球环境的国际条约。

联合国环境规划署取得的成绩主要有 3 个方面：一是管理维护信息收集和查询的“地球监察”程序；二是为国际环境法的完善提供外交支持，并起到一些重要条约秘书处的作用；三是教育和激发各国及其人民认识到环境问题的重要性，以及采取措施应对问题的必要性。

### （四）绿色设计的基本理念

绿色设计的基本理念的确立主要从绿色设计的对象、目标、实现路径和本质 4 个方面进行阐述。设计的对象已经从传统的“物”扩展到了“非物”。在追求将世界整体的生态协调可持续作为愿景的背景下，人类社会必须将绿色发展作为人类社会发展的重大战略举措，将绿色设计作为绿色发展的重要手段。绿色设计的设计对象也从原来的设计造物扩大到一切造物活动与消费方式，并提供生态协调型产品和绿色生活方式，最终目的是设计更有利于人类与自然和谐健康发展的人类生存方式，成为构建绿色生活方式的强有力推手。

绿色设计的实现路径除了技术整合，更重要的是设计构建更合理的生活方式。要实现绿色发展，必须抛弃传统的线性经济发展模式，转向循环经济发展模式，将环境意识贯彻到整个产品生命周期，如整合新材料技术替换传统的高污染不可再生的材料。同时，面向人类社会的可持续发展，建立“问题意识”，通过服务设计等新思维与新方式来达成目的。

## 二、绿色设计内涵的发展及基本原则

### （一）绿色设计内涵的发展

绿色设计这一概念从提出至今，经历了 3 个重要的阶段。随着社会环境的变化及面临的新问题不断出现，绿色设计的概念和内涵也随之丰富起来，最终建立了相对完整的绿色设计基本原则。

1. 绿色设计——过程后干预

第一阶段始于 20 世纪 80 年代末，可称为早期的“绿色设计”。这一阶段强调使用低环境影响的材料和能源，思想核心是废物管理分级策略，即“3R 原则”。该原则有效地展示了按优先顺序采取不同的策略处理废物，即减少消耗、回收利用及重复利用。这一阶段首次将环境问题纳入设计思考之中，使设计师开始意识到设计必须要考虑环保。但是，早期的“绿色设计”思想有较大局限性，要么专注于单一问题或生态影响的某个方面，如“可拆卸设计”“持久性设计”，要么停留在“过程后的干预”，如在意识到问题和危害后采取缓解和补救措施，都只能在一定程度上缩小危害的强度，延长危害爆发的周期，是一种“治标”行为。

2. 生态设计——过程中干预

第二阶段称为“生态设计”，也称“产品生命周期设计”（Product Life Cycle Design，PLCD）。生态设计的思想核心是全面思考设计的各个阶段、各个方面、各个环节的环境问题，并致力于减少产品整个生命周期的环境影响。换句话说，环境成为设计过程必须考虑的一个重要因素，与一般传统因素（功能、美观、质量、成本、品牌形象等）有同样的地位，在某些情况下甚至比传统的价值因素更为重要。

产品生命周期的每个阶段对环境都有不同程度的影响，人们对这一点知易行难。对于不同的产品而言，设计师需要根据可靠、有用的数据做出明智的决定：哪些环节或地方影响最大，如何对此提供最有效的策略或方法。LCA 使产品生命周期不同阶段的环境影响对比成为可能，是推行生态设计最常用的方法和工具，它使用系统的方法、量化的指标来指导和规范设计过程。LCA 工具有相对廉价的网络设备，也有更复杂且昂贵的设施，后者通常为大型机构所采用。有些则利用计算机的运算功能，只需要输入关于产品生命周期的一些数据，就能得到结果，也对设计师帮助很大。

3. 可持续设计——突破性创新

（1）可持续发展理念。在《我们共同的未来》报告中，将“可持续发展”理念定义为“发展不仅满足当代人的需要，而且不破坏后代的需要”，并从“需要”和“限制”两个重要概念展开叙述。然后，具体分析了全球人口、粮食、物种和生态系统、能源、工业和城市等方面的情况，系统探讨了人类面临的一系列重大经济、社会和环境问题；呼吁国家和国际在上述方面做出行动，同时有力论证了可持续发展的紧迫性和重要性。

（2）发达国家的步伐。围绕设计如何应对可持续发展的讨论，可以说在生态设计阶段就已经开始了，但之前的关注点仅仅停留在对环境的影响。随着设计边界的不断延伸，以及在环境、经济和社会等方面产生的重大（无论是积极的还是消极的）的连锁反应，设计逐渐在解决各类可持续性议题的过程中扮演着关键的角色；更重要的是，设计可以改变或影响人们的态度和行为。设计自身已经突破了绿色设计和生态设计的认识和内涵，而可持续设计概念的提出则说明，设计与可持续发展的完美契合可为人类带来福祉。现在，可持续设计从环境、经济、社会、文化等多方面来考虑设计的影响和责任，尤其是在西方一些发达国家，可持续设计的思维模式开始从服务设计向社会创新设计过渡。

① 服务设计——解决问题。“服务设计”（Service Design）超越设计，只对有形产品的关注，并进入“综合性服务创造”的领域，是设计器具到设计“解决方案”的转变。

有关“服务”的规划与设计活动一直以来都被认为属于市场营销和管理领域，而“设计”在人们的固有影响中也只是针对有形事物的活动。虽然美国卡耐基梅隆大学心理学教授赫伯特・西蒙在其著作《关于人为事物的科学》（1985）中提出了“设计是问题解决的过程”的观点，但这个突破设计传统边界的观点在当时还是太超前。直到 21 世纪，当设计思维越来越受到重视时，设计自身也逐渐对无形的服务产生兴趣，设计的价值开始在“服务”领域显露出来。1991 年，“服务设计”一词由在发展服务设计研究中一直处于核心地位的科

隆应用科学大学国际设计学院迈克尔·埃尔霍夫教授在设计领域里第一次正式提出。2001年，全球第一个服务设计顾问公司“Live|Work”在伦敦开业。2004年，科隆应用科学大学国际设计学院、卡耐基梅隆大学、林雪平大学、米兰理工大学和意大利多莫斯设计学院联合创建一个服务设计国际网络（Service Design Network，SDN），致力于服务设计的学术与实践推广。

当今，服务设计致力于将商业环境中诸多因素进行整合，创造出新型的商业模式与战略。正如保罗·霍肯在《商业生态学》中所讲的，企业需要将经济、生物和人类的各个系统统一为一个整体，实现企业、消费者和生态环境共生共栖的循环，从而开辟出一条商业可持续发展之路。因此，无论是基于无形的服务还是创造可持续的商业模式，相比设计有形的产品，服务设计无疑是最可持续的设计。

② 可持续生活方式设计——源头控制。服务设计让人们的生活在依赖物质产品的同时开始享受到各种服务与体验，并渐渐成为生活中不可或缺的一部分，而这一部分是不必通过工厂生产，既不会耗费地球上的资源，也不会对环境造成污染（当然，某些服务本身也需要设备的支持和耗费能源，在这里只是相对物质产品所造成的生态影响而言）。但人们的生活不能脱离物质，完全只由服务构成，从根本上讲，实现社会经济的可持续发展还有赖于人们的价值观和消费观的变革。因为即便产品是绿色环保的，如果人们的生活习惯、消费习惯是不环保的，也会违背可持续设计的初衷。这时候，通过设计的方式去影响和改变人们的行为习惯是最直接和有效的。

目前，关于可持续消费模式和生活方式的社会关注比较多，干预的方式通常是提醒、倡议或道德约束，但效果并不理想。尤其是受到西方经济、文化、消费的影响，我国绝大部分人对幸福生活的理解仅仅停留在“消费主义”的层面，把幸福的指标与对商品的拥有和消费力作正比关联，很难自觉地摆脱对物质的过度依赖和浪费。从这个角度来讲，可持续设计不仅涉及产品和服务的设计，而且必须关注使用这些产品和服务的方式及行为模式。

③ 社会创新设计——建构意义。社会创新设计（Design for Social Innovation）是近几年中西同步的一个新的研究领域。米兰理工大学的“可持续设计与系统创新”（Design and Innovation for Sustainability，DIS）研究所作为最早从事可持续设计与社会创新研究的机构之一，目前也是该领域最前沿的研究机构。埃佐·曼奇尼教授是该研究所的前任主任，在社会创新理论与实践方面都身体力行，创建了“社会创新和可持续设计”（Design for Social Innovation and Sustainability，DESIS）国际院校联盟，并在中国主持了大量的工作坊和设计教学活动。在此契机下，我国6所设计名校（清华大学、湖南大学、江南大学、同济大学、广州美术学院和香港理工大学）在2009年联合发起了中国的社会创新和可持续设计联盟。

由此可见，社会创新一直是面向可持续的社会创新，它是当下可持续设计研究的最前沿，是“可持续设计”在内容上的完善与深化。关于“社会创新”一词，埃佐·曼奇尼教授在《设计，在人人设计的时代——社会创新设计导论》中是这样定义的："关于产品、服务和模式的新想法，它们能够满足社会的需求，能创造出新的社会关系或合作模式。换句话说，这些创新既有益于社会，又增进社会发生变革的行动力。""从实践的角度来讲，社会创新所做的就是将现有的资源和能力进行重新组合，从而创造新的功能和意义。"在这个过程中，社会创新带来了截然不同的思考方式和解决问题的策略。

以日益加剧的全球老龄化问题为例，其中的重点是：怎样才能让所有的老年人获得照顾或更好的照顾？墨守成规的解决方案是：创造更多细化的专业化社会服务。而社会创新的解决方案是：老龄人群不仅是一个社会问题，而且是解决问题的资源，我们应该支持老龄人群积极参与解决问题的过程。这种突破式创新的思维方式已经带来了不少案例，包括为老年人提供的合住住宅（老年人通过不同的互助形式得到帮助）、老年人和年轻人的合住模式（家有空闲房间的老年人为其愿意给予帮助的年轻人提供住处），以及在各个年龄段居民合住的住宅里，不同年龄段的居民可以互帮互助。可见，透过社会创新的视角，会有很多办法能让老年人在帮助他人的同时也能改善自己的生活。

### （二）绿色设计的基本原则

绿色设计的基本原则主要包括品质原则和价值原则。其中，品质原则是推进绿色设计的基础，而价值原则是关键。

1. 品质原则

（1）环境品质主要是指绿色设计的完整过程和结果对环境的负面影响要最小化，包括选择更环保的原材料、生产过程的低污染甚至无污染、生产废弃物的资源化和再利用。

（2）资源品质主要是指要从设计、生产及制造产品的全流程考虑资源投入的少量化，包括优先使用资源丰富的材料、设计物质集约度更小的物品、材料和产品的循环利用。

（3）能效品质主要是指尽量从设计出发，尽量使产品做到高效低碳节能，包括从营销、物流、包装、仓储等角度出发，尽量做到低碳，同时要探索开发新能源产品。

（4）服务品质主要立足于用户需求，从服务设计的角度出发，通过创新的方式，满足用户需求的同时，使过程尽可能的低碳。

（5）人文品质主要是指从文化的角度思考文化的可持续，因为地域文化是世界文化的重要组成部分，所以地域文化的传承是全球文化可持续发展的重要内容。

2. 价值原则

价值原则主要包括产品的市场价值、环保价值和社会价值，而绿色设计追求的是综合价值。在传统造物观念下，设计生产的产品过多地追求产品的市场价值，忽略了环保价值，而随着人类赖以生存的自然环境面临严重破坏，传统消费观念与环保的矛盾逐渐升级，才促使人类思考并寻找其平衡点。绿色设计的目标就是不断地提高产品的综合价值，同时构建面向可持续发展的绿色生活方式，最终实现人与自然的和谐发展。

## 三、绿色设计助力可持续发展

### （一）可持续发展的愿景

建设可持续的人类社会是可持续发展的愿景，也是一个整体的系统性问题，主要体现在以下 5 个方面。

1. 共同发展

地球是一个复杂的系统，每个国家或地区都是这个系统不可分割的子系统。系统的最根本特征就是整体性，每个子系统都与其他子系统相互联系并发生作用，只要一个子系统发生问题，都会直接或间接影响到其他子系统并引起紊乱，甚至会诱发系统的整体突变。这在地球生态系统中表现最为突出。因此，可持续发展追求的是整体发展和协调发展，即共同发展。

2. 协调发展

协调发展包括经济、社会、环境三大系统的整体协调，也包括世界、国家和地区 3 个空间层面的协调，还包括一个国家或地区经济与人口、资源、环境、社会及内部各个阶层的协调。可持续发展源于协调发展。

3. 公平发展

世界经济的发展呈现出因水平差异而表现出来的层次性，这是发展过程中始终存在的问题。但是，这种发展水平的层次性若因不公平、不平等而引发甚至加剧，就会从局部上升到整体，并最终影响整个世界的可持续发展。可持续发展思想的公平发展包含两个纬度：一是时间纬度上的公平，当代人的发展不能以损害后代人的发展能力为代价；二是空间纬度上的公平，一个国家或地区的发展不能以损害其他国家或地区的发展能力为代价。

4. 高效发展

公平和效率是可持续发展的两个轮子。可持续发展的效率不同于经济学的效率，可持续发展的效率既包括经济意义上的效率，也包含自然资源和环境的损益成分。因此，可持续发展思想的高效发展是指在经济、社会、资源、环境、人口等协调下的高效率发展。

5. 多维发展

人类社会的发展表现出全球化的趋势，但是不同国家与地区的发展水平是不同的，而且不同国家与地区又有着异质性的文化、体制、地理环境、国际环境等发展背景。此外，因为可持续发展又是一个综合性、全球性的概念，要考虑不同地域实体的可接受性，所以可持续发展本身包含多样性、多模式的多维度选择的内涵。因此，在可持续发展这个全球性目标的约束和制导下，各国与各地区在实施可持续发展战略时，应该从国情或区情出发，走符合本国或本区域实际的、多样性的、多模式的可持续发展道路。

### （二）可持续发展的原则

要实现可持续发展，需要遵循公平性、可持续性、和谐性、需求性、高效性和阶跃性 6 个原则。

1. 公平性原则

公平性原则是指机会选择的平等性，具有3个方面的含义：一是代际公平性。二是同代人之间的横向公平性。可持续发展不仅要实现当代人之间的公平，而且要实现当代人与未来各代人之间的公平。三是人与自然，与其他生物之间的公平性。这也是与传统发展的根本区别之一。各代人之间的公平要求任何一代都不能处于支配地位，即各代人都有同样选择的机会空间。

2. 可持续性原则

可持续性原则是指生态系统受到某种干扰时，能保持其生产率的能力。资源的持续利用和生态系统可持续性的保持是人类社会可持续发展的首要条件。可持续发展要求人们根据可持续性的条件调整自己的生活方式，在生态系统可能的承载能力范围内确定自己的消耗标准。

3. 和谐性原则

可持续发展的战略就是要促进人类之间、人类与自然之间的和谐。如果我们能真诚地按和谐性原则行事，那么人类与自然之间就能保持一种互惠共生的关系，也只有这样，可持续发展才能实现。

4. 需求性原则

人类需求是由社会和文化条件所确定的，是主观因素和客观因素相互作用、共同决定的结果，与人的价值观和动机有关。可持续发展立足于人的需求而发展人，强调人的需求而并非市场商品，是要满足所有人的基本需求，向所有人提供实现美好生活愿望的机会。

5. 高效性原则

高效性原则不仅仅是根据其经济生产率来衡量，更重要的是根据人们的基本需求得到满足的程度来衡量，是人类整体发展的综合和总体的高效。

6. 阶跃性原则

随着时间的推移和社会的不断发展，人类的需求内容和层次将不断增加和提高，所以可持续发展本身隐含不断地从较低层次向较高层次的阶跃性过程。

### （三）实现可持续措施方法：系统的绿色策略

1.“两山论”提出

“两山论”提出：我们既要绿水青山，也要金山银山；宁要绿水青山，不要金山银山；而且，绿水青山就是金山银山。

2005年8月，时任浙江省省委书记的习近平在安吉县余村考察时提出“两山论”的科学论断：“我们过去讲，既要绿水青山，又要金山银山。其实，绿水青山就是金山银山。”党的十八大首提“美丽中国”，将生态文明纳入“五位一体”总体布局。习近平总书记从中国特色社会主义事业“五位一体”总布局的战略高度，对生态文明建设提出了一系列新思想、新观点、新论断。经过十几年的打磨，“两山论”的表述更为系统全面，即“我们既要绿水青山，也要金山银山。宁要绿水青山，不要金山银山，而且绿水青山就是金山银山”。[1]

2. 绿色设计与可持续发展提出

绿色设计在真正意义上确立了源于可持续发展战略的实施方法。可持续发展是20世纪80年代提出的一个新概念，是面对人类的生存环境遭到破坏的现实状况所提出的一种生存对策，主要针对的就是与人类生活密切相关的生存环境问题。国际自然和自然资源保护联盟于1980年首次使用了可持续发展的概念，而其概念真正得到国际社会的广泛接受与认可则是在20世纪80年代后期。1987年，在《我们共同的未来》的报告中，可持续发展被正式提出，首次对可持续发展的概念做出了明确的界定，即“可持续发展是既满足当代人的需要，又不对后代人满足其需要的能力构成危害的发展”。随后，在1992年的里约热内卢世界环境与发展大会上，可持续发展思想再次得到肯定，在大会通过的《里约环境与发展宣言》中明确指出：“人类应享有以与自然和谐的方式过健康而富有生产成果的生活的权利。”至此，可持续发展作为全人类共同的发展战略得到了确认。

### （四）绿色设计对于可持续发展战略的作用与责任

1. 绿色设计是可持续发展能力不断增强的最佳途径

设计的最大作用并不是创造商业价值，也不是包装和风格方面的竞争，而是一种适当的社会变革过程中的元素。如前所述，设计应该认真考虑有限的地球资源的使用问题，并为保护地球的环境服务。绿色设计正是设计师面对人类社会种种此起彼伏的危机，重新审视设计的本质、内涵及价值的结果。绿色设计反映了人们对于现代科技文化所引起的环境及生态破坏的反思，同时体现了设计师道德和社会责任心的回归。

绿色设计有其应有的基本价值，它不同于传统的价值追求，而且其价值追求是多元化的。多元化所带来丰富交替的价值，构成了动态价值体系。可持续发展就是绿色设计最基本也是最重要的价值追求，同时是绿色设计的逻辑起点和理论基石。

2. 绿色设计是实现可持续发展的有效途径

20世纪80年代，众多国际组织普遍认可接纳可持续发展观念，并将可持续发展的要义界定为“维护基本的生态过程和生命支持系统，保护基多样性和物种与生态系统的可持续利用”。

可持续发展理论是一个包容性的理论，其中蕴含社会、经济与环境的协调发展。1987年，著名的《布伦特兰报告》便将“社会发展、经济发展和环境保护”作为可持续发展的“核心支柱”。与此同时，在产品设计领域，涌现出大量的绿色设计产品，从绿色材料到绿色建筑，从绿色能源到绿色产品，可持续发展理论成为指导设计的工具和方法，并成为实践检验的标准。绿色设计的目的，就是克服传统的产业设计与产品设计的不足，使所制造的产品既能满足传统产品的要求，又能满足适应环境与可持续发展需要

[1] 你了解“两山论”吗？[N]. 中国环境报，2016-01-21（08）.

的要求。这就意味着，在设计介入产品生产的全过程中，需要寻找新的方法，利用新的技术，开发新的资源或能源，为消费者生产具有同样功能和服务的产品，实现经济与社会发展的可持续。这种挑战是生产者延伸责任的一部分，由设计的末端介入变为设计的源头介入，使得产品生命周期中的废物数量及其危险程度最小化、可利用性最大化，使产品轻量化，延长了使用周期。同时，要求设计在开发生命周期中潜在的对环境损害最小化或者能改善促进环境自身修复与维持能力的产品。在具体的产品设计过程中，绿色设计既是一种设计方法，也是一系列可持续发展指标的集成，更是价值观的潜移默化。

### （五）以绿色设计的价值创造为抓手

绿色设计在可持续发展理论和实践的引导下不断审视自己，力图保持创作的活力，并随着社会的发展接受所被赋予的新的内涵。实现一个具有复原力的系统需要可持续发展，或者说，需要一种让各种文化百花齐放的可持续发展。社会和技术创新的融合与人类生活和思考的方式不断互动，于是使得可持续发展也随着社会和技术创新一同演进，而在这个过程中，新的行为和价值观慢慢呈现出来，并与传统的长期以来的主流行为和价值观分道扬镳。这个过程为人们生活品质提供了新的思路，影响着我们对幸福的理解，也影响着我们做决定时的价值取向。可持续发展将相关的理念与品质带入公众的视野，让更多的人理解可持续的理念和品质，理解只有可持续的行为才能获得可持续的品质。

以绿色设计的价值创造为抓手，不断地探索贴近可持续发展的设计之道，为建构人与自然全面和谐的生态社会，为实现我国的绿色发展而服好务，就是绿色设计的价值和责任之所在。

## 小结

本章从人与自然相互关系的演变作为起点，梳理了可持续发展的源起、概念、内涵及原则。人类面对社会发展过程中出现的挑战，不断地反思并寻找突破口，而绿色设计正是在这一过程被提出来的重要概念，并成为人类实现可持续发展的有效途径和重要抓手。本章也对绿色设计的定义、产生的背景、理念及原则进行了详细的梳理。

# 第二章
# 中国古代造物之生态观溯源

在生态危机日益迫近的当下，反思工业社会的发展路径与增长模式，从“生态”与“可持续”等角度探讨人类未来的自我拯救之路，已经成为全球范围内的一种基本共识。而与人类生存处境息息相关的“物”的设计、制造与实践，无疑是其中最为根本的一个领域。在中国本土，数十年以 GDP 为导向的粗放型高增长的弊端正在逐渐显现出来。基于此，近年来从政府层面提出的“可持续发展”战略与“生态文明建设”，可谓是一个根本性的重大转折。绿色设计、可持续设计、设计伦理等思潮的持续升温，正好与全球范围内绿色技术、绿色政治、环境哲学等思潮的蓬勃发展互相呼应、互为表里。

基于西方社会在生态运动与绿色理念方面数十年的经验，我们在绿色设计、可持续发展的体系建构方面，广泛吸纳、借鉴西方的基本理论与经验，无疑是一条必经之路。然而正是在这一过程中，我们却发现，无论是从生态思想的构建还是哲学的本源方面，越来越多的学者（包括不少西方学者）却将目光投向了东方世界的思想，尤其是古代中国的历史深处。中国本土古老的思想传统，以及在这一思想传统中萌生的本土造物观，天然地含有与当代生态思想与伦理遥相呼应的基因与价值取向，而这一宝贵的思想资源，在历经漫长的历史演变之后，在现代化急促的步伐中，却几乎为我们所遗忘。因此，唯有返身于历史深处，寻找蛰伏于文化根脉之中的思想资源，才能为本土的可持续发展的实践提供最根本的支撑与指引。

## 第一节

## 造物观念之滥觞：生态底蕴与基调

造物作为一种生存实践方式，是与原始先民的生产、生活活动相伴相生的。早在进入文明阶段之前，以制造工具与器物为主的造物活动，已然伴随原始先民走过了上百万年的历史。据今天的考古发现，从旧石器时代到新石器时代，先民们已经可以利用石、骨、土、木等触手可及的原材料，制造工具、营建房屋与部落，为自身与族群的生存与生活提供必要的物质条件与生活环境。对造物活动乃至其思想的追溯，必然要求我们回过头来，上溯至这段尚未走入文明的历史时期。那么，先民们的造物活动是在什么样的一种整体图景中完成的？在漫长的造物活动中，是否已经形成或者萌发了某种模糊的造物观念或思想？本土造物传统中的某种思想范畴或核心命题，是否在人类历史的起源阶段，已经被打下某种不可磨灭的烙印，继而影响后世的基本线索与思想的面貌？当然，试图把握这段久远的历史，无疑是极为困难的。同时，对于无形的观念或思想，更是难以把握与追寻，哪里才是观念或思想的源头与开端？葛兆光先生认为，对于古人“思想”的追溯，至少“需要3个起码的条件：第一，当古人真正有了‘思想’；第二，这种思想中形成了某些共识，即被共同认可的观念；第三，‘思想’必须有符号记载或图像显示”。[1] 这也为我们的回溯与追认提供了基本的方法与线索。透过流传至今的上古神话与传说，透过经过后人增减删改的上古文献记录，以及考古发现的古代遗物，我们也许可以从上古世界的某种图景之中，一窥造物观念缘起的轨迹与印痕。

## 一、作为整体背景的天人观

回到造物的源头，造物的源起本是为了使用。但当我们试图从物的发生开始探求的时候，却发现那些存留至今素朴、稚拙而古老的器与物，在单纯的功用指向之外，似乎将我们引向一种时隐时现、模糊而神秘的观念之中。这是“物”所存在的整体生活图景与原始信仰中所蕴含的，它指向更为深邃的天地、宇宙与万物，规定着人与物的关系、价值与位置，形成了造物体系之后一种强有力的、却又隐晦不明的背景。这促使我们在切入造物本体之前，必须先对其进行追溯与确认。

### （一）文化发生期的生态环境

就文明的起源而言，人类任何一种文明的产生都受其所处环境的制约与影响。自然生态环境的因素深刻地塑造着不同文明的基本面貌，甚至在一定程度上影响其未来的发展方向。中国人所特有的对天地、对万物、对时间与空间、对整体世界的认识与理解，正是在特定的生态与地理环境中逐渐萌生的。而造物作为史前先民的生存实践，也正是在这样一种认知世界的框架中，开启了自身的漫长的历史。

在《尚书·禹贡》之中，将文化起源期中华大地的地理环境概括为“东渐于海，西被于流沙，朔南暨声教，讫于四海”[2]。这也是历代正史《地理志》对各朝疆域“四至”界定的基础与依据。“四至”的表述，清晰地表明了华夏文明诞生之地，处于一个相对封闭而独立的环境之中，由此也决定了中华文化的发生期是在与其他各文明相对隔绝的情况下，独立完成的。

据地质学研究与考古发现，在新石器时代，冰期过去，气候转暖，出现了温暖而潮湿的环境。“由盘山以东，直抵山西、陕西省间的黄河峡谷，其间千数百里，都曾经被称为沃野，农牧兼宜……黄土高原上罗列的群山。那时，这些山都是郁郁葱葱，到处森林被覆，而山上的林区还往往伸延到山下到平川原野。这些茂密的森林间杂着农田和草原，到

[1] 葛兆光. 中国思想史（第一卷）[M]. 上海：复旦大学出版社，2001：5.
[2] 李民，王健. 尚书译注 [M]. 上海：上海古籍出版社，2004：83.

处呈现一片绿色，覆盖着广大的黄土高原。”[1] 而在黄河下游，“那时由太行山东到淮河以北，到处都有湖泊，大小相杂，数以百计。”[2] 温暖湿润的气候、适宜的地理环境与土壤条件、茂盛的植被，为文明的发生、族群的生存繁衍提供了良好的生态条件，也为农业生产的发展奠定了基础。在新石器时代的考古发现中，裴李岗文化等有关遗存中出土了不少农业生产工具，为早期农耕文化的发达提供了实物证据，尤其是琢磨精制的石磨盘棒，成为我国所发现的最早的粮食加工工具。在新石器时代，农业生产已经成为主导，并由此形成了日出而作、日落而息的农耕生活方式。

可以说，古代华夏文明是在一个半封闭的、北温带块状大陆得以萌生并发展的。相对封闭的地理环境，以农耕为主的生产方式，决定了一种相对独立的、内向型的文化特征。而长期的农业耕种，使古代先民强烈地依赖于自然的力量。定居农业作为最主要的生产方式，将人与天地自然密切地联系起来。农作物能顺利播种，并有好的收成，依赖于天地四时、自然物候的变化，要求必须在对天地与万物的观察与适应中洞悉气候的变化与动植物的生活周期、确定农事活动的时令，深入地把握自然的规律与运行法则。而这一系列需求，正是古代天文历法产生并日趋完善的内在动因。

### （二）观象授时与“天人合一”观之缘起

在流传至今的典籍中，《尚书·尧典》对历法的制定有较早的记述。“乃命羲和，钦若昊天，历象日月星辰，敬授民时。”[3] 羲和是重黎氏族世掌天地四时的司天之官，自颛顼时期，一直在部落中担任这一官职。在这一段记载中，“分命羲仲，宅嵎夷，曰旸谷。寅宾出日，平秩东作。日中，星鸟，以殷仲春。厥民析，鸟兽孳尾。申命羲叔，宅南交。平秩南为，敬致。日永，星火，以正仲夏。厥民因，鸟兽希革。分命和仲，宅西，曰昧谷。寅饯纳日，平秩西成。宵中，星虚，以殷仲秋。厥民夷，鸟兽毛毨。申命和叔，宅朔方，曰幽都。平在朔易。日短，星昴，以正仲冬。厥民隩，鸟兽鹬毛。”[4] 羲仲、羲叔、和仲、和叔四人在四时分别被派往四方，分别负责观察春分、夏至、秋分、冬至 4 个节气的天象。其本义即是司天之官在四时，即春分、夏至、秋分、冬至立表测影和观测星象制定历法。观测对象包括日出日落的时间、日影的长短、农民播种生产的活动、鸟兽的羽毛生长等，可见，岁时的推算与历法的制定源于天象中日月星辰的运行规律。这一记载也在考古发现中得到了印证。

1978 年，由中国社科院考古研究所发掘的山西襄汾陶寺遗址，被认为是“尧都平阳”所在之地，其中一个祭祀区内发现的特殊的建筑基址，则与尧典观象授时的记述有密切的关联。这一基址“该观象台呈半圆形平台，有三个圈层的夯土结构……观测中心和 12 条

[1] 史念海. 河山集（第二集）[M]. 北京：人民出版社，1981：357-358.
[2] 同上.
[3] 李民，王健. 尚书译注 [M]. 上海：上海古籍出版社，2004：3.
[4] 同上.

由夯土柱构成的观测缝呈扇状辐射排列，观测中心距观测缝的距离约10.5m，各缝张角大多在1°～2°。”[1]据推测，这很可能是尧帝时期观象授时的天文观象台，也可能是世界上现存最古老的天文观象台遗址。据考古专家与天文学家通过实地、模拟观测所得出的初步结论，这一建筑的主要功能相当于当时通过天象观测而得以实现的测时和守时系统；同时也指出，相比而言陶寺观象台更适合于古代的观测而不是现代，“在此情形下，他们最初观测的可能是陶寺文化中的特定日期，以指示从事某些生产、生活和祭礼活动的时间。而这些日期经过演变，并逐渐固定下来，或许就与后世的节气相关联了。它暗示着先民对节气的认识曾经历了一个漫长的过程，而陶寺观象台的观测正好处于这一萌芽时期。”[2]其目的正如汉初的《尚书大传》中所说：“主春者张，昏中可以种谷；主夏者火，昏中可以种黍；主秋者虚，昏中可以种麦；主冬者昴，昏中可以收敛……故天子南面而视四星之中，知民之缓急……故曰‘敬授民时’，此之谓也。”[3]

历法与节气的制定对农业生产活动而言至关重要，夏代的《夏小正》即是在前述历法观测的基础上，以动植物及生态知识为基础，结合天象和气象知识制定出来的最早的一部按完整的月份排列，用来指导农业生产活动的物候历。“以上提到的动植物的物候现象，说明在3000多年以前，人们已经对动植物的生长发育和繁殖季节，鸟类迁徙、鱼类回游和动物冬眠等本能行为，动物周期性生理变化，植物的开花结实等多方面生理、生态特点，已有比较深的认识，并能用以联系生产，指导农事活动。”[4]而一直到“西周时期，至少是早期和中期，尚处在观象授时阶段，这由金文中的纪时词语即月相词就可以证明。”[5]类似的记载也见于殷商卜辞、《尚书·尧典》《诗经·豳风·七月》《管子·五行》《管子·幼官》《管子·四时》《管子·轻重乙》，以及《礼记·月令》《吕氏春秋·十二月纪》《淮南子·时则训》之中，其中后三者大同小异。

由此可见，历法的诞生、发展与完善正是古人穷尽各种观察方法与手段，观察天象物候而形成的结果。“天”的运行规律与变化是古人必须把握与观测的最重要的对象，也是人世间农事与祭祀等活动必须依循的最终凭据。在长期观测、理解、把握“天”的过程中，天文历法“不仅为人们的生产生活提供了一个时令依据……还为人类奠定了时间和空间的尺度，是人们领会宇宙、历史和世间万物的基础，因此，它实际上就是先民的宇宙观、世界观和历史观”。[6]溯源于此，“天”成为不言自明、天经地义的最终本体、依据与来源，成为神性之所在，从而形成对天（自然）的崇拜与信仰，这正是后世所谓“天人合一”的历史根源。只是“由于观象授时的工作始终为统治者所垄断，这使天文学从其诞生的那天起

[1] 李勇. 世界最早的天文观象台——陶寺观象台及其可能的观测年代 [J]. 自然科学史研究，2010，29（3）：259-270.
[2] 同上.
[3] 柳诒徵. 中国文化史（上）[M]. 长沙：岳麓书社，2010：63.
[4] 汪子春，范楚玉. 农学与生物学志 [M]. 上海：上海人民出版社，1998：318.
[5] 张长寿，中国社会科学院考古研究所等. 中国考古学（两周卷）[M]. 北京：中国社会科学出版社，2004：208.
[6] 刘宗迪. 失落的天书——《山海经》与古代华夏世界观 [M]. 北京：商务印书馆，2016：49.

即具有了强烈的政治倾向。很明显，在生产力水平相当低下的远古社会，如果有人通过自己的智慧与实践掌握了在多数人看来神秘莫测的天象规律，并通过敬授人时维系着氏族的生存，那么这种知识本身也就具有了权力的意义"。[1] 权力的垄断，掌握"观天测地""制历授时"这一知识与权力之人便成为沟通天意、上传下达的巫觋与帝王，成为后世所谓的"真命天子"，遂使这一远古的信仰在后来的演化中逐渐有了天命神学的色彩，成为一种玄学化与形而上学化的结果。

但回溯至这一观念产生的本源，乃是在长期密切观察自然、依赖自然同时又竭力利用自然的过程中，逐步形成的人与天地万物之间的一种密切的依赖关系。其中包含史前先民对天地、自然与宇宙的认识与体悟，包含人与自然关系的丰富的生态渊源，究其实质，乃是一种朴素而古老的自然哲学，也是本土思想传统中生态智慧之底色与基调。而后先秦诸子对人与自然关系的认识与论述，也都奠基于这一思想基础之上。如儒家代表人物孔子在《论语·述而》中主张："子钓而不纲，弋不射宿。"孟子向梁惠王提出的生态保护理念与措施，"不违农时，谷不可胜食也。数罟不入洿池，鱼鳖不可胜食也。斧斤以时入山林，材木不可胜用也。谷与鱼鳖不可胜食，材木不可胜用，是使民养生丧死无憾也。"荀子在《荀子·王制》中提出的农业单一税制主张："田野什一，关市几而不征，山林泽梁以时禁发而不税。"管子对生态自然的重视："故为人君而不能谨守其山林、菹泽、草莱，不可以立为天下王。"(《管子·轻重甲》)"山林虽近，草木虽美，宫室必有度，禁发必有时。"(《管子·八观》)而后世造物思想的衍生与发展，也奠基于这一深厚的古老传统之上，从而在这一天人观的思想背景之中，形成了独特的自然观、生态观与伦理意识，影响了后世数千年的造物实践与传承。

## 二、制器尚象：造物方法论之揭示

造物作为整体生产生活密不可分的一部分，其本身即是先民的生存实践的一种重要方式。凭借在造物活动中创制的工具、器物与居住环境，上古先民才得以在严酷的自然环境中不断适应与生存。从旧石器时代到新石器时代，从神话传说的古史时代到夏商周时期，从彩陶等生活器物到生产所用的农具与工具，再到祭祀天地、沟通神明的礼器，在漫长的造物实践过程中，按前文所论述"思想"的 3 个条件，我们是否可以看到早期"思想"或许是某种意识观念的萌芽？这些观念是否又对古人长期的造物活动与经验具有某种呼应、总结与归纳？这些意识与观念又隐身于何处？就目前所及的资料范围而言，《周易》中的记述应该是我们不容忽略的重要文献资料之一。

《周易》作为现世流传的最为古老的典籍之一，其成书过程向来有"人更三圣，世历三古"之说。这一言辞虽难免有夸大与神化的意味，但大体上也反映了该书贯穿上古乃至

[1] 冯时. 观象授时与文明的诞生 [J]. 南方文物，2016（1）：1-6.

三代的史实。据顾颉刚先生考证，其卦爻辞即有诸多商周时期的史实，如王亥卜牛、帝乙嫁女等。《易传》成书传统认为为孔子所作，自欧阳修质疑其作者身份后，后世也争议不断，疑古之风日盛。但近来帛书《易传》及帛书《二三子》等资料的出土，都证明《易传》即为孔子及其弟子所作。《易传》成书时期虽距离上古已逾千年，但应该仍有上古口传心授之基本史实，故当可为我们所参照。

在《周易・系辞下》中，对于远古造物的情形，有以下描述：

古者包牺氏之王天下也，仰则观象于天，俯则观法于地，观鸟兽之文与地之宜，近取诸身，远取诸物，于是始作八卦，以通神明之德，以类万物之情。

作结绳而为网罟，以佃以渔，盖取诸《离》。

包牺氏没，神农氏作，斫木为耜，揉木为耒，耒耨之利，以教天下，盖取诸《益》。

日中为市，致天下之民，聚天下之货，交易而退，各得其所，盖取诸《噬嗑》。

神农氏没，黄帝、尧、舜氏作，通其变，使民不倦，神而化之，使民宜之。《易》穷则变，变则通，通则久。是以"自天祐之，吉无不利"。

黄帝、尧、舜垂衣裳而天下治，盖取诸《乾》《坤》。

刳木为舟，剡木为楫，舟楫之利，以济不通，致远以利天下，盖取诸《涣》。

服牛乘马，引重致远，以利天下，盖取诸《随》。

重门击柝，以待暴客，盖取诸《豫》。

断木为杵，掘地为臼，杵臼之利，万民以济，盖取诸《小过》。

弦木为弧，剡木为矢，弧矢之利，以威天下，盖取诸《睽》。

上古穴居而野处，后世圣人易之以宫室，上栋下宇，以待风雨，盖取诸《大壮》。

古之葬者，厚衣之以薪，葬之中野，不封不树，丧期无数。后世圣人易之以棺椁，盖取诸《大过》。

上古结绳而治，后世圣人易之以书契，百官以治，万民以察，盖取诸《夬》。

是故《易》者，象也；象也者，像也。[1]

在此不嫌累赘，全文照引，乃是因为这一段文字中隐含丰富的关于造物活动与发展过程的信息。在以往关于造物思想的研究中，《周易》中的这一段论述虽屡有学者提及，但并未得到充分的重视与解读，盖因此书被大多数学者仅仅视为卜筮之书，从而使其价值晦而不彰。但《周易》的性质，实则在《易传》中有相当清晰的阐发。在《周易・系辞上》中，"《易》有圣人之道四焉：以言者尚其辞，以动者尚其变，以制器者尚其象，以卜筮者尚其占。"[2] 这是对《周易》功用与价值的揭示，而"制器尚象"也即对造物过程与原理的

[1] 黄寿祺，张善文. 周易译注 [M]. 上海：上海古籍出版社，2004：533.
[2] 同上，第517页.

记录，正是《周易》四大要旨之一。《周易》作为上古时期重要设计文献的价值也渊源于此。中国机械史学会理事刘克明认为："《周易·系辞下》提出的'制器者尚其象'的理论，是中国科技思想中最为重要，也是最具特色的组成部分，具有极其深刻的文化内涵。"[1]

制器十三卦的论述，第一段为总述，概述了伏羲创制八卦的原理，以此为开端，依次谈及各种工具、器具及居室的发明。从这一段论述中，不难发现上古时代生产力逐步发展的过程。旧石器时代中晚期，渔猎是上古先民的主要生存方式，渔网开始出现；神农氏时期（约为新石器时代中晚期），成套农具出现，逐步形成定居农耕的生产生活方式；黄帝至尧舜时期，造物活动渐次滋生，服饰、交通工具、生活器具、兵器、丧葬用具、文字等开始得到发展，逐步进入文明时代。而这一描述，与考古发现中的结果大致相当。透过制器十三卦的描述，我们依稀可以勾勒出上古时期设计历史的大致轮廓与线索。而在这些不同阶段的发明之中，一个共同的核心或原理即是"制器尚象"。

在"制器尚象"的相关解释中，设计学研究领域大多从其字义及词组字面意义入手，虽多有启发，但终不免隔靴搔痒。故本文尝试回到《周易》系辞之中，尽量从原文的解读出发来探其究竟。

### （一）"象"之意涵

《周易》为六经之首，历代学者对"制器尚象"的解读，众说纷纭，莫衷一是。儒者解经多以"象"为卦象，而近代学者则多以为非，其根源即在于对"象"的理解。因此，解读"制器尚象"，须从释"象"入手。

什么是"制器尚象"中的象？后世对"象"的解释可谓汗牛充栋，"象"之义亦多有引申阐发，但《周易·系辞》中本身就有对"象"的丰富阐发与解释，以"象"总揽周易之要旨。因此，本文对"象"的解释主要以《周易·系辞》为本。

就《周易·系辞》全文来看，共有22处出现"象"。若据其含义做一个不尽准确的划分，则其"象"至少有3种不同解释。一为物像，指自然界与人类社会中万事万物在人的视觉中所呈现的表象，如：

·在天成象，在地成形，变化见矣。(《周易·系辞上·第一章》)

·参伍以变，错综其数，通其变，遂成天下之文；极其数，遂定天下之象。(《周易·系辞上·第十章》)

·见乃谓之象，形乃谓之器，制而用之谓之法。(《周易·系辞上·第十一章》)

·是故法象莫大乎天地，变通莫大乎四时，县象著明莫大乎日月，崇高莫大乎富贵；备物致用，立成器以为天下利，莫大乎圣人。(《周易·系辞上·第十二章》)

·是故天生神物，圣人则之；天地变化，圣人效之；天垂象，见吉凶，圣人像之；河

[1] 刘克明. 关于制器尚象 [J]. 华中建筑，1998（2）：25.

出图，洛出书，圣人则之。(《周易·系辞上·第十二章》)

·古者包牺氏之王天下也，仰则观象于天，俯则观法于地，观鸟兽之文与地之宜，近取诸身，远取诸物，于是始作八卦，以通神明之德，以类万物之情。(《周易·系辞下·第二章》)

一为卦象，即《周易》之经卦（三画卦）、别卦（六画卦）中由阴阳爻所构成的图像与意象，如：

·圣人设卦观象，系辞焉而明吉凶，刚柔相推而生变化。是故吉凶者，失得之象也；悔吝者，虞之象也；变化者，进退之象也；刚柔者，昼夜之象也。(《周易·系辞上·第二章》)

·是故君子居则观其象而玩其辞，动则观其变而玩其占。(《周易·系辞上·第二章》)

·象者，言乎象者也；爻者，言乎变者也。(《周易·系辞上·第三章》)

·生生之谓易，成象之谓乾，效法之谓坤。(《周易·系辞上·第五章》)

·圣人有以见天下之赜，而拟诸其形容，像其物宜，是故谓之象。(《周易·系辞上·第八章》)

·是故易有太极，是生两仪，两仪生四象，四象生八卦，八卦定吉凶，吉凶生大业。(《周易·系辞上·第十二章》)

·易有四象，所以示也。(《周易·系辞上·第十二章》)

·子曰：圣人立象以尽意，设卦以尽情伪，系辞焉以尽其言，变而通之以尽利，鼓之舞之以尽神。(《周易·系辞上·第十三章》)

·八卦成列，象在其中矣；因而重之，爻在其中矣；刚柔相推，变在其中焉；系辞焉而命之，动在其中矣。(《周易·系辞下·第一章》)

·象也者，像此者也。爻象动乎内，吉凶见乎外。(《周易·系辞下·第一章》)

·八卦以象告，爻象以情言，刚柔杂居，而吉凶可见矣。(《周易·系辞下·第十二章》)

一为摹象，"象也者，像也"，此处为动词，即象征、模拟之意，如：

·是故《易》者，象也；象也者，像也。(《周易·系辞下·第三章》)

·大衍之数五十，其用四十有九。分而为二以象两，挂一以象三，揲之以四以象四时，归奇于扐以象闰。(《周易·系辞上·第九章》)

·象事知器，占事知来。(《周易·系辞下·第十二章》)

由此可见，"象"在《周易·系辞》中的含义本身就是多义而丰富的，而在上述某些句子中，"象"可能同时包含以上 3 种含义。

"制器尚象"常与出自《周易》的另一成语"观象制器"相混用。就其意义而言，当无根本性差异，但如若深究，则会发现"尚象"之意比观象更为丰富。简而言之，"尚象"本身可分为"观象""取象""法象"几个层次。

### （二）观象："见天下之赜"

"古者包牺氏之王天下也，仰则观象于天，俯则观法于地，观鸟兽之文与地之宜，近取诸身，远取诸物，于是始作八卦，以通神明之德，以类万物之情。"[1] 这一段论述至为关键，因为其中明确指出八卦与器物的创制都来源于"观象"这一特定的认识方式。

"观"字，甲骨文为鸟的象形，类似猫头鹰，应与古人对鸟的观察有关。李约瑟认为，"'观'就是观察鸟的飞行，以测吉凶的意思。在《左传》中观字已有瞭望塔之意，又作占卜中观察自然现象的代称。"[2]

"观"实际上古人一种重要的生存手段与生存方式，在生产力极为低下的远古时期，面对反复无常、捉摸不定的天地与自然，原始先民必须首先具备"观"的能力。观日月运行知春分夏至，观星象变化知风雨晴晦，观浓云密布知大雨将倾，观河水浑浊知山洪将至，这种能力是在长期严酷的自然环境中所形成的必要的生存技能，也成为先民观察世界、认知世界的一种最为根本的方式。故顾炎武有言："三代以上，人人皆知天文。'七月流火'，农夫之辞也；'三星在户'，妇人之语也；'月离于毕'，戍卒之作也；'龙尾伏辰'，儿童之谣也。"[3] 这些"天上的时间表"都是通过有意识地"观"而得来的。《周易·贲卦·彖传云》："刚柔交错，天文也。文明以止，人文也。观乎天文，以察时变。观乎人文，以化成天下。"[4] 先民对自然规律的掌握，乃至时间观与空间观，也就是原始宇宙观的形成，都与"观"的方式有着密切的关联。

说文解字注："观，谛视也。宷谛之视也。"《谷梁传》曰："常事曰视，非常曰观。"[5]"宷"同"審"，即审视。可见，观并非仅仅是普通的"视"或"见"，而是仔细、深入、全面的审视与探察。因此，"观"之义，已具有从外在形象之观到内在规律把握的过程。

从"观象"的对象与范围来看，"仰则观象于天，俯则观法于地，观鸟兽之文与地之宜"。日月星辰、山川水文、虫鱼鸟兽乃至人类自身都是观的对象。正如《易传》所言，"盈天下莫非象也"，"在天成象，在地成形"。先民们可以在天地自然、万事万物所呈现的物像中进行观察、想象与提炼。宋代林光世所撰《水村易镜》云："古之君子，天地、日月、星辰、阴阳造化、鸟兽草木无所不知，不必读卦辞、爻辞，眼前皆自然之易也。世道

[1] 黄寿祺，张善文. 周易译注 [M]. 上海：上海古籍出版社，2004：533.
[2] [英] 李约瑟. 中国古代科学思想史 [M]. 陈立夫，等译. 南昌：江西人民出版社，1999：65.
[3] （清）顾炎武著，（清）黄汝成集释. 日知录集释 [M]. 上海：上海古籍出版社，2014：660.
[4] 黄寿祺，张善文. 周易译注 [M]. 上海：上海古籍出版社，2004：174.
[5] （东汉）许慎撰，（清）段玉裁注，许惟贤整理. 说文解字注 [M]. 南京：凤凰出版社，2007：714.

衰微，易象几废，孔圣惧焉，于是作大象、小象，又作系辞。”[1] 此话虽不免流于浮夸，但指出《易传》作者的目的在于令后人知易象是从仰观俯察而来的，大致如是。

就“观象”的方式与过程而言，前文曾论及“观象授时”，从陶寺的观象台遗址中，我们可以了解，“观象”并非一蹴而就，更可能是一个连续的过程。《周易·乾卦》的卦辞很有可能是仰观天象的结果。“这种苍龙六体的行天变化自黄昏之后的潜渊而至先龙在田，次至或跃在渊，又至飞龙在天，再至亢龙，终至群龙无首，记录了公元前二千年自秋分始而至秋分终的标准天象。”[2] 这一过程贯穿了龙星一年的运行过程。而这一天象的运行规律是如何得以把握的？九三爻辞所说“君子终日乾乾，夕惕若厉，无咎”，即君王毫不懈怠，昼测日影，夜观星象之所得。观是一个由浅入深、由表及里的过程，除了凭借视觉器官直观地看与视，甚至还包括通过仪器、工具与设备进行观测、计量、记录、推算等，在反复的测量、计算与对比中拟定时间的节点，形成时间的秩序。这种观测与实验的方法其实已经具备了今天所谓“科学”一词的最初含义。

“观象”的种种方式与过程，都是为了“见天下之赜”，即探究到事物到本质、特性与规律。正如刘纲纪先生在《周易美学》中指出，“观象制器思想的历史由来，不能简单地认为仅仅是《易传》作者的唯心臆想……它包含这样一个合理的思想：器的制作需要观察天地万物之象。”[3] “观象”即是先民在长期的生产生活实践中所形成的，探索自然与宇宙规律的一般方法，这一思维方式自然而然地应用于整体的生产与生活之中，正是其根本价值之所在。

### （三）取象：“拟诸其形容，像其物宜”

取象，即在“见天下之赜”的基础上，“拟诸其形容，像其物宜”的过程。其中有形象或图像的模拟（具象或抽象），也有物之意义与本质的揭示，而后者更为根本。这也即是系辞所说“圣人立象以尽意，设卦以尽情伪”之用意所在。

就形象模拟而言，在原始先民的制器活动中，器物的形制或装饰纹样大多来源于自然界、人类自身及社会生活，这已在众多考古发现的器物中被证实。至《周易》成书时，已有的尚象类器物，如早期彩陶与青铜器、玉器上的各种形制、装饰或纹样，可大致分为取象于人、动物、植物等多种类型。

其中，取象于人的具有代表性的器物有新石器时代马家窑文化的“彩陶堆塑人形壶”、秦安大地湾文化的“人面纹彩陶瓶罐壶”，以及这一时期的含山凌家滩文化直立形玉人、良渚文化以神人纹玉琮王为代表的系列玉器、商代后期三星堆青铜立人像、铜突目面具等。

取象于动物的具有代表性的器物有龙形的红山文化玉龙、兽形文化玉玦、商代妇好墓圆雕玉龙、龙纹角形铜觥、西周龙纹铜盉，以及凤形和鸟形的新石器时期河姆渡“双凤朝

[1] （南宋）林光世.《水村易镜》一卷，转引自黄寿祺，张善文. 周易译注 [M]. 上海：上海古籍出版社，2004：5.
[2] 冯时. 周易乾坤卦爻辞研究 [J]. 中国文化，2010（2）：65–93.
[3] 刘纲纪. 周易美学 [M]. 武汉：武汉大学出版社，2006：276.

阳”牙雕蝶形器、鹳鱼石斧图彩陶缸、仰韶庙底沟文化的黑泥质大陶鹰鼎等。

显然，上述依照自然万物拟取其形象，直接或通过某种变形、抽象，提炼加工成某种形象、形制、图像或符号是取象的一种重要方式，也是“制器尚象”的题中应有之义。但从《易传》的本文来看，显然并非其根本内容。

首先，《周易》取象的特点与关键，可以由“易”字入手进行解析。易之义有三：简易、变易与不易，其取象的特点也与之一致。以《周易》八经卦的取象为例，《周易》取象显然具有极度简化、抽象、概括的特点。《周易》以“——”象征阳爻，“– –”象征阴爻，两根横线即概括了在自然万物之中起决定作用的阴与阳两种根本性力量，所谓“《易》以道阴阳”。继而“两仪生四象，四象生八卦”，以 8 个由阴阳爻组成的三画卦来提炼出天地间根本的 8 种要素——天、地、雷、风、水、火、山、泽。再以三画卦两两相重为六十四卦，以阴阳的和合与变化生发出事物的千变万化，以此概括模拟天地间万事万物。相较于包罗万象、繁复宏深的广袤世界，其归纳与概括不可谓不精简。

其次，易之取象有变易的特点。就八经卦而言，虽然“天、地、雷、风、水、火、山、泽”为取象之本象，但八经卦并未以这些熟悉的词汇命名，反而采取了生活中不常用的“乾、坤、震、巽、坎、离、艮、兑”为卦名，似乎意在摆脱日常词汇的固有形象与意义限制，使之更具有阐释的多义性与不确定性，也为意义与形象的植入留下丰富的想象空间。这一特点在《周易・说卦传》中体现得更为明确。同一个卦常常有多种不同的取象，以乾卦为例，“乾为天，为圆，为君，为父，为玉，为金，为寒，为冰，为大赤，为良马，为老马，为瘠马，为驳马，为木果。”[1] 同一个卦，其取象也涵盖了“天地人”系统中的各类事物。

最后，易的取象也有不易的特点。说其不易，是因为取象的根本在于事物的性质、特点与规律，而这是相对稳定而不变的。正如八经卦的卦德，“乾，健也。坤，顺也。震，动也。巽，入也。坎，陷也。离，丽也。艮，止也。兑，说也。”[2] 无论其所取之象在名称和形象上如何变化，其卦德，即基本的性质和特性是不变，所谓“成象之谓乾，效法之谓坤”。《周易正义》曰：“画卦成乾之象，拟乾之健，故谓卦为乾也；画卦效坤之法，拟坤之顺，故谓之坤也。”[3] 由此可知，易之取象，是采用“以类取象、究其特质”的方法，也即今天的科学中所谓的“归纳法”，归纳出一类事物相通的特性与本质，从而“以通万物之德，以类万物之情”，借此来把握纷繁复杂的外在世界。这一类事物正如美丽的螺旋形背后隐藏着斐波那契数列（Fibonacci Sequence，又称黄金分割数列）一样，虽形态各异，但内在规律与数理是一致的。当然，这里的规律与本质并非我们今天所熟悉的科学体系下的话语，古人的科学观建构在整体的阴阳体系之下，以阴阳作为万事万物缘起生成的根本

[1] 黄寿祺，张善文. 周易译注 [M]. 上海：上海古籍出版社，2004：585.
[2] 同上，第 581 页.
[3] （魏）王弼，（晋）韩康伯等注，（唐）孔颖达疏. 周易正义 [M]. 北京：中国致公出版社，2009：263.

性因素与力量，“一阴一阳之谓道”。正如李约瑟所言，这是中国古代科学思想的特色，体现了“中国自然主义中极端有机与非机械的性质”。[1]

因此，取象的实质在于将所观之规律、本质、特性等以某种形式或载体提取并呈现出来，其结果可能是一种结构模式、一种动力模型、一种构造方式、形制样式或组合方式等，而这一载体或形式可能是多种多样的。以今天的学科分类言之，科学家将这部分内容以数字、公式或符号体现，艺术家或设计师以图形、图像等方式体现，而《周易》的思维则兼顾了这两者的特点。据目前的考古所发现，最早的占筮资料不早于商周两代，而且基本上为数字卦。《汉书·律历志上》载“自伏戏画八卦，由数起”，似乎也与此相符。古代易卦一直是以一、五、六、七、八、九这6个数字表示。可见在“象”之前，卦是以“数”的方式存在的，这也许是《周易》“象数”一体的渊源之所在。[2]

同时，取象的过程，并非单纯的、机械的模拟，必须有想象、领悟与灵感的介入。就“象”字而言，说文解字的解释是，“《周易·系辞》曰：‘象也者，像也。’此谓古周易象字即像字之假借。《韩非》曰：‘人希见生象。而案其图以想其生，故诸人之所以意想者皆谓之象。’似古有象无像。然像字未制以前，想象之义已起，故《周易》用象为想象之义。”[3] 因此，象的本身，也有想象、构想之意。观象、取象的过程，并非按现有的摹本依葫芦画瓢，而是必须借助领悟与想象才能对隐身于自然界中的规律进行发现、归纳与利用。科学发现也是建立在想象的基础之上的，正如每天有无数人见到苹果从树上落下，但只有牛顿从中发现了万有引力规律。就这一点而言，艺术、科学乃至今天的设计与创造的过程，都可谓异曲同工。

### （四）法象：“制而用之谓之法”

在《周易·系辞》中，“见乃谓之象，形乃谓之器，制而用之谓之法”[4] 这一句对制器尚象中的几个阶段与范畴做了清晰的划分，明确地界定了“象”“器”与“法”的实质内涵与关联。“象”是尚未形质化的规律与本质，“器”是形质化、实体化的器物，而“法”则是从“象”转化到“器”的过程与方法。因此，所谓的“制而用之”，也就是“法象”的过程。就“制器尚象”这一过程来看，“法”是“观”与“取”之后的第三个阶段。在这一阶段，利用观象、取象中归纳的形象、本质与规律，进行器物的塑形与制造，也即在设计中如何将设计意匠进行落实，如何将纸上或头脑中的“图纸”转化成有形器物的过程。就《周易》文本的论述来看，其重点在“尚象”，阐述并揭示创造、设计的来源、依据与一般方法，而对“制而用之”这一本体及过程也有深入阐述。但回到《周易》原文中，也许会为我们的解读带来某些启发。

“是故阖户谓之坤，辟户谓之乾，一阖一辟谓之变，往来不穷谓之通；见乃谓之象，

[1] [英] 李约瑟. 中国古代科学思想史 [M]. 陈立夫，等译. 南昌：江西人民出版社，1999：2.
[2] 冯时. 中国古代的天文与人文 [M]. 北京：中国社会科学出版社，2006：56.
[3] （东汉）许慎撰，（清）段玉裁注，许惟贤整理. 说文解字注 [M]. 南京：凤凰出版社，2007：801.
[4] 黄寿祺，张善文. 周易译注 [M]. 上海：上海古籍出版社，2004：519.

形乃谓之器，制而用之谓之法，利用出入，民咸用之谓之神。”[1]《周易正义》曰：“阖户，谓闭藏万物，若室之闭阖其户。”又曰：“辟户，谓吐生万物也，若室之开辟其户。”[2]这一段是以乾坤二卦的特性为例来进行阐述的，以闭门、开门为喻，揭示乾坤阴阳的变化生息道理。从这一段原文中可见，在领悟并把握到天地中“一阖一辟”的自然生息之理时，不仅可以此发明、制造出器物，而且可以在物的“使用”方式与过程中遵循其规律与道理。因此，制器之初就要考虑到“制造”与“使用”两个层面，这是对器物“设计”这一过程更为深刻的领悟与阐述。

因此，就“制器尚象”中历代先儒与近代学者争议不断的究竟是“尚物像”还是“尚卦象”的问题，似乎可以凭借上述分析做一个初步的结论，那就是相应的物像、卦象与器物之中所蕴含的本质与规律是一致的。但两者并没有绝对的先后关系，卦象是以符号的方式将规律抽象化，器物是以形质的形式将规律实体化，两者之间形成了某种相互参照、相互类通，甚而相互转换的关系。

“观象”“取象”与“法象”是在“制器”过程中必须遵循的3个重要阶段。观象授时、观象设卦、观象制器，都是通过对天地万物的深入观察，“见天下之赜”，发现其特性、本质与一般规律。正是在长期“观象”的传统中，揭示了“观”作为一种最普遍的认识方式的根本性价值所在。“取象”是将“观”之所得的本质与规律进行归纳、概括与抽象，形成某种心中的“图式”或“范式”。这可能是某种结构、力学模式或组合方式等，也可能是某种涉及造型、功用与使用的设计意匠。其规律是一定的，但其表现方式可能是多种多样的，正如易之取象有“简易、变易与不易”的特点。“法象”则是从“象”到“器”的形质化阶段，将取象中的“范式”与“图式”“设计意匠”落实到制作过程甚至使用过程中，使器物形质化、功能化。

就“制器尚象”的这3个过程而言，先民已经对器物创制的过程有了明确深入的认识、总结与归纳。但其重点在如何“尚象”的过程，也即器物创制的前期，对如何“制造”并未有深入的涉及。发明创造的前期过程，也即“观象”“取象”“法象”的过程，揭示了器物创制的来源、依据与方法。这实际上是原始先民在认知、探索自然与利用自然等过程中，所形成的“象天法地、师法自然”的整体思维方式，其目的在于“与天地相似，故不违。知周乎万物而道济天下，故不过。范围天地之化而不过，曲成万物而不遗，通乎昼夜之道而知。”[3]通过对自然深入科学的认识、归纳与模仿，达到模仿自然、顺应自然，与天地宇宙规律和谐一致的境界，这一造物方法论的揭示蕴含极为深刻的生态思维与意识，是中国本土先民在长期的造物实践过程中所形成的朴素经验与智慧的凝结，也从根本上奠定了后世的造物实践传统的底蕴与基调。

[1] 黄寿祺，张善文. 周易译注 [M]. 上海：上海古籍出版社，2004：519.
[2] （魏）王弼，（晋）韩康伯等注，（唐）孔颖达疏. 周易正义 [M]. 北京：中国致公出版社，2009：276.
[3] 黄寿祺，张善文. 周易译注 [M]. 上海：上海古籍出版社，2004：500.

# 第二节

# “天时、地气、材美、工巧”——《考工记》造物生态观

作为中国目前所见年代最早的手工业技术文献，《考工记》上接远古的造物传统，下启数千年的中国工艺制作实践，首次系统详细地论述了工艺造物的经验、法则、技巧与思想。《考工记》可谓古代工艺造物经验与思想之渊薮所在，也是我们了解古代设计与造物思想至关重要的桥梁与关隘。

而凡是研读过《考工记》的人，都会被其开篇“天时、地气、材美、工巧”的论述所深深吸引。这一论述作为《考工记》制器与造物的经验法则，为其后数千年的手工造物所依循传承，在后世的设计与造物文献中，也能清晰地看到这一观念的规约与影响。按闻人军等学者的考证，《考工记》成书于战国初期，为齐国论述手工业的官书。作为先秦时期一部系统论述官方手工业的文献，“天时、地气、材美、工巧”如何指导具体的造物实践？这一框架的成形基于什么样的思想背景与认识观念？其对当代语境下的设计与造物活动而言是否还有价值？尽管关于《考工记》的论述丰富，但对以上问题的讨论却总令人感到意犹未尽。而在当前技术思想日新月异的时代，再回过头来审视《考工记》，却发现这一论著中的观念仍然有着无可替代的价值与强大的穿透力，吸引人们不断地阐释与重读，也不断地给予人们新的启示。

## 一、造物过程中的“天地材工”

“天时、地气、材美、工巧”出于《考工记·卷上·总叙》，其原文为，“天有时，地有气，材有美，工有巧，合此四者，然后可以为良。材美工巧，然而不良，则不时，不得地气也。”[1]这段总论以极其精练的语言概括了制器造物活动中的4个重要因素“天时、地气、材美、工巧”，形成了一种“天、地、材、工”的整体框架。闻人军先生在《考工记导读》中说：“《考工记》是原始系统思想指导下的杰作……勾勒出一个相互联系和制约的社会系统，‘百工’是其中不可缺少的一个子系统……一旦构成系统，此书的价值

[1] 闻人军. 考工记译注 [M]. 上海：上海古籍出版社，2008：4.

远过于这三十工的机械总和。作者用述而不作的儒家伦理，遵循天时、地气、材美、工巧四原则，以及严格的质量管理制度，将三十工有机地组成一个整体。"[1]那么，这四原则的内涵是什么？它们是如何体现在30个工种之中？又如何贯穿在整体的制器造物活动之中？

### （一）"天时"：敬天法天，顺时而作

"天时"原文为"天有时以生，有时以杀；草木有时以生，有时以死；石有时以泐；水有时以凝，有时以泽。此天时也。"[2]《考工记》认为，天有其"生杀"之时，决定着山川草木的兴衰枯荣，也决定着作为造物之本的"材料"的特性与质地。对于天之"时"，《尔雅·释诂》云："时，是也。"[3]是，又写作"昰"，即正确。以"时"示正，意谓合于时则正确无误。又曰："此时之本义。言时则无有不是者也。"可见源于天之"时"乃是必须遵循的准则。《考工记》中的"天时"应指自然运行的节律、时序，以及气候的变化等。《尔雅·释天》则列出了对于时更具体的解释，其下列"四时"为"春为苍天，夏为昊天，秋为旻天，冬为上天"。后又有"春为发生，夏为长嬴，秋为收成，冬为安宁，四时和为通正，谓之景风"，[4]四时中蕴含"春生、夏长、秋收、冬藏"的生长循环与节律。因此，在以农业文明为根基的中国古代社会中，"天时"无疑具有极为重要的意义。

材料采集是工艺制作的第一个环节，《考工记》对此给予了充分的重视，强调取材与砍伐必须依循特定的时间与季节。"轮人为轮"一节中提道："斩三材必以其时。"《周礼·地官·山虞》中有明确说明："仲冬斩阳木，仲夏斩阴木。"郑玄注："冬斩阳、夏斩阴，坚濡调。"[5]这里对"时"的要求是符合阴阳相协的法则。"弓人为弓"一节中则说"取六材必以其时"。制弓的六材即六种原料，包括干、角、丝、漆、筋、胶。据郑玄注："取干以冬、取角以秋，丝漆以夏，筋胶未闻。"[6]每一种材料因生长规律与特性不同，所以采集时间有所不同，而其中相交的内容，则有"秋閷者厚，春閷薄，稚牛之角直而泽，老牛之角紾而昔"。[7]可见，只有顺应万物生长的规律，在适宜的时节与气候中加以砍伐与采集，才能保持最佳的物性与质地，也能极大地保持材料采集地的生态环境。

不仅如此，在工艺制作的整个流程之中，也要依据时节的更替进行不同的工艺制作，"凡为弓，冬析干而春液角，夏治筋，秋合三材，寒奠体，冰析灂。冬析干则易，春液角则合，夏治筋则不烦，秋合三材则合，寒奠体则张不流，冰析灂则审环，春被弦则一年

[1] 闻人军. 考工记导读 [M]. 北京：中国国际广播出版社，2008：4-5.
[2] 闻人军. 考工记译注 [M]. 上海：上海古籍出版社，2008：4.
[3] 胡奇光，方环海. 尔雅译注 [M]. 上海：上海古籍出版社，2004：232.
[4] 同上，第233页.
[5] 闻人军. 考工记译注 [M]. 上海：上海古籍出版社，2008：18.
[6] 同上，第135页.
[7] 同上，第134页.

之事。”[1]“凡冒鼓；必以启蛰之日。”[2]不同的时节，因气候、温度、节律不同，适宜采用不同的工序，只有辨明其中的规律，并循此进行工艺的制作，才能事半功倍，制成优良的器物。

《考工记》中的“天时”，与几乎同时期的《礼记·月令》中的“天时”非常接近。《礼记》按照一年十二个月的时令，记述了官方的祭祀礼仪、职务、法令、禁令，并把它们归纳在五行相生的系统中。各种人事活动，都必须遵循自然的顺序与节律，受到太阳、四时、月、神、五行各种力量的制约。但《考工记》中与“天时”相关描述却是剥离了相关社会与政治层面的驳杂内容，更多指称一种自然界的循环节律与时令，因此并无多少神秘之感。但在“天”的“时”之外，《考工记》中还有部分值得考察的与“天”相关的论述，则具有更深的意味。

在“辀人为辀”篇中，“轸之方也，以象地也；盖之圜也，以象天也；轮辐三十，以象日月也；盖弓二十有八，以象星也；龙旂九斿，以象大火也；鸟旟七斿，以象鹑火也；熊旗六斿，以象伐也；龟蛇四斿，以象营室也；弧旌枉矢，以象弧也。”[3]轸与盖效法“天圆地方”的观念，有轮辐三十条，对应一月三十日，盖弓二十八条，对应二十八星宿，龙旂、鸟旟、熊虎旗、龟旐则分别对应大火、鹑火、伐星、营室，即天上的青龙、朱雀、白虎、玄武四方星宿。将“四象”分别画在旌旗上，表明前后左右之军阵，鼓舞士气，达到战无不胜的目的。《十三经注疏·礼记·曲礼上》论及其作用时说：“如鸟之翔，如龟蛇之毒，龙腾虎奋，无能敌此四物。”这一句中，揭示了器物制造思维与“天”之间的关系。器物的形制、数量、方位的依据来自“天”，更确切地说，是“天象”与“天数”。而这样的对应，并非仅仅出自对自然要素的考量，更多体现出对一种天然的合理性的获取，也即试图在模拟天、比附天的过程中，具有“天”的权威与神秘力量。

进一步来说，在古代工匠的心目中，天上的星象还具有技术性的指导意义。据闻人军考证，在“辀人”一节中，“辀注则利，准则久，和则安”[4]。其中，“注”就是指南方七宿之“柳宿”，其连曲线形与“辀”即考古车辕形状非常相似，可见以星象形状在这里对制器原理起到技术性的指导意义。在“匠人”一节中，“匠人为沟洫……凡行奠水，磬折以参伍”[5]。其中，“参伍”分别是指参宿和昴宿，“磬折”是指泄水构筑物的剖面顶角的折线形状类似古乐器“磬”的上边缘折角，角度则取参宿猎户座左右两侧各三星的折角角度，大约是150° 。这是比较有意思的说法，非常类似黄金分割比数值在古希腊建筑中的作用，只不过“磬折”数值来自对星象的观察，而黄金分割比来自几何学的抽象推导。

由此，我们不难体会《考工记》中对“天”，即“天时”与“天象”的敬畏与膜拜。天是天然合理性与权威的所在，是造物等人类行为的律令与终极依据，因此，顺应天的时序与

[1] 闻人军. 考工记译注 [M]. 上海：上海古籍出版社，2008：139.
[2] 同上，第65页.
[3] 同上，第37页.
[4] 同上，第34页.
[5] 同上，第120页.

节奏，尊重自然的生发规律，象天法地、应时而动，便成为古代器物制作的一种传统意识与法则。而这一认识也一直延续到后世的器物制造，以及营建之术中。

### （二）“地气”：自然与人文之空间限定

“气”是中国古代的一种原始综合科学概念。“地气”包括地理、地质、生态环境等多种客观因素。《考工记》中对地气的表述是：“橘逾淮而北为枳，鸜鹆不逾济，貉逾汶则死，此地气然也；郑之刀，宋之斤，鲁之削，吴粤之剑，迁乎其地而弗能为良，地气然也。”[1] 特定的植物或动物只能在特定的区域生长栖息，否则就无法生存，或者发生某种畸变；而诸如斧斤刀剑等人工造物也必须是在某些特定的区域生产制造，才能具备优良的品质，这一段的论述中至少包含两层意思。

首先，地气是自然条件，指独特的地理、地质、气候等形成的区域性水土环境或生态环境，包含独特的土壤、水文、温度、植被等适宜某种植物或动物生长栖息的条件，往往具有唯一性，不可任意取代。其次，地气还涉及人文条件，包括独特的制造资源、条件、工匠技艺水平与流派等制作传统。正如《考工记》开篇中所说：“粤无镈，燕无函，秦无庐，胡无弓车。粤之无镈也，非无庐也，夫人而能为庐也；燕之无函也，非无函也，夫人而能为函也；秦之无庐也，非无庐也，夫人而能为庐也；胡之无弓车也，非无弓车也，夫人而能为弓车也。”[2] 某地的制作传统与技艺的传承与流布，会形成地域性的行业制作体系与团队，从而形成其工艺优势与特色。

可见，远在《考工记》之时，人们已经认识到独特的生态环境与水土环境对植物与动物的影响，对适宜的物种及其特性进行了分门别类的归纳与总结。而在器物制作中，对地气的认识也是相当客观、准确而深入的，所谓“仰则观象于天，俯则观法于地”，只有对各种地理、自然条件进行全面观察与归纳，才能形成这种具有辩证性的结论与经验。

### （三）“材美”：循其物性，量材为用

“燕之角，荆之干，妢胡之笴，吴粤之金锡，此材之美者也。”[3] 此为材美。这一段文字将“材美”定义为是某个特定地区出产或制造的特产，可见“材美”与地气即地理环境与条件有密切的关联。材美的评价标准，可归纳为优良的材料特性与物用特性。《考工记》中对“材美”的判断也进行了详细的论述。

“弓人为弓”中，对何为材之美者、如何审曲面势，进行了较为详细的说明。“凡取干之道七：柘为上，檍次之，檿桑次之，橘次之，木瓜次之，荆次之，竹为下。”[4] 针对干材的原材料选择，对 9 种木材进行了列举和比较。对于干材的材料特性与物用特性，要从

[1] 闻人军．考工记译注 [M]．上海：上海古籍出版社，2008：4.
[2] 同上，第 1 页.
[3] 同上，第 4 页.
[4] 同上，第 134 页.

颜色和声音两方面审察，“凡相干，欲赤黑而阳声，赤黑则乡心，阳声则远根”[1]。对于角材的选择，“稚牛之角直而泽，老牛之角紾而昔”[2]。不仅如此，还对角材的每个部分也进行了详细的说明：“夫角之本，蹙于脑而休于气，是故柔……夫角之中，恒当弓之畏，畏也者必桡……夫角之末；远于而不休于气，是故胞。”[3] 如果角长二尺五寸，根部色白，中段色青，尖端丰满，符合这样的标准，牛角的原材料就能充分与弓之功能相结合，可谓难得一见的美材了。对于胶的材料优劣的辨别，则以种类与颜色为依据，“凡相胶，欲朱色而昔，昔也深，深瑕而泽，紾而抟廉。鹿胶青白，马胶赤白，牛胶火赤，鼠胶黑，鱼胶饵，犀胶黄”[4]；在“辀人为辀”篇中，论述“轴有三理：一者，以为媺也；二者，以为久也；三者，以为利也”[5]。其中提出了轴材的选择标准。对于筋的辨别，也提出了具体的标准：“凡相筋，欲小简而长，大结而泽。”[6] 可见，在“弓人为弓”篇中，对 6 种原材料的好坏标准、选择依据、如何审曲面势等都进行了详细的归纳。从上文可见，对“材美”的论述，总是与功能关联起来加以解说，强调如何在适应、突出功能的前提下进行合适的选材。

这一材料选择的取向，是古代工艺造物活动的出发点。因为古代工艺发展的条件制约，所以更多强调的是就地取材、因材制宜，选择尽可能符合制作功能的优良的材料，也避免了在后期对材料反复、多次的加工，从而避免了材料、资源与能源的无谓消耗与浪费。

### （四）“工巧”：因材施艺，巧合法度

在“工”的定义之中，出现了对巧者的解读，“知者创物，巧者述之守之，世谓之工。百工之事，皆圣人之作也。”[7] 巧者与工者指向同一个范畴。《说文解字》中有云：“工，巧饰也。象人有规矩也。与巫同意……徐锴曰：‘为巧必遵规矩、法度，然后为工。否则，目巧也。巫事无形，失在于诡，亦当遵规矩。故曰与巫同意。’”[8] 这里明确指出巧是工之为工的关键所在，所谓巧，即是要遵从造物过程中的经验、法则、规矩等，从而将原材料加工制作为一件完整的器物，其核心即是在规矩与法度限制下的经验与工艺水平。《考工记》非常罕见地将当时作为一个“百工”、一位“巧者”所应遵循的标准进行了详细的记载，使后人有章可守、有迹可循，其中至少包括以下几个过程：

其一，如何审饬五材，“凡斩毂之道，必矩其阴阳。阳也者，稹理而坚；阴也者，疏理而柔。是故以火养其阴，而齐诸其阳，则毂虽敝不藃”[9]；其二，如何进行材料加工，“是

[1] 闻人军. 考工记译注 [M]. 上海：上海古籍出版社，2008：134.
[2] 同上.
[3] 同上.
[4] 同上.
[5] 同上，第 32 页.
[6] 同上，第 134 页.
[7] 同上，第 1 页.
[8] （东汉）许慎撰，（清）段玉裁注，许惟贤整理. 说文解字注 [M]. 南京：凤凰出版社，2007：356.
[9] 闻人军. 考工记译注 [M]. 上海：上海古籍出版社，2008：20.

故以火养其阴，而齐诸其阳，则毂虽敝不蔽”[1]；其三，如何评估工艺水平，“容毂必直，陈篆必正，施胶必厚，施筋必数，帱必负干。既摩，革色青白，谓之毂之善。”[2]“凡揉牙，外不廉而内不挫，旁不肿，谓之用火之善。”[3]“故可规、可萬、可水、可县、可量、可权也，谓之国工。”[4]“良盖弗冒弗纮，殷亩而驰，不队，谓之国工”[5]；其四，如何进行成品验收，在“舆人为车”一节，有“圜者中规，方者中矩，立者中县，衡者中水，直者如生焉，继者如附焉”[6]；在“辀人为辀”一节，有“辀欲弧而无折，经而无绝，进则与马谋，退则与人谋，终日驰骋，左不楗；行数千里，马不契需；终岁御，衣衽不敝，此唯辀之和也。劝登马力，马力既竭，辀犹能一取焉，良辀环灂，自伏兔不至軓，七寸，軓中有灂，谓之国辀”[7]。

可见，工巧是将材料转换为优良器物的关键要素。工巧既指整体的器物制作工艺，包括制作方法、技巧、经验、验收标准等要素，又特指高超的工艺水平。所谓工巧，是基于对材料物性的深刻把握、对器物功能的深刻领悟、反复长期的技艺训练和广泛的经验积累的基础之上的，是造物实践中最为关键的“动力因”。

而在巧之中，还蕴含“技近乎道”的这一层次，在论述手工技艺中广为引用的“庖丁解牛”也正是这样的巧之体现。熟能生巧，只有在对材料、过程、工具的反复熟悉，在对各种工艺条件了如指掌之后，才能熟练把握领悟造物规律与特性，从而与其自然与物用特性一致。

通过前述对《考工记》具体造物实践的分析，我们不难发现，先秦时期在器物制作方面已经形成了严密的分工、较为明确的制作链条与环节，也对制作过程进行了系统的管理。而在整个过程中，都贯穿着“天时、地气、材美、工巧”这样的概念系统，体现在器物制作从材料选择、材料砍伐，到材料判别、原材料加工、零部件制作、组合、成品检验等一系列环节之中，也贯穿于不同工种的制作要求与制作工程之中。整个造物过程受到严格的自然与生态条件的制约，在遵循、顺应自然法则与造物规律的前提下处于一种合理、有序的状态，显而易见，其中蕴含朴素的生态造物思维。

## 二、生态视域中的“天地材工”

根据大多数学者的研究，《考工记》成书时间约为战国前期，其性质为战国时期齐国官书。而《考工记》作为亡佚之书的补充收录进《周礼》之中，也为我们提示了一个值得

[1] 闻人军. 考工记译注 [M]. 上海：上海古籍出版社，2008：20.
[2] 同上.
[3] 同上，第 23 页.
[4] 同上.
[5] 同上，第 26 页.
[6] 同上，第 29 页.
[7] 同上，第 34 页.

注意的线索。《周礼》原名为《周官》，乃记述西周政治制度之书，全书有六篇，分别是《天官冢宰》《地官司徒》《春官宗伯》《夏官司马》《秋官司寇》《冬官司空》（早佚，汉时补以《考工记》）。《周礼》所载的周朝官制，以冢宰（太宰）为天官、司徒为地官、宗伯为春官、司马为夏官、司寇为秋官、司宫为冬官，整体以天、地、四时（四季）为纲领，而且六官每官各下辖六十官，共三百六十官，象征周天三百六十度。《周礼》六篇的整体布局具有明显的“以人法天”的思想，这与《考工记》的内在逻辑其实是一致的。

《考工记》中开篇即提出“天、地、材、工”这一系统，将器物与工具制造的相关论述在天地的整体网络之中展开，为我们呈现了这样一幅图景：天时所强调的四季流转与更迭中，春夏秋冬周而复始，自然宇宙在这样的节奏中循环流动，制器的过程也在这样的过程中年复一年地完成。造物虽然是相对具体的层面，但却与我们置身的这一天地时空密切关联，如果将“工巧”转化为“人”之要素，不难发现其中呈现出的就是一种宏观的“天、地、人”一体的构架。而在本土的思想渊源中，“天、地、人”一体的整体思维方式由来已久，在成书最早的典籍《周易・系辞下》中，已经有对于“天、地、人”三才的表述，即“有天道焉，有人道焉，有地道焉，兼三才而两之，故六。六者非它也，三才之道也”。这一认识框架在后世的流传中逐渐成为一种普遍的思想背景，在其后的众多典籍如《荀子》《管子》《孙子兵法》《淮南子》《齐民要术》《农书》中都有所承继与体现，见表 2-1。

**表 2-1 古人对“天、地、人”的理解的比较[1]**

| 论者 | 天 | 地 | 人 | 行为结果 | 文献出处 |
| --- | --- | --- | --- | --- | --- |
| 周易 | 有道 | 有道 | 有道 | 兼 | 《周易・系辞下》：“有天道焉，有人道焉，有地道焉。兼三才而两之，故六。” |
| 荀子 | 有时 | 有财 | 有治 | 参 | 《荀子・天论》：“天有其时，地有其材，人有其治，夫是之谓能参。” |
| 荀子 | 不失时 | 不失利 | 得和 | 百事不废 | 《荀子・王霸》：“上不失天时，下不失地利，中得人和，而百事不废。” |
| 荀子 | 不失时 | 不失利 | 不失和 | 财货浑浑 | 《荀子・富国》：“上得天时，下得地利，中得人和，则财货浑浑如泉涌，汸汸如河海，暴暴如丘山”。 |
| 管子 | 度祥 | 度宜 | 度顺 | 无水旱<br>无饥馑<br>无祸乱 | 《管子・五辅》：“上度之天祥，下度之地宜，中度之人顺，此所谓三度。故曰：天时不祥，则有水旱；地道不宜，则有饥馑；人道不顺，则有祸乱。” |
| 管子 | 顺时 | 约宜 | 忠和 | 风调雨顺<br>五谷丰登<br>六畜蕃息<br>国富兵强 | 《管子・禁藏》：“顺天之时，约地之宜，忠人之和，故风雨时，五谷实，草木美多，六畜蕃息，国富兵强……” |
| 《考工记》 | 有时 | 有气 | 有巧 | 良 | 《考工记》：“天有时，地有气，材有美，工有巧，合此四者，然后可以为良。” |

[1] 闻人军. 考工记译注 [M]. 上海：上海古籍出版社，2008：34.

续表

| 论者 | 天 | 地 | 人 | 行为结果 | 文献出处 |
|---|---|---|---|---|---|
| 孙子 | 知时 | 知利 | 知己彼 | 胜乃不殆<br>胜乃不穷 | 《孙子兵法·地形》："知彼知己，胜乃不殆；知天知地，胜乃不穷。" |
| 司马法 | 顺道 | 设宜 | | | 《司马法》："先王之治，顺天之道，设地之宜……" |
| 孙膑 | 知道 | 知理 | 得民心<br>知敌情 | | 《孙膑兵法·八阵》："上知天之道，下知地之理，内得其民之心，外知敌之情……" |
| 淮南子 | 因时 | 尽财 | 用力 | 群生遂长<br>五谷蕃殖 | 《淮南子·主术训》："上因天时，下尽地财，中用人力，是以群生遂长，五谷蕃殖。" |
| 孙思邈 | 顺时 | 量利 | 用力 | 用力少而成功多 | 《齐民要术》："顺天时，量地利，则用力少而成功多，任情返道，劳而无获。" |
| 王祯 | 顺时 | 因宜 | 存 | | 《农书》："天气有阴阳寒燠之异，地势有高下燥湿之别……顺天之时，因地之宜，存乎其人。" |

可以说，"天地人作为中国传统思维框架，曾被广泛地运用到政治、经济、军事、农业等许多领域之中，在农业上表现为天时、地宜、人力，在军事上表现为天时、地利、人和，在造物设计上则表现为天时、地气、工巧。"[1] 这一宏阔的、整体的、有机联系的"天地人"思维框架，源于前文所论述的"天人观"思想源流，是中国人认识世界的基本出发点，也是一种渊源流长、根深蒂固的普遍的知识背景与传统。正是在这样一种价值观念的影响下，才生发出了"天、地、材、工"的整体造物观。其中，四者的"和谐"至关重要，依循"天时、地气"的各种限制性条件，选择适宜之"材料"，再充分发挥人力之"工巧"，"合此四者，然后可以为良"。在这一框架中，天地自然的规律与节奏是神圣之源，是天地之中的人及其造物等实践行为的最高准则。正如《周易·文言》中对"大人"的表述："夫大人者，与天地合其德、与日月合其明，与四时合其序，与鬼神合其吉凶。先天而天不违，后天而奉天时。"顺天应时、适应把握天地间的变化，正是造物实践中所力求达至的"天人合一"的理想状态。[2]

在思想史的线索中，"天、地、人"的整体网络在《考工记》成书之际已经是一个普遍的共识。但值得注意的是，只有在《考工记》之中，才得以以用极为精练的语言总结与记载，为我们从一般思想观念到具体的造物实践之间搭建了极为重要的桥梁。《考工记》一开始的造物活动，就是在"天、地、人"这个网络当中来定位、描述与归纳的。其中明确表述了这样的宇宙观是如何作用于先秦时期的造物活动，如何贯穿于先秦自材料采集、砍伐、原材料加工、制作、组装乃至验收检测的全过程之中的。这种整体性的宇宙观得以在形而下的器物制造活动中全程落实，成为造物的依据、法则与标准，也使造物活动先天带有一种神圣的意味。因此，尽管器物制造这个层次，归属于"术"的范畴，但其论述与思考仍然来自天地之"道"的层面。

[1] 胡飞. 中国传统设计思维方式探索 [M]. 北京：中国建筑工业出版社，2007：157.

[2] 黄寿祺，张善文. 周易译注 [M]. 上海：上海古籍出版社，2004：19.

可以明确地说，自《考工记》开始，在中国本土造物思想传统中，已经形成了一种有机统一、动态循环的整体自然观，主张造物实践必须在人与天地、人与自然和谐的状态下才能得以持续。这一观念深刻地揭示了造物活动中“物”制造实践与自然资源及环境之间休戚与共的关系。在人类社会因高速发展而遭遇困境之时，这样的思想包含极为可贵的生态思维内核。

今天，人类已经习惯以技术的不断升级来解决日益恶化的生态问题，但美国环境科学家、生态学家巴里·康芒纳在《封闭的循环》中指出，在生态与环境问题上，技术解决的方法与思路之所以失败，是因为我们忽视了生物系统的整体性；并明确指出，“这是还原论的过错，还原论认为研究复杂系统的孤立部分属性可以获得对整体系统的充分理解。还原的方法论是许多现代科学研究的特点，但它对于分析面临着退化威胁的巨大的自然系统来说，并不是有效的手段。”[1] 而古代中国人在思考“天、地、人”的问题时，总是把这个宇宙当成浑然合一、笼罩一切的整体，并产生一种根深蒂固的秩序感。

这正如同下面这种具有代表性的看法一样，“西方伦理学强调人与自然、科学与价值的分离，在事实与价值之间具有不可逾越的界限，西方人要突破这种界限在观念上存在着极大的困难……而东方智慧明确地表达了一种整体主义思想。它的本质特征是天人合一……与西方思维方式形成鲜明对照，中国传统哲学是以一种主客交融的、有机的、灵活的和人性的方式来认识和对待自然和环境，所追求的目标是人和自然的和谐与统一。”[2]

在“天人合一”思想背景下出现“天、地、材、工”的造物系统，是一种必然的逻辑，表达了一种依循物性与内在法则、顺应自然规律来进行器物制造的观点。尽管类似整体的、联系的、动态的意识在生产生活实践中已经有了很长的历史，但以专门文献的方式系统地加以论述、归纳与总结还是第一次，而且这样的归纳渗透和贯穿于造物制器的全过程之中，将人与物、材与器的关系纳入整体的宇宙自然的系统加以观察、描述。这正是《考工记》历久弥新的价值之所在。

当然，一个显而易见的事实就是，《考工记》的造物观是在传统农耕社会的历史条件下孕育而成的，其所依存的社会结构、生产条件、技术条件与生活方式与今天这个时代已经是天壤之别。这也是我们在往回看，往历史与传统的深处寻找思想资源时所普遍面对的问题。但是，正如德国存在主义哲学家雅斯贝尔斯在命题“轴心时代”中所说，历史发展的源头所产生的文化，是每个民族寻找自身发展的精神源泉和动力，这种思想的生命力是亘古常新的。当人类社会发展到21世纪，在大自然面前的傲慢与冷漠与日俱增之时，当我们沉浸在控制自然、征服自然的洪流中时，这些古老的生态智慧却越发显现出其超越时代的远见卓识，随时提醒我们重新回顾、重新审视人与自然的关系，重新寻觅人与自然的“和谐之境”。

[1] 雷毅. 深层生态学思想研究 [M]. 北京：清华大学出版社，2001：27.
[2] 同上，第7页.

## 第三节

# 天人秩序下的造物思想之演进——以重要设计文献为线索

### 一、《梦溪笔谈》：技理相参

看待两宋的设计理念问题，固然不可割裂其时代语境。对于今日的中国社会受古代文化影响的程度，相比较而言，受两宋的影响实际上比受唐代的影响更为深远。宋代造物文化较为发达，这一时期也留下了许多著作，其中有沈括的《梦溪笔谈》、李诫的《营造法式》等。严复曾为此感慨道："若研究人心政俗之变，则赵宋一代历史最宜究心。中国所以成为今日现象者，为善为恶，姑不俱论，而为宋人之所造就，什八九可断言也。"[1] 在政治格局上，尽管两宋在当时受到北方各民族政权的挤压，尤其是南宋偏安一隅，但这一时期的造物文化却迎来了一个高峰。在朱熹的影响之下，宋代新儒学的影响延续至今，甚至远播东瀛。这一时期的造物思想尤其值得挖掘。设计史就其内核而言，就是一部艺术与技术的纠缠史。在两宋时期，艺术与技术之间存在各种较量，而贤者能人也对这些问题有所思考。随着王安石主导的"熙宁变法"的影响，沈括本人的超前意识及科学探索精神在这一政治改革的时代背景之下得到了推进。

《宋史·沈括传》载："沈括字存中，以父任为沭阳主簿。擢进士第，编校昭文书籍。迁提举司天监，日官皆市井庸贩，法象图器，大抵漫不知。括始置浑仪、景表、五壶浮漏，后皆施用……其置浑仪、景表、五壶浮漏，并予以评价'后皆施用'。"[2] 沈括自幼对大自然的各种现象及原理具有强烈的兴趣，他的科学思想当中包含相当数量的设计伦理哲学思想。下文将对沈括其人、其事、其言及其生活的时代进行还原，以思考他的生态设计理念，从而挖掘其当代价值。

#### （一）《梦溪笔谈》中的生态设计思想

1. 设计伦理观——"应有道"

"王鉷据陕州，集天下良工画圣寿寺壁，为一时妙绝。画工凡十八人，皆杀之，同为

[1] 严复. 严复集（第三册）[M]. 北京：中华书局，1986：668.
[2] （元）脱脱，等. 宋史·沈括传 [M]. 北京：中华书局，1977.

一坎，瘗于寺西厢，使天下不復有此笔。其不道如此。”[1]

这条是沈括所做的价值评判，良工画圣被“皆杀之”，这种暴虐的行为无异于“竭泽而渔”，断不可取，故引发其愤怒。王鉷为一己之私而伤人性命，大抵也是因害怕自己所拥有的最美的东西再被别人所占有的恐惧所致。沈括能够站在伦理道义的角度对这一行为进行批判，也从侧面反映出了他思想中的生态设计伦理理念。设计是人从事的工作，如果不能对人的关系进行良好的协调，那必然只会招致恶果，失去人心道义。

2. 知识基础——从“四至八到”到“二十四至”

在古代舆图的绘制上，沈括也有所创新。在《梦溪笔谈》第575条，他绘制守令图，所取距离都是“鸟飞之数”，即水平直线距离，并把前人只记“四至八到”（即从一地至其北、东北、东、东南、南、西南、西、西北各地的里数）增为“二十四至”（即二十四个方向所到之处的里数）。[2] 他认为有了二十四至的“鸟飞之数”，即使以后地图亡佚了，按二十四个方向所到之处的水平直线距离布置郡县，也可以很快绘成精确的郡县分布图。我们如果把流传至今的宋代地图与欧洲中世纪所绘制的宗教“寰宇图”（即“轮形地图”或“T-O地图”）相比，前者显然出色得多。宋代绘制的地图，如刘豫阜昌七年（公元1136年）上石的禹迹图（图2.1）等，堪称是当时世界上最杰出的地图。[3]

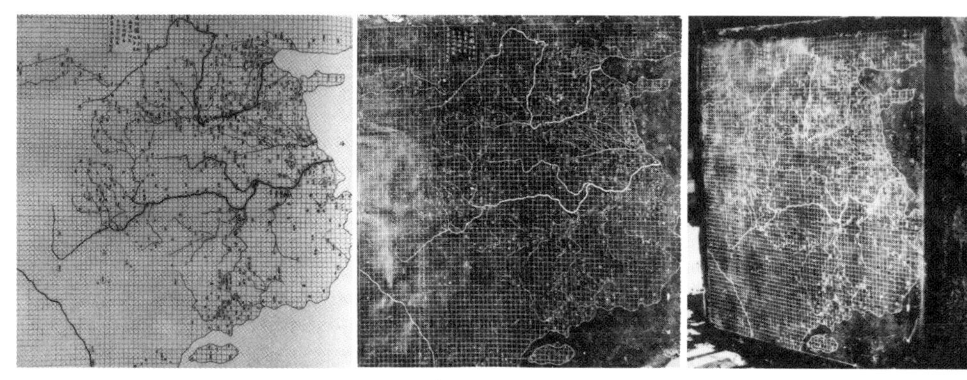

图2.1　禹迹图图石及拓片、墨线图

公元1071—1095年，沈括在“制图之法”中明确提出，绘制地图须先测得地形、地物间的水平直线距离。他用拦水筑堰法，测得京师上善门至泗州淮口八百四十里一百三十步的地段内，高差为十九丈八尺四寸六分。沈括根据此法制成“天下州县图”，北宋诸“路”图十八轴。他始而用面糊、木屑或熔蜡，继而用木刻，制成立体地形模型图。《宋史·沈括传》有载，沈括奉使契丹时，考察了那里的山川地形，撰《使辽图钞》一卷。[4]

[1]（北宋）沈括．梦溪笔谈[M]．诸雨辰，译．北京：中华书局，2017：374-375.
[2] 同上，第708页.
[3] 曹婉如，等．中国古代地图集（战国—元）[M]．北京：文物出版社，1999：1-2.
[4] 同上，第117页.

宋代舆图现存有中国陕西西安碑林所存宋代“禹迹图”“华夷图”、四川容县“九域守令图”，日本东福寺“舆地图”等。

由此可知，沈括生态设计思想中的“整体观”是建立在已有的科技基础之上，并不会凭空而降，自说自话。这也证明他的理念存在于现实理论的依据。盖因设计并不是纯粹的艺术创作，设计存在于服务的对象，必定会有一定的要求和范围，从某种层面上也说明了设计实质上是一种“戴着镣铐跳舞的克制的艺术”。

3. 敏感度——“虚能纳声”

“古法以牛革为矢服，卧则以为枕，取其中虚，附地枕之，数里之内有人马声，则皆闻之，盖虚能纳声也。”[1]

沈括能从如此细小的角度观察思考并得出结论“虚能纳声”，这种思维模式也契合了绿色设计所不可忽略的创作敏感度。在创作中，类似意大利设计师阿莱西设计的“安娜开瓶器”与“男朋友”组合的创意，如若设计师没有“审美眼”[2] 的敏感度，那将会有多少与创意擦肩而过的遗憾。

4. 反复实验、可参与性——“复量鉴之大小”

“古人铸鉴，鉴大则平，鉴小则凸。凡鉴洼则照人面大，凸则照人面小。小鉴不能全观人面，故令微凸，收人面令小，则鉴虽小而能全纳人面。仍复量鉴之大小，增损高下，常令人面与鉴大小相若。此工之巧智，后人不能造。比得古鉴，皆刮磨令平，此师旷所以伤知音也。”[3]

近现代西方文明蓬勃发展的最重要的一个推因“科学革命”，其本质内核的求真精神为“反复试验”，这种观念在当今生态绿色设计之中也不可或缺。《可持续性设计》的作者布莱恩・爱德华兹说：“美存在于以最小的资源获得最大限度的丰富性和多样性——这也是可持续时代一个重要的目标。”[4] 如何能让设计涉及的多方面因素呈现形式与功能均衡的状态，需要设计师考虑原材料、构思创意、制作、产出，尤其是损毁、废弃之后的处理等多方面的因素，而“反复考证”这一环节必不可少。

5. 听之未必可信——“予观之。理诚如是”

“世有透光鉴，鉴背有铭文，凡二十字，字极古，莫能读。以鉴承日光，则背文及二十字皆透在屋壁上，了了分明。人有其原理，以谓铸时薄处先冷，惟背文上差厚，后冷面

[1] （北宋）沈括．梦溪笔谈 [M]．诸雨辰，译．北京：中华书局，2017：410.

[2] 日语词汇，意为品味、识别美的能力．

[3] （北宋）沈括．梦溪笔谈 [M]．诸雨辰，译．北京：中华书局，2017：414.

[4] ［英］布莱恩・爱德华兹．可持续性设计 [M]．周玉鹏，译．北京：中国建筑工业出版社，2003.

铜缩多。文虽在背，而鉴面隐然有迹，所以于光中现。予观之，理诚如是。然予家有三鉴，又见他家所藏，皆是一样，文画铭字，无纤异者，形制甚古，惟此一样光透。其他鉴虽至薄者，皆莫能透。意古人别自有术。”[1]

批判怀疑精神这种思维方式可以让人少犯错误，减少做出错误决策的可能性。在现代绿色设计创作实践中，设计师都会面对如何确保材质的绿色环保、制作过程的环境友好等问题。如果有好的创意，是否一定可行？事先务必要进行田野调查与观察，即“予观之”，有一份证据，说一分话，在此基础上方可做出尽可能客观的判断，才可得出结论，才能助益于实践创作。

6.《梦溪笔谈》中的技术观

沈括的思想与观念甚至其为人的价值观，都能从《梦溪笔谈》中窥得一斑。首先，他并不盲目迷信权威。古人也非所言皆正，沈括并不完全附会古人，从他的许多事迹中，如“九军阵法”都能看到他思想很灵活，会根据实际情况来做出自己的判断和决策。其次，他的技术观类似于现代科学中的“归纳法”，从若干事实及案例当中提炼出相同的规律，并总结出背后的原理。这一观念在他的“三说法”的产生中得到了体现。这种研究方法相对于先预设立场的“演绎法”而言较为客观，在当下的设计实践中也具有非常强的可参照性。在做出设计方案之前，进行调查取样、市场调研等前期工作，对此形象的比喻就是现代科学研究范式中的“实验精神”。最后，他对于“举一反三”“触类旁通”的实践也体现了他的技术观念。在面对具体的问题时，沈括会积极地参照前人采取的妥善的方式，如范仲淹救荒对他设计方案的启发。从沈括的技术及生态观念当中，我们可以看到一位活学活用，不断思考总结，并积极反思的科学家、思想家的形象。也无怪乎英国科学史家李约瑟对沈括的评价非常高，认为他是“中国科学史上最奇特的人物”。一个人的知识框架必定会影响自身的决策与判断，沈括之所以能够得出许多科学的认识，是因为他涉猎广泛、知识结构庞杂，在遇到问题之时，能够快速地从自身的知识结构中提取出解决问题的方法。这也是当代设计师需要参照的一点，要做出绿色设计、生态设计，必须不断丰富完善自身知识结构，沈括其人当为一个绝佳的楷模。

### （二）“历史退化观”与“古不如今”的是非

生态设计对传统设计的关系并非割裂，而是延续和补充。生态设计也强调功能与形式，但考虑的维度比过去的设计更为丰富和立体。综合了人文底蕴及环境友好的设计，想必才是未来设计的大趋势。沈括思想中的生态设计理念，自然也能为当下与未来的创作所服务。顾颉刚曾言，中国人向来有个“历史退化观”的谬见，以为越古的时代越好，越到后世变得越不行。这种观念根深蒂固，使大家对于当前的局面常抱悲观，而去幻想古代的快乐。[2]

[1] （北宋）沈括．梦溪笔谈 [M]．诸雨辰，译．北京：中华书局，2017：416．
[2] 顾颉刚．当代中国史学 [M]．沈阳：辽宁教育出版社，1998：121-126．

我们并不倡导厚古薄今，而是力求客观地展示沈括的生态设计理念。在近现代化的进程中，我们已经丢失了太多的传统，而现在，在勤勉的祖先留下的浩如烟海的文化历史遗产前，我们唯有怀着一片赤诚与敬畏之心，才可发现其中的闪光之处。人无完人，今人也无须厚此薄彼，沈括及其《梦溪笔谈》也并非完美，也必定存在时代及个人局限，如在分析日月的形状时，沈括以日月“有形无质”来解释日月不相撞的缘故。即便有这些问题，但也瑕不掩瑜，并不能盖过他的科学实验、观察方法及探索的精神理念。几百年后，这些思想依旧契合现代社会的造物需求，所谓“大道相通”，足见真理不会被时间磨灭。

## 二、《闲情偶寄》：致用利人，崇俭去奢

《闲情偶寄》(又称《笠翁偶集》)问世于1671年(清康熙十年间)，是李渔一生艺术智慧、生活经验的结晶。此书是一本关于戏剧艺术和生活设计的艺术百科大全，包括《词曲部》《演习部》《声容部》《居室部》《器玩部》《饮馔部》《种植部》《颐养部》8部，由234个小题构成。其中，《居室部》包括5个部分：房舍、窗栏、墙壁、联匾、山石；《器玩部》则专谈日用器皿及好玩之物，如几案、椅杌、床帐、橱柜、箱笼、古董、炉瓶、屏轴、茶具、酒具、碗碟、灯烛、笺简，提及较多实用和审美的问题。从设计的角度来看，李渔所表达的设计思想和提倡的设计理念颇多，集中表现在《居室部》和《器玩部》这两部分的论述中。这两部分既有李渔对造物设计的自我陈述，又有其作为设计亲历者和实践者对所目及现象的批评与评价。通过书中具体的分析与阐述，显而易见，李渔的设计目标是从本人的性情和艺术造诣出发，怀着对美好生活的向往设计出具有诗情画意、赋予情趣的栖居环境。

《闲情偶寄》一书描绘的栖居世界，在一系列巧法造化的设计理念主导下，营造出雅致、纯净、环保、宜人的气息。深入阅读《闲情偶寄》不难发现，李渔的设计观具有整体统一性，造物之前的设计务必构思周全，避免整体的支离破碎；强调造物的功能实用性，反对华而不实的好玩之物；造物的适用性，合乎于人的尺度，适用与人；诚实质朴，不过度浪费，最大限度利用工材；讲究美学法则，追求贴合自然的设计美学；提出因地制宜、制体宜坚的工艺美学观；忌讳导人以奢，批判晚明延续下来的尚侈之风，秉持用心经营，丰俭得宜的态度；批判“何其自处之卑哉”[1]的抄袭模仿之风气，力求创新立异；等等。这些珍贵的设计思想和设计原则都收录于此书中。

### (一)致用利人

实用性是一切造物设计实践首先遵循的原则之一，李渔也秉持以实用为第一要义的造物设计观。《闲情偶寄・居室部》开篇即讲道：“人之不能无屋犹体之不能无衣。衣贵夏凉

[1] (清)李渔. 闲情偶寄 [M]. 北京：作家出版社，1995：138.

冬燠，房舍亦然。堂高数仞，榱题数尺，壮则壮矣，然宜于夏而不宜于冬。"[1] 人不能没有房屋，就像身体不能没有衣服，而穿衣服贵在能够冬暖夏凉，房屋也是一样。建筑虽然雄伟壮丽，却只适合夏天而不宜于冬日。在阐述房屋居住时，李渔显然是以实用功能为第一准则，如果没有实用功能，房屋建造则没有任何意义。《闲情偶寄·居室部·出檐深浅》又再次强调："居宅无论精粗，总以能避风雨为贵。"[2] 无所谓精美或是粗糙，住宅的可贵之处在于遮风挡雨。"常有画栋雕梁，琼楼玉栏，而止可娱晴，不堪坐雨者，非失之太敞，则病于过峻。"[3] 有的宅院虽有雕梁画栋、玉栏琼楼，却只能在晴天消遣，不能在雨天使用，其原因不是过于敞宽，就是过于高大。所以，房屋建造柱子不宜太长，太长的话不宜遮风雨，窗户不宜太多，太多的话，就成了风窟窿。《居室部》中不少篇幅都表明了李渔提倡功能第一，注重实用为准，一件事有一件事的需求，一个物品有一个物品的用处。

不仅在建筑设计上，而且在生活器物、家具设计上，李渔也坚持以实用为准，他曾特意创制暖椅和凉杌。暖椅，顾名思义，提供温暖的座椅，"只此一物，御尽奇寒，使五官四肢均受其利而弗觉"[4],"是椅也，而又可以代炉"[5]。李渔巧思独创的暖椅既可以抵御隆冬时节的寒冷，也可代替香炉，汇聚香气。既具有实用性又具有多用性的暖椅，让李渔禁不住感叹道："是身也，事也，床也，案也，轿也，炉也，熏笼也，定省晨昏之孝子也，送暖偎寒之贤妇也，总以一物焉代之。"[6] 他高度称赞了暖椅的一物多用性，既利于身也利于事，既是床又是桌，既是轿又是炉，还是熏笼，既是早晚服侍的孝子，又是送暖偎寒的贤妻，仅此一个便代替了许多器物。对于探究设计和实用的关系，李渔认为遵其本身即可，无须过多说辞与神秘。不被外形而困惑，不为外形而设计，着眼于基本功能的原则用来做什么？注重器物本体的功能，以及实用与美观相结合。

李渔追求实用、朴素且满足日常生活所需的设计。所以，他反复提倡实用、多用，那么不具备使用功能的器物则毫无意义可言，是浪费资源的设计。"置物但取其适用，何必幽渺其说，必至理穷义尽而后止哉！"[7] 李渔明说置办器物为的就是实用，何必说得玄乎其玄，非要穷尽义理才肯罢休呢？"凡制茗壶，其嘴务直，购者亦然，一曲便可忧，再曲则称弃物矣。"他认为泡茶最好的就是砂壶，凡是制作茶壶，壶嘴一定要直，壶嘴一旦弯曲便不利于使用，再弯曲过度俨然成了废物，即强调茶壶的设计基于使用原则和实用功能，而不仅仅是用于家居摆设。"吾笑世上茶瓶之盖必用双层，此制始于何人？可谓七窍俱蒙

[1] （清）李渔. 闲情偶寄 [M]. 北京：作家出版社，1995：137.
[2] 同上，第 147 页.
[3] 同上.
[4] 同上，第 190 页.
[5] 同上.
[6] 同上.
[7] 同上，第 231 页.

者矣。”[1] 至于存放茶叶的瓶罐，他对这种造物设计不合理之处倍感无奈，批评造物者一窍不通。李渔分析道，不必耗费工材使用双层瓶盖，单层瓶盖即可塞纸，而且刚柔并济，再加上夹层塞满细缝不留缝隙，足可保证茶叶气味不外泄，“其时开时闭者，则于盖内塞纸一二层，使香气闭而不泄。此贮茗之善策也。”[2] 储存茶叶的时候，在瓶盖上塞一两层纸，这样香气永不会泄气，这是保存茶叶的最好方法。通过茶壶制作、茶叶储存这两个贴近生活的设计举例，足见李渔对造物设计内涵的准确认识和深切体悟，即以实用为先，满足日常生活所需，适用于人。

### （二）崇俭去奢

《闲情偶寄》问世于明末清初，这时期的明式工艺美术品制作简练大气，而清式烦琐冗杂；明式以造型取胜，而清式以装饰见长。总的来说，清式花样众多，题材繁满，纹饰华丽，过于注重技巧而忽略简练统一的艺术美。所以，清式工艺品逐渐形成烦琐堆砌的艺术风格，上至统治者下至平民百姓，都青睐于此类装饰，并以此为美。李渔家境优越，一出生便享受富裕生活，常年巡游各地为达官贵人作娱情之乐，收入颇丰。身处奢靡环境的李渔，对毫无内容、华而不实的装饰风格深感厌恶与痛惜，他认为过度的装饰不仅掩盖了材料的自然之美，而且在工艺制作过程中浪费了大量的人力、物力、财力；而远古时期的磨石为刀、削木成箭，恰恰抓住了造物的本质。因此，他看重功能需要，强调节省材料、节约经济、提高劳动力和工作效率，严格把控工艺流程及工时多寡，反对暴殄天物以示人心。

住宅设计上，李渔为调节开窗的两难处境独创设计了活檐。“何为活檐？法于瓦檐之下，另设板棚一扇，置转轴于两头，可撑可下。晴则反撑，使正面向下，以当檐外顶格；雨则正撑，使正面向上，以承檐溜。是我能用天，而天不能窘我矣。”[3] 想要将屋檐伸长来遮风挡雨，却苦于伸长之后房间太过阴暗；而想要把窗户加长来接受阳光，却又担心阴雨天。活檐恰好可以一物两用，可撑可放，晴天时反撑当作檐外的顶格，阴雨天时正面朝上，可承接檐上顺流而下的雨水。看来，有了活檐，连变幻莫测的天气也奈何不了他。

李渔的人性化设计也值得被推崇，“造厨立柜，无他智巧，总以多容善纳为贵，尝有制体极大而所容甚少，反不若渺小其形而宽大其腹，有事半功倍之势者。”[4] 橱柜的设计不在于制作技巧，而在于是否可容纳，如体积巨大但容量很小的橱柜设计没有发挥材料的任何功能和意义；体积小但容量满满的橱柜设计不仅用材得当，毫无浪费，反而在制作环节具有事半功倍的效果。另外，他还提出一种有趣的设计方法，即一格抽屉之内，分成大大小小的格子，以便日后填物时分门别类，像生药铺里的“百眼橱”一样，有什么放置什么。

[1] （清）李渔. 闲情偶寄 [M]. 北京：作家出版社，1995：232.
[2] 同上.
[3] 同上，第 147 页.
[4] 同上，第 203 页.

“此橱不但宜于医者，凡大家富室，皆当则而效之，至学士文人，更宜取法。能以一层分作数层，一格画为数格，是省取物之劳，以备作文著书之用。”[1] 这种形式有趣的单体小橱柜设计不仅应被医生用来分门别类地储存本草药物，而且连富贵之家也理应效法，文人学士更加应学习。麻雀虽小的橱柜一分为多，一格变多格，不仅节省了取物时间与花费的工夫，而且通过完善和增加结构，避免了橱柜功能和材料应用的浪费，体现了一物多用的人性化设计原则。由此可见，李渔并不十分注重过于外在的美学表现，而更为重视器物的人性化和多样化，以及是否做到了物尽其用。

“予辑是编，事事皆崇简朴，不敢侈谈珍玩，以为末俗扬波。”[2] 李渔编写这本书的用意在于，崇尚凡事都俭朴，不敢奢谈珍宝古玩，来给世间的庸俗风气推波助澜。人们在考虑造物是否满足人的使用需求时，更要考虑造物的经济问题。“土木之事，最忌奢靡。”[3] 建造房屋这件事情，最忌讳的就是奢侈浪费。李渔倡导不光平民百姓应该崇尚节俭，即便是王公贵族也应该视节俭为风尚。他批评有些富人“常见通侯贵戚，掷盈千累万之资以治园圃”[4]。“园圃”不仅不美观，反而显“陋”。李渔对造物过程中的材料选取、工艺流程、工作时长等，都是“斤斤计较”的。暖椅的设计就体现了李渔的经济适用原则：“此四炭者，秤之不满四两，而一日之内，可享室暖无冬之福，此其利于身者也。况又为费极廉，自朝抵暮。”[5] 暖椅里面放置香炉的木炭，称一称还不到四两，却可以享受一天的温暖，成本十分低廉。在室内顶格设计上，满房间粘贴大小不同、参差不齐的零星小块，可形成冰裂纹的墙面肌理效果，而且制作流程全部为手工，既美观好看，又减少了成本，经济划算。

李渔在游历广东东部的时候，看到市场上陈列的箱笼一类的器具多半是用花梨木和紫檀木制作的，他批判这是不伦不类、清浊不一；反之，他用最普通、最廉价的材料来制作了众多令人拍手称赞的作品。在他看来，合理利用材料，巧用材料，发挥材料的最大价值才符合“用之得宜”的造物原则。如令他津津乐道的梅窗，便是他用榴枯木设计的天然之窗。同样，用木材做门，如果能选取好看的木柴，让它们排列得疏密有致，那么即使是同样一扇门，也有普通农户的门和儒士之门的区别。他始终强调合理使用材料，选用普通廉价的材料，最大限度利用材料自身，做到物尽其用，减少无谓的材料消耗，避免大量材料无故浪费。总之，李渔主张丰俭得宜，有利无害，设计崇俭去奢的原则。

### （三）创新求异

“人惟求旧，惟物求新。新也者，天下事物之美称也。而文章之道，较之他物，尤加

[1] （清）李渔. 闲情偶寄 [M]. 北京：作家出版社，1995：204.
[2] 同上，第 218 页.
[3] 同上，第 139 页.
[4] 同上，第 138 页.
[5] 同上，第 189 页.

信焉。戛戛乎陈言务去，求新之谓也。”[1] 李渔点明的“求新”，即是求其创新，我们今天所提倡的创新精神便贯彻于《闲情偶寄》之中。在造物方面，古代的达官贵人常常花费巨资建造园林，造园筹备之初便叮嘱工匠毫无差错地效仿名园，如亭子要学习某人的风格，台榭要按照制定的规矩来设计。而操刀运斧的工匠在看到房屋建好的成果之后，也自夸居功至伟，无论立户开窗还是安廊置阁，效仿名园竟仿得如此之好。针对“创新”二字，李渔也禁不住感叹：“噫，陋矣！以构造园亭之胜事，上之不能自出手眼，如标新创异之文人；下之至不能换尾移头，学套腐为新之庸笔，尚嚣嚣以鸣得意，何其自处之卑哉！”[2] 可见，在古代抄袭之风便广泛存在，像园林建造如此严谨的工程，在耗费大量人力、物力、财力的基础之上，既达不到文人的自我创新与标新立异，也做不到简单巧妙地改头换面、化腐朽为神奇，却以此为荣、自鸣得意，实际上是一种旁观者不可言说的自我贬低。那么，何为新？在《闲情偶寄・居室部》中，李渔用两件新衣服来打比方，说明创新的立足点不在于动辄使用贵重材料，也不在于搬弄绫罗绸缎，关键要充分运用聪明才智，做法新颖。“譬如人有新衣二件，试令两人服之，一则雅素而新奇，一则辉煌而平易，观者之目，注在平易乎？在新奇乎？锦绣绮罗，谁不知贵，亦谁不见之？缟衣素裳，其制略新，则为众目所射，以其未尝睹也。”[3] 手持两件新衣，同时让两人来试穿，一件看上去辉煌实显普通，另一件看上去素雅而新奇，那么旁观的人注意到的是前者还是后者呢？华丽的绫罗绸缎，人们几乎都知道它很贵重；然而，一件普通的衣服，只要做法新颖，与旧样式有所区别与翻新，那么就会成为观者目光聚集的焦点，因为观者未曾见过。进一步来说，制作装饰烦冗、雍容华丽的衣服，未必会引人注意，吸引大批受众购买；相反，制作新颖、亮点突出、样式美观、合乎身形、用布恰到好处的衣服，更值得关注。“新制人所未见，即缕缕言之，亦难尽晓，势必绘图作样”[4]，“因其有而会其无，是在解人善悟耳”[5]。在创新求异的动手过程中，观者对新的设计样式没有见过，难以明白，即便逐一道来、详细解释也很难说尽，所以最好的方法就在于绘图说明，以图像的方式进行视觉传达。通过跃然于纸质，形象、生动的图像来表达设计的想法，可表达做法新颖、内容独特的画面形式，而这一做法务必依靠自身勤于实践的主观能动性，以及改造手中之物的领悟能力。

此外，谈及创新，人们通常认为其只是结果的创新、外在形式的改变。其实不然，创新也侧重于问题出现之后解决问题的手段，也就是过程的创新。李渔身上具有热爱生活、享受生活、善于从生活的细节当中发现问题的品质，他认为创新的出发点便来源于此。例如，在《闲情偶寄・器玩部》的灯烛部分，每每看见人们衣冠楚楚地聚集在一起，桌子上摆满山珍海味、美酒琼浆，两旁鼓瑟齐鸣，然而只有歌台上的光线有些模糊，唯独眼睛得不到享

[1] （清）李渔．闲情偶寄 [M]．北京：作家出版社，1995：26.
[2] 同上，第 138 页.
[3] 同上，第 139 页.
[4] 同上.
[5] 同上.

受。其中的原因并不是主人吝啬灯油不肯多用，而是灯芯在作祟，或是负责人不够尽责，裁剪灯芯的方法不对。对此，“吾为六字诀以授人，曰：‘多点不如勤剪。’勤剪之五，明于不剪之十。”[1] 李渔教授他人六字口诀，劝诫裁剪灯芯的负责人多点不如勤剪，勤剪的五盏灯要比不剪的十盏灯还要亮。然而，剪灯芯并不是件容易活儿，正因其麻烦，人要忍受勤剪的劳苦，以及行事的危险。所以，李渔独创了两种方法来解决问题的难疑之处，不仅有效地处理了光线问题，而且细心地考虑了在座宾客的赏玩感受，节省了裁剪灯芯的人力和物力。

在《闲情偶寄》中，不难发现“创异标新”“求新”“新异”等含有“新”的词汇多次出现，吐露出不可言状的“现代化”气息。至此，可以看出李渔所主张的创新求异，一方面保持造物的本真性和原有美感，另一方面基于现实，合乎情理。黜逐奢靡于绳墨之外，提倡节俭于制度之中，其出发点与归属都在于在原有基础之上更节俭、更省力、更美观，人力、物力最大限度地不被耗费掉。在追求“智造”而非“制造”的今天，李渔所表述的创新方法与原则非常具有可行之处，其中饱含的创新精神依然是现代生活、学习的思想准则，值得我们学习并加以践行。

《闲情偶寄》呈现的不单单是宜人宜心的生活格调，更是李渔所秉持的生态环保理念：在造物设计的诸多方面考虑是否方便实用，致用利人；是否提高经济效益，减少成本，弃奢从简；是否合理利用材料资源，做到物尽其用；是否创新求异，巧法造化地解决问题。在《闲情偶寄》中，致用利人、崇俭去奢、创新求异，这 3 个简洁凝练的原则完美地诠释了具有现实意义与永久价值的生态造物观，对解决当下所面对的问题具有指导性意义，也为我们可持续美好生活的创建提供了可能。

## 三、天工开物：天人相协，生态永续

明代宋应星所著的《天工开物》，共涉及农业与手工业两大领域 30 种生产制造活动，是世界上最早的一部百科全书式的农业与手工业技术专著，全面论述了传统生产与造物活动中世代相传的生产工艺、技术、方法与流程等。自《考工记》之后 2000 多年的存世典籍之中，就生产造物的品类之全、过程之系统、论述之周详，似乎只有《天工开物》能承其端绪，并与之媲美。正因如此，《考工记》往往被视为历史上设计文献的重要开端，而《天工开物》则是对农业生产与手工造物活动的总结与归纳，两者形成了造物思想发展过程中一前一后的两座高峰。已故科技史家钱宝琮先生指出：“钻研吾国技术史，应该上抓《考工记》，下抓《天工开物》。”[2] 钱先生的这一论断实乃真知灼见，也为《天工开物》后续的研究指引了一条切实可行的路径。

[1] （清）李渔. 闲情偶寄 [M]. 北京：作家出版社，1995：242.
[2] 闻人军. 考工记译注 [M]. 上海：上海古籍出版社，2008：1.

在宋应星生活的 17 世纪，科学技术在全世界范围内正处于从中世纪向近代阶段过渡的大转变时期，技术在东西方都有较高程度的发展。就中国而言，也是本土手工工场大量出现、造物活动极为兴盛的时期。这样背景如何影响了《天工开物》的思考与写作？《天工开物》中呈现出一种什么样的造物观与伦理观？这些观念与《考工记》的生态造物思想之间是否有所关联和承续？这些问题的追索，是对《天工开物》的研究中不可或缺的维度，也是理解中国传统生态造物思想的枢纽所在。

### （一）“贵五谷而贱金玉”：视野转移与伦理延续

《天工开物》全书共分三卷十八章：上卷为《乃粒》（谷物）、《乃服》（纺织）、《彰施》（染色）、《粹精》（谷物加工）、《作咸》（制盐）、《甘嗜》（食糖）六章，对水稻种植与农具器械、养蚕丝织技术、植物染料及染织技术、粮食加工、制盐技术、制糖技术等进行了详细记录；中卷为《陶埏》（陶瓷）、《冶铸》《舟车》《锤锻》《燔石》（矿石烧炼）、《膏液》（食油）、《杀青》（造纸）七章，涉及景德镇陶瓷技术、铸造技术、船舶及车辆制造、铁器铜器锻造、非金属矿石的烧制、油脂提炼、造纸技术等内容；下卷为《五金》（冶金）、《佳兵》（兵器）、《丹青》（矿物颜料）、《曲蘖》（酒曲）、《珠玉》五章，对金属开采冶炼、冷兵器与火器制造、朱砂研制与制墨、酒曲制造、宝石珠玉开采等进行了介绍。书中的内容绝大部分来自宋应星本人的实地考察与调研，如实反映了 17 世纪中国大江南北本土农业与手工业生产的真实图景，是我们了解传统造物实践及其思想的极为珍贵的史料。

如果将《天工开物》与《考工记》的内容做一对比，明显可以看到其重心与视野的转移。相较于《考工记》对官方营造的系统记述，《天工开物》显然采取了植根民间的视野。《天工开物》大部分内容都源于对民间生产与制造活动的记录，立足于老百姓衣食住行的基本需求，由“藏礼于器”的《周礼》系统，转移到百姓人伦物用的民间场域之中。其内容的组织安排从“乃粒第一”到“珠玉第十八”，也别有深义。据宋应星在《天工开物》中的自序，“卷分前后，乃‘贵五谷而贱金玉’之义”，这与《天工开物》成书的主旨密切相关，也历来为《天工开物》的研究者所看重。

从书中所记叙的内容看，确实以有利于生存日用的实用性、功能性价值为准绳。如对食盐生产的记录，是基于食盐对人体的极端重要性，“口之于味也，辛酸甘苦经年绝一无恙。独食盐禁戒旬日，则缚鸡胜匹，倦怠恹然”（《天工开物・作咸》）；对于制衣的记述，从最基本的养蚕技术入手；农业生产中涉及大量农具，其目的皆是为服务于粮食耕种、加工与农田灌溉；陶瓷生产的重点，立足于百姓日用所需，“万室之国，日勤千人而不足，民用亦繁矣哉”（《天工开物・陶埏》）；记载冶铸的主要内容，也与“钝者司舂，利者司垦，薄其身以媒合水火而百姓繁”密切相关（《天工开物・冶铸》）；在涉及制酒的《曲蘖》一章中，因“狱讼日繁，酒流生祸”而不谈酿酒，只涉及酒曲酿造（《天工开物・曲蘖》）；而在《五金》一章中，则明确提出“然使釜、鬵、斤、斧不呈效于日用之间，即得黄金，值高而无民耳”（《天工开物・五金》），其对实用功能的强调可见一斑；同时，对明确脱离实用的技艺与品种，也是持否定的态度，如《燔石》一章中认为方士之术“巧极丹铅炉火，纵焦劳唇舌，何尝肖像天工之万一哉”；在《五谷》一章，明显排斥“取其芳气以供贵人，收实甚少，滋益全无，不足尚也”的香稻等品种。那么，这一关注视野的转移，其背后究竟有什么缘由？作为以科举取士为人生圭臬的文人，为何会关注与功名毫不相关的生产造物活动？“贵五谷而贱金玉”的立场与观念又源自何处？

中国地质事业奠基人丁文江在1929年的《重印〈天工开物〉卷跋》中写道：“有明一代，以制艺取士，故读书者仅知有高头讲章，其优者或涉猎于机械式之诗赋，或摽窃所谓性理玄学，以欺世盗名，遂使知识教育与自然观察划分为二，士大夫之心理内容干燥荒芜等于不毛之沙漠。宋氏独自辟门径，一反明儒陋习，就人民日用饮食器具而穷究本源。其识力之伟，结构之大，观察之富，有明一代一人而已。此其一也。”[1]显然，宋应星致力于实际生产活动的研究，虽非个例，也实在是作为明代文人而言鲜为涉足的道路。正如宋应星在序中所言，此书“丐大业文人，弃掷案头，此书于功名进取，毫不相关也”。就宋应星的人生选择而言，这一方向显然与他屡试不第的经历相关；除此之外，明代农业与手工业生产的兴盛，以及明代逐步兴起的“实学”思潮也是值得注意的背景。

在宋应星所生活的明代后期，是一个物质勃兴与繁荣的时代，随着社会生产力的提高，商品贸易与交换频繁，手工业的制造与生产规模扩展，工场与工坊等多种形式并存，资本主义经济的要素开始在内部萌芽。这一背景在《天工开物》之中也有诸多体现。在序言中，他写到“滇南车马纵贯辽阳，岭徼宦商横游蓟北”，各地商品生产制造与交易活动都极为兴盛。由于明代后期对手工徭役制的废除，民间的手工工场大量出现，农业生产工具从利用人力发展到普遍使用兽力和水力，陶瓷等手工产业出现以景德镇为代表的制陶中心，纺织工具和技术有所提高，煤炭和冶金工业也有了极大的发展。物质生产制造的发展与极度繁荣，对宋应星而言，必然具有直接的影响。也可以说，在宋应星多次赴京赶考的路途之中，沿途所见的生产制造活动必然给他留下了大量直观而感性的经历，正如他所言，“为方万里中，何事何物，不可见见闻闻”，历次见闻成为他日后写作的铺垫。

在社会思潮层面，自南宋陆九渊心学发端，再至王阳明心学成熟，形成了宋明理学思潮的反拨。泰州学派承袭王阳明，从王艮到李贽形成了“百姓日用即道”的思想，提出“穿衣吃饭即是人伦物理”。同时，随着以利玛窦为代表的西方传教士的进入，东西方文化开始实质性的碰撞与交流，以徐光启、李之藻为代表的官员与文人，为了寻找“国家致盛治，保太平之策”，致力于学习、推广西方的科学技术、翻译西方科技著作，并在天文、数学、水利等实践中进行应用，还取得了实效，促成了晚明时期实学思潮的兴起。这也为《天工开物》这类技术百科全书的出现形成了重要的支撑。

可以说，明代后期总体偏向“实学”的背景与思潮，成为《天工开物》出现的序曲，也为造物活动的记录由官方至民间的“视野转移”提供了合理的契机。但在这样的视野转

[1]（明）宋应星，曹小欧注释. 天工开物图说 [M]. 济南：山东画报出版社，2009：6.

移中，显然还有宋应星对于造物之功用与本质的更为深层的思考。借由“贵五谷而贱金玉”的内容安排，宋应星将吃饭穿衣、人伦日用之物的制造置于毋庸置疑的首要地位，明确表达了对立足于生存所需的生产与造物活动的重视，也表明宋应星对于造物之目的与价值所具有的功用性立场，其思想中隐含了自上古而来的儒家思想传统的深刻印迹。

### （二）顺应自然、巧借人工的造物实践

1. 善用自然物产

人类生存发展的历史，其实质也是学习如何适应自然、利用自然与开发自然的历史。宋应星对人与自然的关系有非常清晰的认识。在卷一《乃粒》中，他认为：“生人不能久生，而五谷生之。五谷不能自生，而生人生之。”人密切地依赖自然，自然为生养人类之母体，也蕴藏人类生存所需的丰富资源与能量。“大地生五金，以利天下与后世”（《天工开物·五金》）；“四海之中，五服而外，为蔬为谷，皆有寂灭之乡，而斥卤则巧生以待。孰知其所已然？”（《天工开物·作咸》）即使在不毛之地，食盐也能巧妙分布各处；“世间作甘之味，十八产于草木，而飞虫竭力争衡，采取百花酿成佳味，使草木无全功。孰主张是，而颐养遍于天下哉？”（《天工开物·甘嗜》）在大自然中，飞鸟虫鱼、草木山石相互配合协调，共同促成了花蜜之酿成；大自然之造化可谓“曲成而不遗”，各种可为人所用的材料与物产蕴藏于自然界的万事万物之中，“巧生以待”。由此可见，天工最根本的含义之一，即是天（自然）之丰富蕴藏与无私赐予。在《天工开物》之中，处处可见宋应星对自然神奇造化的赞叹与敬仰。

“巧生以待”的自然，是一个潜在而巨大的资源宝库，但需要人类凭借自身的智慧与技巧，发现其藏身之处，进行主动的发掘与利用，这就是“人工”“人力”之重要所在。中篇《膏液》第十二中，“草木之实，其中蕴藏膏液，而不能自流。假媒水火，凭藉木石，而后倾注而出焉。此人巧聪明，不知于何禀度也。”（《天工开物·膏液》）正是人力主动的开采与利用，并借助工具与器械，才完成了从自然资源到可用之物的转换，这即是所谓的“以人力尽天工”。

在开采、取用自然物产的过程中，不同的季节时令、不同的地域对材料的生长与质地有至关重要的影响，甚至连取用的时机也受此限制。《天工开物》中对此进行了详细的记录，以造糖为例，“凡荻蔗造糖，有凝冰、白霜、红砂三品。糖品之分，分于蔗浆之老嫩。凡蔗性至秋渐转红黑色，冬至以后由红转褐，以成至白。五岭以南无霜国土，蓄蔗不伐以取糖霜。若韶、雄以北，十月霜侵，蔗质遇霜即杀，其身不能久待以成白色，故速伐以取红糖也。凡取红糖，穷十日之力而为之。十日以前其浆尚未满足，十日以后恐霜气逼侵，前功尽弃。故种蔗十亩之家，即制车、釜一副以供急用。若广南无霜，迟早惟人也。”（《天工开物·甘嗜》）从这一段论述中，不难发现，宋应星对“天时”“地气”“材美”之间的关系已经进行了细致的论述。而类似的论述在《天工开物》中时有所见，与《考工记》的生态造物体系可谓一脉相承。

《考工记》中提到的“审曲面势，以饬五材”的法则，也同样在《天工开物》中得以延续。在《膏液》第十二中，“凡榨木……其木樟为上，檀、杞次之（杞木为者，防地湿，则速朽）。此三木者脉理循环结长，非有纵直纹。故竭力挥椎，实尖其中，而两头无璺拆之患，他木有纵纹者不可为也。”（《天工开物·膏液》）这一段对榨油的器具所需要的材料提出了明确的要求，对木材的性质、纹理都做了详细解说，也揭示了在造物过程中“循其物性，因材施用”的重要性。

对自然资源的开发应该尊重其生长周期，取之有度，避免竭泽而渔。在《珠玉》第十八中，“凡珠生止有此数，采取太频，则其生不继。经数十年不采，则蚌乃安其身，繁其子孙而广孕宝质。所谓‘珠徙珠还’，此煞定死谱，非真有清官感召也（我朝弘治中，一采得二万八千两。万历中，一采止得三千两，不偿所费）。”（《天工开物·珠玉》）这一段明确地说明珍珠的自然产量是有限度的，如果频繁开采，珍珠的产量就会跟不上。因此，必须依循珍珠固有的消长规律，才能“珠去而复还”。同时，宋应星明确反对需要耗费大量资源的造物行为，如《乃服》第二中记述，“飞禽之中有取鹰腹、雁胁毳毛，杀生盈万，乃得一裘，名天鹅绒者，将焉用之？”（《天工开物·乃服》）富贵人家为了取鹰的腹毛和雁腋下的细毛来制造衣料，往往要杀死上万只才能制成一件“天鹅绒”，宋应星对此进行了强烈的批评。

在造物实践过程中，宋应星也对物尽其用、再利用等工艺给予了充分的关注。如《杀青》一章中谈到“还魂纸”的制作，“其废纸洗去朱墨、污秽，浸烂入槽再造，全省从前煮浸之力，依然成纸，耗亦不多……北方即寸条片角在地，随手拾取再造，名曰‘还魂纸’”（《天工开物·杀青》）；《彰施》第三，对如何节约染料也有精妙的论述，“凡红花染帛之后，若欲退转，但浸湿所染帛，以碱水、稻灰水滴上数十点，其红一毫收转，仍还原质。所收之水藏于绿豆粉内，放出染红，半滴不耗。”（《天工开物·彰施》）将染坊视为秘诀的再利用之法公之于众，可见宋应星在推广这类物尽其用的做法时是不遗余力的。

不难看出，宋应星一方面频繁赞叹自然造化之神奇、自然之母丰富无私的馈赠，倡导人力对“天工”的开发与利用；另一方面，他也对人类应该如何适时适地取用资源，如何循其物性、量材为用，如何节约材料、保护资源等方面有清醒的认识。可以说，在如何可持续地“善用”自然资源方面，宋应星已经具有深刻的生态伦理意识与立场。

2. 巧用自然能源

自然是一个巨大的资源宝库，不仅可作为原材料的物产供给，而且蕴藏作为动力的自然能量，况且人类对自然能源的开发与利用已经有上千年的历史。在明代晚期，由于农业和手工业生产规模的扩张，对以自然力为动力的工具器械的应用也达到了一个新的高度。《天工开物》中对此进行了较为全面的记载，对人类巧妙地利用自然能源的方式进行了翔实的记录。按照今天的分类方式，这些机械工具涉及农业、纺织、冶铸、锻造、运输、采矿、冶金等各种领域，大多通过“巧借”自然界的水、风、火等动力，服务于农业和手工业的生产与制作过程。

在农作物生产中，据《天工开物·乃粒》所载，“凡河滨有制筒车者，堰陂障流，绕于车下，激轮使转，挽水入筒，一一倾于枧内，流入亩中。昼夜不息，百亩无忧（不用水时，栓木碍止，使轮不转动）。”筒车的发明已有上千年的历史，至17世纪初期，其在有河流之利的地区已经得到了较为普遍的应用。通过以水力代替人力，筒车可以昼夜不停地引水，轻松浇灌上百亩田地。

在《天工开物》记载的水力机械中，水碓的设计可谓其中较为突出的案例。“凡水碓，山国之人居河滨者之所为也。攻稻之法省人力十倍，人乐为之。引水成功，即筒车灌田同一制度也。”（《天工开物·乃粒》）而江西上饶一带造水碓的方法尤其令人叫绝，其中有一种连机水碓，具有一举三用的功效，通过利用水流的冲击来使水轮转动，从而用第一节带动水磨磨面，第二节带动水碓舂米，第三节用来引水浇灌稻田。这一水力机械巧妙地利用水力实现了三种功用，虽属人力工巧，但对自然动力的利用可谓“巧夺天工”。而类似的例子在《天工开物》中比比皆是。

在《舟车》一章中，对帆船在航行过程中如何借用风力也有细致论述，“凡风篷之力其末一叶，敌其本三叶。调匀和畅，顺风则绝顶张篷，行疾奔马。若风力洊至，则以次减下（遇风鼓急不下，以钩搭扯）。狂甚则只带一两叶而已。”（《天工开物·舟车》）帆叶是巧借风力的关键所在，顶上的一个帆叶所受的风力相当底下的三个帆叶所受的风力。帆叶如果调节准确顺当而又借着风力，那么将帆扬到顶端，帆船航行就会快如奔马；但是，如果风力不断增大，就要逐渐减少帆叶。《舟车》中还记述了我国最早采用的一种航行操纵工具——偏披水板，也就是船翼，“船身太长而风力横劲，则急下一偏披水板，以抵其势。”（《天工开物·舟车》）同时，对遇到横风（抢风）时所采用的经验也进行了很好的总结。

宋应星对在生产与造物活动中灵活运用各种自然力，以及使用技术高超的各种机械，给予了积极的肯定与赞赏。在他看来，自然动力与能量也是“天工”赋予人类的财富，应该采取主动的方式制而用之，而其中唯一不变的，即是对“天工”的不懈观察、探索与把握。

3. 巧循自然之理

在对各种手工业领域进行长期深入的观察与记录之后，宋应星发现在各种造物实践背后，在从自然之物到人工之物的过程中，都有一些共同的规律与法则，而这样的法则是可以发现与把握、利用的。其中，至为重要一条就是“水火相济而生成万物”。17世纪初期的手工制作大多都要借用水火的相互作用，《天工开物》中所记载的治丝、制盐、造纸、造糖、冶铸、陶诞、五金等都是如此，大量应用烧、煮、淬炼等方法。

陶瓷是极为典型的例子，“水火既济而土合”，黏土正是在火的作用下陶成“素肌、玉骨”之雅器；造纸等工艺也完全依赖于水与火的作用，“凡造竹纸……注水其中漂浸……其中竹穰形同苎麻样，用上好石灰化汁涂浆，入楻桶下煮，火以八日八夜为率”（《天工开物·杀青》）；制铁、制钱同样如此，“凡熟铁、钢铁已经炉锤，水火未济，其质未坚。乘其出火时，入清水淬之，名曰健钢、健铁。”（《天工开物·锤锻》）“银化之时入锅夹取，淬于冷水之中，即落一钱其内。”（《天工开物·冶铸》）水火的淬炼完成了铁与银的冶铸，也促成了从“未济”向“既济”状态的变化。

在水火媒合的过程之中，“火候”与造成之物的性质状态有极为密切的关联。如在制糖过程中，要随时查看火候大小，“榨汁入缸，看水花为火色。其花煎至细嫩，如煮羹沸，以手捻试，粘手则信来矣。”“若火力少束薪，其糖即成顽糖，起沫不中用。”（《天工开物·甘嗜》）火的温度、火势大小、位置等与水的温度密切相关，直接影响水的温度、状态与水汽蒸发情况，进而直接影响最后成品的质地与状态。因此，制造过程中，尤其要注意水与火的把控。正因为对生产流程与状态细致入微的观察，宋应星得出了“水火相济”为自然“生化之理”的结论，而与此相关的制器造物活动之所以成功，正是因为遵循了这一原理，并在实践中不断调整与改进。在宋应星看来，只有在制器过程中透彻地掌握并灵活运用这一类自然之理，才能成为“神功”“神人”。

宋应星总结的“生化之理”，是从物质世界自身的运动变化去探究世界的统一性与多样性关系。在归纳出“水火相济”的原理之后，他把五行的水火置于金、木、土之上，使之超然于“形”，成为气形间的中介物，从而提出别具一格的“二气五行说”，形成了以突出水火为特点的自然观。当然，这一思想的产生是根植于宋应星的科学思想来源之中的，主要是受《周易》《尚书》《周易参同契》的影响，具体来说就是我国古代的“阴阳五行说”和“元气论”，再结合当时特定的生产制作环境与历史条件，从而构成他的自然观和科学观。尽管这一原理探究有较大的局限性，但也归纳出了在特定历史与技术条件下，制器造物活动中的一般性原理与普遍认识，也为其“人工”如何能通“天工”之巧奠定了自然观与方法论的根基。

### （三）“天工开物”思想：天人相协，生态永续

经由对《天工开物》所载的造物实践活动的梳理，全书最为核心的“天工开物”思想的主旨已经逐步浮现。回到“天工开物”之词源，“天工”出自《尚书·皋陶谟》：“无旷庶官，天工人其代之。”[1] 据蔡沈《书经集注》：“天工，天之工也。人君代天理物。庶官所治，无非天事。苟一职之或旷，则天工废矣。”可见，按传统经学解释，“天工”即指天之事功，人间的帝王以天的名义治理事物，即帝王秉“天道”行事之意，此处的“天”寓意天经地义的权力之依据与来源，有主宰之天的意味，其根基在于“天人”一体的宇宙观（前文已详述）。而“开物”取自《易经·系辞上》，“夫《易》开物成务，冒天下之道，如斯而已者也。”[2] 据《国语·晋语》注：“开，通也。”王弼韩康伯注，开物成务“言易通万物之志，成天下之务”[3]，即通晓事物的内在规律，以完成天下的事务。

[1] 李民，王健. 尚书译注 [M]. 上海：上海古籍出版社，2004：37.
[2] 黄寿祺，张善文. 周易译注 [M]. 上海：上海古籍出版社，2004：519.
[3] （魏）王弼，（晋）韩康伯等注，（唐）孔颖达疏. 周易正义 [M]. 北京：中国致公出版社，2009：274-275.

当“天工”与“开物”完成新的组合，并应用于生产造物的领域之时，其语意就发生了明显的转换。就“天工”而言，首先的变化在于，这里的“天工”显然是剥离了天作为权力来源的政治性含义，转换到天作为自然本体的意义之中。再联系全书中提及的造物实践活动，“天工”所具有的较为明显的意思在于：自然界本来蕴藏的资源、能量、结构模式及运行规律等自然造化的范畴。值得注意的是，自然造化之神奇并非偶然的现象，全书一开篇就开宗明义：“天覆地载，物数号万，而事亦因之，曲成而不遗，岂人力也哉。”（《天工开物・序》）“天”之“工”是有目的性的行为，是有意为之，其后的诸多论述也一再阐述了同样的意思，“大地生五金，以利天下与后世”（《天工开物・五金》）；“孰主张是，而颐养遍于天下哉？”（《天工开物・甘嗜》）“谓造物而不劳心者，吾不信也。”（《天工开物・彰施》）这一切的背后有一种目的性与神性的存在，与今天的生态哲学中的自然观有相通之处。

大多数研究者都注意到了以上“天工”所具有的自然造化的意蕴，而往往忽略了天工较为隐晦但实质上贯通全书的另一层意义——“人工”之谓，这也与其原典的语境相关。“天工人其代之”在一种天人观的语境与框架中出现，这一知识生成的背景，在宋应星那里得到了延续。当时《尚书》作为科举必考的五经之一，“天工人其代之”是读书人都明了也都能自动补充的上下文。宋应星的借用虽略去了后四个字，只见“天工”，但其中已经包含原文所具的“天与人”的两重关系，而这一层正是解读全书“天工”的精要所在。

丁文江先生曾说过：“曰天工者，兼人与天言之耳。”此话可谓切中要害。就全书内容来看，在热烈颂赞自然造物之神奇的同时，对人工之巧的赞叹亦俯仰皆是。“上古神农氏若存若亡，然味其徽号两言，至今存矣。”（《天工开物・乃粒》）；“杵臼之利，万民以济，盖取诸‘小过’。为此者岂非人貌而天者哉？”（《天工开物・粹精》）；“草木之实，其中蕴藏膏液，而不能自流。假媒水火，凭藉木石，而后倾注而出焉。此人巧聪明，不知于何禀度也。”（《天工开物・膏液》）；“夫亦依坎附离，而共呈五行变态，非至神孰能与于斯哉？”（《天工开物・丹青》）；“何其始造舟车者不食尸祝之报也？浮海长年，视万顷波如平地，此与列子所谓御泠风者无异。传所称奚仲之流，倘所谓神人者非耶？”（《天工开物・舟车》）书中频频以“神人”“至神”“神农”“人貌而天者”赞誉这一类洞悉并巧妙利用自然规律的人与行为，“天工、人工亦见一斑云”。《天工开物・五金》可见在宋应星心中，这一类至高的“人工”在顺应自然、把握规律方面已经臻于自然造化的“天道”之境，可以称为“巧夺天工”了，这与几乎同一时期计成《园冶》之“虽有人作，宛自天开”有异曲同工之妙。

再继续“开物”之探讨，同样，“开物成务”典出《易经・系辞上》，也是读书人耳熟能详之语，虽只取“开物”，但本身隐含了开物成务之意。结合《工开万物》作为农业与手工业技术专著的性质，“开物”的意思更为明确，意指在通晓事物内在规律的前提下，开发、生产、制成万物，成就事务。

因此，“天工开物”的思想，即是天工与人工相互协调，因循自然之理开发物产、制成万物。正如李立新所言：“无论怎样解释都表明造物是在人的工巧与天然物质条件互相协调、适应、配合、合力作用下共成一体，才能开发出适用之物，有益于人类”。[1] 而这样一种造物思想，突出地反映了宋应星在造物中所具有的生态价值观与立场：一是对曲成而不遗、巧生以待的自然的感恩之情，对终而复始、永恒流转的自然法则的敬仰；另一方面，也对在把握自然规律与法则的前提下，开发、利用自然资源，生产制造人工之物的行为给予了积极的肯定。在这里，宋应星传达了一种与自然造化规律相一致的造物观与方法论。正如德国学者薛凤在《工开万物》中所谈到的，宋应星“所理解的天与人的关系是，人必须理解‘天工’……因此，在宋应星对工艺知识的探求中，人的角色唯有去敬仰宇宙的原则，在行动上与其保持一致，而不要变成它的‘制造者’”。[2] 因为只有如此，只有在顺应自然、顺承天工的前提下，才能维持“人与自然”的和谐关系，才能让人类及其子孙后代在自然的护佑中享有永续的生存与发展。

在宋应星所生活的时代，造物生产技术有了较高程度的发展，宋应星敏锐地意识到了这一点。就农业生产而言，他记述“土脉历时代而异，种性随水土而分”，认为农业生产的自然条件和物质资源都因时因地而变异（《天工开物・乃粒》）；而陶器的发展则因“后世方土效灵，人工表异”（《天工开物・陶埏》）；至于冶铸技术，“从此火金功用日异而月新矣……要之，人力不至于此”（《天工开物・冶铸》）；随着“人工”认识、把握、改造自然的能力逐步提升，工具与技术也不断“变幻百出，日盛月新”（《天工开物・佳兵》），从而推动整体的造物实践活动向前发展。从以上论述中，都可看到宋应星对技术的发展与变化持肯定的观点。相较于前代的造物文献，尤其是与《考工记》等早期的文献相比较，宋应星的记述中充分体现了工具的复杂化、动力应用的多样化，以及对制作与生产原理的不断探索与总结。因此，传统的造物实践并不意味着墨守成规，消极地顺应自然；相反，“文明可掬，岂终固哉”（《天工开物・陶埏》），从造化万千的大自然中发现自然生成、运行与构造的法则与规律，巧妙地进行能源利用、工具改进与技术革新，正是文明不断向前发展的动力。但是，无论技术进步如何日新月异，顺应并把握自然规律、依循自然之理都是贯穿造物实践与过程的永恒法则，具有不受时空限制的永恒效力。这一思想蕴含极为深刻的生态伦理意识与造物智慧，也是本土传统造物思想绵延相传的精髓与核心所在。

# 小结

长达数千年造物思想的历史钩沉，远非区区几万字可以尽述，其间各种思潮与潜流纵横交错、纷繁复杂，其演变也并非前后相继、循次递进，在思想沉潜起伏的过程中，可能

[1] 李立新. 中国设计艺术史论 [M]. 北京：人民出版社，2011：152.
[2] [德] 薛凤. 工开万物：17 世纪中国的知识与技术 [M]. 南京：江苏人民出版社，2015：23.

有衰亡、倒退、跳跃，甚至突破。而本章所做的尝试，并不以巨细无遗地勾勒造物思想演进的全貌为主旨，而是以葛兆光先生对“思想”界定的三要素为参照，通过历史上有史可载、有籍可查的典籍，对上启《周易》、下至《天工开物》的设计文献进行梳理，以期探寻中国古代造物领域中弥足珍贵的生态意识与生态智慧。其方式可能挂一漏万，但旨在通过其中几个重要的节点，清理出对于今时今日生态问题的解决具有启发性的思想资源。究其要旨，可大致归纳为 3 个层面：

一是古代造物思想的思想背景与基础。造物之实践与思想，皆生发于特定的地域、气候等自然条件与本土特有的知识与思想系统之中。在思想意识的追溯中，中国古代传统中特有的“天人观”，是各个领域与学科循历史深处追溯时，所面临的共同命题。但就这一命题而言，因“天”之所谓的不同含义，往往指向不同的层面，其间更纠缠了道德、权力与政治等层面的内容与玄学的色彩，各个学科各种维度的讨论、辨析与论证蔚为大观，不一而足。而本章的追溯，旨在回归其本源，回到“天人观”初始萌生的条件与语境之中，探寻其所存在的本来意义与价值。正如柳诒徵先生所言：“古人立国，以测天为急；后世立国，以治人为重……不知邃古以来，万事草创，生民衣食之始，无不与天文气候相关，苟无法以贯通天人，则在皆形纳凿。”[1] 中国古代的“天人观”之发生，本自源于生命衣食与生存之需要，源于中国自新石器时期便已成形的以农耕为立国之本的模式与传统。正是在密切观察日月星辰之运行、自然物候之变化的基础上制历授时，遵循天地自然与物候规律，才逐渐形成了人与自然相互依赖、相互贯通、相互协调、和谐共生的思想意识与传统。其间潜藏着远古先民为了把握自然规律与法则而进行的艰苦卓绝的努力，而这一思想背景，正是中国古代造物思想中生态观得以发生发展、绵延相传的渊薮所在。相较于西方近代自然观与宇宙观中占主导地位的原子论与机械论而言，这一源自中国本土的传统自然观中包含明显的整体论与有机论，从而也形成了不同于西方科学范式的独特认识方法与思维方式，具有鲜明的生态伦理意识与基因。正如美国生态女性主义者卡洛琳·麦茜特在《自然之死》中所说：“尽管生态学是一门相对较新的科学，但它的自然哲学即整体论却不是……循环过程的概念，所有事物相互关联的观念，以及自然是活性的有生命的假定，对人类思想历史而言是基本的。”[2]

二是“备物致用”“物物而不物于物”[3] 的伦理观。远古传统中的造物，一开始就是与生产生活的整体相关联的。古已有之的“圣人造物”之论，往往被认为是将造物过程神秘化，将劳动人民的成果归于某位圣人之上，但换一种角度，我们可以看到古人对待“造物”的神圣心态。器物与工具的创制与发明，对远古人类的生活都具有至关重要、甚至颠覆性的意义。从石斧到石铲的变革，预示着从刀耕火种到耜耕农业的变化，器物工具的每一步

[1] 柳诒徵. 中国文化史（上）[M]. 长沙：岳麓书社，2010：6.
[2] 余正荣. 中国生态伦理传统的诠释与重建 [M]. 北京：人民出版社，2002：147.
[3] 语出《庄子·外篇·山木》.

革新，都推动着人类文明切实地往前推进。而在工具越来越抽象为技术的今天，这一趋势更为明显。由此，对这种创物的行为保持一种敬畏感、神圣感，是远古之人的自然情感，也是流传至今足资珍惜的态度与立场。

实质上，就造物思想的历史线索而言，对造物活动及其目的性的思考，尽管并未成为主流思想史的核心话题，但一直浮沉隐现于思想演进的脉络之中。在《易传・系辞上》中，对造物伦理有极为明确的表述，“备物致用，立成器以为天下利，莫大乎圣人”。[1] 器物制造的根本目的在于备物致用以利天下。而圣人所造之物，立足之基点无一不是从生产生活的需要与实际出发。在《尚书・大禹谟》之中，也有类似的记述：“禹曰：‘於！帝念哉！德惟善政，政在养民。水、火、金、木、土、谷，惟修；正德、利用、厚生、惟和。’”[2] 其中，水、火、金、木、土、谷实际囊括了水利、燃料、铸造、建筑、冶陶、农业等与百姓日用关系最密切的生产生活活动，而贯穿于这类生产生活活动的原则即是“正德、利用、厚生”，三原则贯穿一体即为“和”。而后墨子的“非乐节用”、韩非的“物以致用”等都与《周易》与《尚书》中提到的原则一脉相承。而《天工开物》则是以“贵五谷而贱金玉”表明其与传统一以贯之的立场。由此可见，造物之体系，从来就没有脱离以人役物、经纬天地社会的这一体系与脉络之中。

可以说，源自先秦时期以“备物致用”与“正德、利用、厚生”为核心的造物思考，一直绵延承传于后世的思想之中。而自《周易》《考工记》到《天工开物》所呈现的造物观念与思考，也与这渊源已久的思想传统密切相关，形成了一种遥相呼应的继续与传承。这一基本的造物价值观与生态伦理观，始终将“物”及与造物相关的技术发展等放置于人类生活需求的制衡之中。物是为人的基本需求服务，不是肆意满足人的不断增加的贪婪与欲求，也不是让技术毫无限制地疯狂发展。造物始终是为了人的生存发展、为了人的自我完善而服务的。所谓“物物而不物与物”，无论何时，都不能让物欲的扩张，以及物与技术的逻辑僭越人的理性需求，凌驾于人自身的生存发展及人性的完善之上。而在技术日新月异的今天，如何把握造物的缰绳，如何让物的制造服务于人、造福于人，而不是让物之体系凌驾于人类的真实需要之上，让技术的逻辑宰制一切、奴役一切，这一渊远流长的造物价值观与伦理观可谓有着深远的启示。

三是可归结为顺天应时、师法自然之造物方法论。史前造物的漫长实践，使远古先民在严酷的大自然中逐步掌握了如何观察自然、顺应自然、利用与改造自然等一系列生存的方式与手段。这一长期探索而形成的经验在《周易・系辞》的“制器尚象”之中得到了精练的归纳与总结。“制器尚象”所揭示的观象、取象、法象的造物方法论，其核心在于是在观天法地、取法万物的过程中，对天地万物运行变化规律的洞察与把握，并以此为依据创制工具与器物，这是一种朴素而科学的造物方法论，蕴含极为深刻的生态意识。而先秦

[1] 黄寿祺，张善文. 周易译注 [M]. 上海：上海古籍出版社，2004：520.
[2] 李民，王健. 尚书译注 [M]. 上海：上海古籍出版社，2004：26.

时期的《考工记》作为专门记述官方手工业造物实践的专著，则在对造物活动之材料、形制、工序、工法、尺度等进行系统论述的基础上，将造物的法则进一步提炼为“天时、地气、材美、工巧”，明确提出只有在顺应自然条件、依循自然节律、善用自然材料的基础上，配合人力所做的巧妙加工，才能成就优良的器物。

这一思想影响了其后2000多年的造物实践，如在《梦溪笔谈》《长物志》《闲情偶寄》等文献所涉及的造物活动记述与评介中，也深深地打上了这一思想的烙印，都是在“天地人”关系的框架下，在顺天应时、因地制宜的前提下进行物与环境的创造。尤其是作为造物领域集大成之作的《天工开物》中，总结了数千年的造物经验，在善用自然物产、巧用自然能源、巧循自然之理的基础上，将之提炼为“天工开物”的造物思想，其核心即是“天人相协、生态永续”的生态理念与价值立场。可见，在尊重自然、师法自然的前提下，巧用人力改造自然、利用自然，从而使造物实践与天地自然和谐一致，这一思想始终贯穿于数千年的造物实践之中，也是中国古代造物思想的核心与主调。

必须指出的是，中国古代造物活动与实践都是在以农耕为主的自然经济的条件下，与农业生产方式一起相伴相生的，在今天社会形态不同、生产力与技术条件突飞猛进的前提下，其局限性显而易见。但是，并不能因此否定这一思想传统中含有其深刻的合理性与强大的生命力。西方近代在笛卡儿和牛顿的机械论的主导下，自工业革命以来一直呈线性发展，生态资源与环境遭受了剧烈的破坏。尤其是近百年以来，全球的激进现代化所造成的生态恶果，超过以往数个世纪生态破坏的总和。因此，自20世纪六七十年代以来，西方不少学者都不约而同地在东方的文化与思想传统中找寻解决问题的契机。中国传统造物中所蕴含的丰富的生态伦理传统与生态意识，是在数千年人与自然不断调适、不断寻求平衡之道的过程中所形成的经验总结，并不能以单纯的神秘性、模糊性与混沌性一言以蔽之。在今天人类面临生态极限的危急关头，中国传统的造物思想和人与自然和谐相处的思想学说在自然观、伦理观与方法论等层面，因其与自然和谐一致、生态永续的突出特点而展示出历久弥新、亘古长青的价值与生命力，也为今天全球生态问题的解决提供了一条极具价值的启发之道。

# 第三章

# 绿色材料与生产

我国目前正处在工业化从中期到后期过渡的阶段。作为国民经济的支柱型产业，工业同样也是能源资源消耗和污染物排放的重点领域。在工业化过程中，对自然环境所产生的污染不断扩大和能源资源严重供给不足的问题，促使人类意识到必须撇弃原有的传统生产方式，创新生产理念和模式，去应对节能减排和绿色生产的任务，进而推动工业发展方式的转变。绿色可持续发展包括绿色材料、绿色生产行为和消费行为等方方面面，正好迎合工业发展方式的转变方向，以保护生态环境为目标，在促进生产的同时满足生态需要，其内容包括绿色生产、产品回收利用和能源的有效使用等多个方面。

本章从绿色材料的相关知识入手，阐述了绿色材料、绿色生产与设计创新的内在联系，旨在论述“人—社会—自然”三者之间可以和谐共生。以绿色可持续发展为理念，以绿色设计为推手，以无污染的绿色材料为依托，通过绿色生产技术，来完善研究层级和整合技术要素，可以形成新的绿色设计产品发展的突破点。

## 第一节

# 绿色材料的相关内容

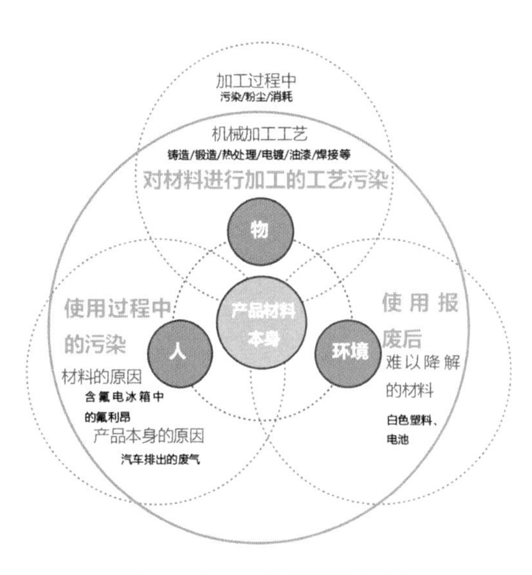


图 3.1　材料对周围环境的影响

材料是所有科学应用的物质基础，现代高新技术的发展有赖于材料科学的进步，材料科学在工业发展史上也一直处于先导地位。在整个产品生命周期中，材料都影响着周围环境（图 3.1），因此，材料的绿色性能一定程度上决定了产品的绿色性能。为了减少材料对环境的影响，最有效的方法就是开发绿色材料。

绿色材料是指使用性能高、消耗资源少，能跟环境友好协调的，对人不会造成危害，并且可再生利用或可降解的材料。由此可见，绿色材料应具有以下 3 个特征：

（1）绿色材料具有良好的性能，同时与环境相互协调。

（2）绿色材料有较高的资源利用率，利用少量的资源来实现产品的性能，同时可再生利用。

（3）绿色材料对生态环境影响较小。

## 一、绿色材料的种类

### （一）天然材料

1. 石材

我们在日常生活中所接触到的石材可分为3类，即天然石材、复合型石材和人造石材。其中，用途较为广泛的是天然石材和人造石材。天然石材主要包括花岗岩、大理石和石灰石等。作为一种装饰用的石材，花岗岩的优点是质地硬、耐腐蚀、抗风化能力强、耐久性好，缺点是不抗火。花岗岩的颜色华丽，有着均匀的质地，一般适用于室内外的墙面、地面和路面等。大理石同样也是一种装饰用的石材，主要由碳酸盐矿物组成，质地较软，普遍适用于室内墙面或地面。天然石材质量偏重，因此在工艺上无法做到无缝拼接，所以渗透在石材里面的污渍难以清洗；而且，天然石材脆性大，遇到重击便会产生裂缝。

为了顺应时代发展的需求，人造石材的发展趋势越来越好，被广泛应用于公共建筑和家装领域。人造石材是没有放射性、可再生使用的室内装修材料。人造石材是将天然的矿石粉、树脂和颜料混合在一起，再通过浇铸或者模压成型的矿物填充型分子复合材料，优点是具有跟天然石材一样的质感、色彩均匀、基本上没有色差，并且可塑性强、易清洁、绿色环保。但是，人造石材也有缺点，如颜色比较单一、不耐高温等。

2. 木材与竹材

木材被广泛应用于传统建筑和现代建筑中，是传统的建筑材料。尤其是我国的传统建筑物，多为木结构且具有独特的风格特点。这种建筑的技术与艺术水平都很高，在结构上，木材多应用在建筑中规模较大的构架与屋顶；在装饰上，木材多应用在室内地面的装修及装饰性线条的制作。另外，木材还应用于家具生产、工艺品制作、园艺建造及生活用品等方面。

虽然木材是一种可再生的天然材料且具有环境友好性，但是随着森林资源保有量的急速下降、森林保护力度的强化及国际木材供应市场的疲软，致使木材长期处于供不应求、供应量不饱和的状态。在这种情况下，竹材可以替代木材应用于某些方面。

中国拥有十分富足的竹类资源，在地理位置上处于世界竹子资源分布的中心位置。在当前森林面积急剧下降的全球大背景下，竹林的面积却以每年3%的速度递增，由此可将竹材视作木材最为理想的替代品。竹材虽同为天然材料，但在环境价值和经济价值等方面具有明显优势。竹材相较于木材生长周期更短、资源也更丰富，并具有绿色环保、纹理通直、色泽淡雅和材质坚韧的特点，是优良的可持续发展资源。竹子具有“虚心、有节和挺拔”的形态特征，该特征与我国传统文化中“清高、气节、坚贞”的审美意识相吻合。竹材所独具的天然气质十分符合当下设计潮流中追求文化品位和审美趣味的理念，所以发展和利用竹材这种符合绿色设计的好材料所做的用品更符合人们对绿色设计的追求。

3. 植物材料

植物材料因其人工种植的因素，属于一种半自然的材料。通过保留植物材料的某些特性，应用于建筑装饰行业和艺术创作的生产中，创造全新的艺术或设计产品。为了使得最终产品更加完整，在植物材料的某些特性提取和应用方面还需依靠现代科学技术的辅助。使用植物材料是现代生活中返璞归真的新方式，实现可持续发展的目标的新手段，植物材料的应用维度具有很大的挖掘空间。目前，为了更加有效地使用大量可再生的植物材料去取代不可再生的矿物质材料，需要人们积极地去挖掘、研究植物材料的各种属性、应用能力与方式方法，使其在可持续发展中发挥出更大的作用。

### （二）复合材料

用两种或两种以上不同性质的材料所组成的材料即为复合材料。复合材料是通过物理或化学的方法在宏观（微观）上所组成的具有新性能的材料。由于各种组成材料可以在性能上互相取长补短并产生协同效应，使得复合材料的综合性能明显优于其原组成材料并且还能满足更多不同的要求。

1. 金属材料

由金属元素为主要构成且具有金属特性的材料的统称金属材料，包括纯金属材料、合金材料、金属间化合物材料和特种金属材料等。

2. 非金属材料

非金属材料指具有非金属性质（导电性、导热性差）的材料。19 世纪以来，随着生产和科学技术的进步，尤其是无机化学和有机化学工业的发展，人类以天然的矿物、植物、石油等为原料，制造和合成了许多新型非金属材料，如水泥、人造石墨、特种陶瓷、合成橡胶、合成树脂（塑料）、合成纤维等。[1]

根据相关研究和绿色材料的要求，我们归纳出的绿色材料的特征及其属性，如图 3.2 所示。

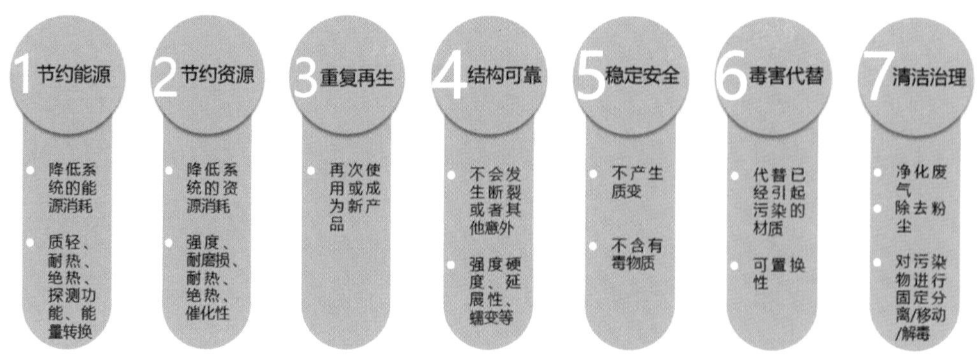


图 3.2　绿色材料的特征及其属性

[1]　王大博，孙艳艳. 浅谈我国无机非金属材料的应用与发展 [J]. 黑龙江科技信息，2011（13）：11.

### （三）净化材料、可降解材料和可再生材料

1. 净化材料

净化材料是指能够清除杂质或者有害物质的材料，如吸收废气、废液的材料就属于净化材料。例如，日本科研人员发现以方解石和火山灰为主要成分的天然矿石具有极强的吸臭能力和吸湿能力，该矿石的吸附能力比沸石和活性炭还要高出 10～20 倍；美国康宁公司发明的一种可以过滤一氧化碳等有害气体的净化器是用堇青石制成的，还具有除臭等其他功能。

2. 可降解材料

可降解材料是指在一定时间内，可自然分解的材料。在绿色制造过程中，一般还要求产品及包装的材料高效耐用，以及具有可降解性。例如，塑料袋主要用一些不可降解的塑料等材料制成，废弃后即使深埋在地下，也难以降解。这就意味着，若干年后人们将踩在一片饱含垃圾的土地之上。现在，社会各界人士及相关部门都已经注意到了这个问题，限塑令的实施只是一个开端，人们不断地开发可降解材料或使用替代品，相信这些问题会朝着绿色环保的方向发展。

3. 可再生材料

可再生材料主要是指在固体废弃物回收处理之后再制造的材料。它具有这些特点：一是可作为再生资源，反复循环使用；二是处理过程中耗能少，并且对环境造成的污染少。可再生材料的种类及说明见表 3–1。

**表 3–1　可再生材料的种类及说明**

| 主要类别 | 内容说明 |
|---|---|
| 再生纸 | 一种以废纸为原料，经过分选、净化、打浆、抄造等十几道工序生产出来的纸张，它并不影响办公、学习的正常使用，并且有利于保护视力健康 |
| 再生塑料 | 指通过预处理、熔融造粒、改性等物理或化学的方法对废旧塑料进行加工处理后重新得到的塑料原料，是对塑料的再次利用 |
| 再生金属 | 具有比原金属更好的可塑性和抗腐蚀性，一类是加工过程中切削下来的边角碎料，为新碎料；另一类是废旧金属产品（成品）的回收，一般称为“旧料” |

### （四）绿色能源

绿色能源也叫可再生能源，和低碳能源的含义大致相同，是指包括太阳能、风能和水能等以前没有广泛利用的能源。

太阳能来自太阳的热辐射，每小时到达地球的太阳能足够满足全世界一整年的电力需求。人类对太阳能的利用一般是通过光伏材料将太阳能转变成电能。太阳能是洁净的能源，无污染，储藏丰富，是我国可持续发展的重要内容，甚至是核心内容，也是解决环境问题的关键所在。目前，我国的太阳能产业走的是“出口工业硅——进口多晶硅——出口光伏电池”的路线，从事的生产环节附加值极低、利润较薄。太阳能电池的主要消费市场

在国外，占据我国太阳能产业 95% 以上的出口量。无论是太阳能电池的使用效果还是能量回收期，均可以看出太阳能本身就是属于绿色能源，是绿色环保节能的产品。但如果我们仅仅生产太阳能电池，而不去扩大应用，那么太阳能电池只能是一种高耗能的出口产品，留下的却是能源消耗和环境污染。

风能是目前我国第三大电力来源。2019 年，我国的风电容量已高达 $2.89\times10^{7}$kW，已超过欧洲，为美国的 2 倍。由于技术进步和竞争加剧，目前风能发电的成本显著下降。作为一种清洁的可再生能源，风能的优点在于分布广、应用广泛。

水能一般用于水力发电，将水的势能转变成电能。水力发电的成本低，可再生利用且无污染，但是容易受到地理环境的影响。

无论是太阳能、风能，还是水能，都是非常有前景的可再生能源。大力发展绿色能源在产品生产和使用中的应用，是实现绿色可持续发展目标的一个非常重要的措施。因此，目前全球都在瞄准绿色能源作为主要的创新领域，如绿色能源汽车行业。

## 二、绿色材料的选择技术

### （一）材料选择方法的现状

产品生产过程中通过设计把新想法或者市场需求转化为可以落地的实施信息。在设计的每一个阶段都需要明确产品所要采用的材料和加工工艺。大多数情况下，设计主导着材料的选择，但新材料的出现又催生了新产品的研发或者旧产品的革新。

材料长期的发现积累，可供设计人员选择的材料品类极其丰富。那么，怎样才能从众多的材料中选择出最合理的材料呢？传统的选材方式是设计人员将宝贵的经验传授给徒弟，再由徒弟来担当一定范围内的材料领域的专家角色。可以想象，这种仅凭习惯经验、个人感觉或者依靠手册决定材料的选择，是很难得到最合理的材料的。长期的实践尝试，设计人员在经验选材的基础上得出的半经验选材，即设计人员将产品资料、已有经验与材料学知识综合起来，按某种或某几种比较科学且行之有效的途径或步骤进行选材的方法。[1]

上述的经验选材和半经验选材自身具备的缺点，导致我国产品和产品构件普遍存在使用寿命短和材料利用率低的特点，也是许多重大质量事故的根源。但正是无数设计人员的反复尝试，才使得人类对材料本身性能的了解逐步加深，而且随着凭借经验和半经验选材的方法逐渐淡化，取而代之的是在凭借经验和半经验选材方法的基础上发展起来的现代选材方法。

现代选材方法是通过其他学科的成就，包括计算机技术、数理统计和价值工程等，将其引入材料领域，可以快速吸收专家经验并进行科学运算，从而做出正确合理的选

[1] 张天云，陈奎，杨光，谷莉. 工程选材方法的发展及趋势 [J]. 材料导报，2011，25（23）：110-113.

择。现代选材方法主要包括专家系统选材、价值工程分析法选材和数据库辅助选材等。就材料的成本而言，不仅涉及材料本身和处理工艺，而且涉及材料使用对生态环境的影响。

绿色产品对材料选择的要求更高，不仅需要满足绿色产品的基本性能、功能和安全性等要求，而且要减少对自然环境的影响。所以，我们提出用基于环境保护、性能优越和合理成本等因素制作的新材料来代替旧材料，以此得到新的产品。材料取代的原理和方法如图 3.3 所示。

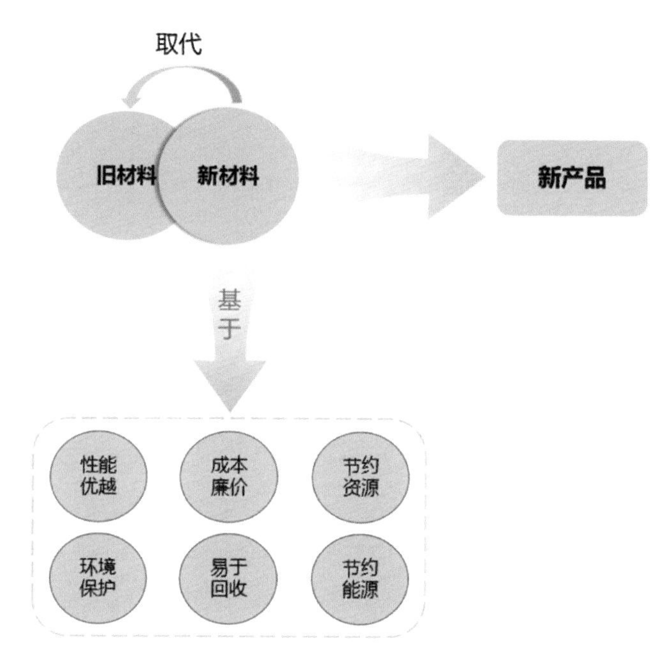


图 3.3　材料取代的原理和方法

### （二）面向绿色产品的材料选择原则

在材料生命周期的过程中，会伴随着大量的资源和能源消耗，而且排放出来的污染物能够对环境造成污染，同时对人类健康造成危害。[1] 在传统的材料选择中，相对比较重视材料的技术性能和经济因素等方面。现在，应该考虑材料对环境的影响，尤其是面向绿色产品的材料选择，需要坚持绿色材料的技术性原则、环境协调性原则和经济性原则。

1. 绿色材料的技术性原则

绿色材料对技术性的要求主要包括材料的力学性能、机械性能和化学性能。从产品的功能、性能及工作环境等角度来看，绿色材料的选择在技术上通常要考虑以下因素：

[1]　王洪涛，翁端．材料生命周期评价方法浅析 [J]．新材料产业，2014（02）：28–30.

（1）依据工作载荷的分布状况和应力大小等选材。这个因素主要从材料的强度来考虑，需要在满足零部件材料的机械性能的前提下进行选材。

（2）依据零件的工作环境选材。零件的工作环境是指零件所处的环境特征、生产温度和摩擦系数等因素。

（3）依据零件的尺寸选材。零件的尺寸大小与原料的种类及毛坯制取方式相关，应尽可能减少材料使用量。

（4）依据零件结构的复杂程度选材。构造复杂的零件应采用铸造毛坯的方法，或者利用板材冲压的方法，制作元件后再焊接而成。结构简单的零件可用锻件或棒料。

（5）依据材料的工艺性能选材。材料的工艺性能对量产的产品来说尤为重要，这一因素会影响产品的价值。

2. 绿色材料的环境协调性原则

绿色材料的环境协调性原则是指绿色材料在生命循环周期内，对资源、能源和环境等因素的影响程度。其主要内容有以下几点：

（1）最佳利用原则。充分使用天然资源，提升材料的利用率，不仅可以减少对资源的浪费，缓解资源枯竭，而且能够减少排放量，减少对环境的危害。例如，充分利用竹、木屑、麻类、棉织物、柳条、芦苇、农作物秸秆等原料做包装材料，这些原料可以就地取材，成本低廉，完全符合绿色潮流的要求。[1]

（2）最佳使用原则。最佳使用原则即遵循材料生命周期能量利用率最高的原则。

（3）污染最小原则。绿色材料对环境的影响最小。例如，沃尔沃和宝马都推出了天然气轿车，燃油轿车通过加入压力汽缸就可以使用天然气；奔驰正在研究用氢做汽车燃料；加拿大的一家公司研制出一种新型机油，可以减少 50%～60% 的排烟量，降低噪声 10～20dB；日本一家公司开发了用乙醚将 C、H、O、F 元素结合在一起形成的化合物，可替代氟利昂。[2]

（4）损害最小原则。在选择绿色材料时，需要考虑该材料对人体健康是否造成危害，通常需要注意绿色材料的腐蚀性、辐射强度和毒性等。例如，日本 Cover 公司生产了一种环境保护型的肥皂，该肥皂使用可降解的植物原料，完全排除了可能造成环境污染的成分。

（5）可回收性原则。选用可以回收再利用的材料，这样不仅可减少材料的消耗以节省成本，还可减少在加工提炼过程中所造成的污染。例如，计算机显示器的外壳、键盘等许多零件都是用可回收塑料来制造的；德国施奈德、格隆迪希等几家公司联手开发出一种环保型“绿色电视机”，其所用材料是铝制件、轻型钢板、塑料和木料，并且整机各个部件均可拆卸、更换和拼装，甚至塑料也可重新熔化回收再利用，且性能保持不变。

3. 绿色材料的经济性原则

绿色材料的经济性原则指的是在考虑采用低成本材料的前提下，综合考虑材料在整

[1] 徐晓娟，卢立新，王立军，龚雪峰．农作物秸秆废弃物材料化利用现状及发展 [J]．包装工程，2017，38（01）：156-162.

[2] 宫清付，鲍健强．绿色设计中的材料选择 [J]．江汉大学学报，2005，22（03）：10.

个生命周期过程中对产品成本的影响，以达到最佳的经济效益。其主要表现为以下两个方面：

（1）材料的供应状况。选材时，需要知道生产地的供应和价格情况，为了简化材料的供应流程，尽量增加在一部生产机器上使用同一种类材料的频率。

（2）材料的成本效益分析。材料生命周期总成本影响产品的成本，所以减少材料生命周期总成本对制造者和消费者都有利。材料成本的内容及说明见表 3-2。

**表 3-2　材料成本的内容及说明**

| 主要内容 | 说明及举例 |
| --- | --- |
| 材料本身的相对价格 | 材料本身的相对价格，例如，当用价格低廉的材料能满足使用要求时，就不应该选择价格高的材料，这对于大批量制造的零件尤为重要 |
| 材料的加工费用 | 例如，制造某些箱体类零件，虽然铸铁比钢板价廉，但在批量生产时，更为有利的反而是选用钢板焊接，因为可以省去铸模所产生的费用 |
| 材料的利用率 | 例如，采用无切削和少切削毛坯（如精铸、精锻、冷拉毛坯等），可以提高材料的利用率。此外，在设计结构时也应设法提高材料利用率 |
| 采用组合结构 | 例如，火车车轮是在一般材料的轮芯外部套上一个硬度高、耐磨损的轮箍，这种选材的原则称为局部品质原则 |
| 节约稀有材料 | 例如，用铝青铜代替锡青铜制造轴瓦，用锰硼系合金钢代替铬镍系合金钢等 |
| 回收成本 | 随着产品回收的法制化，材料的回收性能和回收成本也就成为设计中必须考虑的一个重要因素 |

### （三）材料选择的影响因素

材料的选用不仅会影响产品的性能、寿命，而且会影响人与产品的协调性，还会涉及环境保护因素。许多因素都影响产品的材料选用，归纳起来主要有几个方面，如图 3.4 所示。

（1）材料属性。在产品设计中，材料属性是选择材料的基本点，主要有材料的质量、强度、刚度及材料的疲劳特性、平衡性和抗冲击性等。

（2）产品的基本要求。事实上，在选择材料时，除了考虑符合某些属性以外，还应考虑以下几个方面：

① 产品功能。不管是什么产品，都需要考虑到产品的功能和最佳的使用寿命。

② 产品结构需求。产品的结构不但影响加工工艺、装配工艺、生产成本，对选材也有着很大的影响。

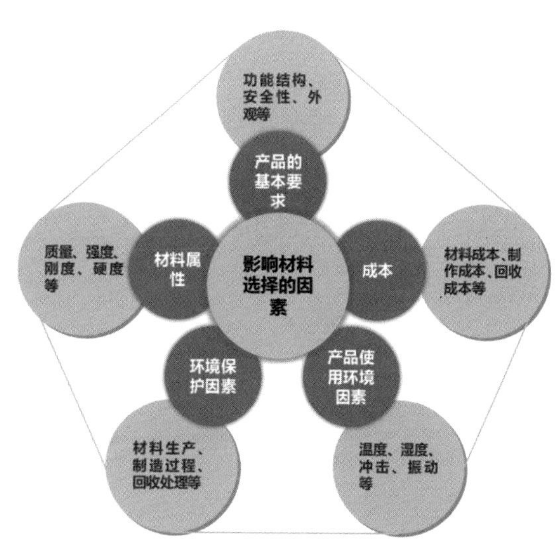


图 3.4　影响材料选用的因素

③ 产品的外观。任何产品都是以一定材料呈现出来的实实在在的物体，材料的选择就显得尤为重要。

④ 安全性。产品的安全性是基础的要素。选材需要从各方面考虑各类可能预见的危险，比如设备内部如果采用了容易受潮的塑料轴承，就会因潜在的腐蚀性危险而导致质量下降，从而造成关键的控制器失灵。

⑤ 抗腐蚀性。这也是选材的一个至关重要的因素，因为它直接影响到产品的表面和使用寿命及维护。

（3）成本。成本因素的考量始终贯穿于设计过程中，比如要求质量最轻的同时，还要成本最低，这时就要有所权衡。就成本因素而言，不仅只有材料本身的成本，还有材料的处理制作工艺、材料使用对生存环境的影响及回收等成本。

（4）产品使用环境因素。绿色材料在产品使用过程中会受到环境的影响，主要包括以下两个方面：

① 冲击碰撞。产品运输途中和使用过程中，可能会受到冲击碰撞，导致产品的毁坏。

② 温度和湿度。例如，有些绝缘材料会在高温状态下失去绝缘性，而有些塑料受潮后精度就会下降，导致影响产品的性能。不仅如此，影响选材的环境因素还有地区气候、光晒和噪声等。

（5）环境保护因素。随着地球环境日益恶化和人类环境保护的意识逐渐加强，产品材料的生产和选用、制造过程和回收处理等行为都受到了环保因素的影响。可以说，这些过程首先都必须有利于保护环境，之后方可考虑其他因素。

### （四）绿色材料选择的流程

绿色材料选择决定了绿色产品在产品周期中对环境的影响。绿色材料选择与设计生产阶段有着密切的联系，所以需要综合考虑。进行绿色材料选择时，在能够满足所需技术功能的前提下，产品生命周期所需要的总成本之间必须在经济上达成一致。绿色材料选择的流程模型，其出发点是把成本作为基础，再综合考虑选材的技术和环境等因素，如图 3.5 所示。

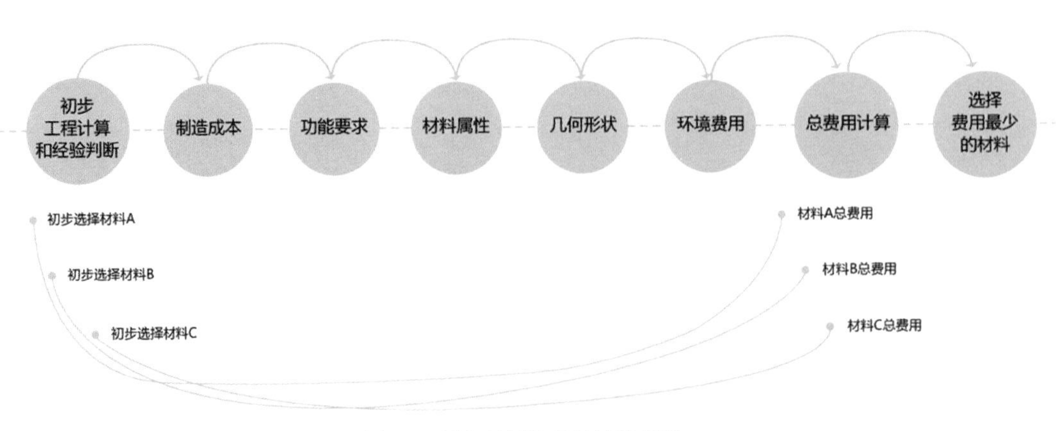


图 3.5 绿色材料选择的流程模型

## 三、绿色材料的制备

绿色材料的制备应对环境影响较小，包括两个方面的内容：一是材料本身与环境协调友好，无污染；二是材料在制备过程中成本低、污染少且能耗低。在绿色材料制备阶段，可以采用天然材料，也可以选用高新复合材料，如玉米淀粉树脂、真空镀铝等材料。

## 四、绿色材料的加工

绿色材料的加工需要考虑 3 个方面内容：一是选用材料的品种越少越好，既要有利于生产过程中零件的生产和管理，又要能够简化产品结构，方便对材料进行分类与回收再利用；二是材料应具有良好的工艺性能，这样能够保证在生产过程中减少对环境的污染；三是加工工艺应具有绿色性，在生产过程中能源的资源消耗量低、排放的污染物少或能够净化污染。

## 五、绿色材料的包装

材料生产加工成为产品后，产品的包装设计仍然需要考虑环保问题，需要为产品提供“绿色装”。绿色材料的包装应考虑 4 个方面的内容：一是包装简约化，因为过度包装会造成大量的资源消耗；二是包装能够再生利用；三是包装使用之后其废弃物能够自然降解；四是包装的材料不会对任何生物造成伤害。

## 六、绿色材料的使用和存储

在材料的使用和保存阶段，对其绿色性进行考察十分重要，因为这会直接影响到消费者的人身安全。绿色材料不仅要具备使用寿命长、低碳环保等条件，而且对人无伤害性。对材料是否具有绿色性的判断主要涉及两个方面：一是绿色材料本身是无毒无害，对人体不会造成影响，这一点尤为重要；二是绿色材料的使用寿命，虽然有些材料是无毒无害的，但如果使用寿命短，就会严重缩短产品的生命周期，除了造成成本浪费以外，还会给生产企业的声誉带来负面影响，给消费者带来烦恼。

## 七、绿色材料的废弃

绿色设计要求产品报废后还能够再回收利用，主要体现为使用的材料是否易于回收、易于处理和可以降解。对废弃的绿色材料的评估可以从 3 个方面来进行：一是绿色材料可回收、可反复使用，这样可以减少耗能，也可以减少材料在提炼加工的时候对环境造成的污染；二是绿色材料能够自然降解，废弃后被自然分解的同时又被自然界吸收，这是缓解对环境的污染的最优方案；三是绿色产品的可拆卸设计，有利于材料更换、回收和再利用。

## 第二节
# 材料的技术创新

### 一、材料的高效利用

通过对材料的高效利用，可以降低企业的投入成本，并对环境产生积极的影响，从而推动绿色可持续发展，促使社会得以和谐共生。那么，怎样才能做到材料的高效投放和使用呢？下面用不同类型的材料应用案例来阐述材料的高效利用。

#### （一）生物材料分级利用

1. 竹材的应用

竹材具有韧性，抗弯能力强，这方面性能比木材好得多，可以做成极富韧性的家具，而且更符合人机工程学。此外，竹材所含有的精油成分，在自然挥发的过程中，能够起到安神、抑菌等功效；竹材的导热性能好，竹制家具在炎热天气时使用比较凉快，能够使居家生活变得惬意；竹材内部构造特殊，容易加工成环保的生产备用“形材”，在与木材加工工艺相同的条件下，可减少黏胶剂的使用。所以，使用竹材加工生产制成的家具、家居用品和生产备用“形材”能够减少有毒有害物质对人体的影响，值得广泛应用。

2. 牡蛎壳的应用

江南水乡民居建筑广泛采用蠡壳窗，其工艺技术在中国古代建筑材料利用方面堪称突破性的进展。[1] 而用于制作蠡壳窗的牡蛎壳，必须是大而扁平、透光值高的高质量贝类，相较于砌墙的蚝壳来说，筛选条件严格且提取比率低。这种材料工艺兼具采光的功能性和材质对比的装饰性，体现了取自自然、物尽其用的生态理念。在浙江、江苏、广东等东南沿海地区，至今还保留着通过打磨成薄片的蠡壳修饰的窗屏。后来，由于受到玻璃产业的冲击，蠡壳窗在建筑上的应用渐渐淡出了人们的视线，但是其材料利用的意识和工艺技术留给我们一些启发。我们可以举一反三地进行联想，在挖掘天然的可再生材料应用的研究

[1] 俞梅芳. 浅谈嘉兴蠡壳窗技艺的继承和保护 [J]. 前沿，2012（18）：169-170.

中，可以根据传统的应用方式去开拓可再生材料的使用前景。

3. 水浮莲的应用

水浮莲学名凤眼蓝，也叫水葫芦，因为过度繁殖，经常会导致水道堵塞，影响水路交通。政府每年都需要耗费巨大的人力和物力来治理水浮莲，不过打捞出来的水浮莲都会被处理掉，但如果处理的方式不正确可能会造成二次污染。

目前对水浮莲的应用，主要是用作建筑复合板、包装缓冲材料、手工艺品、造纸、家具等。水浮莲是很好的编织材料，干燥后的水浮莲藤条富有弹性，防水性能极佳，缠扎性能好，柔韧性高于其他藤条，经过现代工艺加工后，可开发制成系列化的编织饰品。水浮莲经过风干、防腐、软化和成型等多种工艺加工处理后，可作为家具制作的原材料，这不仅能让有害物转变为可用的资源，而且为环保家具添加新的材料。尤其是在木材、藤材等材料越来越匮乏的今天，水浮莲的开发利用可以有效缓解这个问题。实际上，水浮莲结合其他材料使用，将是未来环保产品的设计趋势。

水浮莲藤多与藤枝、藤杆、藤芯、木料结合使用，也可与竹器结合使用，甚至可以尝试与金属、玻璃、布艺、漆器等材料结合使用。多种材料的合理应用，使得水浮莲家具（图 3.6）产品具有多种材质疏密对比、软硬对比、色泽对比等设计特色，无论在视觉上还是在触觉上都具有丰富性。[1]

图 3.6 水浮莲家具

4. 秸秆的应用

用秸秆作为原料生产的保温砖，使用后不需要在墙体上加保温材料，平均每立方米材料可节省近一半的价格。用秸秆加工制成的轻体隔墙板，能够取代实心黏土砖块、瓷砖、涂料等，具有便宜、耐水、体轻、隔音、阻燃、保温等优点。而且，墙体的厚度为红砖的一半，增加了建筑的使用面积，减少了建筑物自重，节省了钢筋和水泥，并改善了建筑功能，为建筑材料的更新开辟了一条新路。

秸秆回收之后，先根据工序进行处理，再把细加工后的秸秆和 PP 塑料通过混合放入指定的压缩设备中进行压缩处理等，获得秸秆颗粒，最后把这些秸秆颗粒通过高温熔化之后倒入模具中，可以加工成牙刷柄、茶杯、日用餐具等生活用品。例如，人们在 24h 之内就能够用 1t 秸秆材料制造出约 10 万把梳子。

秸秆焚烧等环境不友好行为会对环境造成负面影响，[2] 但对秸秆进行再利用却对环境保护有着重要作用：通过绿色设计，秸秆材料可替代传统材料，有效降低环境污染；秸秆材料结合其他材料，可以应用在许多领域。在应用实践中，倘若将秸秆这一高产量、短周期

[1] 单晓彤，汤重熹，向智钊，冯宝亨. 绿色材料应用设计研究——以水浮莲编织产品设计为例 [J]. 生态经济（学术版），2014（02）：108-114.

[2] 钟诵权. 农村秸秆焚烧对环境的影响及对策 [J]. 现代农业科技，2014（05）：260-263.

的材料纳入社会生产实践的范畴，不仅在不增加附加劳动的情况下增加农民的收入、解决部分农民的温饱问题，而且能缓解现代社会高需求的材料供给问题，同时还能缓解地球上的能源问题，增加人们的环保意识。

### （二）扁平化设计

扁平化设计的核心概念是：舍弃冗杂的色彩、图案和纹理等装饰效果的元素，强调将核心的信息以抽象、简约、符号化的设计元素呈现出来。例如，宜家是最早把扁平化设计应用到家具中的厂商。厂商从现代材料市场选择合适的平面板材，通过设计去利用平面板材的物理特性和视觉特性，采用穿插连接结构和标准件结构等方式，使顾客可以自行组装完成搭建，方便顾客自提购买。宜家这种简洁、实用的扁平化设计和无工具安装充分体现了扁平化设计的可持续发展理念。

扁平化设计的主要优点：一是产品的所有组成构件都是来自平面板材上的裁剪，可以更加充分地利用材料；二是产品的所有构件都是单独的平面状态，并且可以保证原有产品功能不变的基础上进行拆卸、组合、折叠，以方便运输、使用和仓储，可以节约大量的空间储运成本；三是造价成本低，具有高性价比。

扁平化设计在产品包装上应用广泛，而包装的扁平化设计要求放弃一切的装饰效果，以利于减少耗费材料、节省资源，当然这也符合盒、箱形包装储备和运输及产品销售的要求。

## 二、增材制造（3D 打印技术）

### （一）3D 打印的兴起与应用

增材制造（Additive Manufacturing，AM）俗称 3D 打印，是一项涵盖材料、生产及信息技术等多学科的新兴技术。我国自 1991 年就开始着手研发 3D 打印技术，那时 3D 打印技术被称为快速成形技术，即开发工程机之前的实物模型。3D 打印在国际上有几种成熟的工艺技术，即分层实体制造、熔融挤压、激光烧结。

国内部分高校和科研机构研发的 3D 打印技术偏向于应用方面，主要用于制作模具和航空航天的零部件。当然，也有 3D 打印技术转移到企业的，主要应用于职业技术培训、高校教育等领域。当前，国内的 3D 打印设备和服务企业规模已经迅速发展壮大。[1] 3D 打印技术也初步应用于商业模式，现在市面上已经出现了桌面级的 3D 打印机设备，学校、设计公司、科研单位和家庭等都有条件购买使用。3D 打印技术可以低成本、高效率地生产定制部件，打印出多样化的精细造型，让手工加工和传统机械加工望尘莫及。[2]

[1] 2018 年中国 3D 打印产业发展现状与市场前景分析 3D 打印在军事装备领域得到广泛应用 [EB/OL]. https://www.qianzhan.com/analyst/detail/220/190304-dd51a02e.html.

[2] 东鑫渊，杜传祥. 3D 打印技术在汽车行业的应用研究 [J]. 山东工业技术，2016（06）：200.

### （二）3D打印的负面影响

现在常用的桌面级 3D 打印机都是采用 FDM（熔融沉积成型）技术，利用的 3D 打印原材料一般多选用 ABS 工程材料。但是，ABS 工程材料在 3D 打印过程会产生释放苯乙烯，而苯乙烯是 2B 类致癌物，能对人体造成危害。[1] 同时，打印模型需要先消耗大量材料打印出用来支撑模型的支架，再剥除支架才能获得模型，而剥除出来的支架不能回收再利用。此外，3D 打印机的运作过程会产生噪声，容易影响日常的工作学习。

# 第三节
# 绿色设计与生产

绿色设计与生产是以绿色可持续发展为目标，把绿色产品作为研究对象，与形态学和文化学等理论相联系，继承传统生产和设计的突出理念、方式和战略，充分利用现有科学技术手段，站在绿色环保的高度去审视绿色设计与生产的主要内容及其发展方向，最终达成“人—社会—自然”三者之间的和谐共生。

## 一、绿色设计与生产的技术要素架构

我们建立了如图 3.7 所示的绿色设计与生产的技术要素架构，将绿色设计与生产划分为 5 个部分，即绿色产品结构设计、绿色材料的选择与管理、绿色生产系统设计、绿色包装设计、绿色回收处理。为了让各环节彼此接洽并执行信息互换，每一环节都经过相关过程（评估）并从全生命周期的视角进行抉择。产品设计是全生命周期主线中的主导因素，不妨理解为：该产品可否满足绿色标准的要求，关键在于设计过程中，有没有将绿色设计与生产纳入其规划中。

[1] 刘洋子健，夏春蕾，张均，姜志国. 熔融沉积成型 3D 打印技术应用进展及展望 [J]. 工程塑料应用，2017，45（03）：130-133.

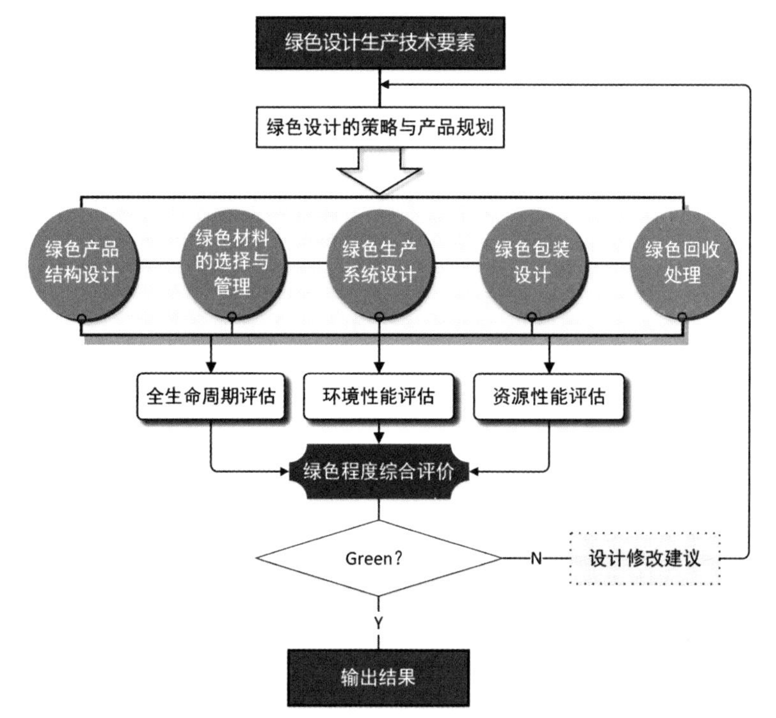


图 3.7　绿色设计与生产的技术要素架构

## 二、绿色设计与生产的技术要素

### （一）绿色策略规划

绿色策略规划可分为以下 7 个方面，主要从产品自身的绿色特性及产品全生命周期的各个阶段展开。

1. 产品概念创新

（1）产品非物质化和低物质化。用有形产品去替换非物质化产品（信息或服务），这种行为可降低有形产品的生产量和使用量，并削弱用户对有形产品的心理依赖。为满足产品物质化低的概念，需要遵循产品体积小及质量轻的原则，实现持续提升资源生产效率和能源利用效率的目标。非可再生资源的使用量如要大幅度地下降，则需要在市场运作的输入端口开始阶段，更多地去考虑选用可替代性的可再生资源，使得生产与消费过程中的物质和资源得以削减。

（2）产品共享。产品共享的案例有哈啰单车、即行 Car2Go 及“街电”城市移动电源等，用户只使用产品而不占有产品的共享系统，使得产品使用效率非常高。产品共享在节约资源和能源的同时，也促使制造商对产品的使用过程及用后处理进行全方位的服务跟踪，产品的后期服务跟踪也能让制造商获得盈利。

（3）提供服务替代产品。企业提供服务意味着企业担负起产品全生命周期的维护维修、回收处理及再循环等责任。企业应开发出完善的售后系统服务，通过用户使用后所反馈的信息来改善产品和研发新一代产品，还应高效地掌握产品的销售和回收处理去提升企业的影响及盈利。

2. 产品功能和结构优化

（1）整合产品功能。人们的生活质量在逐步提升，科技的发展促使市场上的产品日渐人性化和多功能化。对多种功能产品进行聚合设计，使其成为一种产品，可减少原材料的使用和空间的占用，使产品更符合人们的日常需求，如多功能打印机整合了打印、复印和扫描的功能。

（2）增加产品的可靠性和耐用性。产品的可靠性与耐用性不仅是传统设计中必须着重考虑的要素之一，而且是绿色设计中必须斟酌的要点：其一，要从源头开始对产品进行严格的绿色设计评审，看产品是否符合国家标准和用户习惯等要素；其二，对所采用的材料和零件进行严格的挑选；其三，为防止操作不当导致产品出现瑕疵而影响质量，应对生产过程中的操作流程进行合理优化。

（3）易于维护和维修。为延长产品的使用寿命，绿色设计需要保证产品易于清理、保养和维修，具体设计要点为：其一，标注清楚产品如何进行保养或维修；其二，标明产品的零部件应该采用何种方式进行清洁或维护；其三，标注清楚产品需要定期检验的零部件；其四，需要定期更换的零部件应易于拆换。

（4）产品的模块化设计。产品模块化设计是被广泛接受的一种绿色设计方式，意味着在开始琢磨产品各部分所具备的效用（不同作用、相同作用不同机能、不同尺寸）时，就要合理分配并设计出一系列功能模块。产品的模块化设计应根据用户的喜好对替换模块进行不同的选择和组合，组成风格各异的产品，以满足市场的花式要求；同时，也可规避设计风险，提升产品的可靠性和质量。

（5）加强产品与用户的关系。绿色设计者应站在节约资源的高度，去审视产品与用户的关系。例如，产品在满足大众审美需求的同时，为提升其易用性和安全性，还必须符合人机工程学，让用户可以快速安全地使用产品；另外，提高产品的质量和功能性，让产品更加专业可靠，从而提升消费者对产品的信赖、延长产品使用寿命。

3. 优化利用原材料

（1）采用清洁原材料。清洁原材料即绿色原材料，可应用于清洁能源高效和系统的技术体系。清洁能源的内涵有三：其一，清洁能源具备高效利用的技术体系，而不仅仅是简单地区分类别；其二，清洁能源兼具清洁性与经济性；其三，清洁能源符合绿色排放标准，对环境负荷量极小。

（2）采用再循环原材料。在生产过程中，为尽量减少原料从开采到使用全过程中所消耗的能量，应尽量地去采用可再循环原材料。而可再循环原材料既来自工业制造过程，也来自产品使用或报废后，只要方法得当，企业就可以极大地缩减成本。

4. 产品生产过程优化

（1）选择对环境影响小的生产工艺。即利用并行设计方法，坚持绿色环保的原则，注重考虑产品的生产工艺，选择对环境友好的结构、材料和能源的生产工艺。为减少制造环节所耗能源及中间工艺环节中的废料排放量，应尽量减少生产工艺，因为环节越多需要的能源越多，所造成的污染就越大。

（2）减少生产过程能耗。为减少生产过程能耗，需要实施节能降耗的治理方案，建立完善的循环再生系统。同时，对产品生产过程进行严格把关，不断优化生产过程，做到生产高效且废弃量低，削减生产过程中的能源消耗，或者采用清洁能源。

5. 优化产品销售网络

销售网络主要囊括产品包装、运输、储存方式及相关后勤服务体系等，以此来保证产品具有高效的销售方式方法，从工厂输送至零售商和用户手中。

（1）选用减量化包装、再利用包装。遵循降低原料消耗、输送过程中的能耗及废物排放量的原则，尽量采纳轻量化包装。当产品包装具备足够的稳定性，质量过硬时，则会大大减小工人的劳动量，使过程操纵简单无害。

（2）建立完善产品配送体系。在产品运输过程中所产生的能源消耗和空气污染物会对环境产生负面影响，必须建立完善产品配送体系，以减少不必要的能源消耗。

6. 减少产品使用阶段的潜在影响

消耗必需品是用户在运作产品的进程中难以避免的，其间可能发生对环境产生负面影响的因素，这也应成为我们在设计之初着重考虑的要点之一。

（1）降低产品使用阶段的能耗。例如，电冰箱、空调和洗衣机等，这些耐用消费品在使用阶段的能源消耗要大于其制造阶段，因此，它们在使用阶段的能源消耗在设计时就需要考虑。

（2）减少相应的辅助品或消耗品的使用。最大限度地减少产品的辅助材料的运用，让其在满足基本功能的条件下，尽可能弱化对消耗品的需求。

（3）采用清洁的消耗品或辅助品。假设新产品的附带产品和消耗品是必须具备的，那么附带产品和消耗品都要进行全生命周期评价，以确保产品是对环境无害的。

（4）减少消费过程中的废弃物产生。用户的行为会受到产品设计的影响，如产品上标注的刻度（如水杯刻度），提示用户准确掌握用量，从而防止不必要的浪费。

7. 产品用后的回收处理系统优化

产品报废或弃用后的回收处理环节也是产品设计阶段需要考虑的设计要点，以提高产品的回收利用率，减少废弃物对环境的污染。

（1）提高产品循环利用率。产品报废后呈现的形式越完整，就越有价值。堪称经典的产品往往对二手用户具有极强的吸引力，这对产品的循环使用来说有利而无害。

（2）可拆卸性设计。在产品的设计中，需要考虑产品的可拆卸性：其一，可拆卸设计可减少运输过程中产品所占空间；其二，可反复使用拆卸下来的零部件，以满足用户多样的需求；其三，在使用产品的过程中，如果零件容易缺失或损坏而需要维修更换时，则可拆卸设计有助于产品的维修。

（3）产品重新制造。挑选出产品中有价值的组件进行再利用，以防止这些组件成为垃圾进入焚烧炉或填埋场。

（4）成为废品后原料的回收再利用。

（5）报废产品的安全焚烧。如果以上方式都不能实施，那么可供选择的最好方式是安全焚烧，并做好接收焚烧带来热能的准备。

### （二）绿色产品的结构设计

降低资源消耗的关键因素在于绿色产品的结构设计是否合理。据不完全统计，对同类型产品进行绿色设计评估发现，在资源节约度方面，结构设计的贡献率为63%～68%，而在减少环境污染度方面，结构设计的贡献率为21%～26%。从以上分析结果可知，要做到减少产品重量、材料和能源，还要易于加工装配，需要通过合理的产品结构设计来实现。这样不仅可以缩短生产周期，而且有益于降低生命周期成本。所以，我们在绿色设计过程中应从以下3个方面贯彻产品结构设计的准则：

（1）注重产品的节能省材和结构简化设计。产品生命周期的初始阶段、使用阶段、维修阶段乃至最终报废处理阶段，都应注重如何节能省材。只有最大限度地贯彻该原则，才符合绿色产品设计所推崇的节约资源与减轻环境负担的思想。

（2）采用模块化设计。产品结构的模块化，将有利于产品的维护、升级更新和重复使用。

（3）结构优化和布局合理。为了更好地回收，在易于拆卸分离的部位安置相对价值高的零部件，以便达到最快拆卸速度和最高拆卸回报率。通过集中安置不能回收的零部件，可节省拆卸时间，大幅提升拆卸速度，以及降低拆卸成本。最好避免选择镶嵌结构，如在金属零件中嵌入玻璃件等，这将增加拆除金属零件的附加工序，从而增加回收成本，也会影响材料回收的纯度和未来材料的品质。

### （三）绿色材料的选择与管理

现在对产品材料的选择要求日趋严格，这表明我们赖以生存的生态环境遭到破坏的问题已经唤起了人类对自身行为的自省，增强了人类的环保意识。作为设计人员，我们为产品挑取材料时，应该注意以下几点：

（1）选择环境友好型材料。在材料使用过程中，所选择材料应对生态环境的负面影响最小或无负面影响，与环境呈现友好姿态。

（2）选择可被自然分解和吸收的材料。

（3）选择不涂镀的原材料。如果使用涂镀原材料去满足产品的美观、耐用、抗腐蚀等要求，这将让产品报废后的回收再利用增加了难度，同时涂镀本身就具有毒性，其工艺会对环境造成不良影响。

（4）控制所选材料的品种。为方便以后回收再利用，绿色设计应尽量防止使用过多的不同类别的材料。

（5）选择低能耗、低成本、少污染的材料。为更好地选择低能耗、低成本、少污染的材料，应对材料的使用过程及生产过程有足够多的了解。

（6）选择易加工且加工中无污染或污染最小的材料。

（7）选择易回收、易处理、可重复使用、可降解的材料。

上述内容指明材料选择的方向是绿色材料。绿色材料又称生态材料、环境协调材料，最早由日本学者山本良一教授提出。绿色材料并不是指某一类新材料，而是说那些具备优良的功用性、极低的资源或能源消耗值、对环境的负面影响小，且再生利用率或可降解利用率较高的材料。绿色材料在制备、使用、弃用直至回收再利用的过程中，对环境来说，每一环节都是以友好型态呈现的。因此，我们在努力缩小材料对环境的负面影响时，绿色材料的开发成为理解在传统设计中材料选择的最佳途径。

根据分析，绿色材料应同时具备以下特征：

（1）优良的功用性。材料的选择必须对应计划开发的产品，如果只单单考虑材料的环境友好性而忽视材料的功用性，材料的使用价值也将降低甚至丧失。

（2）较高的资源利用率。首先，要做到使用较少的材料就可以达到预期目的与成效；其次，材料本身应具有较高的回收利用率。

（3）对生态环境不会产生不良影响。所使用的材料在产品全生命周期中对生态环境的负面影响降到最低或无负面影响。

### （四）绿色生产系统设计

对于庞大的绿色生产网络，绿色生产系统作为一个有机整体，需要我们运用系统的观点去分析和处理。其主要特点如下：

（1）绿色生产系统的对象应是面向社会的，全方位考虑环境影响、资源能源消耗的制造系统，使生产过程对环境污染最少、资源利用最优、社会负面影响最小。

（2）绿色生产系统谋求的不仅仅只是兑现经济效益，更要关心可持续发展的态势。

（3）闭环系统是绿色生产体系的特性之一。整个社会对象都应立足于产品的全生命周期，通过绿色生产的闭环系统逐渐获得利益。

（4）高度集成的生产体系同样是绿色生产系统的主要特点之一。它包括生产、资源优化利用和环境保护相关的问题集成、生产系统、营销服务系统、资源能源系统、生态系统等多领域集成。

### （五）绿色包装设计

现在的生产力得到了极大的提高，这也是导致资源和能源被过分利用的缘由之所在。但是，制造业、轻工业等工业程度总体效率不高，这种低效率造成了严峻的环境污染问题，各种浪费不言而喻。运用可持续性设计的理念来指导设计，对制造过程推行改良创新以求达到绿色环保的效果，俨然成为处理环境问题的门径之一。

绿色包装（Green Package）也常常称为无害包装或环境友好包装（Environmental Friendly Package），这种绿色的设计理念与思维的包装设计方法与模式，就我国目前来说，十分符合当下的绿色方针。[1]

从技术视角来看，要想生态环境不会被破坏，产品研发所选原料应当选自纯天然植物和相关矿物质，这样易于回收再利用，实现可持续发展，以及对人类身体健康无害。这种环保型包装称为绿色包装。产品的绿色包装从材料选取、制造、使用直到报废的全生命周期，都要与生态保护的要旨相符，[2] 需要遵循以下原则：

（1）包装减量化。就是尽可能地使用最少量包装材料的适度包装，同时具有保护、方便销售等功能。

（2）包装应易于再次回收或多次利用。为实现循环再生的目标，充分再用资源，减少环境污染，可以采取回收报废品、再制产品、焚烧接收热量、集聚废料滋养土壤等手段。

（3）包装废弃物能够降解腐蚀。要实现改善土壤的目的，需要做到不产生永久的废物，对于那些不可回收再用的包装废弃物可以降解腐蚀。

（4）包装的无毒性。包装材料不应该存在有毒要素，或有毒要素的剂量不会对人体和生物造成不良影响，比例要控制在相关标准之下。

### （六）绿色回收处理

绿色回收处理包括再使用和利用、继续使用和利用，促使产品的整个生命周期形成一个闭环的结构，废弃或弃用的产品将经由回收处理进入下一个生命周期的闭环过程中。

上文关于产品用后的回收处理系统优化的内容中，已详细描述了如何提升产品的回收处理效率，缓解废旧产品引起的环境污染，实现绿色化的回收处理过程，此处不再赘述。

## 三、绿色设计与生产系统的运行模式

### （一）绿色设计与生产系统的原则

（1）资源最佳利用原则。在选择资源时，尽量采用可再生资源，确保在产品的全生命周期中会获取最高利用率，以达到资源的投入成本和产出价值两者的比值趋于平衡，满足社会可持续发展的需求。

（2）能源消耗最少原则。促使产品在制造进程阶段，其输入与输出的比值最大，所消耗的能源最少。

[1] 焦瑞琪. 绿色设计理念在包装设计中的运用 [D]. 临汾：山西师范大学，2016：3.
[2] 绿色包装 [EB/OL]. http：//www.baike.com/wiki/%E7%BB%BF%E8%89%B2%E5%8C%85%E8%A3%85.

（3）污染最小原则。应大力鼓励社会落实“预防为主，治理为辅”的措施战略，摒弃先前的“先污染，后治理”的环境治理模式。

（4）“零损害”原则。在整个生命周期中，要保证对人体健康安全或伤害值极小。

（5）技术先进性原则。尽量选择先进可靠的技术，以此确保无害、快速且可靠地达成产品的各方面功能，同时在其生产过程中，具备优良的环境协调性。

（6）生态经济效益最佳原则。该原则要求达到产品的经济效益与生态效益两者的均衡，对生态与社会形成的负面影响值最低。[1]

### （二）绿色设计与生产的评价优化系统

经过反复的评价与优化，实现整个绿色设计与制造系统的最高效益，以此让绿色设计与生产系统满足绿色可持续发展的要求，进入绿色生产系统具体的实施当中。也就是说，绿色生产系统的评价与优化是相互促进、相互发展的，两者是整个绿色生产系统运行的重要组成部分。[2]

绿色设计与生产的评价优化系统的基本流程及其相互关系如图 3.8 所示。据图 3.8 可知，绿色设计与生产系统的评价关键有两个目的：其一，直接获得总的评价结果，即绿色设计与生产系统总效益值；其二，经过评价指明影响其系统效益的要素，让进一步优化有一个明晰的方向。

评估质量的优劣将确定决策方案和优化方向，其评估需精确而可靠地运行系统集中性的科学程序，可以客观科学地映射出系统的性能特征来实现整体评级。因此，根据评价内容的不同指向，将评价指标体系分为 4 个层次：第一层是目标层，即将绿色生产系统总效益为评价的总目标；第二层是准则层，就是根据可持续发展理论的 3 个特性（发展性、持续性、协调性）推出，并以此层的评价体系对应第三层（对象层）的经济循环、生态友好、社会公平这 3 个方面；第四层是措施层，分别由第三层对应内容的下属分支构成，如经济循环下属的生产效率、产品质量、成本，生态友好下属的资源消耗、环境影响和社会公平下属的社会影响这 6 个方面。绿色生产系统评价体系各层次之间的关系如图 3.9 所示。

### （三）绿色设计与生产的系统运行的优化方法

技术揭示了人与自然作用的方式，其定义不妨理解为：人类创造出各式调节、改造、掌控自然的技术手段，以达到某种目的。依据不一样的构成要素，可将技术分为智力技术（知识、方法）、物化技术（工具、机器）和经验技术（经验、技能）。

可以说，优化绿色设计与制造系统必须从技术上进行，即绿色制造系统优化过程是其不同技术间彼此作用且产生影响的过程，最终聚合成一个有机整体（图 3.10）。为了更好地实现绿色设计与制造系统的优化效益，在这 3 种不同类型的技术中，智力技术是根本，经验技术与物化技术则是实现智力技术的保证。

[1] 艾飞. 基于绿色设计原则的产品设计理念探究 [D]. 武汉：武汉理工大学，2012：14.
[2] 李鹏忠. 产品绿色设计与制造的评价及决策支持方法研究 [D]. 上海：同济大学，2004：55.

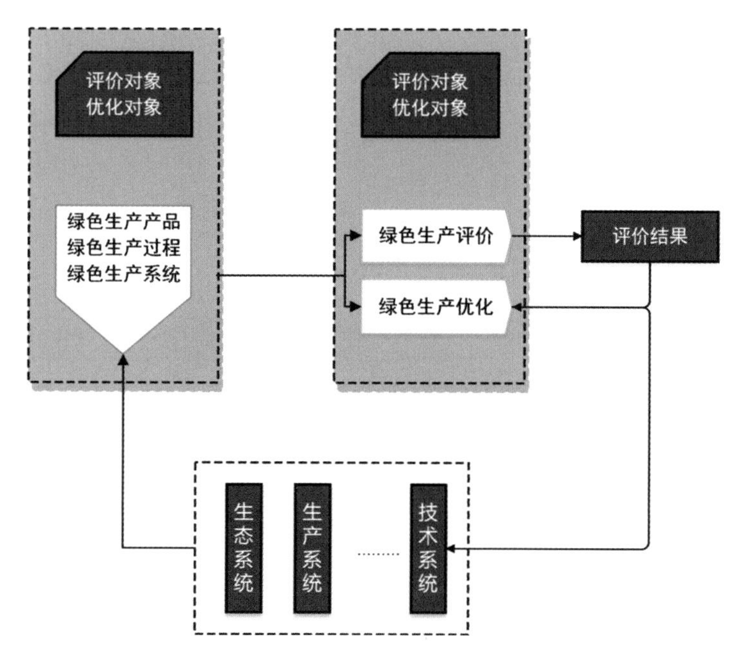


图 3.8　绿色设计与生产的评价优化系统的基本流程及其相互关系

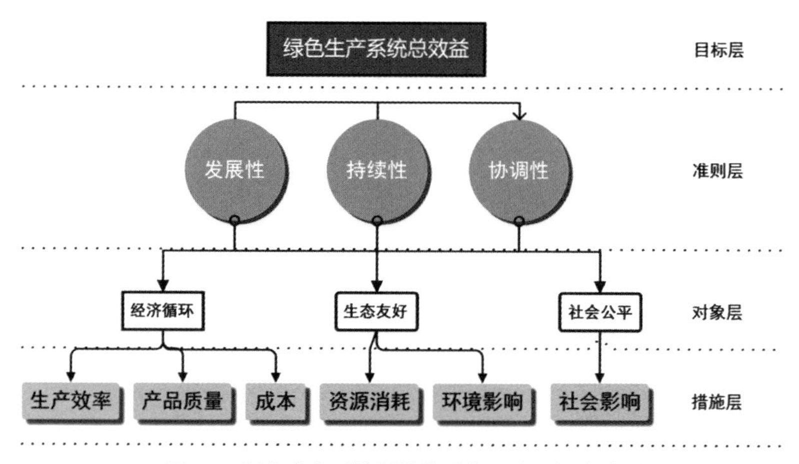


图 3.9　绿色生产系统评价体系各层次之间的关系

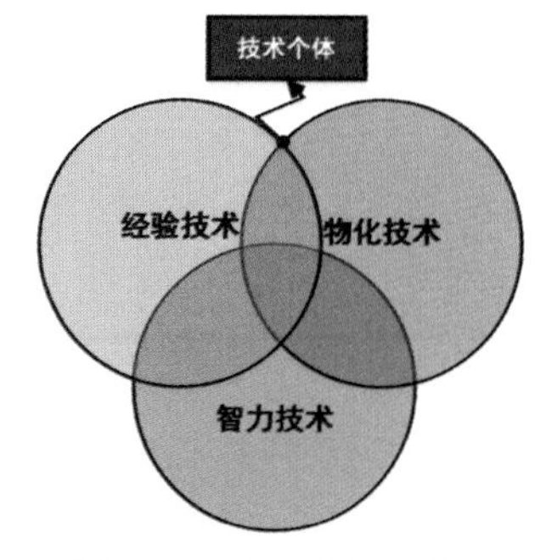


图 3.10　技术的个体结构

（1）智力技术是知识形态的技术，关键是运用原理和方法技术对研究对象展开研究，而后剖析出指导人行为的方法理论。它是眼下较为成熟的理论方法，也是开发具体对象的最优模型，能得到最佳值，从而引导绿色制造系统的正常转动。也就是说，智力技术主要针对的是优化绿色制造系统的理论部分。

（2）物化技术是实实在在的物质形态技术，我们经由智力技术所得到的最佳理论方法，还得经过具体的设备、工艺等来实践。物化技术是基于对绿色制造系统中产品和过程的评价，以及对绿色制造所涉及的具体应用技术，包括相关的工具、设备、材料、技术等的集成和优化。

（3）经验技术则是与智力技术相关的人所具有的经验的整合，它与个人在展开科学技术实践中不断摸索所形成的个人意识形态息息相关。经验技术主要是从管理策略上对绿色制造对象展开优化调整。

在绿色发展的背景下，需要兼顾各种各样的理论技术，以及对绿色生产活动的监管、规范与政策，才能促使绿色生产具有良好的发展态势。

## 第四节
## 绿色生产技术研究

从本质上说，工业生产中采取的社会可持续发展战略和绿色经济模式就是绿色生产。它的主要目标是实现产品整个生命周期中的资源损耗最小化，易于资源的多次重造，并且做到减量化和源头控制，避免破坏生态及危害人类健康。目前，工业发达国家早已触及这一关键技术领域和产业规划方向，成为可以借鉴的宝贵经验，为我国发展循环经济和建设节约型社会等重大工程指明方向。

### 一、绿色生产的内涵

绿色生产的核心是在产品生命周期过程中完成“4R”，即减量化（Reduce）、再利用（Reuse）、再循环（Recycle）、再制造（Remanufacturing）。[1]

（1）减量化。从伊始阶段就应考虑到如何减少物资、能源的损耗及垃圾排放量，缓解环境负荷，降低危害人类健康的风险。

[1] 刘飞，李聪波，曹华军，王秋莲. 基于产品生命周期主线的绿色制造技术内涵及技术体系框架[J]. 机械工程学报，2009，45（12）：115-120.

（2）再利用。满足产品或者其物件可以多次再用。

（3）再循环。满足制作出来的成品在实现其基本的使用功能之后，可以再次转化为可再生的资源，而不会成为报废的垃圾。回收分为两种形式：第一种是原生循环，即两次或两次以上的废弃物来制造同一类型的新产品；第二种是二次循环，把废弃物资源变化为制造其他产品的原材料。

（4）再制造。这是依据优质、高效、节俭、环保的规定，让过时物件可以恢复或提升基本性能最终具备新的价值，如对废旧电器产品进行维修和改良的技术。

根据绿色生产的核心含义，我们初步绘制了绿色生产的技术内涵流程图，如图 3.11 所示。

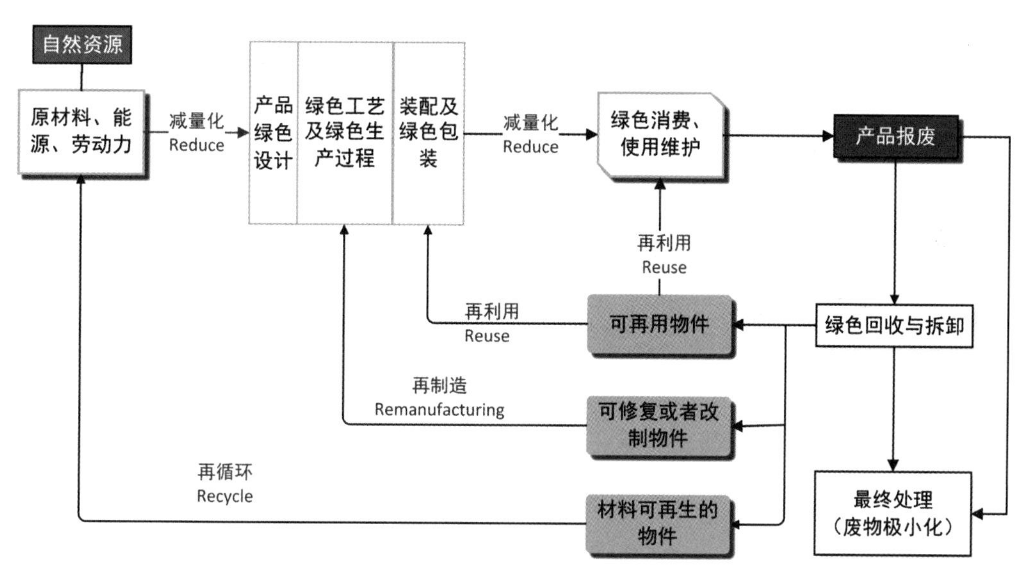


图 3.11 绿色生产的技术内涵流程图

通过以上分析，我们大致理出了一个基本概念，引起生产过程中会对环境造成污染的本质原因是系统中所固有的资源消耗和产生的废弃物问题，从而可知资源与环境两者之间具有密不可分的关系。不妨说，绿色设计与生产涉及的问题范畴有三：一是生产问题，覆盖产品生产的全部过程；二是环境保护问题；三是资源优化利用问题。这 3 个问题范畴的交合区域也就是绿色生产，如图 3.12 所示。

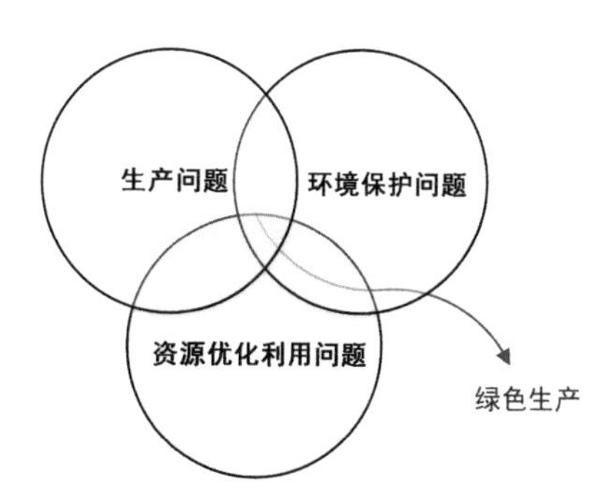


图 3.12 绿色生产的问题领域

绿色生产的过程包括设计、加工制造、包装、销售和回收处理等环节，整个生命周期属于一个闭环系统。可以将其比喻成一个果实的成长历程，包括从发芽、开花、受精、结果、采摘、销售、被消费、果皮和种子被丢弃成为土壤肥料或作为下一个生命的种子等一系列循环过程。关于这方面的系统研究牵引出许多相关的基础研究的细节，我们把绿色生产的内容概括为3个部分：绿色生产的基本理论和总体技术系统、绿色生产的专项技术系统、绿色生产的支撑技术系统与运行模式。在下文，将详细介绍绿色生产这3个部分的内容。

## 二、绿色生产的基本理论和总体技术系统

### （一）绿色生产理论体系的基础理论及相关概念

对现有资料的分析可知，绿色生产理论体系涉及的相关基础理论及概念几乎都包括可持续发展战略的“三度”（发展度、持续度、协调度）理论，绿色与绿色度、资源与制造资源、制造及生产与生产度等概念。[1]

1. 可持续发展战略的“三度”理论

发展度是衡量人类社会是否在健康地发展，展示了人类的文明程度。持续度主要是考虑人类未来的发展需求，从“时间维”去左右发展度。协调度就是力求协同一致以实现预定目标，具体就是平衡发展度与持续度之间的关系，着重考虑当代人与子孙后代间利益的平衡。可持续发展的“三度”之间的关系如图3.13所示。[2]

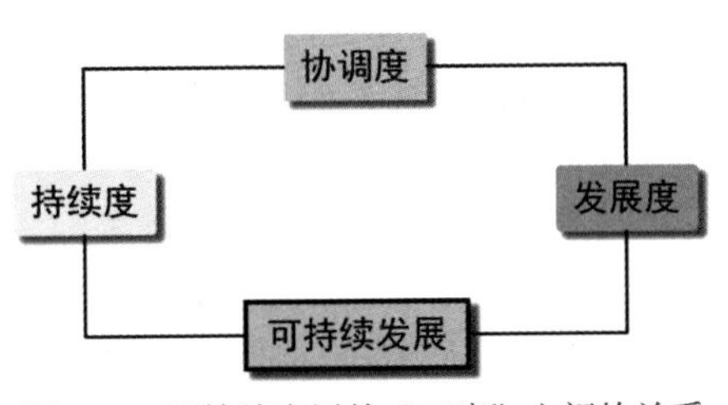


图3.13　可持续发展的“三度”之间的关系

2. 绿色与绿色度的概念

“绿色”主要是指对环境产生积极影响。为了对环境影响程度进行量化，于是引入“绿色度”来表达。也可以说，绿色度是“绿色”或环境友好进展的程度。对环境友好程度越高，绿色度值也就越大；反之亦然。

3. 资源与制造资源的概念

在不同的方面，资源的概念略有不同。生产系统中的“资源”又称制造资源，它包括材料、能源、装备、资金、技术、信息和人力等。绿色生产中的“资源”指的是物质资源，主要是材料资源和能源。

4. 制造的概念

目前，国际上比较公认的定义是国际生产工程学会（International Institution for Production Engineering Research，CIRP）1990年对于“制造”的定义：制造是涉及制造工业中产品设计、物料选择、生产计划、生产过程、质量保证、经营管理、市场销售等一系列相关活动和作业的总称。[3]

[1]　刘飞，曹华军，张华，等. 绿色制造的理论与技术 [M]. 北京：科学出版社，2005：30.

[2]　刘飞，曹华军. 绿色制造的理论体系框架 [J]. 中国机械工程，2000（09）：10-14.

[3]　魏明侠，司林胜，方明. 绿色制造绩效评价的初步研究 [J]. 技术经济与管理研究，2001（06）：77-78.

5. 生产与生产度的概念

将材料资源或能源通过某些手段转化成某种产品的过程或者是制造产品的活动过程，称为生产。我们不妨认为，生产活动是一个输入和输出的过程，而生产度则是表达生产量的大小值。

## （二）绿色生产理论体系框架的基础理论及相关特性

我们运用可持续发展战略的相关理论和文献研究成果，提出了绿色生产理论体系的主要内容，如下所述。

1. 绿色生产的“三度”理论

“三度”的含义在前文已述及，那么在绿色生产中的产品本身特征可将绿色度替换持续度，而绿色主要突出对环境负面影响极低，与“持续度”相呼应。我们都知道，生产的最终目标是创造财富，“生产”与“发展度”相呼应，“发展度”被“生产度”替换。“协调度”着重于“绿色度”与“生产度”两者的均衡点。因此，绿色生产的“三度”为“生产度、绿色度和协调度。绿色生产的“三度”理论示意图如图 3.14 所示。

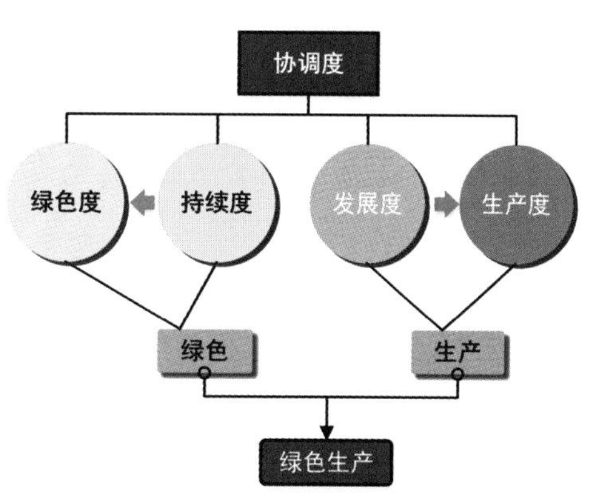


图 3.14　绿色生产的“三度”理论示意图

2. 绿色生产的资源主线论

资源主线论是为了促使资源利用率升高，废弃率降低，经过设计使得生产资源的整个流动历程达到最佳。资源主线论是绿色生产的根本路径。

3. 绿色生产的资源流闭环特性

资源流的尾端是产品使用到最终废弃或者弃用为止，传统生产的资源流形成的是开环系统的结构。但绿色生产的资源流是在传统生产的开环资源流的基础上，加之产品废弃或弃用后的信息反馈形成的一种大闭环结构，在这个过程中还可能形成若干个小闭环。

4. 绿色生产的时间维特性——产品生命周期的外延

绿色生产将产品的生命周期大大延长，提出了产品闭环全生命周期的概念。而传统生产开环系统决定了产品的周期生命是到产品最终报废。

5. 绿色生产的空间维特性——生产系统空间的外延

传统生产系统的空间界限要想得到一定的延伸，在于绿色生产闭环系统的合理与否，并借此其系统外部的各类信息接触也得到了极大扩展。

6. 绿色生产的决策属性

工业生产中的决策属性意思是指生产决策进程中必须着重考虑的紧要因素或目标。

7. 绿色生产的集成属性

生产的绿色集成特性是指范畴、问题、收益、信息和过程的整合。

### （三）绿色生产体系结构的内外因素

绿色生产的体系结构是全方位的结合体，囊括了社会科学、生态环境、人机工程学、艺术及系统等学科，学科之间交叉综合运用影响，体系相当繁杂。依据不同的性质，我们把绿色生产的体系结构分为两大因素：内部因素和外部因素。

（1）内部因素。也就是说，产品全生命周期的内容包括从设计之初的方案概念到生产制成品，还有后面的消费使用及最终老化废弃回收、循环再利用的过程。在这些过程中，我们都需对绿色材料的选择、绿色能源、绿色工艺规划等方面逐一进行了解，使得产品符合绿色理念、适宜的人机、生产技术和设备等，最后产品成为商品进行销售时的包装、使用的安全措施及回收再用的渠道控制等都是其内部因素。

（2）外部因素。外部因素是与产品无直接关系的内容，包括产品生产过程中的是否环保，资源利用是否最优及产品是否对社会产生积极影响。也就是说，在生产过程中的某一个环节是否会产生废气废料，处理这些末端问题的手段是否绿色环保，同时产品之于社会必须具有积极的影响。

## 三、绿色生产的专项技术系统

绿色生产的专项技术系统囊括了几个内容：一是绿色设计技术。绿色设计技术指的是在产品及其全生命周期过程的设计中更多地衡量社会资源和环境的问题，在完全考虑好产品的基本功用、品质、研发成本和周期的同时，通过优化相关设计因素，使得产品本身及其生产流程对环境的负面影响和资源损耗削减至低值点。二是绿色选材技术。材料选择的绿色性是一个极其复杂的命题。卡耐基梅隆大学学者 Rosy 指出，要想符合工程与环境等需求的前提下，必须把成本分析作为产品材料绿色选择的方式方法，同时还要考虑环境要素的影响，使产品成本最低。[1] 三是绿色工艺规划技术。要想做到大范围的低物料、极低的能源损耗值、极小的废弃物排放值及环境污染，必须在生产工艺和途径中去一点点执行相应的措施技术。四是绿色包装技术。这是说，为了让资源损耗值最低和废弃物最少，从保护大自然的视野去深化每一个产品包装方案。其技术主要包括 3 个方面：包装材料、包装结构和包装废弃物回收处理。目前，全球工业大国大多规定包装要贯彻实行减量化、回收再用、循环再生和可降解的原则。[2] 在我国，践行绿色包装工程，是被纳入“九五”规划包装产业发展的基本任务和目标中的。作为发展重点的绿色包装技术，指明了包装成品要朝着绿色包装技术的目标迈进，着重研发各式可更替塑料薄膜的纸包装材料，并

[1] 李雷. 绿色制造——机械制造业的发展趋势 [J]. 甘肃科技，2009，25（22）：90-91.

[2] 谢永平，王安民. 绿色制造之理论与技术支撑 [J]. 技术经济与管理研究，2006（5）：115-116.

兼具防止湿度过大与保持新鲜的功效。同时，要开展塑料的回收二次使用的工艺和产品运用技术，并适当研发可回收再用的金属包装及高强度薄壁轻量玻璃包装。五是绿色处理技术。对于环境来讲，产品的回收处理是一个系统工程。从设计产品伊始到产品报废之后的各个步骤都需考虑周全，如在产品完成使用寿命后，应根据其性能采用不一样的处理手段（“4R”原则），由于其处理手段不同，那么回收处理的成本和价值也都不一致，所以必须对其展开分析与评估，最终确立出优化后的回收处理手段，以期达到用极低的成本代价，去收获成倍的价值收益，也可以说是绿色处理的方案设计。[1]

### （一）绿色设计技术

绿色设计技术的定义可以理解为采纳并行工程的概念，在产品的设计之初至深化设计阶段的历程中，仔细衡量产品全生命周期的全部过程。产品全生命周期的全部过程包括需求、设计、生产、销售、使用及处理回收，如图 3.15 所示。[2]

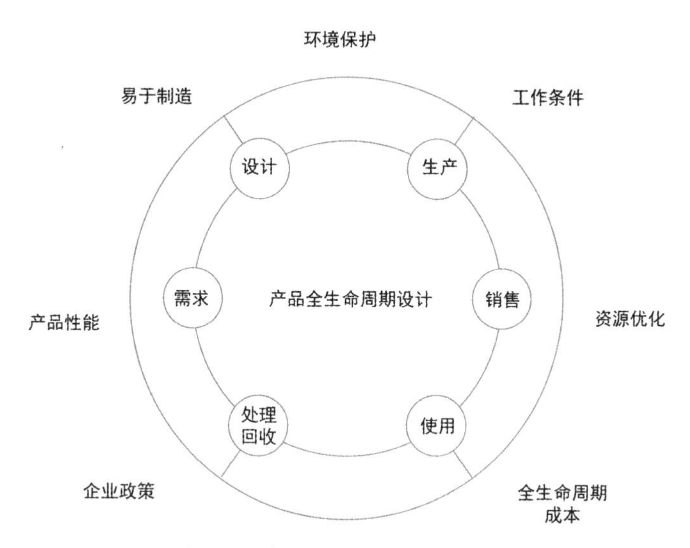


图 3.15 产品全生命周期的全部过程

产品研究作为绿色设计技术的核心内容，从设计起始的设想环节就等同于产品生命周期的源头，也即绿色生产过程的始点。它涵盖了绿色产品设计的材料选择与管理技术、产品的可拆卸性结构技术、产品生产工艺与回收再用技术的研究，对其分析见表 3-3。

[1] 刘飞，曹华军，何乃军. 绿色制造的研究现状与发展趋势 [J]. 中国机械工程，2000（Z1）：114-119.
[2] 陈志伟，易红. 基于并行工程的绿色设计的关键技术 [J]. 华东船舶工业学院学报（自然科学版），2003（04）：30-33.

**表 3-3　绿色设计研究因素分析**

| 研究因素 | 因素分析 | 案例分析 |
| --- | --- | --- |
| 绿色产品设计的材料选择与管理技术 | （1）材料的性能产品的功能相结合 | 例如，老年人药物药盒的设计，因考虑到盛放某些药品时，由于药品成分不同，如果使用同一材质，可能有些药物会与药盒产生化学反应，从而产生一些有害成分或降低改变药效。同时，还要注意不可将含有有害成分的材料放入无害成分的材料中混合，避免造成材料的污染 |
| | （2）对于材料老化或功能达到寿命年限的产品，及时进行回收工作 | |
| | （3）在设计管理上除了对产品设计成本的管理，还有对进入消费者手中的产品进行一定的走访调查，及时发现问题并解决问题，进行其他数据的管理 | |
| | （4）提供相关的回收点，方便消费者和企业对产品材料进行回收，将有用部分再利用，无用部分进行工艺处理 | |
| 产品的可拆卸性结构技术 | （1）方便产品的自由组装和维护，以及产品的模块化设计。设计师从这一角度对产品进行设计，以使产品的主要功能继续发挥作用，从而延长产品的使用寿命 | 例如，在机械产品中，产品零件就是很常见的拆卸结构设计，只要规格正确，产品就可以更换老部件后继续使用。模块化设计在美国、德国、瑞典、丹麦等许多欧美国家很普遍 |
| | （2）便于拆分以回收再利用 | |
| 产品生产工艺与回收再利用技术 | （1）采用低能耗制造工艺和无污染的生产技术，在材料配制及生产过程，不用甲醛等有害物 | 例如，从制造工艺的角度来看，一个好的企业，它的车间工艺流程的每一个环节都应该是对环境影响较小的 |
| | （2）回收再利用过程中要求产品设计的前期符合绿色制造的理念，选材绿色、设计绿色使产品生产上末端处理上绿色，以及产品回收为绿色材料，但对一些需要相关处理技术的支持材料，就相对复杂些，在绿色设计之初需要综合考虑 | |

### （二）绿色选材技术

从减小材料环境影响的角度出发，解决传统生产对环境污染的一个有效途径就是对绿色材料的选择和开发。本节所述及的绿色材料选择的相关原则、途径和方法，以及具体的绿色材料分析和研究，已在前文有过详细的介绍，此处不再赘述。

### （三）绿色工艺规划技术

为了让产品生产过程的经济效益和社会效益协调一致，可通过工艺路线、工艺方法、工艺设备、工艺方案来达到工艺流程及其全部过程的环境友好性的绿色工艺规划方法来实现这一目的。绿色工艺规划技术是以传统工艺技术为前提，并与材料科学、表面控制技术等高新技术的先进生产工艺技术相结合。换句话说，绿色工艺规划是在传统工艺规划前提下的一种绿色性辅助决策，以此我们推出一种基于决策模型集的绿色工艺规划方法，如图 3.16 所示。

目前，我国运用绿色工艺规划技术的比率极低，论其缘由主要是欠缺对其可行性的认识。所以，为得到经济环保且可行的绿色生产工艺技术，促使绿色工艺规划技术的革新、实

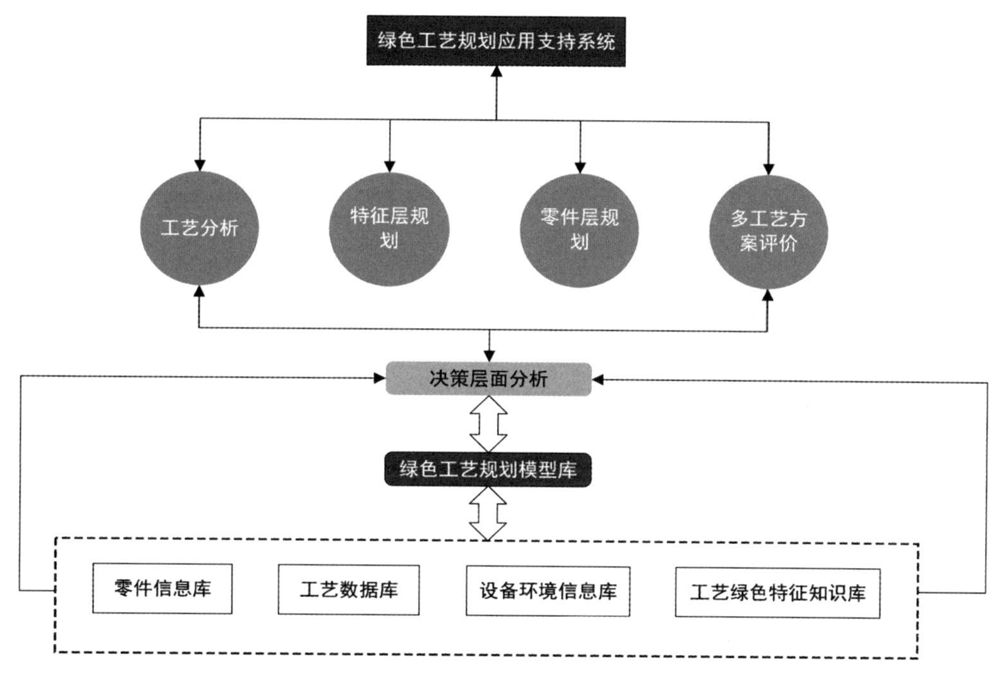

图 3.16 基于决策模型集的绿色工艺规划方法

行和扩展，必须优化或改良现有工艺、研发传统工艺的替换工艺及新型工艺技术等手段方法。一般可采取以下几个要点作为绿色工艺的开发策略：

（1）增强绿色生产基础理论的大众教育。

（2）为提升绿色生产的应用机制，采纳外部激励措施。

（3）通过产学研模式，提供可行的绿色生产工艺技术。

（4）增强绿色生产的社会配套服务体系。

（5）建立企业内部绿色生产创新机制。

### （四）绿色包装技术

绿色包装技术包括绿色包装设计技术、绿色包装材料选择技术、绿色包装回收处理技术。其中，绿色包装设计技术主要包括轻量化包装设计、“化整为零”包装设计、可循环重用包装设计、容易拆卸包装设计等；绿色包装材料选择技术包括轻量化、薄型化、无毒性、无氟化包装材料选择、可重复再用和再生包装材料选择、可食用包装材料、可降解包装材料等；绿色包装回收处理技术包括包装回收、包装整体重用、包装零部件重用、包装零部件再制造、包装材料再生、包装材料降解等。绿色包装技术体系如图 3.17 所示。[1]

绿色包装是产品的整个生命周期中对人与环境是无公害、可多次使用、再生循环或降解腐化的适度包装。其技术侧重的研究方向如下：

[1] 刘飞，李聪波，曹华军，王秋莲．基于产品生命周期主线的绿色制造技术内涵及技术体系框架 [J]. 机械工程学报，2009，45（12）：115−120.

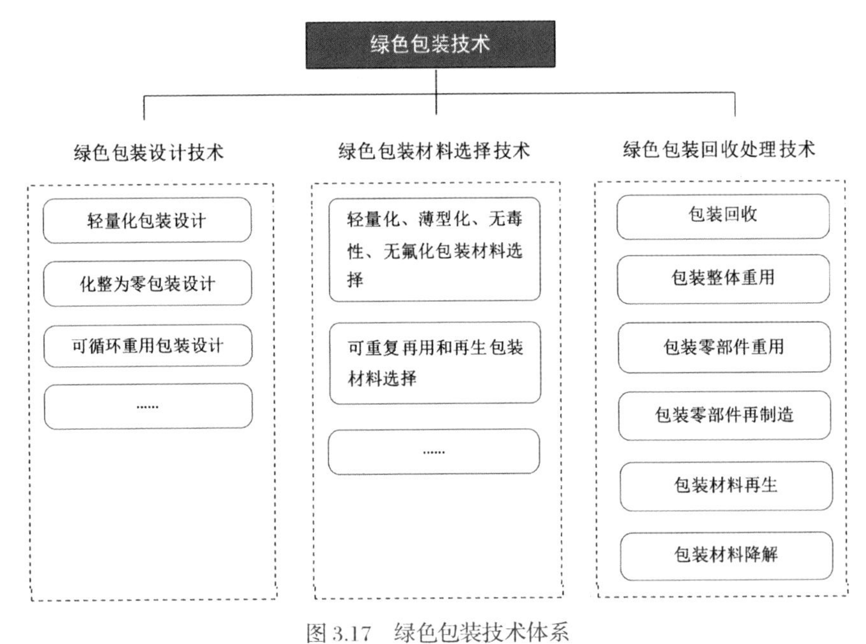


图 3.17　绿色包装技术体系

（1）选择和开发绿色包装材料。

（2）尽量选用可回收再多次利用的材料进行产品包装。

（3）尽量选用无毒性材料，减少危险材料的使用。

（4）改进产品结构，改善包装。

（5）加强包装废弃物的回收处理。

依据环境保护的规定及其材料消耗后归属特性，我们把绿色包装材料可分为以下三大类别，见表 3-4。

**表 3-4　绿色包装材料分类**

| 材料的类别 | 品　种 |
| --- | --- |
| 可回收处理再造材料 | 纸制品材料（纸张、纸板、纸浆模塑）、玻璃材料、金属材料（铝板、铝箔、马口铁、铝合金）、线型高分子材料（PP、PVA、PVAC、ZVA 聚丙烯酸、聚酯、尼龙）、可降解材料（光降解、氧降解、生物降解、光 / 氧双降解、水降解） |
| 可自然风化回归自然材料 | 纸制品（纸张、纸板、纸浆模塑）、可降解材料（光降解、氧降解、生物降解、光 / 氧双降解、水降解）及生物合成材料、植物生物填充材料、可食性材料 |
| 准绿色包装材料 | 不可回收的线型高分子材料、网状高分子材料、部分复合型材料（塑 – 金属、塑 – 塑、塑 – 纸等） |

随着世界对石化材料资源的使用比重日益减小，人类对绿色材料的研发不断加强。绿色材料用于包装不仅可对石化材料的使用程度得到缓解，降低了资源浪费，而且由于它的可回收、可再利用、易于降解等特点，使得其对环境的污染大幅度减轻，对资源可循环利用率上升。

### （五）绿色处理技术

绿色处理技术是指产品在寿命终止后，经由有效地回收或其他处理方式，进入下一个生命周期的处理技术，囊括了生产过程中产品的材料结构处理、生产工艺技术、过程中废弃物的处理、产品包装处理及产品寿终的处理技术。目前的绿色处理技术主要是绿色回收处理技术和绿色再生产技术，可将其分为如图3.18所示几个类别。

绿色再生产技术的内容体系，主要包括再生产系统设计技术与工艺技术、再生产质量控制技术、再生产中环境保护和再生产计划与控制技术等，如图3.19所示。

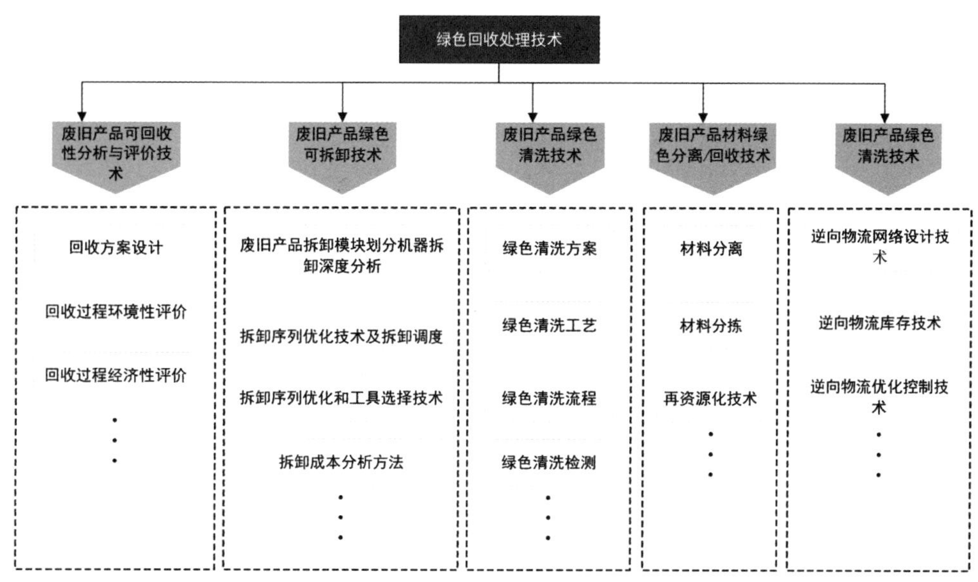

图3.18 绿色回收处理技术

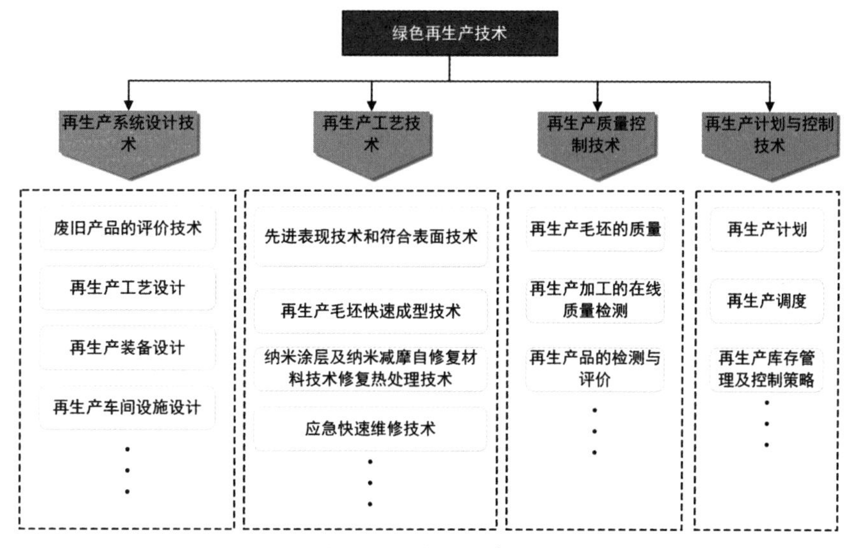

图3.19 绿色再生产技术

## 四、绿色生产的支撑技术系统与运行模式

### （一）绿色生产的支撑技术系统

1. 绿色生产的数据库和知识库

要达到绿色设计诉求，选择绿色材料、绿色工艺规划及绿色回收处理方案供应支撑，务必创建符合绿色理念的数据库与知识库。

2. 环境影响评估系统

在产品生命周期中，评估系统会受到环境的影响，对资源消耗和环境因素进行合理评估。对于环境污染情况和程度来说，生产过程是极其复杂的，怎样测算和评估制造过程的条件及评价绿色生产的实施是一个非常繁复的命题。

3. 绿色管理模式和绿色供应链

同时提升经济与环境效益是一个企业实现良好经营管理的重要前提，需要做到合理权衡资源消耗和环境影响两者之间的关系，处理好对应的资源和环境处理成本，从而实现企业的良性发展。其中，绿色管理模式和绿色供应链是重要的研究内容。

4. 绿色制造的实施工具

绿色制造的实施工具即绿色生产的支撑软件，包括计算机辅助绿色设计、绿色工艺规划系统、绿色制造决策支持系统、ISO 14000 国际认证的支撑系统等。

### （二）绿色生产的运行模式

1. 绿色生产运行模式的含义

我们既要完成对环境产生最小的负面影响和资源利用率最高的目标，又要让企业在此基础上获得盈利。绿色生产运行模式将人、组织、技术和管理相互结合形成某种特定的实施手段，并借由信息流、材料流、能源流和资金流的高效集成，可以让产品符合短时间上市、高品质、低投入、高服务及绿色性的要求，最终使企业获得最大的收益。也就是说，它是运用绿色生产技术，严格遵循客观规律和绿色生态表现形式，实现绿色生产的高效、系统的运作模式和技术体系形式。

2. 绿色生产运行模式的六视图

将绿色生产运行的特性模型进行整合而确立的模型视图就是其特性视图。为探索绿色生产的运行模式，全面、系统地了解和分析其模式的特性，我们需要树立绿色生产运行模式的参考模型。这些参考模型全面、系统地描述了运行模式的功能、结构、特性与运行方式，依据参考模型可展开运行模式的规划设计与实施、系统改进和优化运行。假如我们只单方面地去剖析绿色生产运行模式，其复杂性会阻碍我们全方位地认识绿色生产运行模式的特性及其要素之间所固有的内在联系。因此，我们将采用多视图来反映绿色生产运行模式的固有特性，并进行整体而详细的描述。

根据先前研究的铺垫，我们把多视图分为功能视图、产品生命周期视图、结构视图、过

程视图、资源视图、环境影响视图这 6 个视图，如图 3.20 所示，对绿色生产运行模式进行较全面的说明。

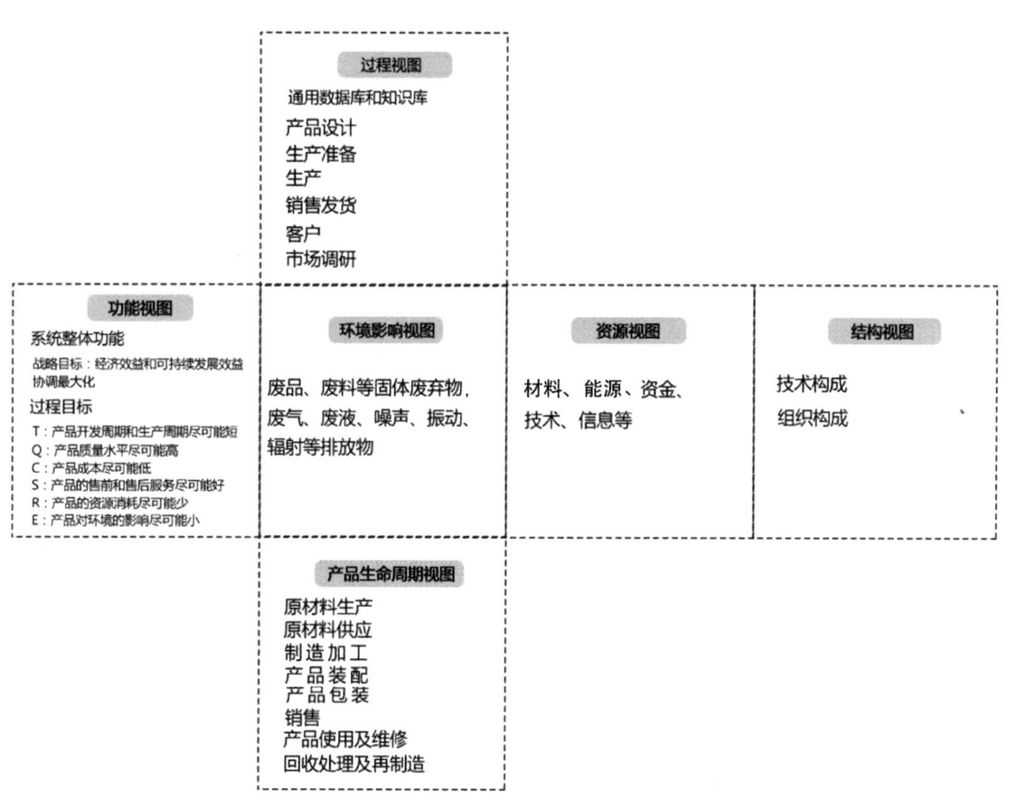

图 3.20　绿色生产运行模式的六视图

（1）功能视图由绿色生产系统的功能和目标组成，其中功能可细分为系统整体功能、系统构成要素功能和运作过程的阶段功能等，目标可分为过程目标等。

（2）产品生命周期视图包括原材料生产和供应、制造加工、产品装配、产品包装、销售、产品使用及维修、回收处理和再制造等环节，贯穿产品的整个生命周期过程，成为绿色生产运行模式的主线视图之一。

（3）过程视图展现了产品基础研究中的通过数据库和知识库、市场调研、客户需求分析和产品设计方案等做好生产准备工作，经由某些技术工艺处理和管理相互关联的生产活动而转变成用户真正需要的产品，最终销售发货到达顾客手中的过程。它是一条完整的绿色生产运行系统的活动链。

（4）结构视图揭示了使系统可以运转的技术结构和组织构成。

（5）资源视图在上文已提及，资源包括物质资源（材料、能源、设备等），还包括物质资源之外的资金、技术、信息和人力等。

（6）环境影响视图是系统运行过程中各种活动对环境的影响特性。

3. 绿色生产运行模式的层次模型

基于以上剖析的绿色制造运行模式的特性描述，我们建立了一个 4 层结构的绿色生产运行模型，如图 3.21 所示。该模型层与层之间彼此联系，构成有机的整体。

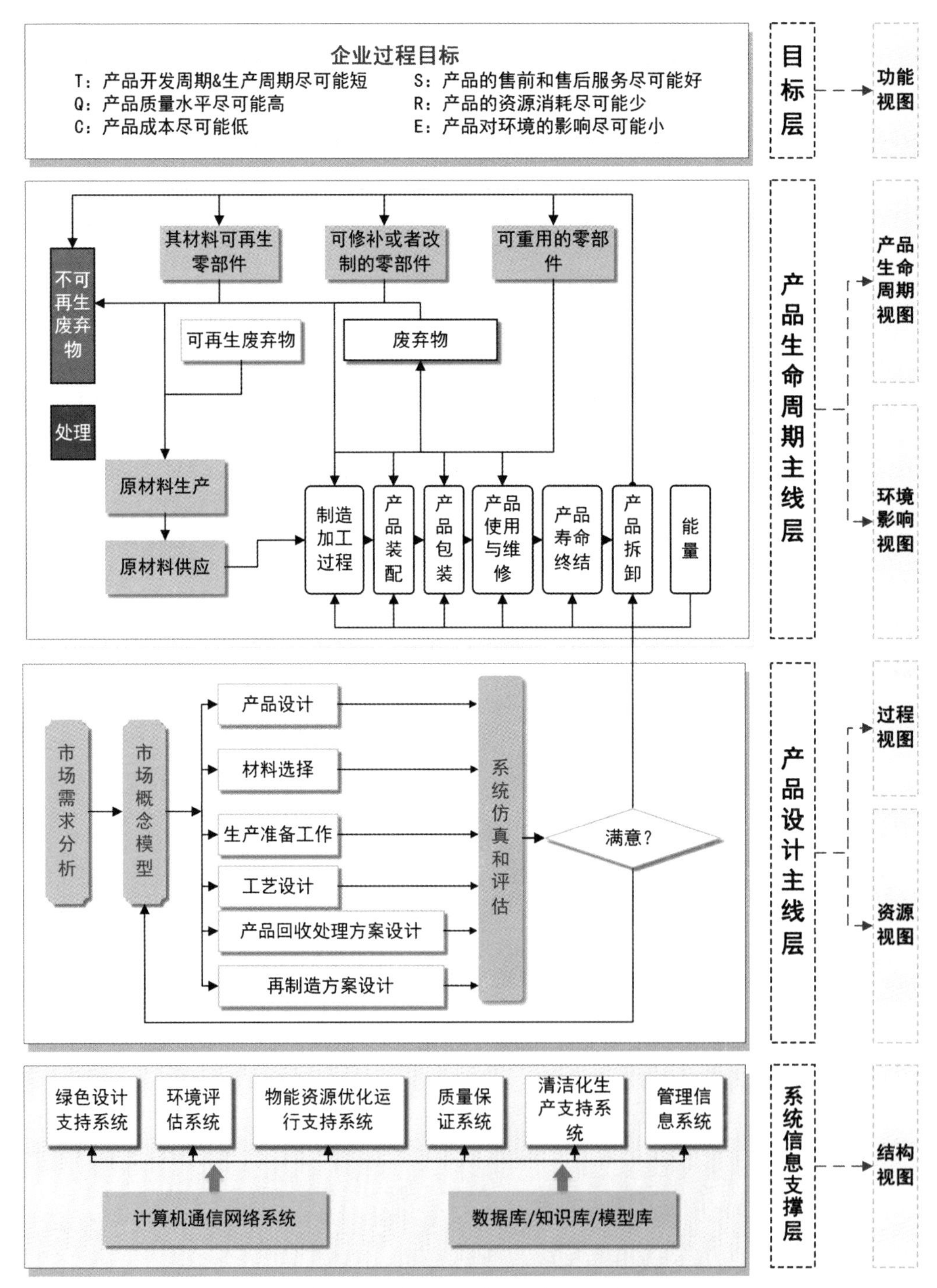

图 3.21　绿色生产运行模型的 4 层结构

（1）目标层对应的是绿色生产运行模式的六视图中的功能视图。该系统具有明确的环境目标，企业可以结合自身的特征，做出合理的判断。应采纳合适的绿色生产技术，促使绿色生产全范围实行，逐步完成经济、社会和生态效益三者协调发展的目标。

（2）产品生命周期主线层对应的是绿色生产运行模式的六视图中的产品生命周期视图，包含环境影响视图中的废弃物的处理和影响，完成环境影响的分析评估。

（3）产品设计主线层分别对应的是绿色生产运行模式的六视图中的过程视图和资源视图，完成材料的分析和选择任务。

（4）系统信息支持层则展示了模型层中可以完成相关的技术布局与信息体系的整合，对应的是绿色生产运行模式的六视图中的结构视图。

通过对以上 4 层结构层进行合理的分析、建模、生产和评估等行为，形成彼此联系的绿色生产运作模式，并在此过程中不断调整和完善设计，使得产品实现绿色可持续发展的目标。

企业也可以找到符合本土和自身的绿色生产措施，进行参考和借鉴。但值得一提的是，要想绿色生产运行模式获得进一步指导与参考性建议，必须组织专业人员对具体要开发的产品进行深入而系统的剖析研究。

## 第五节

# 绿色设计案例分享

## 一、办公座椅绿色设计

要研究符合现代中国人需要的、健康的、朴素的生活方式，需要从工业设计的基础研究开始去研究社会人的思维及行为模式，因为只有通过基础研究我们才能够建立正确的设计评价标准。只有通过研究，我们才能知道在什么时间、什么地点、为什么样的人群提供什么样的服务和产品，设计才能明确方向，才能具体化。下面从一把椅子的基础研究开始（图 3.22），分享办公座椅的绿色设计过程。

### （一）基础数据的研究

为了收集基础数据，设计团队筛选了 20 个国际品牌的上百把椅子，重点分析了 30 把椅子，拆解了 15 把椅子和底盘，重点研究了 4 把椅子的工作原理和结构（图 3.23）。

我们重点研究了办公座椅底盘的结构和工作原理，拆解了德国的 Interstuhl 办公座椅

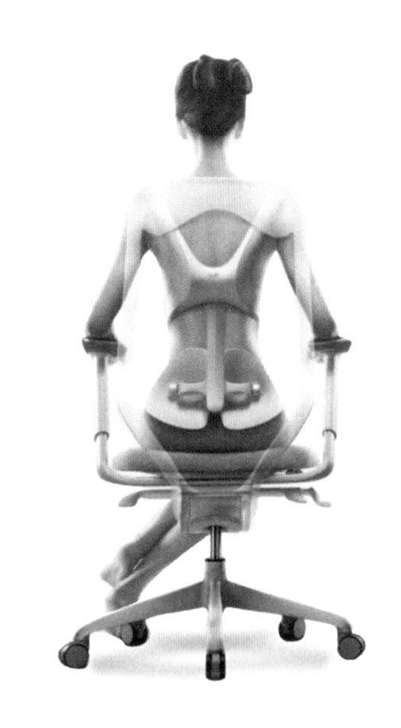

图 3.22　关于一把椅子的基础研究

图 3.23　椅子拆卸过程及其零部件

并且对其联动机构进行分析。对于底盘，我们选择了意大利 Donatti 办公座椅的底盘，通过测绘和分析得到了底盘的同步机制：

（1）椅背后仰 26°，座面下沉角度为 10°。

（2）限位装置可以将椅背的倾仰锁定在 4 个位置。

（3）背部倾仰力可调。

（4）底盘可以装在传统椅背上。

### （二）人的行为研究

1. 坐姿对人体脊柱的影响

人体脊柱由颈椎、胸椎、腰椎、骶椎和尾骨组成，保持坐姿时，腰椎将受力传至骨盆，再由下髋骨下部的坐骨传至坐面。脊椎的这种自然弯曲形状，使得人体椎间盘所受到的压力和脊柱各区段的压力分布各处。保持坐姿时，脊椎与座椅的关系图如图 3.24 所示。

在各种坐姿中，躯干后倾与大腿形成 115° 左右，并且腰背部有靠背支撑的姿势，脊柱的弯曲形状比较接近自然弯曲的状态，是最合理的状态。办公座椅的设计，应使就座者的脊柱尽量接近于正常的自然状态，以减少腰椎和腰背部肌肉的负荷。

2. 怎样才是健康的坐姿

人体保持直立坐姿时，骨盆保持自然直立状态。人体倾仰时，骨盆同时倾斜，可使腰椎保持自然放松状态，为最佳健康状态。

3. 驼背的危害

首先，从外观上看不雅观，长期驼背会导致脊椎骨排列不均，增大部分骨骼的压力而造成骨骼变形；其次，长期驼背会导致脊椎软骨磨损、长骨刺，甚至压迫到神经，出现胸椎骨刺状况，引起肩颈酸痛的问题；再次，驼背者因后背部不正常拱起，连带迫使下巴、脖子等颈椎部位必须保持在不舒服的弯曲角度，长久如此便会造成酸痛不适，引发肩颈综合征；最后，严重驼背者因背部弯曲角度过大，胸腔扩展与心肺功能都会受到影响，可能有进行手术矫正的需要。驼背坐姿与正确坐姿示意图如图 3.25 所示。

4. 就座过程分析

人在就座过程中，臀部与座面接触后，座面受压，压力曲线是非线性曲线，如图 3.26 所示。

5. 同步倾仰的活动方式

同步倾仰的活动方式是指以踝骨为固定点的膝骨和肩胛骨的联动方式，如图 3.27 所示。

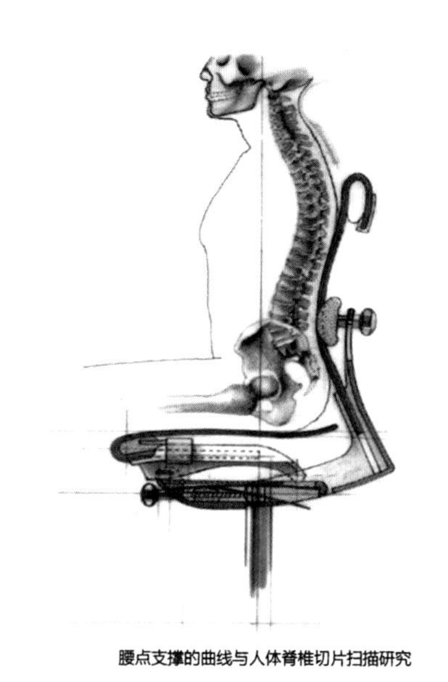

图 3.24　保持坐姿时，脊椎与座椅的关系图

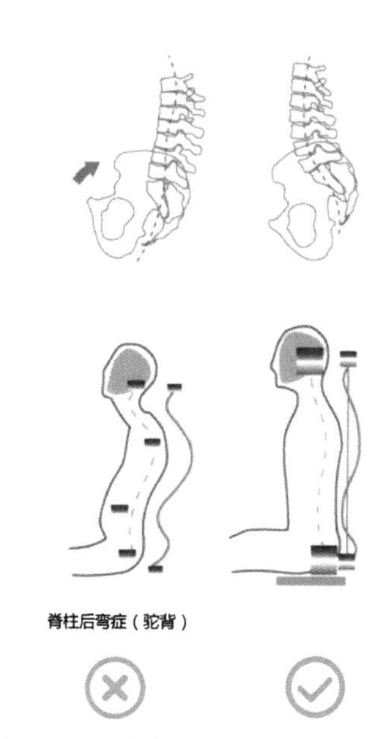

图 3.25　驼背坐姿与正确坐姿示意图

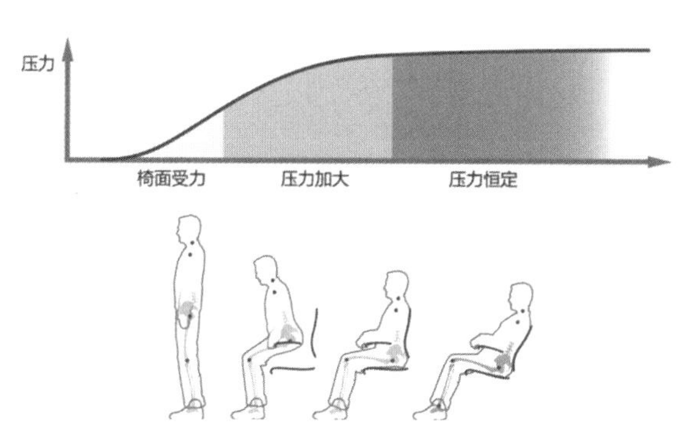

图 3.26　就座过程分析

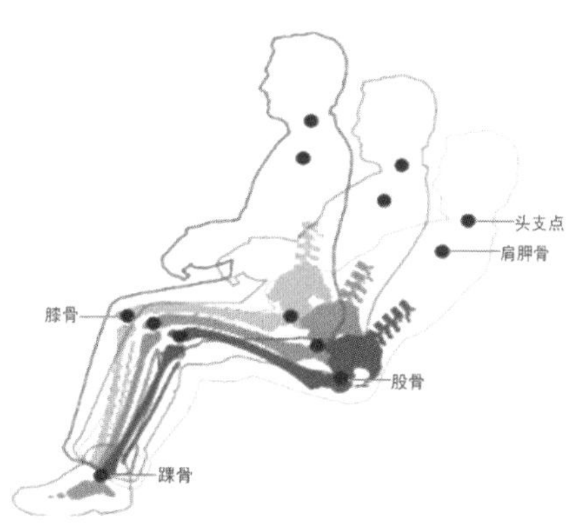

图 3.27　同步倾仰示意图

### （三）材料的选择

1. 玻璃纤维增强尼龙

尼龙树脂具有一系列优良的性能，但与金属材料相比，还存在强度、刚性较低、吸水或潮湿后引起尺寸变化较大等不足，所以应用受到了一定的限制。因此，人们研发了玻璃纤维、石棉纤维、碳纤维、钛金属等增强尼龙的品种，在很大程度上弥补了尼龙性能上的不足。其中，以玻璃纤维增强尼龙最为重要。

尼龙经玻璃纤维增强后，机械强度、刚性、稳定性和耐热性等明显提高，成为性能优良、用途广泛的工程塑料。玻璃纤维增强尼龙的玻璃纤维用量可在 50% 以内的范围进行添加：当含量超过 50% 时，熔体黏度过大会给成型带来困难；而当含量小于 10% 时，对尼龙的增强效果不显著。玻璃纤维增强尼龙的玻璃纤维含量在 15%～45%，通常为 30%。随着玻璃纤维含量的增加，玻璃纤维对尼龙的弯曲强度、弯曲弹性模量、缺口冲击强度和拉伸强度均有较大幅度的提高（图 3.28）。这是因为，随着玻璃纤维含量的增加，玻璃纤维增强尼龙的任一截面上会有更多数量的玻璃纤维承载，这些玻璃纤维的抽出或断裂，需要外界施加更大的载荷，因而提高了玻璃纤维增强尼龙的各项性能。

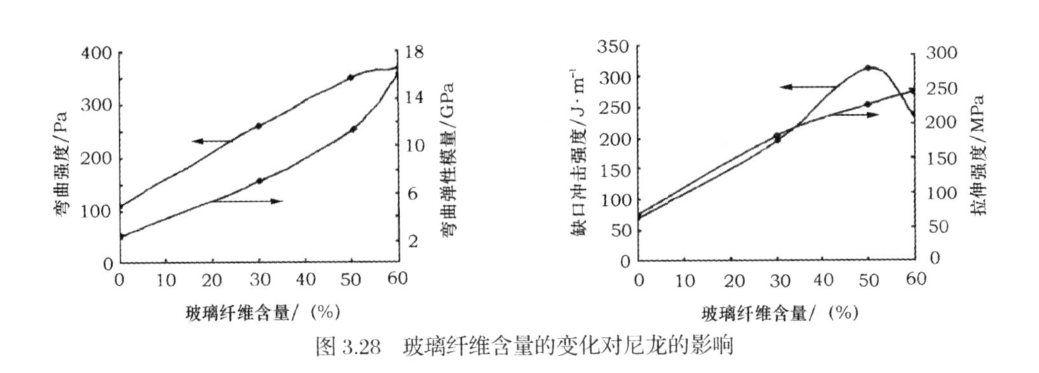


图 3.28　玻璃纤维含量的变化对尼龙的影响

玻璃纤维增强尼龙作为办公座椅靠背最重要的原材料，我们要对其玻璃纤维的含量把握得当，不宜太多或者过少。

2. 研究测试玻璃纤维的最佳含量

当玻璃纤维形变为 50mm 的时候，达到最大仰角（127°），因此，以玻璃纤维最大形变不超过 50mm 为基本边界条件。在此基础上，通过调整支点来实现对于不同体重人群的支撑。支点越靠前，则越适用于体重小的人群。所以，我们需要玻璃纤维的弹力约为 250N，相对应的最合适的玻璃纤维含量应在 11%～18%。玻璃纤维的最佳含量如图 3.29 所示。

### （四）设计方向

1. 联动机构的结构设计

进行下挂式底盘后仰联动分析时，设计团队对联动机构的结构设计进行推敲，如图 3.30 所示。

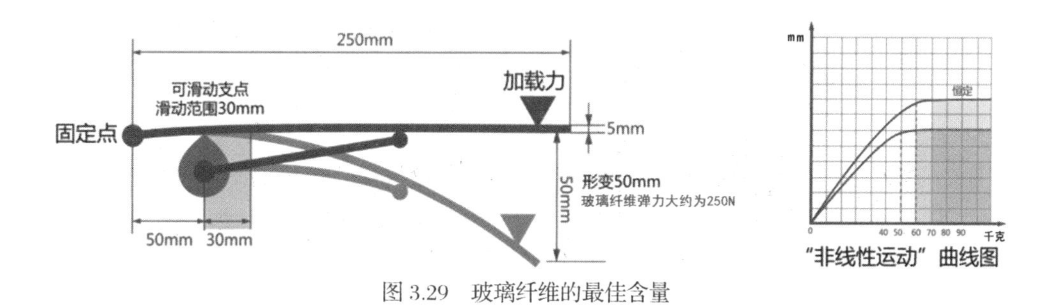


图 3.29　玻璃纤维的最佳含量

图 3.30　联动机构的结构设计

由图 3.30 可以发现，椅背后仰 26°，座前端下沉 2°、后移 15mm，座后端下沉 18°、后移 15mm，椅座倾斜 5° 。

2. 初步方案呈现

设计团队手绘了大量草图，从不同的造型方案中挑选出较为满意的方案草图（图 3.31）进行模型制作，推敲产品形态（图 3.32），并制作三视图（图 3.33）。

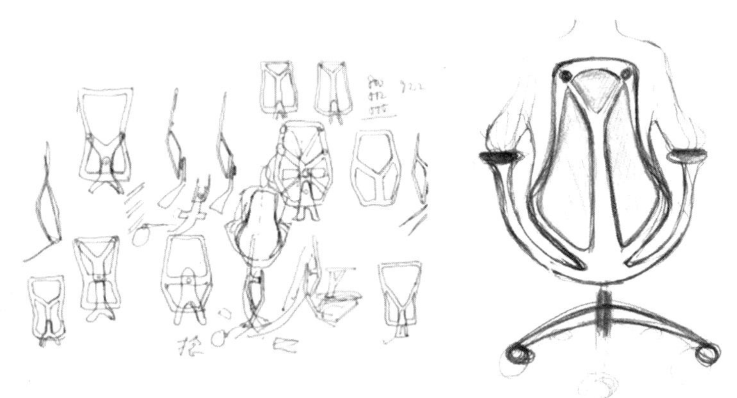

图 3.31　办公座椅设计方案草图

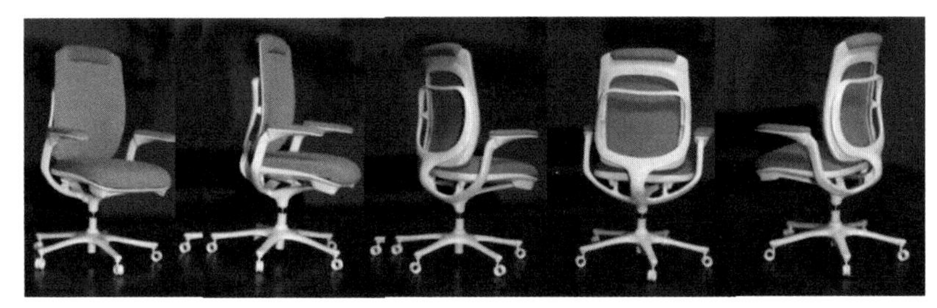

图 3.32　办公座椅模型制作

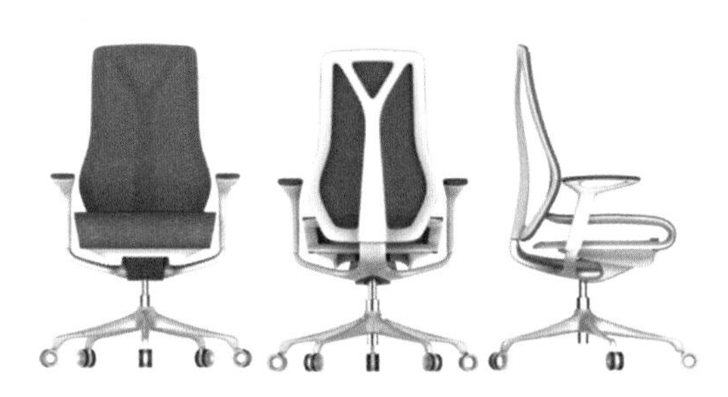

图 3.33　办公座椅设计三视图

3. 最终方案确定

（1）Suit 健康办公座椅。Suit 健康办公座椅（图 3.34）寓意“Suit your body”，即“适合你的身体”。这是动态人机的极致之作，每一个点、每一个面，都可以瞬息感应使用者身体的每一个动作、每一个姿态，可以给用户无限体贴的感受。它既满足了新时代人们对产品时尚外观的追求，又充分考虑了人体方方面面的需求，实现了真正的动态人机体验。

（2）“X”形仿生护脊背架（图 3.35）。采用高弹性尼龙材质制作、贴合人体脊柱生理曲线的“X”形仿生护脊背架，能主动适应人体的自然运动模式。人体在贴心的支撑中，享受自由与舒适，让坐姿不再拘谨。

（3）多种调节，多种舒适。头枕后仰角度为 26°，可调行程为 40mm，滑动顺畅，也可轻松拆卸，而且如影随形的腰部支撑，升降行程可达 65mm。产品角度示意图如图 3.36 所示。

图 3.34　Suit 健康办公座椅　　图 3.35　“X”形仿生护脊背架　　图 3.36　产品角度示意图

### （五）案例总结

本产品设计涉及众多技术性问题，在产品的整个设计过程中，不能将机械和外形分开，因为设计是由内而外逐步进行的。如果要成功设计一款产品，前期的调研很重要，不能急于求成。例如，设计一把椅子，椅子的功能、外形、材料、结构都要遵循设计的基本步骤，甚至比建筑设计还难。而在汽车设计中，汽车的外形符合流体力学即可，更复杂的是生产、组装。因此，在某种程度上说，设计一把椅子比设计汽车更难。值得一提的是，在 2014 年，欧盟—拉美国家首脑会议选用了 Suit 健康办公座椅，如图 3.37 所示。

图 3.37　欧盟—拉美国家首脑会议选用了 Suit 健康办公座椅

在中国现阶段设计中，绿色设计、可持续性发展、共享设计等逐渐兴起，这些现象是设计发展到不同阶段产生的社会的不同需求。把社会需求整合到一起设计，会导致设计夸大，不符合实际情况。设计终归要贴近生活，要以人为本，设计师在创作的时候不能忘记设计的本质，还是要以产品为依托，回归到设计的方法中去，从基础做起。

## 二、高频 LED 照明的绿色设计

电子设备产品在更新换代时产生的资源浪费已经成为普遍现象，设计团队在与深圳市超频三科技股份有限公司的合作实践中，整合设计思路，改善了大功率 LED 灯在材料与人力方面浪费的状况，利用科技创新走出了一条产品绿色设计的新路径。

（一）项目概况

LED 作为一种新型的节能、环保绿色光源产品，必然是未来发展的趋势。解决大功率 LED 散热问题迫在眉睫，只有有效解决大功率 LED 散热问题，才能赢得市场先机。

（二）项目的技术要点

由于 LED 装置向大功率、紧凑化、轻量化发展，散热单位体积内所产生的热量增加更快，所以散热器由大量鳍片组成并使用真空热管快速导热。下面对 LED 装置的技术要点和工艺进行详细介绍（图 3.38）。

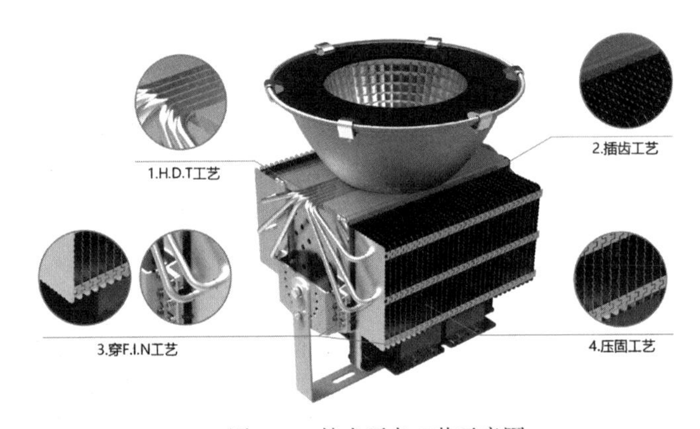


图 3.38　技术要点工艺示意图

1. H.D.T 工艺

H.D.T 热管直接接触工艺即 H.D.T 技术，是 2007 年深圳市超频三科技有限公司（下文简称“超频三”）推出的一项具有专利技术的高性能散热技术，通过精细的打磨工艺将热管（专用热管）与发热源进行紧密贴合，从而实现超低热阻。H.D.T 技术已经被广泛地应用于超频三推出的热管系列 CPU、显卡、主板散热器领域，通过多家权威媒体的测试和广大消费者的亲身试用，取得了不俗的成绩，证实了 H.D.T 技术带来的性能飞跃。

2. 插齿工艺

插齿工艺先将铜板刨出细槽，然后插入铝片。这种工艺利用 60t 以上的压力，把铝片插在铜片的基座中，并且铝和铜之间没有使用任何介质。从微观上看，铝和铜的原子在某种程度上相互连接，从而彻底避免了传统的铜铝结合产生界面热阻的弊端，大大提高了产品的热传导能力。利用插齿工艺可以生产铜片插铝座、铜片插铜座等各种工艺产品，来满足不同的散热需求。

3. 穿 F.I.N 工艺

穿 F.I.N 工艺通过机械手段，让热管直接穿过鳍片。这种工艺成本很低，工序简单，但对工艺本身的技术要求较高，很容易使热管与鳍片之间的接触不紧密而导致界面热阻过高。合格的穿 F.I.N 工艺加工出来的散热器，热管与鳍片截面热阻几乎完全等同于焊接，而且成本能大幅降低。

4. 压固工艺

压固工艺将众多的铜片或铝片叠加起来，将其中一个侧面加压、抛光并与 CPU 核心接触，另一个侧面伸展开来作为散热片的鳍片。利用压固工艺制作的散热器的特点是鳍片数量可以做得很多，而且能够保证每个鳍片都与 CPU 核心保持良好的接触，而且各个鳍片之间也通过压固的方式有着紧密的接触，彼此之间的热量传导损失会明显降低，因此散热效果往往不错。

## （三）超频三创新案例——压固产品

超频三的设计创新，总的来说，就是整合与集成的创新。它把产品造型、结构、材料、生产工艺、模具、生产设备和流水线等整合在一起，每个环节集成创新，综合提高了生产效率，极大地降低了产品成本。下面所要展示的便是超频三的创新案例之压固系列产品，如图 3.39 所示。

图 3.39 压固系列产品

1. 造型创新

超频三的产品造型、结构、材料和工艺之间是紧密相连的关系（图 3.40）。

2. 结构创新

产品结构设计的改变，带来的是整个生产流程的改变（图 3.41）。鳍片经过特殊结构设计，片片相扣，通过连续模具经高速冲床一体成型。

图 3.40 造型创新

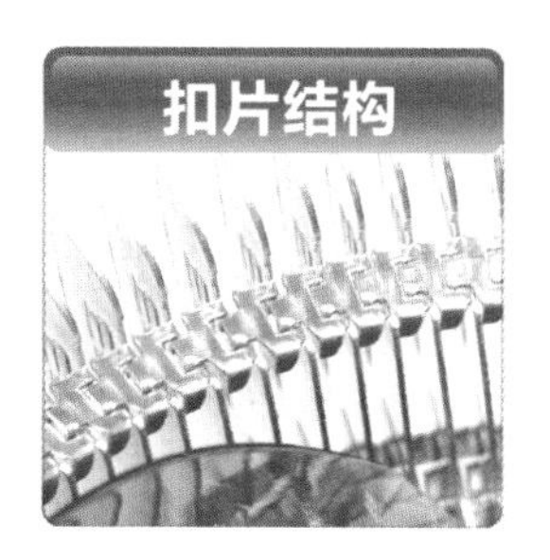


图 3.41 结构创新

3. 材料的选择

传统的散热器采用的是 6063 铝型材，导热系数在 190 左右。而超频三产品的散热器采用的是 1060 铝片材，导热系数在 220 左右。这两种材料的对比如图 3.42 所示。

超频三压固系列产品与传统铝挤产品相比，在体积相同的情况下要轻 1/2，单片散热片的厚度要薄 1/3（图 3.43）。超频三在材料的设计与选择上突破传统工艺的限制，创造了新的生产工艺，极大地提高了生产效率。

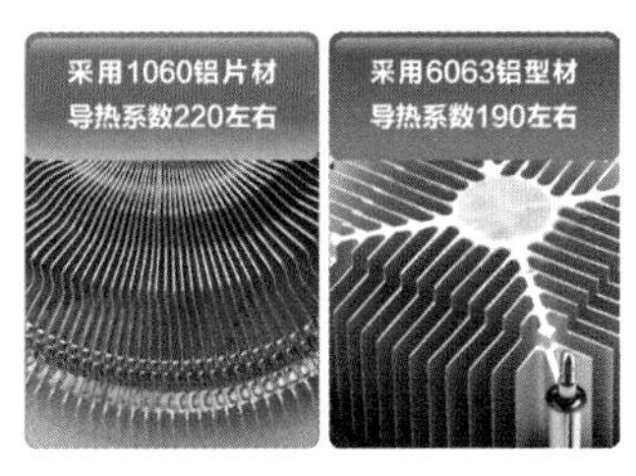


图 3.42　两种材料对比图

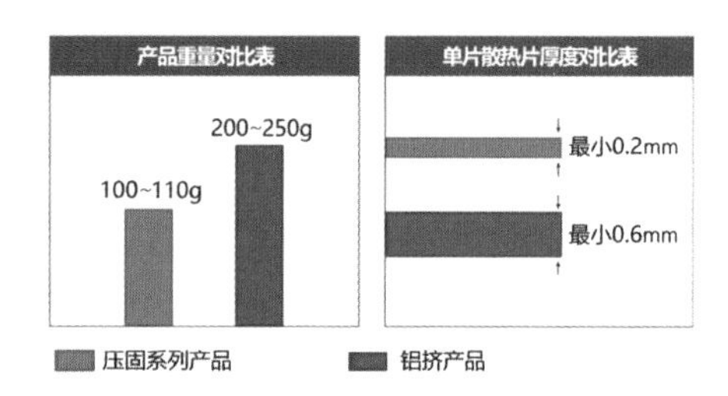


图 3.43　压固系列产品与铝挤产品对比图

4. 生产工艺的创新

超频三在生产工艺上的一大亮点就是，通过扣片结构连为一体。扣片结构在研发初期共试坏 6 套模具，才取得成功（图 3.44）。

一体成型模具比传统铝挤工艺模具寿命长 20 倍，从而节省了大量的模具成本（图 3.45）。

超频三的模具全部采用高速冲床连续冲压（图 3.46），所有步骤全程机械化，工作效率较高。这样冲出模具的产能是单片冲压产能的 8 倍。

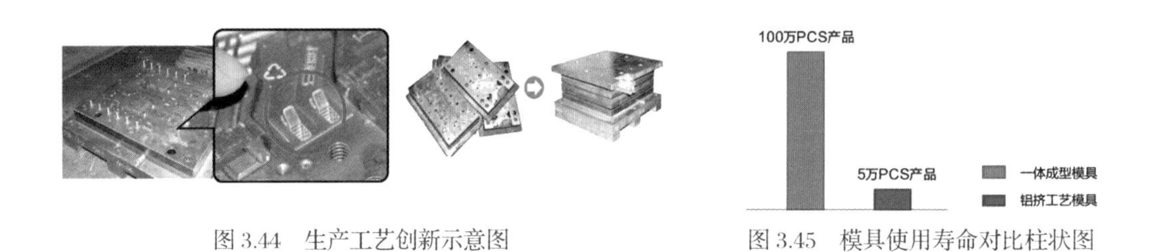


图 3.44　生产工艺创新示意图

图 3.45　模具使用寿命对比柱状图

图 3.46　高速冲床

5. 自制生产设备

压固工艺的工作原理（图 3.47）是将一次性冲压出的砂鳍片组用铆钉连接，使用自制专用压固成型机，操作简单。为了获得理想的鳍片组，超频三选择自制专用压固成型机，改变了传统压固工艺生产流程，大大提高了产能，降低了人工成本。

6. 压固流水线（图 3.48）

鳍片组由高速冲床一次性模具连续冲出，速度快，效率高；由铆钉连接，使用自制专用压固成型机，操作简单。

不同角度的鳍片由不同的模具冲压而成，一组模具需要多名操作工人，人力成本高。

图 3.47　压固工艺工作原理展示图

图 3.48　压固流水线

成型的鳍片需要工人一片片串联，耗时耗力，生产效率极低。新压固工艺在生产流程上要比传统的铝挤生产流程更简单快捷，在人力耗费方面，新压固工艺是旧压固工艺的 300 倍（图 3.49）。

7. 超频三产品创新设计系统

超频三产品创新设计系统示意图如图 3.50 所示。

（四）案例总结

超频三（图 3.51）的设计创新案例产品向我们展示了如何将科技创新与绿色理念相结合，以及对于新材料与技术的探索研究，如何减少诸如时间、资源、人力等各方面的消耗

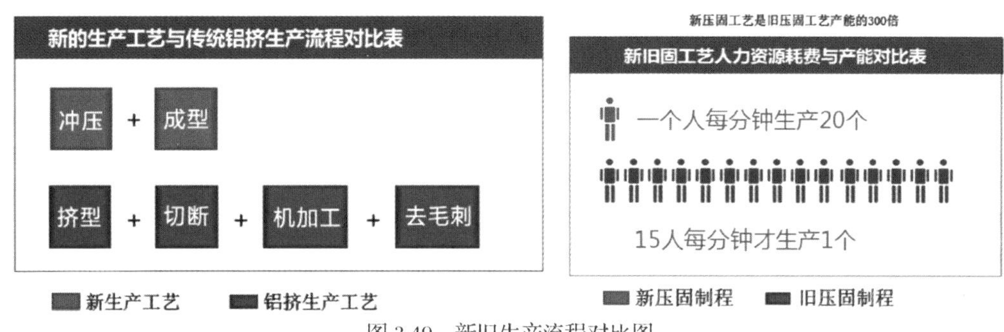


图 3.49　新旧生产流程对比图

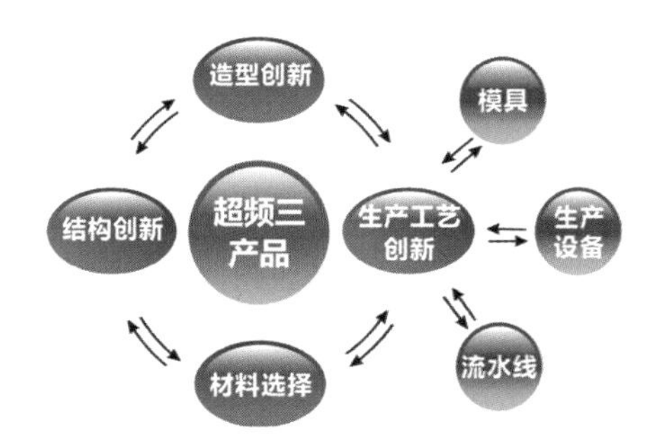


图 3.50　超频三产品创新设计系统示意图

图 3.51　超频三的展厅

与浪费；同时，新科技的绿色设计研发对于国家、社会乃至人类的可持续发展都必不可少。面对未来，超频三将继续以绿色设计为主要技术手段在多个领域进行应用，如LED照明、医疗器械、电教设备、家电行业等领域。例如，超频三积极引进全自动碳氢真空清洗设备，改变传统手动超声波清洗的作业方式，在提高产品品质并创造高效益的同时，更加有效地保护了我们的环境。

超频三经过技术改进，大部分产品无须电镀工艺，与传统工艺相比最大限度地减少了有害废水、废气和废渣的排放，为环境保护贡献了一份力量。作为一家社会责任心极强的企业，超频三不断倡导并履行主流的社会价值观念和道德理念，在为企业创造价值的同时，以绿色设计为目标积极承担起企业的社会责任。

## 三、卫浴产品绿色设计

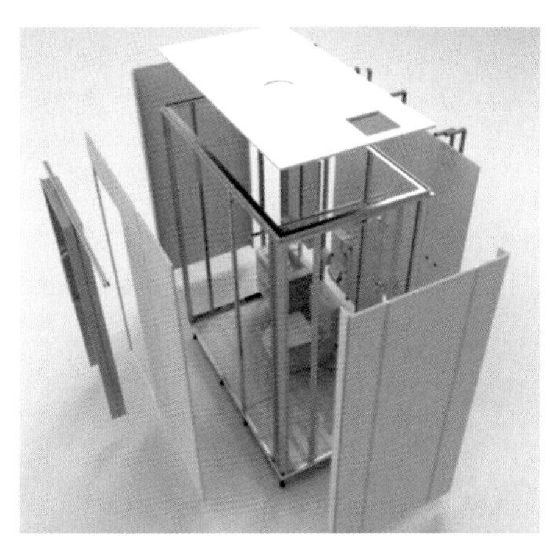

图 3.52　整体卫浴创新设计案例

本案例来自课题组成员与某卫浴有限公司的合作项目。

卫浴，按字面意思理解就是卫生、洗浴。“卫浴”是对供居住者便溺、洗浴、盥洗等日常卫生活动的空间和用品的统称。卫浴不仅仅是卫生、洗浴这么简单，随着生活节奏的加快，人们对各种卫浴产品的要求不断提高。例如，图 3.52 所示就是一个整体卫浴的创新设计案例。

为了解决卫浴的整体装修问题，该公司打造了一套快装式整体卫浴产品，以符合产业发展趋势和时代环保要求。目前，市面上整体卫浴所采用的材料主要有SMC、VCM、蜂窝材料等，而该公司的快装式整体卫浴则采用全新WPC材质墙板和医院专用PVC抗病毒地板，在选材上做到了环保健康；在产品组装上，运用墙板凹凸定位槽和骨架背部卡扣的独特设计，使得整体卫浴安装方便快捷，且能保持结构稳定牢固；在产品设计上，根据不同的尺寸将空间利用到极致，使得原本狭小的卫浴实现使用空间最大化。

### （一）问题的提出

传统洁具产品往往追求工艺结构的合理性和外观表面形式，而容易忽视人机关系对产品所带来的影响。针对传统洁具产品设计中存在的问题，我们将产品设计纳入“人—产品—人”这一工业设计的基本范畴，在充分考虑使用者利益与生产者利益、结构与功能关系的基础上，探讨传统洗面器、坐便器、淋浴空间设计存在的问题，为我国卫浴产业健康、绿色与可持续发展提供建设性参考。

### （二）研究计划

第一阶段，2014 年 9 月至 2015 年 6 月，研究内容：中国卫浴现状调研。这是基础研究，包括特定方向的社会研究、生理和心理等适应性研究。

第二阶段，2015 年 6 月至 2016 年 6 月，研究内容：就基础研究特定方向进行人与卫浴间关系的研究。它包括人的洗浴行为的研究、人与卫浴环境的研究和人体关节活动受限的研究。

第三阶段，2016 年 6 月至 2017 年 3 月，研究内容：就前两个阶段提出的建议进行具体的产品研究。它包括现有产品的范围、品种，以及对现代社会的适应性研究（现状、环境、法规、理念、形式等）；对现有产品的技术、工艺、材料、结构进行研究，以及对市场、销售模式进行应用研究。

通过基础研究可以确定卫浴产品绿色设计的方向、定位，而通过产品研究就可以使方向、定位更加具体化。设计是将梦想具体化的过程，主要研究功能、使用、结构、工艺和形态之间的关系。严格来说，设计不是解决问题（设计也解决不了问题，因为问题天天都在变化），设计是一种在环境、应用、工艺、形态等诸多条件限制下寻找最佳平衡点的活动。周边条件变化了，这个最佳点平衡点就在移动。这就是设计在前进，也就是所谓的时尚。

### （三）基础研究——第一阶段

我国城市住宅现已进入高速发展期，尤其在住房和城乡建设部（原建设部）发布实施《住宅整体卫浴间》（JG/T 183—2011）以来，我国卫浴间已表现出以下几个方面的特征：

（1）卫浴间在住宅中地位的上升。我国国民已认识到要保证住宅整体的干净整洁，完善卫浴间的功能和健全的卫浴间系统设计是至关重要的举措之一。

（2）卫浴间设备配置与其所占面积比都有极大提升。现在的卫浴间一改过去老式住宅中卫浴间仅占据一个蹲坑所需空间的局面，普遍都预留了 3 件卫生洁具的空间，甚至考虑设置洗衣机、梳妆镜台、电源插座、热水器等设备的空间。

（3）卫浴间的基本功能逐渐完善。在家庭住宅中，现已由原来不多于 1 个卫浴间向多于 2 个卫浴间的趋势发展，根据需要分设主卧室的主人卫浴间与客人使用的卫浴间。现在尽可能地将卫浴间的功能进行分设，以坐便器、淋浴单元、洗脸盆这 3 件卫浴间设备为主，并根据需要增设其他功能。

在对卫浴间设计相关标准进行研究的基础上，我们对市场上在售商品房进行统计与调研（图 3.53），分析发现在售商品房卫浴间有 6 种功能布局，且这 6 种功能布局占所有户型的比例约为 84.9%。

### （四）人与卫浴间关系的研究——第二阶段

卫浴间是每个家居中都存在的不可或缺的空间。根据中国消费者协会发布的《中国家庭用电环境调查报告》统计，我国每年在卫浴间发生的家庭事故所导致的伤亡人数不少于 1000

图 3.53　设计团队成员正在进行调研

人。日本著名建筑师宇野英隆在《人与住宅》中曾提到，日本每年每 10 万人中死于汽车事故的有 21 人、生产事故的有 4 人、家庭事故的有 4 人、其他事故的有 11 人，其中家庭事故大多数发生在卫浴间。卫浴间事故中发生最多的是滑倒摔伤，发生事故的主要原因在于卫浴间在使用中的温度和湿度的变化引起人身体机能的不适，加上卫浴空间设备的不合理，地板遇水极其湿滑且一些设备周边棱角分明，最终导致人滑倒摔伤，甚至死亡。

卫浴间不仅应具备适应人完成洗漱、沐浴、排便等活动的环境和相应设备，而且应提供一个安全、舒适、应急的家居空间。因此，为了探究人与卫浴间的关系，我们进行了以下的研究。

1. 人的洗浴行为研究

大部分家庭每天使用卫浴间的平均时间在 2h 以上，会在卫浴间进行洗漱、沐浴、排便等活动，那么多大空间可以满足人这些活动的基本需求呢？为了得到这项答案，我们采用 3D 捕捉实验的方式对人的洗浴行为进行拍摄，研究人在淋浴、洗漱、排便时所占用的最小无障碍空间大小及形状。

这次实验挑选了 8 个身高在 180cm 以上的男性被测试人员，利用三维立体动态捕捉仪，拍摄记录他们在淋浴、洗漱、排便时的整个动作过程。在此过程中，被测试人员必须按正常洗浴习惯完成相关活动，将平时的洗浴习惯真实地反映到拍摄过程中。完成这次实验后，将影像输入计算机进行分析、重叠，去除偶然动作，依靠数据做出 3D 模型。这可以为卫浴间的最小合理空间的布置、卫生洁具产品的安装位置及摆放方式提供科学依据，同时能为建筑设计提供合理的数据。此项研究已完成 1 ∶ 5 的 3D 模型，可供应用，我们称之为云空间无障碍模型。如图 3.54 所示为被测试人员正在做准备工作。

在被测试人员做完一整套的预备动作后，我们才开始正式的洗浴动作拍摄，被测试人员的动作可以在墙壁的大屏幕上实时地显示出来（图 3.55）。将洗浴动作按每 0.5s（10 帧）进行叠络，得出空间，然后进行帧分类，提取洗浴、洗漱、如厕的动作（.bip 文件）；摒弃取放毛巾、香皂及开关龙头等受物品放置位置影响的动作，并做好帧数记录。

图 3.54　被测试人员的准备工作

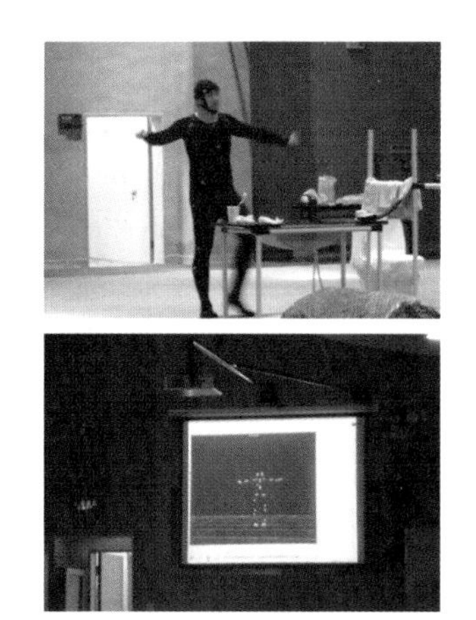

图 3.55　洗浴行为空间分析 1

粗分后的帧段叠络：将各分段后的 3ds Max 图档合并成一个。按每 10 帧提取一次，即将叠络后的 200 帧段，每 10 帧提取一次图档。将皮肤转化成可编辑多边形，将叠络去除，另存为 3ds Max 图档。

每 10 帧叠络：将上一步保存的 10 帧一次的 3ds Max 图档进行叠络（图 3.56），保存为 3ds Max 图档。

调整坐标：将叠络后的 3ds Max 图档默认坐标移至以花洒柱、马桶、洗漱龙头为中线的墙面位置，再将叠络图移至场景 0 点坐标位置。

导入坐标框：将带坐标值的坐标框合并到洗浴行为的帧段叠络的场景中（图 3.57）。

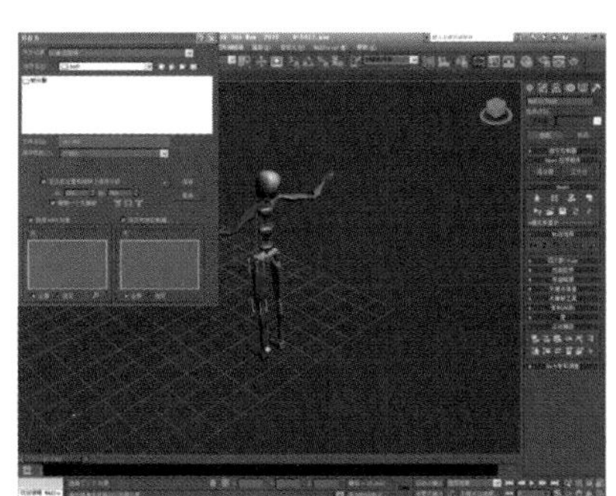
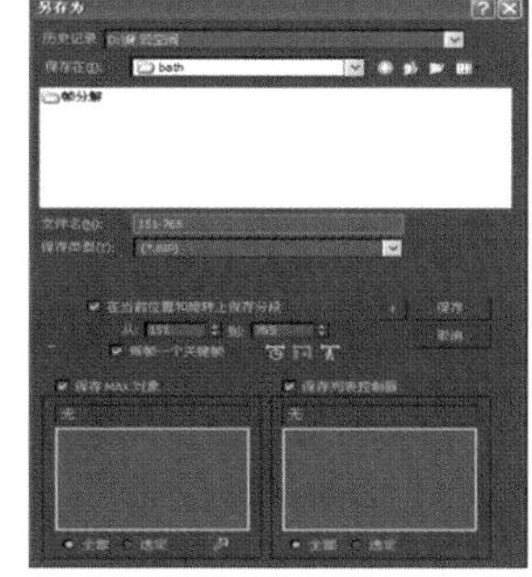

图 3.56　洗浴行为空间分析 2

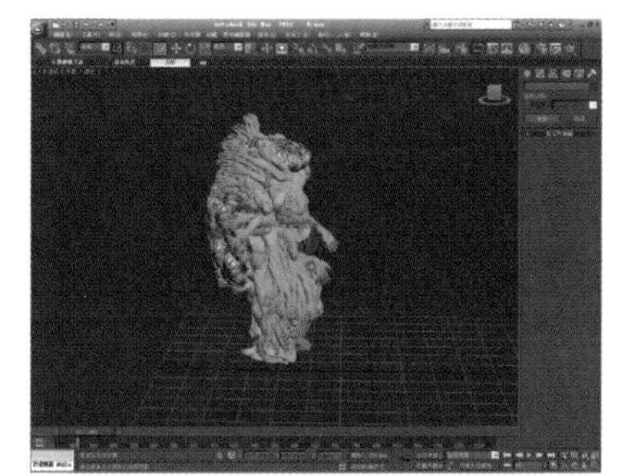
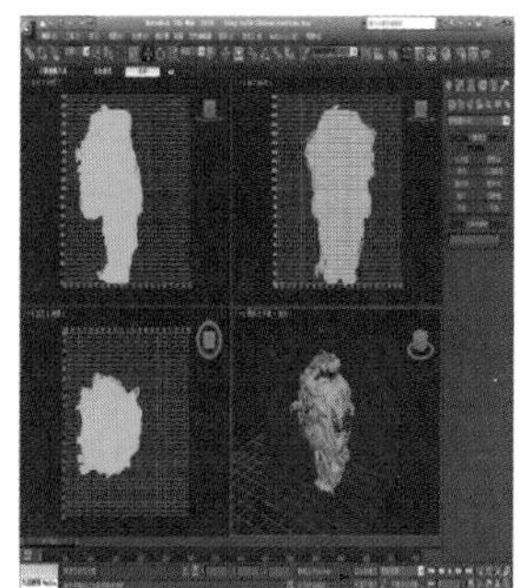

图 3.57　洗浴行为空间分析 3

建立一个圆柱体：高 1900mm，高度分 10 段，圆周分 30 段。

转化成可编辑网格：将各网格点与洗浴样品群靠近，形成包络样品群的最小空间云（图 3.58～图 3.60）。

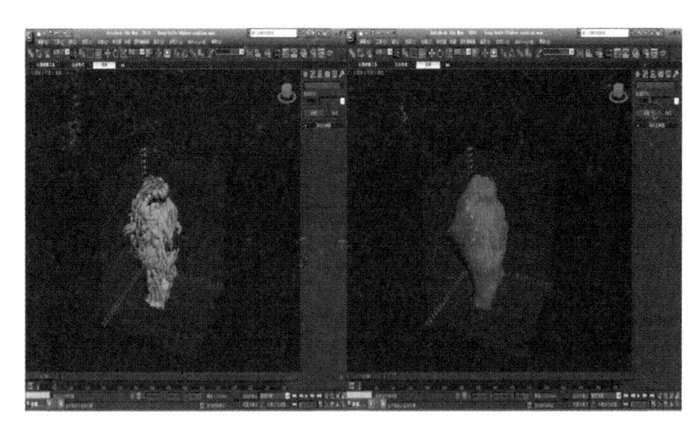

图 3.58　洗浴行为空间分析 4

数据处理最终方案

最小云——除去偶然动作

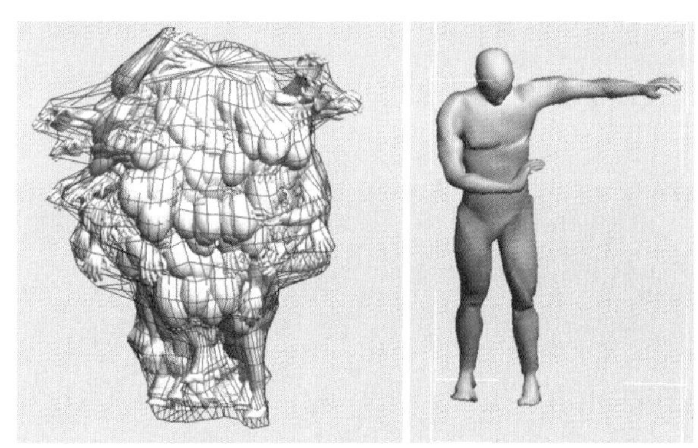

图 3.59　洗浴行为空间分析 5

偶然动作独立成组

最小空间云独立成组，并进行外形包络。(左 偶然动作组；右 最小云空间，及其外形包络)

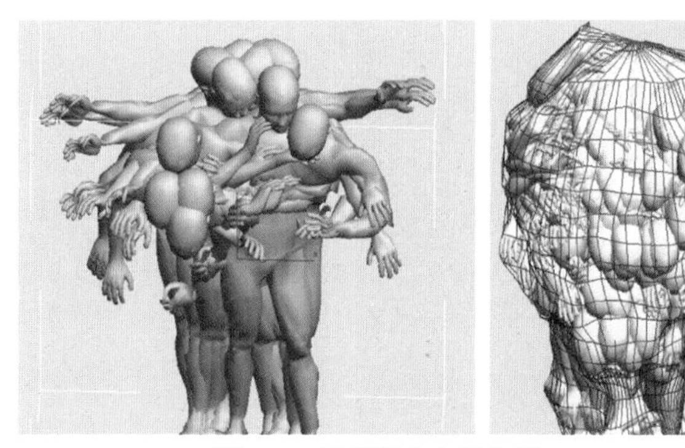

图 3.60　洗浴行为空间分析 6

无障碍云空间的 PRO/E 模型建立：从 3ds Max 图档转成 .obj 格式，再将 .obj 文件在 PRO/E 里面打开（图 3.61）。转成 .obj 文件以后，曲面均是三角面，重新对其进行曲面包络。在垂直于纵轴方向，每 4.5mm 做一个基准面，绘制平面图。

运用同样的方法，制作出其他 5 个无障碍云空间模型(图 3.62)。

将制作好的薄片用定位杆串好，每 2 个薄片直接用 2 个 1.5mm 厚的垫片隔开(图 3.63)。

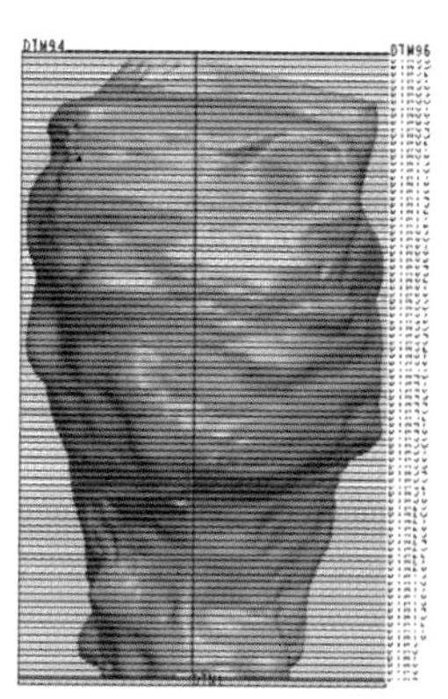


图 3.61 洗浴行为空间分析 7

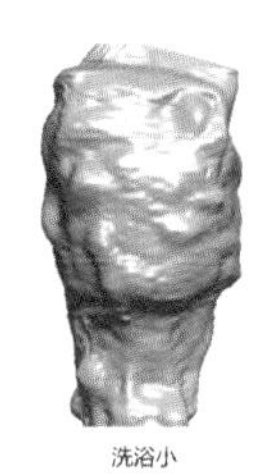


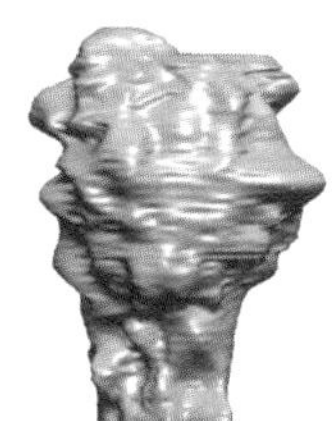

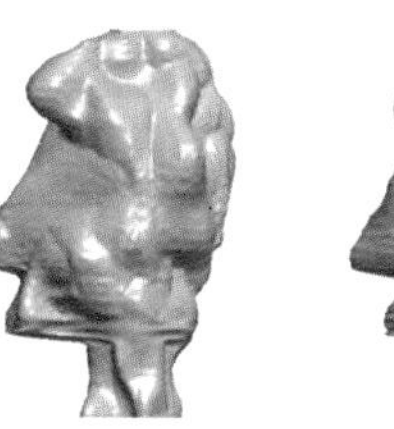

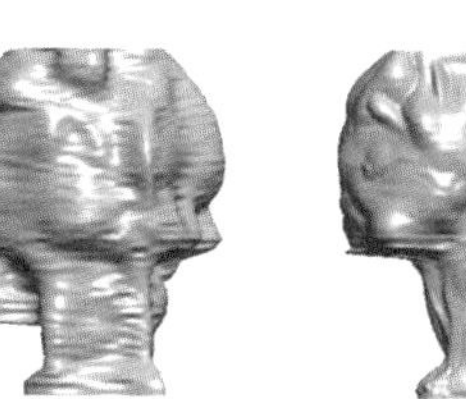


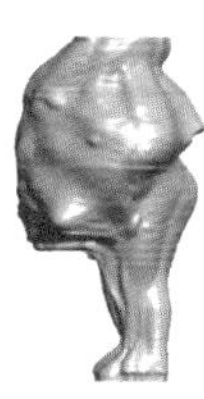

图 3.62 洗浴行为空间分析 8

图 3.63 洗浴行为空间分析 9

2. 人与卫浴环境研究

卫浴间是人体排出体内污垢的地方，空气环境相当敏感，极其注重私密性。而在淋浴时，卫浴间也会发生温度上升、湿度加大和含氧量降低的情况。如果这些情况没有得到妥善处理，会导致人体汗液分泌过多、血压上升、滑倒摔伤等问题，甚至导致心脑血管疾病的恶化。

于是，我们通过实验，去研究卫浴环境中的温度、湿度和含氧量到底要处于什么值才会让人的血压、心跳及体温等生理机能的变化达到最佳，希望实验结果可以给卫浴产品设计提供依据，围绕人在卫浴环境中的生理变化而展开卫浴产品设计，营造一个安全、舒适的卫浴环境。

这次实验在25～40岁年龄段的人群中选择了7男2女，做了7次实验数据统计，监测被测试人员在不同湿度、温度（室温和水温）沐浴过程中体温、血压和脉搏的变化。测试结果如下：

（1）体温变化量极小。为确保实验数据的准确性，采用测量被测试人员口腔温度的方式，记录被测试人员在浴前、浴后两种情况下不同体温的数据，发现其体温呈现上升趋势，但幅度极小，在0.5℃以内。

（2）血压变化量有着明显上升的趋势。通过血压仪测量被测试人员在浴前、浴后的舒张压和收缩压的变化值，发现所有人员的舒张压都有变化，或增或减，而收缩压的变化量却有着明显上升的趋势。因此，对于高血压患者来说，在洗浴过程中尤其应注意卫浴环境中的温度、湿度的变化。

（3）心率变化量幅度在可接受范围内。通过脉搏测量仪来测量被测试人员在浴前、浴后的脉搏变化值，发现在水温合适的情况下，心率的变化值在可以接受的范围内。但是，如果水温持续保持在42℃以上，心率值可能达到每分钟120次。

然而，在这次实验过程中，我们发现在15～28℃的环境温度下，给人以舒适感的洗浴水温在38～44℃（图3.64），而大多数人会将水温调至42℃以上。所以，如何通过卫浴设备合理控制沐浴过程中的水温，显得十分有必要。

除此之外，我们也对被测试人员沐浴行为的卫浴环境湿度、温度进行了测量，发现人在

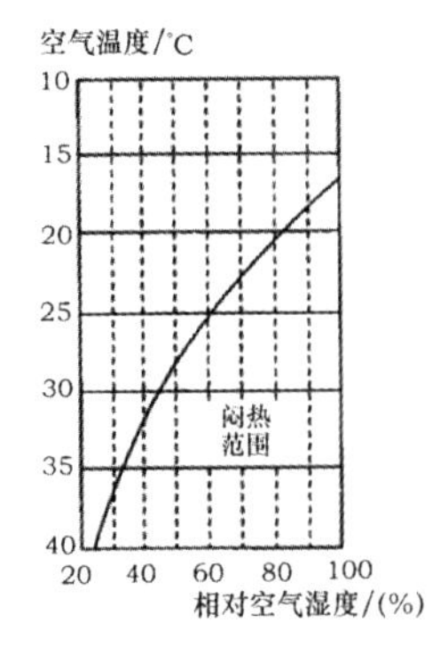


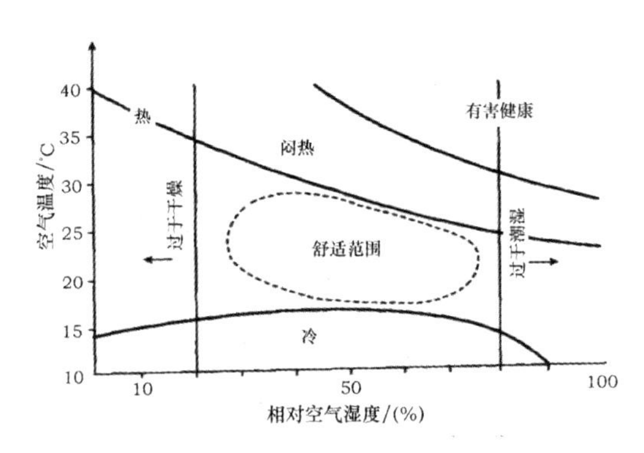


图3.64　舒适洗浴水温示意图

沐浴过程中，3min 左右卫浴间的相对湿度就可以达到 90% 以上（图 3.65），温度也随之上升。空气中的湿度过高和过低都会对人体和环境产生不利影响，过高使空气中的含氧量下降，甚至导致地板过于湿滑发生跌倒事件，过低会造成呼吸道黏膜受损。所以，卫浴环境的摆设应尽量简单，最好能做到干湿分区和及时抽湿，并且还要注意保温，这样才能让用户感到舒适。

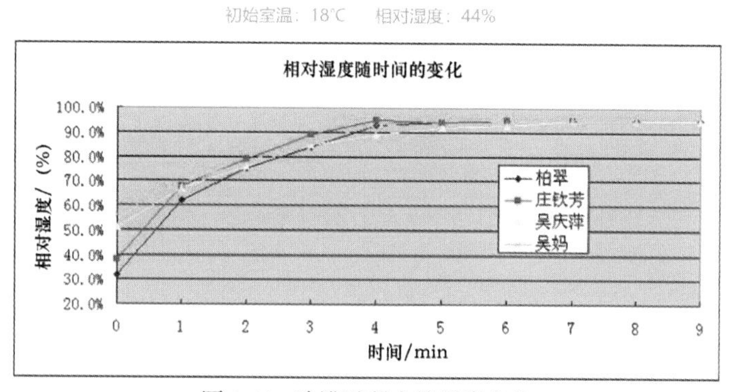

图 3.65　沐浴过程中的湿度变化

3. 人体关节活动受限空间的研究

通过对全国人体身高调查得出，低于 95% 的身高临界值为 150cm，高于 95% 的身高临界值为 180cm，从而得出男性、女性人体各关节活动受限空间数据，最后将关节活动尺寸制作成 1∶5 与 1∶1 的人体模型，为后续产品使用、舒适尺寸的设计提供了理论依据。

4. 研究结论与建议

通过分析中国卫浴间的现状，我们发现了中国卫浴间普遍存在的问题，进而探究问题产生的原因。我们试着去观察人在洗浴过程中的行为空间，制作出无障碍云空间，精确得出卫浴间的最小合理空间，并研究洗浴环境对人体（体温、血压、心率）的影响，找出卫浴环境的最佳值。以上一系列研究都在为将来的卫浴产品的研发提供详细的理论基础，建立一个理想的卫浴间“模型”。只有如此，卫浴企业才能明确自己的发展方向，使得企业产品系统化和人性化，因为以人为核心的产品评价体系才是产品评价的唯一标准。现实生活中的卫浴间与现代人的基本需求存在很大的差距。设计团队在研究、讨论的基础上提出以下几点建议供相关企业和设计师参考：

（1）重视新材料研发及相关属性的研究。

（2）在洗浴环境新产品研发中，重视开发适合中国人生活习惯和生活环境的新一代卫浴用品。

（3）开展老年人卫浴研究工作。

（4）节约能源研究。

### （五）坐便器产品专题研究——第三阶段

1. 研究目的

建立评价标准，为未来的同类产品设计活动建立方向与标准。

2. 研究内容

（1）信息收集。收集有关样品（图 3.66），进行整理与对比分析。

  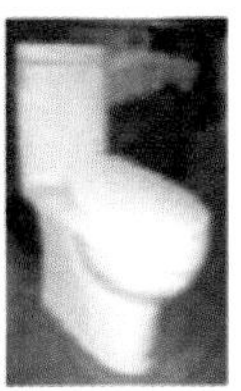  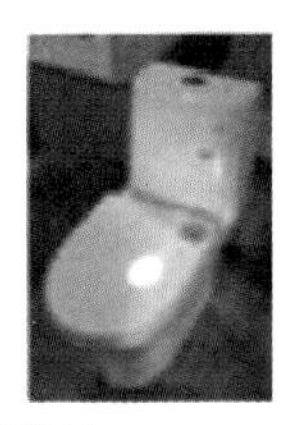  

图 3.66　不同坐便器样品

（2）坐便器与人的适用性研究。

3. 产品比较研究

部分坐便器产品比较研究见表 3–5。

**表 3–5　部分坐便器产品比较研究**

| 品牌型号 | 科勒<br>K-3834T-R | 恒洁<br>H0129D | TOTO<br>CSW 729GB | 奥斯曼<br>AS1279 | 鹰牌<br>CD=133 | 美标<br>2044 | 法恩莎<br>FB1682 |
|---|---|---|---|---|---|---|---|
| 图示 | | | | | | | |
| 过球直径 /mm | 51 | 46 | 52 | 44 | 45 | 48 | 46 |
| 水封高度 /mm | 57 | 64 | 57 | 57 | 57 | 58 | 55 |
| 水封面积 /（mm × mm） | 228 × 196 | 206 × 159 | 217 × 162 | 177 × 137 | 175 × 137 | 210 × 167 | 219 × 175 |
| 坐便器大档耗水量 /L | 3.88/4.15 | 3.09/3.35 | 3.98/4.16 | 2.97/3.09 | 3.67/4.25 | 4.65/4.79 | 3.84/4.46 |
| MAP/g | 900 | 600 | 800 | 350 | 400 | 500 | 350 |
| MAP 溅水 | 轻微溅水 | 溅水 | 溅水 | 溅水 | 溅水严重 | 溅水 | 溅水较严重 |
| 墨线测试 | 无残留 | 无残留 | 无残留 | 残留 60mm | 小档残留 55mm | 无残留 | 不好 |

比较研究结论：

（1）坐便器普遍存在冲不干净，盆面有残留。

（2）大便溅水。

（3）马桶圈硌屁股，人来回移动导致排便点移动、坐姿不健康。

（4）所有马桶的尺寸基本一致，人坐上以后臀部会占据马桶圈大半部分，身体某些部位容易碰到马桶侧面，而且有时尿液会溅到臀部，所以要控制马桶的流量。

4. 适用性研究

（1）中国人排便量研究（图 3.67）。根据实验数据得出的结论：人体每次便量都是不一样的，这和人的饮食习惯有关，但受体重的影响很大；体重 60kg 以内的人排便量为

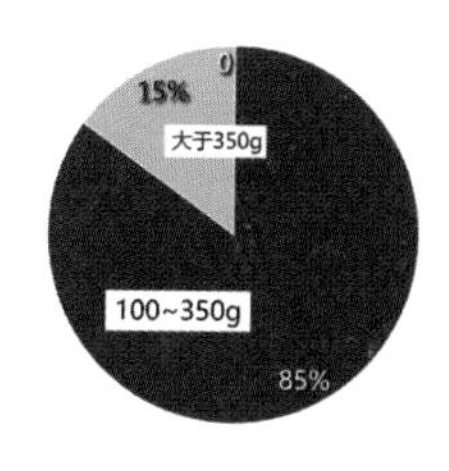


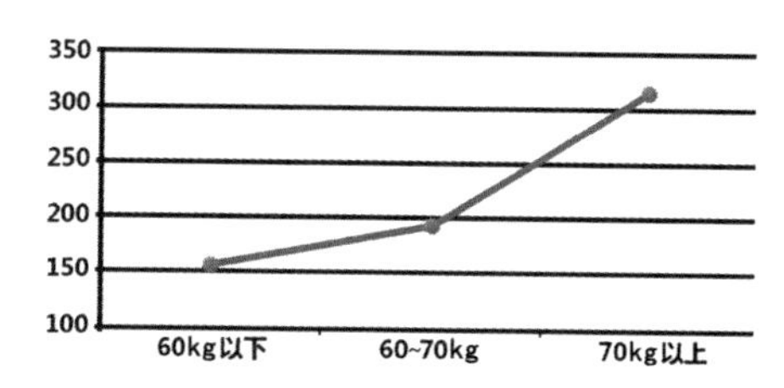


图 3.67　中国人排便量研究

130～200g，平均值为 157g；体重 60～70kg 的人排便量为 140～350g，平均值为 193g；体重 70kg 以上的人排便量为 240～430g，平均值为 315g。

排便量随着体重的增加而大幅度提高，超过 31% 的排便量大于 250g，说明 MAP 标准将 250g 定义为门槛值并不适合中国人；只有 10% 左右的排便量超过 350g，因为目前只有 19 个样本，相信随着样本数的增加这一比例会进一步降低。美国 WaterSense 标准将 350g 设为门槛值较为适合中国国情（注：WaterSense 是由美国环保总署管理并推动的一个项目，旨在帮助消费者识别市场上同类产品中最为高效、节水型的厨卫类产品，帮助改进家庭及公用设施节水效率，进而实现保护水资源，减少浪费的目标）。

（2）中国人的粪便特性研究。

① 大便种类基本分为 6 类：正常的条状香蕉型便、小而硬的便、糊状不成形的软便、不成形的泥巴型便、急性腹泻便、水液型便。

② 容易粘马桶的 3 种大便类型：香蕉型便、泥巴型便、水液型便。那么，问题在于，这 3 种类型的大便哪种粘马桶的黏性最大？

③ 经常便秘的人的大便占 6%～9%，经常拉肚子的人的大便约占 16%，而糊状或泥巴状不成形的大便的比例难以统计，但是大量存在。

④ 坐便器和蹲便器都会出现黏便现象，主要原因是马桶冲水无力、设计不合理，小部分原因是大便黏性太大。

（3）如何解决大便粘马桶问题。解决这一问题的主要办法是优化马桶的结构设计。将人造大便与水按不同比例配置成浓度不同的便体，用手将其弹在碗面上，用同样的水量进行冲洗，检测马桶对附着在碗面上的便体的冲洗能力。便体浓度越高，黏性就越强。可冲洗浓度越高，表示马桶对碗面的冲洗能力就越强。

5. 产品性能研究

部分坐便器产品性能对比见表 3-6。

表 3-6　部分坐便器产品性能对比

| 品牌型号 | 科勒<br>K-3834T-R | 恒洁<br>H0129D | TOTO<br>CSW 729GB | 奥斯曼<br>AS1279 | 鹰牌<br>CD=133 | 美标<br>2044 | 法恩莎<br>FB1682 |
|---|---|---|---|---|---|---|---|
| 图示 | | | | | | | |
| 实际水量 /L | 4.15 | 4.13 | 4.16 | 4.18 | 3/4.25 | 4.18 | 3/4.46 |
| MAP/g | 900 | 900 | 800 | 600 | 400 | 250 | 350 |
| 进水阀进水噪声 /dB | 46 | 48.3 | 50.2 | 45.5 | 48.6 | 47.6 | 44.5 |
| 冲洗噪声 /dB | 65.1 | 66.7 | 68.8 | 63 | 63.8 | 53.4 | 62.2 |
| 使用溅水情况 | 轻微溅水 | 溅水 | 溅水 | 溅水 | 溅水较严重 | 溅水 | 溅水 |
| 可冲洗浓度 | 53% | 59.3% | 39.1% | 53% | 59.3% | 53% | 小于 39.1% |

（1）解决坐便器普遍存在的冲洗不干净、盆面有残留问题。

（2）用灌胶法制作典型样品的流道。

（3）对所制作的流道模型进行三维扫描。

（4）利用扫描的三维图形建立 PRO/E 模型。

（5）根据所建立的 PRO/E 文件进行流体分析，并制作透明的马桶模型，重点研究水在冲刷过程中的流动方式（图 3.68）。

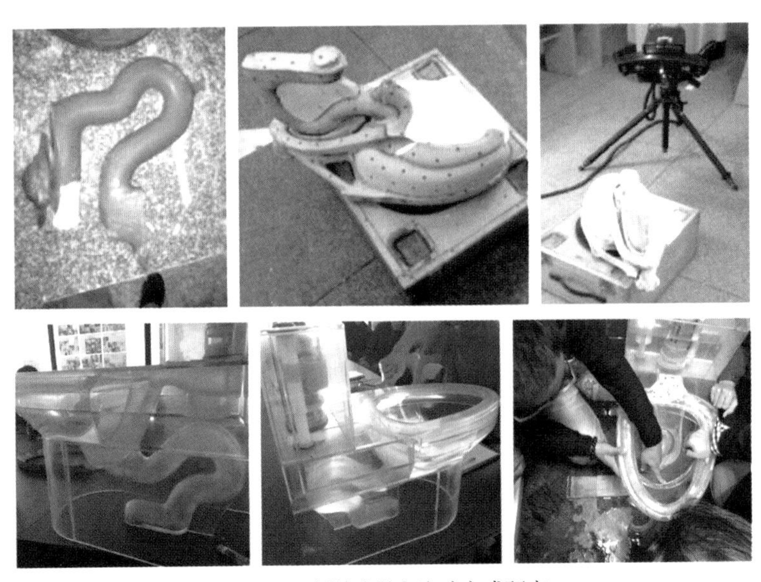

图 3.68　冲刷过程中流动方式研究

6. 问题及研究结论

马桶内盆形态设计有问题：粪便粘盆现象形成的主要原因是冲水量及涡流形成的冲水力度不够；其中坐便垫不适，致使排便点移动，也是一个不可忽视的因素。马桶结构如图 3.69 所示。

图 3.69　马桶结构

案例研究结论：要进一步加强基础研究力度，明确产品开发的方向，使企业产品系统化，强化以人为核心的产品评价体系。健康、安全、绿色、人性化是产品评价的唯一标准。

# 小结

材料选择与生产制造是供给与消费的上游环节，对工业产品生命周期后续各个阶段的影响很大。如果在产品生产的上游环节未能把好绿色关，势必会在生产过程、营销环节、消费使用和回收废弃物等环节给环境造成负面影响，给资源环境带来沉重的生态包袱；与此相反，如果绿色设计在产品开发规划定位阶段就介入，根据产品使用目的对材料及其加工做出通盘考量，进行绿色定位，通过系统的绿色生产技术和措施将绿色隐患排斥出去，并提出解决方案，就能够让产品增加“绿色深度”。这也是“适应性绿色设计”的正确打开方式和设计方法。

# 第四章

# 城乡居住空间绿色设计策略

绿色设计是人们对于现代科技文化及享乐消费主义所引起的环境及生态破坏的反思，体现了设计行业的道德和社会责任。在当代社会，人的存在状况，即“人居环境”是绿色设计的根本目的与出发点，也是绿色设计实践中不可或缺的重要内容。

绿色设计在城乡居住空间的实践，涉及城乡规划学、建筑学、园林景观学等多个学科，涉及区域、城镇、街区、建筑等多个层次。围绕绿色设计在城乡居住空间的应用，我们进行了大量的理论探索和具体实践。第一，由于“安全”是仅次于生理需求的人类第二大生存需求，而生态安全是绿色设计的基础，是绿色设计实践中不可或缺的重要内容，所以课题以西南流域山地城市生态安全建设为例，探讨了绿色设计的生态安全基础。第二，对于城乡居住空间而言，构建合理的绿色基础设施，是对自然空间资源的保护，以及对社会、经济、人文等要素的充分尊重，是城市支撑系统的基础，课题研究了绿色基础设施的构成、布局原则、布局方法及相关案例分析。第三，绿色设计理论在不同的地域特征中有着不同的应用方式，课题以泸沽湖少数民族聚落为例，探讨了基于绿色可持续发展理念的少数民居聚落的保护和发展研究。第四，城市人居空间的艺术建构是绿色设计在空间美学上的探索，课题探讨了绿色设计与人居环境科学的关系，并提出人居环境科学的空间艺术的审美演进与文化脉络关系。第五，基于绿色设计理念，课题既有城乡居住空间的演替，总结了城市修补、文脉传构、新型巧筑这 3 种演替更新方式，又探讨了城市既有空间的可持续发展问题。

## 第一节
## 城乡居住空间设计实践

### 一、城市生态安全建设的可持续研究——以西南流域地区山地城市为例

城市生态安全是一个复杂的问题，也是一个研究绿色设计实践中不可旁绕的命题。全球化的进步取决于城市化的普及和发展。城市的高度集聚性是城市成为人类传承精神文明和物质文明载体的基础，也正是这种集聚性，使得城市变成一个复杂的巨系统。城市生态安全作为组成这一系统的重要组成部分，其中的许多安全问题会因聚集而被放大，因脆弱而易受破坏，因敏感而被激化导致猝变。随着全球经济的发展，城市生态安全的重要性越

来越突出，从一组数据可以看出：英国 2015 年因城市生态安全造成的损失为 270 亿英镑，占当年 GDP 的 2.4%；美国 2017 年因城市生态安全所造成的损失为 2350 亿美元，占当年 GDP 的 4%；德国 2018 年因城市生态安全造成的损失为 1900 亿美元，占当年 GDP 的 2.5%。因此，可以这么说，一座城市应对、控制生态风险的能力，反映了所在国家整体的文明水平和综合的竞争能力，是一个国家竞争力和国家形象的重要标志。

### （一）安全是最大的节约

从绿色设计的内涵来看，绿色设计是一个体系与系统。它不是一个单一的结构与孤立的概念，而是多个因子相互协调、制约的结果，确保整个系统能够可持续、安全地运行下去，避免资源的无谓浪费，从而实现资源整体效用的最大化。因此，安全是最大的节约，也是绿色设计实践中不可或缺的重要内容。美国社会心理学家亚伯拉罕·马斯洛认为，“安全”是仅次于生理需求的人类第二大生存需求，也是满足社交需求、尊重需求和自我实现需求等其他需求的基础。

### （二）西南流域山地城市生态安全问题突出且典型

我国的社会发展已经进入一个新阶段，从十九大提出的“新时代、新思想、新矛盾和新目标”中可以看出，在城市建设中保护生态本底，营造绿水青山，促进区域间的平衡发展，已经成为未来 50 年城市建设的核心要务。我国西南地区的城市建设相对滞后，从“一带一路”倡议可以看出，国家已经把西南地区的城市建设作为一个新的工作重心，而西南地区城市大多依山临水而建，生态环境脆弱。据此，本课题以西南流域山地城市安全建设为例，展开城市生态安全建设的可持续研究。

## 二、生态安全已成为制约西南流域山地城市可持续发展的首要问题

### （一）西南流域山地城市生态系统更为敏感

西南流域山地特征明显，地形复杂多变，历来是自然灾害多发地区，城市容易受到各种自然及人为灾害的威胁，城市生态系统更为敏感。威胁西南流域山地城市建设的灾害类型主要有以下几种。

1. 地震

西南流域本身就是地质板块活动剧烈的地方，有多条断裂带贯穿，如分布在长江三峡二库段仙女山断裂、九畹溪断裂、建始断裂北延和秭归盆地西缘一些小断层的交会部位，最危险的地段位于齐岳山东北和建始北延断裂。例如，2014 年 3 月 30 日 0 点 24 分，在湖北省宜昌市秭归县发生 4.7 级地震，震源深度 5km。

2. 崩塌滑坡

西南流域水位的上下变动，使水流渗入坡体，加大了孔隙水压，软化了土石，增大了

坡体容量，改变了坡体的静水压、动水压，从而诱发崩塌滑坡。据有关资料统计[1]，在长江三峡流域内共有各类崩塌滑坡体 2490 处（其中属受水库蓄水影响的 1627 处，在移民迁建区的 863 处），从湖北省宜昌市三斗坪到重庆市体积大于 $100m^3$ 的崩塌滑坡堆积体共有 134 处，总体积约 $1.56\times10^9m^3$，其中分布较密集的是秭归新滩附近、秭归—巴东河段、巫峡上段、巫山—大溪河段、奉节—万州河段等。例如，2014 年 9 月 3 日，在湖北省宜昌市秭归县发生大面积山体崩塌滑坡，崩塌滑坡体总体积约 $8\times10^5m^3$，导致大岭电站整体损毁、G348 国道中断。

3. 泥石流

西南流域呈现典型的河谷地形地貌特征，由于特殊的气象和地质、人文环境，库区泥石流活动较为活跃。[2] 长江流域具有泥石流特征的沟谷 309 条，其中 132 条直接注入长江（左岸 56 条，右岸 76 条），118 条则分布在左岸各级支沟上，59 条分布在右岸各级支沟上（其中，奉节以东三峡峡谷河段内集中分布了 254 条）。泥石流灾害可以说是地震、崩塌滑坡的次生灾害，破坏力更大。

4. 水土流失

西南流域地区自古以来就是我国水土流失最为严重的地区之一[3]，地处我国第二、三阶梯的过渡地带，地质复杂，地形陡峻，暴雨频繁，地表侵蚀强烈，水土流失问题突出，而且沿河阶地上肥料较高的冲积土，含磷量丰富，土质松软，加重了水土流失。西南流域大于 15° 的坡耕地约占耕地面积的 56.7%，其中，坡耕地中大部分无灌溉条件，库区泥沙主要来源于坡耕地，水土流失十分严重。

5. 人为生态破坏

西南流域城市建设用地局促，在大规模城市建设推进过程中，加大了人为的生态破坏，导致城市建设区人工生态环境质量不高、绿地面积少，尤其是大城市中心城区热岛效应明显。许多生态廊道被侵占、破坏，水岸生态系统人工化发展、恢复重建几无可能，城市废水、废渣、废气等对城市周边生态环境污染破坏严重。

### （二）西南流域山地城市发展需求更为迫切

历史上，西南流域是一个生态环境脆弱、经济落后、人口密集、土地过垦的丘陵山区。多年来，由于这一地区人口暴涨和不合理的经济行为，使得地区生态环境遭到破坏，森林减少、植被下降、水土流失、环境污染等问题十分严重。随着三峡工程的修建、水库的蓄水、移民迁建的进行，给库区本已严峻的生态环境带来了空前的压力和深远的影响，直接威胁着库区的可持续发展。

作为国家战略重点部署地区的西南流域，近些年来城市建设取得了巨大的成就，但相

[1] 长江水利委员会综合勘测局，长江三峡水利枢纽库区崩滑体及第四纪地质图（1 ∶ 1000）.

[2] 泥石流发生需具备 3 个条件，即物源条件、水源条件、地貌条件 .

[3] 其水土流失面积达 $5.1\times10^4km^2$，每年流失的泥沙总量达 $1.4\times10^9t$，约占长江上游泥沙的 26%.

对于东部及沿海地区来说仍然落后。随着“一带一路”建设的全面推进、“成渝经济圈”的规划建设，西南流域山地城市的发展需求更为迫切。

### （三）西南流域山地城市面临的可持续发展问题更为复杂

保护与发展永远是一对不可分割的矛盾，尤其对西南流域山地城市建设来说，这对矛盾更为突出。从2003年开始，西南流域大部分城市开始制定“十一五”“十二五”“十三五”等一系列环境保护规划。这一系列规划逐步实现了从环境污染防治到经济和环境统筹考虑的转变，将“社会—经济—环境”整合为一个复合生态系统，依据社会经济规律、生态规律和地理学规律，对城市发展变化趋势进行研究，从而指导城市和居民自身活动的时间和空间安排。

“绿水青山就是金山银山”，这是习近平总书记对我国城市建设提出的生态要求，也为西南流域城市建设指明了方向。然而，现实情况和问题远比我们想象的复杂多变，如何在变化中求解、在保护中建设，已经成为一个历史性的命题，西南流域山地城市生态安全问题已成为可持续发展的首要问题。

## 三、典型案例分析

### （一）重庆城市新中心概念规划

1. 项目概况

项目选址位于重庆未来新CBD之一的江北城，占地规模2.2km$^2$，长江、嘉陵江交汇于此，面朝渝中CBD和弹子石CBD，看山（南山）、看水（两江）、看城（老城）、看人，可谓城市中心区难得的一块风水宝地。该项目也是在快速城市化的形势下，依据重庆城市总体规划，利用城市中心成熟用地的大规模集中再开发。

该项目从发掘重庆的山城形象出发，融入生态安全的设计理念，将在长江和嘉陵江的交汇处建立一个新型的“绿色中心商业区”，许多“5min城市”将分布在一个面向重庆目前的市中心的斜坡地带，而每座“5min城市”可以容纳约1万名居民。经过规划混合在一起后，这些迷你城市群会被设计成山脉形状，支持夏天被动散热和冬天被动加热，从而减少能源消耗。这些迷你城市群的建筑之间有错综的自行车和人行道相连，另有一个功能齐全的公交系统，可以减少人们对私家车的需求。

2. 特色与要点

（1）山地城市空间的生态景观体系重构。GCBD（Green-CBD，即绿色中央商务区）的城市概念将多山的感觉延伸到重庆那些非常稠密的高度城市化地区。新建筑的组成部分包括一个“居民山群”。山群的最高点与渝中CBD相呼应；山群相对低一点的部分就好比建成的密度较低的地区；山谷是绿色开放性空间。这些山群正是对今天重庆景象的一个回应。山丘建筑将成为中国山水城市重庆的象征，如同一位刚从爆炸性高速城市化向软性绿色城市革命过渡的先驱者。

（2）山地“城市生态安全”单元模块植入。在这个 GCBD 中，以“生态安全单元”模块进行系统构架，步行 5min 便可到达所有的公共设施，如最近的公共交通，文化、金融、社会机构，公园或绿地。城市的布局彻底改善了步行、自行车和公共交通使用的情况，有意回避了私家车的使用。从当前的发展状况来看，轻轨交通跨区域连接着规划用地和老城区，以及长江以南的弹子石 CBD，还包括飞机场和新的中心火车站。在这 9 个邻里组团中，5.5km 长的环行路线确保了快速和方便的载运。轻轨站坐落在每个邻里组团的中心，在邻里组团的每一处到轻轨站只需要步行 5min。另有轻轨站连接着公交车站和邻里组团中心的车站，这条线以快捷和有效的方式带着人们到达社会福利设施和文娱康乐场所。

3. 部分成果展示

重庆城市新中心概念规划部分成果如图 4.1 所示。

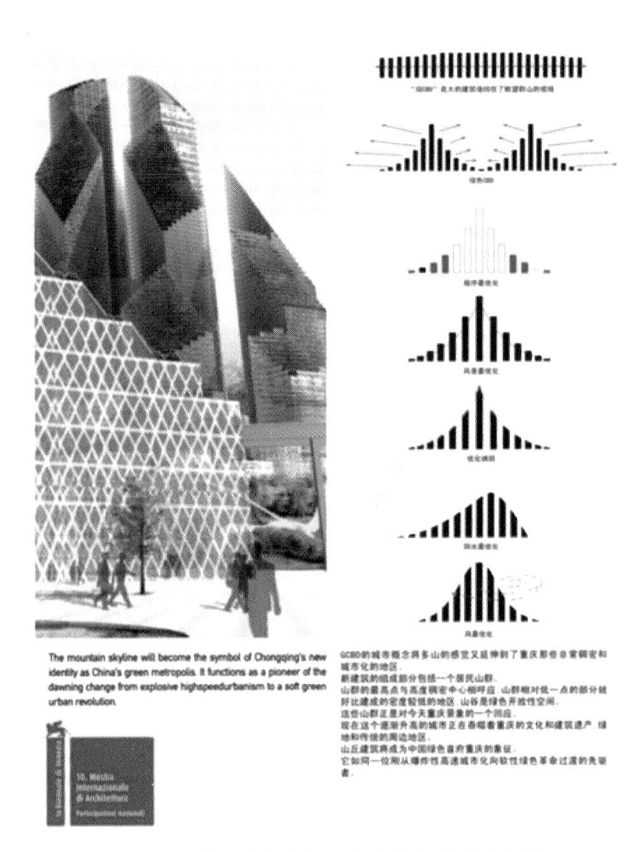


图 4.1　重庆城市新中心概念规划部分成果 [1]

[1]　赵万民．三峡库区人居环境建设发展研究 [M]．北京：中国建筑工业出版社，2015.

### （二）长江三峡风景名胜区（重庆段）风景资源调查评价

1. 项目概况

调查范围包括丰都县、石柱县、忠县、梁平区、万州区、云阳县、奉节县、巫山县等区（县），重点为以江心为轴线，两岸腹地纵深延伸 3～5km 的范围。调查对象主要包括瞿塘峡（8km）、巫峡（42km）、大宁河（巫山—巫溪段）、神女溪沿线，还包括上述区（县）的著名景区（点），以及丰都名山、忠县石宝寨、万州天子城、云阳张飞庙、奉节白帝城、梁平双桂堂、石柱西沱古镇等。调查内容包括风景名胜区区位、经济社会发展情况，自然、人文景区（点）资源情况，城镇及重要基础设施概况，景区（点）开发建设，城镇及旅游服务接待，交通等基础设施建设情况及现存问题。

2. 特色与要点

（1）以生态保护修复为导向的调研策略。国家高度重视对三峡库区生态修复、环境工程、地质工程、移民迁建等问题的解决，投入了相当数额的资金用于库区整体人居环境建设。而库区景观生态和文化形态的修复和建设则是一个相当漫长的过程，本次调研以生态保护修复为导向进行各方面的资料收集和研究。

（2）以山水生态资源为切入点的城市人居环境建设实践研究，全面随着三峡地区城市化发展、长江经济文化带的进一步繁荣和重要价值作用凸显出来，从库区生态和文化景观、新城市（镇）风貌建设方面积极着手，利用水库蓄水、“高峡平湖”的新条件，建设库区新的景观品质和城市山水风貌。这是当前三峡新人居环境建设的重要工作之一。本研究对清理三峡库区（重庆段）景观资源内容、品质、位置、价值等方面工作起着较好的资料性和学术性等作用。

3. 部分成果展示

长江三峡风景名胜区（重庆段）风景资源调查如图 4.2 所示。

### （三）重庆市生态农业园区规划

1. 项目概况

项目规划区位于北碚区江东地区的静观、水土两个小城镇，处在重庆市统筹城乡发展“一区、一带、一镇”试点工作的“一带”范围。本规划包括静观核心区和水土核心区两个部分。静观核心区的规划范围的用地属北碚区静观镇行政辖区范围；水土核心区的规划范围为：东以三元村为界，南以嘉陵江为界，西以碚金路为界，北以飞马村为界，其用地属北碚区水土镇行政辖区范围。规划总用地面积 71.72hm$^2$，碚金路及重庆市二环高速公路将两核心区联系起来。

2. 特色与要点

（1）构建了“生态保护与农业生产”相耦合的空间布局。本规划以建设“生产发展、生活宽裕、乡风文明、村容整洁、管理民主”的社会主义新农村为最终目标，构建了“生态保护与农业生产”相耦合的空间布局。

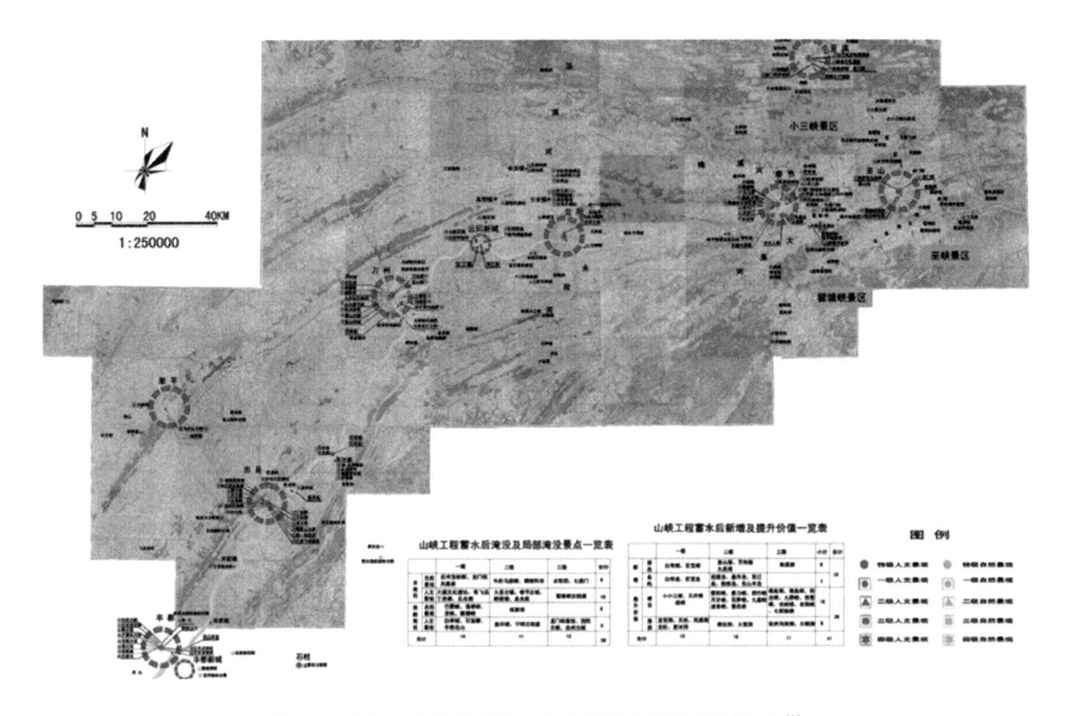


图 4.2　长江三峡风景名胜区（重庆段）风景资源调查[1]

（2）建立了新型泛生态农业科技产业示范区。建设以“山地农业科研—农民教育培训—农业服务体系”建设与推广为主导，以农产品的加工生产、会展物流及连锁销售的综合服务体系为龙头，以现代都市农业休闲体验旅游为特色，以镇村为单位的特色农产品生产基地为核心，以虚拟农业合作运作体系为组织手段，集农业科技产业、农业商贸、农业生态体验旅游等于一体的新型泛生态农业科技产业示范区。

3. 成果展示

重庆市生态农业园区规划部分成果如图 4.3 所示。

4. 总结及推广

（1）“生态安全空间单元”在山地城市设计的运用。区别于以往的城市设计理论和方法，在山地城市设计中引入“生态安全空间单元”概念，进行山地城市空间生态景观体系的重构。可以结合当前的城市设计研究及实践进行运用和推广。

（2）以“生态保护修复”为导向的城市人居环境建设。强化生态修复保护与人居环境建设的相关性，将城市生态安全规划建设纳入人居环境建设体系，并以此进行相关的调研及研究工作。可以结合当前西南流域生态调研及人居环境建设实践运用和推广。

（3）西南流域农村“生态保护与农业生产”的耦合空间设计。充分发挥西南流域农村地区的生态优势，最大限度地在生态保护原则下进行农业生产，并进行生态和生产的空间耦合设计。可以结合西南流域农村生态农业科技产业示范区建设进行运用和推广。

[1]　赵万民. 三峡库区人居环境建设发展研究 [M]. 北京：中国建筑工业出版社，2015.

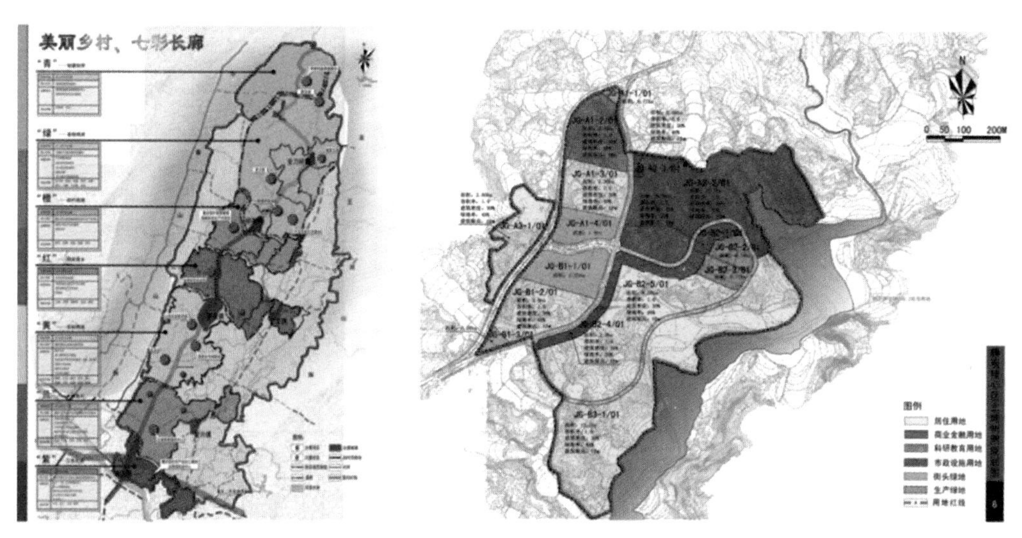


图 4.3 重庆市生态农业园区规划部分成果[1]

# 第二节
# 基于可持续发展理念的绿色基础设施研究

改革开放以来，我国城市快速扩张，却忽视了自然的服务能力，大量的人工系统被建造。同时，因为短期经济利益诉求的强大驱动及自然区域相对较低的经济效益，城市自然空间不断为建设空间所侵占，城市生态系统价值及其对自然灾害的抵御能力大幅下降，城市弹性发展面临困境。城市绿色基础设施旨在通过对自然空间资源的保护，以及对社会、经济、人文等要素的充分尊重，构建形成城市的自然支撑系统。该系统的形成及稳定，可为城市未来发展提供基本的生态安全保障格局及发展控制框架，最终实现对土地资源的合理保护及城市蔓延的有效控制，为城市未来的可持续发展提供基础。

## 一、绿色基础设施理论的理论内涵与空间构成

### （一）绿色基础设施理念的提出

1990 年，在美国马里兰州的绿道运动中，绿色基础设施被当成国家可持续发展战略之一首次出现。1999 年 5 月，美国“总统可持续发展委员会”发布了题为《创建 21

[1] 赵万民．三峡库区人居环境建设发展研究 [M]．北京：中国建筑工业出版社，2015.

世纪可持续发展的美国》的工作报告，首次提出绿色基础设施概念，强调将绿色基础设施作为保障城市可持续发展的重要战略之一，能够为土地和水资源等自然生态要素的保护提供一种系统性强且整体的战略方法，利用该战略能够更高效、更可持续地指导未来土地开发和经济发展。[1] 此后，绿色基础设施概念开始在美国、英国、加拿大等国流传开来。

1999 年 8 月，美国保护基金协会联合美国农业部森林服务协会，成立了“绿色基础设施工作组”，提倡在州、市的未来发展计划和政策中引入生态系统恢复的相关目标，以有效保护当地的自然生态系统，并使之成为实现城市未来可持续发展的重要战略之一。随后，绿色基础设施的首个概念也由工作组正式给出：“绿色基础设施作为国家的自然生命支持系统，指彼此间相互联系的绿色空间网络，由多种用于维持物种多样性、保护自然生态过程的自然区域和为提高社区及人民生活质量的开敞空间组成，具体包括水域、森林、湿地、野生动物栖息地等自然区域，绿道、公园、农场、牧场等荒野和开敞空间。”由此可见，绿色基础设施涵盖了多种生态和风景要素，既包括天然要素，也包括恢复及再造的要素。

### （二）绿色基础设施理念的发展

自绿色基础设施概念正式提出以后，各国学者纷纷对这一概念进行了深入的研究和扩展，绿色基础设施的相关内容逐渐明朗化。此后，绿色基础设施被当作合理保护土地及引导城市未来可持续发展的重要措施，在美国掀起了一股建设热潮。一些专门研究绿色基础设施的工作小组相继成立，将绿色基础设施纳入区域和城市规划的重点考虑范畴，并被多个州、市所采纳，如 2005 年马里兰州的绿色基础设施评价体系 [2]、纽约市的 Plan NYC 项目 [3] 等。随后，绿色基础设施概念传入西欧，用于解决其在城市化过程中出现的气候变化、生态环境恶化、旧城改造等问题。[4]

2001 年 5 月，加拿大学者赛伯斯蒂·莫菲特发表了《加拿大城市绿色基础设施导则》，详细分析了绿色基础设施的相关生态学内涵，同时将实践和政策包括其中，提出了绿色基础设施实施的关键，希望能为工程师和城市规划师的实际操作提供一定的帮助。该导则对绿色基础设施所需要的系统进行了详细介绍，包括“暴雨排水系统、水污染系统、饮用水系统、能源系统、固体废弃物系统及运输与通信系统”；同时，提出了绿色基础设施实施

[1] President's Council on Sustainable Development. *The President's Council on Sustainable Development, Towards a Sustainable America-Advancing Prosperity, Opportunity, and a Healthy Environment for the 21st Century* [Z]. U.S. Government Printing Office, 1999.

[2] Weber T, Sloan A, Wolf J. *Maryland's Green Infrastructure Assessment: Development of a comprehensive approach to land conservation* [J]. Landscape and Urban Planning, 2006, 77 (1): 94-110.

[3] New York City Hall. *Plan NYC PROGRESS REPORT 2009* [EB/OL]. [2013-01-12]. http://www.nyc.gov/html/planyc2030/downloads/pdf/planyc_ progress_report_2009/pdf.

[4] 张京祥. 西方城市规划思想史 [M]. 南京：东南大学出版社，2005.

阶段涉及的诸如费用估算、多方参与、风险评估及管理等关键因素。[1]

2006 年，英国西北绿色基础设施小组在其发布的《西北绿色基础设施导则》[2] 中明确提出，绿色基础设施是由自然环境和绿色空间组成的系统，具有类型学（Typology）、功能性（Functionality）、脉络（Context）、尺度（Scale）、连通性（Connectivity）五大特征。同时，该小组还提出了绿色基础设施规划的工作步骤："第一步，对数据和政策结构的调查；第二步，分析现有资源，并进行功能性评估；第三步，利用评估时现状绿色基础设施与功能符合；第四步，确定绿色基础设施系统内需要的相关变化形式并形成计划，同时评估变化的功能和需求。"[3] 相对美国而言，西欧的绿色基础设施建设对于维持动植物栖息地间的联系、保持生物多样性[4]、提高城市内外绿色空间质量等给予了更多关注，同时强调绿色基础设施在降低城市犯罪、提升公众健康、维护城市景观等方面的作用，并且还开展了一系列规划实践活动，如 2005 年英国伦敦东部区域的绿色网络系统规划、2007 年英国东北部堤斯瓦利地区的绿色基础设施战略规划等。

在我国，绿色基础设施概念并非一个新概念。国内学者张秋明于 2004 年首次发表《绿色基础设施》一文，提出需将绿色基础设施视为应在前期投入并进行宏观统筹的重要公共投资之一。2005 年，同济大学教授沈清基辨析了绿色基础设施具有的"分布式、一体化、以服务为导向、可再生与低负影响、多用途和能改变"的六大核心特征，并从生态学角度对其经济性、多样性、共生性、可生长性和生物性五大方面的内涵进行了详细阐述。随后，学者李博在学习美国利用绿色基础设施对城市扩张管理的基础上，将相关理论引入我国自然资源保护和城市蔓延的控制中。学者付喜娥等人通过对美国马里兰州的学习，提出了我国建立绿色基础设施评价体系（Green Infrastrudure Assessment，GIA）的建议。

2010 年，学者黄丽玲等将美国学者马克·A. 贝内迪克特和爱德华·T. 麦克马洪所著《绿色基础设施：连接景观与社区》一书翻译出版，该书完整地阐述了绿色基础设施这一战略性的保护方法，并从美国的大量案例中详细介绍了相关的设计方法和规划的实际应用。

## 二、绿色基础设施的内涵

绿色基础设施作为一种理论方法，一方面是一种规划理论，能发挥其作为可持续战略框架的指导意义，为不同尺度的城市规划提供绿色基础设施建设的理论基础；另一方面是一种工程技术的理论统筹方法，为实际工程的建设过程提供技术统筹。

[1] 沈清基.《加拿大城市绿色基础设施导则》评介及讨论 [J]. 城市规划学刊，2005（5）：98-103.

[2] 张京祥. 西方城市规划思想史 [M]. 南京：东南大学出版社，2005.

[3] The North West Green Infrastructure Think Tank. *North West Green Infrastructure Guide* [Z]. UK: The Community Forests Northwest and the Countryside Agency, 2006.

[4] David Rudlin, Nicholas Falk, URBED. *Building the 21st Century Home* [M]. The Sustainable Urban Neighborhood. Oxford: Architectural Press, 1999.

### （一）绿色基础设施作为规划实践理论

上文对绿色基础设施的概念进行了界定，究其本质，包含为了满足人和其他生物的需求而产生的两大基本举措。其中，“将公园和其他绿色空间进行衔接和维护”是对奥姆斯特德时代系统化公园观念的延续，“将自然区域进行衔接和维护”也是对景观生态学研究成果的延续。作为保障未来城市生态可持续发展的重要规划理论，绿色基础设施通过整合各类自然空间而形成的网络化结构，成为未来区域集约发展的重要战略框架。

### （二）绿色基础设施作为技术统筹方法

从另一个角度来讲，绿色基础设施也是一种工程技术的理论统筹方法。绿色基础设施的关注核心立足于城市，引用了城市生态化的相关研究成果，如“低影响城市交通、城市溪流恢复、雨洪管理”[1]等，并将这些生态化的前沿理念纳入绿色基础设施的理论范畴之内，指导具体的工程技术实践运用，如湿地的保护和修复、雨水花园、绿色屋顶、渗透性铺装等。同时，这一特征也成为绿色基础设施与其他基础设施的最大区别之处。

### （三）绿色基础设施的空间构成

从空间结构上来讲，绿色基础设施的相关内容可分为中心控制点（Hubs）、连接通道（Links）和场地（Sites）三大类型，在空间上共同构成一个网络系统。

1. 中心控制点

中心控制点作为野生动植物的主要栖息地，为整个生态大系统提供起始点和路过点，承载各种自然过程的发生。中心控制点具有多种形状、尺度及规模，总的说来由以下5个部分共同协调组成：

（1）受保护的自然区域（Reserves）。

（2）大面积国有性质的土地，如国家自然公园。

（3）私有的生产性土地（Working Lands），包括耕地、森林和牧场。

（4）公园和开放空间区域（Parks and Open Space Areas）。

（5）再生土地（Recycled Lands）。对过去因高强度开发而致使自然资源和环境资源遭受破坏的土地进行修复和再生的一类土地，如垃圾填埋场、矿区等。[2]

2. 连接通道

连接通道是用于联系各类中心控制点的纽带，这些纽带通过对系统进行连接整合，以达到促进生态过程流动的目的。在绿色基础设施的整个网络系统中，连接是其核心，作为衔接系统的纽带，连接通道在维持生物过程和保障物种多样性方面发挥了重要作用。按照连接通道的内容，连接可分为自然系统的连接和支撑性社会功能的连接。

[1] 于洋. 绿色、效率、公平的城市愿景——美国西雅图市可持续发展指标体系研究 [J]. 国际城市规划，2009，24（06）：46-52.

[2] Benedict M A，McMahon E. *Green infrastructure：linking landscapes and communities* [M]. London：Island Press，2006.

（1）自然系统的连接。其中包括衔接公园、自然遗留地、湿地、岸线等，通过形成自然网络结构维持生态平衡发展过程，强调整体生态效应。

① 保护廊道（Conservation Corridors）。保护廊道属于线性区域，是野生动物的生物通道，可能具有休闲娱乐功能，如绿道、河流或线型湖泊的缓冲区域。

② 绿带（Greenbelts）。绿带既包含为了维护本地生态系统而受保护的自然土地，如农田保护区、牧场等，也包含具有发展结构功能，可用于分隔相邻土地的生产性绿地。生产性绿地可以用来缓冲周边土地的影响，达到保护自然景观的作用。

③ 景观连接体（Landscape Linkages）。景观连接体连接野生动植物保护区、管理和生产土地等，为本土动植物的成长和发展提供充足空间。

（2）支撑性社会功能的连接。除保护当地生态环境之外，这些连接体还可以承载文化和社会要素，实现衔接社会功能的个体和组织的功能，如为历史资源保护提供空间、在社区或区域提供休闲娱乐的空间、进一步完善城市的社会和经济等职能。

3. 场地

在绿色基础设施的网络中，场地范围小于中心控制点，并且有可能独立存在，不直接串联到区域的保护网络中。即便如此，它们仍然提供了重要的生态和社会价值，如野生动植物保护区域、自然的休闲娱乐空间等。最终，在该网络系统的基础之上，进一步形成“核心保护区”“多用途区（缓冲区）”和“廊道”的整体区域保护网络系统。

## 三、绿色基础设施的规划布局方法

### （一）绿色基础设施的规划原则

前文介绍绿色基础设施的概念处提及，绿色基础设施并非意味着让土地的保护与开发站在相互对立的角度上；相反，绿色基础设施强调的是通过策略性的空间框架的构建，提供给城市积极发展的机会，以利于土地的可持续和永续利用。西方学者将绿色基础设施定位为战略性的保护框架，并提出了多项原则。

原则一：以连接性为核心。

一直以来，进行生态研究的学者就指出单独圈定生态属性较为敏感的自然保护区的边界，并采取孤立保护的措施是不可行的；相反，规划和发展生态廊道始终被视为是增加和维持生物多样性的重要措施。其中，绿地生态网络的建立实质上是通过增加和维持绿地板块间的连接性，使绿色资源充分发挥“网”的作用，一方面起到了联系生态“孤岛”、增加生态板块间连接性的作用，另一方面成为抑制大城市无序蔓延的有效工具。

作为绿色基础设施区别于其他土地保护方式的特征原则之一，连通性包含多方面内容：自然系统的网络连接，即将自然资源、自然特性及过程间等进行功能性连接，以此保证野生动植物种群的多样性，并维持生态过程的稳定；将公园、湿地、线型自然要素等进行连接，构建系统化的网络形态，发挥整体效益；连接各项工程和不同机构，以及连接非政府组织和私人个体。

原则二：分析大环境。

景观生态学提出，当需要研究环境内的某个独立客体时，必须充分了解其周边区域的相关自然和生物要素，理解并遇见其自然系统的生态变化及景观变化。因此，绿色基础设施作为一项战略性保护，同样需要建立一个能够考虑及整合大环境的景观学方法。只有在对大环境内生态系统分析的基础上，才能理解并预见发生在自然系统和景观系统中的变化。这包括两个方面的内容：一是理解因土地性质变化而带来的资源影响；二是明确如何在景观尺度的基础上，连接大范围的自然区域和保护区域。

原则三：将绿色基础设施置于多学科理论与实践中。

成功的绿色基础设施规划需要多领域的参与，景观生态学、保护生物学、地理学、城市和区域规划等为绿色基础设施的建设做出了贡献，建立在多个原则之上的绿色基础设施更容易实现自然、生态、社会和文化的融合与平衡。

原则四：利用绿色基础设施为土地保护与开发提供指导框架。

正如前文所提及，相互隔绝的独立自然保护区不仅不能很好地发挥其生态作用，反而会阻碍生态过程的延续。通过将“绿色孤岛”连接成网，可以在有计划的维护土地利用现状的基础上，为未来的土地利用和发展提供指导框架。利用绿色基础设施可以帮助确定土地保护的先后次序，为未来增长建立一个保护框架，同时决定未来开发的增长区域所在。

原则五：绿色基础设施的优先规划和保护。

通过给予绿色基础设施优先考虑的权利，可以帮助决策者提前决定在何处进行绿色空间的保护和修复，提前确定使人和自然获益的机会。同时，作为一项至关重要的公众投资，应采取与建立其他市政基础设施同样的方法，赋予绿色基础设施全面的、可利用的经济特权，并且在规划中被预先建立。

原则六：多尺度统筹。

尺度作为景观生态学研究中的一个基本概念，在绿色基础设施规划中也扮演着重要的角色。由于绿色基础设施规划往往不能在一个既定的区域内完成，需要与周边区域甚至是更大范围进行协调，同时往往和地方的经济情况有关联，所以使绿色基础设施在面对不同的空间尺度时需要区别对待，从不同的规模、类型上进行思考，合理地解析景观尺度成为绿色基础设施规划中需要重视的原则之一。

作为一个系统性的框架，绿色基础设施涉及区域广泛，既可以大到国土范围内的全部生态保护网络，也可以小到一个雨水花园。其大体上可分为区域和地区层面、地区和城区层面、社区邻里层面。

### （二）绿化基础设施的规划布局方法

自绿色基础设施的概念产生以来，已有一些国家和地区针对其规划方法进行了大量的研究，并进行了大量的实践工作。虽然目前还没有统一的规划方法，但国内学者裴丹曾通过比较其中比较有代表性的几个国家和地区的绿色基础设施规划项目，将绿色基础设施规划的具体步骤归纳成6个步骤：第一步，前期准备，即划定规划区研究范围及研究尺度、落实项目资金和相关政策研究；第二步，资料搜集，即搜集现状绿色基础设施要素的数据；第三步，分析评价，即对搜集的数据进行筛选、整理、分析及评价；第四步，确定绿色基础设施要素和格局，即依据选取的绿色基础设施要素及其相关分析，划定绿色基础设施的格局，满足保护与发展的共同需求；第五步，绿色基础设施综合，即将规划设计的绿色基础设施格局与现状进行反馈调节，协调各方利益需求，最大限度地保障设计的合理性；第六步，实施与管理，即依照规划设计进行项目实施，并注重在项目实施和项目后期的维护和管理，强化绿色基础设施完成后的生态效益评估。

此外，国外两位学者 McDonald L. 和 ECOTEC 也在梳理美国、西欧的绿色基础设施规划案例的基础上，分别提出了四步骤法和五步骤法。

1. McDonald L. 的四步骤法

McDonald L. 的四步骤法包括目标设定、分析、综合、实施。第一步，目标设定阶段旨在融合包括专家、政府、利益相关者等的多方需求，合理确定规划的指导目标。此阶段强调从景观尺度上开展规划，着重分析区域生态系统对区域资源的影响。第二步，分析阶段强调合理运用生态学理论、景观尺度方法及土地利用规划的相关理论，重视生态过程之间及其与人工环境间的关系。第三步，作为绿色基础设施的关键部分，综合阶段的主要任务是通过对绿色基础设施现状进行分析，梳理发展中可能遇到的困境，找出其与理想模型间的不同之处，并用图纸的方式表达出来，构建需要保护地区的网络体系。第四步，在最后的实施阶段，在建立的优先保护体系基础上，生成土地保护策略，指导管理体制和资金计划，保障规划实施。[1]

2. ECOTEC 的五步骤法

ECOTEC 的五步骤法以目标为导向。第一步，识别规划项目中可能会涉及的利益方，明确设计的关键和核心，并制定政策评估框架；第二步，在对资料进行收集、整理、分析的基础上，明确现状绿色基础设施要素的相关特性，依托地理信息平台明确相关要素间的关系，并建立基础数据库，支撑后续的方案编制工作；第三步，综合土地利用、生态格局、历史景观等多要素，剖析现状绿色基础设施的功能及潜在效益；第四步，评估绿色基础设施现状情况及其与当地发展间的关系；第五步，依托前三步搜集的资料及相关分析，制定最终的绿色基础设施规划方案。[2]

[1] Leigh Anne McDonald (King), William L. Allen III, Dr. Mark A. Benedict, et al. *Green Infrastructure Plan Evaluation Frameworks* [Z]. Journal of Conservation Planning, 2005.

[2] ECOTEC. *The economic benefits of Green Infrastructure: Developing key tests for evaluating the benefits of Green Infrastructure* [EB/OL]. [2013-12-18]. http://www.gos.gov.uk/497468/docs/276882/752847/GIDevelopment.

### （三）绿色基础设施理论的应用

1. 绿色基础设施应用前景的概述

自2000年以来，一些发达国家规划、实施了多个绿色基础设施的项目，并进行了大量的理论和实践研究。绿色基础设施被作为一种规划理论及技术统筹理论不断被运用到实际应用中，用于指导未来城市可持续发展。同时，绿色基础设施的相关理论和实践方法也在实践中不断地得到修正和强化。

下面就绿色基础设施分别作为规划理论和技术统筹理论时，在实践中的应用进行研究。

（1）绿色基础设施作为规划类型的应用。绿色基础设施作为规划理论时，其主要被当作一项指导土地高效利用及未来可持续发展的战略框架。但当针对不同尺度及区域时，如郊野区域和高度城市化区域，两者所面临的生态和发展问题均存在较大差异，针对各自的绿色基础设施规划的内容、研究重点都将有所不同。郊野绿色基础设施保护和网络高度城市化地区绿色基础设施规划是绿色基础设施作为规划类型应用的两个主要方面。

（2）绿色基础设施作为技术统筹的应用。绿色基础设施可以被看作将生态学的相关技术进行统筹的一种方法，吸纳了城市生态学相关成果并将其纳入绿色基础设施的理论范畴，指导工程技术的实践，如绿道建设、湿地保护与修复、渗透性铺装、绿色屋顶等。下面选取绿道建设、湿地保护与恢复、雨水花园建设项目进行简单介绍。

① 绿道建设。绿道是绿色基础设施建设的主要项目之一。19世纪下半叶，发达国家提出了对生态及人文资源的保护需求，希望能提供给居民充足的休闲娱乐空间。

② 湿地保护与恢复。近年来，湿地一直被作为是维持城市生态系统稳定的重要内容，对其保护不仅仅局限于一条河流或一片湖泊中，而是针对其生态效应，将所有的自然要素，如水体、滩地、堤岸、植被、生物等当作一个整体，通过统一的规划设计，将这些自然要素间的内在联系恢复，最终达到恢复生态、净化水质、控制洪水、生物繁衍等综合目的。[1]

③ 雨水花园建设。在城市化进程中，不可渗透表面替代自然表面的现象不断发生，大面积具有吸水、纳水能力的绿色肌理遭到严重破坏。雨水花园作为基础性专类工程设施的一类，在绿色基础设施理念的引导下，既能够有效地保护自然资源，又可以为绿色基础设施的建设提供发展空间，同时具有较低的建造及养护费用、简单的运营管理方式、自然美观等特点。雨水花园又称“生物滞留区域”（Bioretention Area）[2]，“在地势相对较低的地方种植植物，借助植物和土壤的过滤作用净化雨水，从而达到消解部分初期雨水产生的汇集现象，降低径流量，减少地表径流污染并回补地下水源的目的”。经过雨水花园净化的雨水能够再次成为景观、绿化或其他用水需求的来源。在大量的雨水花园相关项目中，根据

[1] 王浩. 城市湿地公园规划 [M]. 南京：东南大学出版社，2008.

[2] 洪泉，唐慧超. 从美国风景园林师协会获奖项目看雨水花园在多种场地类型中的应用 [J]. 风景园林，2012（1）：109-112.

场地特征的不同，其应用方式也有所不同，有一些是直接形成雨水花园，而有一些则是在设计中加入雨水花园的概念和手法。

2. 绿色基础设施应用的案例分析

（1）我国香港的绿色基础设施建设。虽然香港是一座楼栋密度很大的城市，但却拥有大量的绿地自然资源，绿地量仍然保持在 67% 左右。由于城市的快速发展，香港城市内部公共开放空间缺乏的现象十分明显，并且现有的开放空间也呈现出较大的破碎化现象，同时缺乏连续的绿地网络。为了更好地应对城市内部自然格局所面临的困境，香港构建了绿色基础设施的战略，用于改善城市的生态环境和增加市民公共活动的空间，最终以“香港绿化总纲图”的形式进行呈现。

我国香港的绿色基础设施包含由自然环境和开放空间相互连接形成的网络。该网络一方面能够保护城市生态系统的完整性和促进其生态效益，另一方面利用开放空间网络保存了城市的文化历史价值。绿色基础设施网络成为一个覆盖环境、社会、经济和人文四大方面的多层次框架，这种整体的研究方法有效地促进了香港绿地系统的改善。[1] 例如，我国香港相关实施绿色基础设施建设前后对比如图 4.4 所示。

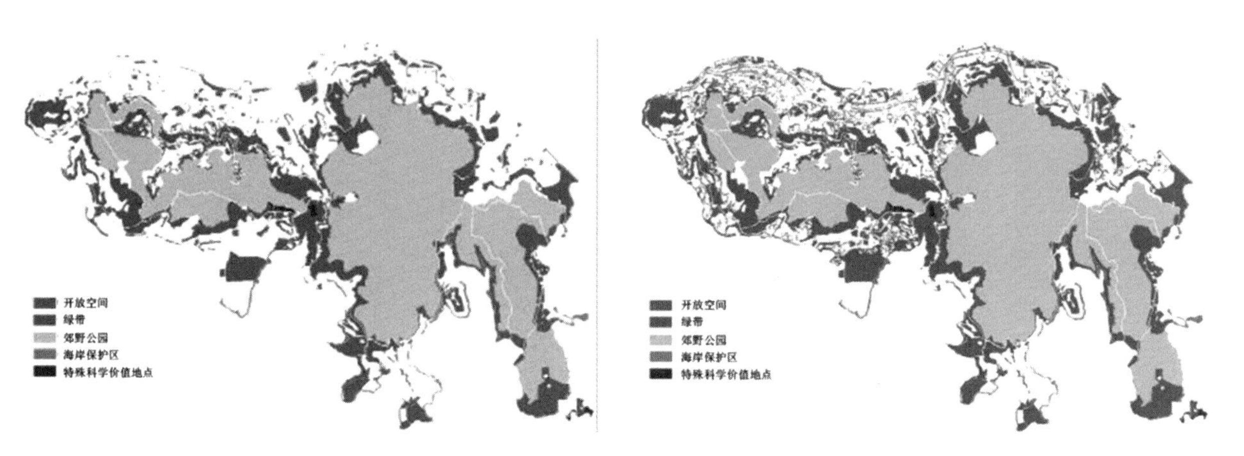


图 4.4　我国香港相关实施绿色基础设施建设前后对比 [2]

（2）北川新县城绿地系统规划。北川作为我国“灾后重建标志”项目，在设计中引入了绿色基础设施的概念，在设计之初就确定了将“先行考虑绿色和自然的生态环境等，并将其当作城市的基础设施系统，以创造一个人与自然和谐共生的城市”。该规划提出“加强生态环境保护，坚持可持续发展”的总体方针，提出“强化生态敏感区域的监管，从长远考虑，制定区域生态环境的监测、评估及预警机制；加快生态修复，在自然修复为主导

[1] 陈弘志，刘雅静．高密度亚洲城市的可持续发展规划香港绿色基础设施研究与实践 [J]．风景园林，2012（3）：55–61.
[2] 任洁．“绿色基础设施”专项研究 [D]. 北京：清华大学，2013.

的前提下，与人工治理措施相结合，实现资源高效合理利用”。[1] 该规划体现了以下几个特性：

① 先行性。强调“绿色基础设施先行”，强调对自然过程充分尊重和对生态服务功能的维护，同时以土地健康安全为城市建设发展的前提条件。绿色基础设施作为一个多尺度的概念，虽然针对不同的尺度所面临的问题和提出的解决方法都有所不同，但本次设计强调在所有尺度上，绿色基础设施的建设都应在“第一时间介入”。

② 连通性。与一般的城市绿地系统强调的“点、线、面”关系有所不同，北川新县城的绿地系统规划强调所有相关要素的彼此衔接，通过这种相互连通来维持生态过程的完整性，保障物种迁徙和能量交换的顺利进行。在绿色基础设施的理念下，北川新县城绿地系统最终形成了“一环、两带、多廊道”的结构。例如，北川县城规划图绿色基础设施评价如图 4.5 所示。设计对场地及其周边地区的自然区域进行了生态敏感性及用地适宜性评价，并以此为根据确定了最终的生态分区，施以不同的规划目标。

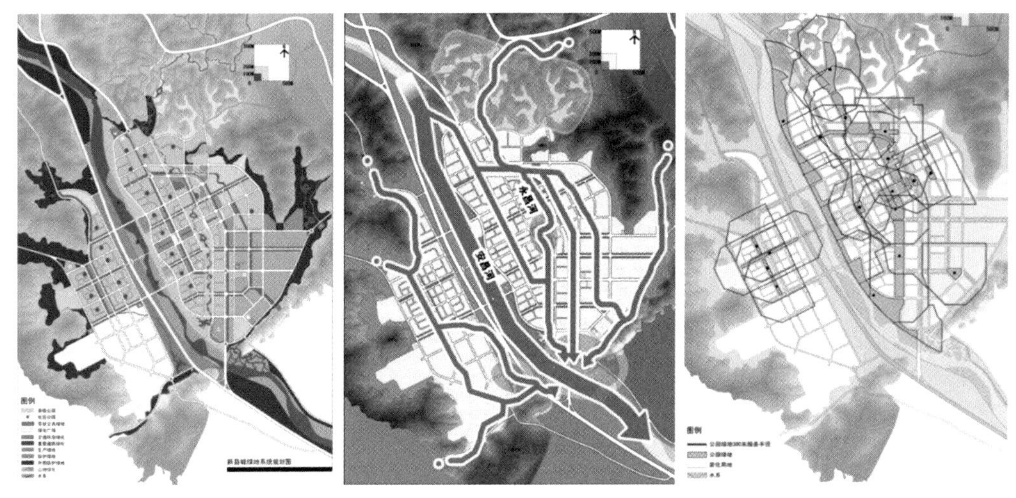

图 4.5　北川县城规划图绿色基础设施评价 [2]

③ 生态性。其一，对原始山水态势和格局充分尊重。针对山体规模的大小，从对大规模山体绝对保护，到对浅丘区域的合理、适度开发，针对区域内的微地形予以一定程度的干预和建设。控制山区内部生态敏感性较高的地带，严格禁止中高密度建设的进行，同时从城市结构、开发密度、整体布局等方面进行考虑，以降低对环境的影响，确保对其生态承载量的满足。其二，通过布局调节局部气候环境。现状是四周山体环绕导致静风频率过高，因此，在设计中强调根据现状格局特征，考虑城市整体布局。该规划在安昌河、永昌河及道路绿化的基础上，共同搭建了区域的自然框架，并构成了通风廊道。另外，还通过

[1]　束晨阳，刘冬梅，韩炳越，等．绿色先行——北川新县城园林绿地系统规划设计的实践与体会 [J]．城市规划，2011（a02）：61-65.

[2]　任洁．“绿色基础设施”专项研究 [D]. 北京：清华大学，2013.

高低有致的建筑体布局，促进城市空气流动和循环，提高整体空气质量。

④ 可达性。选取“点、脉、网、面”为基本设计要素，构建城市的开放空间体系，形成两级公共活动空间体系——城市级和社区级；结合城市空间格局营造城市公共绿地系统，使绿地就近服务居民，保证居民 5min 步行范围内有绿地，即使居住地 300m 内有绿地。

## 第三节 基于可持续发展理念的少数民族聚落保护与发展研究

### 一、多学科视野下少数民族地区聚落可持续发展观

#### （一）少数民族聚落空间面临的危机与挑战

在全球化、市场化、快速城镇化等社会总体发展环境影响下，珍贵的地域聚居文化正在逐步衰退和同化，少数民族特色聚居形态生长机理、特征认知与文化传承面临着巨大的挑战。泸沽湖少数民族聚落作为一个独特的人居环境体系，不仅自然美景为世界所瞩目，而且摩梭文化中的母系社会体系是当世不可多得的文化现象。

当前，随着城市建设加速进展，特别是旅游开发的影响，泸沽湖正在面临文化多样性缺失的危机。因此，对其少数民族聚落文化传承和聚落空间生长的研究，在理论创新和建设实践层面都亟需深入展开。

#### （二）文化人类学视野下的少数民族聚落可持续发展

文化人类学是研究人与文化的科学，或者说是从文化的角度研究人的科学。因此，可将其定义为“研究人类社会中的行为、信仰、习惯和社会组织的学科”，或者“文化人类学关心的是作为社会存在的人及其习得的行为方式”。

“文化”这个词在使用中并不只是一个意思，或仅仅作为一个学术术语。文化不仅是指一个社会的音乐、文字和艺术，而且包括社会生活方式的所有其他特征，如流行服装款式、日常生活习惯、饮食嗜好、建筑风格、农业，以及教育、政府和法律制度。因此，文化是一个广泛的术语，包括人的整个的生活方式，以及观念和信仰。

人类学家认为给文化下定义是非常困难的，美国文化人类学家 A.L. 克鲁伯和 C. 克罗恩于 1952 年发表过一篇论文，认为关于文化的论文不少于 160 种，他们认为：“文化由清晰的或含糊的模式组成，靠某些符号系统传播，它构成人类组织的重要成就，也包括具体的人工制品……文化的基本核心包括传统（即历史上得到的和经过选择的）思想，特别是与之相关的社会准则；文化体系可以看成是行为的产物，同时又是行为制约因素。”

从这个意义上说，文化不仅是具体的事实本身，而且是一个控制行为的过程，也是一个“传承”。“文化过程”由诸如思考、情感和行为习惯方式的传递组成，构成某些人群社会生活的独有特征。

当然，由于这些社会生活的独有特征，使人与人之间作为人居事实互动过程的一部分。如果说本章的研究对象包括社会生活形式的延续及改变，那么我们必须考虑文化传统的延续及这些传统的变化对人居整体事实的影响。简单来说，“文化传统”不仅是我们考虑特定人群在人居环境发展中应保护的核心，而且传统的力量也是其发展过程中自发的调控力，它会引导“人居”朝着自己的理想发展。

1. 人居环境是“社会过程”

如果我们要借助人类文化学的理论基础形成一个系统的理论，首先要明确这个理论关心的具体、明显的事实是什么。一些人类学家认为是“社会”，他们把社会的本质看作是人的一种存在，或是它的“客观实体”；一些学者则认为，人群的组成要素其实是“文化”，他们也把每一种文化看作是某种独立的抽象的实体；还有一些学者认为，这个事实应包括“社会”和“文化”两种实体。

如果从“人居环境科学”理论的角度来看，我们对其考察、描述、对比、分类的“具体事实”并不是一个实体对象，人居环境科学关心的中心是“人”，是由多个人组成的群体的社会过程。这与英国人类学家 R. 拉德克利夫 – 布朗主张人类文化学研究的对象是一致的。在他看来，社会人类学研究的“实体”并非“社会”或“文化”，“而是一种过程，一种社会生活过程”。这种社会生活过程作为研究对象，应将其置于某种特定阶段和特定空间中去考量。

社会本身是由人的各种行为及人与人之间的交往构成的，这是人类学研究的“人的行为”，其表现方式通过个人或集体显现出来。通过调查、分析，我们可以发现其某种规律性的东西存在于不同种类的具体事件中，从而可以揭示泸沽湖地区的“社会生活的普遍特征”。我们借助人类文化学对“社会生活形态”进行研究的方法，目的在于揭示摩梭人“社会生活过程”的普遍性。事实上，人居科学借助文化人类学方法，明确地将研究目标界定于特定人群的“社会生活方式”上。

文化社会学派认为“社会生活方式”在一定时期内具有稳定性，其发展与变迁需要一段相当长的时期。摩梭人社会生活的过程不仅是目前社会生活中的具体事件，而且应包括社会生活方式的“演变过程”。

2. 人居作为一个社会体系

将可感知的人居中的社会现象看成是一系列关系的体现。将社会描述为一个相互关系的系统：大量的个人行动、人与人之间的互动应该被紧密联系起来，从总体上构成一个可以进行描述与分析的过程。通过这个过程分析，我们会知道社会现象是怎样相互联系、怎样形成一个整体的。或许，我们正在研究的社会现象只是整个复杂社会生活整体过程中的一个部分而已。

西南少数民族的社会生活形式有着较为简单的社会体系，如泸沽湖的摩梭人社会生活由于地理单元的封闭性，社会形式的复杂程度就远远低于现代城市的复杂程度。

关于“社会体系”的最早描述，是在18世纪中叶由法国伟大的启蒙思想家孟德斯鸠提出来的，之后德国哲学家康德在此基础之上提出了“社会静力学第一法则”的基本内容：在某一特定社会生活形式中，存在一种相互的联系、相互依赖的关系。康德将这种关系定为“团结关系”。

我们可以将摩梭人的亲属关系与“走婚”的形式所导向的个人行为区别开来。当我们将其与其他的社会生活诸如“劳动协作”联系在一起时，就可以得到摩梭人的社会生活中“母系血缘”的概念，这个概念可以用来描述摩梭人特有的“核心家庭”的生活方式。那么，我们需要做的就是揭示这些体系中的具体形式在整个体系中的位置。

如果我们对社会生活特征之间的关系进行系统的调查研究，就可以提高对特定人群的人居环境的理解程度，以指导我们制定关于发展的定律。

### （三）人居环境科学视野下的少数民族聚落可持续发展

著名建筑学家吴良镛先生提倡将“广义建筑”作为建筑学科所做的拓展，并把它归于人居环境科学群之内的组成部分。

人居环境科学是将学科的注意力放在“人”的身上。“人居环境的核心是人，人居环境研究以满足‘人类居住’需要为目的。”不难看出，建筑研究一定要与人的需要的研究相结合，这样做的好处在于：

（1）将自然界纳入研究视野。相对于以往的民居研究，广义建筑学研究的范围拓展到了除单体之外的一切人工空间。我们不难看出，这个研究范围排除了自然空间。有学者曾举过一个例子：研究林中草地，怎样才能不谈及草地外的树林？大自然是人居环境的基础，人的生产生活及具体的人居环境建设活动都离不开更为广阔的自然背景。

（2）与自然和谐共处作为最高目标。这改变了以往研究仅从人的利用角度去谈建筑现象，更重视人是怎样改变自然环境，使其为人所用，即便论及人与自然的关系时，也将人的利益放在首位。人居环境是人类与自然之间发生联系和作用的中介，人居环境建设本身就是人与自然相联系和作用的一种形式，理想的人居环境是人与自然的和谐统一，正如古语所云“天人合一”。

（3）社会系统的研究有了新的角度。社会系统不再是对立与研究主体之外的对象，而是将社会作为人居的运行机制进行研究，重视环境对人产生的影响。这有利于认清自然生态对人居建设的重要性。

### （四）景观生态学视野下的少数民族聚落可持续发展

（1）景观作为视觉美学意义。在欧洲，“景观”一词最早出现在希伯来文本的《圣经旧约》全书中，它被用来描写梭罗门皇城（耶路撒冷）的瑰丽景色。这时，“景观”的含义同汉语中的“风景”“景致”“景色”相一致。目前，大多数园林风景学者所理解的景观，也主要是视觉美学意义上的景观，也即风景。美国从20世纪60年代开始开展景观评价研究——景观视觉质量，学者 Daniel 等人将景观称为“美景”，而学者 Jacques 认为景观的价值表现在其所给予个人的美学意义上的主观满足。

（2）景观作为一个地理学概念。“地理大发现”推动了地理学的发展，也加深了人们对景观的认识。14 世纪到 16 世纪大规模的全球性旅行和探险，特别是 1492 年美洲大陆的发现和 1498 年从欧洲到东印度航线的发现，促使人们对景观的认识超出了对自然地形、地物的观赏和对景观美的再现理解，即不是将景观看成文学、艺术活动，而是从科学的角度关注景观在空间上的分布和时间上的演化。这时德语的“景观”已用来描述环境中视觉空间的所有实体，而且不局限于美学意义。19 世纪中叶，德国动植物学家和自然地理学家亚历山大·冯·洪堡将景观作为一个科学的术语引用到地理学中来，并将其定义为“某个地球区域内的总体特征”。随着西文经典地理学、地质学及其他地球科学的产生，“景观”一度被看作“地形”的同义语，主要用来描述地壳的地质、地理和地貌属性。之后，俄国地理学家又进一步发展了这一概念，赋之以更为广泛的内容，把生物和非生物的现象都作为景观的组成部分，并把研究生物和非生物这一景观整体的科学称为“景观地理学”（Landscape Geography）。这种整体的景观思想为以后的系统景观思想的发展打下了基础。

（3）景观作为生态系统的载体。景观生态思想的产生使景观的概念发生了革命性的变化。早在 1939 年，德国著名生物地理学家 C. 特罗尔就提出了“景观生态学”（Landscape Ecology）的概念。他把景观看作是人类生活环境中的“空间的总体和视觉所触及的一切整体”，把陆圈、生物圈和理性圈都看作是这个整体的有机组成部分。景观生态学就是把地理学家研究自然现象空间关系时的“横向”方法，同生态学家研究生态区域内功能关系时的“纵向”方法相结合，研究景观整体的结构和功能。德国著名学者布赫瓦尔德进一步发展了系统景观思想，他认为，所谓景观可以理解为地表某一空间的综合特征，包括景观的结构特征和表现为景观各因素相互作用关系的景观流，以及人的视觉所触及的景观像、景观的功能结构和景观像的历史发展。他还认为，景观是一个多层次的生活空间，是一个由陆圈和生物圈组成的、相互作用的系统。于是，他指出，景观生态的任务就是为了协调大工业社会的需求与自然所具有的潜在支付能力之间的矛盾。

至于景观系统中各要素及其相互之间的关系，荷兰学者左拉维尔德进行了深入的分析，就景观系统的层次结构做了以下划分：

（1）生态区。生态区是最低一级的景观单位，每个生态区内至少有一种地理成分（如植被、土壤、水）在空间上的分布是较为均匀的，其他成分也不会有很大的分异。

（2）地相。地相由多个生态区所组成，每一地相内的各个生态区至少在某一地理因素（主要是地形）的影响下，在空间上出现一定的关系和分布格局。

（3）地系。地系由一系列地相所组成，适用于绘制景观调查图。

（4）总体景观。总体景观是指某一地理区域内所有地系的总和。

而在北美洲，尽管长期以来人们没有明确提出“景观生态学”的概念，但系统景观的思想和景观生态学的思想却很早就有所发展。早在20世纪40年代，北美洲最早的植物生态学家之一Frank Egler就认为，植物与人的活动组成了一个相互作用的整体，这个整体是某一更高级的生态系统的一部分，并作用于景观。之后，他又提出了“整体人类生态系统”（Total Human Ecosystem）的概念。

我们认为景观是人地关系复合中的视觉现象。将景观看成是一个自然或人文过程的显现，而非单一的审美“事实”或“科学过程”。景观研究的领域可以划分为自然部分与人文部分。自然景观研究的是地理与生态过程的视觉现象；人文景观是人们利用自然与自身文化过程的视觉体现。在以下的研究中，包括这么几个主题：自然过程规律与人的利用改变形成的景观现象；土地利用及演变作为农耕景观的主要构成。景观评价标准的讨论、景观在人们心中的价值，将主导泸沽湖人地关系现象的改变方向。

## 二、少数民族地区聚落的分类模型与应用

### （一）聚落类型研究的目的

在以往的建筑研究中，建筑类型被放大为历史、文化的替代物。余英博士认为：“在人类生活的不同地方，存在许多不同类型的建筑，这些建筑之间呈现出令人惊叹的地域性特征。建筑的这种地域特色，有时表现在聚落的形态与结构上，有时直接表现在建筑物本身的造型、空间和类型上。”因此，他应用“建筑区系类型”来研究中国东南系建筑。“就是根据建筑的共同特征而对建筑进行分类。一般来说，各地区的建筑可以从历史的、地域的、类型的3个角度进行分类。”他的类型研究的层次是：区域类型——历史的——地域的——类型的。

对建筑的历史进行分类的目的是“谱系划分”。“主要根据不同时期、不同地域的建筑在发展演变过程中保留下来的共同特征（形制、构架、细部方面的共同之处）来划分建筑的源流和谱系关系。有共同特征的建筑可以组成一个系属，再根据建筑的系属的亲疏关系对建筑进行谱系划分。”这种分类方法来自考古学的“标本分类排比”，语言学家也采用这一方法进行语言系属分类。

这种方法在一定程度上能解释有共同特征建筑的流变过程。很明显，这种以达尔文进化论的基础理论为背景的比较分类方法，更适合于研究物种变异，以及语言学界对语言现象的“分类学”，而不适合于文化要素研究的类型学的方法。某种文化所属的建筑，不可能仅仅是“进化”而来的，何况我们也不能回到时间的历史中去证实推理；建筑的“共同特征”之间没有“科学的界限”，建筑谱系并不像动物的“属”与“类”那样有分明的区分。由于文化交流的复杂性，所以看似相同的建筑不一定有共同的谱系。

在聚落与建筑的分类中，应该包含历史要素的关系——文化流变过程对建筑特征的影响。应将建筑变化的现象作为文化流变的现象，而并非将建筑作为从文化中剥离出来的标本。在分类方法上，更注重将建筑形态要素与它所属的文化的其他要素进行组合排列，并

与其他文化的建筑要素组合进行对比研究，从目前的现象中导出其“源流与谱系”的类型。关于聚落与建筑的分类，应该是某种建筑类型在空间上的分布，并反映各类型之间的相互影响。

建筑的地域分类，实际上就是空间分布规律。这种分类主要依据的是，地理上相邻的区域之间，由于自然环境和社会环境的相似，或匠师之间的交流等因素的相互影响而产生建筑特征的相似，甚至一些本无关联的区域之间，因人员迁移等文化交流的影响而出现某些相似的特征。但同时，又由于地域单位的限定，在同一区域内部又存在各具特征的小传统或小模式，这些小传统或小模式之间有共同特征的一面，也有各具特色的一面。例如，同为南方穿斗式建筑，闽南与江西的建筑却有差异；同样是南方宗族聚居村落，皖南与客家的村落在形态与结构上都有明显不同。

建筑的类型分类指的是按照建筑构成的同形特点，将建筑划分为若干类型，既不考虑它们的源流谱系关系，也不考虑它们过去和现在的地理分布，即不管因相互影响而产生的相似性，完全根据建筑形制、构架、造型等在构成上的共同性而对它们进行分类。建筑类型研究的进展，主要表现为结构主义的兴起。结构主义语言学与语言类型的分类和同构有关，和语言的亲属关系与相似性不同的是，同构既不包含时间的因素，也不包含空间的因素。同构可以把一种语言的不同状况或者两种不同语言的两种状态统一起来，而不管它们是同时存在的还是在时间上有距离的，也不管所比较的语言在地域上是接近的还是距离遥远的，是亲属语言还是非亲属语言。“同构”是数学上的概念，指结构格局相同，两种或多种语言之间在语音、语法或语义结构方面的类同现象，是借助于结构主义语言学将语言分成几个不同的层面来进行不同层次的类型分类的方法。建筑界也将建筑分成不同的层面来进行类型研究的探讨。

挪威建筑理论家诺伯格·舒尔茨认为，对于建筑或聚落特性的研究，可以采用形态学、场所学和类型学的研究方法。

### （二）影响聚落布局的要素分析

分类是认识泸沽湖聚落、建筑现象的一种方式。人们认识聚落现象具有多维视野和丰富的层次。由于人认识的途径不一样和聚落生成过程本身就各具复杂性，因此产生了多角度的聚落分类途径。人们对聚落现象的认知形成了人们对特定聚落特有的概念，结合原有的知识，这些概念之间相应的运演又构成我们对聚落现象的分类网架。凭借分类网架，我们才得以正确认识聚落现象并将它们分门别类。

德国哲学家马丁·海德格尔认为，类型作为“存在之家”，应是人类进行诠释的对象，人栖居于其中。诺伯格·舒尔茨进一步认为“人栖居于类型中”，类型研究在各种特殊的事物或现象中抽象出共同点，聚落类型研究的目的是从聚落现象的具象中总结出来潜在的倾向。聚落分类就是将某些满足一系列约束条件的聚落进行归类，依照某种规律，在聚落现象间建立组群关系，从聚落现象中抽象出特定秩序。这种秩序也是我们限定与诠释聚落的方法，从某种程度上决定了我们对聚落的结论。我们的这种认识，会通过预期和矫正控制聚落的发展活动。

在关于聚落研究的概念中，我们需要厘清这些概念间的区别。对聚落进行分类研究源于自然科学中的分类行为——分类学。分类学是对“自然属性”进行分类，可以用“属”与“类”这类概念作为分类标准。但是，由于聚落的各类型之间没有“科学的界限”，研究的领域还涉及类型的可变性与过渡性等模糊性问题，特别是在一个界定的区域内，聚落类型间变化越细微，限定类属的区别因素就越困难，所以按照自然科学的分类学也就越不能胜任。建筑与聚落的类型研究与社会和文化的研究一样，类型的区别并不像“属”与“类”这类概念那样具有分明的界限。建筑学上常以功能、形态、结构、地域等分类，由此可见，建筑学中讨论的分类行为应该是基于社会与文化类型学。文化类型学较自然分类学更模糊。“例如，红苹果与绿苹果都属于苹果类，但如果以色彩为分类标准，红苹果则又可能同其他红颜色的东西归为一类了。”

由于目标不同，分类就有了不同的方法。希腊建筑规划学家、人类聚居学理论的创立者道萨迪亚斯认为，“对聚居进行静态分析的第一步工作是搞清楚聚居的数量和基本类型。聚居可以有多种不同的分类法。例如，按用地或人口规模可分成大型聚居、小型聚居，按永久性程度可分成临时性聚居和永久性聚居，按聚居形成的方式可分成自然形成的聚居和按规划建成的聚居等。但最主要的还是按聚居的功能和性质进行分类。”

道萨迪亚斯将人口规模作为划分聚落性质的标准。他主持的研究中心提出以 2000 人的规模为乡村型与城市型聚居的分界线。他认为，按照聚落的性质可以分为乡村型聚居与城市型聚居。这是两种性质完全不同的聚居类型，它们之间的区别是很明显的。

这种类型学不是研究分离的空间构件，也不是仅仅依据地理要素、社会文化或技术特征中的某一方面来对聚落或建筑进行分类，应完整地包容那些本来就是同一类型的空间片段。这些空间片段的“特征”呈现出的“属性组合”，就是我们需要的“类型”。某一类型与其他类型一定有排他性，这个类型由其完整的“社会历史”等方面的“生成原因”，类型的空间特征是“属性组合”在空间上的投影。

### （三）聚落类型的分类特征

聚落分类并非按照某个简单的特点进行归类，满足我们对聚落研究的目的。聚落分类应该满足以下几个特点：

（1）聚落分类的空间形态特征辨识。聚落在演进过程中凸显的可辨识形态要素，有较明显的排他性，通过对其深入分析，能辨识出决定聚落空间个性的人居要素。

（2）聚落分类的层次性特点。由于研究的视野不同，人居环境空间可分为不同的层次。某一聚落类型，可能是高层次人居空间聚落类型的一个亚类。例如，泸沽湖区域的摩梭聚落可以分为 3 种类型，在其之下还可以细分出 8 个亚类；而针对更高一层次人居环境而言，整个泸沽湖摩梭聚落则可能仅仅是横断山区域某聚落类型的亚类。

（3）聚落分类的广泛性特点。在相似的地理、人文环境中，对某聚落类型的研究成果应具有广泛的使用价值。

（4）聚落分类的复合性特点。决定聚落类型的要素一定是多要素组合形成的特征，单独比较某个要素并不能区分出聚落的类型，只有将一系列要素组合起来比对，才能辨识和揭示聚落类型生成的规律。类型要素特征组合分析是聚落分类的基本方法。例如，两个不同的聚落类型的摩梭院落看起来区别不大，但是将其与聚落的其他特征组合起来研究，就会发现实际上的区别。这个区别根源于生成这个聚落类型的深层次原因，看似相近的院落，将它放回到各自聚落的关系中去，就能辨认出各自在聚落系统中起到的作用。

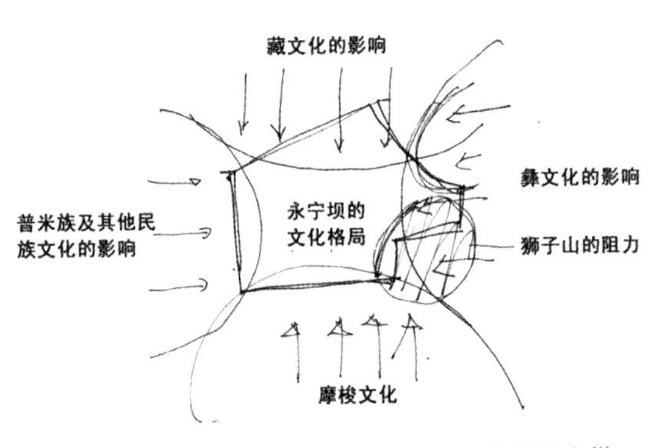

图 4.6　多重文化作用力对泸沽湖地域的影响[1]

泛泸沽湖区域的建筑类型是横断山建筑类型中的一种，这种类型在横断山区域有广泛的代表性。这基于决定这些类型的要素，特别是自然要素，都有类似的构成。因此，这个“要素组合”的分类方法，在相似的地理、人文环境中具有应用价值。例如，多重文化作用力对泸沽湖地域的影响如图 4.6 所示。

（1）自然地理要素。对聚落发展有影响的自然地理要素，首先体现在自然资源占有上，它是自然地理条件对聚落影响最大的要素。其中，可用土地面积也是聚落选址的前提；水的资源利用，即利用方式（如洪涝排水），也是获取土地资源的一种特有的方式。泸沽湖景观的价值也是聚落形态变化的主要原因，我们可以从中选取有代表性的要素。这个要素应该全面反映泛泸沽湖区域地理因素对聚落的影响。虽然地形地貌因素是影响聚落形态的重要方面，但由于泛泸沽湖地区聚落的选址在某方面具有共同的特征，不是形成类型差异的主要因素，所以本次分析不将它作为观察指标。我们在调研中发现，聚落的自然景观是影响聚落类型的地理空间要素，而土地资源要素决定了聚落选址、形态、发展方向。

（2）文化要素。文化的功能是通过文化的物质方面、精神方面、制度方面来控制聚落空间现象的发生发展。传统组织的作用、传统社会控制力、人口规模、劳动力分配、血缘家庭结构是文化要素的控制力。

我们将土地利用方式看作是人对自然的改造、生计方式变化的过程，它是直接影响聚落类型的要素，反映在人们对土地利用方式的变化上。人口结构的变化是聚落性质改变的重要特征，它反映在形态影响泸沽湖聚落规模的增长与聚落形态的变化上。劳动力重新分配的方式决定了家庭单元、家族构成部分的变化。以传统院落为基本组成要素的聚落形态会跟随劳动力的分配进行调整，如以伙头、家支的组织层面控制农耕活动的开展，而根

[1]　黄耘 . 泸沽湖地域人居环境文化演进 [M]. 北京：中国建筑工业出版社，2014.

据组织的分配，聚落空间被不同级别和面积的农田、核心土地划分，呈现不同的景观现象。土地的利用方式因组织的安排而形成不同的层次，并产生了聚落形态变化的现象。作为文化要素的形式之一，土地利用方式决定了聚落的组团与结构的发展。土地使用的空间与规模、土地利用的方式的不同，会使土地价值产生差异。我们看到，历年来泸沽湖地区不同村落由于旅游开发方式的不同，给聚落土地价值带来了改变，如环泸沽湖地区的大落水村与里格村就是这种情况。按照土地利用方式与土地价值的二元关系，可划分出 3 种土地利用类型（表 4–1），为聚落类型的研究提供参考。

**表 4–1　土地利用类型与价值评价表**

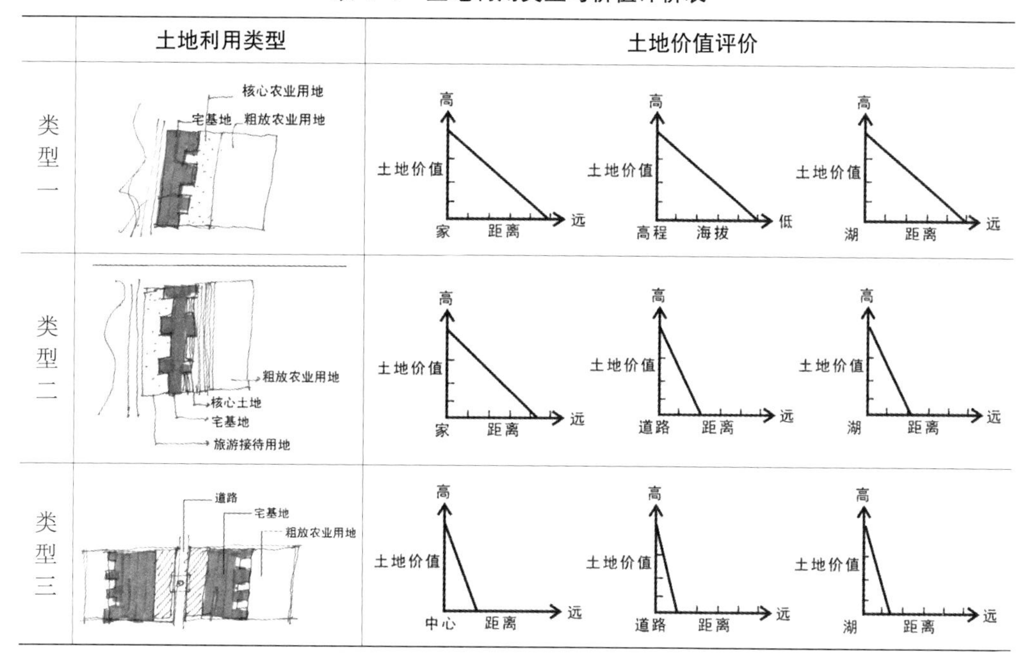

| | 土地利用类型 | 土地价值评价 | | |
|---|---|---|---|---|
| 类型一 | 核心农业用地<br>宅基地<br>粗放农业用地 | 高<br>土地价值<br>家　距离　远 | 高<br>土地价值<br>高程　海拔　低 | 高<br>土地价值<br>湖　距离　远 |
| 类型二 | 粗放农业用地<br>核心土地<br>宅基地<br>旅游接待用地 | 高<br>土地价值<br>家　距离　远 | 高<br>土地价值<br>道路　距离　远 | 高<br>土地价值<br>湖　距离　远 |
| 类型三 | 道路<br>宅基地<br>粗放农业用地 | 高<br>土地价值<br>中心　距离　远 | 高<br>土地价值<br>道路　距离　远 | 高<br>土地价值<br>湖　距离　远 |

（3）空间特征。聚落的空间特征由聚落结构与形态两个方面构成。泸沽湖聚落的组团方式的布局方式主要以带状和团状为主。建筑院落的形态特征分为原型、变化型、旅游接待型 3 种典型的外部空间形态。这些空间形态的形成体现了文化要素的变化，如劳动力在空间上的转移、向周边地区的转移（利家嘴、拉伯的雇工），历史上劳工雇佣的方式也影响了泸沽湖的聚落空间特征。

（4）技术特征。技术特征由交通方式、基础设施、生产技术等方面构成，分为传统技术特征与现代技术特征两类。这是考量聚落类型的重要指标体系，反映了人们的生存对土地依赖的方式、生产资料的利用方式、传统文化要素对聚落形态的控制。技术特征要素构成是属性组合的前提，如交通凝聚的方式决定了永宁坝空间层次中聚落之间的联系强弱，这是区别于环泸沽湖地区的主要原因。道路交通与聚落空间的联系方式如图 4.7 所示。永宁坝聚落系统由各层次的空间要素构成，形成聚落网络体系。由地形决定了网络的形状，如环状网络；而湿地则影响网络的边界；村落之间形成网络，交汇处形成路径节点。由于

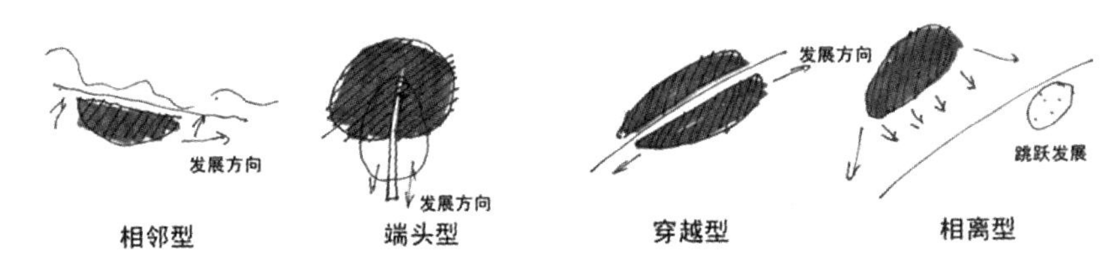


图 4.7 道路交通与聚落空间的联系方式[1]

交通技术的发展，聚落网络趋于直线；而河流形成第三层次的水体网络，使永宁地区成为一横三纵的水网格局。

## （四）聚落分类的模型

在人居环境理论中，吴良镛先生将人居分为五大系统，即自然系统、人类系统、社会系统、居住系统、支撑系统。聚落是少数民族人居环境的居住系统。聚落分类在于厘清以下 4 个方面的关系类型：第一，任何形式的、有形的实体空间环境类型的区别；第二，聚落与自然生态环境的关系的类型的区别；第三，文化系统与聚落的关系类型的区别，应反映聚落与人的活动、社会组织、社会结构等方面的关系；第四，为其活动提供支持的、将自然与聚落联系起来的技术系统的方式类型的区别。为此，在泸沽湖聚落研究中，将人居环境理论五大系统中的“人类系统”“社会系统”合并为文化系统，并明确了“支撑系统”主要关注人居的技术方面，从而对少数民族人居环境系统归为自然系统、文化系统、技术系统、聚落系统 4 个部分。

（1）决定聚落类型的三大系统要素。结合人居环境理论，以聚落（居住系统）为中心，我们将影响泸沽湖聚落类型的系统合并为三大系统要素：一是“自然系统要素”，即由自然地理条件与生态过程的不同形成与决定聚落特征类型的差异性；二是由人与社会构成的“文化系统要素”，即由人们传承下来的观念及物质特性影响和形成的聚落特征差异性；三是技术系统要素，即技术类型通过改变人们生计方式来影响聚落特征类型。这三大系统要素有各自的子系统要素。聚落三大系统要素及其关系如图 4.8 所示。

（2）形成聚落类型的作用力与约束力——系统要素间的三大关系。它指的是三大系统要素之间相互联系与影响的关系。这种联系表明它们彼此存在一致性、共同性、约束性，从而在此基础上形成某些聚落出现的统一特征，将有共同特征的聚落归类，区分出各种聚落类型。三大系统要素之间的关系有 3 种：一是文化要素体系与自然系统要素体系之间的关系；二是自然系统要素与空间系统要素的关系；三是技术系统要素与文化系统要素的关系。由于三大关系共同的作用力与约束力会促使区域内部分聚落形成相似的特征，所以我们可以通过分析系统要素间的关系来达到聚落分类的目的。

（3）聚落类型的内部机制——关系程度与导向评价。在实际研究中，每两个系统要素

[1] 黄耘. 泸沽湖地域人居环境文化演进 [M]. 北京：中国建筑工业出版社，2014.

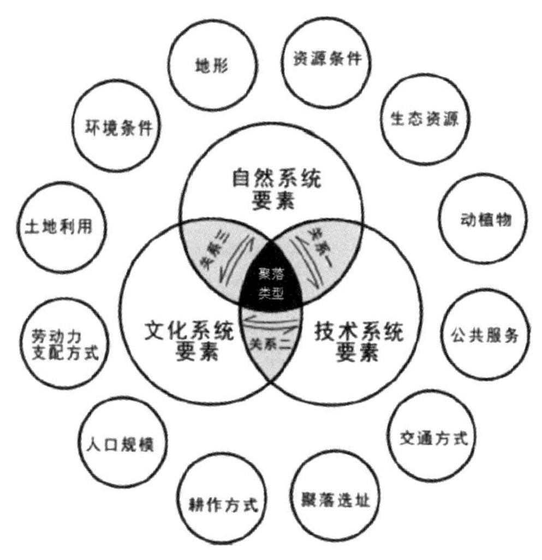


图 4.8 聚落三大系统要素及其关系[1]

间的关联程度是不一样的，并且子系统要素在聚落变迁过程中的主导作用也是不一样的。借助田野调查与分析，可辨识各要素间的关联程度，并做出量化评价——关系导向评价；也可揭示约束聚落类型并使之趋于稳定的主导要素，分析其相互关系影响聚落特征的约束机制，即关系导向评价。

但是，要全面揭示三大系统及其各要素的运行似乎过于复杂，是否有一种更为简洁易行的方式，“把人居环境所面临对的诸多的方面和复杂的内容、过程简单化为若干方面，并抓住问题要害”。吴良镛先生将其喻为“牵牛鼻子”，因此我们提出了关键要素遴选的技术路线，找到了三大系统要素中发挥主导作用的子要素，用来描述各自系统的工作机制。

（4）关键要素遴选。关键要素遴选指的是通过前期田野调查，结合各学科的综合分析，从三大系统要素众多的子要素中辨识出对聚落特征的形成有明显作用的关键子要素。这些要素都能代表上层系统要素的特征。

（5）二元关系程度与导向评价。将遴选出的关键子要素两两并置，分析二者相互关系程度，可以推导出每组子要素的关系，以及其对聚落发展的趋同与导向机制。通过关键要素二元并置关系的量化评分，可以找到聚落间的差异，达到聚落分类的目的。在泸沽湖聚落研究中，我们将遴选出的 5 个关键子要素两两并置，得到了 10 种二元关系（见表 4-2）。二元关系导向旨在描述二者间的相互协作或排斥的共同作用。二元关系程度是指这种共同作用力的大小。

[1] 黄耘．泸沽湖地域人居环境文化演进 [M]. 北京：中国建筑工业出版社，2014.

表 4–2　二元关系

| 关系要素 | 自然资源 | 劳动力支配方式 | 空间形态 | 人口规模 | 交通方式 |
|---|---|---|---|---|---|
| 资源条件 | | 01 | 02 | 03 | 04 |
| 劳动力支配方式 | | | 05 | 06 | 07 |
| 空间形态 | | | | 08 | 09 |
| 人口规模 | | | | | 10 |
| 交通方式 | | | | | |

在泸沽湖聚落二元关系评价中，二元关系导向用正分值来表示传统型关系导向，用负分值表示发生转变的关系导向。二元关系程度采用 −5 ～ +5 分的分值来评价，对每组二元关系逐项进行评分。根据每个聚落二元评价的 10 项分值之和来划分聚落的类型。

## 三、基于类型划分的少数民族聚落空间可持续发展策略

### （一）资源依赖型聚落

资源依赖型聚落在泛泸沽湖区域内分布较多。如图 4.9 所示的原型建筑院落，这类民居建筑直观地反映了摩梭人对自然地理空间要素与土地利用的方式。建筑空间布局与原始宗教信仰、婚姻形态和家庭组织相适应。原型建筑一般为四合院，每一个院落是由一个大院坝和围在其四周的祖母屋（有的学者称正房）、女儿房、经楼和牲口房组成。原型建筑院落表现血缘家庭内涵的四合院。这种建筑形制是在游牧向农耕过渡的过程中逐渐沉淀下来的，围地的墙表述了“占地”的意象。围合封闭的院是只有农耕定居才具有的形式，泸沽湖的院落型制正是在氐羌民族从游牧农业向定居农业过渡这个转型期产生的，经历了一段漫长的时期定型下来的一种基本的建筑类型。

原型建筑院落中除了祖母屋是一层建筑外，其余 3 幢建筑一般为两层楼房，如图 4.10 所示。院中的经楼、女儿房和牲口房的底层，安排了粮仓、畜厩、柴房、大门等；摩梭人家的祖母屋（正房）朝向通常是坐西向东，而经楼所在厢房是坐北向南。摩梭人认为，在 4 个方位之中，东南为佳，因此，两幢最主要的建筑建在此位置。摩梭人民居庭院（天井）很大，一般有几十平方米，有些甚至达到上百平方米。宽敞的庭院，能充分获取阳光的照射，为一家人提供了良好的生活劳动场地。

在摩梭人民居的 4 幢建筑中，祖母屋（正房）的布局最复杂、功能最多。母系家庭白天都在这里活动，只有到了夜晚，成年妇女才回到自己的客房中等待自己的“阿注”来访。而老年妇女、未成年的孩子及年迈的男子仍住在正房之中。正房是摩梭人母系家族活动最集中的场所，也是最能反映摩梭人居住形态的大舞台。

女儿房（花楼、阿夏房）在摩梭语中称为“尼扎日”，通常与祖母房相邻，供年轻女子居住，以便于单独结交男阿夏。底楼主要存放杂物，楼上分隔成 2 ～ 4 间小房。在这些小

图 4.9 原型建筑院落[1]

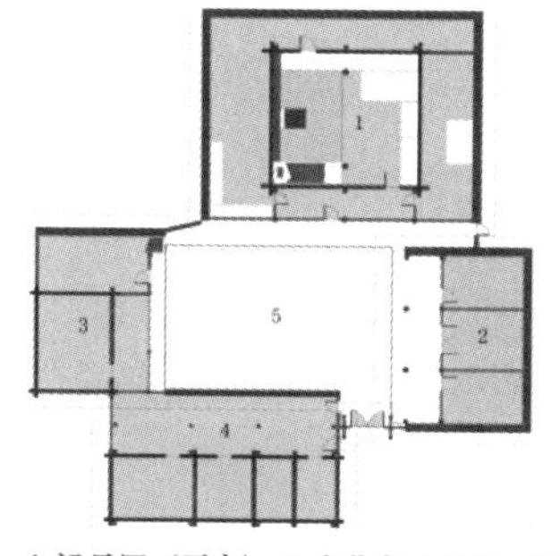


图 4.10 原型建筑院落的平面布局[2]

屋里，仅有一张木床及取暖火塘，除女方的竹衣箱以外没有任何私人用具、炊具及财物，但装饰华丽。楼梯设在底层走廊中段，靠楼梯间的楼板平面上有一横杠封住上楼进口。

经楼（经堂）在摩梭语称为“嘎拉日”，坐西朝东，上层是经堂的核心，在此举行宗教仪式，也是供本家僧侣念经修习之所。同时，家中如果有人出家做喇嘛，便住在这里。楼下住单身男子或客人，楼上专辟一间洁净的房间作家庭经堂。经堂神龛上供奉菩萨造像，板壁上绘莲花、海螺、火焰等图像。案桌上供长年油灯和净水碗，每日清晨换一次。家庭经堂除僧侣和贵宾外，其他人均不得使用。

门楼（草楼）与庭院大门相配套，下层是牲畜圈，上层堆放草料。摩梭人喜欢饲养动物，往往院子里有牛、马、鸡、猪、狗等多种动物杂处。院门常常设在门楼正中，或在门楼与花楼的夹角处。

原型建筑的四合院直观地反映了摩梭人对自然地理空间要素与土地利用的方式，以及与摩梭文化中的婚姻形态、家庭组织和原始宗教信仰的投影关系，是母系社会的一种形式载体。通过对摩梭人的原型建筑形式和生活方式的研究，我们发现，他们虽生活在低度的物质文明之下，但却过着高度发达的礼仪生活。

### （二）自然增长型聚落

自然增长型聚落的主要特点体现在民居建筑已经降低了对自然地理空间要素的依赖及对土地的利用，建筑的空间布局与形制明显地受到藏传佛教和土司制度的影响，经楼成为院落中最主要的建筑单体。文化影响型建筑多为四合院，同样由祖母屋、女儿房、经楼和牲口房组成（图 4.11）。这类建筑院落表现为具有宗教信仰与土司制度内涵的四合院，是在定居农业中逐渐衍生出来的一种建筑类型。

[1] 黄耘. 泸沽湖地域人居环境文化演进 [M]. 北京：中国建筑工业出版社，2014.
[2] 同上.

### （三）旅游发展型聚落

旅游发展型聚落的主要特点是建筑技术改良带来的聚落建筑单体、形态组合的改变，如图 4.12 所示。这类民居建筑集中反映了人们生存对土地依赖的程度进一步降低、生产资料的支配方式转移及传统文化要素对建筑形态的控制力减弱，建筑的空间布局与形制明显地受控于旅游经济的发展、通达便宜的交通及现代技术的影响。技术改变型建筑多为类四合院，有的院落还可以看到祖母屋的存在，但祖母屋的文化功能正渐渐地消失；有的院落中已经找不到祖母屋、女儿房、经楼和牲口房的传统组成，取而代之的是 4 幢客房建筑。这种类型的院落平面被放大，院坝面积可达一两百平方米，建筑体量可以是原型建筑的两倍乃至更多。技术改变型建筑院落表现为具有文化侵入内涵的四合院，是在现代旅游开发中逐渐变异出来的一种建筑类型。

图 4.11　文化影响型建筑 [1]

图 4.12　技术改变型建筑 [2]

## 第四节

# 城市人居环境空间的艺术建构

## 一、绿色设计与城市人居环境的关系

绿色设计既反映了人们对于现代科技文化所引起的环境及生态破坏的反思，也体现了设计师道德和社会责任心的回归。其根本上是对人类居住的环境问题发出声音，提出一种探讨和解决方式。

[1]　黄耘 . 泸沽湖地域人居环境文化演进 [M]. 北京：中国建筑工业出版社，2014.

[2]　同上 .

绿色设计是一个体系与系统，由多个因子相互协调、制约，而人及其行为在其中担任最为重要的角色。所以，人居环境是绿色设计的根本目的与出发点，也是绿色设计实践中不可或缺的重要内容。然而，从回归人居环境建设这一原点来讲，审视美与审美则是最重要的基本伦理。“人之为人乃是一种艺术”，即美学是精神层面上人类需求，也是满足社交需求、尊重需求和自我实现需求等其他需求的基础。人文学发出的宣言就是，人们值得去维护道德上的纯洁。先进的科学技术在面对自然灾害时的无能为力，人性异化、道德沦丧所产生的情感淡漠、诚信丧失、环境恶化，以及对诸如核能利用、人工智能、克隆技术等的可能失控，促使我们回到原点，回到美和审美的命题，重新审视自我，审视环境。科学追求真理，而“美是真理的光辉”；宗教追求善，善即美德，要求人人自觉而觉他。科学本质上的无理性（在根源上源于欲望与好奇）需要艺术直观的警示和监督；反过来说，人居环境空间艺术直观的感性形式又离不开科学技术的支撑，而自觉而觉他的善行更是离不开“人类情感的表现性形式”，三者可谓相辅相成。

## 二、人居环境科学是可持续发展的科学也是美学

人居环境视野下的城市形态作为巨大的人工场所和社会活动空间，其不可分割的动态因子就是人因要素。绿色城市建设所面临的诸多问题皆可归结为人与人、人与自然的关系问题，城市的功能和目的就是使人们生活得更好。为此，吴良镛教授从人居环境科学的广角确立了城市建设、经营和发展的生态、经济、技术、社会、文化艺术五大原则，要求通中外之变和古今之变，充分发挥城市空间艺术的独创性，强调科学的追求与艺术的创造相结合、理性的分析与诗人的想象相结合，追求长远的、永恒的感染力，目的在于提高人居环境的空间艺术质量，给居民以生活情趣和美的享受。因此，空间形态与空间环境的审美认知及艺术打造是人居环境功能结构科学化、生态化、人性化及可持续发展研究中不可或缺的重要环节。

科学是抽象的，表现出纯粹的法则性，而生命是有机的，不可能拘泥于纯粹法则。人类的情感和精神也需要空间，需要在空间里延伸自己、扩大自己，并在审美的过程中使自己得到真正的快乐。不仅如此，人们来自不同的地域，有着全然不同的社会背景和文化背景，特别需要公共交往，人居环境空间艺术可以成为交往、交流的最佳媒介。今天的幸福指数所衡量的不再仅仅是物质满足，更注重精神生活的轻松愉悦和丰富多彩。因此，研究如何审美并塑造美的城市空间形态，变得尤为重要。美好的公共生活空间还将有助于人的身心健康和道德情操的提升，有助于公民意识和公共意识的培养，有助于个人对群体的认同感和责任感，最终有助于社会的整体和谐。

城市规划、建筑与环境设计等人居环境建设相关学科既是科学，也是艺术，更是广泛的科学技术与多种艺术类型的错综交织。作为时间和空间的综合表现体，人居环境空间艺术涉及自然生态环境和人文社会环境的各个领域，它不仅与许多审美因素密切相关，如意象、形式感、表现等方面，而且与许多非审美因素密切相关，如政治、经济、技术等方

面。人们对人居环境空间艺术的认识已不再是个体的、三维的、四维的，而是环境的、群体的、城市的和大地的。然而，尽管美的多样性和审美的时代性使得生活环境斑驳灿烂、各具特色，但是在客体环境的万千变化与审美主体的个体差异中，仍然存在某些规律性和统一性。统一与多样仍然是美和审美的基本原则，这是由生命的本质所决定的，所以，一方面要建立并维持秩序（寻求统一），另一方面要实现创造性的生命意志和自我价值（追求多样）。具体来说，人居环境空间艺术的最终实现离不开人的感知和体验，而感知和体验是一种运动意识和行为过程，需要通过感觉系统对“形”的感知，知觉系统对“象”的树立，结合记忆和经验，最终合成、生发具有“意义”的综合认知。

全球化背景下的中国社会和城市在与西方的对接和交流中，越来越认识到自身文化的博大精深，迫切要求民族文化自强与独立。中国人居环境空间艺术的推进，不仅要追寻自身继承与发展的脉络、借鉴他人的融合与创造，而且必须从塑造民族灵魂、提升民族精神、激发民族创造力的角度去实现。

## 三、城市人居环境面临的问题

随着城市化的推进，经济体制、社会结构、利益关系等发生了深刻的变化，一元与多样、传统与现代、先进与落后、本土与外来相互交织、相互影响，社会思潮更加纷呈复杂。显然，这其中存在弊端，城市形态的千层一面、地域性文化特质的缺失、城市空间艺术的无序和混乱等都是值得探索且迫在眉睫的问题，而作为文化主要分支之一的人居环境空间美学的继承与创新自然也得到了重视。

### （一）人居环境现状发展的情感混乱与价值缺失

通常，人们认为艺术不过就是美化空间环境，提供一种赏心悦目的表象，往往忽略其更为重要的精神意蕴——即人的情感、观念、理想和愿景。纵观历史，一座城市最让人难忘的不仅仅在于它的空间形态，更在于市民的生活功能，以及理想愿望被考虑、被采纳和被表达。人居环境空间艺术的外部特征成为将感情和态度传递给公众的手段，建筑师、艺术家的任务就是反映人类的精神追求和理想愿望，为人居环境建立空间秩序和相互关系。人居环境建设不仅要满足人类对遮风避雨、行为生活的物质需求，而且要满足人类对伦理、心理、审美等方面的精神需求。人居环境包括特定时期集中而多元的人文精神，体现出当时丰富而生动的艺术风貌。在人居环境的空间营造过程中，无论是建设城市、建造建筑，还是打造与环境融为一体的景观空间，都不只是单纯的技术工程，而是一种文化艺术活动，更是急需进行美学研究并予以合理引导的空间创造过程。

人居环境空间形态、艺术品质是长期积累、层叠的结果。例如，巴黎之所以至今还保持着浓郁的古典风格，得益于其悠久的城建规划历史，得益于人们较早理性地认识到尊重传统、保护文物的重要性，并为此制定了一系列规划、建设原则。综观世界名城的形成过程，它们在城市形象方面都有一个长期探索、调整、磨合的过程，使新与旧和谐一致，而这正是我们所缺少的。价值理性与人文关怀的缺失、文化特质与空间形态的趋同、艺术形式的单一无特色等弊端尽显，已成为我国当下人居环境建设中的最大问题。

### （二）重技术、轻艺术的规划设计策略导致技术决定一切、城市变成机器

20 世纪以来，在我国城市规划设计理念及人居环境空间的发展更新过程中，主要还是以物质功能的营造为主要目标，而精神状态及艺术形态的设计与规划还未受到应有的重视，对城市空间与视觉艺术的相互影响、联系研究较少，取而代之的是技术决定论，使得城市迅速成为工具理性支配下的“技术成果”。思想观念和体制因素的制约，导致缺乏人居环境科学所强调的全局统筹，艺术品质和艺术个性的忽视使城市形态千篇一律，缺乏应有的美感和独特的城市意象，市民往往沉浸在物质追求中而难有精神上的享受和升华，加上盲目无序的建设，因此很难创造出完整有序、富有地域文化特征、可持续的环境景观视觉形象。一个最直接、最强烈的空间建设现象便是失去控制、遍地开花、形态单一的现代“建筑丛林”，拔苗助长、急功近利的主观因素导致来不及研究，甚至忽略城市的历史发展规律和地域文化背景，并且已经和正在破坏性地改变往日的自然山水格局和地域风貌特色，使得城市本身成为一个巨大的机器。

## 四、发展观点与措施

### （一）厘清“山地人居环境空间艺术的基本构成”

以绿色设计可持续发展为目的，以人居环境科学为导向，综合城乡规划学、建筑学与美术学等学术领域，指出山地城市空间艺术是城市总体规划统筹和指导下发生在山地人居环境空间中的艺术创造和审美行为及其物化成果。具体来说，就是通过知觉思维，结合“山地”意象对人居环境空间所进行的顺应山地自然地理的艺术性建构。本书结合自身的学术背景，以“山地城市—建筑—空间”为节点、标志展开人居环境的空间美学研究。总的来说，人类文化反映了人与自然（包括人自身）的关系，表现为人与自然的亲和与疏离。

### （二）梳理“山地人居环境空间艺术的审美演进与文化脉络”

将人居环境空间艺术历程概括为既发展演进又相互渗透的自然、自觉、自主 3 种状态，并结合山地城市、建筑、空间进行考察、归纳，目的在于通过对古往今来具有代表性的山地空间艺术现象及其文化背景的审美关照和直观分析，为后续的山地人居环境空间艺术思维、建构提供有益的前辈经验和历史坐标。

通过山地人居环境空间艺术的审美演进与文化脉络揭示出人类文化的两条主线——共时性的空间存在与历时性的演变发展。前者指涉人与自然的天然关系，体现为天、地、人三位一体；后者指涉人与自然的能动关系，体现为自然—神话、自觉—英雄、自主—人文

的演进过程。天、地、人作为本体犹如公理公设，不容置疑，人类通过审美折射其如何存在，具体体现在整体观、生态观及一系列形式法则在山地中的灵活运用，可大致归纳为以下几个方面的内容。

1. 人工与天然、几何与有机交相辉映

地形的坡起使山体地表成为山地建筑形体的背景，不仅赋予了山地建筑独特的形态感染力，而且产生了对山地环境的情感触动。

结合山地形态的变化，山地建筑的接地方式可以有多种选择，以尽可能地保持原有地形和植被。

根据地形空间的开闭变化，山地建筑在空间布局上具有灵活组织的功能流线，能够形成富于变化的空间序列，从而强化场所的认同感。

设计优秀的山地建筑不仅必须具有特殊的空间、结构美感，而且在山屋共融的同时还必须具有丰富的文化内涵和综合的艺术感染力。

2. 能动的体积与超然的意象

山地城市空间的形体表现应与山地环境相协调。

以山为载体的空间往往就地取材、因材施艺，或者充分利用其天然优势达成山塑共融。山体本身具有崇高、伟岸、坚定、力量等意象，自然而然成为人们心目中的标志和丰碑。

以山为底座的空间，其廓线往往成为关注的重点并能反映城市的基本空间特征，因此成为山地城市空间艺术设计的重点之一。

以山为背景，通过有意味的设计，无论在色彩还是形态关系上，都可以形成良好的图底关系。成功的山地城市空间应该是与自然山势相和谐，既可以表现为对自然山势的融入，也可以表现为与自然山势的共构。

3. 捋顺“我们如何审美——关于空间的美学思辨”的关系

回归基本原理，以“美是真理的光辉”为据，从哲学、心理学等方面出发，由空间存在的“天—地—人”三位一体推演出相应的广义审美的“真—善—悟”三位一体，进而由“悟”衍生出人居环境空间艺术“意—象—形”三位一体的审美认知、建构思路。

人的审美能力是自然选择和能动积累的结果，是先天的物质载体、“先验”的内在结构和后天的生命体验的综合。首先，通过对先哲思想的梳理，并结合现代科学成果，我们论证了“先验”与“经验”的等价性问题，指出“先验”即“经验”，是经验的内置、物化和观念化，体现在空间艺术思维上就是知觉的“象”的生成、发展过程。经验与先验的内在关联决定了主与客、内与外、形而上与形而下的必然联系。其次，通过三位一体的基本认识和层次梳理，以“美是真理的光辉”为据，质疑了长期以来所形成的“真—善—美”共识，通过“天—地—人”三位一体的本体存在，推演出“真—善—悟”的存在方式（广义审美）和“意—象—形”三位一体的空间艺术审美与建构思路。

4. 进行空间美学的艺术建构

利用符号学的隐喻、象征和图像相结合的空间艺术具有的特殊性，从艺术审美的视角对空间艺术的意、象、形三者分别进行了讨论，特别对连接“形”和“意”的中介——知觉思维的“象”，通过“式”与“势”关联，具体到“数、图、色”3个方面，进行了较为深入的探讨。从而，进一步厘清了“意—象—形”三位一体在空间艺术创造、观赏过程中不可分割的有机联系。

厘清空间艺术审美与创造中的意、象、形及其相互关系是艺术审美与建构的关键。针对中国传统哲学“得象忘形”“得意忘象”所造成的形意分离、形不达意等弊端，我们秉持心物辩证的认识论观点，认为视形而下的器和形而上的道同等重要，尤其在空间艺术领域，“形”和“意”统一不可分割，而连接“形”和“意”的纽带就是知觉思维的“象”，也正是由于“象”的“非主非客”的状态，使得意、象、形三者相互关联，成为人居环境空间艺术的三位一体。而形神如何兼备，文又如何载道，这些问题都只能在“象”的层面得到解答。如果说有关山地城市、建筑、空间的案例是空间艺术思维与建构的一般规律性总结，那么在近现代随着心理学研究的崛起和深入，有关数、图、色的“式—势”关联可以说就是顺应时代变迁的人居环境空间艺术审美与建构的进一步深化和细化。

5. 人居环境空间的艺术化建构与山地实践

根据人居环境空间艺术意、象、形三位一体的建构思路，我们推演出3种类型6种组合山地人居环境空间艺术建构逻辑及“立意—成像—构形”的山地城市空间建构方法，并付诸山地城市、建筑、空间3个方面的艺术实践。

面对跨学科、综合性的研究对象，以人居环境可持续发展为原点，根据人对空间环境内在的审美需求，站在思维与建构的角度，从“天、地、人”三位一体的存在出发，通过以城市、建筑、空间为节点、标志的山地人居环境空间艺术的审美演进与文化脉络的考察、梳理，结合哲学、心理学、美术学等学科的综合分析、论证，我们提出了主客、内外合一的“真—善—悟”三位一体的广义审美方式和“意—象—形”三位一体的空间艺术审美、建构方法，从而完成了从认识论到方法论的贯穿与转化。

## 第五节

# 基于“演替”的城市既有空间可持续研究

### 一、演替的定义

演替指的是传统城市空间形态的继承与创新的方法。借助生物进化的理论，演替可用来比喻城市空间在“进化”的进程中产生的改变的现象。这种“改变”并非仅是改良，而是适应环境变化的“突变”，是对某种不利要素的“替换”，到达抢占其在生物圈中当前优势的目的。演替的设计主张试图去寻求全球化背景下怎样保持地域文化的多样性的途径，其本质是生活方式的多样性进化理念。

## 二、演替的三种方式与实践应用

### （一）城市修补：关注“既有城市”改造与社区更新

研讨在城市新一轮的更新演替进程中，基于物质空间和社会空间的多种复杂性，如何从发展、空间、时间等多个维度去探讨城市的修复、改造和建设等措施及手法，需要对“城市更新”提出更为多元的解读内涵。在此，我们提供了城市空间更新的 3 种思路，同时结合设计实践，共同来探讨城市修补的多重可能性。

### （二）空间串联方式

众所周知，老城区中存在多种具有不同空间属性的节点，节点与节点之间往往还存在细微而紧密的空间关系。我们在城市更新中探索的解决方式之一，就是通过串联的方式将这些重要的节点加以连接，再修复重构节点之间的空间逻辑。我们从实践中发现，这些被重新串联并改造后的空间，其空间图像和空间序列关系往往呈现出更为积极的生长状态。

例如，以重庆市渝中区山城步道中水厂至石板坡古城墙遗址的山城步道为例。该步道全场 2.8km，是联系重庆市上下半城的主要步行道之一。在设计时，我们的总体思路是将步道构建成一个三维空间交错叠合的城市交通管道，并利用其线形，将分布在沿路用于展现重庆街市生活、历史、城市记忆的节点加以串联整合。首先，设计梳理了山城步道的线性，加强了山地步行交通的连接性和便捷性。其次，重点整合了步道文化及步道周边地块的用地性质和规划，结合空间层次，依次植入具有差异化的景观节点、历史遗迹、市民休闲空间等，使点、线、面的空间节奏依次展开。最后，依据每个片段的不同语境，将适宜的景观及建筑符号引入其中，至此也就完成了空间串联的工作。

空间串联这一方法，不仅从交通性上解决了步道的通行问题，而且在维系文化肌理的基础上，构建了富有变化的空间活力，为整个片区注入了新的空间灵感，促进了该地块的可持续式更新。

### （三）“城市针灸”模式的空间更新

城市具有自身的有机秩序，当这种秩序被打破时，城市就会发生“病征”。其中，城市棚户区就是其中一种不可回避的“病征”。应对棚户区问题，我们希望找到一种既能保存片区的城市记忆与肌理，又不需要进行过度修建改动的方法，为此我们提出了“城市针灸”这一措施。所谓城市针灸，就是通过借鉴中医针灸学的理论及方法，结合既有的城市设计手段，对已具有一定规模和形态的城市局部空间进行一定的刺激，并通过刺激的传导，使城市整体得到改进，从而达到从改善局部最终优化整体的目的。

在重庆市南岸区黄桷垭棚户区的改造中，我们采用了城市针灸的策略，将老街中的公房作为“穴位”。在设计时，利用相关法规和政策，通过对公房节点进行良性刺激，推进了整个公房体系的有机更新，最终利用公房系统的变化带动私房更新，从而实现整个旧区的更新。

#### （四）城市既有空间的“要素混合”

通常来说，城市中的老社区往往呈现一种封闭的状态，破旧杂乱的环境与周围的新兴城市之间易形成两种差异极大的风貌。对此，我们通过对社区内的要素与周边城市的关系进行考虑，譬如说，如何将周围优秀的城市景观纳入社区内的景观视线之中，或者换位思考如何使社区内的好的景观元素为周围的城市环境所看到或利用。这一思考角度，我们称之为要素混合策略。

重庆市南岸区铜元局街道长江村社区改造是一个旧社区改造项目。该社区处于南岸区核心范围，但社区整体风貌却呈现出20世纪90年代初的状态，场地内外的新旧对比状态十分明显。在设计时，我们提出消解长江村社区与周边城市区域之间的固有边界，引入要素混合的观念。利用长江村的社区边界的高地势，设计试图创造并强化这种良好的观景条件，用现代设计手法在边界处增设了3处开放式的城市阳台、户外吧台，为社区居民提供了具有休闲和观景功能的公共活动空间：一方面，平台对内满足了居民们的使用及审美需求，提升了社区品质；另一方面，平台对外成了一处新的城市景观，形成一种新的“被看”的关系，从另一个视角上与周围的城市环境产生了互动。在要素混合策略推行之下，长江村社区的改造以一个更为开放、包容的视角实现了社区的活力更新。

## 三、文脉传构：关注城市文化传承

历史文化名城、历史街区及传统村落的建设，已经不是简单的空间风貌协调或不协调的问题。外在的空间形式“仿古”仅仅是表象，“文脉传承”的实质在于人们生活品质水平提高。

基于此，我们提出“壳体”与“活体”的概念，并将其作为文脉载体的传构理念进行探索。“壳体”是承载历史文化、生活的方式的载体，而与之相对的“活体”是壳体内的生活方式，是一个空间形态的文化组织。“活体”是指生活在其中的人与存在于其中的生活方式与文化观念。结合“壳体”和“活体”的概念，我们从聚落文化、传统古镇和城市文化遗产3个层面，结合设计实践，来探讨城市文脉传构的问题。

#### （一）在传统古镇文脉传承层面，我们以濯水古镇建筑保护为例

传统古镇往往拥有特别漂亮的空间形态，虽是曾经留下的空间形态，但它的生计方式和现代建筑之间并没有一个延续的关系。当谈论要严格保护什么东西的时候，其实我们不仅指向的是空间的壳，而且这个壳里面装的社会文化软组织的东西也同样值得我们关注。下面以重庆市黔江区濯水古镇的保护建筑为例进行介绍。濯水古镇是典型的渝东

南古镇类型之一，在对建筑空间进行保护的同时，需要植入新型的生活方式和新的理念。这种改造采用的是一种用原有遗址的保护跟现代生活方式相结合的方式。

例如，“广顺号”客栈原本仅仅是防土匪的建筑，但我们可以放大它的功能特征：两天井四合院建筑，坡屋顶，三层木结构，入口为卷斗门，前后院子以云纹封火墙分隔。这样不仅展现了其原有的特征，而且赋予它一个新的视觉展示。

又如，对濯水古镇核心区边缘的宾馆的设计，我们的理念是用玻璃来反射、用对比的方式来反射、用不同的体量来区分，当这种现代视觉的冲突穿插在其中时，往往会更加强调突出古镇的独特美感。也就是说，设计现代的结构反而会形成强烈的对比，就像我们建筑结合玻璃体量的构造可以向周边延伸空间意向并且进行再反射一样。我们可以采用对比的方式或者其他现代性的元素来重新阐释古镇的独特魅力，这是一种很有意义的做法。

### （二）在城市文化遗产文脉传承层面，以安达森遗址改造为例

在一些建筑文物保护过程中，需要在传承历史文化的基础上，通过历史建筑风貌的改造、新的功能的植入来达到整体文化复兴的目标。下面以安达森洋行遗址艺术文化中心的设计为例。该遗址具有重要的历史价值，为研究重庆市开埠史、抗战史提供了丰富的实物资料。

我们要做的就是在承载历史的基础上，秉承 3 项原则。原真性原则：在恢复、修复、利用文物时不要仿古、仿假、混淆，尽可能地保证其原真性；最少干预原则：保留原有结构与材质，用现当代材质加固，并新加构架独立承重；可复原原则：严格区分历史部分与后加建部分，同时尽量不破坏原有遗址遗迹，有待以后可以恢复。

在此基础上，我们保护和利用安达森洋行的历史空间资源，打造以文化艺术遗址景观为核心的南滨路艺术新高地。将原有空地和建筑整合成大跨展示空间，增加屋顶平台系统，丰富景观层次和空间多样性。打造屋顶展示系统，可观江、观景、观建筑，对风貌建筑采取了嵌入平台的改造方式，将原有空地整合成大跨展示空间。对于文保建筑，在临江面架出观景平台，在不影响观江视线的基础上，增加屋顶平台空间，串联屋顶观江系统。对遗址固有的夯土、青石墙面进行保护，用现代营造技艺去延续最具艺术性的历史记忆。运用现代材料对遗址进行保护与利用，可以创造展览空间的景观的多样化与艺术性。

### （三）新型巧筑：从建造的角度探讨设计对地域问题的反思与回应

在传统基础上，巧妙的创新结构并满足功能需求问题，进行低成本空间建造的探索，采用改良式结构方式，使材料的再生、环保与应用巧妙地结合起来。

1. 传统空间的现代转化

生活方式的改变产生技术更新，新型技术的介入可以平衡传统建造技艺与现代人需求之间的矛盾。我们希望，这种建造方式并非对立与颠覆传统，而是在尊重场所文脉、延续传统结构方式的基础上，设计出极具美感、功能完善、空间灵活多变、能满足现代人需求

的方案作品。我们倡导传统空间的现代化演替、根植地方特质的绿色生态建造手段，以及能满足当代人生活状态的在地性设计。

重庆市南岸区黄桷垭正街的公房改造，是我们对山地建筑建造方式的一次全新探索。黄桷垭正街曾是川黔步道的必经之路，街区内的建筑具有典型的传统巴渝建筑风格。由于受到山地地形及两侧建筑的限制，原建筑面临进深长、隔间小、通风采光差等问题。在创作过程中，我们采用“一刀切”的空间模式，将切割的建筑体块向上提升并与山地地形相契合，增加高低错落的建筑界面，有效地解决建筑进深长带来的通风采光问题，向上延伸的空间符合“占天不占地”的巴渝建筑特点，可以有效地适应地形、利用空间。同时，我们试图保留传统建筑的美感，通过传统结构创新的方式满足当代人们生活及观景的需求，如采用钢结构替换传统木结构，创造舒适简洁、开敞明亮的内部空间；利用长坡瓦顶增设屋顶平台，打造适合山地特色的屋顶生活，增加建筑的趣味性与环境的互动性。

此外，建筑和环境的互动应该是当代的，建筑肌理与周边的古镇肌理应该是相容的。我们希望建筑外形可以延续和突破传统，但内部空间又是绝对的当代，要能满足现代生活的多种需要。如充分利用屋顶空间，打造可以走通的空中走廊；突破传统建筑的束缚，利用钢结构形成室内 LOFT 大空间；运用玻璃材质解决建筑采光问题的同时，满足街区商业功能的需求。低成本的建设及材料的环保也十分重要。在设计过程中，我们巧妙地运用竹子来构筑建筑墙面，运用钢丝连接多层竹片构成建筑的百叶窗帘，利用竹子的通透性来解决通风和采光等问题。传统材料的现代化运用在丰富建筑表现形式的同时给街区带来活力。

2. 新技术的介入

传统木结构建筑的美感与其结构方式是相契合的，我们试图对传统结构进行解构和创新，以一种有效、简洁、可组装的方式运用于现代生活。抬梁式建筑按一定开间模数排列屋架，以梁抬柱的方式支撑屋顶。我们利用传统巴渝民居建筑中的一种构件——板凳挑，将其抽象成“T”形构件，以此“T”形构件按 150mm、300mm、600mm 的模数交错排列，将原一字形排架解构。以传统建筑中的跷跷板力学原理承载传递梁、檩条的荷载，以现代的方式解构出了一个满足现代尺度的内部空间和传统审美取向的建筑形态。这种跷跷板被模数化和工厂化后，就可以很快地生产组装。这种组装有利于当地居民按照基本的模式建造屋顶，通过轻质简便的材料构筑新型结构，尝试做出各种形态的建筑。

黔江濯水古镇的风雨廊桥是现代技术介入传统结构的再一次尝试。濯水风雨廊桥采取了分段式设计。古濮宛钟段为陆地廊桥由廊道与钟楼构成，于中心设置重檐歇山顶式钟楼，屋面回翼角向上起翘，造型雅朴。蒲花拱桥段是由单拱桥体与曲直结合的桥身工程，廊桥内部空间层次丰富，桥身中段起拱；二层的直线廊道与底层的弧形廊道在中间交汇，形成叠合空间，直线廊道两端的空间可以满足游客驻足观景、休闲娱乐的需求；三层为相对私密的观景区域，游客可在此驻足休憩，观濯水的全景；同时，中间局部顶起形成重檐的阁楼，也形成了河岸视线上重要的景观点。三段廊桥结构设计独具匠心，空间丰富多变。整段廊桥从传统的木构穿枋到层叠镂空的木枋铰接方式的变化，一气呵成，极具动感，成为黔江濯水古镇的新地标建筑。

# 小结

绿色设计在城乡居住空间的实践，涉及多个学科，涉及区域、城镇、街区、建筑等多个层次。围绕绿色设计在城乡居住空间的应用，进行了大量的理论探索和具体实践。

在城镇层面，选取了广西壮族自治区崇左市太平古城总规及修建性详细规划的设计案例；在校园规划方面，选取了四川美术学院虎溪校区的设计案例；在城市更新方面选取了重庆市走马古镇传统景观延续计划、重庆市黔江濯水古镇风雨廊桥延长段创新设计、重庆市铜元局长江村社区改造项目、黄桷桠正街风貌改造一期项目和重庆市黔江区三塘盖客栈景区方案设计项目等，这些项目都在设计中采取了绿色设计的理念、方法，做到了生态效应、社会效应和经济效应的结合和统一，在绿色设计理念在城镇空间中的应用具有一定的代表性。

# 第五章

# 绿色设计评价标准

评价是设计活动的重要环节之一，它对指导绿色设计工作的正确开展、对设计方案是否完善做出判断具有重要作用。目前，绿色设计评价运用得最广泛的当属“生命周期评价标准”（即LCA评价），是用于评估从原材料提取到材料加工、制造、运输、使用、维修和维护，以及废弃处理或回收利用的技术工具，是与产品生命的所有阶段相关的重要环境管理工具。在产品的全生命周期里，从设计开发阶段就必须系统考虑原材料选用、生产、销售、使用、回收、处理等各个环节对资源环境造成的影响，力求产品在全生命周期中最大限度降低资源消耗、尽可能少用或不用含有有毒有害物质的原材料，减少污染物产生和排放，从而实现环境保护。

本章所提出的绿色设计评价标准，将“构建绿色生活方式”作为绿色设计的最终目标。在LCA评价的基础上分别从生态、文化、社会3个方面对绿色设计提出了更全面的定性要求。

本章最后对绿色设计评价标准做出较为清晰的描述与定义，建立了“绿色设计综合评价模型”，丰富和完善了现有的评价标准，是基于可持续发展的中国绿色设计体系中非常重要的一个部分。

## 第一节
# 生态评价标准

### 一、针对目标采纳的绿色设计技术与开发策略

在产品和生产工艺设计阶段，要以面向产品的再利用和再循环设计目标为牵引：在生产工艺体系设计中，要考虑资源的多级利用、生产工艺的集成化和标准化设计思想；在生产过程、产品运输及销售阶段，要考虑过程集成化和废物的再利用；在流通和消费阶段，要考虑延长产品使用寿命和实现资源的多次利用；在生命周期末端阶段，要考虑资源的重复利用和废物的再回收、再循环。

产品设计生态技术是工业生态工程在绿色设计中的具体应用，是从设计生态系统的资源和环境特点出发所采用的改善生态环境，调节系统能流、物流结构与途径，以及协调系统组分间相互关系的综合技术。它着重解决生态环境的稳定性和资源利用的持续性、各种设计产物之间的量比关系、功能关系和结合方式，以及将材料业、运输业、加工业等生产有机结合，保证资源的充分、合理利用，促进系统生产力和经济、社会、生态效益的协调同步发展。

在绿色设计评价体系中，针对设计目标所采纳的设计策略评价，是评判产品生态属性的根本出发点。设计策略包括资源开发与利用策略、产品绿色开发策略、绿色营销策略及用户端低碳策略4个部分。

### （一）资源开发与利用策略

资源开发与利用策略是绿色设计中的重要技术环节。遵循特定的资源开发与利用策略，能极大地提升产品的可持续属性。从生态属性评价的角度来说，选择合适的资源开发与利用策略是判定产品是否“生态友好”的基本要求。

在所有的设计活动中，物质资源在其开发与利用的整个生命周期内必须贯穿“减量化、再利用、再循环”的使用理念。具体的资源开发与利用策略可以分为选择与控制材料的多样性、资源的多级利用、适度的投入量3个方面。

1. 选择与控制材料的多样性

在设计开发阶段，应充分考虑原材料的多样性与选择合理性。要满足同样功能的产品，可供选择的原材料的种类很多。对于具有社会责任感的设计师来说，除了要考虑材料的各种力学属性、视觉效果、经济属性以外，还要考虑材料选择所带来的生态后果，并将此作为材料选择的重要参考依据。譬如说，不同材料的降解时间不同，如图5.1所示。

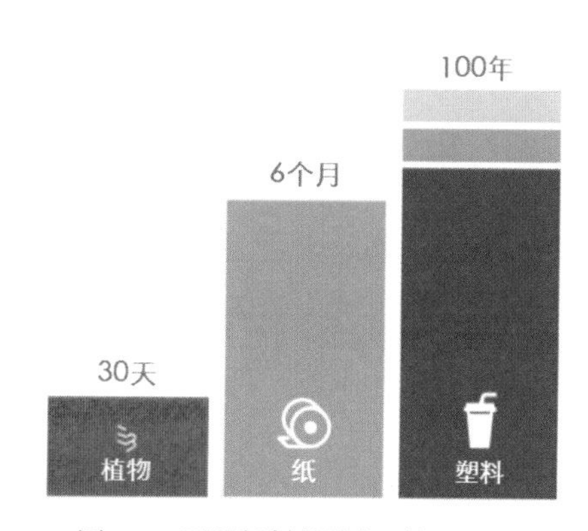

图5.1　不同材料的降解时间不同

下面我们来看一些设计中材料的选用所带来的明显生态效果的案例。

**星巴克的吸管**

被视为全球环保组织眼中钉的星巴克，迫于环保的压力将在所有门店停用塑料吸管。这一举措预计将让星巴克每年减少使用10亿根吸管，这对于减少浪费和对环境的保护不言而喻。星巴克提出的解决方案之一是设计新杯盖，直接省掉吸管的需求，如图5.2所示。星巴克官方介绍说，这是他们花费了10周左右的时间来设计的新杯盖，其边缘拥有一个如拇指大小的开孔，以及形似儿童奶嘴的上扬设计，顾客可通过这种新杯盖更轻松地享用饮品中的泡沫或奶油，而无须使用吸管。

对于某些必须使用吸管的饮品，如星冰乐等，还是需要用到吸管，为此星巴克也在测试用传统塑料之外的材料去制作吸管。2017年，星巴克开始在美国加利福尼亚州部分门店尝试用发酵过的植物淀粉或其他可持续材料制成的吸管，另外也在英国部分门店进行纸质吸管的使用测试。

**可以食用的餐具**

一次性餐具是很多人深恶痛绝的对象，无论是塑料餐具还是纸质餐具，大量的消费

图 5.2　星巴克省掉吸管的新杯盖

都是对人类生存环境的极大挑战。一些有担当的设计师针对这一突出问题，进行了多种尝试。

设计工作室“The Way We See The World”设计出一款可降解、可食用的一次性杯子，并将它取名为“Jelloware”，如图 5.3 所示。这些可食用的一次性杯子是由一种琼脂的物质制成，是从海藻中提炼出来的植物胶，可以做出不同口味，如迷迭香味、甜菜味和柠檬味。最让人称奇的是，Jelloware 杯子是完全可以生物降解的，将使用后的 Jelloware 杯子扔到草坪上，里面的琼脂生物降解后可以帮助植物生长。如果以后将这个全新的产品设计运用到可降解的塑料和纸杯制作中，也能避免对环境的影响。[1]

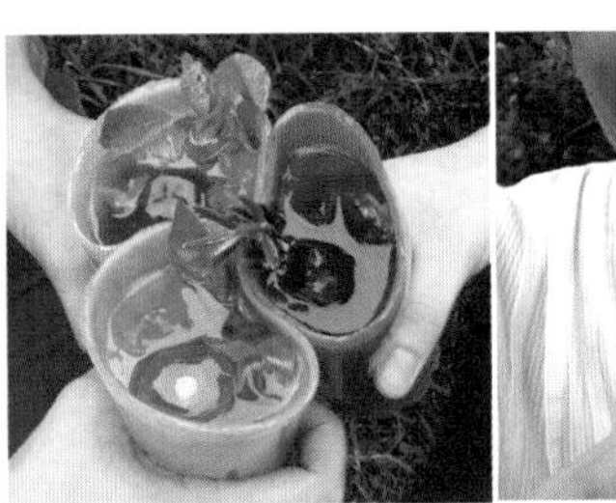

图 5.3　Jelloware 杯子

波兰人 Jerzy Wysocki 研发了一款“麦麸餐盘”。这位农夫在一次巧合之中意外发现，麦子的外壳（也就是麦麸）与水融合并加热加压后会成为轻盈、结实的有机材质。目前，已经有多种型号的麦麸餐具（图 5.4）投入批量生产。

作为资源消耗大国的中国、印度、美国、日本等，都在食品环保领域进行积极的尝试，相关市场前景广阔，生态效益大为可观。

2. 资源的多级利用

资源的多级利用可以分为能量的多级利用和材料的多级利用两大类。

[1]　摘自网站 http：//www.thewayweseetheworld.com/.

图 5.4　麦麸餐具

能量可以多级利用，如燃烧煤、石油等化石燃料，产生的高温可用于冶炼或产生蒸汽发电，发电后的热水还可供暖，这样就能充分利用煤燃烧后的热能，对能量进行多级利用。在设计中，若能采用能量多级利用策略，从项目的顶层设计就充分考虑能量传递过程中对能量的多级利用，相对于那些根本没有考虑充分利用能量的设计，无论是在经济性、前瞻性还是在社会伦理道德等各方面都要占据明显的优势。

材料的多级利用是从生态系统中食物链的角度来思考的。物质循环的再生是属于生态学的一条基本原理，物质循环使用也称为材料的分级利用。不过值得注意的是，物质在某种程度上可以循环利用，但在循环的过程中必定要消耗能量。在理解材料的多级利用的概念前，我们先来认识食物链这一概念。食物链是生态系统能量流动和物质循环的主渠道，既是一条能量转换链，也是一条物质传递链。从设计的角度来看，设计师充分利用当地自然资源，利用上下游产品之间的物质流动关系，让产品生命周期中涉及的物质被分层次多级利用，使生产一种产品时产生的“废物”成为生产另一种产品的“原材料”，也就是实行无废物生产，为社会提供尽可能多的清洁产品。

目前，对于资源的多级利用做得最好的当属生态农业项目，这对于产品设计来说具有典型的示范意义。下面以资源的多级利用策略在生态农业建设中的运用为例，来探讨资源的多级利用在产品设计中的重要性及其作为生态表现评价标准的借鉴意义。在生态农业建设体系中，物质能量多级利用及有机废弃物转化再生正是利用了生态系统的食物链原理，更深入地采用食物链加环的办法组建新食物链，使资源通过食物链中的不同途径得以多级转化利用，从而形成无废弃物的生产体系。

这是一个关于生态农业的案例，是针对秸秆的多级利用（图 5.5）：首先，将农作物的秸秆进行糖化处理，用来饲养家禽、家畜；其次，收集家畜的排泄物，用来培养食用菌；然后，收集残留物作为养殖蚯蚓的原料；最后，把蚯蚓的残留物连同排泄物一同送到农田，物尽其用。

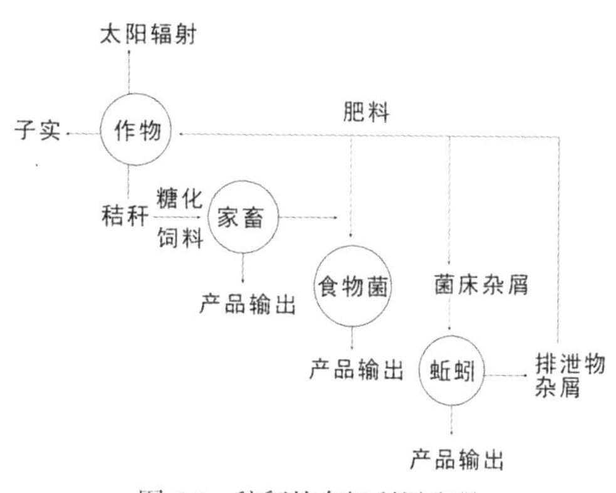


图 5.5　秸秆的多级利用流程

在生态农业体系中产生的食物链环节，根据主要功能的不同，可以分为直接生产环和功能加强环。直接生产环的主要作用是生产农畜产品和提供生物能源，包括副产品转化生产环、废弃物转化生产环、生物能生产环等环节。但是，在直接生产环过程，存在很多问题，尤其是利用率的问题：一般农作物产品中，人们可以直接利用的仅占20%～30%，其余不能直接利用的部分，仍然含有大量的营养物质和生物潜能，如将它们直接作为燃料，则大部分被挥发掉，能量效率也不高。

同样，在产品设计领域，从原材料的获取、加工、运输、再加工直到形成产品后，再到最终的废弃、回收，属于直接生产环。在这一环节中，废弃物转化环节存在效率低、途径单一、再利用成本高、产业低端等问题，要想改变这一现状，在直接生产环上加入新的功能加强环不失为有效的方法之一。设计师有意识地加入一些功能加强环，通过形成多种形式的食物链，极大地提高了资源利用率。通过资源多级利用及新设计的多途径再利用技术，可以提高企业的经济效率，改善生态环境，减少废弃物产生，实现生态效果可视化，完成经济、社会、生态效益的协调同步发展。

这里还有一个关于废旧手机再利用的案例。一次偶然的雨林旅行，让工程师托弗·怀特认识到盗伐和偷猎行为在落后地区的严峻性，设计一套行之有效的监控与报警系统迫在眉睫。最终，一套名为“雨林连线”（Rainforest Connection）的24h实时监控应用程序上线了，一旦接收到异常的声音，就会立即向护林员发送警报，以便护林员及时对违法现象进行干预。这些高挂在森林中的监视单位（图5.6），通常是用使用了五六年的回收手机制成的，由太阳能电池板驱动，24h记录森林中的所有声音；随后，手机会处理录音，压缩后发到云端实时分析平台，检测链锯声、伐木机声、枪声、动物叫声和其他声音，形成对森林的全面监控网络。[1]

图5.6 “雨林连线”监视单位

[1] 摘自热带雨林连线官网 https：//www.rfcx.org/pressl/.

由太阳能供电的旧手机隐蔽在葱葱郁郁的树冠之间，形成一个全面的监控系统。该系统已经有效地控制了苏门答腊岛上的盗伐和偷猎行为，并将继续在印度尼西亚、亚马孙和非洲热带雨林扩大应用。对废旧手机的这一运用，相对于传统的手机回收、拆卸、部分再利用来说，形成了新的功能加强环，不管是从意义上还是从社会性、安全性上来说，都具有巨大的优势。

3. 适度的投入量

《论语·先进》中有这样一段话："子贡问，'师与商也孰贤？'子曰：'师也过，商也不及。'曰：'然则师愈与？'子曰：'过犹不及。'"用现在的话来说，就是在孔子与学生子贡的对话中，提出事情做得过头，就跟做得不够好一样，都是不合适的。这也是成语"过犹不及"的出处。那在我们的现实生活中，有没有设计过度的情况发生呢？答案是肯定的。过度设计带来的弊端显而易见，除了让消费者付出多余的金钱以外，也造成了资源的过度浪费，甚至带来严重的环境影响。因此，具有良好生态属性的产品应该是具有适度的投入量属的产品。

当今社会，物质商品市场已经极度丰富，不少企业为了提高市场份额，再加上年轻设计师的经验不足，他们不断地吸收知识、盲目地追求越多越好、越全面越好、越与众不同越好。尤其是近年来，在设计界中"用户体验""体验设计"这些概念被部分设计师奉为设计的第一要素，引导很多缺乏经验的设计师单从营销的角度去思考，盲目迎合消费者的一些不合理的要求，造成了产品成本提高、价格提升。在设计时，过度追求一些体验的完美或需求的满足，也就是所谓的过度设计，导致最终的实际使用体验下降，或者偏离设计初衷的悲剧结果，从生态环保的角度来说也是极大的资源浪费。

例如，我们在设计洗碗机时，用户并不需要像手机那样经常操作它，简单的一个按键或者旋钮，配合上灯光的引导指示就可以把功能及运行状态表现出来。但是用户不懂，他们可能认为需要有触摸屏幕，认为更多的可选择内容代表了产品的技术含量更高。面对这些误解，如果设计师不能正确地去对待，而是一味地去迎合，必然会造成设计过度。所以，我们首先需要了解的事情是，用户为什么会这样思考。这就要求设计师以用户为导向，做用户研究，控制好前面提到的那个"度"。

### （二）产品绿色开发策略

在产品设计开发流程中，通过最初的论证立项，然后由技术主管及项目负责人来编制《设计开发任务书》《设计开发计划书》。在这个过程中，会对产品本身的一系列属性进行定义，那么，与 LCA 相关的产品生态属性就必须在这一阶段得到确定。符合 LCA 评价要求的绿色开发策略有很多，最常见的有以下几种。

1. 提高耐久性、降低损耗与长寿命设计

产品耐用性的提高、使用寿命的延长意味着生产资源投入的需求减少，虽然目前"经久耐用"已经不再是产品表现优秀与否的唯一标志，甚至有可能成为企业追求利润路上的

"绊脚石"，但从可持续发展的角度来看，这是对产品的起码要求，也是使用者乐于见到的特征。

2. 模块化设计提高零部件通用性与互换性

LCA 评价关注模块化设计所带来的产品生态表现优势。通过模块化设计的产品具有较高的功能扩展性、零部件的通用性与互换性，其意义在于最大化的设计重用，以最少的模块、零部件，更快速地满足更多的个性化需求，从一定程度上来说能够减少基础生产物资的投入，是变相提高产品使用寿命的一种开发策略。不过，需要注意的是，这里的模块化设计并不是指简单的产品功能模块化，还包括工艺、制造的模块化技术等。

3. 多功能和单功能产品开发，高科技和低技术产品设计

LCA 评价还要求开发者采用多功能产品和单一功能产品开发、高科技与低技术产品搭配开发的策略，满足不同层次消费者的需求。这虽然会增加部分开发成本，但是如果开发技术使用得当，总体来说是能达到"合理的投入满足合理的需求"目标的，从而避免因"功能过度"所带来的资源"投入过度"的问题。

### （三）绿色营销策略

产品开发量产后的运输与销售等后续环节也是 LCA 评价的重要部分，这就要求必须采用相应的绿色营销策略。

1. 扁平化设计、DIY 产品与网络营销

从商品运输的角度来看，扁平化设计能在物流运输阶段节约大量的空间，使能源利用率得到大幅提高。例如，瑞典宜家家具大量运用扁平化设计策略，效果值得肯定。

DIY 产品的生态优势体现在运输上，它通过合理的设计，使产品各部件满足可叠放、巧收纳、便运输、易组装的特点，通过高效的运输模式达到指定位置后，不需要太多技巧就能为用户所组装。DIY 产品还能为用户带来新的使用体验，表达特定的产品情怀。

我们生活在网络信息化高度发达的社会，各种网络营销技术及自媒体销售手段的涌现，为产品信息的传播提供了多种选择。物质资源的少投入是网络营销的最大特点，这也符合 LCA 评价中减少资源消耗的要求。

2. 分享服务、租赁服务产品与系统开发

产品是否具备可分享的属性或者是否属于共享经济体系，也是 LCA 评价需要考虑的一部分。分享服务也称为共享服务，其本质是整合线下的闲散物品或服务者，让其以较低的价格提供产品或服务。抛开经济利益的维度，单就需求而言，分享经济要求不直接拥有物品的所有权，而是通过租、借等共享的方式使用物品，这就决定了物品利用率的上升，能够物尽其用。需要注意的是，受复杂市场环境的影响，已经出现的大量分享服务体系已经背离了分享经济的本质，以致被人诟病。

3. 产品维护及升级服务、回收服务

完善的产品维护、升级和回收服务是衡量产品生命周期表现的重要指标，成体系的售

后与回收服务，能最大限度地延长产品使用寿命，并将生命周期最后产生废弃物对环境的影响最小化。

### （四）用户端低碳策略

产品经过商品化流通，最后来到用户手中，进入使用阶段，这一阶段的产品生态表现也属于 LCA 评价的一部分内容。如果在使用过程中，产品能在以下某一方面或几方面有突出的表现，也可以认定该产品生态表现良好。

1. 易安装、易拆卸与可折叠

易安装、易拆卸意味着拥有合理简单的结构，便于用户自己动手组装与修复，可延长产品寿命。当到达生命周期末端时，产品也不会因为拆卸困难、拆卸成本高而被用户选择整体废弃，可进行有选择性的回收。

2. 同类产品模块化、标准化、可局部替换、局部升级与局部报废

模块化设计及标准化会让用户的使用过程变得简单，带来良好的用户体验，同时由模块化设计带来的功能拓展性也是其优势之一。模块化设计让用户在使用过程中能方便地进行局部替换、局部升级、局部报废等操作，减少了产品整体报废的损失。

3. 相同类型功能产品一体化

在结构、技术及空间允许的情况下，将具有类似功能的产品进行整合优化，可以减少大量基础资源的投入。例如，现在一台复印打印一体机就相当于过去的扫描仪、打印机、复印机 3 台机器的组合，甚至还包含传真机、电话的功能，成为小型企业办公首选设备。

4. 能源方式可切换

如果在用户使用产品的时候，完全采用清洁能源，这无疑对环境有巨大的好处。但受技术条件限制，并不是在所有的情况下都能使用清洁能源，这些限制条件包括成本因素、技术因素。如果在设计中，能提供多种能源使用方式，让用户根据自身情况进行选择，这样既满足了环保的需求，也不会因为技术瓶颈而影响使用体验。

## 二、针对产品生命周期的过程评价

### （一）LCA 及其技术框架

1. LCA 的概念、来源与主要特点

（1）LCA 的概念。生命周期评估又称为生命周期分析（Life-cycle Analysis）、从摇篮到坟墓的分析（Cradle-to-grave Analysis），是用于评估从原材料提取到材料加工、制造，运输、使用、维修和维护，以及废弃处理或回收利用的技术工具，是与产品生命的所有阶段相关的重要环境管理工具。

设计师可以使用 LCA 来评估他们的设计产生的环境影响。通过利用各种 LCA 工具，可以取得 3 个方面的收获：一是能清楚地概括能源与材料投入及排放；二是在已确认的能

源与材料投入与排放情况下，评估可能潜在的环境影响；三是分析与阐释各项分析结果，以便后续做出明智的决策。

（2）LCA 的来源。LCA 概念的雏形最初是在 20 世纪 60 年代末，由美国中西部研究中心提出，当时把这一分析方法称为资源与环境状况分析（Resource and Environmental Profile Analysis，REPA）。随后，欧洲的英国开放大学、瑞士材料实验所很快也提出了类似的概念。

第一次石油危机出现的时候，罗马俱乐部在 1972 年发表了震惊世界的著名研究报告《增长的极限》，让世人认识到地球的资源并不是用之不竭的，粗犷型的经济发展会带来严重的自然与社会灾害。1978 年年底，第二次石油危机爆发，部分专家的呼吁与奔走促进了 LCA 理念的发展，不过在当时并没有在应用实践中得到太多实质性的进展。

在 20 世纪 80 年代末期，随着区域性与全球性环境问题的日益严重、全球环境保护意识的加强、可持续发展思想的普及，以及可持续性行动计划的兴起，LCA 的概念得到了全面复兴。这个时期关于 LCA 的基本思想是，所有与产品或服务有关的环境负担都必须评估，从原材料一直到废弃处理。这一思想得到大多数人的赞同，“LCA”一词比德国提出的“Ökobilanz”和法国提出的“écobilan”更为精确。

1990—1993 年，国际环境毒理与环境化学学会（the Society of Environmental Toxicology and Chemistry，SETAC）开展了一系列重要工作，其成果也形成了现代 LCA 体系的技术框架，即目标定义和界定范围、清单分析、影响评估、改进评估。

自此以后，LCA 成为世界通用的环境评估手段。

（3）LCA 的主要特点。目前，LCA 体系已经发展得相当成熟，国际标准组织（International Organization for Standardization，ISO）已经给出了专业、权威的定义，并对其涉及的各个细节进行了量化，给予了综合化的评价，覆盖全面且引用清晰，并采用 ISO 14040/44 作为评估标准。

LCA 是通过编制某一系统相关投入与产出的存量记录，评估与这些投入、产出有关的潜在环境影响，根据生命周期评估研究的目标解释存量记录和环境影响的分析结果来进行的。LCA 体系具有以下特点：

① 将产品与环境联系。通过清单分析（Inventory Analysis，LCI）与生命周期影响评价（Impact Assessment，LCIA），将产品与环境介入与环境影响联系起来。

② 科学且客观。通过系列库存数据分析及表征计算模型，呈现出科学客观的结论。

③ 开放的框架与全面的方法覆盖。适用于任何产品、生命周期的任何环节、任何类型的介入形式，以及任何形式的环境问题。

④ 标准化及高接受度。SETAC、UNEP 和 ISO 都基于 LCA 的基本理论给出定义。

2. LCA 的发展与技术框架

（1）LCA 标准化的发展进程。前文提及，LCA 体系直到 20 世纪 80 年代末才得到全面复兴，1991 年由 SETAC 主持召开的有关生命周期评价的国际研讨会首次提出了“LCA”

的概念。在之后几年里，SETAC 对 LCA 从理论到方法上进行了广泛的研究。1993 年，ISO 开始起草 ISO 14000（ISO 14040 前身）国际标准，正式将 LCA 纳入该体系，形成全球适用的国际标准。目前正在使用的 LCA 国际标准是 2006 年版本的。对于 LCA 体系的定义，现在较具代表性的 3 种是 SETAC 的定义、UNEP 的定义和 ISO 的定义，尽管三者存在不同的表述差异，但有关国际机构目前已经开始采用比较一致的框架内容，其核心是：LCA 是对贯穿产品生命周期的全过程（从摇篮到坟墓）——从获取原材料、生产、运输、使用直至最终处置——的环境因素及其潜在影响的研究。

（2）LCA 是环境保护的新思路。目前，我们大部分的环保行动的努力还停留在生态补偿阶段，属于末端治理，大量的环保措施都是为了解决已经出现的生态问题。而根据 LCA 的要求，在设计阶段就能决定产品一生的生态表现属性，所以应从产品的孕育阶段入手，让产品从诞生到消亡都满足环境保护的要求。这种新的设计思路远优于传统的先使用再治理，是现代产品设计师必备的基本能力。

（3）LCA 的技术框架。随着社会的发展与进步，早期于 1993 年形成的 SETAC 版 LCA 技术框架（图 5.7）发展为后来出现的更完善的 ISO 14040 版 LCA 的技术框架（图 5.8）。

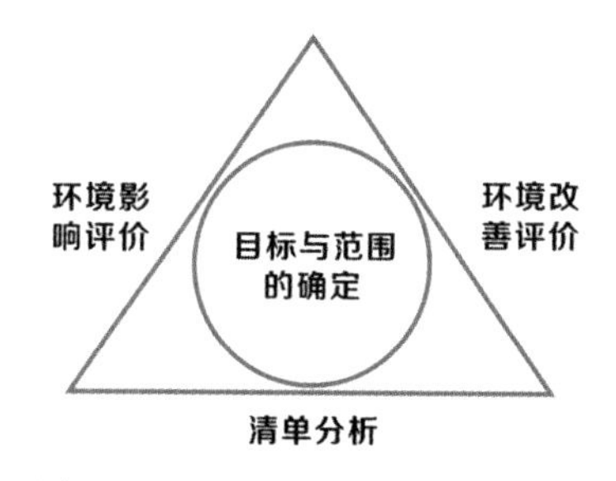


图 5.7　SETAC 版 LCA 的技术框架

- 目标与范围定义 (Goal and Scope Definition)
- 清单分析LCI (Inventory Analysis)
- 生命周期影响评价LCIA (Impact Assessment)
- 生命周期解释 (Interpretation)

图 5.8　ISO 14040 版 LCA 的技术框架

3. LCA 的目的、范围及应用

上文已述及目前常用的 LCA 技术框架，ISO 版与 SETAC 版 LCA 的技术框架最大的不同之处在于，ISO 14040 提出最后一个被称为“解释”的要素。ISO 认为，“环境改善评估”只是“生命周期评估”之后的许多活动之一，而不是真实分析的全部。因此，我们认为 ISO 给出的定义更加全面、完善。当然，评价框架的范围与内容也会随着时代的进步与发展而不断调整改变。

LCA 的目的是对与某个产品或服务相关的所有资源投入与产出进行量化，并评估这些资源的流动可能产生的环境影响。这些评估信息用于改进流程，支持政策制定并为优秀的决策提供良好的基础支撑。

LCA 除了可以用来评估产品或服务对环境造成的生态影响之外，其衍生出的“社会影响生命周期评估”（Social LCA）的概念也处在发展之中。作为不同的思考模式，Social LCA 旨在通过不同的路径去评估生命周期思维可能产生的社会影响。

从目前来看，LCA 评估结果主要可以用于以下 4 个方面：

（1）鉴别在产品生命周期的不同阶段改善其环境问题的机会。

（2）为产业界、政府机构及非政府组织的，如企业规划、优先项目设定、产品与工艺的生态设计或改善及政府采购。

（3）选取环境影响评价指标，包括测量技术、产品环境标志的评价等。

（4）市场营销战略，如环境声明、环境标志或产品环保宣传等。生命周期评估的应用与 ISO 14001 标准的实施有着密切的关系。ISO 14040 要求组织应建立程序以识别其活动、产品及服务中的环境因素与重大环境因素，并在制定目标指标时将重大环境因素加以考虑。LCA 即是一个可用来识别这些环境因素的方法。但是，基于时间及财务等考虑，ISO 14040 也并不要求进行完整的生命周期评估。

4. 针对产品生命周期的绿色设计目标

（1）材料低碳环保与可持续性。绿色产品除了在功能性上具有低碳、环境友好的能力外，在生产原材料的选用上，也是衡量其是否具有可持续性的基本要求。设计师除了需要具备开源的能力，还需要对材料的生态性能本质有较深的理解，才能合理地选择既能满足功能、结构需求，同时能满足低投入、低废弃物产生和低环境影响的要求。

绿色材料选择技术是一个很复杂的问题，目前对绿色材料尚无明确界限，人们在实际选用中很难处理。LCA 体系对原材料的选用尤其看重，不仅考虑其绿色性，而且考虑产品的功能、质量、成本、噪声等多方面的要求，减少不可再生资源和短缺资源的使用量，尽量采用各种替代物质和技术。

（2）生产环节全面实施绿色制造技术。LCA 体系看重产品生产过程的生态表现，这就要求尽可能采用绿色制造技术。绿色制造技术是指在保证产品的功能、质量、成本的前提下，综合考虑环境影响和资源效率的现代制造模式。绿色制造涉及产品生命周期全过程，涉及企业生产经营活动的多个方面，是一个复杂的系统工程问题。要真正有效地实施绿色制造，必须从系统的角度和集成的角度来考虑和研究绿色制造中的有关问题。

在 LCA 的指导下，在产品整个生命周期的制造环节，以系统集成的观点考虑其环境属性，改变了原来末端处理的环境保护办法，对环境保护从源头抓起，并考虑产品的基本属性，使产品在满足环境目标要求的同时，保证自身应有的基本性能、使用寿命、质量等。当前，绿色制造的集成功能目标体系、产品和工艺设计与材料选择系统的集成、用户需求与产品使用的集成、绿色制造的问题领域集成、绿色制造系统中的信息集成、绿色制造的过程集成等集成技术的研究将成为绿色制造的重要研究内容。

LCA 对产品制造环节主要关注 3 个重要领域的问题：一是产品生命周期的生产制造过程；二是制造过程产生的潜在环境影响；三是制造过程的资源优化利用问题。

① 生产过程是“从摇篮到坟墓”的制造方式，它强调在零部件加工的每一个阶段并行、全面地考虑资源因素和环境因素，体现了现代制造科学的“大制造、大过程、学科交叉”的特点。绿色制造倡导高效、清洁制造方法的开发及应用，以达到绿色设计目标的要

求。这些目标包括提高各种资源的转换效率、减少所产生的污染物类型及数量、材料的有效回收利用等。

② 绿色制造强调生产制造过程的“绿色性”，这意味着它不仅要求对环境的负影响最小，而且要达到保护环境的目的。除了前面提到的制造过程的“绿色性”以外，产品包装与运输的问题也极其重要。

③ 绿色制造要求对输入制造系统的一切资源的利用达到最大化。粗放式的能源消耗导致的资源枯竭是人类可持续发展面临的最大难题，有效地利用有限的资源获得最大的效益，使子孙后代有资源可用是人类生产活动亟待解决的重大问题。

（3）营销低碳与服务社会化。低碳营销也叫绿色营销，是指社会和企业在充分意识到消费者日益提高的环保意识及由此产生的对清洁型无公害产品需要的基础上，发现、创造并选择市场机会，通过一系列理性化的营销手段来满足消费者及社会生态环境发展的需要，实现可持续发展的过程。

低碳理念是低碳营销的指导思想。低碳营销以满足低碳需求为出发点，只有将低碳理念引入营销体系，如引入设计规范中，才能为消费者提供能够有效降低环境污染的、防止资源浪费、有效提高效率的产品，实现人类行为与自然环境的融合发展。

绿色营销不是一种诱导顾客消费的手段，也不是企业塑造公众形象的“美容法”，它是一个导向持续发展、永续经营的过程。绿色营销最终的目的是在化解环境危机的过程中获得商业机会，在实现企业利润和消费者满意的同时，达成人与自然的和谐相处、共存共荣。

低碳消费是实施低碳营销的决定性驱动力。营销活动的进行必须有消费者这一角色积极参与，否则会成为空中楼阁。低碳营销更是如此，缺少了消费者的兴趣，最终会影响低碳营销快速有序地进行。

技术创新的持续稳妥为低碳营销的实施搭建坚实的平台。低碳时代的竞争，说到底是低碳技术和技术应用的竞争。只有以低碳技术促进低碳产品的发展，促进能源节约和资源可再生及高效能低碳产品的开发，才是低碳营销实施的基本物质保证。

5. 经济效益与社会效益同步

改革开放以来，我国经济飞速发展，为了迅速提升国家实力、全面提高国民生活水平，采用了一种相对粗犷的发展模式，重经济发展、轻环境保护的意识在很长一段时间内存在。不过，随着国家经济实力的提升，人民生活水平已经有了本质上的提高，物质上的富足，以及国家政策的重视，使得大众开始对生态环境问题越来越关注。经济要发展，环境要保护，这就注定未来的商品（产品）必须同时具有经济价值及环境友好的双重属性，也即经济效益与社会效益同步，缺一不可。

### （二）产品生命周期的运行及 LCA 综合评价

1. 产品生命周期的几大阶段

一般情况下，一个完整的产品生命周期可以分为几个大的阶段，如图 5.9 所示。

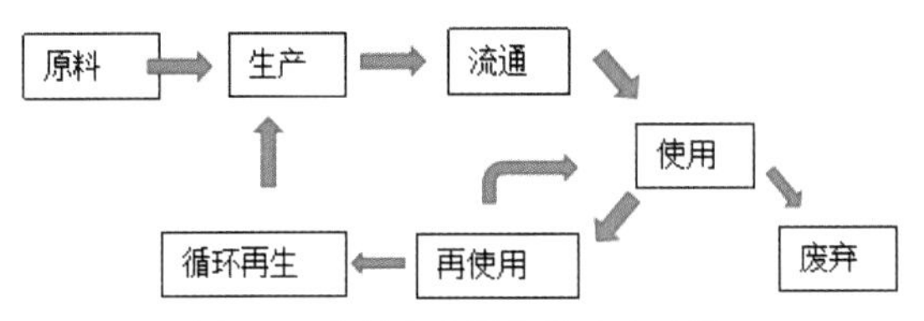

图 5.9 产品生命周期的几大阶段

产品系统具有复杂性与多样性的特点，我们可以将 LCA 看作一个整体系统进行研究，也可以将其中的各阶段提取出来个别分析，得出评价结果以支持后续的设计改进方案。

2. LCA 综合评价

因为 LCA 覆盖了产品从酝酿到坟墓的全生命过程，包含多个阶段，也考虑了多种环境影响类型，所以通过这种体系得到的综合评价结论可以防止环境影响在不同阶段的转移。另外，在每个阶段都存在丰富的改进选择，LCA 综合评价可以帮助我们选择最有效的改进途径，以达成目标。

## 三、针对绿色设计发展阶段效益评价

2000 年，荷兰代尔夫特理工大学的汉·布列策特教授提出了“绿色设计”四阶段模型[1]（图 5.10），从 4 个革新阶段形象地反映了绿色设计各环节中环境效率因子所占的比重，以此来对绿色设计进行直观的评估。

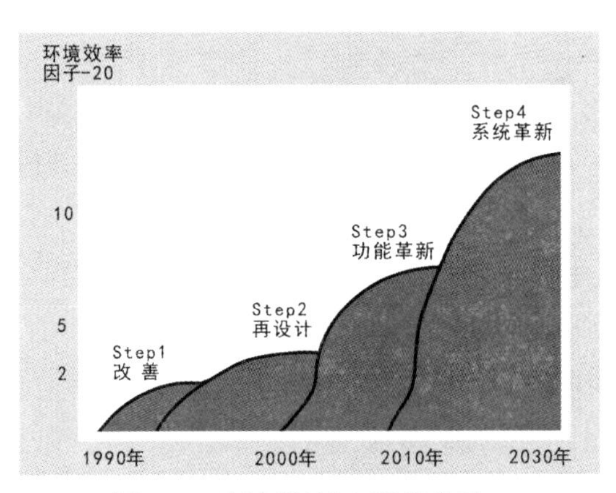

图 5.10 “绿色设计”四阶段模型

### （一）改善阶段（Product Improvement）

在现有产品基础上，针对生态效应表现不佳的局部进行改善或改良，以求基本满足环境

[1] ［日］山本良一. 战略环境经营生态设计——范例 100[M]. 王天民，等译. 北京：化学工业出版社，2003：136.

友好的要求。这一阶段主要是从防止污染和考虑环境保护的观点出发，如选择更环保的生产材料、使用清洁能源代替化石能源、科学的废弃物回收体系的建立等。

#### （二）再设计阶段（Product Redesign）

针对部分生态表现不理想的产品，重新设计产品本身不合理的结构、零部件，提高再生循环率，改善可拆卸性，以及重新制定对能源依赖更小、对环境影响更小的加工工艺。

#### （三）功能革新阶段（Function Innovation）

功能革新即改变产品的概念，通过清楚地认识需求的本质，来不断革新产品的功能开发方式，以具备更合理功能的全新产品来替代现有产品或者服务模式，如用电子办公取代传统的纸质办公模式。

#### （四）系统革新阶段（System Innovation）

系统革新即革新社会系统，追求结构和组织的变更，通过信息技术、大数据、人工智能的引入，创建效率更高的资源运用模式。例如，根据信息技术来改变传统的略显烦琐的组织结构、运输及生产，目前提倡的工业 4.0 智能智造就是最好的体现。

#### （五）生活方式革新阶段（Establish Green Life）

除了以上 4 个阶段的发展，我们认为，在当前，随着可持续发展成为世界多数国家的共识，以及人们对绿色设计价值的普遍认可，将构建绿色生活方式作为绿色设计自身发展的追求目标很有必要。因为提供绿色供给的方式、提供绿色消费是绿色设计的主要任务，而引导绿色消费是实现生活方式绿色转型的重要措施，所以对绿色设计的评价，还应该加上第五个阶段，即生活方式革新阶段。此阶段的内容和任务是绿色设计的最高追求，也是理想的社会组织方式。此阶段追求通过绿色设计措施，让生产、生活、工作中的所有消费内容选项都是环境友好的，通过设计完善的配套服务体系，吸引绝大部分民众主动参与绿色生活构建，让社会发展更具可持续性。

## 四、针对产品生态效益的综合价值指标评价

### （一）绿色设计价值的体现

1. 通过设计创新产品赢得市场

随着经济社会的进步，工业文明积累的环境代价日益凸显，可持续发展成为全世界人类日益关注话题之一。环境问题也成为世界贸易活动中不可忽视的一个重要组成部分，消费者在日常生活中也越来越注重环境保护和自身健康问题，绿色消费理念已经成为新的世界潮流。因此，为保护环境安全和人类及动植物的健康而设置的贸易限制措施——绿色贸易壁垒应运而生。

在经济全球化的今天，各国经济对世界市场的依赖度进一步提高，贸易自由也成为一种必然的趋势，所以用关税等其他形式为主的传统的贸易壁垒的作用逐渐减弱。伴随着自由化程度的提高，各国贸易竞争也越演越烈，一些发达国家为了保护本国经济不受到侵害，努力寻找相对更加隐蔽的贸易保护手段，而绿色贸易壁垒刚好满足了这种需求。

绿色贸易壁垒的出现使得很多企业的出口贸易受阻，企业对外贸易风险提高。这样一来，会产生两种后果：积极改进生产技术跨越绿色贸易壁垒的企业会增大消费市场份额，提高企业利润；采取回避态度消极应对绿色贸易壁垒的企业则会遭到市场的淘汰，从而退出市场。所以，绿色贸易壁垒对于企业技术发展来说既是一种阻碍，也是一种契机。绿色规则会激发企业家的冒险精神，寻求技术创新以改变企业所处的外部环境，这样一来才能达到突破市场限制的目标，最终实现更高的利润目标。

2. 通过市场杠杆吸引产业生产转型

消费是生产的终点，也是生产的起点，培育绿色消费观能直接倒逼企业生产方式向绿色转型。所谓产业生产绿色转型，指的是产业结构低碳转型，其概念是把高投入、高消耗、高污染、低产出、低质量、低效益的区域产业结构转为低投入、低消耗、低污染、高产出、高质量、高效益的产业结构。通过对区域产业结构中各产业部门使用终端碳排放强度限制，压缩整个区域经济产业体系和生产活动流程中高碳能源投入量和碳排放量，提高碳生产率，最终实现区域产业结构由高碳、粗放型向低碳、集约型转变。

生产是将自然资源转化为人化产品的过程，其最终的目的是满足人的现实性需要，也只有生产出的产品被消费者购买并使用，生产的全过程才算完成。因此，消费可以说是生产中最为重要的一环，对生产有直接的引导作用，需要的转向促进了生产的变革。

目前，我国正处于生态文明建设的初期，绿色理念还没有深入人心，在市场经济中不顾生态环境压力而追求经济利益最大化的现象还较为突出。为了降低生产成本，在激烈的市场竞争中获胜，企业往往大量消耗能源资源，使用不环保、不健康的材料，将废弃物不经处理就排放到环境之中。以这种模式生产出来的产品背负了太多的环境债，与绿色消费背道而驰。市场有哪些产品可以选择由企业决定，但具体选择何种产品则由消费者决定，如今我国早已进入买方市场，购买力便成了消费者手中的选票，如将其投向环境保护的一方，则能牵引产品供给链向绿色化方向转变。选择绿色产品能促进企业从资源节约和环境保护方面注重产品的选材、生产、加工、包装、销售、回收和资源化处置，使企业的环境保护与经济利益挂钩，同时也使企业认识到只有改进生产、提高产品的绿色含量才能迎合公众的需要，必须树立良好的环境形象，才能在市场上占据有利的竞争地位。

要用绿色消费策应供给侧改革。21 世纪以来，中国的供需关系逐渐失衡，一方面，产能过剩严重，钢铁、煤炭、水泥、玻璃等产业利润大幅下降，宏观经济滞涨风险加大；另一方面，无法合理地满足市场需求，顺应消费升级形势，主要表现为中低端产品过剩，而高端产品供给不足，资源密集型产品过剩，而技术密集型和环境友好型产品供应不足。近些年来，人们越来越重视生态环保，生态旅游、绿色有机食品、天然材料的衣物与用具、环保装修等消费市场明显扩大，但真正能跟上形势的企业和政府却不多，供给质量、供给结构等均不适应居民对绿色消费的需求。以绿色消费策应供给侧改革可以继续扩大绿色消费市场，加快建立和完善生态环保产业，促进产能过剩产业淘汰和第三产业发展，推动经济结构快速升级、绿色经济体系早日建立。

用绿色消费引领经济发展已经成为新常态。如今，我国经济发展已进入新常态，经济发展速度有所回落，但传统经济增长方式已现疲态，新的经济增长点却还未充分显现。在传统增长方式中，资源、生态与环境的三重危机已成为进步与发展的主要制约因素，新增长方式必须建立在经济与自然生态环境、与人全方位的利益充分协调的基础之上，而绿色消费可以说是这三者的结合点。绿色消费创造新的消费需求，如绿色产品制造、绿色能源产业、绿色服务业等都因需求的扩大而获得足够动力，为经济发展提质增效提供了支撑。绿色消费意识一旦建立，就不再只是对绿色产品的需求，还要求天蓝、地绿、气洁、水净、食优等，能促进环保产业链条的延伸，培育新的经济增长点。同时，绿色消费要求严格执行产品环保标准、提高产业生态附加值、发展绿色科技，这将有利于打破越来越多的国际绿色贸易壁垒，如欧盟对中国进口产品的严格环保限制等，树立对环境负责的良好中国企业形象，以更好地拓展国际市场。

### （二）创造产品综合价值能力的体现

如果说设计属于一种商业行为的话，那么设计应该具有经济属性。设计应该追求更高的产品价值和环境效益。产品的综合价值指标即一件产品身上反映出的包括产品性能、产品外观、产品使用等在内的一切最能体现产品价值的因素总和，它的形成与以下三大要素密切相关：

（1）成本。成本包括运输成本、制造成本、间接成本。

（2）性能。性能包括安全性、健康卫生标准、使用寿命、产品所反应的精神文化。

（3）环境影响。环境影响包括碳排放量、材料使用量、能耗、土地使用量等。

通过图 5.11 和图 5.12 所示的公式，可以直观地反映出产品的综合价值指标与环境效益之间的关系。想要获得更大的产品综合价值，除了提高产品的性能和降低成本以外，最重要的就是减少产品对环境的影响。

绿色设计是为了提高环境效益，为了提高产品性能（$P$）与环境影响（$I$）之比（$P/I$）而进行的设计就是绿色设计。显然，可以通过减小环境影响和提高利用率这两种途径来实现。

（1）减小对环境造成影响的问题，必须在使用环境影响小的材料即生态环境材料同时要设法降低物质集约度；采用环境效率高的生产技术和物流系统；减少使用时的环境影响，并将使用后的循环再生率和部件的再利用率最大化；最终减少对人类健康和环境的潜在危害。

（2）如何提高利用效率的问题。一是转变能源消费结构。如能源消费以煤炭消费为主，

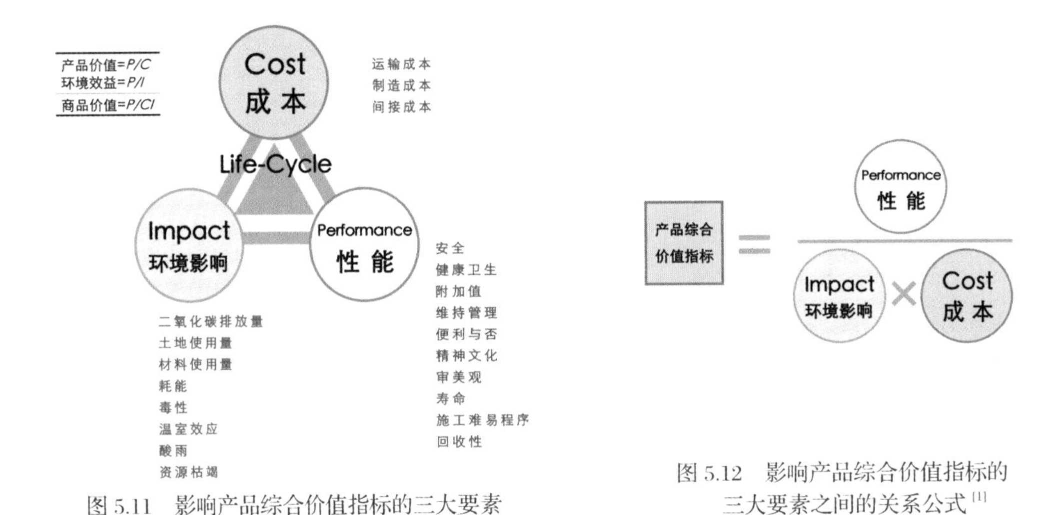


图 5.11　影响产品综合价值指标的三大要素

图 5.12　影响产品综合价值指标的三大要素之间的关系公式[1]

可以减少原煤直接燃烧的数量，使用二次能源或清洁能源，以减少对环境的污染和减轻对运输的压力。从长远来看，努力调整和优化能源结构，实现能源供给和消费的多元化，以应对能源消费日益扩大的趋势。例如，通过提高电、石油、天然气等优质能源消费比重和提高单位能耗来解决能耗利用率低和能耗对环境的压力。二是节约能源，提高效益。通过多年的节能宣传，企业的节能意识已经有了很大的提高。例如，很多企业都在厂区内制作节能宣传板报，设置节能奖励基金对节能个人进行精神和物质双重奖励，使节能意识深入人心，这些做法都能为提高能源利用率起到很大的作用。

## 第二节
# 文化评价标准

### 一、有利于绿色文化的传播与生态环保教育

绿色发展需要绿色文化作为支撑，同时也能为文化发展提供新的方向和新的内容。当前，以工业文化为核心的西方文化大行其道，消费主义充斥着社会生活，具有批判性、思考性的精英文化沦落为机械的、同质的、庸俗的大众文化。绿色发展指出了新的方向，为文化发展提供了新的思路。绿色文化以人与自然的关系为核心，将自然看作人生存的家

[1]　[日]山本良一. 战略环境经营生态设计——范例100[M]. 王天民，等译. 北京：化学工业出版社，2003：38-39.

园，强调生态系统的重要性、珍视自然物的内在价值，体现为人与自然共同发展的生活方式与价值观念。这是与以往任何文化相比都更为先进的文化，体现了人类历史的发展。

### （一）绿色文化的传播体现在政府绿色管理法规政策的健全与执行力方面

推动全社会的可持续发展，政府起着主导作用。政府是国民意志的集中体现，是社会权力的代表，它通过颁布政策、制定法律、行政管理、强力保障等规范着整个社会的运行。而在政府的所有手段与方式之中，政策体制又是核心的，它为人们的行为划定了边界。因此，要推进国家整体的可持续发展，需要首先构建践行生态文明的社会体系，通过政策体制的变革与完善推进社会生活的绿色转型。

### （二）绿色文化的传播体现在人们“衣、食、住、行、用”诸方面

培养人们的绿色消费观是引导公众参与绿色发展、实践绿色生活方式的关键着力点。生活消费是否实现了绿色化，因供需关系的原因而涉及提供供给的企业和大众消费者的利益诉求、价值诉求、使用满意度诉求、环境保护诉求等方方面面因素。通过提供绿色产品引导绿色消费是传播绿色文化的重要而有效的途径，而通常意义上的大众消费主要体现在“衣、食、住、行、用”几个方面。提高人们在“衣、食、住、行、用”诸方面消费产品的绿色等级，为绿色产品和服务创造市场，可产生经济效益；提高生活质量、最大限度地减少当地基础设施的压力、提高居住者的健康和舒适度，可产生社会效益；而延长产品的生命周期，在原材料生产环节实现可持续发展。处理好产品使用后的回收处理和再生利用环节，从源头上减少了废弃物的产生，有利于保护环境，维护生态平衡。

### （三）绿色文化的传播体现在学校对生态环保理念的教育中

学校是一个传播文化的特定的学习场所，是学生获得知识、价值观，行为养成的重要场所，学习知识与学校环境对学生潜移默化的影响是显而易见的。因此，通过课堂教学、校园环境、生活和管理体系传递可持续发展思想，也尤显重要。

## 二、有利于民族传统文化的传承与发展

中国传统文化是中华民族在数千年的历史中创造的灿烂文化，它所蕴含的内容博大精深，具有强烈的历史性、民族性和继承性，影响着我们今天的生活。

早在先秦时代，人们就提出利人、重生、民本、尚中的思想及老庄的自然、无为、生态等思想，而这些思想与现代设计理想有着异曲同工之妙。人类祖先早在诞生之初，为了基本生存，就产生了许多原始质朴的设计想法，如骨针、石斧、石球等到后来的瓶罐器皿，无不彰显了先人的传统生活智慧。从为了生存生活而设计到为了提高生活质量而设计，再到物质资料迅速膨胀的工业时代，人类的认识和创造能力达到了足以影响整个自然生态的运行机制的时候，人类经历了一个漫长却有探索意义的过程。人们对自然的态度，

从敬畏、征服到尊敬，不断转变，直到今天形成了一个科学的发展观念。但是，我们依然不能忽视设计造物最根本的目的在于满足功能性的需求。如何在物欲横流的现代社会，吸取传统精髓，找到合适的设计方向，才是当代中国设计师的担当。

## 三、有利于地域乡土文化的延续与价值提升

### （一）地域乡土文化的概念

地域乡土文化是自然景观之上的人类活动形态、文化区域的地理特征、环境与文化的关系、文化传播路线和走向及人类的行为系统，包括民俗传统、经济体系、宗教信仰体系、文学艺术、社会组织等。

不同个性特质、各具鲜明特色的地域文化，不仅是源远流长的中华文化的有机组成部分甚至是精华部分，而且是中华民族的宝贵财富。地域文化的发展既是地域经济社会发展不可忽视的重要组成部分，又是地方经济社会发展的窗口和品牌，还是招商引资和发展旅游等产业的基础性条件。中华大地上各具特色的地域文化已经成为地域经济社会全面发展不可或缺的重要推动力量，地域文化一方面为地域经济发展提供精神动力、智力支持和文化氛围，另一方面通过与地域经济社会的相互融合，产生巨大的经济效益和社会效益，直接推动社会生产力发展。

### （二）乡土文化的延续与价值提升

传统的物造物智慧对当代设计起着深远的影响，而通过设计，乡土文化的价值得以延续与提升。

（1）元素的应用。在当代设计中融入传统元素，将传统元素与现代技术完美结合。巧妙地运用中国传统元素作为当代设计的主要要素，结合现代科学技术，融入现代设计的表现形式，能够使设计作品既有实用性又饱含艺术的观赏性，在提升设计作品美誉度同时也满足了消费者追求传统文化艺术的心理需求。

（2）材料和工艺。传统器物对材料和工艺的创新运用也能够为现代设计带来启示。造型设计以致用利人为目的，以满足人们在生活时的需要为出发点，无论是在造型形制的选择上还是在造型尺度的确定上，以及在材料和工艺的选择上，都应该针对使用要求来确定。

（3）人性化设计。设计应该从使用功能和使用方式出发，以“人性化”为核心，从设计的角度对功能和使用方式划分，进行深入研究，设计出更符合当下人性化需求的作品，并体现出造物观念和设计美感。

（4）理念追求。传统造物从功能、技术、情感、材料、外观设计等多方面综合考虑，注重物质、功能、精神和审美的四合一，追求一种单纯又典雅，实用又美观的风格。传统造物元素中“天人合一”的思想，应成为当代设计追求的设计理念。

（5）造物与环境。随着当今环境问题的日益严重，人们越来越重视环境保护和节约资源，“绿色设计”成为世界设计的关注点。传统生活器物大都使用植物材料，在其整个设

计、生产、使用、废弃的物品生命周期过程中不产生任何有害排放物，清洁、无污染、易降解，这也是传统造物设计对当代设计的重要启示。

## 第三节
# 社会评价标准

### 一、设计符合绿色发展方针

#### （一）绿色发展方针的制定

为实现“十三五”时期发展目标，党的十八届五中全会提出了经济社会发展的 5 个理念：创新、协调、绿色、开放、共享。这是对以往发展理念的丰富和完善，也是在更高层次上向传统发展思想的回归，更好地体现了发展思想的科学性。

绿色是永续发展的必要条件和人民对美好生活追求的重要体现。党的十八大提出，要把生态文明建设放在突出地位。这是对现阶段社会发展形势的正确评判，也是对经济社会发展提出的新要求。走向生态文明新时代，建设美丽中国，是实现中华民族伟大复兴中国梦的重要内容。我国资源约束趋紧，环境污染严重，生态系统退化，发展与人口资源环境之间的矛盾日益突出，已成为经济社会可持续发展的重大瓶颈制约。必须坚持节约资源和保护环境的基本国策，坚持“绿水青山就是金山银山”的理念，坚持走生产发展、生活富裕、生态良好的文明发展道路，加快建设资源节约型、环境友好型社会，形成人与自然和谐发展现代化建设新格局，积极推进美丽中国建设，开创社会主义生态文明新时代。“十三五”时期，要把生态文明建设贯穿于经济社会发展各方面和全过程。一方面，要有度有序利用自然，促进人与自然和谐共生。按照人口资源环境相均衡、经济社会生态效益相统一的原则，控制开发强度，调整优化空间结构，划定农业空间和生态空间保护红线，构建科学合理的城市化格局、农业发展格局、生态安全格局和自然岸线格局。另一方面，要加大环境治理力度，实现生态环境质量总体改善。

#### （二）我国关于绿色产品评价制度逐步建成

“十二五”以来，产品生命周期的理念逐步推广，基于产品全生命周期考虑的绿色设计，逐步成为工业绿色发展领域中的重要内容。“十三五”时期，工业产品绿色设计的政策体系建设将深入推进，政府引导与市场推动相结合的推进机制将进一步完善。

我国制定发布了绿色设计产品评价通则、标识和一批典型产品的评价等系列国家标准，标准体系建设有序推进，初步建立了政府引导和市场推动相结合的工业产品绿色设计推进机制。"十三五"时期，我国产品绿色设计标准体系建设将深入推进。工业和信息化部、国家标准化管理委员会《绿色制造标准体系建设指南》中明确提出：未来我国建立绿色制造标准体系的思路、目标和任务，绿色产品领域的标准是重点内容之一。还要推动绿色设计产品第三方评价机制的建立，按照"十三五"工业绿色发展规划的有关要求，加快建立自我评价、社会评价与政府引导相结合的绿色制造评价机制。开发应用评价工具，开展绿色产品评价试点，引导绿色生产，促进绿色消费。鼓励引导第三方服务机构创新绿色制造评价及服务模式，面向重点领域开展咨询、检测、评估、认定、审计、培训等一揽子服务，提供绿色设计与制造整体解决方案。[1]

## 二、设计能够在绿色生活方式构建中发挥积极作用

绿色消费观就是生态文明的消费观，是对工业文明消费观的超越。大体上来看，绿色消费观主要指这样一种观念，它提倡消费者购买和使用健康、无污染的环保产品，提倡最大限度地减少对资源的浪费，做到适度消费；反对奢侈和浪费，提倡消费水平要与当前的生产力水平相适应，在合理利用现有的资源、不破坏生态环境的前提下，使人们的需要得到最大限度的满足。绿色发展需要对工业文明消费观进行批判，也需要通过各种途径对绿色消费观念的培育，切实改变公众消费方式。

绿色消费涵盖了生产和消费领域的一系列活动，包括绿色产品和材料的回收利用、能源的有效利用、保护环境和保护物种。绿色消费可以定义为"5R"：减少（Reduce）、重新评估（Reassess）、再利用（Reuse）、循环使用（Recycle）和回收再用（Recovery）。绿色消费指的是消费者对绿色产品的需求、购买和消费活动，是一种具有生态意识的、高层次的理性消费行为。绿色消费是从满足生态需要出发，以有益健康和保护生态环境为基本内涵，符合人的健康和环境保护标准的各种消费行为和消费方式的统称。绿色消费是以节约资源和保护环境为特征的消费行为，主要表现为崇尚勤俭节约，减少损失浪费，选择高效、环保的产品和服务，降低消费过程中的资源消耗和污染排放。

## 三、设计能平衡兼顾消费需求与生态环保矛盾

经济社会高速发展的今天，人们的消费观念普遍还停留在追求较高的物质享受，一方面，不断提高的消费能力刺激社会经济发展；另一方面，消费水平的提升必然促进生产。而目前我国大多数的生产企业仍然以传统的模式运行，高污染的粗放型生产方式仍占据主导，消费需求与生态环境的矛盾日益加剧。传统生产模式下的产品生产流程与循环经济模

[1] 工业和信息化部关于印发《工业绿色发展规划（2016-2020年）》的通知[EB/OL]. http://www.miit.gov.cn/n1146295/ n1652858/n1652930/n3757016/c5143553/content.html.

式下的生产流程对比如图 5.13 所示。

日本东京大学教授、国际著名绿色设计专家山本良一先生曾说过这样的话："工业产品与工艺美术品不同，它是以大量生产、大量供给为前提进行开发和生产物品，对地球环境造成的影响很大。因此，环境协调性对于工业产品而言是必要条件，是工业产品的大前提……也就是说，应该认识到不是生态设计（绿色设计）的工业产品已经不值得称其为工业产品了。"

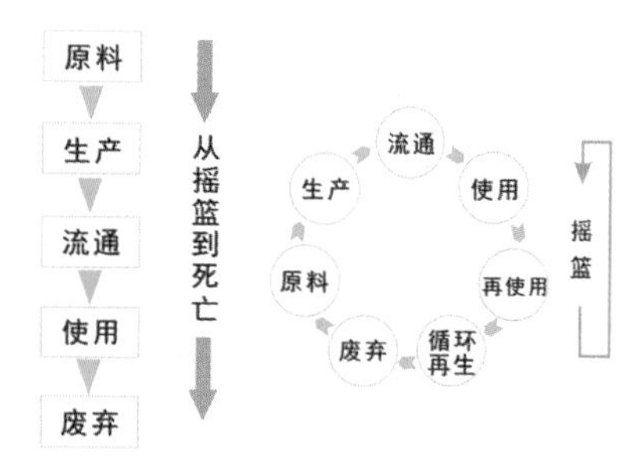

图 5.13　传统生产模式下的产品生产流程与循环经济模式下的生产流程对比

使用绿色设计的产品并不代表落后与廉价；相反的，为了吸引更多的消费者购买和使用绿色产品，设计必须要考虑消费需求，为人们设计创造出更多的好用、耐用、实用且美观的产品。追求环保与消费并不相悖，设计师在其中要能平衡兼顾二者。

### 四、设计遵循为多数人服务的原则并重视社会弱势群体利益

既然说绿色设计是运用了可持续发展理念的设计，那么在绿色设计中，必然要体现可持续发展的三大原则，即公平性原则、持续性原则、共同性原则。从设计的角度来看，主要体现在以下两个方面：

（1）设计应为多数人服务。绿色设计的最终目标是"构建绿色生活方式"，实现这一目标，设计应遵循为多数人服务的原则，让大众都能用上环保健康的消费品，从而带动全社会的绿色消费意识，为绿色生活方式的构建打下基础。

（2）重视社会弱势群体利益。弱势群体主要是指在社会生产生活中由于群体的力量、权力相对较弱，所以在分配、获取社会财富时较少、较困难的一类社会群体，这类群体处于较贫困、弱势的状态。绿色设计强调重视社会弱势群体利益，如通过一些低技术的技术方法改善贫困地区的生存状况，通过更为合理的设计使残障人士生活便利。

## 第四节

# 绿色设计综合评价模型

绿色设计评价标准模型是在 LCA 评价的基础上建立的更加全面的绿色设计评价标准。通过前面几节的梳理，我们尝试对绿色设计评价标准做出较为清晰的描述与定义，建立了

图 5.14 绿色设计综合评价模型（CGEM）

“绿色设计综合评价模型”（即 CGEM），如图 5.14 所示。

## 一、绿色设计技术要素

CGEM 模型最外层代表的是与绿色设计相匹配的技术要素。常规的绿色设计技术要素是指为提高产品的生态环境性能所采用并取得成果的技术，也是设计环节中具体采用的技术支撑。只有将这些技术运用于产品各生命周期，才能实现绿色设计。这些绿色设计技术要素包括以下几个方面：

（1）节省能源。目的是减少由于能源消耗造成的地球环境负荷，具体如使用清洁能源、通过设计减少能源消耗等。

（2）节省资源。目的是减少资源使用量，通过防止地球资源的浪费，减少环境负荷。

（3）生态材料。使用可以再生的天然材料为主的环境协调性高的材料。

（4）提高性能。通过设计提高了产品的使用效率，从而减少了对产品数量的需求。

（5）循环再生。通过产品整体或其零部件再生和再利用，从而有效利用地球资源。

（6）易拆卸性。以再生利用和再生产为前提，实现易拆卸的结构。

（7）模块化结构。以模块化结构实现降低产品在运输流通环节的成本，有利于产品在使用中延展、发展、转化其功能。

（8）长寿命。设置有利于产品生命延长的结构装置，使其可长期使用。

## 二、产品生命周期评估

CGEM 模型的第二层绿色设计生命周期评估，针对的是“原料—生产—流通—使用—再使用—循环再生—废弃”的整个流程。在产品生命周期评估中，设计师起着主导作用，如图 5.15 所示。

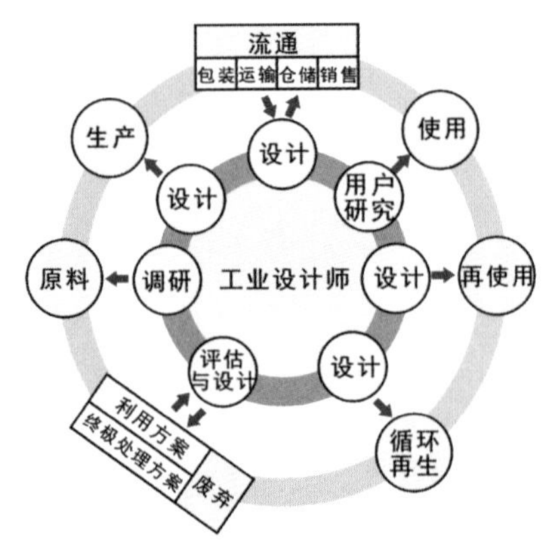


图 5.15 以工业设计师为主导的产品生命周期评估

其具体内容表述如下：

（1）原料。设计师参与调研，选择实现产品目标的原料。

（2）生产。采取设计优先的原则，事前设计好生产的各个环节。

（3）流通。包括包装、运输、仓储和销售等环节。

（4）使用。进行用户研究。

（5）再使用。经过再设计后的产品。

（6）循环再生。某些零部件可以再利用则进行再次设计。

（7）废弃。可回收产品设计评估利用方案，不能再次利用的产品则为其设计适合的终极处理方案。

### 三、绿色设计 5 个革新阶段

CGEM 模型的最里层是由绿色设计的 5 个革新阶段组成的，即“改善—再设计—功能革新—系统革新—生活方式革新”（详情参看本章第一节相关内容，这里不再赘述）。

通过以上绿色设计的评价，先应衡量其产品生命周期中对生态设计技术要素的运用情况，再应根据其产品革新阶段来分析。

如果产品在前面所说的技术要素、产品生命周期、革新阶段的 3 个要素中，如果任何一个方面显示出明显优势，则该产品即可以被认为是环境协调性产品，或者说实现了绿色设计。

## 小结

本章从 3 个方面阐述了绿色设计评价标准的目的、重要性及如何进行产品的生态表现评价。从生态的视角提出绿色设计技术要求，从文化视角提出绿色设计彰显的文化内涵，从社会视角提出了绿色设计对社会发展所起的作用，从而归纳总结出的绿色设计评价模型是对过去传统评价方式的创新性发展。

截至 2019 年 3 月 13 日，工业和信息化部更新了《绿色设计产品标准清单》，这些国家标准还将在各行各业不断进行扩充。随着社会的不断进步，绿色文化逐步深入人们的生活，人们对绿色设计的评价标准也应该与时俱进，不断更新与完善。

## 附录 1

国务院办公厅关于建立统一的

绿色产品标准、认证、标识体系的意见

国办发〔2016〕86 号

各省、自治区、直辖市人民政府，国务院各部委、各直属机构：

健全绿色市场体系，增加绿色产品供给，是生态文明体制改革的重要组成部分。建立统一的绿色产品标准、认证、标识体系，是推动绿色低碳循环发展、培育绿色市场的必然要求，是加强供给侧结构性改革、提升绿色产品供给质量和效率的重要举措，是引导产业转型升级、提升中国制造竞争力的紧迫任务，是引领绿色消费、保障和改善民生的有效途径，是履行国际减排承诺、提升我国参与全球治理制度性话语权的现实需要。为贯彻落实《生态文明体制改革总体方案》，建立统一的绿色产品标准、认证、标识体系，经国务院同意，现提出以下意见。

## 一、总体要求

（一）指导思想。以党的十八大和十八届三中、四中、五中、六中全会精神为指导，按照“五位一体”总体布局、“四个全面”战略布局和党中央、国务院决策部署，牢固树立创新、协调、绿色、开放、共享的发展理念，以供给侧结构性改革为战略基点，充分发挥标准与认证的战略性、基础性、引领性作用，创新生态文明体制机制，增加绿色产品有效供给，引导绿色生产和绿色消费，全面提升绿色发展质量和效益，增强社会公众的获得感。

（二）基本原则。

坚持统筹兼顾，完善顶层设计。着眼生态文明建设总体目标，统筹考虑资源环境、产业基础、消费需求、国际贸易等因素，兼顾资源节约、环境友好、消费友好等特性，制定基于产品全生命周期的绿色产品标准、认证、标识体系建设一揽子解决方案。

坚持市场导向，激发内生动力。坚持市场化的改革方向，处理好政府与市场的关系，充分发挥标准化和认证认可对于规范市场秩序、提高市场效率的有效作用，通过统一和完善绿色产品标准、认证、标识体系，建立并传递信任，激发市场活力，促进供需有效对接和结构升级。

坚持继承创新，实现平稳过渡。立足现有基础，分步实施，有序推进，合理确定市场过渡期，通过政府引导和市场选择，逐步淘汰不适宜的制度，实现绿色产品标准、认证、标识整合目标。

坚持共建共享，推动社会共治。发挥各行业主管部门的职能作用，推动政、产、学、研、用各相关方广泛参与，分工协作，多元共治，建立健全行业采信、信息公开、社会监督等机制，完善相关法律法规和配套政策，推动绿色产品标准、认证、标识在全社会使用和采信，共享绿色发展成果。

坚持开放合作，加强国际接轨。立足国情实际，遵循国际规则，充分借鉴国外先进经验，深化国际合作交流，维护我国在绿色产品领域的发展权和话语权，促进我国绿色产品标准、认证、标识的国际接轨、互认，便利国际贸易和合作交往。

（三）主要目标。按照统一目录、统一标准、统一评价、统一标识的方针，将现有环保、节能、节水、循环、低碳、再生、有机等产品整合为绿色产品，到2020年，初步建立系统科学、开放融合、指标先进、权威统一的绿色产品标准、认证、标识体系，健全法律法规和配套政策，实现一类产品、一个标准、一个清单、一次认证、一个标识的体系整合目标。绿色产品评价范围逐步覆盖生态环境影响大、消费需求旺、产业关联性强、社会关注度高、国际贸易量大的产品领域及类别，绿色产品市场认可度和国际影响力不断扩大，绿色产品市场份额和质量效益大幅提升，绿色产品供给与需求失衡现状有效扭转，消费者的获得感显著增强。

## 二、重点任务

（四）统一绿色产品内涵和评价方法。基于全生命周期理念，在资源获取、生产、销售、使用、处置等产品生命周期各阶段中，绿色产品内涵应兼顾资源能源消耗少、污染物排放低、低毒少害、易回收处理和再利用、健康安全和质量品质高等特征。采用定量与定性评价相结合、产品与组织评价相结合的方法，统筹考虑资源、能源、环境、品质等属性，科学确定绿色产品评价的关键阶段和关键指标，建立评价方法与指标体系。

（五）构建统一的绿色产品标准、认证、标识体系。开展绿色产品标准体系顶层设计和系统规划，充分发挥各行业主管部门的职能作用，共同编制绿色产品标准体系框架和标准明细表，统一构建以绿色产品评价标准子体系为牵引、以绿色产品的产业支撑标准子体系为辅助的绿色产品标准体系。参考国际实践，建立符合中国国情的绿色产品认证与标识体系，统一制定认证实施规则和认证标识，并发布认证标识使用管理办法。

（六）实施统一的绿色产品评价标准清单和认证目录。质检总局会同有关部门统一发布绿色产品标识、标准清单和认证目录，依据标准清单中的标准组织开展绿色产品认证。组织相关方对有关国家标准、行业标准、团体标准等进行评估，适时纳入绿色产品评价标准清单。会同有关部门建立绿色产品认证目录的定期评估和动态调整机制，避免重复评价。

（七）创新绿色产品评价标准供给机制。优先选取与消费者吃、穿、住、用、行密切相关的生活资料、终端消费品、食品等产品，研究制定绿色产品评价标准。充分利用市场资源，鼓励学会、协会、商会等社会团体制定技术领先、市场成熟度高的绿色产品评价团体标准，增加绿色产品评价标准的市场供给。

（八）健全绿色产品认证有效性评估与监督机制。推进绿色产品信用体系建设，严格落实生产者对产品质量的主体责任、认证实施机构对检测认证结果的连带责任，对严重失信者建立联合惩戒机制，对违法违规行为的责任主体建立黑名单制度。运用大数据技术完善绿色产品监管方式，建立绿色产品评价标准和认证实施效果的指标量化评估机制，加强认证全过程信息采集和信息公开，使认证评价结果及产品公开接受市场检验和社会监督。

（九）加强技术机构能力和信息平台建设。建立健全绿色产品技术支撑体系，加强标准和合格评定能力建设，开展绿色产品认证检测机构能力评估和资质管理，培育一批绿色产品标准、认证、检测专业服务机构，提升技术能力、工作质量和服务水平。建立统一的绿色产品信息平台，公开发布绿色产品相关政策法规、标准清单、规则程序、产品目录、实施机构、认证结果及采信状况等信息。

（十）推动国际合作和互认。围绕服务对外开放和“一带一路”建设战略，推进绿色产品标准、认证认可、检验检测的国际交流与合作，开展国内外绿色产品标准比对分析，积极参与制定国际标准和合格评定规则，提高标准一致性，推动绿色产品认证与标识的国际互认。合理运用绿色产品技术贸易措施，积极应对国外绿色壁垒，推动我国绿色产品标准、认证、标识制度走出去，提升我国参与相关国际事务的制度性话语权。

## 三、保障措施

（十一）加强部门联动配合。建立绿色产品标准、认证与标识部际协调机制，成员单位包括质检、发展改革、工业和信息化、财政、环境保护、住房城乡建设、交通运输、水利、农业、商务等有关部门，统筹协调绿色产品标准、认证、标识相关政策措施，形成工作合力。

（十二）健全配套政策。落实对绿色产品研发生产、运输配送、消费采购等环节的财税金融支持政策，加强绿色产品重要标准研制，建立绿色产品标准推广和认证采信机制，支持绿色金融、绿色制造、绿色消费、绿色采购等政策实施。实行绿色产品领跑者计划。研究推行政府绿色采购制度，扩大政府采购规模。鼓励商品交易市场扩大绿色产品交易、集团采购商扩大绿色产品采购，推动绿色市场建设。推行生产者责任延伸制度，促进产品回收和循环利用。

（十三）营造绿色产品发展环境。加强市场诚信和行业自律机制建设，各职能部门协同加强事中事后监管，营造公平竞争的市场环境，进一步降低制度性交易成本，切实减轻绿色产品生产企业负担。各有关部门、地方各级政府应结合实际，加快转变职能和管理方式，改进服务和工作作风，优化市场环境，引导加强行业自律，扩大社会参与，促进绿色产品标准实施、认证结果使用与效果评价，推动绿色产品发展。

（十四）加强绿色产品宣传推广。通过新闻媒体和互联网等渠道，大力开展绿色产品公益宣传，加强绿色产品标准、认证、标识相关政策解读和宣传推广，推广绿色产品优秀案例，传播绿色发展理念，引导绿色生活方式，维护公众的绿色消费知情权、参与权、选择权和监督权。

国务院办公厅

2016 年 11 月 22 日

# 附录 2

关于批准发布

《绿色产品评价　人造板和木质地板》等 13 项国家标准的公告

国家市场监督管理总局、国家标准化管理委员会批准《绿色产品评价　人造板和木质地板》等 13 项国家标准，现予以公布（见附件）。

国家市场监督管理总局　国家标准化管理委员会

2017 年 12 月 8 日

附件：

| 序号 | 标准号 | 标准名称 | 实施日期 |
| --- | --- | --- | --- |
| 1 | GB/T 35601-2017 | 《绿色产品评价 人造板和木质地板》 | 2018-07-01 |
| 2 | GB/T 35602-2017 | 《绿色产品评价 涂料》 | 2018-07-01 |
| 3 | GB/T 35603-2017 | 《绿色产品评价 卫生陶瓷》 | 2018-07-01 |
| 4 | GB/T 35604-2017 | 《绿色产品评价 建筑玻璃》 | 2018-07-01 |
| 5 | GB/T 35605-2017 | 《绿色产品评价 墙体材料》 | 2018-07-01 |
| 6 | GB/T 35606-2017 | 《绿色产品评价 太阳能热水系统》 | 2018-07-01 |
| 7 | GB/T 35607-2017 | 《绿色产品评价 家具》 | 2018-07-01 |
| 8 | GB/T 35608-2017 | 《绿色产品评价 绝热材料》 | 2018-07-01 |
| 9 | GB/T 35609-2017 | 《绿色产品评价 防水与密封材料》 | 2018-07-01 |
| 10 | GB/T 35610-2017 | 《绿色产品评价 陶瓷砖（板）》 | 2018-07-01 |
| 11 | GB/T 35611-2017 | 《绿色产品评价 纺织产品》 | 2018-07-01 |
| 12 | GB/T 35612-2017 | 《绿色产品评价 木塑制品》 | 2018-07-01 |
| 13 | GB/T 35613-2017 | 《绿色产品评价 纸和纸制品》 | 2018-07-01 |

# 附录 3

绿色设计产品标准清单

（截至 2019 年 3 月 13 日）

为落实《工业和信息化部办公厅关于开展绿色制造体系建设的通知》（工信厅节函〔2016〕586 号）要求，推动绿色设计产品评价工作，现将评价依据的标准公布如下，后续将根据工作进展情况，不定期更新标准清单。

| 序号 | 标准名称 | 标准编号 |
| --- | --- | --- |
| 1 | 《生态设计产品评价通则》 | GB/T 32161-2015 |
| 2 | 《生态设计产品标识》 | GB/T 32162-2015 |
| 3 | 《生态设计产品评价规范 第 1 部分：家用洗涤剂》 | GB/T 32163.1-2015 |
| 4 | 《生态设计产品评价规范 第 2 部分：可降解塑料》 | GB/T 32163.2-2015 |
| 5 | 《绿色设计产品评价技术规范 房间空气调节器》 | T/CAGP 0001-2016，T/CAB 0001-2016 |
| 6 | 《绿色设计产品评价技术规范 电动洗衣机》 | T/CAGP 0002-2016，T/CAB 0002-2016 |

续表

| 序号 | 标准名称 | 标准编号 |
| --- | --- | --- |
| 7 | 《绿色设计产品评价技术规范 家用电冰箱》 | T/CAGP 0003−2016,<br>T/CAB 0003−2016 |
| 8 | 《绿色设计产品评价技术规范 吸油烟机》 | T/CAGP 0004−2016,<br>T/CAB 0004−2016 |
| 9 | 《绿色设计产品评价技术规范 家用电磁灶》 | T/CAGP 0005−2016,<br>T/CAB 0005−2016 |
| 10 | 《绿色设计产品评价技术规范 电饭锅》 | T/CAGP 0006−2016,<br>T/CAB 0006−2016 |
| 11 | 《绿色设计产品评价技术规范 储水式电热水器》 | T/CAGP 0007−2016,<br>T/CAB 0007−2016 |
| 12 | 《绿色设计产品评价技术规范 空气净化器》 | T/CAGP 0008−2016,<br>T/CAB 0008−2016 |
| 13 | 《绿色设计产品评价规范 纯净水处理器》 | T/CAGP 0009−2016,<br>T/CAB 0009−2016 |
| 14 | 《绿色设计产品评价技术规范 卫生陶瓷》 | T/CAGP 0010−2016,<br>T/CAB 0010−2016 |
| 15 | 《绿色设计产品评价技术规范 商用电磁灶》 | T/CAGP 0017−2017,<br>T/CAB 0017−2017 |
| 16 | 《绿色设计产品评价技术规范 商用厨房冰箱》 | T/CAGP 0018−2017,<br>T/CAB 0018−2017 |
| 17 | 《绿色设计产品评价技术规范 商用电热开水器》 | T/CAGP 0019−2017,<br>T/CAB 0019−2017 |
| 18 | 《绿色设计产品评价技术规范 生活用纸》 | T/CAGP 0020−2017,<br>T/CAB 0020−2017 |
| 19 | 《绿色设计产品评价技术规范 智能坐便器》 | T/CAGP 0021−2017,<br>T/CAB 0021−2017 |
| 20 | 《绿色设计产品评价技术规范 铅酸蓄电池》 | T/CAGP 0022−2017,<br>T/CAB 0022−2017 |
| 21 | 《绿色设计产品评价技术规范 标牌》 | T/CAGP 0023−2017,<br>T/CAB 0023−2017 |
| 22 | 《绿色设计产品评价技术规范 丝绸(蚕丝)制品》 | T/CAGP 0024−2017,<br>T/CAB 0024−2017 |
| 23 | 《绿色设计产品评价技术规范 羊绒针织制品》 | T/CAGP 0025−2017,<br>T/CAB 0025−2017 |
| 24 | 《绿色设计产品评价技术规范 光网络终端》 | YDB 192−2017 |
| 25 | 《绿色设计产品评价技术规范 以太网交换机》 | YDB 193−2017 |
| 26 | 《绿色设计产品评价技术规范 电水壶》 | T/CEEIA 275−2017 |
| 27 | 《绿色设计产品评价技术规范 扫地机器人》 | T/CEEIA 276−2017 |
| 28 | 《绿色设计产品评价技术规范 新风系统》 | T/CEEIA 277−2017 |

续表

| 序号 | 标准名称 | 标准编号 |
| --- | --- | --- |
| 29 | 《绿色设计产品评价技术规范 智能马桶盖》 | T/CEEIA 278−2017 |
| 30 | 《绿色设计产品评价技术规范 室内加热器》 | T/CEEIA 279−2017 |
| 31 | 《绿色设计产品评价技术规范 水性建筑涂料》 | T/CPCIF 0001−2017 |
| 32 | 《绿色设计产品评价规范 厨房厨具用不锈钢》 | T/SSEA 0010−2018 |
| 33 | 《绿色设计产品评价技术规范 锂离子电池》 | T/CEEIA 280−2017 |
| 34 | 《绿色设计产品评价技术规范 打印机及多功能一体机》 | T/CESA 1017−2018 |
| 35 | 《绿色设计产品评价技术规范 电视机》 | T/CESA 1018−2018 |
| 36 | 《绿色设计产品评价技术规范 微型计算机》 | T/CESA 1019−2018 |
| 37 | 《绿色设计产品评价技术规范 智能终端 平板电脑》 | T/CESA 1020−2018 |
| 38 | 《绿色设计产品评价技术规范 汽车产品 M1 类传统能源车》 | TCMIF 16−2017 |
| 39 | 《绿色设计产品评价技术规范 移动通信终端》 | YDB 194−2017 |
| 40 | 《绿色设计产品评价技术规范 稀土钢》 | T/CAGP 0026−2018,<br>T/CAB 0026−2018 |
| 41 | 《绿色设计产品评价技术规范 铁精矿(露天开采)》 | T/CAGP 0027−2018,<br>T/CAB 0027−2018 |
| 42 | 《绿色设计产品评价技术规范 烧结钕铁硼永磁材料》 | T/CAGP 0028−2018,<br>T/CAB 0028−2018 |
| 43 | 《绿色设计产品评价技术规范 金属切削机床》 | T/CMIF 14−2017 |
| 44 | 《绿色设计产品评价技术规范 装载机》 | T/CMIF 15−2017 |
| 45 | 《绿色设计产品评价技术规范 内燃机》 | T/CMIF 16−2017 |
| 46 | 《绿色设计产品评价技术规范 锑锭》 | T/CNIA 0004−2018 |
| 47 | 《绿色设计产品评价技术规范 稀土湿法冶炼分离产品》 | T/CNIA 0005−2018 |
| 48 | 《绿色设计产品评价技术规范 汽车轮胎》 | TCPCIF/0011−2018 |
| 49 | 《绿色设计产品评价技术规范 复合肥料》 | TCPCIF/0012−2018 |
| 50 | 《绿色设计产品评价技术规范 电动工具》 | T/CEEIA 296−2017 |
| 51 | 《绿色设计产品评价技术规范 家用及类似场所用过电流保护断路器》 | T/CEEIA 334−2018 |
| 52 | 《绿色设计产品评价技术规范 塑料外壳式断路器》 | T/CEEIA 335−2018 |
| 53 | 《绿色设计产品评价技术规范 涤纶磨毛印染布》 | T/CAGP 0030−2018,<br>T/CAB 0030−2018 |
| 54 | 《绿色设计产品评价技术规范 核电用不锈钢仪表管》 | T/CAGP 0031−2018,<br>T/CAB 0031−2018 |
| 55 | 《绿色设计产品评价技术规范 盘管蒸汽发生器》 | T/CAGP 0032−2018,<br>T/CAB 0032−2018 |
| 56 | 《绿色设计产品评价技术规范 真空热水机组》 | T/CAGP 0033−2018,<br>T/CAB 0033−2018 |

续表

| 序号 | 标准名称 | 标准编号 |
|---|---|---|
| 57 | 《绿色设计产品评价技术规范 户外多用途面料》 | T/CAGP 0034—2018，T/CAB 0034—2018 |
| 58 | 《绿色设计产品评价技术规范 片式电子元器件用纸带》 | T/CAGP 0041—2018，T/CAB 0041—2018 |
| 59 | 《绿色设计产品评价技术规范 滚筒洗衣机用无刷直流电动机》 | T/CAGP 0042—2018，T/CAB 0042—2018 |
| 60 | 《绿色设计产品评价技术规范 聚酯涤纶》 | T/CNTAC 33—2019 |
| 61 | 《绿色设计产品评价技术规范 巾被织物》 | T/CNTAC 34—2019 |
| 62 | 《绿色设计产品评价技术规范 皮服》 | T/CNTAC 35—2019 |
| 63 | 《绿色设计产品评价技术规范 投影机》 | T/CESA 1032—2019 |
| 64 | 《绿色设计产品评价技术规范 金属化薄膜电容器》 | T/CESA 1033—2019 |
| 65 | 《绿色设计产品评价技术规范 钢塑复合管》 | T/CISA 104—2018 |
| 66 | 《绿色设计产品评价技术规范 叉车》 | TCMIF 48—2019 |

# 第六章

# 绿色设计教育体系构建

绿色生活是一种适应可持续发展的崭新生活方式，是人们在绿色意识觉醒后的主动选择。这种选择的最终实现必须要建立在由绿色经济、绿色政治、绿色文化等领域构成的绿色社会体系基础之上。要为绿色生活创造客观条件，打造好扎实的绿色生活社会基础，就必须要有充足的绿色专业人才储备，并拥有一大批具备一定绿色理念和生态环保知识的青少年。他们将成为绿色生活方式的践行者，成为绿色发展的参与者，成为绿色专业人才的后备军。系统地建立从中小学绿色基础教育到高校的专业绿色教育，再到针对社会公众教育的绿色知识教育培养体系，一方面，可为我国绿色发展提供智力与技术支持；另一方面，通过这种多层次的绿色文化传播，向广大民众宣传普及绿色生活常识，创造良好的绿色社会文化氛围，可让绿色生活方式更加深入人心，成为广大民众普遍认可和向往的生活方式。这在国家绿色发展进程中具有不可替代的重要作用。

人才培养须通过不同的有针对性的教育手段，根据受教者的年龄、职业特性、受教育目的等差异，将绿色培养教育分为基础教育、专业教育、公众教育 3 种。基础教育主要是指中小学教育，在人们接受知识的最初阶段就将生态思想、绿色发展的理念等贯彻于其中，使青少年从小就接受正确的生态环境价值观影响；专业教育则是在基础教育的基础上培养受教育者的专业技能，为绿色发展提供设计、管理、和研究人才，推动绿色发展的持续进步；公众教育也是社会教育，主要通过大众媒体传播绿色文化，在全社会树立绿色发展的价值观念和传播的行动方法，创造绿色发展社会氛围。

本章从环保理念如何渗透到中小学教育和高校专业教育中，如何进行绿色设计专门人才培养，如何开展针对大众的绿色环保文化的普及工作等论述，为建立起绿色设计教育体系提出了全面的规划。

## 第一节

## 基础教育：培养环保意识的基础阵地——中小学环境教育体系

较长时间以来，我国一直受到生态问题的困扰，为了推动社会全面可持续发展，加强环境教育已势在必行。中小学环境教育是提高全民环境意识，培养绿色人才的基础，抓好中小学环境教育是开展全民环境教育的关键。中小学学生是未来的建设者、参与者，他们良好的环境意识的形成，将在我国生态环境保护和绿色发展进程中发挥出巨大的推动作用。

## 一、我国中小学环境教育的发展

1972年，中国参加了在瑞典斯德哥尔摩召开的“联合国人类环境会议”，自此中国政府对环境问题的关注成为环境教育起步的基础。1983年，第二次全国环境保护工作会议召开，将“环境保护”列为我国的基本国策，同时强调环境教育是发展环境保护事业的一项基本工程。1987年，国家教育委员会（现教育部）颁布教学大纲，强调小学和初中要通过相关学科教育和课外活动、开设讲座等形式进行能源、环境保护和自然生态的渗透教学，有条件的小学和初中开设了选修课。1992年，国家教育委员会（现教育部）颁布新大纲明确提出在相关学科教学内容中要讲授环境保护知识。2001年6月，国务院颁布的《国务院关于基础教育改革与发展的决定》强调环境教育是现代素质教育的基本内容之一。2011年，由环境保护部（现生态环境部）等六部委联合发布的《全国环境宣传教育行动纲要（2011—2015年）》要求：“加强基础教育、高等教育阶段的环境教育和行业职业教育，推动将环境教育纳入国民素质教育的进程。强化基础阶段环境教育，在相关课程中渗透环境教育的内容，鼓励中小学开办各种形式的环境教育课堂。”尽管国家教育委员会（现教育部）、环境保护部（现生态环境部）等部委为中小学普及环境教育多次举行相关工作会议，并印发关于环境教育的通知文件，但是至目前为止仍收效甚微。现在，我国中小学环境教育还处于“试点”探索阶段，尚未在全国范围深入推广。我国中小学环境教育在环境教育教材、教育措施、教育实践活动等方面相较于发达国家都比较缺失，因此，我国中小学环境教育的发展任重道远。

## 二、构建我国中小学环境教育体系的重要性

随着经济的高速发展，人类改造自然的能力也随之加强，过度追求发展速度和经济效益致使许多不可再生资源被过度开发使用，因此生态恢复举步维艰，生态环境问题日益严峻。另外，我国针对广大民众的环境教育严重缺失，导致公众环境知识不全面，对我国环境状况缺乏充分的认识，环境道德意识薄弱，参与环境保护活动的综合水平能力有限；而且，环境道德意识素质较低，与环境相关的不文明现象，如随地吐痰、乱扔垃圾、损坏公共设施、在公共场所大声喧哗等“环保乱象”时常发生。这些“环保乱象”不仅影响我国环境的可持续发展，而且部分民众的“环保乱象”在世界各地也经常遭受非议，有损我国民众甚至国家的形象。所以，对我国而言，发展、推广环境教育既对全面提高国民的环境意识和素养具有非常重要的作用，同时也是我国推动可持续发展的重要措施。从夯实绿色发展社会基础的角度考量，我国国民的环境知识、环境意识、环境重视都有待提高，这也凸显了我国生态环境教育严重滞后，应该引起全社会的高度重视。

## 三、国外环境教育成功的亮点是大力推进中小学环境教育发展

### （一）日本中小学全面细致的“垃圾课程”实施策略

日本人民的环境知识和环境素养被国际社会普遍认同，这与日本长期以来的学校环境教育密不可分。日本环境教育的有效实施，一方面取决于政府对环境教育的重视，将环境教育内容渗透到不同学科的教学中；另一方面则是针对不同年龄阶段的学生开展形式内容有所区分的环境教学内容。日本小学教育在教学实践中开展趣味性强、参与度高的环境教育活动，中学教育培养学生环境调查能力和基础的环境检测技术，从而形成全民的综合性环保素养。

日本中小学开设的垃圾课程，课程中所用的教材均由环保再生纸制作；课堂使用的课桌椅、黑板等教学设施都是废物回收利用创新制作而成；课程中放映与垃圾有关的趣味性强、形象生动的环境教育动画片；教师带领学生走出校园，参观垃圾处理厂，对垃圾的处理过程有一个直观的认识；设立全面细致的垃圾分类处理及再利用课程（图 6.1），包括垃圾分类、公共垃圾桶的状况、分类垃圾的去处、可燃垃圾的处理流程、垃圾处理工艺、家庭垃圾的收集时间等内容。烦琐的垃圾分类给日本带来了丰厚回报，通过垃圾分类的实施，日本处理垃圾的总量逐年锐减、可再生资源被分类回收、不可再生的垃圾被埋藏或用于焚烧发电；除了报刊、纸板箱、塑料饮料瓶等成分相对单一的可再生资源外，电子产品会被解体，以回收其中的贵金属等可用资源；废弃食用油被加工制成生物燃料；等等。

图 6.1　日本中小学垃圾分类处理及再利用课程

### （二）美国环境教育法指导下的中小学分级环境教育

美国完善的法制体系是其政策实施的保障。1970 年，美国颁布世界第一部《环境教育法》，到 1990 年《国家环境教育法》的实施，美国通过有效的法律手段保障并促进环境教育实施与发展。《国家环境教育法》提出，对美国的中小学环境教育实施具有针对性的分阶段培养目标和任务（图 6.2）。

图 6.2 美国《国家环境教育法》的分级环境教育方针

（1）幼儿园到小学四年级阶段，属于学校教育中的低年级阶段。该阶段学生充满了对自然环境的好奇心与探索欲，针对这一阶段的学生特点，培养学生提出环境问题，通过收集相关资料分析环境知识，制订简单易懂的环境调查方案计划的技能。

（2）五年级到八年级阶段，属于学校教育中的中年级阶段。该阶段学生已具备一定的抽象思维和创新思维，针对这一阶段的学生特点，环境教育的内容主要围绕学生总结环境问题展开。

（3）九年级到十二年级阶段，属于学校教育中的高年级阶段。对该阶段学生的环境教育提出更高的要求，主要培养学生良好的综合环境素质，提高学生对环境活动的积极参与和责任感。

## 四、中国古代生态文化理念是我国环境教育的基础

“道法自然”的哲学思想提出“人法地，地法天，天法道，道法自然”，即万事万物的运行法则都需要遵循自然规律。“道”包含自然之道、社会之道、人为之道。当我们顺应“道法”而为时，就会与外界和谐相处；当我们违背“道法”而为时，就会与外界抵触矛盾。将“道法自然”的古代生态理念引入中小学环境教育观念之中，可以培养学生基本的生态环境认知观念，使其懂得人类的发展为什么必须要顺应自然规律的道理。

“天人合一”的哲学思想最早是由庄子进行阐述，汉代思想家董仲舒在此基础上发展为“天人合一”的哲学思想体系，诠释出人与自然相互影响的关系，强调人与自然、人与人的和谐统一。中国古代“天人合一”的思想主要思考的是人与自然之间的道德关系。以崇尚自然为基本精神的中国传统文化蕴含深刻的自然生态观，为环境教育提供了哲学基础理念和可以借鉴的丰富思想观念资源及人文背景支撑。

## 五、中小学校应成为传授环境教育的主要渠道

学校是传播人类精神财富、培养青少年环境意识和参与能力的重要场所。学校对环境

问题和可持续发展思想的认识和理解，不仅影响着教师和学生的环境素养的培养、学校环境设施的改善，而且通过学生带动家庭、通过家庭带动社区、通过社区带动民众广泛的保护环境行动，可促进学生、教师、学校、社区、政府、企事业单位和民间团体的多方合作，为环境教育体系结成广泛的群众基础。学校作为社会大众参与环境保护与可持续发展行动的起点，也是传授环境教育的主要渠道。

### （一）校园环境的精神文化建设

学校应将可持续发展的环境教育思想渗透到学校的日常管理与精神文化建设的各个方面：从学校环境管理方面实行节水、节电、节纸、垃圾减量及废物回收利用，妥善处理校园污染物，推行绿色消费等有益于环境可持续的行动和学校管理制度；减少污染物的产生，以此保障师生的安全、卫生和健康要求；制定以围绕生态环境为主题的“校风、校训”，使“热爱自然、爱护环境”的环境意识深入人心，寓教育于环境之中；开展“生态校园、绿色校园、和谐校园”的环境教育活动，强化学生的环境意识，实现校园环境教育的精神文化建设。

### （二）校园环境的基础设施建设

在学校环境教育实施中，不仅要注重校园精神文化建设，而且要加强校园环境基础设施建设。环境教育的软件与硬件建设相互影响，形成一个多层次的有机校园环境体系。

（1）建立“绿化校园”。从整体环境规划校园的建设，实施在校园中种植各类树木的环境计划，并对校园的花草、树木布局进行因地制宜的调整，提高校园中植物群落的合理规划布局，使校园绿化覆盖率达到国家标准。

（2）建立“美丽校园”。开展校园环境整体治理行动、美化校园环境课外活动，在校园内设立环保标语牌，悬挂围绕环保主题的宣传图片、宣传插画，增设环保宣传专栏，营造校园内“处处环保”氛围。

（3）建立“净化校园”。做好学校环境卫生建设，设立合理的分类垃圾桶，做到校园净化，设立废旧电池的回收站点等，使教室整洁、宿舍卫生、厕所清洁卫生符合相关标准。

## 六、构建中小学环境教育课程体系

中小学环境教育具有跨学科、综合性的特点。针对中小学阶段的环境教育，首先，要注重中小学生的环境意识培养；其次，将生态环境教育内容有机融入中小学课程体系中，开展丰富多样的学校环境保护教育活动，循序渐进、多渠道地进行中小学环境教育。

### （一）多学科渗透环境教育教学课程

在我国第八次基础教育课程改革中，将环境教育正式纳入中小学课程。这为环境教育在中小学的开展提供了政策和机制上的保证，可树立学生可持续发展的观念，促使学生关心身边的环境问题。学校应依据环境教育的特点，结合教育部对基础教育改革的基本思路和教学大纲、课程标准的要求，将环境教育融入不同学科的教学课程中，以加强环境教育教学在各学科知识的渗透。充分发挥环境教育综合性和实践性，为中小学教学中设立的综合实践课和研究性学习提供课程安排，拓展环境教育的空间和教育的形式，增加环境教育的实践内容，培养学生创新精神和实践能力。

### （二）环境教育课外、校外和社区活动

《国务院关于基础教育改革与发展的决定》第18条指出："丰富多彩的教育活动和社会实践活动是中小学德育的重要载体。小学以生动活泼的课内外教育教学活动为主，中学要加强社会实践环节。中小学校要设置多种服务岗位，让更多学生得到实践锻炼的机会。要将青少年校外活动场所建设纳入社区建设规划。"提出不同学龄阶段科普教育目标中有关环境教育内容的要求，根据学生现有知识，组织以学生为中心、围绕生活常见的环境现象和问题、以解决问题为导向的多种环境教育实践活动，促进学生环境道德和环保行为的养成。

### （三）单独开设的环境教育课程

单独开设的环境教育课程，如课程中的环境教育专题课、选修课，可以使学生从自然生态、社会生活、经济与技术、决策与参与等各个方面，对环境问题进行较全面的分析，更好地理解环境问题产生的根源，以及可以采取的对策，从而构建中小学环境教育课程体系（图6.3）。

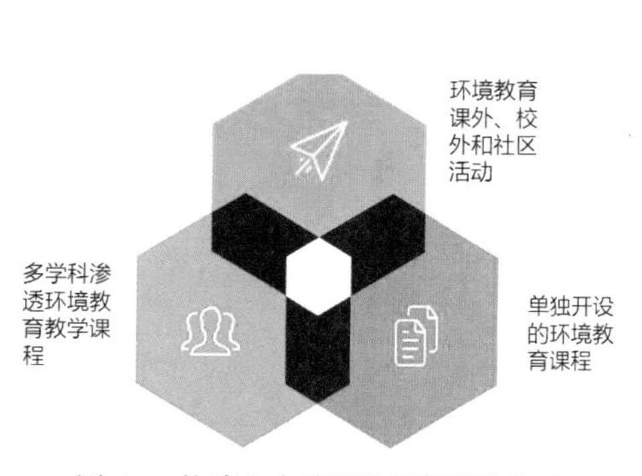


图6.3　构建中小学环境教育课程体系

## 七、注重中小学环境教育的师资培训

中小学教职员工作为环境教育的推动者，他们的环境知识和能力直接影响环境教育的整体成效。学校应积极为教职员工提供参加各种环境教育培训的机会。

针对学校行政人员、任课教师、一般职工的培训内容主要有3个方面：环境科学基础知识、环境教育的理论和教学方法、环境管理体系基本概念。环境科学基础知识是行政人员、任课教师培训的基础内容，行政人员应侧重对环境管理体系基本概念和"绿色学校"理念的理解学习，任课教师应以环境教育的理论和教学方法为培训重点，一般职工应侧重具体环保观念和安全、卫生、健康、环保、园艺等技术操作的培训。

# 第二节

# 专业教育：未来设计师的摇篮
# ——高校设计专业绿色设计教学

设计师是绿色设计具体的和最为重要的参与者和操作者，这是因为设计师是处于企业与消费者之间的工业产品中介者。产品及其生产过程的环境特性很大程度决定于设计阶段，事后的末端治理方式难以消除其业已造成的环境问题。

可见，开展“绿色设计”教育研究，培养面向未来的新时代设计专业人才在构建基于可持续发展理念的中国绿色设计体系中显得尤为重要。“绿色设计”教育主要体现在：在面向未来的高校设计教育中引入可持续发展理念与科学的生态环境价值观、行为观和设计方法，让设计者担当起应有的社会责任，同时思考怎样才能够让绿色设计理念和方法融入高校设计专业教学之中。这对于完善我国设计教育体系，使之适应可持续发展的需要具有极其重要的理论与实践价值。

党的十八大报告明确提出“推动高等教育内涵式发展”，为我们明确了高等教育发展新阶段的方向和要求。当前，我国高校的绿色设计教学体系在设计教学中严重缺失，倘若能够建立起一个“绿色设计”教学体系，培养出大批具有绿色设计意识和能力的设计专门人才，培养公众的绿色消费观，无疑对于“加强生态文明建设”，尽早实现建成“美丽中国”的宏伟计划和绿色文化的传播具有很大的应用推广意义。

## 一、构建基于可持续发展的中国绿色设计理论体系

从某种意义上说，绿色设计与可持续发展是相辅相成的，“绿色设计”概念的产生和被普遍认可是基于人类社会必须可持续发展这一现实的。而要实现社会的可持续发展，绿色设计是重要手段。

### （一）“互向价值”的讨论

总结和借鉴西方发达国家的先期研究成果和经验，中国设计价值观走过“以物为本”（即“产品”本身更受到设计的重视）、“以人为本”（即设计“为人服务”）和“以自然为本”（即“绿色设计”）这3个历史阶段。中国对绿色设计的研究是在世纪之交时才逐渐开展，而“绿色设计”与“可持续发展”两个概念之间的关系研究是教育体系中的理论基础。

#### （二）中国古代可持续思想理念

虽然“可持续发展”的概念产生于国外，但通过对中国古代哲学思想的学习，我们可以从中提炼出我国古代思想家们关于可持续发展的观点论述。

构建中国绿色设计理论体系，首先就要探索出基于可持续发展的中国绿色设计理论要素、基本研究单元及其结构。第一，从“道”（即宇宙观、价值观、人文观）、“相”（即命名、分类、表述）、“技”（即造物、营造、传习）、“法”（即法式、仪轨、规矩）4个方面展开研究；第二，要充分挖掘中国绿色设计独特的知识生产方式，改变设计研究与设计实践割裂的现状，恢复中国艺术“知行合一”的文化传统，并开展设计实践的问题研究；第三，从哲学层面为中国绿色设计体系建立核心价值观，即打破西方传统二分思维方式，重新树立中国艺术“天人合一”的核心价值观。

### 二、高校设计类专业绿色设计实践体系

#### （一）工业设计/艺术设计实践体系

（1）面向对象的设计方法体系。主要内容包括：面向环境的可持续设计体系；面向生态效益的系统设计体系；绿色设计指标体系与工具集。

（2）面向过程的运营与管理体系。主要内容包括：绿色机制与应对策略；绿色资源与成本供应；绿色设计流程管理。

（3）基于案例的协作与推广应用体系。主要内容包括：绿色设计案例分析系统；绿色设计协作网络；社会产业互动与示范推广。

#### （二）建筑规划设计/景观环艺设计实践体系

（1）可持续城市设计。主要内容包括：降低土地资源消费量；保持并增强区域自然生态环境建筑遗产的特色和多样性；增加共享设施布局，减少硬性交通要求；提高本地商品采购和服务内容；保持并增强区域地方文化传统特色。

（2）绿色建筑设计。主要内容包括：增强社会共享互动区域空间；关注建筑邻里互动共享空间；注重室内空间的灵活机动性能，增强实用性；让绿色能源走进建筑，实践绿色生活方式创新；让建筑具有区域地方文化传统特色。

（3）建筑技术革新。主要内容包括：提高建筑的模块化程度；建筑垃圾回收利用及开发再生物质建材；建筑低能耗技术；提高管线安全与维护方面的性能和便捷性；生产运输方式革新及开展施工无尘化研究；挖掘其他有利于降低资源损耗的技术。

#### （三）传统器物再设计与民艺的可持续实践体系

重点研究如何运用设计的智慧，使传统手工艺、传统器具、民间艺术能够在当今社会的生活及工作中发挥积极的作用，推动传统文化与地方经济的可持续发展，为有效解决“农村

空心社会”、解决地方传统文化枯竭和民间手工艺失传等问题进行研究性实践，梳理成功案例并使其成为可借鉴推广的方式方法。主要内容包括：传统器物与地域文化、地域生活方式的依存关系研究；传统手工艺与现代生活的互动性研究；民艺与当代设计的相遇碰撞研究。

### （四）开展绿色制造（建造）的价值与实践应用理论研究

绿色制造，顾名思义，是指以保护环境和合理高效利用资源为目的的生产模式。在产品的整个生命周期中，它要求产品生产从原材料的选择、制造工艺、生产设备、能源利用、废物产生、售后回收和处理等环节都具有环保意识，有可持续发展理念。这样的“绿色产品”在今天才能得到社会的认可，才能得到消费者的认同，才能在市场竞争中取得优势。

关于绿色制造（建造）的实践教学，主要通过开展绿色材料及绿色工艺方面的研究性实践活动（图 6.4），总结出具有应用与推广价值的案例。

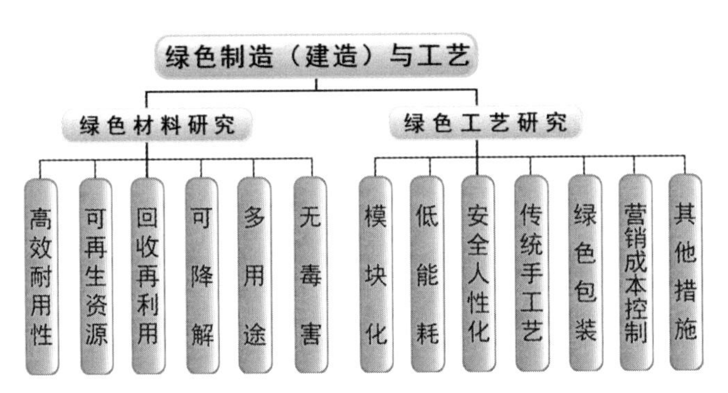


图 6.4　绿色制造（建造）与工艺研究内容 [1]

## 三、专业院校的绿色设计课程设置

绿色设计不是依赖个人或单一团队完成的设计活动。在内容上，它需要更多学科交叉融合；在方法上，必须提升设计者技术整合的创新能力。反映在教学中，则需要突破课程的局限、专业的局限。加强专业院校的绿色设计课程建设，具体可以从以下几个方面着手。

### （一）完善教学内容体系（图 6.5）

植入绿色设计内容的课程，涉及产品设计、家具设计、服务设计、交通工具设计、包装设计、交互设计、IT 通信设备设计等设计类专业。

教学内容针对的问题可概括为以下几个方面：

（1）面向市场的工业产品设计与生产。

[1]　吴菡晗．基于可持续发展的绿色设计体系构想 [J]．生态经济（学术版），2014（02）：188-191.

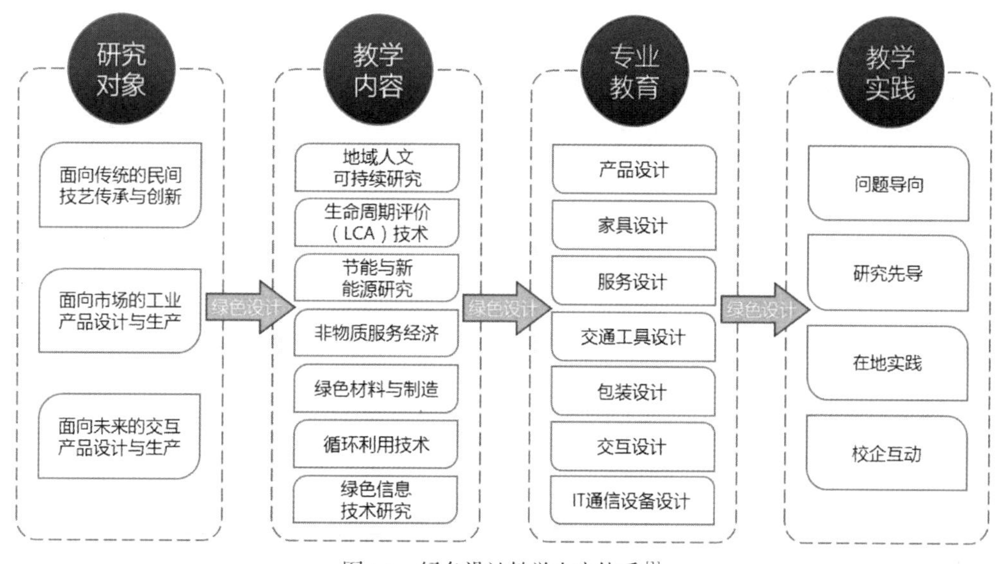

图 6.5 绿色设计教学内容体系 [1]

（2）针对资源能源的减耗增效措施。

（3）挖掘传统智慧的技艺传承与文化创新。

在具体教学中，还应以课程为依托，以企业项目为课题，以问题为导向，开展社会实践活动。

## （二）构建人才培养方法体系

（1）绿色设计教学的培养目标。通过教学培养具有绿色与可持续设计理念，满足国家实施绿色发展战略的绿色设计人才。围绕这个培养目标，开展基础知识和创新设计能力培养的教学活动。

（2）可植入可持续发展理念的教学内容。教学内容大致包括：地域人文可持续研究；生命周期评价（LCA）技术；节能与新能源研究等；无毒设计研究；绿色信息技术研究。而且，教学内容针对性强，教学实践性强，培养方法操作性强。

（3）针对教学效果的评价，可以从培养内容标准、培养方法标准、培养资源标准（师资队伍建设、平台资源、教学条件等）、成效检验标准（市场、社会等）4 个方面拟定评审标准。

将以上内容用图表直观呈现出来，参见图 6.6 所示。

[1] 吴菡晗. 基于可持续发展的绿色设计体系构想 [J]. 生态经济（学术版），2014（02）：188-191.

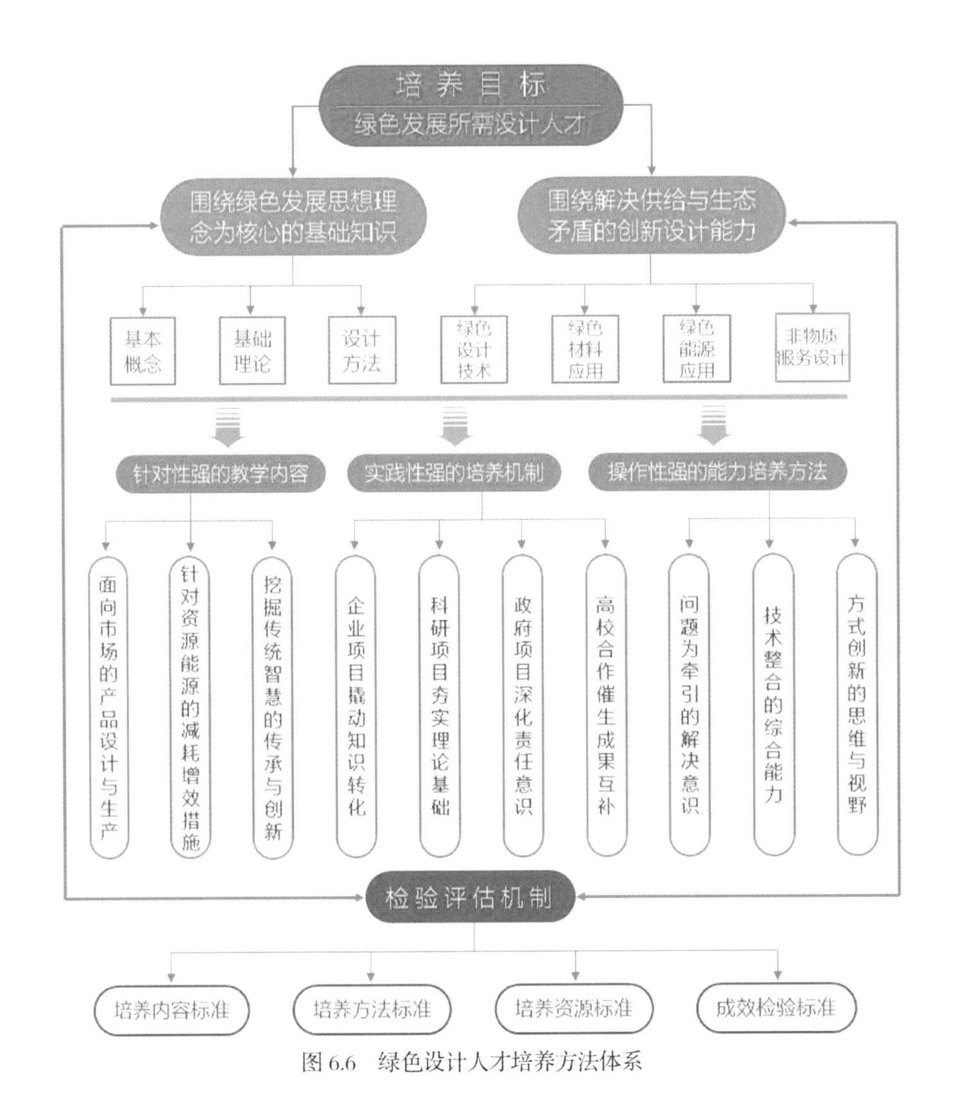


图 6.6　绿色设计人才培养方法体系

（三）搭建课程教学流程体系（图 6.7）

绿色设计基础理论、基本技能、设计实践、社会参与、成果检验、社会推广、经验总结、教学应用等环节有机地构筑成为一套可循序渐进、循环提升、教学与科研结合、理论与实践结合、教学与社会结合的教学方法。经过重新设计后的绿色设计教学，内容更加充实、教学空间外延空间更加广阔。

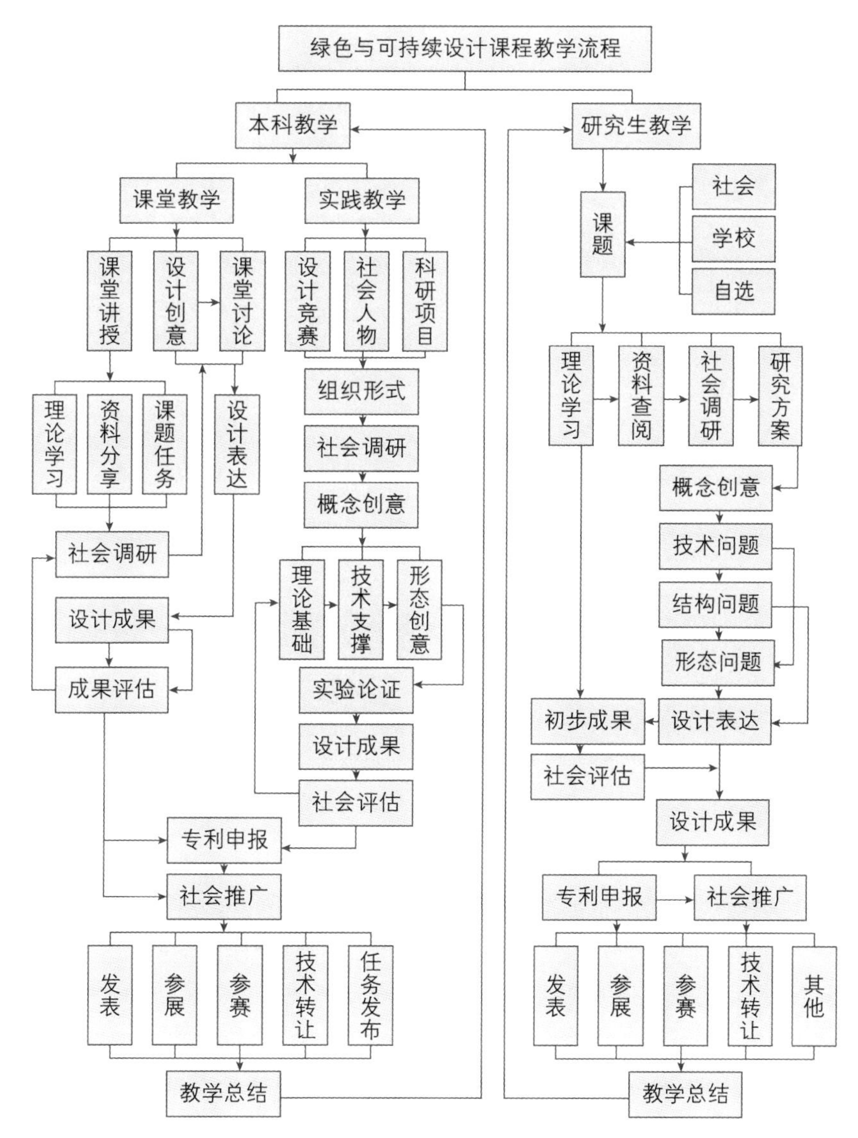


图 6.7　绿色设计课程教学流程体系

### （四）拓展教学实践平台体系（图 6.8）

绿色设计决不能局限于课堂教学，而是应该积极展开“政产学研”四位一体的教学实践，以地方政府、企业、科研项目及高校合作项目为依托，联合搭建教学实践实训平台，依托校内外平台建设拓展教学空间、拓宽教学领域深化实践内容。

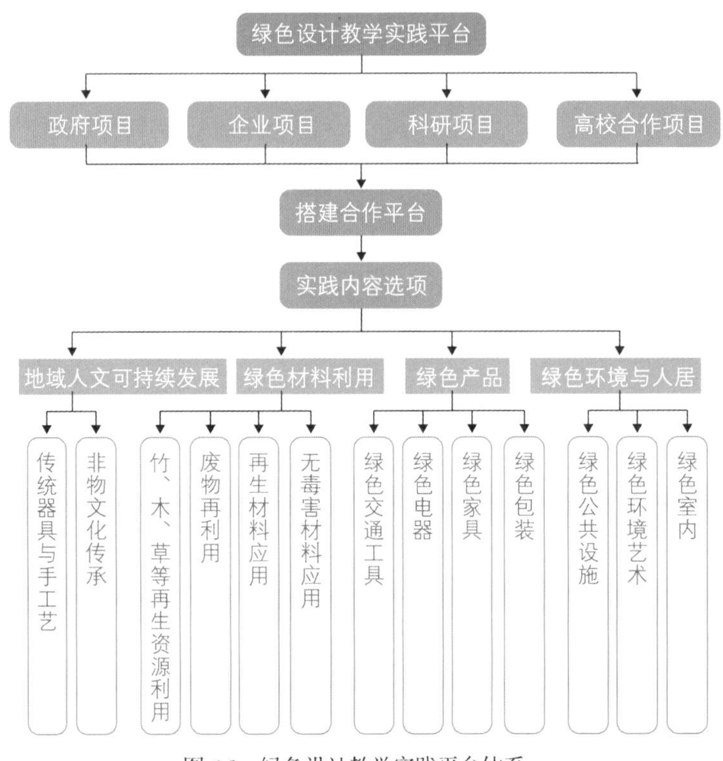


图 6.8　绿色设计教学实践平台体系

“教学实践平台体系”将解决生态环境问题作为教学核心目标，通过校内外合作平台项目在实践实训中增强学生的问题意识，培养学生用绿色设计方法解决具体问题的动手能力，探索面向不同设计对象的绿色设计教学与实践方法体系，紧密联系社会、服务地方经济。

（五）创建教学共享交流体系（图 6.9）

通过校内外实践教学平台与网络传播平台相结合的方式让有关教学与实践的专业信息更有效互通共享，以畅通对称的信息让院校中不同专业年级、不同班级和分属不同实践项目的学生能相互了解学习内容、分享经验体会；打破教室壁垒，为师生提供知识资源交互平台；促进人才培养的机制、方法、途径的转型与创新探索；同时，还能起到传播推广高校绿色设计人才培养经验成果的作用。

（六）构建高校绿色设计人才培养体系

以可持续发展作为核心教育理念，将科学的生态环境价值观、行为观和路径方法融入产品设计的基本概念、基础理论、设计方法和设计实践等课程教学的全过程，构建以“教学内容体系”“培养方法体系”“教学流程体系”“实践平台体系”“共享交流体系”5 个子培养体系为核心的艺术院校“绿色设计人才培养体系”，具体实施可分为 3 个阶段：

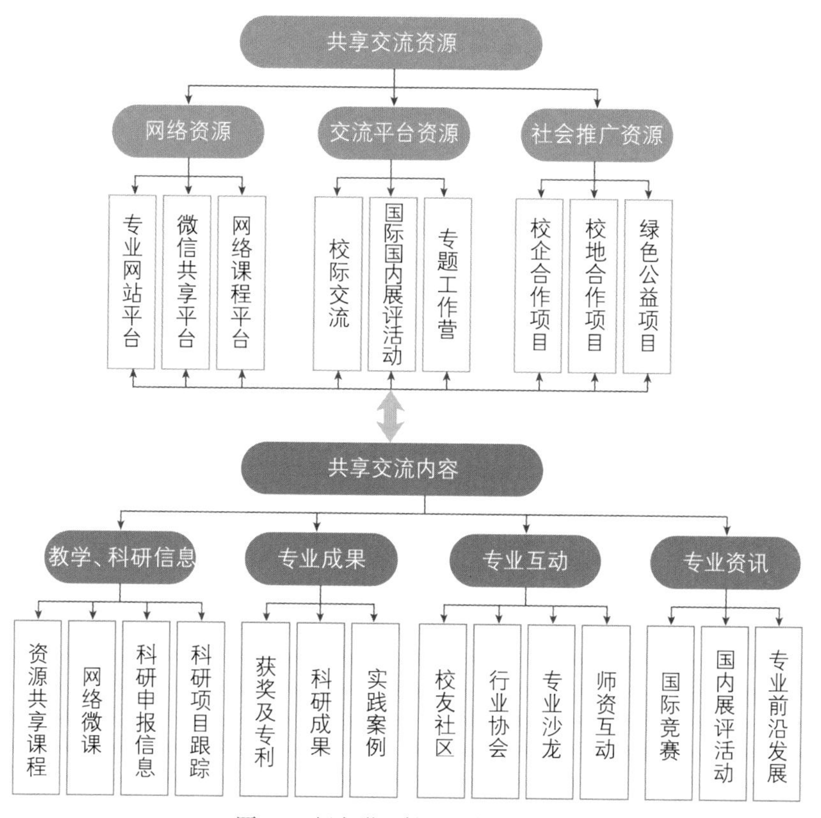

图 6.9　绿色设计教学共享交流体系

（1）在所有高校设计专业中植入绿色设计内容。

（2）社会设计师的再教育，即在职务资格考试中加入绿色设计相关内容。

（3）建立大众绿色消费文化教育体系，培养绿色消费意识。

## 第三节

# 公众教育：全民参与的绿色设计——社会大众的绿色文化传播

开展全民参与的绿色公众教育，以培养全社会的环境认知能力和环境行动能力为基本任务，充分发展绿色设计的文化宣传和公众参与作用，以绿色设计为载体，加强公众参与，强化环境教育，提高环境意识，将改善生态环境的理念渗透到公众的日常生活和行动中。

## 一、绿色文化传播的内涵

绿色文化是以绿色经济为基础，以尊重、保护自然环境为前提，基于环境意识和环境理念的生态文明观和文明发展观，是人与自然和谐共进、协调发展，使人类社会实现可持续发展的文化。

绿色文化传播以社会大众对绿色观念的树立，对绿色产品的生产与消费选择，崇尚自然、保护环境、促进资源可持续为主要内容。绿色文化传播的目的在于培养社会大众的绿色环境意识，从而引导其热爱自然、保护环境，并通过营造针对大众的绿色文化，增强社会大众的绿色理念，使其树立生态文明观和文明发展观。这也是社会和谐发展的需要。

## 二、社会大众的绿色文化传播内容与形式

绿色文化的有效传播需要政府政策、企业机构、街道社区、公益组织等共同推进，让绿色文化走进社会大众的生活，加强公民的环境意识，提高公民的环境素养，推动社会大众对环境实践活动的参与。通过环境法制的宣传和环境意识的培养，引导社会大众绿色消费及生活观念，创造人与自然和谐相处的绿色社会新风尚。

### （一）社区的绿色文化宣传教育

针对社会大众的绿色观念的宣传与教育，一方面要促使大众认识绿色观念和践行绿色生活方式的重要性，另一方面可引导大众思维方式与实践行动的统一。在相关法律法规的约束下，实现经济效益与生态效益兼顾并行。绿色文明行为的养成也并非朝夕之间，将社区作为普及绿色文化宣传的阵地，以社区为单位对社区居民进行长效的绿色教育与宣传，从大众生活入手培养社区居民的绿色环境意识，引导社区居民的绿色环境行为，促进构建绿色观念深入人心的“绿色社区”。“绿色社区”是社会大众参与绿色环保机制的关键和基础。建立社区层面的公众参与机制，可让绿色环保走进每个人的生活中，加强社区居民的环境意识和环境素质，从而推动社会大众对绿色环保的参与。

建立“软”“硬”兼顾的大众参与机制。在社区的“硬件”建设中，可实行垃圾分类投放；建设管网收集系统或处理设施处理生活污水；放置废旧电池回收站点；推广使用节电节水装置，安装节能灯、节水龙头和多种节水设施；设置宠物便便纸取用箱；建立绿色产品专柜；等等。进行社区“软件”建设，可开展一系列绿色环境宣传活动，如在社区宣传栏公布空气质量、水、植被等综合情况信息；随处可见的绿色环保标语；组织社区居民参观环境类宣传展览，普及社区居民的环保知识；在社区开展旧物交换使用的活动，提高

物品的使用率；等等。另外，可开展绿色生活方式的教育宣传公益活动（图 6.10），使社区居民了解环保与生活质量的关系，如开展识别绿色产品标识的宣传讲座、教居民如何选购绿色食品和绿色用品等内容形式丰富的活动等。

图 6.10　社区的绿色文化宣传教育

### （二）为公众开放的环境教育场所

针对社会大众广泛开展喜闻乐见、丰富多彩的宣传活动，要突出绿色环保理念宣传、行为宣传、实践宣传。为深入推进绿色文化传播的行动，可开展"绿色文化"宣传公众开放日活动，将自然博物馆、科技馆及环境监测站点、垃圾处理厂、污水处理厂等场所免费向公众开放，营造社会大众共同参与绿色文化传播的良好氛围。

例如，在自然博物馆，开展以绿色自然资源主题的宣传活动日，通过开展公众参与的植物贴画制作、地球科普知识有奖问答等大众科普互动活动唤起公众爱护地球、保护家园的意识。例如，以生动活泼、寓教于乐的方式开展自然科普知识小课堂活动，以博物馆展厅为活动场地，综合利用展示空间、展览标本等活动形式，培养中少年对自然环境的兴趣。同时，为体现博物馆的公众服务意识及绿色环境教育服务理念，可辅助学校开展自然科学教育、带领学生到馆参观，为学生的环境素质培养提供资源共享服务，使自然博物馆的教育资源为公众所充分利用。

绿色环境教育活动是科技馆开展的，让公众参与其中，以绿色科学情境、绿色科学现象、绿色科学概念等内容展开的一系列活动。绿色环境教育活动的开展除主要依托于常设展览资源，同时要充分利用科技馆的其他资源，包括科普活动实验室、特效影视、信息网络等。例如，围绕"保护水资源"开设的"污水蜕变之旅"实验课程，课程目的是让学生们了解水这种物质的一些基本特性，同时介绍对水资源进行净化处理的方法，以生动有趣的动手实验方式培养学生的绿色环保意识。

又如，在环境监测站点，可以安排社会大众参观先进的水、大气和辐射环境监测设备，让其了解环境监测实验室精良装备的工作流程，并且观看环境信息网络的讲解和演示。这样可以提高社会大众的环境意识，加强社会大众的专业环境知识，积极推进互动式环境教育活动的开展。为了完善环境教育功能，可以创设多层次、多方位的环境教育活动基地，并定期对社会大众开放。

## 三、公益组织的绿色行动

随着绿色文化的不断发展，我国的公益组织蓬勃兴起，以培养社会大众的绿色环境意识、促进绿色环境领域的公众参与为目的。这些公益组织发展迅速，在多领域、全方位构建绿色环境教育中发挥了重要作用，已成为绿色环境教育和倡导公众参与绿色行动的重要力量。

### （一）生态保护行动

倡导环境保护，提高公众的环境保护，针对大众的普及教育和传播环境知识。例如，梁从诫先生创建了全国第一个公益组织“自然之友”，其主要成就有：1955 年，滇西北天然林和滇金丝猴保护、青海省可可西里的藏羚羊保护；1997 年，建议首钢搬迁；1997—1999 年，培养环境教育骨干力量；2004 年，关注西南水电开发；2004 年，26℃空调节能行动；2016 年，基于雾霾、城市黑臭水体、社区能耗及垃圾管理 4 项核心议题，打造和优化以社会大众参与为目标的“行动产品”，如“低碳家庭五步法”“蓝天实验室”工作坊、“废弃物与生命”课程、“零废弃会议”支持体系、“清河”公治体系等。不同的时代要求，赋予了公益组织不同的时代使命，“自然之友”聚焦当下环境问题，将发展绿色文化、保护生态系统宏观的理念转化为针对社会大众生活、生产、消费息息相关的绿色行动，使绿色文化和绿色环境意识更加贴近公众生活。

### （二）文化帮扶行动

公益组织的环境服务工作范围除城市居民外，已经深入广大农村地区，积极帮扶贫困农民发展绿色经济，在绿色环境文化的传播中实现扶贫开发。

中国多样化的地域文化是中华文明的宝贵资源，其中地域文化与民族文化的异质性较高的地方，通常是地理位置偏远、生态环境优美，但经济相对落后的传统村落。在经济、文化全球化的影响下，这些村落都面临着传统组织结构与生产方式的变化、文化生态的转变，特别是非遗文化的价值和延续需要抢救性的保护。“设计”作为一种实践性较强的工具和方法，可以通过文化与生态资源的融合，实现文化传承与产业发展的平衡。

1. 公益组织的参与行动

（1）“稀捍行动”公益项目。上海金橄榄文化发展中心秉持“文化是连接人与人、人与自然社会环境之纽带”的理念，通过“文化梳理、公众教育、融合创新、市场联结”的保护模式，对以传统手工艺为代表的珍贵文化进行系统性恢复与传承，重塑和谐社区。“稀捍行动”以可持续的公益生态圈模式组织各界力量，整合政府、院校、企业、媒体、设计、艺术、创意等资源，形成良性可再生的社会公益能量，从学术与设计角度进入，发掘珍贵文化与技艺，融入时代创新思路，重新接轨消费市场，从而推动以传统手工艺为代表的珍贵文化得以真正传承、重获新生。天然可再生能源和可再生材料的大量开发和使用，不仅改善了当地手工艺人的经济状况，实现了可持续的绿色经济，而且促进了和谐相生的自然社会环境的发展。

（2）“腾讯为村”开放平台公益项目。腾讯集团为探索互联网企业如何利用企业的核心能力助力乡村发展的路径，致力于乡村移动互联网能力建设，为乡村连接情感、连接信息、连接财富。他们立足于乡村的产业、生态、文化等资源，注重发挥乡村的主动性，激发乡村发展活力，建立更加可持续的内生增长机制。例如，“侗乡茶语·茶农反哺计划”“文化复兴·铜关侗族大歌生态博物馆”等系列公益活动为当地村民创造了家门口的就业机会，一份有尊严的收入可带动外出务工者返乡，让留守儿童、空巢老人获得照顾，使当地文化得以传承，构建了新时代乡村可持续发展的机制。

2. 院校联合组织的参与行动

（1）湖南大学设计学院、四川美术学院、清华大学美术学院的设计团队以解决雅安地震所导致诸多问题开展的社会创新教学及实践活动，通过院校与雅安砂器作坊合作的方式进行设计生产。此次活动构建全新的以荥经砂器产品为主打的公益品牌并推广，从源头上改变现有砂器产业落后的生产现状，帮助荥经砂器打开了更广阔的销售市场，增加人们的收入，也让更多人了解到荥经砂器文化；而且，通过资助荥经砂器工艺培训，鼓励当地年轻人学习这门传统工艺，让传统砂器工艺通过再设计和商业文化推广在社会创新的活动中得到了更好的传承。

（2）2009—2017年，湖南大学设计学院联合四川美术学院等院校相继开展了“新通道、疆Home+Style、酉歌行、花瑶花、三江源、呼伦贝尔、香格里拉”等几期设计与社会创新夏令营活动，在湖南通道和隆回花瑶、新疆喀什、重庆酉阳、四川雅安、青海玉树、内蒙古呼伦贝尔、云南香格里拉等地，以“基于社区和网络的设计与社会创新”方法为指导，深入挖掘少数民族和地域文化资源优势，开展多种多样的文化帮扶活动，吸引了更多外部资源与关注。此次活动建立了跨学科的团队，与当地政府、企业、手工艺传人开展参与式联合工作营，共同探索构建可持续的文创公益与社会创新网络的方法，完成了大量的非物质文化遗产数字影像纪录片、原生态音乐录制、建筑环境与景观设计、协同创新平台、文创产品设计及儿童美术创作等工作，与当地居民形成了良好的互动，保护并促进了当地自然、社会、文化资源的可持续发展，构建了更和谐、可持续、多元文化并存的互动创新网络。

通过联手当地居民、政府、外部资源，建立跨学科的创新团队，构建基于网络信息的平台与设计创新联盟，为传统文化开启了对话和再造创新的可能。在这里，设计作为一种文化传播的有效形式，作为一种被认可的行动方式，更加灵活地在社会创新的各个阶段起着至关重要的作用。通过持续地在多个地点进行社会创新实践，项目课题组希望在保护传统文化的同时，宣传传播可持续理念，根据社区自身的文化资产来发展可持续的产业，为社区建构公共环境来重构社会凝聚力，促进跨文化的对话。项目课题组以“本土化、国际化、当代化、数字化”为原则，整合不同专业和学科团队，通过非遗文化保护、村镇规划与生态旅游开发、产品与服务系统设计等方法，建立一个基于网络的、国际化的设计与社会创新联盟，参与式地促进当地文化与产业创新发展和地域再生，保护并促进了当地自然、社会、文化资源的可持续发展。

# 小结

推动绿色发展、绿色人才培养工作非常重要，从中小学环境教育体系的构建、高校设计专业绿色设计教学体系的构建，到社会大众的绿色传播，绿色人才的培养与教育实施措施需要全面、多角度、分层次地实施，而且需要政府教育管理部门制订“绿色教育计划”并将其纳入国家教育机制，更需要全社会大众的广泛参与。绿色教育以中华优秀的传统美育文化为基础，以人与自然和谐共生的哲学思想为指导，以可持续发展理念为行为导向，需要以推进生态文明和工业文明的绿色发展为动力，以培养具备绿色设计思想方法及绿色设计能力的专业人才为目的。只有全体民众都树立起绿色价值观，国民的绿色素养才能整体提高，绿色生活行动才拥有广泛性，绿色发展才具有坚实的社会基础。

# 第七章

# 激励与保障：法学视野下的绿色设计

建设美丽中国是中国特色社会主义生态文明建设的重要内容。美丽中国的战略定位、基本内容和重大意义在建设生态文明和实现中国梦的框架中得以彰显。绿色设计是通向美丽中国的必由之路。绿色设计是一个更加切实、整体、科学、更具包容性的新兴领域，有许多理论需要探索，有许多途径需要开辟，有许多方法需要践行，更需要不同专业领域的合作与传承。从法律保护的视角对绿色设计进行识别、验证和提炼，发现其中的内在规律，以期促进绿色设计的繁荣发展，这也是法律回应社会发展的应有之义。

绿色设计的法律问题是实践中十分敏感和突出的问题，也是理论上系统的研究非常欠缺的问题。以此为突破点，进行思考和展开研究，并从多角度、多层次系统论证绿色设计的价值属性，构建一个观察和思考绿色设计的自由—秩序谱系，提出相应的激励—保障价值观。绿色设计具有自由的性格，也具有秩序的性格，而决定绿色设计命运的则是这两种性格之间的张力。自由—秩序谱系的内在逻辑及其所蕴含的自由—秩序的价值追求，决定了绿色设计的性格偏向。

通过价值的指引，在社会历史情境中，绿色设计在价值之间适时、适度地偏移。绿色设计追求的就是实现这两种介质的统一与平衡。我们的目的在于，通过分析绿色设计的价值，展示一些关于设计本身的属性；通过在自由与秩序之间的设计定位，来引导绿色设计的自觉，从而培养富有真正自由精神的绿色秩序的社会历史活动的状态，培育新的社会生活方式，为自由的个人与秩序的社会之间的绿色发展做出自己的贡献。

## 第一节
# 绿色设计的价值追求

一个学科的发展、一种学术理论从产生到完善，绝非一个人或几个人、一年或几年就能完成的事情。尤其是像绿色设计这种充满革命性、交叉性、互动性的新兴领域，有许多理论需要探索，有许多途径需要开辟，有许多方法需要践行，更需要不同专业领域的合作与传承。本文试图从法律价值的视角对绿色设计进行识别、验证和提炼，发现其中的内在规律，以期促进绿色设计的繁荣发展，这也是法律回应社会发展的应有之义。

## 一、法律价值在绿色设计中的应用

法的价值反映了人与人之间的特殊关系，而这种关系调整的介质正是法律。法的价值源于法的“外延与内涵”“理想与现实”“应然与实然”的对立，是对至高理想的一种选择，是哲学层面的展现。沈宗灵先生对法律价值含义的界定具有层次性和递进关系：一是法律促进哪些价值；二是法律本身具备哪些价值；三是各种价值发生矛盾时，法律根据什么标准对它们进行评价。在分析价值的时候，要有特殊的语境，应该认识到法律价值是具有其自身特性的：时空性、权威性、阶段性和最具影响性。在不同的背景条件下，法律价值反映出不同的偏好和选择。

从法律价值的角度来对绿色设计进行研究，既是绿色设计的内在要求，又是法律实施的需要。一方面，绿色设计的机会选择、过程的合法性、概念的价值判断乃至设计成果的转化实现都离不开法律价值的引导；另一方面，绿色设计又是法律实施的需要，“徒善不足以为政，徒法不足以自行”，法律价值理念的落实需要通过介质来完成。在“绿色发展”的语境下分析绿色设计法律价值的问题，从法哲学的视角对绿色设计即对多元法价值进行阐释，推进和深化了法的理想价值目标，展示了法的现实价值存在，起到了核心引领作用，也为我们展示了真实的绿色设计的价值图景。

法律价值的应用领域十分宽泛。时至今日，作为社会领域的主导分析范式，法律价值在一定程度上具有法学方法论的意义。价值论运用在设计学领域，可使设计学更加程序化、精量化和现实化。为了更好地运用价值论，需要在设计领域界定：绿色设计法律价值内涵是什么？运作机理是怎样的？作为一种方法论，法律价值在绿色设计深层的价值作用是需要关注的焦点问题。

## 二、绿色设计的价值维度

对绿色设计的认识不应仅仅停留在现象的层面，而应深入探究其价值属性。人类对事物的认识是逐步形成的，从概念提炼、结晶、升华，到最终形成价值，价值既是对事物本质的概括和反映，也是进一步认识事物的基点和源泉。

任何一个新知识、新话语体系、新领域的建立，关键都在于探索、提炼和界定自己的基本价值。基本价值是新知识、新话语体系、新领域得以发展完善的内在基因。我们所理解的绿色设计，不应仅仅停留在一般范畴的解释，而应该深入地去寻求、界定和整合其基本价值，用这些基本价值去构建其基本原理，并用它们去分析、说明和解决绿色设计的各种问题。

绿色设计应有自己的基本价值，呈现出完全不同于传统的价值追求。既然设计涵盖不同的领域，那么设计价值也应该是对各个领域价值的提炼。绿色设计的价值追求是多元化的，这种丰富交替的价值构成了动态价值体系。

## （一）可持续发展

设计经历了从“浅绿”到“深绿”的过程，其中可持续发展是绿色设计的逻辑起点和理论基石。可持续发展是一个多元化的发展观，主要包括以下几个不同的维度：

第一维度生态观。生态学界侧重于从系统生态的角度来解释可持续发展。基于一种宏观的视野，这种系统就是赋能生态系统，认为可持续发展不仅是环境与自然资源一系列的平衡关系，而且是一个由文化和社会结构组成的生态系统，从技术基础设施到国家机构组成，都包括在这个生态系统之内，同时还涵盖了从本地到全球的各种产品及生产消费系统。20世纪80年代，众多国际组织普遍认可接纳可持续发展观念，并将可持续发展的要义界定为“维护基本的生态过程和生命支持系统；保护基多样性和物种与生态系统的可持续利用”。

第二维度经济观。经济学界偏重于从经济效率的核心价值角度来解释可持续发展，认为经济的发展应维持在自然与生态的承载力范围之内。美国经济学家爱德华·B.巴比尔就认为，可持续发展是“在保护资源的质量和提供服务的前提下，使经济的净利益增加到大限度”；英国经济学家戴维·皮尔斯认为“可持续发展是在自然资本不变的前提下的经济发展”；世界资源研究所（World Resource Institute，WRI）将可持续发展定义为“不降低环境质量和不破坏世界自然资源基础的经济发展”。

第三维度社会观。社会学界强调可持续发展是社会的持续发展，包括生活质量的改善与提高。1991年，国际自然和自然资源保护联盟、联合国环境规划署和世界野生生物基金会共同发表了著名的*Protect the earth—a sustainable survival strategy*，列出了在地球自然限度内，人类可持续生存的世界前进大纲，确定了可持续的社会的原则，提出了58个行动建议，并将其应用于环境和发展的更为普遍的领域所需要的62个额外行动及实施方法和后续行动。可持续发展是面向全社会、全世界的，要求每个人及社会团体都要怀着紧迫感来采取行动，以实现向可持续生存的变革。

第四维度综合协调观。可持续发展理论是一个包容性的理论，其中蕴含社会、经济与环境的协调发展。早在1987年，联合国就发表了著名的《我们的共同未来》，将“社会发展、经济发展和环境保护”作为可持续发展的“核心支柱”。与此同时，在产品设计领域，涌现出大量的绿色设计产品，从绿色材料到绿色建筑，从绿色能源到绿色产品，可持续发展理论成为指导设计的工具和方法，并成为实践检验的标准。绿色设计给我们提供了一个视角，让我们来反思和审视设计发展的未来，从造物的“绿色”发展到生活方式的“绿色”。从本质上来讲，可持续发展价值驱动设计带来绿色设计的突破性创新。这就意味着，在设计介入产品生产的全过程中，要去寻找新的方法，利用新的技术，开发新的资源或能源，为消费者生产具有同样功能和服务的产品，实现经济与社会发展的可持续。这种挑战是生产者延伸责任的一部分，由设计的末端介入变为设计的源头介入，使得产品生命周期中的废物数量及其危险程度最小化、可利用性最大化，使产品轻量化、使用周期延长；同时，要求设计开发生命周期中潜在环境损害最小化，或者改善促进环境自身修复与维持能力的产品。在具体的产品设计过程中，绿色设计既是一种设计方法，也是一系列可持续发展指标的集成，更是价值观的潜移默化。

绿色设计正在受到可持续发展理论的重新审视，具有新的生命力，随着社会的发展被赋予新的内涵。实现一个具有复原力的系统需要可持续发展，或者说，需要一种让各种文化百花齐放的可持续发展。社会和技术创新的融合与人类生活和思考的方式不断互动，并使得可持续发展也随着社会和技术创新一同演进，在这个过程中，新的行为和价值观慢慢呈现，与传统的长期以来的主流行为和价值观分道扬镳。这个过程为人们生活品质提供了新的思路，影响人们对幸福的理解，也影响人们做决定时的价值取向。可持续发展将相关的理念与品质带入了公众的视野，让更多的人理解可持续的理念和品质，只有可持续的行为才能获得可持续的品质。

“Nature knows best”（大自然所懂得的是最好的），绿色设计一方面遵循设计师的内心（自由、竞争），另一方面更要勇于承担社会、经济与环境责任，努力践行绿色设计使命。自然本身所蕴含的价值驱动树立人们的价值观、生态观，通过人与自然的交往互动，逐渐反思与提炼价值，即学会顺应自然，为绿色而设计。也就是说，在人与自然的交往中，设计师应遵循的价值。

设计变革处于一个向可持续转型的互联的世界，而这个世界正处在一个人人设计的时代，每个人都在设计自己的存在方式，并催生了更大的社会变化。这就要求我们必须在生态系统承载的限度内进行设计，这要求我们将设计能力付诸行动。这是一种思考和行动的方式，需要反思和战略意识，要求我们审视自身及所处的环境，然后决定采取行动努力去实现生物多样性与保持环境稳定，尊重自然过程和自然规律。

### （二）创新

人类在遇到新问题时，会使用与生俱来的创造力进行发明，创造一些新事物，这就称为“创新”。创新一直存在，但是今天创新的形式更多，力度更强，传播速度更快。创新的传播及特征主要取决于两个因素的共同作用：一是日常生活需要处理的各种不同层级的问题，二是信息技术的迅速发展及其在改变组织关系方面的潜在作用。越来越多的人在面对挑战的同时，也发现自己找到了解决问题的新方法。而创新的意义远大于此，人们在进行创新的时候不仅仅在解决自己的问题，他们的行动或许正在为新文明、新文化的出现奠定基础。

创新价值是绿色设计的基础，是绿色设计的价值灵魂。因为法律价值观存在于不同领域，所以绿色设计具有独立的主导性价值，即创新价值。设计与创新总是交织在一起，创新既是设计活动的推动力，又是设计活动的目标。可以说，创新对于设计来说，其作用不亚于任何一个技术的突破性进展。[1] 同时，创新也逐渐成为设计努力实现的目标。实际上，设计完全有潜力去激发创新。我们正站在这个旅程的起点上，重新审核、理解创新所蕴含

[1] 路甬祥. 走向绿色和智能制造（三）：中国制造发展之路 [J]. 电气制造，2010（6）：13-18.

的可能性：创新并不是一个新的概念，它不过是当代设计呈现出来的多种样貌之一，因此其所要求的不是新的技巧和方法，而是要确立一种新的文化、一种看待世界的新的视角，以及一种审视设计对人类社会影响和作用的新价值。创新设计是为了激活、维持和引导社会朝着可持续发展方向迈进而实施的各种设计活动，它是各种不同元素的融合，包括设计文化方面的原创理念和远景、不同设计领域的实用的设计工具，以及不同设计师的创造力，而这些元素统统融合在设计方式的框架内，形成一股新的设计浪潮，推动科技进步，引领产业创新。[1] 从设计进化的角度来看，传统手工艺设计是设计 1.0，面向的是工业革命前的非批量生产的低效率的生产；工业设计是设计 2.0，面向的是工业化时代的高效率的批量生产；创新设计是设计 3.0，面向的是知识网络时代的复杂社会的复杂问题。创新设计与传统手工艺术设计、工业设计对比，设计的边界扩大了，设计的对象更复杂。而绿色设计是创新设计的重点突破领域，是将环境因素和可持续发展作为设计的目标和出发点，包括全生命周期、生态和谐设计、面向再制造的产品创新设计技术等。[2] 所谓的核心竞争力，主要是创新力。创新是一种新的价值选择：反映人与自然的新的关系，体现人和社会的进化关系，成为一个特殊的历史范畴，凝结了人类的理想追求。创新价值体现在绿色设计之中，由国家通过行政激励手段得以实现，如法律的颁布、政策的出台、经济的调控等设计，将创新孕育其中，并上升为发展理性的法律价值，体现出价值主体的能动性。

### （三）自由

自由是绿色设计的内在品质，在绿色设计中有其特定内涵和其体表现，并体现出多源的设计价值。

一是思想自由。真正现实而充分的自由乃是思想自由。思想自由是最广泛、最普遍、最真实的自由，在绿色设计领域的具体表现之一就是设计自由。

设计是思想的创造物，给予思想最充分的表达。自由与设计结合以后，才真正变成了真实存在的自由。设计使得自由具体化、形象化、真实化。自由通过设计得以实现，设计成为自由最普遍、最具体且有效的体现和实施方式。设计自由要求每一位设计师力争发挥自己的创造力，积极主动地去实现自由，就是要让一切社会机会向所有人开放，让所有人去感受、去体验。设计自由就是意味着每一位设计师都应该按照自己的意志采用有效的方法，设计出被社会认可的产品，自由地去实现最佳的自我价值。设计自由打破了特权的束缚，这是一种向往自我并超越自我的自由，是正式自由之实现。

二是实质自由。自由是人类的共同追求，是每个人的权利，也是一切自由的起点。但由于人与人之间存在千差万别，对自由的理解也各不相同，所以人的实质自由是发展的最终目的和重要手段。设计师所做的设计从一定层面上来理解就是奉献社会，促进社会的发

[1] 路甬祥．创新设计 3.0 时代如何成为制造强国 [J]．浙商，2016（1）：25-28.

[2] 路甬祥．设计的进化——设计 3.0[C]//2014 年上海设计创新论坛暨杨浦国家创新型城区发展战略高层咨询会．上海：上海市科学技术委员会，2014.

展。根据印度经济学家阿玛蒂亚·森的观点来看，这是一种特定的发展观：发展之首要目的在于——自由，同时自由是一种特殊的手段，这种手段以人们不易察觉的形式促进社会的发展；这种实质的自由是为人的发展、人的福利服务的。[1] 而绿色设计的过程是每一个社会成员自由地表达自己的价值偏好，在最大程度上尊重和满足公众及其他生物、环境的需求。社会要以开放自由的姿态，通过公开的倾向和选择，对设计予以采纳。在这个过程中，新的行为和价值观慢慢呈现出来，从这个角度来看，绿色设计能够带来人们所期待的更好的生活品质，减少产品能源空间的消耗。在这个过程中，绿色设计的核心价值逐步得以凝练、形成、展现、发展、提升。

### （四）秩序

秩序是新价值的构建过程，蕴含开放系统的特性，也是社会发展、社会福利形成、推动人类进步的根本诉求。秩序是从隐性到显性的过程，是从不确定性到确定性的路径，也是秩序价值被人们认可、接纳与内化的过程。所谓设计秩序，就是在设计的领域内，一种稳定、安全的共通性、协调性、一致性和连续性。通过绿色设计构建一种新的秩序，这种秩序因循生态的法则、环境的法则。秩序最起码来说应有以下构成要素和内在要求：一是协调和谐，二是安全稳定；三是有规律可循；四是有道同在，道同才能相融共存并秩序化。人类虽然不能设计秩序，但都是在秩序的范围内进行设计的。秩序是设计的基本价值，绿色设计也是在建立和维护与其相关的各类秩序，有其特定的内容和独特的实现方式。

绿色设计构建一种新的秩序，这种秩序使人们可以信赖，有助于稳定可持续的状态。这种设计秩序是进化的。就像生物进化一样，设计秩序实际上也是秩序经由“物竞天择、适者生存”而形成的，就是由这种在“天择”的过程中“生存”下来的赢家整合而成的。绿色设计秩序通过进化、不断试错、祛除错误、积累经验、学习模仿、传播延续、结成习惯，凝成文化。在这个过程中，绿色设计秩序逐渐形成。绿色设计秩序的进化是累积发展的，其形成是代代努力、辈辈相传的结果。

人的高贵之处就在于人具有理性。绿色设计秩序合理地规划和科学地引导秩序，使人的行为、思想、社会方式都逐步进化为自为秩序。绿色设计从本质上说就是力图构建一种秩序价值，注重可持续性、稳定性、连续性，其价值的功能在一起促进了人们的交往与发展，从而达到可持续的预期。

这是一场伟大的变革，它是人类开始与环境极限相妥协的变化过程，同时这个过程也引导人们更好地审视可持续发展。人类正全面进入一个改变的过程，就过程的本质和时机而言，与欧洲从封建文明进入工业化文明的路径并没有太大区别。在漫长的历史长河里，这个过程是一场变革，是一场革命，是一场与过去的决裂，它会导致整个系统（包括社会、经济、政治）的根本性转型；然而，对身处其中的人们而言，整个过程将是一个充满危机

[1] 于含英. 发展就是扩展自由——阿玛蒂亚·森和他的《以自由看待发展》[J]. 经济理论与经济管理，2002（8）：12-17.

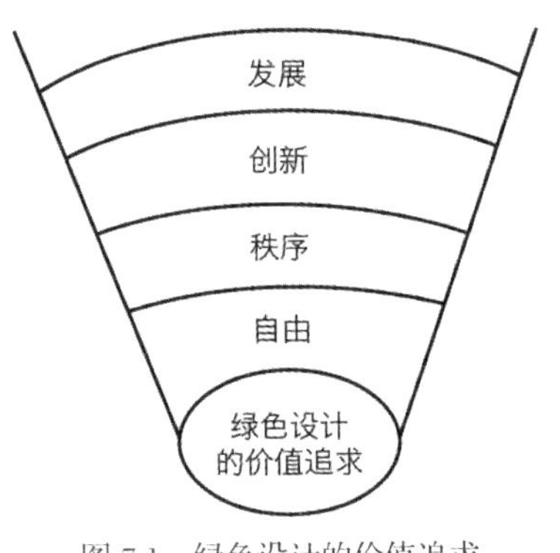

图 7.1　绿色设计的价值追求

的非线性发展的漫长时期，但随着本地变化和大型系统性变革，以不同的速度在不同的文化、经济、政治、技术层面上发生，终将形成新的秩序。

通过以上分析可知，绿色设计的价值追求模式呈现出一个结构化的多元组成：可持续发展、创新、自由、秩序。目前，设计领域关注较多的是可持续发展与创新，而自由和秩序则是相对广义和更普适的价值。价值是具有不同位阶的，在绿色设计领域，其所蕴含的价值追求的层次应该是：自由—秩序—创新—发展，如图 7.1 所示。我们认为，发展是绿色设计的终极价值追求，或者说是绿色设计价值追求的灵魂；而创新是绿色设计价值标准，是绿色设计的途径，秩序和自由则是绿色设计价值核心。应当说，我们并没有打算以价值为视角去设计一种永远不变的绿色设计追求模式，深信对这一问题的探讨将随着社会实践的发展和研究的深入可以进一步展开。

比起其他学科，绿色设计固然与生活有着更为紧密的联系，但其并不仅仅是社会生活的反光镜。设计应当有其超越的一面，应该在价值层面及理论分析上给予设计师一定的引导。在具有建设性的同时，设计需要有一种继承和批判的性格。

自由、秩序、创新、发展是内植于设计师内心的一种价值理想和信念，是人们在总结设计实践和历史经验教训的基础上对绿色设计的一种期盼。这些价值代表了时代的先声，通过对价值的深化，寻找实现这些价值的途径，继而实现绿色设计的目标。价值毕竟只是一种主观能动，而不是社会现实，只有转化为具体的创造力和人们行动，才能成为推动实践的思想动力和源泉，才具有实实在在的意义。纵观所面临的时代问题与环境问题，人们必须要有所行动，首要是需要对自己的生活方式予以审视、反思、超越，进而转向一种崭新的生活理念、生活方式，形成可持续的价值观、世界观，进行一场真正的绿色革命。对绿色设计的深层追问决定了它的理论是纵深的，不可能停留在一个层面上。绿色设计需要在最广阔的领域来展开，涉及生活的方方面面，波及人们的生活方式。设计思想、设计思维、设计实践都需要对“绿色”给予回应。我们的生存理念、生活方式、资源管理方式、法律组成、文明进程等，都要全方位地转换为“绿色”。

孕育生态意识，激活绿色设计，是需要不同的理论和进程的。首先，需要将传统的、狭隘的、自我的、自大的观念替换成发展的、广阔的、利他的、谦逊的观念；其次，将人类控制自然的心理转换成服务、共享的心理。在宏大的生态系统内，人与人交往、人与自然交往，通过交往的各种价值逐一显现出来，这些价值包括自然的价值、社会的价值、设计的价值等。从本质上来说，绿色设计的实现是价值驱动的结果。这种扎根于社会实践、本土生活的价值，是具有生命力和渗透力的，必将影响我们的理念，渗入我们的行为和生活。绿色设计展现了一种新的境界，让人们努力在多维的价值框架中进行思考和行动。

## 第二节

# 在秩序与自由之间
# ——绿色设计的价值谱系

## 一、秩序——绿色设计是一种规范秩序

霍布斯的问题是“社会秩序如何可能？”而普利高津的问题则是“为什么世界总是存在结构和秩序？结构和秩序从哪里来？”可以说，秩序是宇宙的密码，是开放系统的特性，也是人类社会生活的根本诉求。秩序通过消除某种纵向不确定性和横向不确定性而满足了具有自我意识的人的“确定性追求”，符合人的安全和效率的原则。设计通过艺术的表达，表达了对秩序的尊重、维持、传承……生活秩序的维系与创作基本上通过设计的表达来实现。

绿色设计到底在维护、创建秩序方面有怎样的作用？秩序具有天然性，是以某种方式自然存在于事物之中的。秩序不是论证出来的，是“人之行动而非人之设计”的结果。绿色设计作为秩序的一环，是源于生活世界的；设计与人类社会是一起诞生并一直同在的，其本身的合法性来自实践中的有效性。因此，设计的制度化、系统化是与人类社会的复杂性程度相关的。也就是说，制度化设计既是一种自发秩序，也是一种设计秩序，对达成更大范围的社会秩序起着重要的作用。

### （一）法律秩序与法律价值

社会秩序是法律的首要价值，公平和自由的价值只有在良好的社会秩序的框架下才能实现。秩序价值包括安全、和平。消除由冲突导致的社会混乱是社会生活的必要条件，只有采用法律规则才能避免，必须先有社会秩序，才谈得上社会公平和自由。社会秩序要靠一整套普遍性的法律规则来建立。

法律与秩序具有内在关系。秩序将法律的普遍性和确定性引入社会生活，以确保社会生活的连续性，以及人和国家等法律关系主体地位的持久性。秩序是法律的基本价值，是法律确立和维护的目标之一。秩序为其他法律价值的实现提供必要的保障，而法律总是为一定的秩序服务。优良秩序的内核和本质是正义，是公正和效率与可持续发展的统一体。秩序由自然秩序和社会秩序构成，自然秩序的本质是规律，社会秩序的本质是社会关系规律与社会价值的统一。而法律秩序是社会秩序的一种，其本质则是法律关系规律与法律价值的对立统一。法律秩序的法律价值强调公正与效率，当两者发生矛盾时，

以公正和正义优先。法律可以创造秩序，法律也能满足法律关系主体对秩序的需求。特定的法律有助于建立或完善某种特定的秩序。

### （二）绿色设计秩序与法律

绿色设计秩序是知识产权法律所确立、维护的社会秩序。在绿色设计中，根据知识产权的类别，知识产权秩序可分为专利、商标和版权等发达性知识产权（也称现代知识产权）秩序和发展性知识产权（也称传统知识性的知识产权）秩序。我国学界对不同种类的知识产权秩序进行过探讨，但没有从整体上和绿色发展视野系统深入地研究绿色设计秩序。

发达国家与发展中国家之间，美国与欧盟、日本等发达国家之间，中国与其他发展中国家之间，在世界知识产权的平台上，从各自的利益出发不断地进行博弈，因此，当今世界知识产权格局出现了许多变数和不确定性。在设计秩序的动荡和变化中，人们呼唤绿色设计法律的发展与知识产权秩序的变革及新秩序的建立。

绿色设计秩序还可以分为知识经济安全秩序、经济增长秩序与经济发展秩序。在知识经济全球化时代，确立知识产权法律、维护知识经济安全等秩序，是知识产权法律的基本功能；同时，知识产权法律还可以促进公平和保障自由权利，但保障自由权利也是一定的框架下的产物。

我们将绿色设计秩序纳入知识产权秩序之中，其包括发达性知识产权秩序与发展性知识产权秩序，与知识产权法律种类大体一致。发达性知识产权秩序的不公与发展性知识产权秩序尚未建立，是当前知识产权失序的主要问题。建立发展性知识产权秩序可采取创造和移植的方式；建立发达性知识产权秩序可以按照正义等法律价值进行修订、完善。

历史上一些发达国家的知识产权秩序的建立、选择和维护，均以其国家利益为最高标准。在当代知识产权世界秩序下，发达国家首先考虑其跨国公司利益，这对发展中国家来说是一种不公，未来世界知识产权秩序将取决于利益各方的博弈。

由于中国已加入世界知识产权秩序，所以中国在建立和维持自然的知识产权秩序的同时，也必须履行国际义务。当然，中国可以借鉴外国建立知识产权秩序的经验和教训，利用国际知识产权秩序空间，建立新型的知识产权新秩序，从而融入世界知识产权体系中。

探讨新秩序与旧秩序的特征及各自所要求的法律特性，以及如何从法理和策略上打破旧的世界知识产权秩序，建立新型知识产权新秩序，是我们的宗旨。旧秩序一般是等级和科层式的，虽然在形式上也讲权利，但所要求匹配的法律以权力或权势为核心内容。而新秩序则是全球民主和世界治理式的，所对应的法律是以实质正义为基础的，是权利的形式与实质的高度统一。

## 二、自由——理念的感性显现

艺术是人类心灵的展开，它模拟自然，进而抚慰心灵、舒缓欲望、传达普遍理想，使对自然的复写具备神性。神性即人的灵魂的深度。完善的美就是艺术。

“美是理念的感性显现”和“艺术美高于自然美”。在黑格尔看来，美源自“绝对理念”或“绝对精神”，所以，美在本体论上具有客观实在性；也就是说，美并非人的主观判断，而是由“绝对理念”支配的，是凌驾于所有主观判断之上的绝对精神。艺术美正是在这一“绝对精神”或“理念”指引下，由人类创造并认知的，承载着人类情感和认识活动的载体，所以艺术美高于自然美。而设计即是一种艺术的表达，设计本身是无限的、自由的。美的内容固然可以是特殊的，但这种内容在其客观存在中却必须呈现为自由的、无限的整体。因为美通常是一个概念，这一概念并不处于片面的、抽象的、有限的情境之中，而是与其客观存在融为一体。这种本身固有的统一和完整使美变得无限。同时，作为一种概念，美将生气注入客观存在中，使得客观存在与自身相协调，这种一致性就是美的本质。

同时，设计是一种自由的关系。这表现在它与人的关系上：美与人的关系不是一种认识关系，也并非一种实践关系。主体在认识关系上是有限的、局促的，因为它事先已经假定了事物的独立自主性。在实践关系上，主体也是有限的、不自由的，此时人被欲望牵制，以消灭客观对象服务自己为目的，对象也依存于人，因此对象也是不自由的。而在审美关系中，人既不是客观对象的奴仆，也不是自身欲望的奴仆，自由成了美的实质。因此，审美带有使人解放的特质，它使对象保持自由和无限，不把对象作为满足欲望的工具。如此看来，美的对象既不受人类的压制和逼迫，又不受其他外在事物的侵袭和征服。按照美的本质，在美的对象中，无论是其概念、目的、灵魂，还是外在性、复杂性、实在性，都似乎是从它本身发出来的。

设计是理念在自然对象中的感性显现，也就是说，美是理念与客观对象的融合。这样的显现或明或暗，或多或少，通常有以下 3 种情况。

（1）理念沉没于客观存在中，以至无法见到主体的观念性。它们毫无灵魂地完全转化为感性的物质的东西，看不出是各有特性的对立面的统一。例如，一种金属物，本身固然具有许多复杂的机械物理的属性，但其中的每一部分也同样含有这些属性。

（2）理念成为统摄各独立个体的力量。在这一阶段，理念化为实体，所以其中个别物体虽各有独立的客观性，却都同时受制于同一系统。以太阳系为例，一方面，太阳、彗星、月球等是互相独立存在的具有差异的天体；另一方面，只有互相作用，它们才能成为一个完整的天体系统。

（3）理念在自然物中显现的最高形态是生命，有灵气、有活力的自然才是理念现实化的表现。因为生命有 3 种特色：一是在生命中，理念所含的差异面外显为实在的差异面；二是这些实在的差异面遭到否定，因为理念的观念性的主体性将“实在”统辖住了；三是这里也出现了生气，作为无限的形式，这种形式有力量维持它在内容中作为形式的地位。因此，没有生命的自然是不符合理念的。

设计将感性材料渗透至心灵更深处，带给我们美感，还唤起了一种更深广的兴趣。作为浸透心灵的东西，设计并不只是按照感性材料的原本进行表现，而是将感性材料转化为另一种更利于推广的形态。凡是自然的、不自然的东西，都只是一种个别问题，无论从哪一点或哪一方面来看，都是个别分立的理念，具有普遍性。设计作品固然不只是一般性观念，但作为来自心灵成分的东西，就在于它抓住了事物的普遍性，并将这种普遍性表现于外在的现象之中。

科学、哲学和艺术，都在向心灵的最高旨趣进发，接近它，并摘取它。我们必须承认，人既然可以意识到自己心灵的存在，那么也就能意识到由心灵生产出的东西。艺术与艺术作品是心灵的投射，它们的外表是感性事物，内在则是心灵。在这一点上，艺术作品比自然更接近心灵。人从感性事物的外观中认识自己，也是从另一面认识自己，从自己的异体中认识自己，从自己的对立面中认识自己，将外化的东西仍还原为心灵。所以，艺术是帮助人认识心灵的最高旨趣的东西。

## 三、在秩序与自由之间——绿色设计的价值谱系

绿色设计价值追求是多元化的，这种丰富交替的价值构成了动态价值体系。绿色设计法律价值具有基础价值——秩序与自由。但是，界定绿色设计这一历时性发展轨迹的，并非单方面因素的作用结果，而是两种价值形成的张力，这种必要的张力是由不同价值向度的自由—秩序所连续构建的统一体。[1] 这个节点就是不同历史时期绿色设计在不同场域中的价值表达。在实践中，绿色设计的位置就存在于一系列连续统一的谱系之上。设计师的“自由”设计，实现绿色设计的造物：绿色建筑、绿色公交系统、绿色出行、滴滴打车、共享单车等；国家层面出台一系列的法律政策激励绿色设计：2015 年开始实施《中华人民共和国环境保护法》(下文简称《环境保护法》) 和《“十三五”全民节能行动计划》等。绿色设计的实践就是如此更替、迭代、循环上升的。“绿色设计的自由—秩序坐标系”(图 7.2) 并不是对绿色设计价值的简单构造与图解，而是在“自由—秩序”的维度之下，进行一系列绿色设计实践的表达。绿色设计总是在努力促进新的和谐中起着积极的作用，如图 7.2 所示。

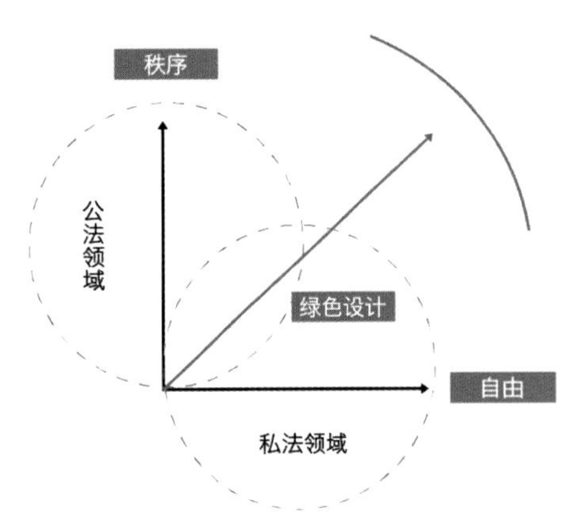


图 7.2　绿色设计的自由—秩序坐标系

绿色设计是具有前瞻性、时效性、系统性的战略，它实质上解决“设计”作为资源的可持续性发展问题。绿色设计本身交织在公法领域与私法领域，在两个场域之间形成张力：在公法领域，激励的结果形成新的设计秩序；在私法领域，保障设计自由的实现，也是价值驱动设计带来的突破性创新。另外，在私法领域，绿色设计以基于创新所产生的社会关系为主要调整对象，诠释了尊重、平等、发展、创

[1]　蔡春. 在权力与权利之间 [D]. 广州：华南师范大学，2004：12.

新，体现了私权的主旨。对著作权、专利、商标等一系列的保护，其本质都是对设计创新的保障。法律不仅提供绿色设计所需要的环境，而且创设了一种激励机制：引发人们的关注，引导人们生活方式的改变，促进社会创新发展……以激励人们不断地进行新的创造活动。

绿色设计中的价值关系决定了无论是怎样的设计实践，总是在特定时期内的场域中，在相对稳定的私法领域和公法领域这个连续统一体之间，寻求一种相对平衡。而这种平衡是一种生态的稳定状态——可持续的状态。绿色设计改变人们的思想方式、行为模式、生活状态……绿色设计实践即是绿色设计在秩序与自由的共同作用下，在与社会历史情境的相互作用中展开。秩序价值显现为绿色设计的规定性、普遍性、控制性，而自由价值则体现为发展性、超越性、交往性。绿色设计价值及其特性如图 7.3 所示。

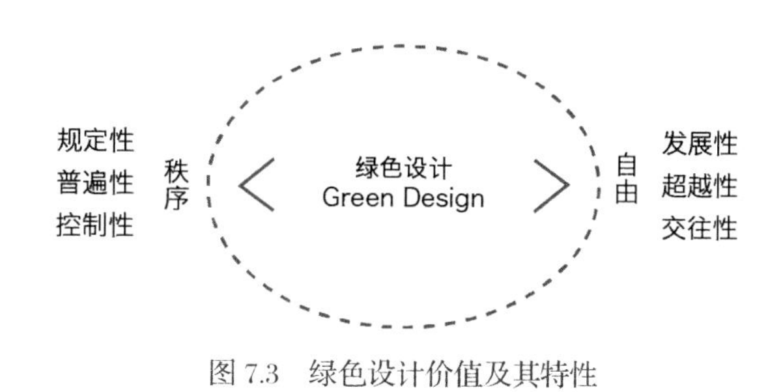


图 7.3　绿色设计价值及其特性

法国解构主义思潮创始人雅克·德里达提出了一种"亦此亦彼"的"既是……又是……"式的"增补逻辑"，即绿色设计必须同时做这两个方面的工作，因为这两个方面就是绿色设计秩序与自由的典型表现，绿色设计所追求就是实现这两种工作的统一与平衡。我们看到许多新兴的绿色设计正是通过内部价值自由和秩序的作用逐渐显现的，例如，几个家庭组成小组，共享某些服务，来减少经济支出和环境影响，同时还形成了新的邻里关系——互助行为；新的交换形式或业务；年轻人和老年人互相协助的新型概念——合作式社会服务；由市民自己创办管理的社区花园（绿色屋顶），不仅提高了城市生活的品质，而且改善了社会结构；代替私家车的交通系统——共享汽车、拼车、滴滴……这些项目最显著的共性就在于它们都源于自由和秩序的一种平衡，是一种资源的创造性重组，希望通过新的方式来实现社会认可的目标。[1]

自由和秩序相互作用，能够满足社会需求，激发绿色设计产生更强的生命力，并能创造出新的社会关系和合作模式。换句话说，自由和秩序产生的张力，既有利于社会发展，又是增进社会发生变革的行动力。绿色设计的初衷也正在于此，通过价值驱动，完成绿色造物、绿色行为、绿色生活方式及社会创新的过程；通过在秩序与自由之间的价值定位，来引导绿色设计的自觉，从而培养富有真正的价值精神的社会历史活动的主体，为绿色发展做出自己的贡献。

[1]　[意] 埃佐·曼奇尼. 设计，在人人设计的时代——社会创新设计导论 [M]. 钟芳，马谨，译. 北京：电子工业出版社，2016：15.

## 第三节
# 在激励与保障之间——绿色设计的法律构建

### 一、绿色设计的法律激励

“激励”一般被解释为“激发鼓励”，用当代流行语言来说，就是“激发正能量”。从社会学的角度而言，激励就是激发和鼓励人们从事社会积极评价的行为，或者对这种行为的正面后果进行奖赏。“激励”是与“制约”相对的褒义词，即我们所论述的激励仅指赞许、鼓励、奖赏等正面激励，不包括压力、约束、惩戒等某些学者所谓的“负面激励”。

激励涉及激励方和受激励方两个主体，激励方是指实施激励的一方，受激励方是指接受和获得激励的一方。激励针对的是“社会积极评价”的行为，里面包含价值判断，但凡向善、行善等体现公平正义的行为，都会获得积极评价，从而成为激励的标的；反之，则不是激励，而是“诱使”或反面刺激。[1]

法律作为社会控制的方式之一，在社会治理机制中处于中心地位。而激励是法律的基本功能之一，符合人性向善的本性和以人为本的精神。这就是所谓的“法律激励”。

法律以社会为基础，确立社会基本行为规范和准则。对于整个社会而言，企图通过法律进行社会变革是现代世界的一个基本特点。法律正是通过发挥对经济领域、政治领域及文化领域的功能，影响历史的进程。而激励也是法律控制的两种方法之一，其主要作用是引导社会成员形成积极的法律秩序。其实，法律体现的意志决定于各种利益，所以法律的功能表现为对行为本身的激励和对行为背后利益的调控。在法律社会学中，对法律的功能形态或运行机制的研究，主要应放在行为激励和利益调整上。[2]

绿色设计的社会激励机制与设计本身既各自独立、各成体系，同时两者也可以形成良性互动。一方面，官方激励为绿色设计提供生存、发展的空间和土壤，官方积极鼓励和提倡绿色设计，并为绿色设计的健康发展制定指导性规则；另一方面，社会激励的蓬勃发展可以促进绿色设计的发展，甚至对官方激励形成“自下而上”的推动。

[1] 邱本. 论经济法的基本原则 [J]. 法制与社会发展，1995（04）：22-28.
[2] 邱本. 经济法总论 [M]. 北京：法律出版社，2007：25-27.

### （一）法律激励为绿色设计提供生存、发展的空间和土壤

法律激励为绿色设计提供生存、发展的空间和土壤。在国内层面，国家法律确认和保障设计权和各项程序性绿色设计权利，为社会组织和个人的设计提供了合法性和正当性，并且推动其发展壮大。在国际层面，国际条约赋予了一系列知识产权的合法性和正当性，其收集和公布的国家履约报告为非政府组织敦促国内政府切实履行环境条约提供了信息支援，从而有助于非政府组织监督国内政府履行环境条约。

### （二）法律激励为绿色设计的健康发展提供管理和指导

绿色设计源于国家战略需求和经济主战场。我国《“十三五”国家战略性新兴产业发展规划》明确提出：“提升创新设计水平。挖掘创新设计产业发展内生动力，推动设计创新成为制造业、服务业、城乡建设等领域的核心能力。”

2019 年 2 月 25 日，习近平总书记主持召开中央全面依法治国委员会第二次会议并发表重要讲话。会议强调“要以立法高质量发展保障和促进经济持续健康发展”，重点在知识产权、行业标准等环节加大法律与制度保障，明确各类市场主体的权责与行为规范，建立更具活力、更为公平有序的市场竞争机制，提升不同类型企业研发和应用工业设计创新的积极性与主动性。通过构建完善的法律政策环境，可以充分发挥创新设计的价值撬动与价值增值功能。

绿色设计必须在国家法律的框架内开展活动，国家法律和官方激励也为绿色设计的健康发展提供管理和指导。“绿色责任”包括一切寄寓于生态系统中的个人和团体所承担的责任。法律文本中的责任形式首先就要论及政府。在我国，政府承担对环境资源的管理职能。

《环境保护法》部分摘录：

第六条　一切单位和个人都有保护环境的义务。地方各级人民政府应当对本行政区域的环境质量负责……

第三十六条　国家鼓励和引导公民、法人和其他组织使用有利于保护环境的产品和再生产品，减少废弃物的产生。国家机关和使用财政资金的其他组织应当优先采购和使用节能、节水、节材等有利于保护环境的产品、设备和设施。

第三十七条　地方各级人民政府应当采取措施，组织对生活废弃物的分类处置、回收利用。

第三十八条　公民应当遵守环境保护法律法规，配合实施环境保护措施，按照规定对生活废弃物进行分类放置，减少日常生活对环境造成的损害。

第三十九条　国家建立、健全环境与健康监测、调查和风险评估制度；鼓励和组织开展环境质量对公众健康影响的研究，采取措施预防和控制与环境污染有关的疾病。

第四十条　国家促进清洁生产和资源循环利用……

国务院有关部门和地方各级人民政府应当采取措施，推广清洁能源的生产和使用。

在国内法领域，国家享有国有土地、森林、草原、水体、野生动植物、矿产资源等自然资源的管理权，政府行为对生态环境状况有强大影响主要体现在政府环境决策、环境规划、环境监督管理过程中。在国际法领域，国家作为国际法的主体和外国或国外组织签订环境资源保护公约，构成国际环境事务的国际法律关系。在国内法领域，政府是立法、司法、执法的主体，是对环境有影响的公共政策的制定者和实施者。从影响力来说，政府施加给生态环境的影响是难以估量的，而且政府对于生态环境施加影响的行为往往最具有意识。对绿色设计进行探讨，首先要探讨政府这一利益相关者，目的是通过对法律文本的解读提出政府绿色行为模式的建议，通过法律文本的修改达致理性绿色发展的行为状态。

## 二、充分认识开展工业产品绿色设计的重要意义

绿色设计是按照全生命周期的理念，在产品设计开发阶段系统考虑原材料选用、生产、销售、使用、回收、处理等各个环节对资源环境造成的影响，力求产品在全生命周期中最大限度降低资源消耗、尽可能少用或不用含有有毒有害物质的原材料，减少污染物产生和排放，从而实现环境保护的活动。

绿色设计是实现污染预防的重要措施。污染预防是改变“先污染后治理”发展方式的根本途径。相关研究表明，80% 的资源消耗和环境影响取决于产品设计阶段。在产品设计阶段，充分考虑现有技术条件、原材料保障等因素，优化解决各个环节资源环境问题，可以最大限度实现资源节约，从源头减少环境污染。

绿色设计是落实生产者责任延伸制度的要求。推行工业产品生态设计可以使企业在产品设计阶段就综合考虑污染预防措施，采用合理的结构和功能设计，选择绿色环保原材料和易于拆解、利用的部件，从而更好地履行产品回收、利用和最终处置的责任，实现经济、环境和社会效益的最大化，把生产者责任延伸制度落到实处。

绿色设计是提升产品竞争力的迫切要求。在全球资源环境压力日益突出的情况下，提供绿色环保产品已成为国际潮流和趋势，迫切要求我国加快推进产品生态设计工作，开发、制造符合国际市场需求的绿色环保产品，提高产品的国际竞争力。

绿色设计有利于绿色技术创新。生态设计作为先进设计理念，更注重应用先进的资源节约和环境保护技术，以实现节能、节材、环保及资源综合利用等目标；同时，对无毒无害或低毒低害的绿色材料、资源利用效率高和环境污染小的绿色制造技术等提出需求，以推动相关技术的研发与推广应用。

我国绿色设计目前以官方激励作为激励的主流，还需要将社会激励作为必要的补

充，特别是在产品预期目标、使用过程、后期处置环节中都应体现公众参与的原则。从发展的眼光来看，我国未来绿色设计的激励机制应当采用官方激励与社会激励并重的机制，应当从政策、法律、制度等各方面创造条件发展绿色设计。

## 三、基于可持续发展理念的绿色设计的保障

绿色设计的法律是法律新领域的表现形式，是在绿色设计理念指导下建立起来的法律制度。随着国内外绿色设计理念的不断更新，绿色设计的法律作为一个新兴法律领域也会随之不断完善。我们强调绿色设计的法律，目的就在于用绿色设计的理念指导我们去理解相关法律，完善绿色设计法律和实施相关法律。

### （一）保障与法律保障

2018 年 5 月 18 至 19 日，全国生态环境保护大会胜利召开，正式确立了习近平生态文明思想。深入贯彻落实习近平生态文明思想，尤其是习近平总书记关于固体废物污染环境防治的重要指示批示精神，打好污染防治攻坚战，必须将固体废物作为环境风险管控的重要内容、生态环境质量改善的重要保障，统筹固体废物与大气、水、土壤污染防治。现行《中华人民共和国固体废物污染环境防治法》（以下简称“固废法”）颁布于 1995 年，尽管 2004 年进行了初次修订，2013 年、2015 年、2016 年又分别对生活垃圾处置设施、进口废物分类管理及危险废物转移制度等特定条款进行了修正，但经过二十多年的发展，固体废物环境管理的目标、内容、方式等均发生了巨大变化，已难以适应全面加强生态环境保护的新形势、新要求。2017 年，全国人大常委会组织开展“固废法”执法检查，历时 3 个月，深入 10 个省市实地检查，在执法检查报告中明确指出，“尽快启动‘固废法’的修订工作”。

“固废法”是党的十九大之后，全国人大常委会在生态环境领域制修订的第一部法律，事关生态文明建设大局，要坚持以习近平新时代中国特色社会主义思想尤其是习近平生态文明思想为指导，全面贯彻党的十九届二中全会精神，牢固树立绿色发展理念和以人民为中心的发展思想，在总体保持连续性、稳定性的基础上推动“固废法”与时俱进、完善发展，为解决突出环境问题、打赢污染防治攻坚战、推动形成绿色生产与生活方式提供法律保障。

2002 年 6 月通过并于 2012 年 2 月修正的《中华人民共和国清洁生产促进法》就提出要“促进清洁生产，提高资源利用效率，减少和避免污染物的产生，保护和改善环境，保障人体健康，促进经济与社会可持续发展”这一目标，这与产品生态设计的理念不谋而合。在该法有关“清洁生产的实施”这章第二十条提出：“产品和包装物的设计，应当考虑其在生命周期中对人类健康和环境的影响，优先选择无毒、无害、易于降解或者便于回收利用的方案。”可见，该法在产品生产方面不仅确认了产品生命周期理论，而

且鼓励产品生产者在产品设计生产过程中去考虑环境因素。

《电子信息产品污染控制管理办法》被称为我国的“RoHS 指令”，因为它的出台就是受欧盟“RoHS 指令”（即欧盟电子电器设备中限制使用某些有害物质指令）的影响。该办法主要针对电子信息产品在生产、销售、进口过程中产生的环境污染予以规制。为了控制电子信息产品所造成的污染，该办法采取了一系列改进的措施，其中就包括“设计、生产过程中采取的改变研究设计方案、调整工艺流程、更换使用材料、革新制造方式等技术措施”，这是符合产品生态设计理念所要求的。同时，该办法还要求电子信息产品生产者在“生产或制造电子信息产品时，应当依据电子信息产品有毒有害物质控制的国家标准或行业标准，采用资源利用率高、易回收处理、有利于环保的材料、技术和工艺”，对电子信息产品的生产者、销售者及进口者都提出了不同的要求。

《中华人民共和国循环经济促进法》于 2008 年 8 月 29 日已由第十一届全国人民代表大会常务委员会第四次会议通过，根据 2018 年 10 月 26 日第十三届全国人民代表大会常务委员会第六次会议《关于修改〈中华人民共和国野生动物保护法〉等十五部法律的决定》修正，在立法上体现了循环经济环境下对资源利用的减量化、再利用及资源化的要求。该法涉及资源的开采利用、能源节约、生态产业和废物回收利用等多个领域，既体现了国家层面对循环经济的要求，也在地方层面体现了发展循环经济为大势所趋。该法同时对政府、企业、消费者乃至第三方机构的责任都提出了具体的要求。该法中的许多内容体现了产品生态设计的要求，如第十九条提出“从事工艺、设备、产品及包装物设计，应当按照减少资源消耗和废物产生的要求，优先选择采用易回收、易拆解、易降解、无毒无害或者低毒低害的材料和设计方案，并应当符合有关国家标准的强制性要求”。另外，该法还规定了一些促进生态设计制度实施的激励措施，如从税收上对生产列入国家鼓励目录产品的企业提供优惠政策，并通过政府绿色采购政策，优先购买节能、节材、节水等对环境友好的产品及再生的产品。这些激励措施和支持政策不仅可以引导企业在生产过程中自觉实施生态设计制度，而且对生态设计制度配套措施的完善起到了推动作用。

《关于开展工业产品生态设计的指导意见》（下文简称《指导意见》）是 2013 年 1 月由工业和信息化部、发展和改革委员会、环境保护部（现生态环境部）联合下发的指导意见，也是我国迄今为止唯一一部专门针对我国工业产品生态设计提出的指导意见。从中可以看出，工业产品生态设计引起了我国政府的高度关注，该《指导意见》的颁布意义重大，相信将有助于当下中国工业的产业转型升级，在促进工业企业提高生产效率的同时，还会积极考虑获取资源、使用资源对环境的影响。

在《指导意见》中，深化了对产品生态设计的内涵的认识。生产设计是实现污染预防的重要措施，我国工业领域一直以来都在走“先污染后治理”的发展途径。研究表明，80% 的资源消耗和环境影响取决于产品设计阶段，如果在设计阶段就考虑改进现有的技术条件，优化各生产环节的环境问题，就可以在最大限度实现资源节约，从源头减少环境问题。生态设计也是将生产者责任落实到实处的有力措施，强调生产者在设计阶段就应采取预防措施，为更好地在产品回收和产品最终处置方面履行自己的责任提供了可行的方案。生态设计也是提升产品市场竞争力和创新绿色技术的有效途径，在国际市场经济下，企业面临着资源紧缺的压力，而企业提供资源消耗低、环境友好的产品已经成为当代企业追随国际潮流、缓解市场压力的有力武器。同时，提供先进的环保产品的设计理念也是企业生存的不二法则，而生态设计为企业带来了希望。

为了进一步明确企业在工业产品生态设计中的责任，《指导意见》提出了基本的思路、原则及目标任务，即“树立源头控制理念，以产品全生命周期资源科学利用和环境保护为目标，以技术进步和标准体系建设为支撑，开展工业产品生态设计试点，建立评价与监督相结合的产品生态设计推进机制，通过政策引导和市场推动，促进企业开展产品生态设计”。在主要原则方面，则强调了企业在开展工业产品生态设计方面的主体地位，企业开展生态设计是企业履行社会责任的主要措施，同时通过国家的政策引导，也能够提升企业的市场竞争力。

为了保障工业产品生态设计的实施，《指导意见》提出了一系列保障措施，包括加强组织实施、完善鼓励措施、开展国际合作，以及加强宣传教育。明确了企业、政府、有关行业协会和科研院所等主体的责任。要求企业提高工业产品生态设计水平，主动建立全流程的生态设计管理制度；政府应当协调好各方主体协调配合的关系，通过建立优秀生态设计产品奖励机制、支持企业生态设计的财税政策等方式提高企业开展生态设计的积极性；有关行业协会及科研院所要充分发挥自身优势，做好政策和技术咨询服务发挥自身优势，做好政策和技术咨询服务。

绿色设计的相关法律，是为了谋求人与自然的和谐，保护和改善生活环境、生态环境、设计环境，维持各个领域内的绿色平衡，防止污染和其他公害，保障绿色设计的相关权利，促进社会主义现代化建设，实现绿色设计的可持续利用，以适应大创时代国民经济和社会发展的需要。建立、健全绿色设计的可持续法律发展制度，也是旨在加强绿色设计保护工作的规范化管理，维护绿色设计主体的合法权益，保障绿色设计管理工作，进一步发挥绿色设计在我国社会主义市场经济建设中的作用。绿色设计的法律制度保障主要体现在以下 3 个方面：

（1）规范。这是绿色设计法律制度所发挥的基础保障。绿色设计的相关法律，对一切单位和个人从事绿色设计相关活动的行为进行了严格的规范。如《环境保护法》第五条规定，国家鼓励环境保护科学教育事业的发展，加强环境保护科学技术的研究和开发，提高环境保护科学技术水平，普及环境保护的科学知识。这样使得民众知道什么是生态环境法律所鼓励或者允许的，什么是法律所反对或者禁止的，从而确定法律规制的意义和标准。再如《环境保护法》第六条规定，一切单位和个人都有保护环境的义务，并有权对污染和破坏环境的单位和个人进行检举和控告。再如《环境保护法》第二十六条规定，建设项目中防治污染的设施，必须与主体工程同时设计、同时施工、同时投产使用。防治污染的设施必须经原审批环境影响报告书的环境保护行政主管部门验收合格后，该建设项目方可投入生产或者使用。防治污染的设施不得擅自拆除或者闲置，确有必要拆除或者闲置的，必须征得所在地的环境保护行政主管部门同意。这些法规及参与环境活动当事人权利义务的建立，从法的稳定性角度而言，也为绿色设计的法律保护活动的正常进行奠定了法律基础。

（2）调节。这是绿色设计法律制度所发挥保障。在绿色设计活动中，参与活动的当事人之间形成了相互依存、不可分割的联系，结成一定的法律关系。世界上实行市场经济的国家，在实施相关法律活动中，无不注重建立绿色设计的法律保护制度，以此来调节绿色设计中形成的各种关系，实现绿色设计管理的正常运转。我国绿色设计法律制度的建立和发展，也必将产生和发挥积极的法律调解效应。

（3）监督。这是绿色设计法律制度所发挥的关键。监督是通过绿色设计行政（如绿色设计的管理制度）和绿色设计的司法来实现的。我国绿色设计的法律制度，对绿色设计活动中的设计规划和标准的制定、资源的开发和利用，如大气、水、噪声和固体废物的污染防治等，全过程实施和监督，以维护绿色设计保护活动的合法性。

### （二）面向绿色设计的知识产权法

1. 绿色设计相关法律发展的特点

（1）可持续发展战略成为绿色设计相关法律的指导思想并将得到充分贯彻。《中国21世纪议程》中规定的可持续发展原则已经对中国的绿色设计建设产生了全面、深远的影响。

（2）绿色设计法治贯穿于绿色设计工作中，公众参与成为其基本原则。依法治国入宪后，可以把相关保护工作纳入制度化，使法制化轨道成为绿色设计法制建设的重要任务和目标。如《知识产权法》《环境保护法》及一系列配套的法律、法规的出台和实施，体现了绿色设计新兴理念的要求。

（3）绿色设计相关法律更多地采用经济手段和市场机制。在社会主义市场经济大环境下，相关法律正在引入符合市场机制和价值规律的法律调整手段，更多地采用经济手段、运用市场的作用，强调把环境和自然资源纳入国民经济核算体系中，重视税收政策在综合决策中的作用，重视相关法律与宏观调控的协调。

（4）绿色设计的相关立法的综合性会加强。绿色设计的概念本身就是一个综合性的概念，综合调整环境、经济、社会发展问题的可持续发展设计体系。例如，从环境保护法体系来看，我国《环境保护法》已经从单纯的污染防治法体系向环境污染防治与自然资源保护法的双重体系发展。

（5）绿色设计相关法律越来越多地采用科学技术手段和科学技术规范。相关法律的制定和实施离不开科学技术的发展，相关法律中有很多法律规范涉及科学术语和方法。《环境保护法》规定，国家鼓励环境保护科学技术的发展，加强环境保护科学技术的研究和开发，提高环境保护科学技术水平，普及环境保护的科学知识。经过多年的发展，我国已经从法律上初步明确了鼓励结合科学技术来改造防治工业污染、环境影响评价、环境标准、环境监测、清洁生产等法律制度。

（6）我国绿色设计法律制度和国际绿色设计法律制度的协调日益增强。由于绿色设计的公共性和全球性，我国的相关法律与国际的相关法律都具有一致性，主要表现在：我国积极参与有关的国际会议，参与制定国际相关的法律条约；我国相关法律越来越多地吸收国际相关法律中的先进法律措施和管理制度；日益重视相关法律的信息交流、宣传教育和培训方面的国际合作。[1]

2. 绿色设计相关法律简述

（1）著作权。著作权是作者在法律规定的有效保护期内，依法对其创作的文学艺术和科学作品所享有的专有权利，故只有对著作权法意义上的"作品"才能享有著作权保护。《中华人民共和国著作权法实施条例》（以下简称《著作权法实施条例》）第二条对"作品"所下的定义是指文学、艺术和科学领域内具有独创性并能以某种有形形式复制的智力成果。由此可知，著作权法保护的"作品"必须同时满足以下条件：

① 特定性。特定性是指"作品"必须是文学、艺术和科学领域内的作品。

② 独创性。独创性是指"作品"是由作者独立创作完成，是作者创造性智力劳动的结果，不能是他人作品的抄袭或模仿。其中，"独"可以是从无到有的独立创作，也可以是以他人已有作品为基础进行再创作，即演绎作品；"创"是指作品要具有一定的创造成分，即作品中存在作者的取舍、选择、安排和设计等。

③ 可感知性。可感知性是指创作者应将无形的思想或情感通过有形的载体表现出来，才能受著作权法保护，即著作权不保护"思想"只保护"形式"。

④ 可复制性。可复制性是指作品能以有形形式复制，进而传播作者思想，使作品具有商品的属性并从中获得利益。因此，将物化的绿色设计作品定为受著作权法保护的"作品"是可行的。

美国《版权法》第 102 条 a 款规定："以任何现在已知的或以后出现的物质表达方式——通过此种方式可以直接地或借助于机械或装置可感知、复制或以其他方式传播作品——固定的独创作品，依本篇受版权保护。"第 102 条 b 款进一步规定："在任何情形下，对作者独创作品的版权保护，不得扩大到任何思想、程序、方法、系统、运算方式、概念、原理或发现，无论作品以何种形式对其加以描述、解释、说明或体现。"《世界知识产权组织版权条约》（World Intellectual Property Organization Copyright Treaty，WCT，以下简称《WIPO 版权条约》）第 2 条（版权保护的范围）规定："版权保护延及表达，而不延及思想、过程、操作方法或数学概念本身。"《与贸易（包括假冒商品贸易在内）有关的知识产权协议》（Trips 协议）第 9 条第 2 款规定："版权保护应延及表达，而不延及思想、工艺、操作方法或数学概念之类。"

[1] 吴汉东. 知识产权法价值的中国语境解读 [J]. 中国法学，2013（4）：15-26.

《中华人民共和国著作权法》（下文简称《著作权法》）具有以下特点：首先，著作权的获得为自动取得制度，即作品完成后便可自动取得，不需要向任何有关部门申请获得，免去了烦琐而漫长的申请程序，适用于产品生命周期短、实用性强的绿色设计产品；其次，由于著作权的自动取的，设计人或者公司无须缴纳申请费用和年费，可以减轻经济负担；最后，著作权保护要求作品具有独创性即可，不要求作品的新颖和首创性，故能使更多实用独创性的绿色设计作品受到著作权的保护。因此，绿色设计作品比较适合使用《著作权法》进行保护。

美国《版权法》第 102 条 a 款规定："以任何现在已知的或以后出现的物质表达方式——通过此种方式可以直接地或借助于机械或装置可感知、复制或以其他方式传播作品——固定的独创作品，依本篇受版权保护。"日本《著作权法》第 2 条第 1 项规定："作品，即用于表达思想或感情的文艺、学术、美术或属于音乐范围的创作作品。"我国《著作权法实施条例》第二条规定："著作权法所称作品，是指文学、艺术和科学领域内具有独创性并能以某种有形式复制的智力成果。"

我国《著作权法》第三条对作品范畴进行了划分，《著作权法实施条例》第四条又对不同范畴的作品含义进行了说明。其中，美术作品是指绘画、书法、雕塑等以线条、色彩或者其他方式构成的有审美意义的平面或者立体的造型艺术作品。美术作品又可以分为纯美术作品和实用艺术作品，实用艺术作品是指具有实用性、艺术性并符合作品构成要件的智力创作成果。实用性指该作品具有重复使用价值，而不是单纯的具有观赏价值。

我国《著作权法》第三条规定，其所称的作品包括以文字作品、口述作品等形式创作的文学、艺术和自然科学、社会科学、工程技术等作品。《著作权法实施条例》对作品的含义做了进一步阐释："著作权法所称作品，是指文学、艺术和科学领域内具有独创性并能以某种有形形式复制的智力成果。"

我国《实施国际著作权条约的规定》第六条规定："对外国实用艺术作品的保护期，为自该作品完成起二十五年。美术作品（包括动画形象设计）用于工业制品的，不适用前款规定。"《著作权法》第三条规定其所称的作品，"包括以下列形式创作的文学、艺术和自然科学、社会科学、工程技术等作品：（一）文字作品；（二）口述作品；（三）音乐、戏剧、曲艺、舞蹈、杂技艺术作品；（四）美术、建筑作品；（五）摄影作品；（六）电影作品和以类似摄制电影的方法创作的作品；（七）工程设计图、产品设计图、地图、示意图等图形作品和模型作品；（八）计算机软件；（九）法律、行政法规规定的其他作品。"

《著作权法实施条例》第四条规定："图形作品，是指为施工、生产绘制的工程设计图、产品设计图，以及反映地理现象、说明事物原理或者结构的地图、示意图等作品。"

《实施国际著作权条约的规定》第六条规定："对外国实用艺术作品的保护期，为自该作品完成起二十五年。美术作品（包括动画形象设计）用于工业制品的，不适用前款规定。"

Trips 协议第 2 条（知识产权公约）第 2 款规定："本协议第一至第四部分之所有规定，

均不得有损于成员之间依照巴黎公约、伯尔尼公约、罗马公约及集成电路知识产权条约已经承担的现有义务。”Trips 协议第 4 节“工业品外观设计”第 25 条（保护要求）第 2 款规定：“各成员应保证其对保护纺织品外观设计的要求，特别是对成本、检验或对公布的要求，不至于不合理地损害求得保护的机会。成员有自由选择用工业品外观设计法或用版权法去履行本款义务。”

受著作权法保护的不仅仅是那些纯艺术作品，还包括一些实用艺术，即锻造艺术、珠宝艺术、家具制造工艺、瓷器制造工艺、制图工艺、服装皮件工艺等。例如，在卡塔尔，既具有实用性又具有艺术性的服装设计，可以作为实用艺术作品受著作权法保护。

（2）商标权。商标作为商品的标识，其主要作用在于标明商品来源，使商品具有其他商品所没有的独特之处，以便于消费者能够更好地识别商品的生产者。根据《中华人民共和国商标法》（下文简称《商标法》）第八条的规定：“任何能够将自然人、法人或者其他组织的商品与他人的商品区别开的标志，包括文字、图形、字母、数字、三维标志、颜色组合和声音等，以及上述要素的组合，均可以作为商标申请注册。”由此可见，我国商标的要素主要是由图形、文字、字母等相关概念组合而成。

以立体商标为例，立体商标也称三维商标，一般由富有立体感的文字和图形所构成，如我们非常熟悉的可口可乐流线型瓶子就是世界著名的立体商标。欧洲国家十分崇尚立体商标，且有取代作为产品包装的外观设计之势，这是因为外观设计的保护有期限，而商标的保护则是无限期的。我国《商标法》采用“自愿注册和强制注册相结合”的原则，即完全由企业自主决定是否对企业使用的商标进行注册。未注册的商标可以使用，但只有注册商标才享有商标权，受到法律保护。因此，为避免他人的恶意抢注，及时注册商标对企业来说是十分重要的。

商标设计要“绿色”“环保”“生态”。商品包装使用的材料多是纸质的。但是，纸张的生产过程是重污染的，对环境的破坏巨大，而且会对人类自身的生存造成危害。纸张生产污染环境的问题是工业生产中亟须解决的问题，人类一直在这方面进行努力，如发明无污染的“石头纸”新技术。这项技术的问世，是传统造纸和包装材料领域在技术上的一次重大突破。所谓“石头纸”，就是以地壳中最为丰富的矿产资源石灰石（碳酸钙）为主要原料，以高分子材料及多种无机物为辅助原料，利用高分子界面化学原理和填充改性技术，经特殊工艺加工而成的一种可逆性循环利用产品。这项技术既解决了传统造纸污染给环境带来的危害问题，又解决了大量塑料包装物的使用造成的白色污染及大量石油资源的浪费等问题。与传统纸张相比，“石头纸”应用领域极其广泛，具有安全、环保、无毒、印刷清晰度高、可降解和价格便宜等特点，这对于纸的生产和需求来说无疑是利好消息。所以，商品的商标设计和包装也可以在这方面做出突破。“绿色”“环保”“生态”等一系列理念的贯彻和执行是一个长期的过程，需要坚持下去并逐渐成为生产和生活的习惯，而良好的习惯的形成是需要各方面因素共同起作用的，每一个具体的方面都有所体现。

（3）专利权。《中华人民共和国专利法》（下文简称《专利法》）保护的对象包括3类：发明、实用新型和外观设计。

① 发明。发明指的是对产品、方法或其改进所提出的新技术方案，包括产品和方法。设计是一种创造新事物的活动，也是发现问题、解决问题的创造性过程。从这个意义上说，设计与发明有共通之处。

② 实用新型。实用新型指的是对产品的形状、构造或两者结合所提出的适用于实用的新技术方法。实用新型通常在技术和功能上有一定的创新，但是达不到发明的保护水平，因此也称“小发明”或“小专利”。这一类的发明创造在实践中是比较多的，尤其是在工业设计领域。

③ 外观设计。外观设计指的是对产品的形状、图案或者其结合，以及色彩与形状、图案的结合所做出的富有美感并适用于工业应用的新设计。作为法律概念的外观设计虽然与我们平时理解的工业设计不是完全相同的，但无论是从字面上来看还是从定义上来看，这个名称充分体现了外观设计和工业设计之间不可分割的联系。大多数工业设计可以寻求外观设计的保护，而完善的外观设计制度能有效地促进于工业设计的发展。由于篇幅所限，本文主要介绍外观设计制度与工业设计的关系。

至于何为“新”设计，《专利法》有专门的规定。该法第二十三条规定：“授予专利权的外观设计，应当不属于现有设计；也没有任何单位或者个人就同样的外观设计在申请日以前向国务院专利行政部门提出过申请，并记载在申请日以后公告的专利文件中。授予专利权的外观设计与现有设计或者现有设计特征的组合相比，应当具有明显区别。授予专利权的外观设计不得与他人在申请日以前已经取得的合法权利相冲突。”服装设计要获得外观设计专利保护必须具备几个条件：富有美感；必须是一项新设计，即具有新颖性；适于工业应用。

《专利法》中规定：“新颖性，是指该发明或者实用新型不属于现有技术；也没有任何单位或者个人就同样的发明或者实用新型在申请日以前向国务院专利行政部门提出过申请，并记载在申请日以后公布的专利申请文件或者公告的专利文件中。”我国采用的是绝对新颖性的授权标准。纵观世界各国，都规定了将新颖性作为外观设计是否给予专利权保护的必备条件之一，但是目前大多数国家未采用绝对新颖性授权标准。因为虽然它表面上确保了授予专利权的外观设计是一项新的外观设计，但是在实际操作中所谓的最先设计，几乎是不可能穷尽的。而且，我们判断新颖性，采取的是以申请日（含优先权日）作为判断的时间标准轴，以所应用的领域即相同或相似的产品作为评判的范畴，但是不管怎样，作为专利法保护创新而言，新颖性就是提供了一次创造性成果属于创新的初步证明。

《专利法》第五十九条规定：“外观设计专利权的保护范围以表示在图片或者照片中的该产品的外观设计为准，简要说明可以用于解释图片或者照片所表示的该产品的外观设计。”但是，为了更准确地反映外观设计所要求保护的范围，在《专利法实施细则》第二十八条中规定，申请外观设计专利的，必要时应当写明对外观设计的简要说明。外观设计的简要说明应当写明外观设计产品的名称、用途，外观设计的设计要点，并指定一幅最能表明设计要点的图片或者照片。简要说明不得使用商业性宣传用语，也不能用来说明产品的性能。根据《专利法实施细则》第二十七条规定："申请人请求保护色彩的，应当提交彩色图片或者照片。申请人应当就每件外观设计产品所需要保护的内容提交有关图片或者照片。"对其中的"有关图片或者照片"，就立体外观设计产品而言，产品设计要点涉及六个面的，应当提交六面正投影视图；产品设计要点仅涉及一个或几个面的，可以仅提交所涉及面的正投影视图和立体图。就平面外观设计产品而言，产品设计要点涉及一个面的，可以仅提交该面正投影视图；产品设计要点涉及两个面的，应当提交两面正投影视图。

《保护文学艺术作品伯尔尼公约》（简称《伯尔尼公约》）第7条第4款规定："作为艺术作品保护的实用艺术作品的保护期限由本同盟各成员国的法律规定，但这一期限不应少于自该作品完成之后算起的二十五年。"第2条第7款同时规定："在遵守本公约第七条第四款之规定的前提下，本同盟各成员国得通过国内立法规定其法律在何种程度上适用于实用艺术作品以及工业品平面和立体设计，以及此种作品和平面与立体设计受保护的条件。"《世界版权公约》第4条第3款规定，缔约国对实用艺术作品作为艺术品给予保护时，保护期限不得低于十年。《保护工业产权巴黎公约》（简称《巴黎公约》）第5条（之五）规定："外观设计在本联盟所有国家均应受到保护。"Trips协议第2条（知识产权公约）规定："就本协议第二、第三及第四部分而言，全体成员均应符合《巴黎公约》1967年文本第一条至第十二条及第十九条之规定……本协议第一至第四部分之所有规定，均不得有损于成员之间依照《巴黎公约》《伯尔尼公约》《罗马公约》及《集成电路知识产权条约》已经承担的现有义务。"Trips协议第4节（工业品外观设计）第25条（保护要求）规定："对独立创作的、具有新颖性或原创性的工业品外观设计，全体成员均应提供保护。成员可以规定：非新颖或非原创，系指某外观设计与已知设计或已知设计特征之组合相比，无明显区别。成员可以规定：外观设计之保护，不得延及主要由技术因素或功能因素构成的设计……各成员应保证其对保护纺织品外观设计的要求，特别是对成本、检验或对公布的要求，不至于不合理地损害求得保护的机会。成员有自由选择用工业品外观设计法或用版权法去履行本款义务。"

3. 国外法律实践

（1）商标设计中的绿色设计理念也是日益突显。例如，BP（英国石油）公司成立于1909年，是世界上最大的石油和石化集团公司之一。BP公司的主打产品就是石油产品，以及进行与石油产品相关的勘探、开发等；主要业务是油气勘探开发、炼油、天然气销售和发电、油品零售和运输，以及石油化工产品生产和销售；经营范围涉及油气勘探、开采、炼制、运输、销售、石油化工及煤炭、有色金属、计算机、海运、保险等多方面。BP公司实力强大，其发展壮大的过程也是资本积累的过程。在这期间，BP公司凭借自身的优势在世界各地进行深海钻井开采石油，对开采地的生态环境造成极大的破坏，尤其是油船泄漏造成的严重后果为当地居民和生态环境保护者所谴责。其在民众心目中的印象可以说是极其恶劣的，而清理原油、承担赔偿、恢复生态和声誉都是极其浩大的工程，为此BP公司损失惨重。随着时代的进步和发展，BP公司意识到以往经营的缺失，尤其对生态和绿色环境保护的忽视更是亟待改变。为了改变在公众心目中的印象，BP公司决定首先从公司的商标开始着手。BP公司的商标由以往的蓝色底加上黄色的字母“BP”改为以绿色的太阳花为底加上绿色的字母“BP”，而太阳花的原型是根据希腊神话中的太阳神而来的。在改变公司商标后，BP公司开始致力于转变企业形象，其业务范围也从传统的石油开发进入清洁能源的开发和利用，包括天然气、太阳能、氢气等。正是由于公司经营理念的转变，以及自身孜孜不倦的努力，加上实质性的扭转，现在的BP公司在全世界公众的心目中已经是保护环境、关注生态、关心自然、关爱地球的代表。

（2）欧盟生态设计立法对环境法的最大贡献，莫过于扩充了生产者延伸责任的范围。生产者延伸责任（Extended Producer Responsibility，EPR）是发达国家废弃物管理立法的重要基本原则，其内容是将生产者责任从生产阶段和产品使用阶段延伸至产品消费后的废弃物处置阶段，包括对废弃产品的回收、运输、循环利用，以及最终处置的经济和物理责任。尽管各国在EPR的具体制度设计方面存在差异，但其内涵是一致的，即EPR通常局限于产品消费后的废弃物处置阶段的环境责任，不包括产品设计阶段的环境责任。

依据EuP（Energy-using Products的缩写，即能耗产品）及ErP（Energy-related Products的缩写，即能源相关产品）指令，生态设计是一项强制性义务，当一件产品不符合实施措施的相关规定时，成员国应当责令生产者或其授权代表改正，使得产品符合相关规定，并有权禁止不符合规定的产品在欧盟市场流通，且成员国应当制定相应的规则。欧盟将生态设计上升为法定义务，标志着生产者责任正式延伸至产品设计阶段。至此，生产者责任从源头的设计阶段直到末端的废弃物回收利用及处置阶段，涵盖了整个产品生命周期。

（3）在知识产权制度促进工业设计的发展方面，意大利也是一个典型的例子。意大利是工业设计最发达的国家之一。2010年，意大利在上海举办了创意与知识产权保护展，这个展览展示了意大利专利和商标局收藏的100多件工业设计经典之作，代表了意大利工业设计的最高水平。这次展览与一般的设计展有很大不同，不仅展示了设计作品，而且从“意大利是如何用一个世纪的时间建立起一个工业设计王国”的角度出发，展示了设计作品从构思、草图、成品，到专利的产生的全过程，体现意大利如何建立起完善的知识产权制度来防范抄袭者对原创者的伤害，促使创意转化为生产力。正是这样的制度，使意大利的设计业形成了一个良性循环，好的制度对设计产生了激励作用，这使得更多的人投身于设计业，创造出更多、更好的设计，使设计在成熟的制度中实现了更大的价值。意方表示，这次展览的意义主要是通过展品实物揭示背后的设计和创意过程，最终可以促进人们对知识产权方面进行关注和重视。

## 四、绿色设计的生态反思

2019年5月16日出版的第10期《求是》杂志发表了习近平总书记的重要文章《深入理解新发展理念》。该文章指出，要着力推进人与自然和谐共生。生态环境没有替代品，用之不觉，失之难存；要树立大局观、长远观、整体观，坚持节约资源和保护环境的基本国策，像保护眼睛一样保护生态环境，像对待生命一样对待生态环境，推动形成绿色发展方式和生活方式，协同推进人民富裕、国家强盛、中国美丽。

十九大报告第九部分专门强调了加快生态文明体制改革，建设美丽中国。其中，再次强调推进绿色发展，与党的十九大报告第三部分“新时代中国特色社会主义思想和基本方略”中的“（四）坚持新发展理念”的绿色发展相互印证，也与“（九）坚持人与自然和谐共生”互为补充，并将坚持节约资源和保护环境的确定为基本国策。应该说五个发展理念中，绿色发展事关整体发展理念成败的关键环节。绿色发展是生态文明建设的核心，与创新、协调、开放和共享密切相关，要真正开展绿色发展，没有创新行动，尤其是设计领域的创新，是不可想象的。绿色发展是中国特色之路建设中必须成功的一环，中国人口占世界人口的近20%，地球的资源不可能支持我国采用欧美曾经的发展路径，必须要打破财富增长与资源消费之间的关联，方能实现中华民族的伟大复兴。

绿色设计思潮是对西方工业设计价值观的重新审视与批判。人们不断觉醒，开始呼吁绿色设计。“绿色设计”思想的前奏与认识基础，都与“可持续发展”的经济思想和社会发展理论有关，其内涵及外延早已不断扩展，并渗透于设计的各种领域，日趋成为当代设计学发展的重要方向之一。然而，“正视”方兴未艾，“扬弃”尚无定论。尽管学界对绿色设计理论与实践的探索从未停歇，但迄今为止，就其本质问题展开系统性研究的成果并不多见。

### （一）在深生态理念下思考的生态化问题

关于对产品设计中的生态问题分析，或是产品设计生态化观点，相当部分的理论是基于浅生态理念的。浅生态理念的观点认为通过运用“生态学”系统论思想和方法，可以保证经济增长和生态环境保护双重目的同时达到。但是，美国系统思考大师德内拉·梅多斯在《增长的极限》这份报告中得出一个结论：根据目前的社会、经济，以及政治制度框架内的技术，来寻求如何创造一个可持续发展的社会是不太现实的。而且，这里面如果没有考虑到问题之间的相互关联作用，仅仅是解决一个眼前的问题，缺乏思考问题背后所关联的因素，这也许还会加剧其他问题的出现。

所以，由于浅生态理念的局限性与片面性，使得产品设计的生态问题解决路径一直未能得到有效地实现。不少产品的生态化设计仅仅是从造型美学角度，如在造型设计上，结合自然仿生的形态，或是符合某种空间逻辑的美感；在技术层面上，也是仅仅趋于在绿色系统中的一些生态技术的具体应用；等等。这些都是基于浅生态理念下的产品生态化设计，在应对目前复杂的环境生态问题时有些心有余而力不足。

浅生态的理念是在 20 世纪六七十年代出现的环境运动中提出的思路，它仅仅是建立在环境与发展分割的思想基础之上。而深生态的理念是相对于浅生态的理念而言的，其理念的内涵和意义不仅仅局限于环境学科的视野，它要求将环境与发展进行整合性思考，强调对设计生态问题的深层次认知和思考，以生态中心系统观为整个设计行为的重要根据和准则。它认为对生态设计除了对技术层面关照以外，还应探究设计生态问题背后的社会性原因，并在此基础上寻求解决问题的多维度途径。

产品的生态化设计作为一门社会实践性科学，也不同深度地具有生态思想的内涵和表现。基于深生态的理念指导下的产品生态设计是尝试探讨一种有机的、整体良性互动的产品设计，这是改善生态环境问题中所需的产品设计理念作为生态机制，是一种产品设计生态化的新体制的建构。它是针对产品设计的深生态问题的思考：从具体范畴的应用来看，它重新审视产品设计中的生态化问题；从环境生态系统的整体观角度出发，它在人与自然和谐共生的基础上建立起价值导向和评判标准，并着重研究整个人类生产生活方式和自然生态整体性之间的关联性，从而来指导和规范人类的设计创造行为。这是解决产品生态化设计问题的全新思路，使产品设计找到化解生态问题的根本出路，最终实现产品设计的深层生态化。

### （二）深生态理念下产品的生态化设计不能过分依赖技术

目前，对于产品的生态化设计，技术的“魔杖”仍然最受欢迎，更多的观点似乎也都一致指向通过对技术层面的升级和应用来引导产品设计向着生态化的方向发展。也就是说，让设计人员从材料方面进行考虑，如设计产品应用可再生、低能耗、可循环的材料；或是通过产品的创新设计对产品的功能进行改良，让产品的结构更为合理；等等。

从表面上来看，这些依赖技术层面的产品设计策略是有利于产品设计生态化的：一来可以让单位产品生产所需的能耗下降，来获得更低的生产成本和更高的生产效率；二来应用对环境危害较小的替代技术，从而达到设计生态化的目的。但是，通过许多理论与实例的调查分析，仅仅是依赖产品设计技术层面的更新升级是不能够带来生态问题的好转。[1]这也就是为什么生态环境问题、社会可持续发展问题提出并讨论多年，无论是发展中国家还是发达国家，都无法从根本解决这一人类面临的最具挑战性的难题之一。

为什么仅仅依赖产品设计的技术升级和应用全新的技术不能解决生态性问题？我们可以从英国生态经济学家威廉姆·斯坦利·杰文斯的论著中找到一些答案。他在《煤炭问题》

[1] 吴贤静. 渊源与超越：深层生态学在生态学基础上的形而上思考 [J]. 南京林业大学学报（人文社会科学版），2004（2）：23-28.

的第七章“论燃料经济”中提出了颠覆性的观点，认为一种技术层面达到资源能耗减少就是整体能耗消费减少是一种错误的认知。但实际情况往往是，我们的工业产品生产技术越发达、越先进，生产出来的产品往往就会越多，而且会加大生产规模和加速发展扩张。这就是著名的“杰文斯悖论”。事实上，社会的生产技术进步往往并不能解决生态难题，技术应用带来的效率提高也并不意味着能耗会减少，而事态往往会朝着反向方向发展，带来更多的能源消耗。[1]

同样，产品的生态化设计不能仅仅依赖技术的升级。通过实例调查发现，仅仅依赖产品技术更新是不能够带来生态问题的好转，有时甚至会加速生态环境的破坏。因为，技术层面上的改进与创新虽然使得单位产品的资源消耗下降，但是产品在技术层面的提升，会加速产品的使用周期，人们会更快、更主动地去更换其手中的产品，这样在无形之中影响了产品生产的扩展，实际上产品对资源消耗的总量是并没有减少的。例如，汽车产品设计就是典型的案例，每一次设计出能源效率更高的汽车，总会带来道路上汽车数量的增加，并未遏制对燃料的需求。又如，现在炙手可热的智能手机设计，虽然如苹果、三星等都采用更为环保的设计，包括 LED 背光屏幕不含汞，屏幕玻璃不含砷、PVC 和铍，铝合金外壳可回收利用，电源适配器超过了全球最严格的能效标准等，但根据全球智能手机终端销售量统计报告，全球智能手机销量创下新纪录，三星、华为、苹果在 2019 年的全年销量成绩分别为 3 亿台、2.4 亿台与 1.98 亿台。

因此，产品生态化设计仅仅依赖技术层面并不是万能的，有些产品设计得越经济、越效率，其设计、生产过程就会越发达，产品就会越多，对资源消耗的总量就越大，对生态的破坏也就越大。产品的生态化设计总是依赖用技术的手段去摆脱问题并不是行之有效的途径。

# 小结

“这是最好的时代，也是最坏的时代。”[2] 环境问题包括环境与生态危机、文化身份丧失的危机和精神家园遗失的危机。我们必须建立起一种新的和谐的人地关系来渡过这场危机，重建文化归属感和人与土地的精神联系，必须重归真实的、协调人地关系的“生存艺术”；必须通过设计和构建生态基础设施来引导人类聚居系统发展，保护生态和文化遗产，重建“天地—人—神”的和谐。而绿色设计所包含的价值正是让环境的影响达到

[1] 何晓佑. 从“中国制造”走向“中国创造”——中国高等院校工业设计专业教育现状研究 [D]. 南京：南京艺术学院，2007：20.

[2] 语出英国文学家查尔斯·狄更斯小说《双城记》.

与生态过程相协调程度的设计理念，体现了人类对大自然的伦理责任，反映了人和人类追求人与自然及整个生态系统和谐共生，最终实现“天人合一”的美好设计理想。我们只有在深生态的理念上去寻找解决问题的钥匙，实现景观安全：和谐、传承、共生、创新。和谐，即平等、关爱、人与人、人与自然的和谐共处；传承，即对城市文脉的传承；共生，即与地域生态环境共生、与人文环境共生；创新，即适应新需求的方式创新。

绿色设计作为一种深层生态化设计形式，将倚重于我们的反思能力，使设计重回大地，展开对生命意义的思考，为设计走出技术整体化的板结问题，提供现代技术扬长避短、化解危机的根本出路，势必成为新的设计伦理之“道”。这也为日益重要的设计学科开拓了更为广阔的发展空间。

第八章

# 绿色设计是构建绿色生活方式的重要举措

本章重点阐述了绿色设计以生态文明价值观为指导，以向人们提供绿色供给的方式，可系统地创造出生活方式绿色转型的条件，构筑起绿色生活方式的重要社会基础。绿色设计通过为人们提供绿色消费产品、为企业提供绿色转型的措施、为政府提供绿色策略咨询等，参与引导个人、集体、企业乃至全社会向绿色生活方式转型。

可持续发展包括两个方面：一是生产可持续；二是生活可持续。过去几十年，我国比较重视生产可持续，致使生活可持续未受到应有的重视，直到党的十八大报告将生态文明建设纳入社会主义建设“五位一体”的总体布局之中，生活可持续与绿色生活方式才进入大众的视野。绿色生活方式是指人们的生活行为、生活习惯等都绿色化、可持续化，但需要大量的绿色产品进行支撑，也需要绿色价值观念引导、绿色机制政策保障等。绿色设计必须参与绿色生活方式的整体构建之中。

## 第一节
## 可持续发展与绿色生活方式

### 一、绿色生活方式是可持续发展的题中之义

可持续发展也称绿色发展，是指人类的经济社会发展是绿色、环保、可持续的。1987 年，世界环境与发展委员会发布名为《我们共同的未来》报告，认为可持续发展是“既能满足当代人的需要，又不对后代人满足其需要的能力构成危害的发展”，并指出其包括两个重要的概念：需要和限制。需要是指世界各国人民的基本需要；限制则是指生态环境对满足眼前和将来需要的能力施加的限制。生态环境的资源再生能力和污染物净化能力在一定时期内是有限的，正是这种有限性给人类的发展设定了边界，边界内的发展可持续能较好地平衡当代人和后代人的利益，但超出边界的发展则不可持续，那么当代人的发展以损害后代人的利益来满足其需要为代价。

同时，该报告指出，要实现可持续发展，必须协调三大核心要素：经济增长、社会包容和环境保护。这些要素是相互关联的，且对个人和社会的福祉都至关重要。经济是提供物质的基础，社会是人类的组织形式，环境是发展的客观限制，只要人存在于这个世界之上，无论是生产还是生活，都离不开经济、社会与环境，都必须满足可持续发展的要求。

因此，绿色生活方式是可持续发展的题中之义。生产和生活是人类最基本的两种活动。生产是指人类利用自己的劳动将自然物变成人工物，用以满足自身生存发展的需要。生活在广义上是指人类生存发展的所有活动，既包括生产，也包括衣、食、住、行等日常生活；生活在狭义上则仅指衣、食、住、行等日常生活。本章应用狭义的“生活”概念，将其与生产相对应，生产为了生活，生活引领生产，它们共同构成促进人发展的整体活动。可持续发展归根结底是人的发展，是生产、生活的发展，既要求生产的可持续，也要求生活的可持续，还要求转变奢侈、浪费、高能耗的不合理生活方式，建设低碳、环保、健康的绿色生活。

近些年来，绿色生活建设越来越得到党和政府的高度重视。2012 年，党的十八大报告将生态文明纳入社会主义建设“五位一体”的总体布局之中，强调要着力推进绿色发展、从源头上扭转生态环境恶化趋势，为人民创造良好生产生活环境。2015 年 4 月，中共中央、国务院印发《关于加快推进生态文明建设的意见》，指出要培育绿色生活方式，倡导勤俭节约的消费观，广泛开展绿色生活行动，推动全民在衣、食、住、行、游等方面加快向勤俭节约、绿色低碳、文明健康的方式转变，坚决抵制和反对各种形式的奢侈浪费和不合理消费。2015 年 11 月，生态环境部又印发《关于加快推动生活方式绿色化的实施意见》，从强化生活方式绿色化理念、制定推动生活方式绿色化的政策措施、引领生活方式向绿色化转变、加快推动生活方式绿色化的保障措施等方面对绿色生活建设进行了详细的指导和规范。2017 年，党的十九大报告中，习近平总书记在谈到绿色发展时，多次谈到绿色生活方式，如“形成绿色发展方式和生活方式”“倡导健康文明生活方式”“倡导简约适度、绿色低碳的生活方式”等。2018 年 5 月 18 日，习近平总书记在全国生态环境保护大会上发表重要讲话，更是指出“生态环境问题归根结底是发展方式和生活方式问题”。总之，绿色生活方式是可持续发展的题中之义，要实现“美丽中国”的美好愿景，化解“人民日益增长的美好生活需要和不平衡不充分的发展之间的矛盾”，必须以生活方式为落脚点，引导人们生活行为转型，建设绿色生活。

## 二、绿色生活方式是对工业文明生活方式的超越

工业文明的生活方式导致了生态环境危机，要实现可持续发展，必须转变生活方式。自 18 世纪瓦特发明蒸汽机以来，人类进入工业文明时代，社会经济得到了极大发展，但生态环境也破坏严重。工业文明以技术和资本为支撑，以机械自然观为指导，将自然看作是取之不尽、用之不竭的资源库和有着无限容量的垃圾池，在不断提升当代人的物质生活水平的同时却丝毫不考虑后代人的利益。

从整体来看，工业文明的生活方式有以下两大特点：

（1）没有考虑到生活的环境限制。人是自然的一部分，所有的生产生活资料都直接或间接来自自然，无论是食物、衣物、用具还是住房、能源等，但凡有形的物质生活资料都

由自然物转化而来。而自然物并不是凭空出现的，是经过地球生态环境不断地生长或几千万甚至几亿年的演化而来的，在一定的时期内，地球所能产生的资源和能净化的污染物是有限的，即生态承载力总是有限的。在工业文明时代，人们并没有认识到自然的有限性，只以人类为中心，乐观地认为制约人类生活水平提升的仅仅是物质生产力，不断地去发展科学技术，抱着一定要征服自然的心态向自然开战，对自然进行无尽的索取，从而使地球生态环境在短短几百年的时间里就走向不可持续，而且生态破坏、资源耗竭、环境污染已严重影响到人们的生产与生活。

（2）以消费主义为主导价值观。消费主义是工业文明的生活价值观，其以消费为最高目的，认为人生的终极意义就在于消费。许多研究者认为，“伴随西方现代性而出现的消费文化代表了一种治疗性的精神气质，即通过无止境地追求商品和服务寻求心理和生理上的愉悦和自我实现，以取代传统宗教的救赎功能”，因此，人们以消费诠释人生意义，以消费彰显社会身份，消费成了整个生活的中心。从根源上来看，消费主义产生于以资本主义为基础的工业文明生产方式。在工业文明生产方式中，利润最大化是资本主义发展的终极目标，而利润又主要来源于各种物质产品的生产和售卖。为了售出更多的产品，一些商家便通过大众传媒不断鼓吹奢侈、浪费型的生活方式，不断鼓吹消费，尤其是各种物质性产品的消费，被赋予至高无上的意义。物质性消费是生活中自然资源消耗的主要去处，也是废弃物排放的主要来源，过多的物质性消费势必形成一种更加破坏生态环境的消费。所以，工业文明以消费主义为主导价值观的生活方式与绿色、环保、健康的理念相去甚远。

绿色生活方式是对工业文明生活方式的超越，能较好地克服工业文明生活方式的缺点，如下所述：

（1）绿色生活方式是人与自然和谐共生的生活方式。绿色生活方式之所以是“绿色”的，是因为其正视了人归根结底只是自然的一部分，无论是生产还是生活，都必须遵从自然的规律。人是自然的一部分，自然是人生存发展的家园，无休止地向自然索取，无限量地向自然排放垃圾、废物，本身就是对自然家园的破坏与毁灭。家园被破坏、被毁灭，人也将不复存在。因此，人与自然紧紧绑在一起，同呼吸、共命运，要实现可持续发展，必须实现二者和谐共生。

（2）绿色生活方式是各方面需要都能得到满足的生活方式。在消费主义价值观主导的工业文明生活方式中，消费，尤其是物质消费，是人生的最高追求，物质需要被得到充分满足。但为了创造利润，实现资本增值，这还不够，资本家牢牢掌控大众传媒，通过广告、影视等形式赋予物质产品精神属性，将有形的商品变成无形的符号，从而使其可以满足人的精神需要和社会需要。例如，美国“9・11”事件发生后，时任美国总统小布什就曾呼吁“美国人民，去购物吧！”以让民众忘记伤痛，几万美元的包、几十万美元的手表也成了社会身份的象征。虽然消费占据一切，但层次更为丰富的精神需要、社会需要其实并未被真正满足，故而处在消费社会的人们精神空虚、道德沦丧、人际关系冷漠等。绿色生活方式不再以消费主义价值观为主导，只有将精神、社会、生态等层次更丰富、内涵更深刻的需要凸显出来，人才有了全面发展的可能。

## 三、绿色生活方式是新时代的美好生活

绿色生活并不是纯粹的简朴生活，并不要求一味降低生活水准，而是新时代的美好生活，是值得追求的理想生活。过去一提到绿色生活，很多人的第一印象就是要节约、简朴，要有意控制自己的生活水准，如学者江晓原认为，“凭什么我们中国人民还没有富起来就要过穷日子，还没有现代化就要开始过绿色生活？如果绿色生活比现代生活更幸福，那人们当然没有意见；但是很可能绿色生活就意味着人类要约束自己的欲望，这就有问题了——别人都还在拼命追求满足欲望，为什么我们要率先约束？”在他看来，绿色生活就是束缚自己的欲望，“能够相对接受、满足自己生活的现状”，“因为没有太多欲望，自然就不会追求太多物质。在当今这个物价泛滥的时代，我们尤其需要鼓励人们约束欲望”。洪大用也认为，“有的人消费越来越多，开的车越来越好，住的房越来越大，口袋里的钱越来越多；而贫困人群面对的是要解决温饱的问题。如果要求他们环保，他们会说：‘是，那很重要，但它现在不是我们的责任，而是你们的责任。’这样，整个社会环境保护的凝聚力就很难形成。”在他们眼中，绿色生活与幸福、舒适的生活相对立，过绿色生活就意味着过穷日子、降低生活水准。这显然是不正确的，如上所说，绿色生活是各方面需要都能得到满足的生活，其核心在于约束人被消费主义激发起来的不正当的欲望，而满足真正属于人的，能使人的发展更为全面、更为充实的需要。合理的物质消费也必不可少，但生活水准还需进一步提高。党的十九大报告指出，中国特色社会主义建设进入新时代，中国社会的主要矛盾已经从原来的“人民日益增长的物质文化需要同落后的社会生产之间的矛盾”转化为“人民日益增长的美好生活需要和不平衡不充分的发展之间的矛盾”，美好生活已成为人们的第一需求，人与自然和谐共生的绿色生活便是新时代的美好生活。

## 四、绿色生活方式要求生活各方面都要低碳、环保、健康

生活有多个方面，既包括日常衣、食、住、行，也包括休闲娱乐、社会交往，还包括生活垃圾的投放、分类等，要变革生活方式，促进生活方式绿色化，必须在这些方面都进行转型。

（1）衣、食、住、行构成人最基本的生活需求。要生活，首先要生存，合理的进食、保暖、居住、移动等是生存的必备条件，也构成整个生活活动的基础。衣、食、住、行会消耗大量的物质产品，和大自然的关联最为紧密，故生活方式绿色化首先就是这些方面的绿色化，既要求衣物、食品较为环保、健康，也要求住所和交通工具较为低碳。

（2）休闲娱乐、社会交往是生活的重要方面。如果说衣、食、住、行侧重于生活的物质基础，那么休闲娱乐、社会交往则侧重于生活的精神属性，其主要功用在于放松身体、充实精神，以促进人的再生产。当然，休闲娱乐、社会交往并不是纯粹精神属性的，总得要求有一定的物质产品来支撑，如娱乐工具、社交场所等，而在形式上，也必须受绿色生活价值观念所指导。

（3）垃圾是生活的产物，是人类生活活动参与自然循环的重要一环。生活必须消耗物质产品，而物质是不生不灭的，只是在不断地变换形式。垃圾就是由自然资源变换而来的，最终又会回到自然之中。但是，垃圾自身的降解能力和自然的净化能力在一定时期内都是有限的，如果处理不好就会变成大自然的毒瘤，阻碍物质和能量的正常循环。所以，垃圾分类处理也是绿色生活的重要组成部分。

构建绿色生活方式，促进工业文明高碳、浪费、奢侈的生活方式向低碳、环保、健康的生活方式转型，必须在深刻理解生活方式内涵的基础上，以崭新的思想观念为指导，以与自然友好的技术为驱动，以绿色的产品设计为导引，在物质、精神、社会等方面多管齐下，彻底变革生活的方方面面，实现人与自然和谐共生，既满足当代人的需要，又不对后代人的可持续发展构成危害。

## 第二节
## 打造绿色生活方式的产品供给体系

绿色生活方式构建需要完善的绿色产品体系作为支撑。据调查，在国家着力强调生态文明建设，不断促进生态文明教育的大背景下，大部分人已具有一定的生态环保意识，已树立起一定程度的生态环保观念，在生产生活中尽力向绿色靠拢。但是，受条件所限，再加上发展时间较短，我国当前的绿色生活基础还较薄弱，具体表现为：绿色产品体系不完善，产品较多地集中于吃、穿领域，一些生活必需品仍无可用的绿色产品代替；绿色产品生产成本难以降低，导致性价比不高，相对于普通产品来说不具有竞争力；绿色产品缺乏统一的认证体系，各种认证标准较为混杂，为消费者所接受存在难度等；同时，很多人节约、俭朴的生活习惯还未养成，生活中还存在严重的浪费资源、能源现象。因此，要构建绿色生活方式，必须充分发挥绿色设计的作用。

## 一、绿色设计为绿色生活方式构建提供思想和技术准备

### （一）绿色设计为绿色生活提供思维启迪

绿色设计是“为了”绿色而设计，即以绿色、低碳、环保、健康为设计目标，以可持续的生态环境观念为指导，以通过设计解决或者缓解生产消费与环境资源矛盾为目的，以系统的设计观念思考分析问题。在设计伦理上，绿色设计除了强调设计应该为多数人服务而不仅仅是为少数人服务，即设计是为社会文明整体进步服务的之外，还强调设计应该为保护人类居住的地球整体环境资源可持续服务。设计不只为了当代人，还为了下代人，为了人类与地球的永续长存。设计是对造物活动进行预先的计划、安排，也是人类规划未来的方式，因而可以说，绿色设计是社会发展到一定阶段时文化针对社会问题所做出必然回应的产物，是形成社会可持续体系的重要因素，必然参与到社会化的生产生活中。而且，绿色生活方式要求有不同于工业文明生活方式消费主义价值观的绿色消费观，绿色设计的指导思想、行动观念、思维方式正好与其一致，可以为绿色生活方式构建提供很好的思维启迪。

### （二）绿色设计为绿色生活提供技术支持

绿色设计既是一种思想，也是一种技术，它要求通过创新思维对传统产品从材料的环境性能、技术工艺的针对性、功能的满足感、方式的合理性等方面进行全方位审视。绿色设计的重点在于绿色产品，而绿色产品既指在产品生产和消费过程中具有绿色属性的产品，如节能、节水、节电、低排放、低污染、可再生、可回收等属性的产品，也指使用绿色材料制造而成的产品。要实现这些属性，有效地利用各种绿色材料，相应的技术手段必不可少；除了相应的生产技术、建造技术、化工技术以外，还需要大数据、人工智能等信息技术实现对绿色产品设计、生产、销售、使用、回收全过程进行改造、革新。一般来说，绿色设计有这些要求：节约资源能源、提高产品性能、循环再生、易拆卸性、模块化结构、延长使用期、非物质化等，只有具有专门的技术，才能满足这些要求，绿色生活方式也才能得到强大的技术支持。

## 二、绿色设计为衣、食、住、行、用提供绿色产品

衣、食、住、行是人最基本的生活活动，需要使用和耗费大量物质产品，绿色设计正是从这些物质产品入手，助力推进绿色生活建设。同时，在工业文明的生活方式中，生活产品及用具的设计、生产、制造等只考虑到对于人的使用价值，并未考虑到环境限制，故在被消费主义刺激起来的人的无尽贪欲之下，越来越消耗自然资源、破坏生态环境。而运用绿色设计的思想、方法对这些产品进行重新设计，完整把握从生产到消费、从使用到废弃的每个环节，可以重建绿色生活的产品体系。

### （一）绿色设计与服装

服装可对环境产生巨大影响，其生产、使用及废弃的每个阶段都可能破坏生态环境。例如，大多数服装的原材料都是棉花，而棉花是世界上污染最严重的作物。有数据显示，种植棉花的农药使用量占全球农药使用量的25%，而用现代方式种植棉花还需要大量的水和化肥，一是造成水资源浪费，二是污染地表、损害生物多样性。生产棉制服装的过程更是需要多达8000种不同的化学制品，严重危害人类身体健康。全球每年废弃的衣物也多达几亿吨，如何处理回收这些废弃的衣物已成为世界性难题。

为实现生产、使用及使用后处理的环保，衣物的设计就必须充分考虑它在纤维原料选择、面料选择、结构工艺、生产加工、包装设计等方面的生态特点。既要通过提倡使用有机肥料在服装原材料生产环节实现可持续发展，也要尽可能延长产品的生命周期。如果设计时就考虑到产品使用后的回收处理和再生利用，便可以从源头上减少废弃物的产生，让服装的构成材料得到充分利用，从而减少对材料资源及能源的浪费。

从整体上看，衣物的绿色设计可根据以下几个方面的着衣理念，通过创新创意设计出风格简略化的、使用人性化的、样式有品位的、材料环保的、价位亲民的、搭配体系化的、选择多元化的服装，起到引导服装绿色消费的作用。一是穿着满足原则，即不要过于追求衣服数量，满足四季需要即可。应该综合考虑服装的保暖与透气性能、衣着更换频率、生活工作环境等因素，进行合理的配置设计。二是搭配原则，即简约不简单、搭配是关键。穿衣应该根据环境场合、气候状况，注重在服装的样式、色彩、质感方面的合理搭配，追求大方得体、气质取胜的着装原则。三是品牌亲民原则，即品牌并不等于品位，衣服不一定要一味追求昂贵、高档的品牌。品牌是建立在品位的基础之上的，因为盲目追求的品牌最后不一定有品位。品位就是做回自己，选择自己对美的一个感动。四是面料选择原则，即设计优先选择“有机纺织面料”。例如，天然棉麻质地的服装、天然织物做的衣服比化纤等石油原料人工合成的织物能耗低、污染少、易降解，穿起来更为舒适。“有机纺织面料”要求在种植生产中，使用有机肥料并采用自然耕作管理方式，禁止使用化学投入品，实现种子到产品的全天然无污染，而且在后续的面料加工中，只使用国际纺织品标准允许使用的染料和助剂。在之后的成衣制作中，纽扣、拉链等附件也应采用无污染的天然原料。又如，绿色设计可以参与天然生物材料的开发与应用的实践，根据一些材料的特性，通过设计有针对性地将其应用到与使用需求对应的产品开发之中，如将竹纤维应用于汗衫、毛巾等产品。五是再利用原则，即绿色设计可针对衣物及其他纺织物品，创意设计出多种可选择、可参考借鉴、易实现、具有审美装饰价值和一定使用价值的再利用方案。

另外，衣物的设计也要提供易漂净、无磷的低泡洗衣用品。人们通常用的洗衣粉偏碱性，长期使用洗衣粉手洗容易损伤皮肤，也会使衣物纤维受到伤害；而易漂净、无磷的低泡洗衣用品可减少对人体的伤害，节约水资源，也可有效避免洗涤后产生含磷废水而造成水污染。

### （二）绿色设计与餐饮

绿色生活需要绿色的餐饮方式。绿色的餐饮方式包含两个方面的内容。其一，绿色健康的饮食方式。如购买和减少肉类和动物产品在食谱中的比重；选择加工程序简单的食品，避免转基因食品；选择有机食品，减少食物种植或培养对环境的影响；选择本地生产的食品，减少交通运输中产生的污染；选择包装简单实用的食品，拒绝过度包装、不可回收包装的食品等。其二，减少食物浪费。如落实节约，反对浪费的饮食方式，政府和企事业单位食堂实行按需供应，科学配餐，具备条件的地方实行自助点餐计量收费，减少餐厨垃圾产生量；餐饮企业应当根据顾客人数提供点餐建议，鼓励餐后打包争做“光盘族”，设定合理自助餐浪费收费标准；推行科学文明的餐饮消费模式，提倡家庭按实际需要采购加工食品，加强粮食生产、收购、储存、运输、加工、消费等环节管理，减少粮食损失浪费；等等。绿色设计应按照绿色、健康、环保的原则，针对粮食种植、食物生产、饮食方式、餐饮器具等环节进行设计，以满足绿色餐饮的要求。

绿色设计可通过以下几个方面促进绿色餐饮。一是健康饮食，即为安全可靠的绿色食物设计绿色食品标志。绿色食品标志的设计应该做到鲜明醒目、受众广泛、直观易懂、与国际接轨。例如，有机食品、有机水果和蔬菜等从种植、生产到加工，都不使用包括化肥、农药、生长激素、防腐剂、抗生素等在内的任何人造化学物质，在设计上应该表达出相应理念价值。二是食品包装，即绿色设计在食品包装环节上要重点考虑以下几个问题：所使用的材料无毒；尽可能选择天然生物材料；可多次使用；使用方便，安全可靠；容易降解。三是饮食搭配，即设计可以从饮食搭配需要营养均衡的角度，在营销宣传方面多做文章，设计出方便搭配、方便识别的食品展示载体。例如，将以谷物为主的主食，粗细搭配均匀、含有对人体有益的维生素的素菜瓜果，矿物质和膳食纤维，应适量摄入鱼、禽、蛋和瘦肉等补充能量的食物，根据分类、归类、合类的方式进行搭配包装和展示。

绿色设计还应该着力在食物烹饪器具设计方面下一番功夫，设计出能减少烹调排放、节能增效的燃气炉具和厨房电器产品；创新设计出更多不插电的厨房器具，如不插电的蔬菜脱水机、不插电的食物保暖器具等产品，警惕和防止电器产品种类在家庭厨房泛滥；创新厨房餐具、收纳家具，杜绝一次性碗筷，尽量减少厨房中的石化制品；等等。

### （三）绿色设计与住房

传统住房很少考虑到低碳、环保，建设绿色生活方式要求发展绿色住房，也就是绿色建筑。绿色建筑是指在建筑物的生命周期中，从建造、设计、施工、运营、维护、翻新、结构设计等各个方面都践行保护环境和节约资源能源的责任，实现环境、经济、社会的可持续发展，显著提高的经济效益、环境效益和社会效益的建筑。绿色建筑可实现的环境效益包括减少水的浪费、节约自然资源、改善空气和水的质量、保护生物多样性和生态系统等，可实现的经济效益包括降低运营成本、提高居住生产率、为绿色产品和服务创造市场，可实现的社会效益包括提高生活质量、最大限度地减少当地基础设施的压力、提高居住者的健康和舒适度等。这些效益能最大限度地在为人们提供一个舒适居所的同时保护环境、发展经济。

绿色建筑的设计原则有以下几个方面。一是面积适度，即绿色设计提倡适度的居住面积，这样不仅可以节约土地资源，而且可以减少空调和取暖能耗。与此同时，绿色设计重视居住空间的合理布局、追求空间灵活调整的可能性。二是绿色装修，即从装修的设计过程中就推荐使用绿色建材，如涂料可以用硅藻泥等环保涂料，能起到防火阻燃、吸音降噪的作用；地板采用环保实木；购买环保家具；布艺家具尽量采用有机棉麻制品，可以减少有害气体、放射性和噪声污染，保护健康。三是降低能耗，即家中安装节能的照明灯具，节水的卫生、用水设施，因为研发过程中涉及前沿科技，这些节能产品价格比一般产品要贵一些，但从长远的角度来看却会省去很多无形的经费开支。四是节约器物，即绿色设计倡导在日常生活中，不要随意丢弃用过的器物，因为每一件器物都具有情感的记忆，如家具、瓷碗等器物长期使用之后会呈现自然的包浆，手感变得更加温润贴合，其纹理也会因汤汁多年的浸染而变得丰富迷人；绿色设计可以为人们提供一些废物利用的基本技能指导，对不同的包装材料及一些旧物件进行再利用，鼓励人们去 DIY 装点生活，可让废弃的家具焕然一新。五是绿意满屋，即设计一些家庭的绿化布置方案，鼓励为房间增添一丝“绿意”，让居住环境富有生机与活力。植物花草不仅具有观赏价值，而且具有净化室内空气、降低粉尘、清除噪声、涵蓄水分的作用，还可带来自大自然的感官享受。六是整洁的环境，即干净整洁的环境会给人带来心灵的愉悦。创意设计适合现代城市居住条件的清洁用具，可让家庭清洁维护工作变得更加方便、省时、安全。

此外，绿色设计参与建筑构造还包括绿色施工。绿色施工是指工程建设中，在保证质量、安全等基本要求的前提下，通过科学管理和技术进步，最大限度地节约资源并减少对环境负面影响的施工活动。绿色施工可实现节能、节地、节水、节材和环境保护，简称“四节一环保”。因为建筑施工本身就会对环境造成较大影响，所以更需要绿色设计参与建筑施工的每一个环节。

### （四）绿色设计与交通

交通出行是日常生活中能源消耗的“大头”，必须利用绿色设计推进绿色出行。绿色出行是节约能源、减少污染、有益健康、兼顾效率的出行方式，要求人们多乘坐公交车或地铁，多考虑拼车，根据距离远近选择合适的交通工具等。在上下班高峰，公共交通工具通常比自驾车要快，且公共交通系统以最低的人均能耗、人均废气排放和人均空间被占用的优势成为最高效的出行选择。据统计，出租车约占总交通容量的 29%，却只负担了 6% 的乘客，因此人们在必须开车出门时可以考虑拼车或使用网约车、顺风车等，可提高私人交通工具的使用效果。当前，各种新能源汽车也发展迅速，多使用如电、氢气、液化石油气、沼气、生物柴油 / 植物油、生物乙醇等可再生的非化石能源。10km 以内的出行，骑自行车既方便又低碳，还能强健体魄，一举多得，公共自行车租赁行业的兴起和发展也为自行车出行创造了良好的条件和氛围。飞机能耗较高，500 km 以内也可以考虑乘坐高铁、动车。

绿色出行既要有绿色的出行方式，也要有低碳、环保的交通工具，这都需要绿色设计参与其中，可以坚持以下几个原则。一是非能源优先原则。人们日常使用的自备交通工具大致可分为能源驱动和非能源驱动，能源驱动交通工具多为电动车、燃料车，非能源交通工具主要是指人力自行车。鼓励人们在出行活动范围较小的情况下，选择自行车等非能源驱动的交通工具代步。二是新能源驱动优先原则。在设计绿色汽车时，应考虑到满足人们不同的日常出行需求，设计出较为完备的系列产品，如包括纯电动汽车、增程式电动汽车、混合动力汽车、燃料电池电动汽车、氢发动机汽车、其他新能源汽车等在内的新能源汽车。当前，新能源汽车发展比较迅速，活动范围限于市内的人们可选用新能源汽车。三是公交优先原则。设计提供更加安全舒适的公共交通工具，鼓励人们尽可能选用公共交通出行，以便腾出更多的道路等公共交通资源。四是经济适用原则。鼓励人们使用低能耗、低污染且安全系数不断提高的小排量车；鼓励外出旅游自带洗漱用品、自带拖鞋，减少客房一次性日用品的消耗。

### （五）绿色设计与用具

除以上最基本的衣、食、住、行外，人们的生活也离不开各种用具，尤其是家庭用具，如家用电器、厨卫用具、家具等。用具的绿色设计应该主要从健康、环保、低能耗、非物质化、循环经济等几个方面介入。

（1）家用电器。家用电器属于耐用消费品，使用期限较长，因此在开发设计时更应注重品质，根据一般家庭人口数量的实际需求和常规经济预算定位产品。切勿在设计开发家电产品时，盲目地从商业的角度追求价格贵、体积大的电器。绿色家电设计的基本原则包括无氟化和低耗能。在设计家用制冷电器时，尽量选择使用“无氟”技术，以减少温室气体的排放，保护臭氧层。同时，所有家用电器的设计，包括电视、洗衣机、空调、冰箱等，都应查找并使用低能高效技术。例如，依据家庭人口数量选择容积适宜的电热水器，若电热水器容积过大，不但影响加热速度，还会造成能源的浪费。在设计时，产品能源效率标识应设置完备，以树立人们的绿色消费意识。

（2）厨卫用具。厨卫是家庭用水的主要场所，设计厨卫用具时，在保证洁净效果的情况下，尽量通过创新设计出节水产品，如较小的喷头、水龙头。同时，可根据厨房和卫生间的环境创意设计出循环用水的解决方案。

（3）家具。绿色家具设计的着重点是关注材料的环保性能、功能方式的实用性及结构的巧妙合理性。绿色家具设计还可以为人们设计出经济实用的健身器械，以及健康、安全、适应性强的健身娱乐方式，引导人们积极参与其中。例如，在设计健身器械时，应注重使用的公共性、安装维护的便捷性、使用的安全可靠性、产品使用的普适性、不同用户的针对性等问题。

## 三、绿色设计为绿色休闲娱乐、社会交往提供物质条件

绿色生活是新时代的美好生活，是使人全面发展的生活，要求生活各方面都低碳、环保、健康，因而作为生活重要组成部分的休闲娱乐和社会交往也必须经过绿色设计改造。工业文明的生活方式为消费主义价值观所主导，娱乐休闲和社会交往也就被消费绑架。如前所述，消费主义以消费为中心，用虚假的物质欲望填补空虚的精神和社会需要，人成了片面发展的人。

在休闲娱乐方面，所有的活动都附属消费属性，各种奢侈的休闲娱乐场所既不环保又不健康。例如，越来越多的高尔夫球场成为耗水耗能大户，一些纯粹为了娱乐而显摆的奢侈品，如各种豪车、游艇等的销量急速增长，这些都违背了人与自然和谐共生的原则。

在社会交往方面，消费主义强调消费，在某种程度上也就是把金钱和物质利益摆到首位，情感不再是联系人的纽带，利益才是，这突出表现在两个方面。一是人的社会地位、社会身份只能用物质财富来衡量。当今社会，越富有的人地位越高，被其他人顶礼膜拜，而为了维持自己的社会地位，高消费便成了唯一的手段和区分其他阶层的门槛。美国经济学家凡勃伦曾指出，下一阶层总是模仿上一阶层的行事风格和生活方式，他们不但自己给生态环境造成极大破坏，还带坏了社会风气。二是人与人的关系也只能用物质来定义。例如，送礼是沟通情感的重要方式，礼品本身不重要，其所附带的情感才重要。但在现代社会，礼品本身就具有较强的消费价值，无论何种形式，越贵重越值钱才越被喜欢，而很多贵重值钱的礼品本身就会浪费资源。在艺术领域同样如此，艺术品的价值不是真正由艺术来决定的，而是由拍卖会决定的，拍卖价钱越高便越有价值，这本身就是对艺术的扭曲。

相对于衣、食、住、行来说，休闲娱乐和社会交往虽然更主观，更取决于行事人自身，但绿色设计仍能为其提供绿色转型的基础和条件。一是针对设施、场所、用具进行设计。休闲娱乐和社会交往必须借助一定的基础设施和物质条件，如娱乐设施、娱乐用具、社交场所等，这些在生产、建造之初就应该考虑到低碳、节能、节水、节电的要求，尽可能绿色、环保、可持续。二是针对娱乐、交往方式进行设计。一些娱乐、交往方式本身就是不环保的，必须用绿色设计进行改造，如多提倡生态旅游、亲近自然，既健康又环保，还能提高旅游者的生态意识；又如，将使用生态产品打造成社会潮流时尚，用具有生态属性的礼品取代传统礼品，强调人的生态贡献等。总之，休闲娱乐、社会交往比衣、食、住、行更复杂，在进行绿色设计时更应该综合考虑。

## 四、绿色设计为垃圾分类、处理、回收、利用提供便利途径

人的生产生活除了向自然索取资源，还要向自然排放垃圾和废物，故对垃圾进行合理

的分类、处理、回收、利用也是绿色生活设计必不可少的部分。目前，我国公民对废弃物的分类、回收的意识还处于起步的阶段，处理、利用行为还有很大的提升空间。这一方面是因为人们的垃圾分类意识弱，未意识到垃圾其实只是放错了地方的资源；另一方面在于缺少相应的硬件基础，如分类回收垃圾箱设置不到位、垃圾处理方式较传统等。例如，通过“劝导式”的绿色设计，可让民众更主动地参与垃圾分类、处理、回收、利用，克服在这方面意识的不足。

### （一）通过绿色设计为垃圾分类创造条件

垃圾箱是垃圾收集的第一道流程，也是处理和回收的前端，故应通过绿色设计使人们能更方便地进行垃圾分类。一般来说，垃圾可分为可回收垃圾、厨余垃圾、有害垃圾、其他垃圾。而在垃圾分类较细致的国家，垃圾则分为可燃垃圾、不可燃垃圾、有害垃圾、资源垃圾、塑料瓶类、可回收塑料、其他塑料垃圾、大型垃圾这几类。但是，即使将垃圾划分得再细致，实际的分类并不容易。譬如说，一个香烟盒，由于纸盒属于纸类，外面包的塑料薄膜是塑料，而封口处的那圈方便拆开的装置又含有金属物质，所以对一个香烟盒准确分类的话，应该分为不同的 3 类，这就对如何设计垃圾箱、如何进行垃圾分类引导提出了更高的要求。

为了让人们轻松对垃圾进行分类投放，垃圾桶的设计应该按照国家制定的垃圾分类标准进行 PANTONE 分类（注：PANTONE 色卡是享誉世界的色彩权威，涵盖印刷、纺织、塑胶、绘图、数码科技等领域的色彩沟通系统，已经成为当今交流色彩信息的国际统一标准语言），也就是对不同的分类垃圾箱设计采用不同颜色进行区分，如可回收垃圾用蓝色、厨余垃圾用绿色、有害垃圾用紫色、其他垃圾用橙色等。除色彩外，垃圾箱也应从图标、材料、造型等几个方面进行综合考虑，解决公投识别、投放、防水、防雨、密封、转移、长效等针对性问题。

如图 8.1 和图 8.2 所示为杭州市垃圾分类回收系统美学设计项目图片。

图 8.1　杭州市垃圾分类回收系统美学设计项目——垃圾箱配色

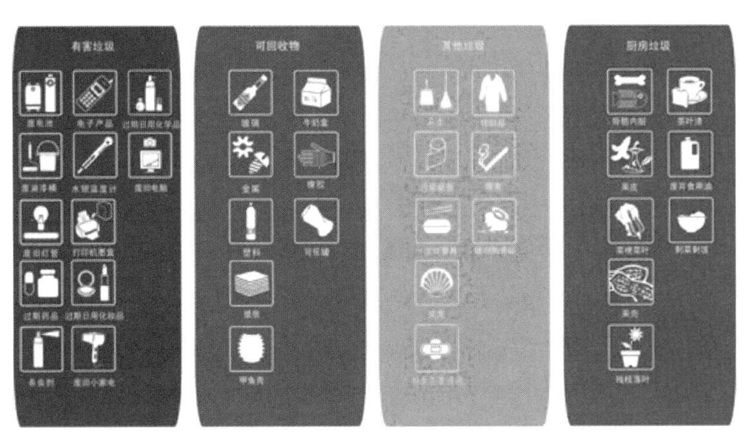


图 8.2　杭州市垃圾分类回收系统美学设计项目——分类标识

### （二）通过绿色设计促进垃圾有效处理

垃圾分类是难点，垃圾处理更是难点，这就更需要对此进行绿色设计。我国目前垃圾的处理方式主要是焚烧发电、堆肥和卫生填埋。这些方式并非没有污染，焚烧会造成空气污染，堆肥和卫生填埋可能造成土壤污染和水污染，特别是没有合理分类的垃圾在焚烧的过程中会产生诸如二噁英这样的一级致癌物等，严重污染环境、危害身体健康。因此，可以运用绿色设计的方法、原则对垃圾处理过程进行重新设计，使垃圾变废为宝并被加以利用。

### （三）通过绿色设计实现废旧物品再利用

绿色设计可实现废旧物品再利用，发展循环经济。循环经济是绿色发展进程中特别重要的一个方面，它注重“循环”，要求将使用过的物品中有回收利用价值的部分进行回收并加以利用。在过去，产品被使用完之后多数会在无分类的状态下被直接丢弃，这种处理方式会对自然环境造成一定的危害，与环境保护、资源可持续是背道而驰的。生活垃圾中有相当一部分是可以通过回收再次利用的，通过设计得当的回收再利用方式，可节省资源，产生一定的经济效益。

表 8-1 所列是几种无使用价值但可回收产品材质的类型。

**表 8-1　几种无使用价值但可回收产品材质的类型**

| 材质类别 | 具体产品 |
|---|---|
| 纸 | 报纸、废旧书籍、纸箱、快递包装盒、无过度油污污染的纸张等 |
| 金属 | 易拉罐、烹饪用锅、废旧自行车轮毂、旧电器中的金属等 |
| 塑料 | 带有可回收标志的塑料瓶、塑料家具、塑料包装等 |
| 布料 | 废弃服装、毛毯、被褥、毛衣等 |
| 玻璃 | 酸奶瓶、啤酒瓶、灯泡、玻璃门窗等 |

要实现再利用，还可以进行旧物改造。旧物改造体现了“绿色、低碳、环保”的新生活理念，“世界上没有真正的垃圾，只有放错了地方的资源”，废旧物品完全可以再次发挥它们的价值，变废为宝。例如，喝完的塑料饮料瓶，可以裁剪变为漂亮的胸针，也可以编织成实用美观的购物篮；废弃的网球只需要系好，就可以可变成趣味的挂钩；用完的纸盒子稍加改变，就能变成美观实用的台灯；用完的报纸卫生纸捣碎了做纸浆，可以塑成创意摆件；等等。在一些国家，旧物改造已经成为一种时尚，甚至成为被人们追捧的潮流文化。例如，两个美国青年在洛杉矶创立了品牌“Re/Done”，他们将从旧货市场收购来的“Levi's”产品逐一进行整理，重新制作成被许多超男超女，甚至名模、演员所力捧的新牛仔裤品牌，成功地将被人嫌弃的二手牛仔裤改造成奢侈的品牌。“Re/Done”强调环境保护、永续利用的绿色时尚概念，充满了创意与个性化的设计与品牌特色，并取得了成功。

## 五、绿色设计为绿色生活习惯与绿色消费提供日常引导

### （一）绿色设计引导绿色生活习惯养成

只有每个人都形成持续稳定的绿色生活习惯，整体社会生活方式才能转型，绿色生活方式才能真正得到培育。绿色设计应该关注生活的细微细节，对现有生活中涉及资源消耗的产品进行排查、改进、优化，一方面可起到实际的节约效果，另一方面可起到养成良好生活习惯、增强节约意识的作用。

（1）节约用水小设计。用绿色设计促进水资源节约与循环利用，将“一关、二存、三倒”等生活中的节约好习惯通过设计创意转换为节约好设计。例如，可以设计计时自动关闭式水龙头，对卫生间供水、下水系统进行重新设计等。卫生间是生活用水比较集中的地方，可通过卫生间构造整体设计改变现有卫生间供排水方式和管道系统，将用完水就排放改为选择式直接排放或者存储排放。存储排放的水可以作为中水，用于冲洗马桶或者进行其他清洁。

（2）节约用电小设计。例如，夏天空调的设置温度不宜过低也不宜过高，因为这样会导致空调器的耗电量增加，建议夏季设定在26～28℃，冬季设定在16～18℃。为此，可设计简单易懂的空调一键转换操作模式。又如，温热的剩饭剩菜一定不要直接放进冰箱，要等凉透后再放入冰箱冷藏，这样有助于节约用电；还要根据存放的不同食物恰当地选择冰箱温度，夏天冰箱的调温旋钮一般调到最高处，冬天调到最低处。为此，可设计改变冰箱仅有的冷冻、冷藏两种存放模式，让冰箱温度可以得到分区调节控制，以满足不同食物的存放需求。再如，不看电视时应拔掉电源插头；否则，不仅存在安全隐患，而且处于待机模式的电视机仍然会继续消耗电量。为此，可将电视机电源插座设计出联动延时断开的功能，当关闭电视机开关时随即也切断了插座电源。同时，应创新设计出非能源驱动的生活器具，改变人们的“电动依赖症”。

## （二）绿色设计引导绿色消费

消费是生活的重要组成部分，而不同于工业文明的生活方式，绿色生活方式中的消费应该是绿色消费。绿色消费也被称为可持续消费，不仅能满足功能消费、安全消费、健康消费的需要，而且能对消费者和资源进行双重保护。它以满足人类的基本需求为中心，崇尚节俭、适度，是一种节约资源、减少污染的可持续消费模式。绿色消费要求在消费时选择未被污染或有助于公众健康的绿色产品；在消费过程中注重对垃圾的处置，不造成环境污染；在追求生活舒适的同时，注重环保、节约资源和能源。绿色设计要为实现可持续消费提供物质使用创造条件。

（1）设计并引导购买低能耗、新能源、长寿命、可回收的产品。购买使用绿色产品具有经济实惠、对人体伤害小、节省水电能源等优势，对环境保护、资源节约等诸多方面起到重要作用。日常生活中的绿色产品主要是低能耗、新能源、长寿命、可回收的产品。低能耗产品是能效标识上级别较低的电器，如各大品牌的冰箱、空调、热水器、小排量交通工具等。新能源产品包括太阳能热水器、太阳能充电设备、空气能热水器、电动汽车、纯电动汽车、混合动力汽车、燃料电池电动汽车等。长寿命产品是使用环保而牢固材料生产的产品，挑选有质量保障的品牌电器、家具等，在使用寿命长以外可减少损坏维修的不便。至于可回收产品，前文已述及，此处不再赘述。

（2）提倡尽量使用绿色购物工具。可使用无纺布或其他可降解布料、二元纸制作的环保购物袋，这种购物袋坚韧耐用、可塑性强、造型美观、透气性好，且价格低廉，可循环利用。使用环保购物袋购物能减少对塑料袋的消耗，不仅经济实用，而且其所带来的环保价值很高。类似的环保购物工具还有可循环购物筐等。

（3）推进消费品绿色包装。为满足生活所需，人们会购买大量消费品，而消费品包装也是浪费资源、污染环境的重要因素，同样需要进行绿色设计。一是要杜绝过度包装，减量包装，尽可能让包装循环使用、重复使用。二是要发展可回收、可再生、可降解的包装。可回收的包装材料包括玻璃类包装瓶（如酸奶瓶、啤酒瓶等）、塑料包装盒（如食品盒、玩具盒等）、纸类包装箱（如快递箱、家电包装箱等）、金属类包装盒（如易拉罐、月饼包装盒等）、人工合成材料类包装（如个人清洁保养用品的包装等）等。可再生的包装材料一般使用带有循环再生标志的产品，这个标志由3个箭头构成特殊三角形，俗称回收标志。回收标志被印在不同种类的产品和包装上，意味着印有该标志的产品或包装使用的是可再生材料，对环境保护具有积极作用。可降解的包装材料主要是指使用生物材料的包装，如使用竹木材料、稻草、纸、碎木渣压制而成的包装产品。这类使用生物材料制作的包装在废弃后，若流入大自然，可自然降解，对环境的污染较小。

## 六、绿色设计为验证绿色生活品质提供标识体系

绿色设计打造绿色生活的产品供给体系，但产品到底是不是绿色、绿色程度如何等，消费者往往并没有直观的认知，这就给他们的选购、使用造成难度，如处理不好，绿色消费、绿色生活也只能是口号式的呼吁，难以落到实处。因此，绿色设计可以在绿色产品刚刚开始进入市场的阶段，通过视觉引导增加绿色产品的辨识度，通过绿色标识告知消费者产品的绿色品质所达到的标准，从而更加有效地起到引导消费的作用。

世界上大多数绿色产品标识都是由各国政府的环境保护主管部门主导、由专业设计师负责设计、由相关行政管理机构认证管理的。由政府认证的绿色标识具有一定的权威性。政府认证的绿色产品标识是指由政府部门或专门的第三方认证机构依据相关环境标准向有关产品制造厂商颁发的，证明产品是符合环境标准的标识。当前，不同国家、不同部门、不同领域分别根据自身业务需要，从环保、节能、节水、循环、低碳、再生、有机等各个角度设立了多个“涉绿产品”的评价体系。通过创意设计，把标识得体地印在产品或产品包装上，可向消费者表明产品从研发到回收利用的整个过程都对环境危害极少。这种措施有效地加强了政府部门对企业的监管，促进了资源合理利用，促使企业研发绿色创新产品，也使消费者能明确认知产品绿色环保的特性；同时，这也是对绿色产品生产和消费的保障与监督。

### （一） 国外主要绿色产品标识规范

国外主要绿色产品标识简介见表 8-2。

**表 8-2　国外主要绿色产品标识简介**

| 标 识 | 认 证 部 门 | 标 识 简 介 |
|---|---|---|
| 德国蓝色天使 | 联邦政府内政部长和各州环境保护部 | 德国蓝色天使的环境标识认证制度起源于 1978 年，作为世界上最古老的环境标识，已有 80 种产品类别的 10000 个产品和服务拥有蓝色天使标识使用权，其中 17% 的产品来自国际市场，且在国际市场具有很高的认知度 |
| 北欧白天鹅标签 | 北欧委员会 | 北欧白天鹅标签的图样是一只白色天鹅翱翔于绿色天空中。获权使用该标签的产品，在印制标签时，应于标签上方标明“NORDIC ENVIRONMENTAL LABEL”的字样，在下方标明最多 3 行的标签使用理由。该标签对应一套于 1989 年由北欧部长会议决议发起制定的独立、公正的标章制度，为全球第一个跨国性的环保标章系统。适合该标准的产品规格分别由北欧四国拟定，经过其中一国的验证后，即可通行四国 |

续表

| 标 识 | 认 证 部 门 | 标 识 简 介 |
|---|---|---|
| 能源之星 | 美国环保署（EPA）和美国能源部（DOE） | 能源之星是一项由美国政府主导，主要针对消费性电子产品的能源节约计划，目的是降低能源消耗及减少温室气体排放。能源之星标准通常比美国联邦标准节能 20% ～ 30%。该计划后来又被澳大利亚、加拿大、日本、新西兰及欧盟等国家和地区采纳，是自愿性的。最早配合此计划的产品主要是计算机等，之后逐渐延伸到电机、办公室设备、照明、家电、建筑等 |
| 日本生态标章 | 日本环境协会（JEA）生态标志局 | 日本生态标章寓意人类用自己的双手保护地球的渴望。标章的上半部分有一行短语“与地球亲密无间”，下半部分表示产品的环境保护绩效。日本的生态标准较为完备，且定期进行复审和更新。在日本，使用废木、薄木片和小直径原木制成的木质产品、家具可申请生态标章。对于标章的颜色，原则上使用蓝色进行单色印刷，但可因包装色系的不同而改用其他颜色进行单色印刷。对于标章的大小，以至少能看清楚字为原则。另外，在标章的上方书写“爱护地球”，下方标明产品环境保护的效用 |
| CONFIDENCE IN TEXTILES Tested for harmful substances according to Oeko-Tex® Standard 100 00000000 TESTEX<br>纺织品生态标签 | 国际环保纺织协会 | 纺织品生态标签用于从原料的选择到生产、销售、使用和废弃物处理的整个过程中，对环境或人体健康无害的纺织品。纺织品生态标签产品提供了产品生态安全的保证，满足了消费者对健康生活的要求。纺织品作为与人体直接接触的产品，环保要求较一般产品更高 |

其他一些国家和组织的绿色产品标识见表 8-3。

**表 8-3　其他一些国家和组织的绿色产品标识**

| 加拿大环保标识 | 韩国环保标识 | 泰国绿色标识 | 荷兰环保标章 |
|---|---|---|---|
| 法国环保标识 | 印度环保标识 | 美国绿色徽章 | 德国绿点回收标识 |

## （二）中国绿色产品标识规范

我国绿色产品标识简介见表 8-4。

**表 8-4　我国绿色产品标识简介**

| 标 识 | 认证部门 | 标识简介 |
| --- | --- | --- |
| 中国环境标识 | 生态环境部 | 十环认证是国内最高标准的绿色环保认证，也是我国唯一由政府颁布的权威环保产品标识。该标识认证图形由青山、绿水、太阳和 10 个环组成，通常称“十环”认证。该标识贴在或印刷在产品或产品的包装上，以表明产品的生产、使用及处理过程都符合环境保护的要求，不危害人体健康，对垃圾无害或危害极小，有利于资源再生和回收利用 |
| 香港特别行政区环保标识 | 香港特别行政区环境保护总会（HKFEP） | 香港特别行政区环保标识是一种附在产品或其包装上的标签，是产品的“证明性商标”。为避免形成地区性贸易壁垒，并尽量与国际接轨，香港特别行政区各行业一直避免制定本地标准。香港特别行政区环保标识同样遵循这一原则，尽量等效采用国际标准；如无国际标准，则采用国家标准或其他具有国际水平的标准。这是香港特别行政区环保标识的一大亮点。香港特别行政区环保标识适用的优先产品有 16 种，其中包括家具产品 |
| 台湾地区环保标章 | 台湾地区“环境保护署”（EPA） | 台湾地区环保标章计划是于 1992 年由台湾地区“环境保护署”发起的自愿性环境标签计划，主要目的是减少污染以保护自然资源，加强资源的循环利用；指导消费者购买绿色产品，鼓励制造商设计和提供有益于环境的产品。该环保标章中的绿色代表绿色消费，绿色球体代表一个清洁无污染的地球，整个图案是根据台湾地区地形图设计的，象征着台湾地区为保护环境而做出的承诺 |
| 中国节水标识 | 中国节能产品认证管理委员会 | 中国节水标识由水滴、手掌和地球变形而成，绿色的圆形代表地球，象征节约用水是保护地球生态的重要措施；留白部分像一只手托起一滴水，手是拼音字母“JS”的变形，寓意节水，表示节水需要公众参与，鼓励人们从我做起，节约每一滴水；手又像一条蜿蜒的河流，象征滴水汇成江河。该标识于 2000 年 3 月 22 日揭牌 |
| 中国有机产品标识 | 农业农村部 | 中国有机产品标识适用于包括有机食品、有机农业生产资料、有机化妆品、纺织品、林产品等在内的有机产品。其中，有机食品主要指可食用的初级农产品和加工食品，如粮食、蔬菜、水果、奶制品、畜禽产品、水产品、饮料和调料等；有机农业生产资料包括有机肥料、生物农药等 |
| 生态设计产品标识 | 工业和信息化部、发展和改革委员会、生态环境部 | 生态（绿色）设计产品评价由工业和信息化部、发展和改革委员会、生态环境部共同发出，并于 2016 年 3 月颁布了适用生态设计产品标识的首批 11 种类型的产品，还有电子电器、建材、纺织用品等 10 余项标准在组织制定中。目前，这套标准是唯一覆盖产品原材料选择、生产、使用、废弃等在生命周期阶段涉及资源消耗、环境影响、人体健康、产品品质等多项指标的国家标准 |

我国其他的绿色产品标识见表 8–5。

**表 8–5　我国其他的绿色产品标识**

## （三）常见的绿色消费物品及识别方法

常见的绿色消费物品及识别方法见表 8–6。

**表 8–6　常见的绿色消费物品及识别方法**

| 常见绿色消费物品 | 识 别 方 法 | 相 关 标 准 |
| --- | --- | --- |
| 食品 | 品牌识别、绿色标识、网络查询等 | 绿色食品产地环境标准<br>绿色食品生产技术标准<br>绿色食品产品标准<br>绿色食品包装、储藏运输标准等 |
| 生活用品 | 品牌识别、可循环标志、可降解标识、网络查询等 | 不同类产品制作标准<br>产品质量标准<br>产品包装标准等 |
| 电器 | 品牌识别、能效标识、网络查询等 | 电器产品安规系列国家标准<br>家用电器国家标准<br>低压电器国家标准和行业标准<br>照明电器产品国家标准等 |
| 家具 | 品牌识别、中国环境标识、网络查询、质量认证证书等 | 家具国家标准<br>木家具通用技术条件国家标准<br>家具用皮革国家标准<br>家具桌、椅、凳类主要尺寸标准等 |
| 建材 | 品牌识别、中国环境标识、质量认证证书、网络查询、直观检查等 | 砂石、砖、水泥、陶瓷、塑料、玻璃等各有不同的国家标准 |

## 第三节
# 绿色设计坚实绿色生活方式的社会基础

绿色生活方式的培育、建设是一项系统性工程，除了需要完整的绿色产品供给体系之外，还需要人人参与绿色生活实践，更需要有坚实的社会基础。生活在广义上是指人类生存发展的所有活动，在狭义上仅指日常生活，但无论是广义的还是狭义的，生活都是人全部活动的最终指向，毕竟人所有奋斗和追求的目的就在于让自己生活得更好。但生活也并不是孤立的，它与生产、政治、经济、文化等活动紧密联系，这些构成生活的社会基础，也影响甚至决定着生活方式的转型变革。因此，必须针对这些活动进行绿色设计，从经济社会的全方面为绿色生活建设创造条件。

### 一、用绿色设计重塑企业生产过程

生活所需的绝大部分产品都来源于企业的生产，要培育、建设绿色生活，也必须从生产上进行变革，发展绿色生产。绿色生产是指以节能、降耗、减污为目标，以管理和技术为手段，实施工业生产全过程污染控制，使污染物的产生量最少化的一种综合措施。从原材料获取、加工制造，到产品生产、销售，再到废旧产品的回收与利用，企业的生产有多个环节，每个环节都有可能对生态环境造成不利的影响，因此要对每个环节都进行绿色设计。

绿色设计参与绿色生产的全过程。一是参与原材料选择与获取。原材料选择与获取是生产的起点，也是全生产过程的第一个环节，原材料是否绿色直接决定着产品的环保安全与否。从整体来看，绿色材料是指在原料采取、产品制造、使用或者再循环及废料处理等环节中对地球环境负荷影响最小的和最有利于人类健康的材料，主要包括可循环材料、净化材料和绿色能源材料。绿色设计必须考虑如何将这些绿色材料运用到绿色产品的生产与制造中，从源头上保证产品的低碳、环保、健康。二是参与产品生产加工。一般来说，原材料需要多个工序的处理才能变成最终可使用的产品，而处理过程中会耗费各种资源能源，也会使用多种化工产品，这些都有可能造成生态环境破坏。绿色设计可以从技术、工艺、流程、管理等方面帮助企业减少生产加工对环境的危害。三是参与产品包装。包装是产品的重要组成部分，在绿色环保的浪潮下，包装也需要实现绿色包装。绿色包装采取的措施有多个方面，但主要集中于包装材料的选择及包装结构的设计两个方面。包装材料主要采用的是不含铅、汞、镉等有毒成分的包装材料，偏向于选择生产已经相对成熟和回收利用也比较成熟的可循环材料；包装结构的原则是在保证产品安全的前提下，最大限度地提高包装的利用率，以及在运输过程中提倡简易包装。四是参与物流运输。绿色物流是对传统物流的改革，是以降低在运输和仓储等过程中的污染物排放量、减少资源消耗为目标，着力通过先进的物流技术而进行物流系统的整体规划、控制与管理。从物流的整个过程看，绿色物流既包括从原材料的获取到送达用户手中的流程，又包括货品的退还和废弃物的回收的流程，从具体的作业上来看主要表现为绿色运输、绿色包装、绿色仓储等。五是参与回收与再利用。与上面所说的垃圾分类回收不同，绿色生产要求从产品设计、制造之初就考虑到回收利用，如设计一些可拆卸的结构、建设方便的回收利用渠道等。

## 二、用绿色设计推动社会观念改变

社会观念也称社会价值观，是社会中绝大多数成员所共同持有的观念、态度、信念，引导社会实践与社会发展。在绿色生活方式中，社会观念主要表现为绿色消费观。绿色消费观是现代消费观的革新，能有效弥补消费主义主导的工业文明消费观的不足。建设绿色生活，需通过各种切实的途径来培育绿色消费观。

绿色设计参与绿色消费观的培育。一是加强环境教育。环境教育以认识自然环境、人与自然的关系为出发点，以增加人们的环境知识、增强人们的生态责任感、提高人们承担生态环境保护工作的能力为目标与追求。具体到绿色消费观来说，环境教育就是要在大、中、小学里通过课堂教学、课内外实践等方式使学生认识到传统消费方式的弊端、发展绿色消费的重要性与必要性，最终强化学生的自我约束力，引导其消费行为变革。二是开展全民环保知识普及活动。开展全民环保知识普及，首先要深入浅出，贴近生活，将百姓最为关心的问题，如食品安全、水质安全、空气污染、节水节电、绿色低碳出行等放在中心，杜绝空洞的口号呼吁和枯燥的理论宣讲；其次要广泛发动各种社会机构，如企事业单位、商场、饭店、景区等，即使它们自身的活动遵守了环境保护规范，也要为顾客、游客等的绿色消费提供支持与保障，做到全民参与、全民行动。三是加大绿色消费大众传播力度。在培育绿色消费观念时，大众传媒首先要直接进行环保知识和政策法规的宣传，通过制作专题节目、专题报道等方式来拓展公众教育的渠道；其次要注重广告的投放，控制以奢侈品、高消费、高能耗和高污染产品宣传为内容的广告，增加传播绿色理念、宣传绿色产品和绿色生活方式的公益广告、商业性广告等，同时在电视剧制作、电影拍摄时也要注意宣扬绿色理念，让大众传媒成为绿色传媒，让绿色消费成为社会时尚。

## 三、用绿色设计激励社会公众参与

公众是绿色发展的基础性力量，更是践行绿色生活方式的决定性力量。联合国可持续发展世界首脑会议的政治宣言《约翰内斯堡可持续发展宣言》指出："实现可持续发展，基本的先决条件之一是公众的广泛参与决策……我们确认，可持续发展需要具有长远眼光，需要对各个级别的政策拟定、决策和实施过程广泛参与。"可见，公众参与绿色生活方式建设极为重要，绿色设计可为公众参与提供条件。

绿色设计激励公众参与。一是公众参与绿色发展首先应"知"。知是对绿色发展、生态文明的总体认识，既包括对发展的目的、意义、路径等的认识，也包括对自然的本性、人与自然的关系、人的真实需要等各方面的认识。所有"知"的集合构成人们的绿色意识，又具体表现为绿色的价值观念。二是公众参与绿色发展还需要"行"。行，即行动、实践，是人将价值观念物化，改变自然客体的关键一步。知不会自发产生行，只有充分调动公众的自觉性与能动性，主动实施、积极参与，价值观念才能转化为相应的行动。公众的行既表现为生活中直接的节水、节电、合理购买消费，也表现为前述的监督政府企业、反映提供信息、民主参与决策等。行可大可小，但只有行动起来，公众力量才能真正发挥。三是公众参与要"知行并重"。绿色发展是一项系统性的工程，涉及经济、政治、社会、文化的方方面面，要推进绿色发展，既要对其有一个清醒而全面的认识，也需要每个人的切实行动。知与行相互修正、相互促进，只有知行并重，才能真正推进公众参与、强化社会基础、最终实现绿色发展。

## 四、用绿色设计促进机制政策保障

绿色生活方式建设仅有公众参与还不够，还必须建立强大的机制与政策保障体系。机制指管理机制包括管理机构设计、权限职责分配等。政策即法律法规，它规范绿色生活行为。

绿色设计促进机制政策保障。绿色设计以可持续的生态环境观念为指导，以通过设计解决或者缓解生产消费与环境资源矛盾为目的，以整体系统的设计观念思考分析问题，这些都可以启发机制体制改革及政策法规的制定，尤其是其整体设计观，能为机制政策的顶层设计提供思想指导。一是在机构设置上，应在目前的国家管理架构上进行横向完善，实现管理机构、执行机构、监督机构的有效配合。社会各环节除了确保自身的正常运作外，还应做好互联的系统，将三大组织机构放置在平衡地位，相互监督、相互制约，确保社会主义现代化的"列车"实现各"车轮"的有效配合，从而向前推进。二是在权限及职责分配上，需要做好政府、企业及个人的职责分配。绿色社会的建设并非某一方的责任，而是与全体人民息息相关的，要求社会各界同心协力去达成目标。政府应把握三者责任承担的能力，避免将职责过于强加在某一方上，一方面是责任伦理与信念伦理的平衡，另一方面是各方内部义务与权利的平衡。三是在程序建设上，政府应做好法规管理，既要制定促进社会各界主动参与绿色发展的法律、法规，又要对违背绿色发展精神的行为制定约束法规，使两方面相得益彰，从而完善法规。同时，法规也应分别在经济、文化、生态领域进行管理涉入，在经济法规上以推动绿色科技生产力为主导思路，在文化法规上以公民文化教育及素质提升为主导思路，在生态法规上以“三废”（废气、废水、噪声）净化处理的奖励和污染排放处罚为主导思路，使法规成为绿色社会运行的坚实保障，为绿色社会的推进保驾护航。

# 小结

绿色生活方式是可持续发展的题中之义，是新时代的美好生活。高效推进绿色生活方式在全社会的培育、践行等有3个层面：一是树立牢固的绿色生活理念，深刻认识到绿色生活方式是现代工业文明生活方式的超越，可以有效克服消费主义所带来的环境污染、生态破坏等缺陷，真正发展一种人与自然和谐共生的生活；二是打造绿色产品供给体系，通过绿色设计从衣、食、住、行、休闲、社交、垃圾处理等方面为绿色生活方式提供硬件基础，使大众能购买到绿色产品，实施绿色消费行为；三是借鉴绿色设计的思想、原则、方法等坚实绿色生活的社会基础，无论是企业生产、公众参与还是机制政策等，都应该紧密围绕可持续发展这一中心，为绿色生活建设提供尽可能全面的支持与保障。只有这样，绿色生活方式才能真正成为中国特色社会主义新时代大众所向往、所实践的生活方式，才能助力可持续发展。

以上分析和论述说明，绿色设计是构建绿色生活方式，推进可持续发展的重要措施。

国家社会科学基金艺术学重大招标项目学术研究成果
（项目编号：13ZD03）

# 基于可持续发展的<br>中国绿色设计体系构建

## 下篇　绿色设计方法与实践

王立端　等著

# 目录

## 下篇　绿色设计方法与实践

本书下篇通过循环经济与绿色设计、技术革新的绿色设计概述、基于系统革新的绿色设计、基于设计活动的研究方法、产品绿色设计实践、交通工具绿色设计实践、环境设施绿色设计实践、非物质化服务产品设计实践8章内容系统地阐述了绿色设计的方法与实践。

设计工作所面临的问题及其介入的领域几乎渗透到人类生活的所有方面，由于篇幅所限，本书在下篇中所阐述的设计的方法与实践主要针对与人类生活、企业生产开发密切相关的工业生产所涉及的主要部分。绿色设计的根本任务和终极目标是，通过绿色设计改变企业的生产与营销方式，逐步淘汰非绿色产品，从而引导人们了解、接受、实践绿色生活方式。但是，毕竟旧的生产方式、营销模式、消费习惯已在百年工业发展中形成并根深蒂固地影响了数代人，其惯性绝非在短时间内就能终止，因此，实现绿色设计的终极目标和人类的可持续发展还需要全社会坚持不懈的努力。

绿色设计绝非只是依靠一些新理念的嫁接就能实现的产品外包装，也不是单纯依赖某种“牛皮技术”就可以实现的后工业时代拼贴物。绿色设计是立足于人与自然和谐共生理念的基础上，以助推建立可持续发展的社会文明为目的，摄取一切有利于其目标实现的技术手段，为珍惜自然资源、防止环境恶化、捍卫人类健康而迸发出的人类智慧的体现。

本书下篇中所列举的设计方法仅为一些具有普适意义和启发性质的方法，而所列举的设计实践则是从人们日常接触较多的设计类别中挑选出的案例，包括生活产品、交通工具、环境设施和非物质服务产品。

第九章

# 循环经济与绿色设计

20世纪60年代，在《寂静的春天》中，美国海洋生态学家蕾切尔·卡逊强调了工业化的经济社会发展模式对生物界的冲击及其所带来的危机和困境，从而萌发了环境保护意识。自此之后，美国经济学家K·波尔丁用生态系统来隐喻工业系统，创立了循环经济的概念，强调在发展经济的流程中应力求减量资源投入，以全系统思维和相应技术手段去避免和减少各种废弃物，并探讨了通过废弃物的循环利用和再生等来减少废物的最终处理量。从20世纪60年代循环经济概念的产生发展到当下，我国学术界从环境保护、技术范式、经济增长方式等角度对循环经济进行了界定，广为接受的是国家发改委对循环经济的描述：循环经济的核心是资源的循环高效利用，强调“减量化、再利用、资源化”的原则，在可持续发展理念的统整下体现“低消耗、低排放、高效率”的特征，从而在根本上变革“大量生产、大量消费、大量废弃”的传统增长模式。由此可见，从传统经济模式向循环经济模式转型是时代发展的方向，从而倒逼工业设计的设计范式转型。在这样的背景下，人们在20世纪80年代提出了绿色设计的概念，体现出了设计界对传统工业社会大批量生产和消费设计大规模消费所造成的环境与生态破坏的反思。设计的根本目的不仅仅在于对产品的装饰及过度包装，也不仅仅在于对商业价值的追求。在环境和生态遭受严重破坏的当下，设计的目光应该更多地聚焦于地球资源的使用问题及如何为保护地球环境服务，从而支撑人类社会的可持续发展。

## 第一节

## 什么是循环经济

按照同济大学可持续发展与管理研究所所长诸大建教授的观点，循环经济不仅仅只是废弃物处理，必须站在新的高度来认识它。简单来看，循环经济可以分为3个环节，第一个环节是原材料，既可以是原生材料，也可以是再生资源；第二个环节是制造，在制造环节应更多地关注效率，比如说产品如何延长效率、怎样不卖产品而卖服务、如何服务不同的循环阶段；第三个环节是消费，消费完成后产品再回收，进行加工处理后变为原材料的供给。按照以上观点，循环经济有着丰富的内涵和外延，而从设计学的视角对循环经济进行解读，主要包含以下两个方面的内容。

## 一、循环经济的内涵

循环经济（Circular Economy）是指在“人—科学技术—自然”的大系统内，将“资源投入—生产—消费—废弃”的传统的依赖资源消耗的线形增长的经济，转变为依靠生态型资源循环来发展的经济。[1] 循环经济能够得以顺利实施和运行，需要解决的问题主要包括：制度性问题，也即政策对于市场主体的引导问题；技术性问题，也即减少和循环使用资源的相关技术的开发问题；产业问题，也即建立闭环的产业链的问题。由此可见，循环经济是对可持续发展理念的重要践行方式之一。从设计学的角度来看，循环经济的内涵虽然从源头的设计控制到减少和循环使用废物有了质的飞跃，但其着眼点还在于经济。

### （一）循环经济是可持续发展理念指导下的新模式

随着强调人与自然和谐共处的可持续发展理念的深入，自然资源极限及环境容量的问题成为经济发展中必须考虑的问题。随着我国经济多年的快速发展，人们的物质生活水平显著提升，也产生了诸如资源（能源）消耗过高、环境污染、生态破坏等问题，这是一种不可持续的经济发展模式。而在可持续发展理念指引下的循环经济则是力求减少资源使用或者变废弃物为资源的“清洁生产”，可实现经济的生态化发展，以高质量产品和服务来平衡环境保护与经济发展的关系，转换经济增长的动能和方式，也是可持续发展理念在经济领域中的实践探索。

### （二）实现源头控制和减少废物的理念转变

传统的经济发展模式往往遵循一种“先污染环境再进行治理”的不可持续路径，这样随着经济增长，环境也变得越来越恶劣：一方面，会造成自然资源枯竭的局面；另一方面，由于工业生产及产品使用后废弃物的随意排放和丢弃致使空气、水源、土壤等受到严重污染，如雾霾笼罩、湖泊营养化、土壤重金属超标等。当环境污染达到难以容忍的地步时，再花重金进行治理，会使得原本有限的资源、资金又一次被大量的消耗。而在可持续发展理念的指引下，实现从末端治理转向源头控制，通过设计规划将前生产环节中的废物转变成后生产环节的原料，或者尽量较少废料的产生，可以实现“清洁生产”。基于自然生态系统的可承受力，循环经济需要尽可能地节约自然资源，不断地提高自然资源的利用效率，减少材料的使用，实现低排放甚至零排放的目标，建构生态工业系统。[2] 基于这样的认识，相对传统经济模式来说，循环经济无疑是一种质的飞跃，是一种可持续的发展模式。

[1] 赵星宇 . 发展循环经济的几个基本问题 [J]. 财经智库，2017（2）：2（一）.
[2] 徐卫华，李新卫 . 循环经济问题研究 [J]. 管理纵横，2017（6）：16.

### （三）循环经济要着眼于经济

从社会学本位的角度来看，“经济”这一概念是生产、交换、流通、分配、消费等人类活动的综合。因此，循环经济不能止步于节约资源和保护环境，而应该以经济活动为背景，着力于“人—资源—环境—生态”系统的协调，从而实现可持续发展，它是一种经济发展的新模式。进一步分析，循环经济主要包含自然、人类社会及空间 3 个维度，是在生态阈值、资源存量、环境存量等综合规约下，研究“资源—环境—生态”的复杂问题，在经济学范式下研究物质流、能源流的运行机理、方式、技术、效率、机制的一门应用经济学科。[1] 在研究中，可以用自然生态系统来隐喻循环经济，也即用“生产者—消费者—分解者（或还原者）”的三元结构来重新整合生产要素和生产流程，从而调整经济活动中的各要素，达到物质循环、能量梯级利用和无废（少废）生产的目的。

## 二、绿色循环生产力

“绿色”是绿色生产力的核心价值取向，用以协调经济发展与环境保护的诸多矛盾。长期以来，我国各地的经济高速增长均建立在对环境的破坏与对资源大量消耗的基础之上。虽然在几十年的经济发展过程中，系统完整、门类齐全的工业体系得以建立并创造了巨量财富，成为世界第二大经济体，但高速高效的发展并没有让我们摆脱高投入、高排放的发展方式，目前资源约束趋紧、生态系统退化、发展与人口资源环境之间的矛盾日益突出，成为可持续发展的瓶颈。在这样的背景下，绿色循环生产力作为循环经济的第二大环节，在企业中的推行势在必行，企业特别是制造企业应该把循环经济作为主流，最终实现从废物回收发展到循环经济企业整个供应链的变革，优化生产组织模式，提高生产效率，减少有害污染物在环境中的排放。

### （一）绿色发展直接影响甚至直接决定生态文明的成效

日益恶化的生态环境表明，人类社会的发展不能再依托于现有的生产力而一成不变，必须对其进行革命性的范式转变。可持续发展理念引领下的循环经济无疑是一条生产力的革新之路。绿色生产力是生产力的生态转型，是可持续发展的生产力，其发展影响生态文明建设的成效。绿色生产力的发展必然会冲破资本逻辑、工业文明的生产关系及其相关滞后的制度机制等，从而为生态文明建设开辟道路。

### （二）宏观上：循环经济平衡经济增长与资源节约、环境保护

“推动形成绿色发展方式和生活方式，是发展观的一场深刻革命。”[2] 一方面，我们要促

[1] 彭绪庶．构建循环经济学学科体系初探 [J]. 生态经济，2017（10）：39.

[2] 习近平．推动形成绿色发展方式和生活方式，为人民群众创造良好生产生活环境［N］．人民日报，2017-05-28.

进生产力进一步发展来满足人民群众追求美好生活的意愿；另一方面，我们所有的活动都应该以“尊重自然、顺应自然、保护自然”为原则和逻辑起点，也即平衡好经济增长、资源节约、环境保护三者之间的关系。那么，总体来说，循环经济就是人类依照生态循环系统再造一个循环圈来达到协调经济增长与生态危机之间的矛盾的目的。

### （三）微观上：循环经济提供企业经济绿色发展的路径

鉴于传统工业生产力所导致的生产与消费对资源消耗和环境损害，使得人类经济社会的发展已经接近极限的现状，推动传统工业生产力向可持续的方向转型和升级已经刻不容缓。党的十八大以来，党中央和国务院高度重视生态文明建设，将“绿色化”作为与“新四化”的概念并列提出，要求将两者协调推进，不断推进生产方式绿色化、生活方式绿色化，并在此过程中弘扬生态文明主流价值观和推进生态文明制度建设。这是党的十八大提出的“五位一体”战略布局从理念到实践的关键一步，也是实现中国经济增长方式转型的关键一步，能够让社会主义生态文明进入新时代。[1] 对于绿色发展的理解不能简单地停留在对环境生态的保护上，绿色发展是一种经济发展阶段的主动要求，也即要求从传统生产方式向循环经济转型。因此，发展循环经济也就成为企业实现经济绿色发展的必由之路。

## 第二节
## “减量化、再利用、再循环”的理念

在循环经济中，“减量化、再利用、再循环”的理念始终指导产品设计，也即贯穿了绿色设计理念。绿色设计涉及的范畴较广，能够在各类设计工作领域展开。基于绿色设计的理念，凡是以对生态环境保护为逻辑起点，凡是推动社会可持续发展，凡是建构人类及生物健康生存环境的设计，都可以成为绿色设计。具体而言，绿色设计涉及设计价值观、设计构思、方案落地、材料与工艺选择、废弃物的再生利用与回收处理等，也即包括产品的整个生命周期的设计，重点要求设计师去协调产品的功能属性、形式美感及在整个产品生命周期中的环境友好性等问题。

[1] 罗涵．国企要做发展绿色生产力的排头兵［N］．光明日报，2015-03-31.

## 一、以“3R”为准则的绿色设计：“3R 原则”是循环经济活动的行为准则

循环经济的核心在于对各类资源的统筹安排，使其能够充分使用和循环利用，减少资源与能源的消耗。而绿色设计则是支撑循环经济发展的关键，需要在设计的过程中始终贯穿“3R 原则”。

### （一）循环经济减量化原则（Reduce）

在特定生产目标和消费目的的规约下，尽量减少原料的使用和能源的消耗。减少源头消耗，就能从根本上减少对环境的污染。例如，使产品小型化和轻型化；使包装简单实用而不是豪华浪费；在生产和消费的过程中，使废弃物和排放量均达到最少。

### （二）循环经济再使用原则（Reuse）

在产品设计之初，通过设计规划摒弃传统的为追求利润而秉持的“有计划废止”的理念，赋能产品及其包装物能够反复使用，同时保证产品的品质和耐用性。

### （三）循环经济再循环原则（Recycle）

在产品结束生命周期之后，需要将其废弃物纳入“原料思维”中，让其成为再生产的资源。同时，对于生产过程中所产生的边角余料，应该运用设计思维赋能其功能和形式，做到物尽其用。

## 二、整合科创，赋能绿色生产力

绿色生产力本质上要求“师法自然”，强调人与自然的和谐相处，以资源和能源的循环利用为手段，指向可持续发展的目标。参照普适的生产力构成，绿色生产力同样包括实体性和智能性两个方面的要素。其中，实体性要素主要包括劳动资料、劳动对象及劳动者，对于劳动资料和劳动对象而言需要强化其绿色的属性，对于劳动者而言则要增强其绿色意识；智能性要素主要包括绿色技术与管理两个方面。[1] 在众多要素中，绿色技术贯穿绿色生产力和循环经济的始终，推动其不断发展。作为核心绿色技术，需要与其他生产力要素伴生并融入这些要素，从而实现清洁化生产、材料与能源的循环、经济与生态的协调。

### （一）技术创新

绿色生产力的发展和绿色产业的转型都依赖于技术创新，因为技术创新能够赋能传统产业转型，在新兴产业、现代农业等方面应用技术创新能够在环境友好方面促进人与自然的和

[1] 石峰，秦书生 . 绿色技术对发展绿色生产力的支撑 [J]. 东北大学学报（社会科学版），2012（11）：478.

谐发展。技术的不断创新能够为循环经济提供两大类具体的技术：一是从最初的设计、包装、生产、售后直至最后的报废全部实现绿色化的技术，也即设计与生产的技术；二是直接用于产品“减量化、再利用、再循环”等方面的技术，从而能够建构绿色循环经济。

这样的技术创新不可能一蹴而就，是一个长期不断发展的演进过程。一项成功的技术创新往往能够辐射到循环经济的各个领域中，其所产生的连锁效应往往会带来产业结构、市场结构、外贸结构等方面的变化，而这样的变化又会成为下一个技术创新的起点，由此不断持续推动绿色生产力的发展。例如，膜分离技术、活性炭技术及生物工程技术等不断持续的技术创新被广泛运用于环境保护中，将使废水、废气和废渣的污染顽疾得到根除。

### （二）模式创新

在“双创”经济成为新常态的背景下，“互联网 +”、创新商业模式、创新生产模式、创新流通模式等催生了新的模式。在此背景下，新的模式可打造出贯通于生产、流通、应用各环节的循环经济的产业链模式。“循环”无疑是循环经济和绿色生产力的核心概念，就生产和消费来说其主要涉及物质和能量两个方面。以物质方面为例，借鉴生物学的物质代谢理论，创造一种新的模式使生产和消费过程中的自然资源能够在一个项目、企业、地区、国家乃至世界范围内得到闭环运行，可使整个系统的物质循环实现闭环或者尽量减少废物的排放。

### （三）服务创新

服务创新可以被看成循环经济和绿色生产力的催化剂，创新的服务有助于企业和个人践行循环经济和落实绿色生产力。例如，我国国家电网推出的“私人定制”电力新能源项目（图 9.1），让太阳能光伏发电技术进入寻常百姓家中，除了满足家庭使用外，还能将多余的电能并入国家电网产生效益。这样一来，就可以让前述的依托新技术、新模式的产品真正地发挥作用。类似的服务创新还有很多，比如说金融服务创新的杠杆作用也能有效地推动循环经济发展。

图 9.1　国家电网推出的“私人定制”电力新能源项目

## 第三节
# 面向制造相关的绿色设计方法

为了满足人类物质生活水平不断提升的需要，大量的批量化的制造产品不断地被生产出来，但同时产生了大量的垃圾。要防止这样的情况持续，就需要从设计的角度来对传统的制造进行相关的革命。

### 一、面向环境的设计

面向环境的设计也即将对环境产生各种影响的各种相关的因素系统全面的结合到产品设计和生产工艺设计之中。面向环境设计制造的基本内涵如下：

（1）面向环境的友好性。也即在产品“生产—运输—使用—废弃—回收”的生命周期内对环境无害或者降到危害最小，其中涉及原料、能源、工艺的选择，使用过程及报废处理的节能性和最少化。

（2）材料资源的极简性。也即在满足产品功能的前提下尽量减少造型材料的使用，特别是尽量使用单一材料、少用稀有昂贵材料、不用毒害材料，同时注意简化产品结构及使产品零件能够最大限度地再回收利用。

（3）制造能源的节约性。也即做到最大限度的节约能源，在产品生命周期内采用对环境无害的清洁能源和减少能源的消耗。[1]

这里所说的面向环境的设计是指从对环境友好的角度来考虑产品“从摇篮到坟墓”整个生命周期中可能对环境造成影响和破坏的相关问题。面向环境的设计是一个强大的工具，在注重环保的同时也使企业更具创新性和竞争力。面向环境的设计为我们提供了一个有机和系统的架构，生产企业可以将诸如环境效益、预防污染、清洁生产等环节结合起来融入这一框架中。相对于传统的制造生产而言，面向环境的设计的视野扩展到了制造工厂以外，包括原材料的获取、制造、装配、包装、运输、使用，以及产品最终的处理、再利用等整个过程。虽然仅仅依靠一个制造企业不能控制产品的整个生命周期，但是其设计决策却可以对产品生命周期的上游和下游各阶段产生重要影响，如对原材料的选择，以及营销、使用和后续环节的处理等。

[1] 王瑾．面向环境的产品设计制造及应用研究 [J]. 机械管理开发，2011（2）：59.

## 二、面向拆卸的设计

在经济的不断发展中，产品的更新换代也在加快，而产品的不断淘汰无疑会增加环境污染程度。一般来说，产品在达到设计使用寿命时，某些零部件仍然具有使用价值，为了方便回收和对这些零部件进行二次利用，在产品设计之初就应该考虑其使用之后的拆卸和回收利用。考虑环境的影响，面向拆卸的设计必须在设计初始阶段进行，重点体现在两个方面：一方面，为了减少材料、能量使用并在制造及最终处理过程中减少有害废弃物而对各种材料及工艺进行分析；另一方面，面向拆卸的设计与产品结构有关。总的来说，面向拆卸的设计的目的就是追求结构简单、材料最少量及减少零部件的应用。图 9.2 所示的是面向拆卸的回收设计过程框图。由图可见，面向拆卸的回收设计过程在设计的 3 个阶段以模块化结构满足拆卸性能要求，以零部件的重复利用及良好的回收工艺满足回收策略及回收目标。[1] 因此，面向拆卸的回收设计应采用并行工程环境下的模块化设计方法。

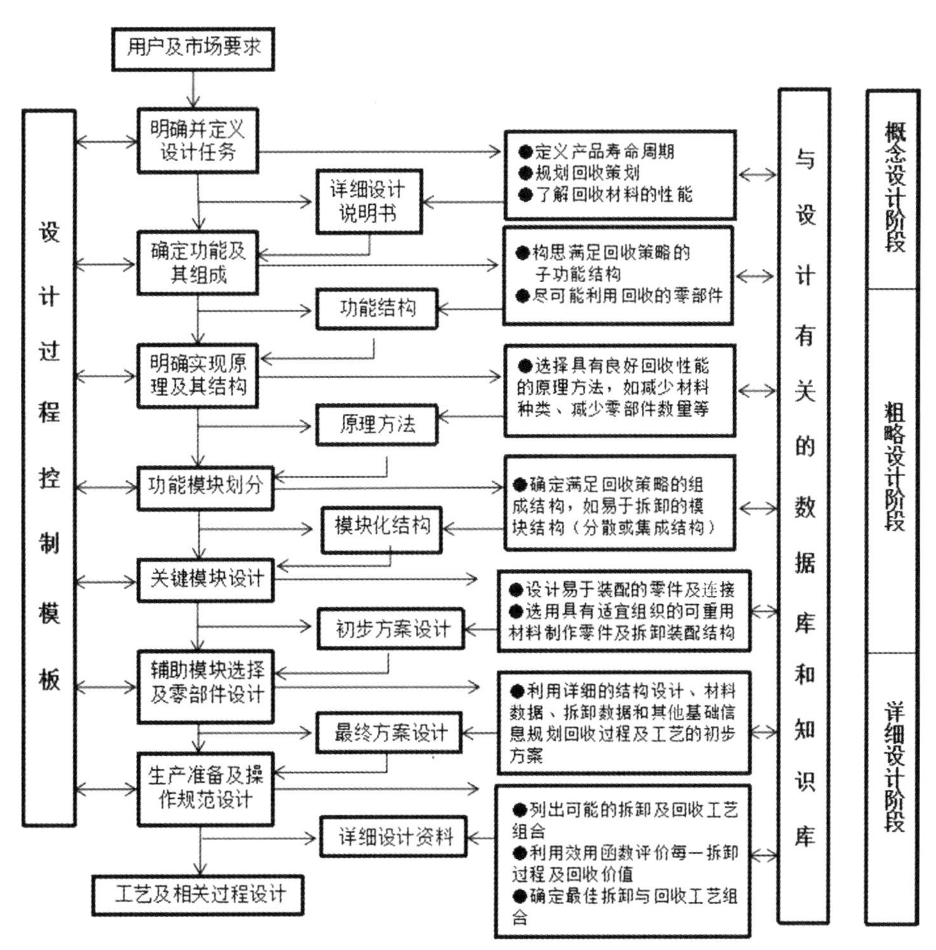


图 9.2　面向拆卸的回收设计过程框图

[1]　刘志峰，夏莲，刘光复 . 面向拆卸的产品回收设计方法研究 [J]. 合肥工业大学学报（自然科学版），1997（10）：9–11.

## 三、面向再循环的设计

产品的再循环与维修性是联系在一起的，一个产品如果在设计之初就考虑到易拆卸再利用，也就容易维修。易拆卸是维修与再循环的必备条件，拆卸的目的在于获取某一零部件或子装配系统，从而便于更换、修理或回收。影响这一目的顺利实现的因素主要有两个：一是所要拆卸的零部件的状态，二是拆卸的难易程度。在产品设计之初就需要考虑到产品的拆卸和修理性，以便通过维修及零部件的更换来恢复产品的固有可靠性，从而能够延长产品的生命周期。从以上内容可以看出，在面向再循环的设计中，对产品的结构进行精心的构思是其关键之所在。对产品结构的构思主要包含以下几个方面：

（1）以产品的功能为依据对产品进行模块的划分，允许用户按照模块选择相关的服务功能、升级产品或者进行再循环。在设计上，必须保证同一模块的互换性。此外，为了在取出、插入模块时不损伤接插端子和其他零部件，在设计上必须仔细考虑。

（2）零部件应该尽量避免单独使用弹簧、滑轮等，应先将其嵌入零部件中，再进行易拆卸的连接，从而节省拆卸工序，更好地节省资源。

（3）拆卸的大量工作时间都用来拆除各个连接件，所以必须努力减少连接件的数量，让连接点的位置更为明显，并留出可操作的空间。另外，在设计中也可以采用折断的方式来拆除连接件，因为折断是较快的拆卸方式。

（4）减少连接电线或电缆的数量和长度，这些因素会阻碍产品运行。此外，铜会对钢铁造成污染。

（5）将不能再循环使用的部分整合到一个子系统中，并使其能够快速拆卸；将最具价值的零部件定位在容易接触到的位置，并优化部件拆除方向；将同种材料的单独部件结合成组，减少再循环过程中不必要的拆卸步骤，使相邻的部件可以一起被粉碎或溶解。

（6）注意零部件的布置与空间安排、工具的可达性，使用标准相同的紧固件，少用焊接和黏结剂，以避免带伤害的拆卸。

（7）设置故障显示、警报装置和检测电路，能迅速、准确地找到故障所在，以缩短维修时间。

## 四、面向再制造的设计

践行可持续发展的理念还要求对废旧产品进行处理和循环再利用，这就催生了面向再制造的设计（Design for Remanufacturing，DFR）。面向再制造的设计主要是指以产品生命周期理论为指导、以废旧产品性能提升为目标、以高效节能为准则，通过技术创新及其产业化的生产手段，来修复改造废旧产品的一系列技术措施或工程活动的总称。[1] 依据这种认识，进一步理解这一概念，面向再制造的设计也即在产品的设计阶段对产品再制造性进行充分考虑，并提出设计、制造的指标和要求，使产品生命周期结束后能够具有较好的再制造能力。

面向再制造的设计的重点在于，通过创意设计提升产品的“可再制造性”。所谓可再制造性，是指产品在创意设计阶段被赋予的一种固有属性，也即在产品使用之后经过再制造加工后达到规定的性能，以获取原产品的价值。这一设计方法需要在产品开发设计的阶段就确定产品的材料性能、各零部件的连接方式、产品结构等因素，以便在产品使用之后能够利用再制造技术重获新生。

### 五、面向能源节省的设计

面向能源节省的设计，顾名思义，主要是指在产品设计之初就需要考虑产品从生产到使用的生命周期内的能耗进行有目的的控制。其主要包括两个方面：一方面是对制造产品和产品使用过程中能够优化的能源供给驱动方式进行优化；另一方面是能源使用后的回收和再利用，对其有效性进行经济分析与优化。在设计实践中，面向能源节省的设计主要包括以下内容：

（1）在设计的价值取向上，应该秉持优先使用可再生及对环境友好的能源供给。

（2）在满足生产和使用供能的前提下，在设计中必须尽量优化耗能的方式和路径，使能源的供给和消耗不断逼近最佳地点。

（3）设计应该对产品生产和使用的各个环节进行预见并做出设计规划，调整各种能耗的形式，以最合理、高效及低成本为原则进行重新设计和再利用。

（4）除了考虑产品制造及使用过程中的能耗以外，同样需要考虑回收及报废等方面的能耗，并进行控制和优化。

（5）需要在产品的拆卸、维修和回收等环节中估算能耗，并以此来确定合理的拆卸方式及可重新利用部件的再利用方式。

## 小结

人类社会的可持续发展有赖于绿色设计实践，而绿色设计的实践方法体系构建必须以

[1] 吴小艳 . 面向再制造的产品绿色模块化设计研究 [J]. 经济研究导刊，2011（26）：270.

有利于生态可持续、资源可持续、社会可持续为追求目标。由此可见，循环经济的实现离不开绿色设计活动。绿色设计提倡的“3R原则”是循环经济活动的行为准则。设计的根本目的不仅仅在于对产品的装饰及过度包装，也不仅仅在于对商业价值的追求。在环境和生态遭受到严重破坏的当下，设计的目光应该更多地聚焦于地球资源的合理使用及设计如何为保护地球环境服务，从而支撑人类社会的可持续发展。

# 第十章

# 技术革新的绿色设计概述

绿色设计基于人类对人与自然关系的思考，而要实现绿色设计，则需要技术的不断革新。技术革新主要包括用于建构产品（人工物）的材料的技术革新，生产、建造、使用过程中能量供给技术革新，废止后的材料回收、降解、再利用等的技术革新。技术革新为绿色设计提供了各种可能的手段，使绿色设计的各种理念及设计意图能够顺利地得以实施。

## 第一节 技术整合与跨界设计

在社会环境日益复杂化的当下，一方面设计的边界在不断地扩展，另一方面设计学科根据知识结构体系在不断地细化。而现实中的问题并不是按照知识体系的划分而存在的，需要设计师会同相关的专业人士，根据问题的指向协同创新，进行相关的跨界设计和技术整合。

### 一、产品品质的提升要求设计跨界思考

按照设计所涉及的领域，可以将设计分为产品设计、环境设计、包装设计、品牌设计、视觉传达设计等具体的门类。细分导致设计各门类之间的壁垒越来越深，在强调设计个性的同时却削弱了设计的共性。在当今社会，产品所承载的责任，诸如经济责任，需要开发出满足人们消费需求的产品来达成企业赢利和发展的目的；又如社会责任，需要用创新来调整社会关系，强化对弱势群体的人文关怀、对区域文化的可持续发展提出对策等；再如环境责任，需要所设计的产品必须在整个生命周期内对环境友好或者对环境的伤害最小。这 3 种责任汇集在一起，也就构成了推动社会可持续发展的责任。

由此可见，由于设计的对象——产品在当下发生了很多变化，使得设计也变成一种跨学科、跨专业、跨组织的综合性活动，传统上按照社会分工和知识分类的模式进行的诸如机械设计、工业设计、电气设计等分类已经不能满足开展设计活动的需要，所以通过设计跨界思考解决相关问题成为一种必然。

从美国学者赫伯特·西蒙提出的“人工科学”这一概念开始，设计的跨界思考也就开始了。对于绿色设计而言，产品从材料选择、生产工艺、使用方式、废旧处理等方方面面都涉及对我们赖以生存的环境的影响，需要做出多技术的整合和跨学科的思考。

## 二、绿色产品往往是思维与技术整合的产物

所谓绿色产品，是指在其生产和使用的过程中具有节能、节水、低毒、低排放及可回收再生等特性的一类产品，它也是绿色科技的最终载体和呈现方式。绿色产品一方面能促进生产方式的转变，另一方面能使人们养成绿色的消费观念，并通过市场调节的手段来实现环境保护的目标，引导公众的绿色消费时尚，促进企业获得绿色经济收益。以上是大众对绿色产品给出的一个定义，从中可以看出，绿色产品首先需要人们具有可持续发展的价值取向，其次坚持绿色设计的思想，最后落实到具体的设计行为上。然而，一个真正的绿色产品的面市还需要技术的支持，如材料科学技术、技能技术、先进的制造技术等。只有当思维与技术得到整合时，绿色产品才能够真正得以实现。

## 三、效率革新与降能耗设计

满足大众对于追求美好生活的需要必然涉及物资的利用和能源的消耗，那么，就需要在设计中考虑物资和能源的使用效率和降低能耗。

对于经济的发展，一般遵循这样的模式：供应提供方使用自然资源制造基础设施、消费产品和消费方式，需求方即消费者使用产品并处置废弃物品。在此过程中，需要消耗能源、自然资源和自然空间。在传统经济发展模型中，主要以资源投入与能源消耗为动力，而在可持续发展理念下，经济发展模式将实现由资源消耗型向生态效率革新型的范式转型。所谓效率革新，主要是指人们生活得越来越健康，财富在不断增加，能源与材料的效率在提高，对空气质量的改善和废物的减少产生了积极影响。生态效益是可持续发展的核心指标，在为人们不断增长的消费需求提供产品与服务的同时，也要尽可能地降低对环境的影响，做到对环境的友好。

在可持续发展理念的引领下，绿色设计的策略和方法应该始终贯穿于整个的产品生命周期，在产品开发创意的初期就需要将降低能耗的因素进行总体的设计考量，因为能耗与效益常常互为矛盾、此消彼长。随着社会物质生活水平和国民经济收入的稳步提升，我国能源消耗迅速增加，资源瓶颈也逐步显现。这就使得在进行产品设计时，需要将绿色设计的策略和方法贯穿于产品整个生命周期的各个阶段，如在产品开发初期的产品材料选择阶段，就应该在保证功能和使用的条件下，在多种材料中选择生产过程能耗较少的作为主要的设计对象。

## 四、减量化产品设计

减量化产品设计主要是指在发展循环经济时，以经济合理、技术可行及资源高效利用和保护环境为前提和原则，对产品实行减量化设计，以实现抑制污染产生和节约资源。其

作用主要体现在：首先，节约资源和抑制污染；其次，对再利用和资源化进行渗透，使末端管理更加高效，从而做到在循环经济的源头就加以控制，切实发展好循环经济。

### （一）产品减量的目的与思路

产品减量旨在尽量缩减产品对于材料的使用，着力于在进行生产和发展经济的同时尽量减轻环境的负担，同时从环境污染的末端治理转向在源头通过减量的方式来预防、控制和减少环境污染。

为了更好地对产品进行减量设计，主要思路应该定位于在产品的整个生命周期进行全面的考虑，也即在设计规划之初就要对产品在“生产—流通—消费”等环节内尽量减少物质的消耗。例如，在流通环节中，在满足产品使用功能的前提下应该尽量缩减包装的体积及多余的装饰性包装，在包装材料的选择上尽量选用强度高和可降解的材料，在设计风格的控制上尽量采用简约化的设计，以便能够做到抑制污染产生和便于末端回收利用。

### （二）产品减量的方式

对于产品设计中的产品减量，一般在绿色设计原则的指导下有一定的实现方式。首先，必须对产品进行综合分析和评价，理清产品的物理化学属性及生产流程与工艺；然后，在此基础上对产品进行减量化设计。产品减量的方式主要有以下几种：

（1）在满足产品功能和使用的前提下尽量缩减产品的体积。在产品设计中，体积的缩减就会大大减少产品生产制造中材料的使用量。

（2）在材料选用方面尽量选用可重复使用、能降解和轻量化的材料。例如，汽车上的一些金属部件采用镁合金材料替代，由于镁合金材料的质量大大轻于同体积的钢铁材料，所以可以降低汽车在移动过程中的耗油量。

（3）在满足产品功能和使用的前提下尽量采用简单的结构和模块化的设计。简单的结构能够降低产品制造过程中的能耗，模块化的设计能够提升产品的可维修性能，以及方便产品生命周期结束后的回收再利用。

## 五、长寿命产品设计

所谓长寿命产品设计，主要指的是在产品现阶段运行使用过程中确保产品平稳、健康运行的前提下延长产品使用寿命，提升产品使用时间，降低不必要的二次维修和更换所产生的一系列的资金、资源等的投入而进行的设计。这对环境保护和资源节约起到了十分关键的促进作用，有效地降低了能耗的浪费，促进了我国生态节约型社会的建立和发展。

### （一）长寿命产品设计的原则及对应方案

长寿命产品设计并不是指导无限期地延长产品的生命周期，而是注重对于目前和未来相当一段时间市场需求的满足。其重点指向减少产品的功能过时和审美过时两个方面，多采用开放性设计、可维修性设计、可重构性设计等设计策略和方法。

（1）开放性设计是指在开发设计中实现为消费者留有余地的目的，能够让消费者参与到产品的再次设计中，使其能够在购买后对产品进行自由选择、搭配和再设计，以便不断调整产品的功能、使用方式及风格特征等，以满足求新求变的时尚消费需求，而不至于让产品在没有结束生命周期的情况下被提前淘汰。

（2）可维修性设计主要指向在一定资源保障下和一定的时间内，能够方便产品的维修保养，使其始终保持或者能够恢复到设计和规定的功能状态。这样无疑能够延长产品的生命周期，而不会因为产品有一些小毛病就被淘汰。

（3）在设计中按照多种结构对产品进行开发和管理，以满足用户多样性的需求，通常被理解为可重构性设计。实际上，重构方法在产品开发过程中已经隐含地在使用了，也即大批量定制生产。大批量定制生产一方面能够保持为客户提供多样性产品的弹性，另一方面能保证大批量生产所具有的规模效益。通过重构现有产品来达到满足客户多样性的需求，也是延长现有产品的生命周期的重要设计方式之一。

### （二）基于产品损毁的逆向设计

基于绿色设计的理念，尽管在设计时总是通过各种手段和方式延长产品的使用寿命，但是当产品的生命周期结束时，产品的损毁在所难免。从传统上来说，一旦产品发挥完所有功能后，其寿命也就终结了。但是事实上，当产品整体寿命终结时，还会有许多零部件存在过剩的寿命，就此废弃会造成不必要的浪费，没有做到物尽其用。所以，我们在设计的开始阶段就应该从产品损毁的角度出发进行逆向设计，也即考虑产品各个零部件等寿命设计。一般情况下，产品的寿命设计主要包括以下几点内容：

（1）只要一个产品是由两个及以上零部件构成，不管其使用的材料是否相同，就会存在某一零部件在其预期生命周期尚未结束便首先丧失功能且再无修复价值时，整个产品的寿命也就提前结束，而此时其余零部件还能继续保持功能。那么，在设计初期就应该综合平衡各个零部件的寿命，尽量做到让它们在同一时间报废，也即等寿命设计。等寿命设计的关键在于延长薄弱零部件的寿命和缩短其他寿命过剩的零部件的寿命，并让它们达到一种平衡。

（2）对于由多个零部件或产品所构成的系统装备而言，虽会出现一个产品或零部件失灵的情况，但在经过维修或更换以后，装备本身仍然能够延续寿命，这时的等寿命设计主要考虑的是零部件或产品与装备之间的成倍率匹配关系，设计的重点则是尽量减少维修及更换零部件的频次和数量。

（3）寿命设计中的“寿命”通常对应的是某种特定功能产品中的“功能”，功能的丧失也就意味着寿命的终结。但是，在具有多功能的产品中，主要功能的丧失并不一定意味着寿命的终结，在一定的情况下产品还会发挥其他的附加功能，如产品的核心功能消耗完之后，其内外包装还能经过再设计而成为工艺品或生活用品而重新进入人们的生活。在对这类产品进行等寿命设计时，就需要提前规划其回收方式及再利用的方式。

（三）技术、方式、材料等在产品“增寿”方面的作用

为了可持续发展，绿色设计必须研究产品的使用寿命，以便规划出产品的设计寿命。一般情况下，产品的设计寿命是指产品在设计时预计的不失去使用功能的有效使用时间，从而在理论上保证产品使用的时间长久性。具体而言，在产品设计中，产品的设计寿命与所使用的材料、所采用的技术及产品的使用环境和方式等有关。对于材料的选择而言，不能仅仅考虑材料的单一性能要素，而应该将诸如强度、硬度、耐疲劳性等问题进行综合考虑，避免因为一项性能失效而造成产品整体寿命的缩减；对于技术的选择而言，要根据产品在使用过程中对于某项性能的具体要求而定，如就抗磨损来说通常采用加工硬化、表面热处理、化学热处理、表面薄膜强化等方式对其进行处理以延长产品的使用寿命；对于使用环境和使用方式而言，要力求保证产品在良好的使用环境中并采用正确的操作方式，从而使产品达到或者接近产品的设计寿命。

## 六、一物多用产品设计

一物多用思想缘起于东方造物文化，且由来已久，在物资相对匮乏的古代，功能是在造物设计中优先考虑的内容，在传统民间器物设计中应用广泛。在当今社会，这样的思想得到了传承，如瑞士军刀的设计，采用折叠的方式将小刀、剪刀、指甲锉、启瓶器等功能集于一身。在可持续发展理念不断发展的当下，一物多用的产品设计思想同样适用于绿色设计，一物多用应用于产品设计，并非是集合众多功能的生硬堆砌，而是试图运用一种合理的造型来解决几个有关联的生活问题，从而实现节约材料、降低能耗，以期实现节能减排的目标。

（一）产品的节能减排应从源头开始

人们都以某种方式进行日常的生活和工作，而产品系统支撑着这种方式的运行。这些产品一方面需要耗费资源与能源才能生产出来，另一方面在其废止之后又会对环境带来一定程度的污染。一物多用则可以整合系统中各个产品的功能，让多个产品变为一个产品，减少资源、能源的消耗和废弃物对环境的影响。在具体的设计方法方面，通过赋予产品两种或多种功能，进行相应的功能组合，从而使其具有多功能的特点。需要强调的是，功能的组合必须建立在合理性的基础之上，而不能将功能进行无序的杂乱组合。这样，产品的几种功能都能够得到有效的利用，因而不会出现部分功能闲置的问题。功能的组合若能够达到一物多用，提升产品的使用频次和效率，在物尽其用中降低资源和能源的消耗，便可以做到对环境友好。

（二）提高产品效率的节能设计

产品对于人们的意义主要在于其功能而不是物质层面的占有。对于有些产品来说，其使用

效率极为低下而又不可获取，那么在提高产品的使用频次的同时也就能减少产品的绝对数量，从而减轻环境压力。这也就让“一物多用”的设计方法成为绿色设计的一个重要的设计方法。

同时，需要考虑产品的功能共享。对于某些产品来说，总是在特定的阶段才需要，比如婴儿车，那么在设计时就需要考虑同时满足多个用户或者公众对于产品的需求。这种设计方法的理论基础是：人们的需求是通过产品的使用来实现的，但对于部分产品来说，人们往往在特定的时间段内使用，在其他时间段内这种产品往往处于闲置状态，造成资源的浪费。生态设计鼓励生产可以被多个客户共享的产品，从而提高产品的利用率，减少对资源的占有，提高整个社会的生态效率。[1]

### （三）改变使用方式的节能设计

一物多用除了将同一个情境中的产品功能整合于一个产品及采用共享的方式提升产品的使用频次外，还对产品的整个生命周期进行了系统的考虑，在不同的生命周期阶段适时变换产品的使用方式等无疑也能减少产品供给的数量与种类。例如，清代文学家李渔在《闲情偶寄》中提到的暖椅就具有这样的设计思想。暖椅在不同的情境和阶段中可以分别作为椅、床、案、轿及熏笼来使用，通过使用方式的改变来起到满足不同功能的作用。在这样的设计思想指导之下，具体的设计方法主要有 3 种：一是形态变化。所谓形态变化，是指通过折叠、打开等结构上的调整，达到形态上的改变，从而实现不同的功能。在结构上必须简单易用，同时牢固安全，如沙发和床通过折叠结构来改变其形态以满足一物多用的要求。二是放置方式转换。这是一种仅仅通过产品本身放置方式的改变来实现不同功能的方法，因为不需要任何工具，所以简单、经济、巧妙，如有些产品本是实现茶几的功能，但将其翻转过来就会成为一个座椅。三是组合方式的变换。这种方法着力于将两个或多个产品，通过组合来整合功能，通过功能的累加效应来实现更多的功能，从而催生出超越原有产品功能的更多的新功能。

## 第二节
# 新技术应用与方式创新

技术的革新必然伴随方式的创新，创新的方式蕴含生产与生活两个方面的内容。通过方式的创新引起人们观念的变化，进而推动新技术的革新需求。当前，绿色设计与可持续

[1] 马春东. 生态·设计 [M]. 北京：高等教育出版社，2007.

发展的需求推动新技术的不断创新，之后的应用又促进了工作、生产、生活等方式的不断创新。

随着工业革命和大批量生产的不断发展，人类虽然满足了自身需求，但同时给地球的生态环境带来了很多损害，还对人类所处的环境造成了严重的负面影响，引发水与大气污染、全球变暖及雾霾泛滥等情况发生，给人类的生活带来了一定程度的威胁。绿色设计寄托了人类可持续发展的美好信念，应用新的技术手段无疑能够拓展绿色设计的视野，为可持续发展带来更多的方式创新。

## 一、新能源技术与产品设计

能源关系社会可持续发展的方方面面。我国在经历了改革开放后的高速发展后，人们的生活水平得到显著提高，但同时也消耗了大量不可再生资源。传统的发展模式已经不足以支撑人们对美好生活的追求，寻求和开发新能源已成为一条重要的必经之路。对于工业产品来说，其发展过程中最重要的也就是能源。寻找新能源，并在产品中融入节能技术，设计出绿色、低碳环保的产品是社会发展的一大趋势。作为目前主要的出行交通工具——汽车的普及，在为人们的出行带来极大便利的同时，也引发了尾气排放、交通拥挤、停放不便等一系列问题。未来的汽车设计一定要在兼顾出行便利的功能的同时，优先考虑其对环境的友好性。因此，可持续发展理念指导下的绿色设计在应用于汽车设计领域时，就需要将新能源技术纳入整体考虑之中。

车用能源目前主要是石油、天然气等不可再生的石化能源，正在向以电力为主的能源方向发展。当前，不同的能源所能提供的动力仍然存在差别，在设计时就应该依据不同的功能需求，为汽车选择不同的能源来提供动力，在合理的基础上实现节能减排；同时，在造型和材料选择方面，力求实现车身的轻量化，从而降低汽车自重对能源的消耗。

## 二、3D 打印技术

3D 打印是一种“增材制造技术”，发轫于 20 世纪 80 年代，因其最初用于设计原型的快速呈现而被定名于“快速成型技术”。3D 打印的技术原理主要是依据三维 CAD 数据通过将材料进行累加的方式来实现产品或是零部件的实体成型，具有绿色性、快速性及单件成本低等特性，适用于分布式制造、复杂形体制造及控形控性制造等。3D 打印技术的出现改变了传统的设计和制造方式，为可持续理念下的绿色设计提供了新的视野和实施路径，主要表现在以下几个方面：

（1）应用 3D 打印技术能够有效缩短产品的开发周期。依据产品的数字模型，3D 打印技术能够实现产品的直接生产，而不需要模具与刀具等，从而节省了流程与时间，在产品性能及造型评估阶段具有显著的优势，而且在小批量制造方面也具有较强的优势。例如，在产品设计中，需要对设计方案的形体、色彩、人机关系、交互性及装配等进行相关的验证与评判，传统手板及机加件均需要花费较高的时间与人工成本，而 3D 打印技术则能够进行迅速而便捷的验证与评判。这些优势无疑能够以最少的资料和能量消耗，来精确地满足消费的需要，进而提高产品的效率。

（2）3D 打印技术能够让前沿的分布式生产得以实现。传统上，资源与能源的分布在很大程度上决定着产品的设计与“智造”，而分布式制造能够在互联网的基础上整合各地资源，实现生产与设计的众创和众包。以设计为例，通过网络分散的设计师能够参与同一个设计任务，共同完成设计。在制造方面，有了产品的设计数据之后，分散在各地的 3D 打印设备便能进行在地化生产，从而减少组织生产及物流方面的成本，进而促进了众创设计的实施。通过信息在网上的流动代替物质层面的物资和产品在高速公路、铁路等上的流动，能够减少流通环节的碳排放，同时分布式的制造更能够进行精准制造而避免浪费。

（3）在复杂制造方面，3D 打印技术能够让镂空结构、复杂网孔结构、梯度结构等实现一体化成型和制造，能够为产品的造型和结构设计方面开拓出更多的空间和释放出更多的可能性，甚至部分解决了技术对设计师的束缚问题。这一优势使得并不会因造型的复杂而提升制造产品所需要的资源和能量，因而拓宽了绿色设计造型选择的宽度。

## 三、石墨烯等合成材料

通过物质的化合反应得到的新型材料，通常称为合成材料。合成材料自诞生之日起，就越来越多、越来越快地给人们的生活带来舒适和便利，也改变了人们的生活方式。当前，无论何时何地，人们只要环顾四周，肯定会发现不少由合成高分子材料构成的物品。合成材料的不断创新可以为绿色设计的方式创新和视野拓展带来新的可能。以人工合成材料石墨烯为例，在本质上它是由碳纳米管及富勒烯化合到石墨块材上构成，具有超薄的特性，是真正意义上的二维富勒烯。石墨烯具有良好的力学、电学和热学性能，能够应用于生产优良的薄膜材料、储能材料、液晶材料等。在绿色设计的产品创意中应用石墨烯材料，不仅能够提升产品生命周期的品质，而且能够减少资源、能源的利用和废弃物对环境的压力。

## 四、生物材料利用技术

生物资源是自然资源的有机组成部分，是指在生物圈中，对人类具有一定价值的动物、植物、微生物及其所组成的生物群落。随着时代的进步，人类逐渐意识到大自然蕴藏的宝藏远远不止那些可以食用的珍馐佳肴，也远远不止那些被称为黑色黄金的“石油”等化石燃料，人类正在逐渐认识到生物资源这一新的来自大自然的馈赠。从根本上来说，生物资源属于可增长资源，只要得到适宜的环境和营养，就可以进行自我增值，这是其他资源所不具有的特性。例如，早在战国时期，人们就已经认识到如何利用生物资源，所谓“数罟不入洿池”“斧斤以时入山林”正是古人总结出来的宝贵经验。

### （一）常用生物资源

目前，人们真正能在绿色设计领域中利用的常用生物资源并不太多，主要集中在一些能快速生长、方便利用的生物资源上。例如，在植物资源方面，生长能力强大的竹资源被大量运用在建筑、家居制品等领域（图 10.1），同样属性的藤经处理后被制成藤制家具，因造型曲线优美多变而深受大众喜爱；在动物资源方面，沼气属于动物资源的直接产物，大量的动物排泄物经过特殊环境的发酵处理，产生的沼气不仅可以燃烧，而且可以用来发电。又如，在泰国等国家，大象排泄物因含有大量的植物纤维而被制作成各种纸质纤维产品等，如图 10.2 和图 10.3 所示。

图 10.1　长城公社——竹屋（日本 · 隈研吾）

图 10.2　泰国纸质纤维产品制作 1

图 10.3　泰国纸质纤维产品制作 2

（1）提高资源的获取效率。如前所述，生物资源虽具有可产生的特性，但也需要科学养育及合理应用，只有这样才能实现可持续的利用，还能根据人类的需求进行再生。在这种背景下，如何提高资源的获取效率就显得相当重要。从目前来看，通过采用合理的获取技术、科学的资源获取组织形式、正确的政策方向指导，是可以有效地提高资源获取率的。但是，如果利用不合理，必然会导致生物资源的数量与质量的下降，甚至会引发物种灭绝的危机。

（2）提升资源的加工技术。生物资源中蕴藏巨大的潜力，尤其是近年来，随着生命科学、食品科学、现代营养学科的发展，生物资源中新的活性物质、新的加工技术不断被发现，能够为生物资源的利用提供新的路径与方法，拓宽应用前景。生物资源大致可以分为3类，即微生物资源、植物资源、动物资源。而对于生物资源开发的理解，主要有两个层面的含义：一是对现有生物资源进行深加工来提升其附加值，从而增加经济效益；二是对生物资源的废料进行综合利用，既能够变废为宝，也可降低环境的压力。基于此，在这方面进行广泛而深入的研究，具有重大的战略意义。

### （二）如何充分利用现有的生物资源

生物资源的循环与再生均源自太阳能并且以光合作用为基础，在生长过程中不断吸收空气中的$CO_2$，具有含碳量低及来源丰富等特点。对生物资源的利用，一方面能够减弱对石油、煤炭等不可再生资源的依赖；另一方面能减轻温室效应及增强整个生态系统的平衡性，从而成为解决能源危机及环境问题的有效路径之一。其主要的利用方式有以下几种：

（1）作为工业原料。例如，人们所熟知的纸张，其制造原料就是生物资源中的植物纤维。据统计，世界造纸工业用木材约占制浆纤维原料（不包括废纸）的90%以上，而我国制浆纤维原料中木材所占比重很少，其中大量的制浆纤维原料由草类替代。我国也成为世界最大的草浆生产国。

（2）作为能源原料。从设计的角度对生物资源利用的技术进行研究和开发，能够扩宽生物资源的应用情景。就目前来看，垃圾发电、沼气工程及秸秆利用等具有广阔的前景，既能够增加材料和能源的供给量，又能减少环境中的废弃物。

（3）作为有机肥料还田。当下的农业生产过于依赖化肥，使得农业产品绿色性降低；同时，由于对有机肥的忽视而导致土壤中有机质含量减少、板结等问题越来越严重。然而，农业生产后所产生的秸秆等生物资源是一种天然的有机肥，含有大量的C、N、P、K及各种微量元素，经过一定技术处理后还田，能够使大量农作物从土壤中吸收的营养元素得以回归土壤，能够平衡土壤的养分，改善土壤的各项理化指标。生物资源作为有机肥料还田，不仅能够减少化肥用量，而且能提高土壤肥力，促进农业的可持续发展。

### （三）利用生物资源的意义

概括来说，生物质材料泛指经由光合作用产生的活性有机体的总称，主要涵盖植物、农作物、林业余料、海草，以及报纸、天然纤维等城市废弃物。传统上的生物质材料被用作能源，是与煤炭、天然气、石油等并称的第四大能源，特别是在古代能源应用中占有重要的位置。就目前来看，在全世界的能源体系中，生物资源占整体的14%，而在发展中国家则占到了40%以上。作为农业大国，我国拥有丰富的生物资源，每年诸如秸秆等农业废弃物中所蕴含的能量就相当于3.08亿吨标准煤，加上薪柴、粪便及城市垃圾等，对其中所蕴含的能源进行量化，可相当于6.5亿吨标准煤。[1] 因此，以设计学为视角进行技术创新，拓宽对生物质资源的开发与利用，不断调整和优化传统的利用和消费方式，对可持续的资源与能源的供给系统的建立，以及促进社会经济发展和生态环境改善，意义都很重大。

（四）扩展生物资源的利用范围

生物资源的多样化及多功能决定了生物资源用途的多样化，而一定的生物总是生活在一定的区域环境，脱离了相应的区域环境则不能生存。这也成为人类利用和开发生物资源的重要依据。

我国地域幅员辽阔，决定了生物的多样化，我国也是拥有最为丰富的生物资源的国家之一。丰富的生物资源是具有战略价值的无形资产，也是我国在知识产权竞争格局中比较优势之所在，只要善加利用，就可以对我国经济建设和科学技术发展起到重大作用。生物资源具有重要的科学研究价值，为医学、农业、制药等生物技术创新提供样本或工具，进而形成产业应用。尤其在基因工程中，多样性的野生植物用于育种能够提升种子的品质，同时多样性的植物及其提取物还可以用于生物制药，也能产生巨大的经济效益。

# 小结

随着技术发展的日新月异，越来越多的技术被运用于设计领域，促使现代设计方法不断革新。密切关注有关工业科学技术和传统造物智慧，结合技术延伸、技术压缩、技术转化、技术整合的创新方式，以可持续思想为指导，在增效资源、绿色开发生产、低能耗消费与循环利用策略、弱势群体服务解决方案、民族文化传承与区域经济振兴等方面开展设计实践活动，可在践行设计为可持续发展服务的行动中不断地去丰富、验证、完善绿色设计方法。

[1] 丁兆运 . 农村生物质资源的合理利用途径探讨 [J]. 安徽农业科学，2008（36）：201.

# 第十一章

# 基于系统革新的绿色设计

全人类都可以作为循环经济的参与者。人类除了将消费以后的物品进行回收，变成原材料进行再次供给之外，还可以改变消费行为模式，从追求拥有变为追求服务。在这样的背景下，设计的边界不断拓展，为服务设计及系统创新带来了挑战并提供了进一步发展的动力。

## 第一节

# 非物质化设计

近些年来，我国经济的年增长率都在 7% 以上（图 11.1），粗放的生产方式使我国的自然资源浪费极大，目前已到了不得不减少资源能源消耗量的时候了。因此，我国只能向非物质经济转移，在协调经济发展与环境保护的目标指引下，发展非物质经济就成为必然的选择。与此同时，在设计上应该从“物”的设计向“非物”的设计转换，也应从考虑满足需求的“人—物”关系思考转向“人—人”关系思考，使人与人、人与自然、人与社会之间达到新的平衡，从而实现可持续发展。

中国历年国内生产总值（GDP）与增长率一览

（2010-2019 年）

单位：亿元人民币

| 年份 | 2010 年 | 2011 年 | 2012 年 | 2013 年 | 2014 年 | 2015 年 | 2016 年 | 2017 年 | 2018 年 | 2019 年 |
|---|---|---|---|---|---|---|---|---|---|---|
| GDP | 401512.80 | 473104.05 | 519470.10 | 568845 | 636463 | | | | | |
| 增长率 | 10.45% | 9.3% | 7.65% | 7.67% | 7.4% | | | | | |

注：数据来源于国家统计局数据中心，中国经济网整理制表。 www.ce.cn

中国历年国内生产总值（GDP）与增长率一览

（2000-2009 年）

单位：亿元人民币

| 年份 | 2000 年 | 2001 年 | 2002 年 | 2003 年 | 2004 年 | 2005 年 | 2006 年 | 2007 年 | 2008 年 | 2009 年 |
|---|---|---|---|---|---|---|---|---|---|---|
| GDP | 99214.55 | 109655.17 | 120332.69 | 135822.76 | 159878.34 | 184937.37 | 216314.43 | 265810.31 | 314045.43 | 340902.81 |
| 增长率 | 8.43% | 8.30% | 9.08% | 10.03% | 10.09% | 11.31% | 12.68% | 14.16% | 9.63% | 9.21% |

注：数据来源于国家统计局数据中心，中国经济网整理制表。 www.ce.cn

中国历年国内生产总值（GDP）与增长率一览

（1990-1999 年）

单位：亿元人民币

| 年份 | 1990 年 | 1991 年 | 1992 年 | 1993 年 | 1994 年 | 1995 年 | 1996 年 | 1997 年 | 1998 年 | 1999 年 |
|---|---|---|---|---|---|---|---|---|---|---|
| GDP | 18667.82 | 21781.50 | 26923.48 | 35333.92 | 48197.86 | 60793.73 | 71176.59 | 78973.03 | 84402.28 | 89677.05 |
| 增长率 | 3.84% | 9.18% | 14.24% | 13.96% | 13.08% | 10.92% | 10.01% | 9.30% | 7.83% | 7.62% |

注：数据来源于国家统计局数据中心，中国经济网整理制表。 www.ce.cn

中国历年国内生产总值（GDP）与增长率一览

（1980-1989 年）

单位：亿元人民币

| 年份 | 1980 年 | 1981 年 | 1982 年 | 1983 年 | 1984 年 | 1985 年 | 1986 年 | 1987 年 | 1988 年 | 1989 年 |
|---|---|---|---|---|---|---|---|---|---|---|
| GDP | 4,545.62 | 4,891.56 | 5,323.35 | 5,962.65 | 7,208.05 | 9,016.04 | 10,275.18 | 12,058.62 | 15,042.82 | 16,992.32 |
| 增长率 | 7.8% | 5.2% | 9.1% | 10.9% | 15.2% | 13.5% | 8.8% | 11.6% | 11.3% | 4.1% |

注：数据来源于国家统计局数据中心，中国经济网整理制表。 www.ce.cn

图 11.1　中国近些年（1980—2019）GDP 与增长率对比

### 一、非物质经济的特点

“非物质”并不是指完全不使用物质及能源，而是指试图实现最大限度地节省资源和能源的高福利经济。以极少的物质资源来实现繁荣经济的目标是非物质经济的主要指向。因此，循环经济也内含信息、体验等非物质的因素，非物质经济的发展同样可以助推循环经济的发展。

但是，非物质经济的发展并不能完全脱离物质；相反，其同样需要建立在物质的载体上，如信息的生产、传播及消费同样需要书籍或浏览终端等作为载体。同时，非物质经济的增值并不是建立在大量耗能的基础之上，具有较少的单位 GDP 排放量，因此在促进经济增长的同时能够最大限度地做到节能减排。

### （一）经济发展与资源能源大量消耗脱钩

经济发展与资源能源大量消耗脱钩，由此带来的好处就是减少能源消耗，减少污染物与废弃物产生。通过大量的物质和能量的消耗，传统经济提供了大量的物质产品来满足人类的消费需求，带来了两个方面的结果，即资源与能源的减少、环境的污染。这是一种不可持续的方式。而非物质经济的发展不是建立在资源和能源的基础之上，其核心资源是非物质化的，如文化、服务、体验等。以文化创意产业为例，以某一文化作为产业发展的起点，将其转移到某一产品、服务、体验等之中，形成文化创意产品来满足人们精神文化的需要和某种生活方式的需要，人们会在使用产品、体验服务的过程中对其中所包含的文化进行诠释。这种诠释不但不会减少文化资源，反而会使文化资源在不断的诠释过程中得到增值，因此是一种可持续的发展方式。

### （二）商业经营销售的是产品性能而不是产品本身

商业经营销售的是产品性能而不是产品本身，如人们已经习惯从购买传统的纸质传媒向使用数码终端获取咨询的消费模式过渡，因为现在的数字媒体比传统的媒体能提供更及时、更便捷、更准确的资讯服务，如图 11.2 所示。从目前来看，传统的纸质传媒还有特殊的受众与消费人群，只是整个资讯传播市场已经发生巨大的改变，如何适应时代的变化，是摆在传统传媒面前的头等大事。这样的转变也使得我们关注的重点从传统的纸质物质转向非物质的信息，在这样的转变中，设计所关注的焦点已不再是产品本身而是产品承载信息的性能。

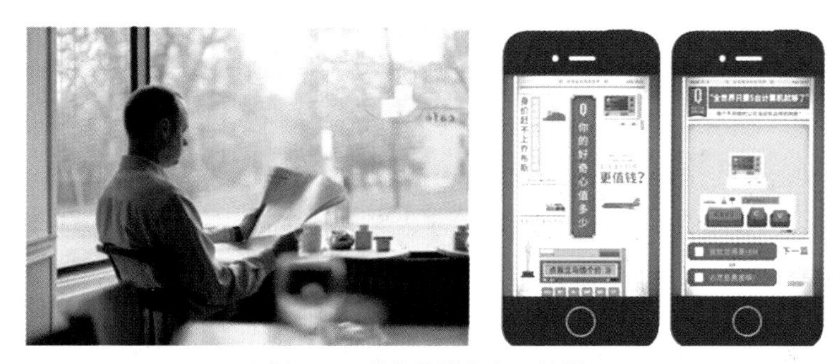


图 11.2　传统传媒与电子传媒

### （三）消费者在体验服务的过程实现自己的消费目的

在体验服务的过程中，消费者实现了自己的消费目的。在传统的物质经济时代，人们以对商品的占有为目的，追求大尺寸、大排量的汽车，空间宽大的房子，数量众多的各类产品，拥有物质的多寡成了衡量幸福与否的核心指标。但是，在具有创新意义的非物质经济时代，通过服务体系的完善与社会舆论的正确引导，消费者在少消费甚至不直接消费的情况下，在并不占有物质的情况下找到了幸福感，从而减少了对物质的依赖。非物质经济时代的考量主要基于：人们之所以需要物质，并不是为了占有物质本身，而是为了获得其中所蕴含的服务来实现自己的目的。那么，通过调整各种关系实现尽量少的产品私人占有、尽量多的服务体验共享，就能让消费者在体验服务的过程中实现自己的消费目的，而不是用占有产品本身的方式来达到目的。

### （四）多样化的服务是非物质经济的基础

从上述 3 个特点的讨论中可以发现，传统粗犷式的物质经济发展模式，更多地涉足物质资源消费领域，而非物质经济就不仅限于此。非物质经济的基础是多样化、多元化的服务，它不仅涵盖传统的物质消费领域，而且涵盖当下的信息产业、文创产业、金融及新兴服务业等。

### （五）实行租赁服务，以共有业务代理的方式获得商业利益

共享的概念早已有之，传统意义上的朋友之间的借阅行为、分享同一条信息、邻居之间相互的借物行为等，在本质上都体现了共享的概念。但是，最初的共享行为往往受制于空间与关系两大因素：在空间方面，体现为只有个人能涉足的空间内才会产生共享行为；在关系方面，需要共享同一事物的双方或多方之间达到一定的信任程度才能产生共享行为。随着互联网的普及，各种虚拟的社区不断建立，这让共享经济拥有了广阔的发展空间。

在 2010 年前后，共享从一起占有非物质的信息等转向物质的占有，如各种类型的实物共享平台纷纷建立，如图 11.3 至图 11.6 所示。在这一时期，共享经济的概念也被提出。这样的共享经济，既是非物质经济的主要特征，又是非物质经济的主要表现形式。物质的共享使得服务和体验更加多样性，让非物质经济能够得到可持续发展。

图 11.3　2016 年开始出现在重庆街头的 CAR2GO

图 11.4　2016 年 9 月海淀智享自行车系统正式运行

图 11.5　劳动力共享平台、ofo 共享单车平台、健身房共享平台

图 11.6　交通工具共享平台、闲置房屋出租平台、物流共享平台

## 二、非物质化设计的对象和目标

在非物质经济发展的过程中，非物质化设计为其提供了强有力的支撑，同时信息技术的飞速发展也为非物质经济的发展提供了技术设施和物质基础。作为非物质经济的实施途径之一，共享经济同样具有前面提及的形式多样化的特征。过剩资源是共享经济产生的根源，时间、物品、知识都可以看作能被共享的资源，通过相应平台的搭建，再经过合理的按需分配制度，最终实现回报（利益）的获得。这里重点讨论的是内含于工业设计中的非物质化设计，其设计对象直接指向一切过剩的产品。上面图片展示的一系列共享平台涉及的所有产品也都可以看作非物质化设计的对象，其目标直接指向用尽量少的物质来满足消费者高质量生活的需要。

### （一）适于共同拥有、便于租赁使用具有普适性能和便民服务终端的产品

非物质化设计还针对那些适于共同拥有、便于租赁使用具有普适性能和便民服务终端的产品，其中包含物质化的产品及其相关的服务系统。当前，消费者对于某种产品的需要往往是暂时性的，而为了获得这种暂时性的需求满足，消费者不得不购买和占有这种产品，如婴儿车、婴儿床等。非物质化设计则将关注的焦点从具体的产品转向服务，重点考虑如何满足这种暂时性需求，同时在不需要时使产品不至于变成废品而流转到下一个需要该产品的消费者。这样的转变就使得设计的考虑不仅需要关注物质产品本身，而且需要关注服务产品的流转系统。

### （二）延长产品寿命，使产品适于长时间公共使用

长寿命的产品具有适于长时间公共使用的功能，但这并不意味着绿色设计就需要一味

地延长产品的使用期限。它拥有更为丰富的含义，如量产的产品最重要的指标是其可靠性，提高产品的可靠性无疑能够获得市场的认同；拥有高可靠性的产品因为正确的使用方法、合理的结构及准确的材料运用，能明显提高产品的使用寿命。对产品进行长寿命设计，能够使产品本身更好地进入产品流转系统之中，为更多的人提供相关的服务。产品寿命的提升能够提供更多的相关的服务，也就能够有效地节省资源、能源和保护环境。

### （三）产品的整体或零部件可再利用，具有易拆卸、分解、回收等特点

产品的使用寿命周期直接关系到资源的利用及浪费率。提高产品使用寿命看似已经成为企业与设计师的重要任务，但是产品在使用寿命结束后能够被再次利用，作为下一次生产的资源，是绿色设计和循环经济的共同要求，也是设计师工作的目标。零部件具有互换性则要求在一批或多批相同型号的零部件中任取一件而不做再加工就能与产品进行装配，同时不影响产品的性能。零部件具有互换性有利于组织协作和专业化生产，对保证产品质量，降低成本及方便装配、维修具有重要意义。

产品的整体或零部件可再利用，具有易拆卸、分解、回收的特点，如图 11.7 所示。过去，产品因为拆卸、回收困难直接造成回收成本增加，当回收成本接近再使用效益的时候，企业或商人就会停止回收行为，避免造成大量的物资浪费。可组装式设计（Design for Assemble）和可拆卸式设计（Design for Disassemble）是绿色设计的重要设计方法。

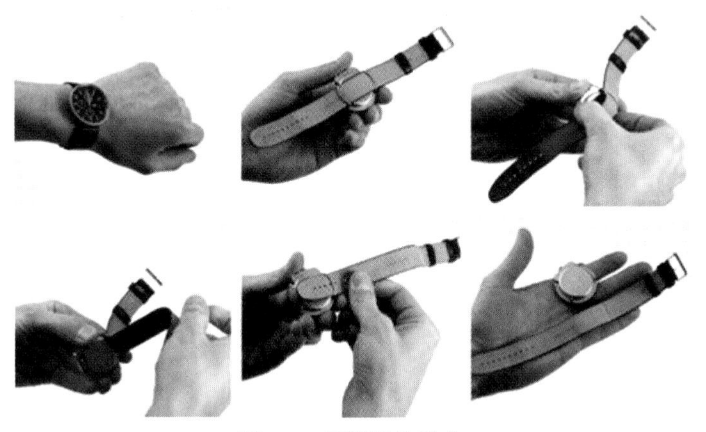

图 11.7　可拆卸的手表

### （四）产品安全可靠，具有易理解的使用说明及安全提示

产品语意清晰，性能安全可靠，具有易于理解的使用说明及安全提示的特点，可以避免因误操作而引起的使用寿命减少。不正确的使用是造成公用产品损坏的主要原因之一。公用产品的使用者很少有时间去仔细研究使用方式，他们追求的是使用便利的产品。在这种情况下，如果公用产品的使用方式指示不清晰，甚至有违常规，那就会造成使用者的不正当、野蛮使用，损坏公用产品，造成浪费；或者，因为产品语意不清晰，造成使用困

难、不方便，大众不愿意使用，致使公用产品利用率低，也违背了共享设计的初衷。因此，一般要求公用产品必须具有普适性。

（五）具有与使用环境相适应的设计对策和良好的服务体验

在产品设计中，非物质因素中一个重要的概念就是服务体验，构建“用户与产品互动—体验价值—关系质量”的系统是产品设计的不懈追求。循环经济指导下的产品非物质化设计应该根据具体的使用环境来创造良好的服务体验，主要的设计策略是依据大众对产品的心理期许，如圆润、时尚、温馨等的认识进行造型，同时考虑产品在环境中应该扮演的角色对其相关的品质赋予相关的意义。这样的策略需要采用产品语意设计的具体设计方法，在所指明确的情况下，依据类型学的规约找到产品造型的能指，依托这样的设计对策可为产品创造一个良好的服务体验。

（六）具有绿色生活方式的倡导意义和作用

随着我国生态文明建设的逐步推进，绿色发展理念的贯彻落实，“生活方式绿色化”的概念日益凸显。学术界关于生活方式绿色化的研究逐渐增多，关于“践行绿色生活”的倡导不时出现在报刊及各种绿色活动中。近年来，党中央和国务院对于“生活方式绿色化”的问题也高度重视，在各种重要文献中频频强调，要“实现生活方式绿色化”。因此，在进行产品的非物质意义建构时，设计师应该将“绿色生活方式”作为建构意义的内涵的主要指向。生活方式是一个既熟悉而又陌生的概念，总体上说，是指在生活中的各种活动形式和行为模式的总和，体现着怎样生活及指引着好的生活方向。生活方式并不仅仅局限于衣、食、住、行等日常领域，也涉及劳动、休闲、交往、家庭等多个领域，将日常生活与非日常生活统一在一起。在产品中注入“绿色生活方式”的内涵并很好地与产品的功能外延相结合，可让大众在产品的使用过程中不断的认识“绿色生活方式”的意义，转化为自身生活的价值观、思维方式和行为模型，使绿色生活方式浸润自身生活。

## 第二节
# 公共服务产品及系统设计

以循环经济为视角，倡导消费者成为循环经济的参与者，关键的是需要大众转变自身的消费行为模式，从传统上对产品永无休止的“占有”转变为享受产品所带来的“服务”。这样的转变，一方面适应了可持续发展的要求和大势，另一方面为产品服务设计与系统创新带来了新的挑战与动力。

培养环境友好型的消费观，提倡绿色并形成可持续消费模式，鼓励绿色产品的使用，如标识出产品的能耗、防止过度包装、减少一次性用品的使用等，逐步变成消费的主流。就目前来看，服务设计在面向社会消费环节时，从设计的角度出发需要通过开发服务产品、完善服务系统来回应上述问题，以便实现可持续发展的要求和保持人们生活质量的平衡。

在系统创新方面，通过利用新经济时代社交化的开放态度，充分调动公众积极性，最大限度地提高公众参与程度。例如，网约车平台的建设，使得很大一部分人告别了传统的购置私家车的思想，转而趋向于使用更为便捷、成本更加低廉的提供“共有”服务的网约车。类似的例子还有基于网络平台的精准营销（不同网络服务平台的广告推送）等，这些共享经济社区平台的搭建也为系统创新带来了绿色生活方式，如图 11.8 所示。

图 11.8　盒子组成的社区（日本 · 青山周平）

## 一、创造支撑产品的系统平台

系统平台原本是指在计算机上让软件运行的系统环境，包括硬件环境和软件环境。在当下，一般利用互联网平台链接线下的相关实物产品，共同组成为大众提供服务的产品系统，这些系统主要有公共交通平台、公共医疗平台、公共交互终端平台及便民服务系统等。

### （一）公共交通平台

出行在人们日常生活和工作中的一个重要环节。汽车的普及旨在让人们的出行更加方便，但随着汽车数量的增加，一方面导致城市交通越来越拥挤，另一方面对环境造成了严重的污染。公共交通平台的建立，通过共享的方式能够有效地缓解交通的压力，实现绿色出行的目标。例如，“共享单车 + 轨道交通”模式，共享单车主要解决短距离的交通出行问题，而轨道交通则主要解决远距离的交通出行问题，能够让出行变得更为便捷。其主要做法和经验有以下 4 个方面：[1]

[1]　邵丹，薛美根 . 共享单车与城市可持续发展——中国城市交通发展论坛 2017 年第一次专题研讨会 [J]. 城市交通，2017（03）：1-6.

（1）建立用户监督体系。共享经济的发展需要以一定的道德为基础，同时需要重构社会的信用关系，如摩拜单车在运行之初就建立有信用分系统和制度，违停将会带来扣分；而低于 80 分后，使用费用将会大幅提高，达到每半个小时 100 元。

（2）利用大数据和物联网来提升车辆投放的精准性，通过数据分析能够得到精准的用户需求旺盛的地区图，准确把握各个地铁出入口的最大用户需求量，以便在不同的时段对共享单车进行有目的的适时调整。

（3）以人工智能作为指引，引导共享单车的停放。基于物联网技术，准确地指引消费者在使用之后前往附近的智能停放点，同时给予消费者一定的奖励。

（4）摩拜与城市发展的融合。主营共享单车的摩拜通过各种方式与政府各个部分进行紧密合作，例如，在上海杨浦采用政府购买服务的方式进行高峰时段共享单车的路面调整；在一些社区通过社区基础设施的改造，打造适合骑行的社区；而在公园等区域，则融入整体的生态环境中。

### （二）公共医疗平台

在关注健康和可持续发展理念的引领下，产品服务设计与系统创新着眼于公共医疗平台的建构，利用“互联网 +”等工具为大众创造全新的就医服务体验。理想的公共医疗平台主要包括以下 5 个方面：[1]

（1）自助服务系统。该系统通过“互联网 +”及服务设计、交互设计等，使就医变得更加轻松，让其变为一个彻底自助的过程。通过人机界面友好的触摸屏，可以一站式完成诸如制卡、预约、挂号及付费等操作，同时还能查阅到检查报告、门诊记录、医保政策、医保账户等相关的信息。

（2）一站式服务模式。该服务系统主要是将专业的护士与患者进行关联，为患者提供专业的建议，有效地避免患者非诊疗的等候时间。

（3）预约诊疗系统。该系统主要目的在于提升医患双方的效率，避免不必要的等待时间，集成了网上预约挂号、预约中心挂号、电话预约挂号及专家排班查询等功能。

（4）卫勤服务信息化管理。该系统能够对整个医疗系统进行支持，患者通过生成电子申请单的方式直接通知卫勤管理中心，而管理人员则根据需要通知相关的工作人员到现场进行服务，最后管理人员根据服务的及时性及完成度等对工作人员进行考评并生成绩效。

（5）床边 POS 机点餐系统。考虑到患者行动的不便，该系统直接与膳食中心进行连接，实现餐食建议、点餐、配餐、送餐、回收餐具等一系列的功能。

### （三）公共交互终端平台

在当下，数字技术、信息技术、网络技术等深入城市生活的方方面面，主要包括电子政务、电子商务、信息基础设施、智能出行、智慧交通、教育医疗、环境监控、社区管

[1] 尤丽珏 . 医疗便民服务系统应用实例的探讨 [J]. 中国医疗设备，2014（1）：81–83.

理等。而公共交互终端平台产品旨在实现政府管理与决策的信息化，企业管理、决策和服务的信息化，市民生活的信息化。信息化的实质是去物质化，也即通过数字化、网络化和智能化，为广大市民建立一个足不出户的全方位的服务终端。公共交互平台通常涵盖几个方面：一是实现通信、信息公布、旅游信息等交互式的便民服务；二是有关法律、医疗及教育等方面的远程服务；三是实现再就业、消防、救济、物流配送等社会综合服务体系。

### （四）便民服务系统

作为当代社会基本单元的社区，是进行基层治理的核心资源。在社会可持续发展的范畴内，如何让诸如人工智能、大数据、物联网等现代信息手段进行高效的社区管理，已经成为重要的研究领域和创作方向。基于这样的背景，便民服务系统应运而生，其功能在于整合社区小范围的服务资源，解决生活中的琐事问题，满足社区居民生活中的各种信息资源需求，并可根据地域性的生活与消费习惯提供优质服务。在通常情况下，其主要包含以下 3 个模块：

（1）便民服务功能。社区居民需求的多样性决定了便民系统形式的多样性，同时也会将交互的体验融入便民服务的功能之中。在功能的设定上，一定要考虑社区居民的参与性，能够整合现有零散的社区资源来服务社区居民的生活的各个方面，同时要考虑便民系统的友好性，以方便社区居民参与其中。便民服务功能主要包括购物和餐饮消费的融入、家政和旧物回收等的融入、中介和物流的融入等。

（2）信息传播功能。在“互联网 +”的时代背景下，各类网络信息平台呈现出爆炸式增长的趋势，城市社区居民也积极地进入网络平台参与信息的交换活动。相对于传统媒介而言，网络媒介平台不再是一种单向的传播模式，而一种具有相互性的特征、呈现出多层次的传播模式，通过网络的交互实现用户的互动性参与。

（3）社区管理功能。不同于政府相关部门所主导的按照章程执行的公共服务系统，社区便民服务系统中的社区管理功能更加人性化，主要针对社区生活中日常琐事做出规划与引导。社区便民服务系统管理功能的实现主要依托信息传播平台的信息发布，如停电通知、停水通知、生活缴费、社区优惠活动、物业管理信息、社区动态等。

## 二、基于系统平台的公共服务产品

随着市场的竞争日趋激烈，全球市场由卖方市场向买方市场转变，消费者的需求也越来越多样化、个性化和柔性化，产品目标客户群的划分也渐趋细致。消费者不只关心产品的质量和价格，对产品的时间和个性化也提出了很高的要求。

以医疗服务产品为例，对医疗服务产品的功能进行分析，主要涉及：核心功能，包括疾病的治疗、痛苦的解除、恢复机体的健康；咨询功能，提供健康或疾病的相关咨询、树立健康观念及掌握预防疾病的方法；形式功能，位于核心产品服务的一系列配套服务，如技术手段、治疗方法、生活的照顾、药物的应用、良好的就医环境、快捷方便的程度、好的质量保证、医患之间的沟通、费用的合理性等；外延功能，该功能更加强调“服务”一词，包括尊重、诚信，更多地替病人考虑等，如对重病员进行及时接送、在网上或利用电话预约挂号、网络费用查询及健康咨询服务、发放普及健康知识手册、特殊情况设立的家庭病床、进行社区健康讲座、开展上门服务、对大额医疗费用实行分期付款及费用方面的优惠；等等。

就基于系统平台的公共医疗服务产品的设计而言，主要考虑两种方法：一种方法被称为可扩展性（或参数）产品族设计，即尺度可变化，是指产品平台中为满足客户需求而进行的一个或多个维度的“拉伸”或“收缩”；另一种方法被称为可配置的（或模块）产品族设计，目的就是开发出一个模块化的公共产品平台，可以进行灵活性的操作，如产品族成员的替换、增加或删除其中一个或多个功能模块等。这样的设计能够更好地、精准地满足消费者的需要，从而减少不必要的浪费。

## 第三节

# 社会创新

对于社会创新的理解，因所处角度不同，理解也会不同。维基百科认为，社会创新是指各种能够满足社会需求的新的战略、概念、想法和组织，从工作条件到教育到社区发展和健康，都能够扩展和巩固市民社会。杨氏基金会认为，社会创新是指为了满足一种社会性的目标而进行的创新活动和服务，并且主要通过一些以社会服务为目的的组织进行发展和传播。国外学者波尔·维莱认为，社会创新可以被简单的定义为可能会提高大多数人生活质量或寿命的新想法。世界服务设计专业领域的先驱埃佐·曼奇尼认为，社会创新是一个变化的过程，在此过程中，新想法由各种解决问题的直接参与者创造。海斯卡拉认为，社会创新是指在社会文化、规范或者管理结构方面的变化，这些变化会增强其集体能力和资源，并提高其在经济和社会方面的表现。OECD LEED 认为，社会创新是指通过以下方法寻找新的社会问题解决方案：定义和设计能够提高个人或社区的生活质量的新服务；以多种元素定义和实施新的劳动市场整合过程、新的竞争力、新工作和其他新的参与形式，它们均能够提高个人在劳动关系中的地位。

以上定义都反映了社会创新的不同侧面。综合以上定义，从设计学的角度来说，可以认为：社会创新涉及新的产品、服务、模式或想法，在可持续发展的框架内，产品、服务、模式等能够满足社会革新发展的需要，能够创造出新的社会关系，是推动可持续社会发展的推动力量。

## 一、为什么设计能够社会创新

对设计创新的内涵和外延进行深刻的理解，我们可以发现，社会创新所关注的是社会关系的调整，使社会朝着可持续的方向发展，是在保持现有社会资源不变的情况下，社区居民通过人人参与的方式来促进解决社会问题、改善某一范围人群生存状况的一种行动或趋势。而在其中，设计通过自身的创意来创造产品、服务及模式等，以支持这种关系调整和社会可持续的发展。

### （一）设计师创造市场价值的介质和措施

社会创新设计不同于社会设计。社会设计活动对应的是市场和政府都不去解决的问题，而受问题困扰的人们却通常没有发言权。正常的设计是商业活动，而这种设计却出于道德追求，是以慈善机制运作的。而社会创新设计拥有截然不同的前提条件，它对“社会”一词的界定更精确，与人们构建社会形态方式有关。社会创新设计带来的是意义重大的社会创新，以及基于新社会形态和新经济模式的解决方案。它探讨面向可持续发展的各种社会变革，其中既有关注贫穷的问题，也有关注中产阶级和上层社会的情况。

通过以上比较可以发现，社会创新设计在促成新的社会形态和新经济模式可持续地推进的过程中，自身是能够产生价值的，而并非如同社会设计一样需要慈善的运行方式，也即外部的资金或资源的注入。通过社会各社区之间关系的调整，可以产生新的产品、服务、体验、模式等，来为参与其中的人群带来经济利益、相关服务、生活体验等。那么，设计师作为设计专家参与其中并推动社会创新设计的深入发展，依靠战略设计、服务设计等创建新的模式，依靠产品设计、环境设计、视觉传达设计等重构产品、服务、体验等，来获得市场和社会的认可，从而获得市场价值。

### （二）创新是设计工作的本质

在社会创新设计中，所要做的就是将现有的资源和能力进行重新组合，从而创造新的功能和意义，在这个过程中创新无疑是其实质之所在。人类在遇到新问题的时候，会使用与生俱来的创造力和设计天赋进行发明并创造一些新事物。人们在进行创新的时候，不仅仅要解决自己的问题，他们的行动或许正在为新文明的出现奠定基础。在推动社会创新的群体中，每一个参与者都具有创新的能力，而设计师无疑是其中提出解决方案的主角。设计师的创新源于对现有资源的创造性重组，期望通过新的方式来实现社会认可的目标。社会创新推广的生活方式和生产方式常常成功地将个人利益与社会及环境利益统一起来。在这种创新的推动之下，越来越多的人正在打破常规，他们正体验着全新的、协作式的生活和生产方式。

### （三）通过创新将当地资源作市场转化

社会创新设计直接指向现有资源和能力的重新组合，因此需要突破传统的关于公和私、本土和国际、消费和生产、需求和愿望的对立。而通过社会创新将当地资源进行市场转化，可以一种新的形式来达到公和私、本土和国际、消费和生产、需求和愿望的统一。例如，在2004年，柳州一群喜欢乡村生活的年轻人从寻找土鸡开始，自发成立了民间非营利组织“爱农会”。他们尝试从社区支持农业开始，倡导农户不用化肥农药、不用工业饲料进行农产品生产，然后组织城市消费者以双方协议的价格进行购买，慢慢地形成一个城市消费群体。经过几年的摸索和发展，“爱农会”确立了3个工作重心：合作农户网络、餐馆和社区农圩、消费者。这是社会创新的典型案例，一群市民和农民设计了一种从来没有实践过的方式来解决自身的问题，在将农村资源进行市场转化的过程中发现了新的机遇。

## 二、适用设计的视角关注社会问题

社会创新是民间力量自发的、通过人人参与的方式促进解决社会问题、改善某一范围人群生存状况的一种行动或趋势。在自然环境之下，我们创造了许多系统，以帮助我们更好地生活。可是，有一群人没能从现有系统中充分获利，他们身处困境，如贫困、失业、无家可归、资源与发展机会的不平等；同时，他们所处的自然环境也遭受了严重破坏，如植被破坏、水体污染、雾霾锁城等。我们的系统产生了复杂的社会问题，需要用聪明、有效的方式加以解决。因此，社会创新是指一群人在协作努力，用创新的方式解决某个特定的社会或环境问题。

### （一）关注农村空心化问题

近年来，农村“空心化”问题愈演愈烈，给社会主义新农村建设和城乡统筹发展提出了新的现实难题。从众多的研究来看，造成农村“空心化”的原因归结起来主要有4个方面：一是城市化发展滞后；二是农村人口大规模地向城市迁移；三是原有农村规划与高效农业发展的不适应；四是农村建设缺乏规划，建设管理滞后。而从本质上来看，这些都可以说是农村经济发展缓慢、缺乏生机和活力的表现。要用社会创新设计的方法联动农村社区和城市社区，在梳理两者互动的关系中找到各自的优势，用设计的方式方法来探索一条城市社区支援农村社区发展的道路，充实农村经济以提供足够多的就业岗位，逐步解决农村空心化问题。

### （二）关注老龄化问题

当前，我国正面临着人口老龄化的问题。随着人口老龄化问题的日益凸显，加强社会养老体系建设便成为社会广泛关注的热点。在传统的养老模式体系中，老人的子女承担了赡养老人的重任。但部分老人因无配偶、无子女而没人照顾，导致生活困难。社会创新设计旨在联合政府和社会慈善组织为老年人提供各种养老方式，让老年人愉快地度过晚年时光。例如，通过引入社会力量重点发展高端养老产业，推进“候鸟式”养老。所谓“候鸟式”养老，就是随着季节的变化，老年人像候鸟一样到不同的地方生活，享受商业化的健康服务、旅游休闲、文化娱乐，在游玩中享受老年生活。又如，智慧养老就是以信息网络技术为主要支撑，综合运用物联网、大数据和云计算等新技术，改造传统养老服务的服务方式、管理方法和商业模式，为老年人生活提供更加安全、便捷、健康、舒适的生活服务。智慧养老是高度现代化、智能化的养老模式。

### （三）关注弱势群体问题

社会由不同社会群体构成，社会弱势群体是任何社会和时代都普遍存在的现象。弱势群体也叫社会脆弱群体，“是指凭借自身力量难以维持一般社会生活标准的生活有困难者群体”。[1] 弱势群体问题已经成为我国当前突出的社会矛盾问题。社会学理论指出，利益被相对剥夺的群体可能对剥夺他们的群体怀有敌视或仇恨心理。当弱势群体将自己的不如意境遇归结为获益群体的剥夺时，社会中就潜伏着某种冲突的危险，甚至他们的敌视和仇视指向可能扩散，产生“仇富”现象。这一现象在生活、就业、医疗、教育等社会保障问题上表现尤为突出。因此，弱势群体问题已成为严重影响我国经济持续发展和社会稳定的重要因素之一。应用社会创新设计能够调整弱势群体与社会其他群体之间的关系，对其进行“赋能”，使其有足够的能力在社会上生存，并在不断的关系调整中理解其与各个群体之间的互相价值。

### （四）抗灾减灾问题

中国是一个自然灾害频发的国家，抗灾减灾历来就是一项重要工作，也是以改善为重点的社会主义建设的一项重要任务。良好的生态环境是经济社会可持续发展的重要依托，也是中华民族生存和发展的根本基础。保护和建设生态环境，关系最广大人民群众的根本利益，关系中华民族发展的长远利益，也关系抗灾减灾工作的成效。经过多年不懈的努力，我国生态环境保护和建设工作取得了巨大成就，环境保护和生态建设得到加强，重点流域、区域环境治理不断推进，污染物排放总量得到一定控制，退耕还林、还草、天然林保护等生态环境保护和建设工程逐步展开，循环经济建设开始起步。在这个过程中，社会经济发展和生态保护之间的平衡所带来的各种关系的重新建构需要社会创新设计来协调，同时，社会创新设计还关注在灾害发生后对受灾人群的人文关怀设计。

## 三、针对问题的系统化设计方法

日本千叶大学宫崎清教授提出的以“建立社区文化、凝聚社区共识、建构社区生命共

[1] 韩卫平．和谐社会建构应关注弱势群体问题 [J]. 哈尔滨商业大学学报（社会科学版），2007（2）：59.

同体”为目标，并以整合在地“人、文、地、产、景”的方法开展的造町运动在东亚地区产生了广泛的影响。该方法被普遍证明对于农村社区的经济振兴与文化认同等方面有积极的意义，而这一切需要通过创新设计去完成和实现。设计创新是以 The Young Foundation（青年基金会）、IDEO（一家国际设计公司）为代表的组织和可持续设计专家所提出的应对社会问题、增进公共福祉以实现可持续发展的方法。它强调以社会需求为目标，汇聚并融合金融资本、人力资本和社会资本，通过设计思考（Design Thinking）、产品与服务设计等方法促进具有自我生长和传播能力的产品、服务和模式的创新，为公共服务、地区发展、环境与气候、文化、民主等人类整体福利问题提供可持续的解决方案。

### （一）社会调研：问题的内因和外因、资源基础、市场需求、政策条件

社会创新设计解决社会问题的系统方法的第一步就是社会调研。在通常情况下，社会调研包含两个部分：一是某个社区的资产，也可以理解为某个社区在进行社会交往的过程自身所具有的优势；二是某个社区的需要，也可以理解为社区的愿景和理想。

（1）社区的资产调研。社区的资产一般包括自然资本、文化资本、人力资本及行为资本等。从总体上说，这些资本是基于一定社区的自然物产资源及文化资源。每一个社区都有其独特的物产资源及基于此形成的独特文化，其文化最终又会外化为人的行为，进而形成独特的习惯、风俗、手艺等。这些就能成为社会创新设计所能利用的设计资源或进行设计的起点，再加上社区的人力资本，就可以在设计的推动下形成相关的产品或服务。

（2）社区的需要调研。社区的需要是一个复杂的概念，不同的社区有着不同的愿景。这些愿景往往会体现在不同的社会需要上，可能是一个社会需要，抑或是几个社会需要的复合系统。从总体上说，社区的需要主要包括地域的振兴、商业的发展、文化的传承、社区的恢复及经济的发展等。在对社区的需要进行充分的调研之后，社会创新设计就会依据社区固有的资产来满足社区需要并达成社区愿景。

### （二）制订行动计划和运行机制系统

在调研的基础上，依据问题来制订行动计划和设计团队的运行机制系统，整合不同专业和学科的优势，通过非物质文化遗产保护、工业设计、景观与家居设计等综合的工作方法，建立一个国际化的设计创新联盟和基于网络的信息平台，参与式地促进当地居民的文化自主意识和产业创新，使得设计以一种更有张力的结构形式和社会认同力量（创新网络、设计网络、社会网络等）参与各种社区的社会创新之中，使得基于网络的可持续的和谐社区成为可能。

### （三）设计介入

将调研所得到的信息带入文化学、社会学、经济学等的视角进行分析，进而得到相关的知识平台，然后在知识平台的基础上结合各个设计专业的优势展开有针对性的具体设

计，最后在各个具体设计目标实现的基础上形成共同的合力来满足社区的需要。设计介入社会创新路线图如图 11.9 所示。

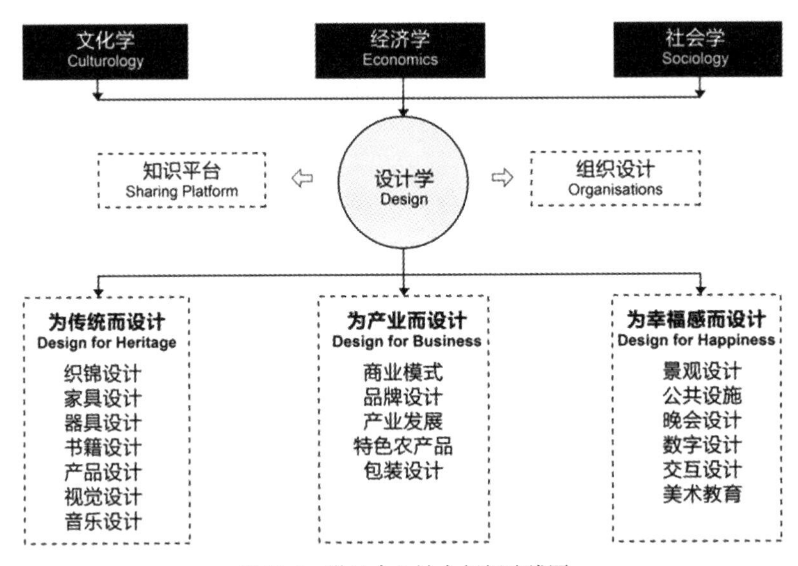


图 11.9　设计介入社会创新路线图

（四）社会效益

社会创新设计不仅在于帮助社区实现其愿景，为社区的提振贡献具体的设计，还在于让这份愿景能够不断地持续下去，以实现社区的可持续发展。这就需要对社区成员进行“赋能”，让社区成员参与社会创新设计之中，在不断的设计实践活动的参与过程中，使社区成员逐渐由参与的边缘向中心跃迁，最终实现依靠社区成员自身来推动社区的可持续发展。这也是社会创新设计的社会效益所在。

## 四、社会创新案例

（一）目标及愿景

2013 年 4 月 20 日 8 时 2 分，在四川省雅安市芦山县发生了里氏 7.0 级地震，余震 4045 次。据统计，此次地震造成受灾人口约 152 万，受灾面积达 1.25 万平方千米。受灾地区均为偏僻农村地区，这些地区经济发展滞后，异地就业或常规渠道就业较难，加之受灾，所以很多家庭几乎断了生计。随着灾后重建工作的推动和实施，人们在不断地思考：如何从单纯的输血式援助转为具有自我造血机能的援助。基于此，项目团队希望借本方案的完成，构建一个有机的造血系统：挖掘整理当地优秀传统手工艺，立足当地丰富的乡土材料，有针对性地整合和集聚设计的力量，通过无偿扶助当地村民掌握设计的方法，使当地农民能通过自己的双手，缓解生活压力、脱贫致富、重塑信心，从而提升当地经济。

本方案建立在项目团队已有的研究基础之上。近些年来，四川美术学院开展了一系列设计实践，进行了积极的尝试与探索，由此积累了与本方案密切相关的研究基础和经验。此次尝试以雅安地区的灾后重建作为一个整合社会多方力量参与互动的社会创新活动，活动的实施要重实践、求实效、能落地、可借鉴、可推广。其主要理念为：就地取材、因地制宜，以村民为主体，通过鼓励和帮扶其就业，助其增收，消除贫困。本方案通过深层次、宽领域、多元化、多途径来扶助贫困农村地区，从简单静态的“济与救”转变为可持续的“授之以渔”；希望借此方案推广、辐射至中国广大农村地区，将产业发展、灾后重建、经济复苏同步推进，拓展产业化，建设新农村的特色新模式与新路径；在解决村民再就业问题的同时，推动传统手工艺的发展，使传统手工艺焕发出新的生命力。

### （二）方案主题思路

1. 方案主题——“自强不息，身土不二”

“身土不二”强调了人和环境的辩证关系，也即强调制器造物应因时、因地、因人制宜，使人的自然生命与宇宙万物取得协调和统一。因时，即顺应季节时令的更替与变化；因地，即强调设计随地域空间的转换而变化；因人制宜，即根据不同的人的生活习惯制定不同的政策、方案。四川美术学院拟发起以“自强不息，身土不二”为主题，致力于为雅安农村灾后重建、经济复苏而设计的援助计划，希望借助当地人的双手和智慧，立足本土，创造出低污染、低消耗、高附加值的产品，从而带动广大灾区农民的经济发展，以绿色、生态设计的方法创造文化和经济的双重财富。本方案的主要研究思路如图 11.10 所示。

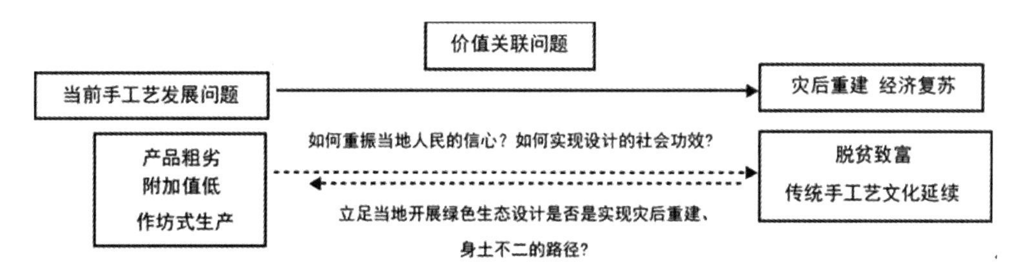


图 11.10 方案的主要研究思路

2. 研究思路与方法

（1）文献研究与田野调查相结合。梳理雅安当地材料及传统手工艺发展中遇到的问题及瓶颈，进行讨论和分析。通过对当地村民的交流、网络调查、实地走访、政府机构的组织咨询，采集当地不同年龄、性别的村民及政府等对雅安当地农村建设、产业培育等问题的了解。

（2）案例研究与前期设计成果归纳相结合。对国内外灾后重建问题进行案例与研究述评；

对国内外传统手工艺再设计的文化与当地生活方式、设计助力当地经济复苏等问题进行案例与研究述评；对项目小组已开展过的设计实践并产生一定影响的案例进行总结与研究述评。

### （三）实施内容

（1）调研走访。广泛调研当地传统制作技艺过程、工序、原料、图案纹饰、销量。

（2）研发。以当下市场需求为导向，进行有针对性和应用性的创新设计。

（3）传习所或手工业行会培训。借助设计院校的力量，联合设计院校老师和民间艺人，建立一个立足于当地的传习所或手工业行会，从乡镇挑选一部分年轻人进行分期培训，通过举办相关竞赛、讲座等活动，训练他们的设计能力和美学修养，进而为灾区百姓传授传统工艺和设计结合的理念和方法。即使他们不会，通过简单的培训和上手操作也能普及灾区百姓的设计常识，提升其对美的鉴赏水平，强化其动手能力，使其了解外部世界的现实需求，并借助媒体的力量进行文化推广和传播。

（4）生产制作。当地工匠与设计师合作或在设计师的指导下完成设计衍生品的开发与制作，形成室内装饰产品、旅游产品、包装产品等系列产品体系，并针对顾客特殊需求进行产品定制。

（5）销售与推广。借助媒体的文化推广和传播，通过举办系列相关活动，增加社会对雅安地区传统手工艺的认可，进一步推广和销售雅安地区系列的传统手工艺产品。

### （四）开发产品

产品方案设计列表见表 11-1。

**表 11-1　产品方案设计列表**

| | | |
|---|---|---|
| 结合中国传统文化与现代审美，对荥经砂器进行再设计 |  |  |
| |  |  |
| 结合现代感较强的竹制灯具，设计出各类生活物品，使灯具即可作为实用品，也可点缀生活空间 |  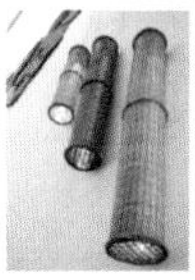  |  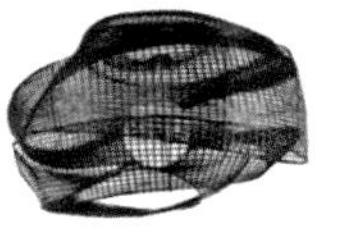 |

## 第四节

# 低技术设计与简朴主义

“设计的本质是有意图的创造性行为。从技术层面看，它可以是造型、造图、造像、造物、造景，直至造境……设计之物象反映了设计师的眼光与创造力的水平，也在一定程度上反映了这个物象所在区域的文明（既有精神文明，也有物质文明）发展水平。”[1] 由此可以看出，一个地域的原生态技术传承文脉，同时也构筑出当地的文化式样，伴随着大众的生活并用来满足大众的需求。因此，这种原生态的低技术能够比较自然地达到承载“人与环境和谐相处”的可持续设计理想，这也说明低技术设计具有一定程度的可持续理念的属性。

因此，简朴主义所坚持的是一种设计的理想，包含可持续发展的设计理念，而低技术设计则是其实现手段，二者共同形成了对消费主义的反叛，也反映了基于生态美学和生态价值观的绿色设计思潮。

## 一、低技术设计是对消费主义的反叛

在低技术宣言中，国外学者詹姆斯·沃尔本克坚持认为：低技术表征为一种群众技术，是为大众所掌握而最终又为大众服务的技术。其主要有成熟、低成本、易操作、普及性高、极富地域特征 5 个方面的特点，也包含传统民艺的思想，并且沉淀了传统文化。

中国传统文化中历来提倡简朴，对于任何明显的浪费、铺张和个人虚荣等都心存反感，如出现了墨子、孔子与老庄 3 种不同的观点。墨子主张“食必常饱，然后求美；衣必常暖，然后求丽；居必常安，然后求乐。为可长，行可久，先质而后文”。对于一件产品来说，先要实现其最基本的实用功能，才能考虑装饰。而孔子则认为“质胜文则野，文胜质则史。文质彬彬，然后君子”。孔子非常强调“质”与“文”的和谐统一，也就是内容和形式的完整统一。老子和庄子则把人类造物活动中的一切装饰行为看成非自然的破坏行为，主张不加任何人工雕饰的朴素美、自然美和真实美，以“大音希声”“大象无形”“大巧若拙”作为审美的最高境界。在这里我们可以看出，在中国古代社会，对于器物艺术内

[1] 宋建明. 当“文创设计”研究型教育遭遇“协同创新”语境——基于“艺术+科技+经济学科”研与教的思考 [J]. 新美术，2013（1）：10-20.

容与形式的关系的看法是比较理性和明智的，崇尚一种简朴而非对于形式的过多追求。这些思想影响了低技术设计，使得低技术设计具有天生的反叛消费主义的属性。

在德川幕府时代，日本政府曾经颁布过《禁止奢侈法令》。该法令除了提倡简朴反对奢侈外，更多的可以解读为对于发展优秀的制造和材料甚至是最低级的日常手工制作者的尊敬。

在经济全球化的背景下，全球文化也体现了融合的趋势。以强势文化背书，以时尚和奢华为载体的西方产品大量占领市场，而作为产品核心的“简朴”却逐渐遭到抛弃。在喧嚣之后，人们又开始回溯根本，用低技术设计来对抗消费主义。自然是设计永恒的来源，材料的纹理彰显能够产生亲切感和接续手工艺的传统。经过历史长河的不断洗礼，传统手工艺在使用价值中增添了一份文化意蕴，在视觉上增添了生活美学而融入生活空间，寓情于物而不断丰富交互体验，在触觉上也能感受到手工艺人及其创造物的温度，从而在五感上帮助使用者和真实存在的世界建立亲密关系。[1]

## 二、低技术与简朴设计反映了生态美学和生态价值观的绿色设计思潮

“简朴”的价值取向在造物活动中源远流长，涵盖了造物从思想到实践的诸多方面，一方面昭示了本真的人性之美，另一方面体现了对于自然的敬畏之心。而低技术与简朴设计，则是简朴主义在当下的实现手段。

在当下，姑且不论粗制滥造的产品，就是那些极尽奢华和精致的商品在环境破坏、资源严重枯竭的今天同样不值得提倡。但问题在于，在人类文明高度发达的时代，充分享受到技术和设计带来的舒适和便利的人们绝对不愿意以环保的名义回到茹毛饮血的时代，甚至只是放弃部分享受。这就是当今设计的悖论，设计越多，使用越多，消耗也就越多。那么，回应和解决这一问题的关键到底在哪里？除了绿色设计所提供的技术性手段和方法外，低技术与简朴设计为我们提供了一种美学上的支撑，这种美学支撑反映了生态美学和生态价值观，是绿色设计思潮的延续。

例如，“无印良品”的设计始终坚持着低技术与简朴设计的传统，略去多余的设计，保持最本真的研究，采取最简易的加工方式，直至专注于剩余素材与功能本身。从“无印良品”的产品可以看出，它秉承的是“这样就好”的原则。“无印良品”孜孜不倦地追求品质，但是绝不追求“这个最好”“非它莫属”，而是一种简单而适度的原则。在这里“这样就好”的原则恰恰体现了一种生态美学和生态价值观，正如美国设计理论家和思想家维克多·帕帕奈克在《设计的真实世界》中指出的一样，“趋利主义让设计者无法关注消费中真实需求的设计”。也正如同深泽直人所说，用堆满脂肪的巨人来隐喻多数过度设计的产品，这些产品需要锻炼瘦身。因此，低技术与简朴设计回归设计的本源，让消费者感受到设计者的初心及凝聚于每一个设计作品中的温度，也用绿色设计的价值取向来重塑消费者的价值观。

[1] 沈倩倩. 浅谈简朴在产品设计中的应用 [J]. 科技信息，2015（1）：666.

# 第五节

# 传统造物智慧是绿色发展的智库

我们的祖先为了自身生存，一直进行着从简单到复杂的生产活动。在与自然打交道的过程中，他们积累了丰富的经验和智慧，这些经验和智慧中包含关于对自然和宇宙的认识，尤其在对自然事物的物理认识方面（金、木、水、火、土），他们有着独到的见解。在历代的造物活动中，都传承并创新了这些见解，还不断地积累为极具民族特色的传统造物思想。这种运用人的智慧和双手去改造自然的物质世界，创造符合生存需要的人造器物就是传统生活智慧。传统生活智慧的产生可以追溯到旧石器乃至木器时代。

最初的人类纯粹依靠自然界生存，但是适者生存，很多人被自然界恶劣的环境所吞噬。随着人类自身的演化，为了生存和种族繁衍，人类从挑选自然物品到逐渐开始制造所需的工具和物品，渐渐产生造物活动。拥有智慧的“造物”行为是人类区别于其他动物的根本特征，造物活动是人类本质力量的外化过程。马克思曾说：“诚然，动物也在生产，它给自己筑巢搭窝，例如蜜蜂、蚂蚁。动物只生产其自身，动物依照它所属的那一种类的需要程度来创造，而人却善于按照每一种类的需要程度来生产，而且始终是善于用适当的措施来处理对象。”同时，人类的造物活动透露出很深的民族痕迹。例如，安达曼群岛上的原始居民用贝壳运水、储水，而非洲的布须曼人用鸵鸟蛋代替此功能；又如，美洲大陆的原始居民用动物的胃做锅，世界各地有很多人用龟甲做容器，中国和一些东南亚国家至今还有很多人用竹筒做“锅”，用葫芦做渡河的工具。

综上可以看出，原始社会是一个人类与恶劣环境对抗的艰辛社会，表现为“人民少而禽兽众，人民不胜禽兽虫蛇”，如何征服自然及求得生存成了最基本的要求。在此背景下，为了满足生存而产生的设计成为当时的主要造物文化。人们在劳动中逐渐掌握各种生存手段和制造工具的方法，以实用为主，对于审美的考虑很少。可以说，这是一种纯朴而混沌的社会状态，在这种社会状态下，“人—自然—环境”三者之间的关系是纯粹的，人为了征服自然而进行造物活动，动手经验就是造物的依据。而正是在“人—自然—环境”三者的互动中，人类积累了许多与自然相处的经验和技巧，凝结了许多生态思想观念，它们是今天我们开展绿色设计和可持续发展研究的无尽智库。

## 一、中国五千年文明史积淀了无数造物与方式智慧

自第一块石器成型于人类之手伊始，造物活动就没有停止过。为了生存与繁衍，人类不断地制造各种工具与物品，所有的设计均基于生存所需，而当生存问题得到解决以后，生活又成为一个命题，为生活的设计也就产生了。造物设计完成了从自发到自觉的过程，也就是从原始的生存设计到生活设计的过程转变。通过人类不断地进行生活塑造和设计，我们的生活环境逐渐演变为一个不同于自然环境的人造物世界，通常被称为“第二自然”。人类原本是自然界的一部分，同时也对自然界进行利用改造，形成有别于自然的各种物质形式。例如，将泥土烧成陶器，施釉于硬陶烧成瓷器，这个漫长的工艺过程解决的不仅仅是技术层面的问题，更是整个设计思维从萌芽到成熟、再发展的进步过程。被合成改造后的器物质地，多数保持了天然材料的简朴质感，如木材经脱水、阴干后用来制作家具，蚕丝经缫丝脱脂后用来制作丝绸面料……在与自然界接触和进行信息交流的长期实践中，人类在经验上积累了大量关于视觉空间形象思维的能力，并借由这些能力才使得产品在头脑中成型，最终用碰击、钻打等技术制造出形态、功能、意义各异的石器和骨器等。

长期的造物活动、心与手的长期配合、点滴的经验积累，以及代代之间智慧、意识与认知系统的扩展，能进一步对环境和事物上的变化规则加以确立和总结，也能使各规则之间互相联系，并凭借对形象的分类与归纳，逐步完成其原理性的认识。只有确立认知方式，方可以建立自己的经验系统，如对植物、矿物、农作方式、人体的认知经验等。这种“确立”即“制定规律的过程”。稳定的农耕定居生活使得人类有充分的时间进行思考，发现与认识规律特性，进一步思考各事物的规律背后是否隐藏着若干相通的总规律或总原理。中国传统造物活动的发展，有其特定的地理环境和历史条件。中国位于东亚大陆，北有辽阔的草原，西有广袤的沙漠、戈壁和高原，西南有无垠的热带雨林，东南濒临浩瀚的海洋，这种相对封闭的地理环境为我国古代造物活动的发展构建了一个屏障，使其能在相当长的时期内，免受外来文化的干扰，形成一个具有稳定性的文化系统。

中华大地上如此琳琅满目且令人叹为观止的产品奇观出现的根本原因在于上下五千年的点滴积累，勤劳的中国人民的不断实践，形成了造物的技巧与方法，其中蕴含大量的造物智慧，这些造物智慧不断地积累和发酵又不断催生出新的器物与产品。中国传统造物谱系表见表 11-2。

表 11-2 中国传统造物谱系表

| 时代 | 代表器物 | 设计特点 | 服务对象 | 生产条件 |
| --- | --- | --- | --- | --- |
| 远古时代 | 新石器 旧石器 | 简陋，粗糙，有效 | 为人类生存 | 生产力极低，环境恶劣 |
| | 陶器 | 生活，适用与审美相统一，装饰性相对独立 | 为了基本生活 | 对自然有了进一步的认识 |
| 夏商 | 青铜器 | 体积庞大，造型庄严，装饰怪异 | 祭祀 | 奴隶制社会的祭祀文化 |
| 周 | 青铜器 | 形制精美，器体较薄，装饰纹样质朴 | 贵族生活 | 出现分工，等级森严 |
| 春秋战国 | 青铜器 | 工艺的实用与轻巧，以人为中心，以实用为本 | 贵族生活 | 分工更细，各种思想争鸣 |
| 秦汉 | 漆器 | 从实用出发，系列化，富有装饰性 | 馈赠礼品，贵族生活 | 有专门的管理部门，儒家思想 |
| 六朝 | 瓷器 | 像生物，装饰方法丰富 | 生活物品 | 生产力南移，玄、佛思想 |
| 唐 | 织服 | 清新活泼，富丽丰满，华丽多彩 | 贵族生活 | 文学艺术空间繁荣，生产力大发展 |
| 宋 | 瓷器 | 造型简洁优美，崇尚自然，优雅秀美 | 生活物品 | 分工很细，经济文化发展 |
| 元 | 丝织物 | 织金工艺，精巧，华贵 | 贵族生活 | 贵族享乐，专门管理 |
| 明 | 家具 | 注意材质、造型、意境、工艺，崇尚简、厚、精、雅 | 文人 | 园林发展，木材丰富 |
| 清 | 染织 | 各地自成体系，各具特色，但格调不变 | 生活品 | 封建王权衰落 |
| 中华民国 | | 衰落 | 生活用品等 | 经济破坏严重，洋货倾销 |
| 中华人民共和国 | | 繁荣发展，成果丰硕 | 生活用品 | 生活用品，经济复兴，新技术采用 |

## 二、方式创新是未来工业创新的方向

传统工业的发展受制于资源、能量及地球环境承载的限制，已经发展到了可触及的极限。传统工业批量化大生产，带来了大量的产品，使得人民群众的生活水平得到了极大的提高。但是，伴随出现的是资源和能源枯竭，环境遭受污染，尤其是大气、水、土壤等污染严重，这些是人类无法承受之重。传统工业的创新已经不能朝着原来的路径继续推进，而要尝试进行方式的创新，利用方式的创新来实现对于环境的友好，进而实现自然和社会的可持续发展。

早期的创新理论学者约瑟夫·熊彼特用生物遗传突变来隐喻创新，创新理论犹如生物学上的突变理论，也即在体系内不断革新经济结构，在“破坏—创新”的范式下，以一种创造性的破坏的方式不断更新产业，如此也就可以将工业创新看成是一种工业突变。然而，工业突变的动力又来自何处？最后又将去往何方？

我们希望的工业创新一定不能是走一种以破坏自然生态为代价的创新之路，而应该进行方式创新。正如同约瑟夫·熊彼特所说，我们需要将工业创新中破坏自然生态的基因去除而将其突变为对环境友好的基因。站在可持续发展的视角，生态工业将是一个不错的选择，用生态的方式来催生和建构出工业创新的方向，从而建立起全新的工业体系。所谓生态工业，是指依据生态经济学原理，以节约资源、清洁生产和废弃物多层次循环利用等为特征，以现代科学技术为依托，运用生态规律、经济规律和系统工程的方法经营和管理的一种综合工业创新模式。

### （一）与传统工业的区别

与传统工业相比，作为新的创新方式的生态工业具有以下不同的特征：

（1）追求的目标不同。追求经济效益是传统工业的首要目标，为了这一目标传统工业往往会用一种“高投入、高消耗、高污染”的方式来进行生产而导致生态环境的破坏；而生态工业是将经济与生态效益并举，重视对环境友好和资源的集约循环，助推经济社会发展的可持续。

（2）自然资源的开发利用方式不同。由于对于经济效益目标片面的追求，传统工业倾向于在短时间内增产增收，使得企业林立又各自为政。在这样的情况下，资源过度开发及单一利用的例子比比皆是，之后会引发诸如资源短缺、环境污染、能源危机等系列问题。生态工业坚持共生原理、价值增值原理及长链利用原则等，兼顾经济与生态两大目标，对资源进行合理开发和综合利用，使系统内的企业相互依存、协同发展，实现资源的集约与循环利用。

（3）产业结构和产业布局的要求不同。传统工业倾向于经济利益，在一定区域中实现产品配套，但可能导致各地产业结构和布局的趋同和集中，因此常与当地的自然生态结构失调。如此一来，传统工业常常伴生资源过度开采和环境严重恶化，难以做到资源有效利用和合理配置。而生态工业是一个开放的系统，物流、信息流、价值流等重要因素在其中转换增值和合理流动，从而实现合理的产业结构和布局，因此符合生态经济系统的耐受性原理。

（4）废弃物的处理方式不同。传统工业鲜有系统思维而施行一种线性的生产加工模式，末端总会产生大量废弃物。而生态工业从环保出发，应用系统思维，遵循耐受性原理且尽量减少废弃物的排放，同时还坚持共生原理和长链利用原理，将“原料—产品—废料”模式切换为“原料—产品—废料—原料”模式，延展资源生产加工链，实现最大化地利用和开发资源。如此一来，既能实现价值增值，又能对环境友好，监控好产品“从摇篮到坟墓”的全过程。

（5）工业成果在技术经济上的要求不同。作为生产或是消费资料的生态产品，都要求其技术经济指标指向经济协调、节约能源、环境友好等这些传统工业产品并不要求的目标。

（6）工业产品的流通控制不同。传统工业总是依据市场的需求来进行产品生产，而在生态工业中却会加入环保的限制。符合市场原则和对环境友好原则是其对产品的双重要求，两大原则考核通过以后才能进入产品流通，这无疑能够更好地保护环境和促进可持续发展。

### （二）生态工业的基本特征

生态工业要求整合生态与经济规律，以及利用与之相关的现代科学技术，其主要包含宏观与微观两个层面。

（1）在宏观层面，强调经济与生态的耦合，在现有技术平台上充分协调经济与生态的互动关系，规整人、物、能量等元素的有序合理流动，确保系统的动态平衡。

（2）在微观层面，提高工业生态经济圈内各个子系统的物质循环与能量转化的效率，努力做到综合利用和多层级的循环，从而建构起在微观层面上的平衡，以实现经济效益、生态效益和社会效益，走可持续发展的道路。

## 三、运用传统智慧可促进绿色设计发展

中华文化博大精深，造就了绚烂的物质文明，也形成了诸如《考工记》《天工开物》《工艺六法》《木经》《漆经》等造物著作和工艺思想。厘清这些造物与工艺思想，对开展绿色设计具有现实的指导意义和思想的启迪作用。

### （一）启迪设计思想：重视设计伦理，重塑设计价值观

在先秦时代，古人就提出“利人、重生、民本、尚中”等思想，其内涵与现代设计的诸多理念不谋而合。人类祖先早在诞生之初，为了基本生存，就产生了许多原始质朴的设计想法。从骨针、石斧、石球等到后来的瓶罐器皿，无不彰显了先人的传统生活智慧。从为了生存生活而设计到为了提高生活质量而设计，再到物质资料迅速膨胀的工业时代，人类经历了一个漫长却有探索意义的过程。我们依然不能忽视设计造物最根本的目的是满足功能性的需求。如何在物欲横流的现代社会，汲取传统文化精髓，找到符合人类发展大趋势的设计方向和方法，是当代中国的设计师应有的担当。

人类对自然的态度，从原始时期的敬畏与崇尚到走上征服自然的过程，是随着发展而不断改变的。人类在发现自然对于自身生存发展的重要性后，便努力寻求人与自然同生共存，以及高度和谐的状态。如何在提高人生存质量的同时保持资源的可循环、可持续，如何在人、自然、社会的平衡中体现设计的人文关怀以展现特色本土文化，如何体现可持续发展设计价值观的重要性，这些成为亟待解决的问题。古人提倡取之有制，取之以时。取之有制，不可涸泽而渔。现在提倡“可持续发展”，人人应注重保护环境，注重科学利

用资源，就是保护整个生态系统平衡的有效途径。取之以时，是保护自然资源的重要措施。所谓“春生夏长秋收冬藏”，乃是自然的规律。古时顺应天时地利作为造物原则，唐代柳宗元《种树者郭橐驼传》中曾道：“凡植木之性，其本欲舒，其培欲平，其土欲故，其筑欲密。既然已，勿动勿虑，去不复顾。其莳也若子，其置也若弃，则其天者全而其性得矣。”郭橐驼认为，种树需要的是放松平静的心态，不需要用过多人力去拘束、去改变，树木自然就会枝繁叶茂。这个观念与绿色设计、可持续发展概念有异曲同工之妙，工匠们应注重顺应自然天性挑选材料，运用具有再生性的物质材料。从最原生态的设计到现代生活设计，不要试图逆反时间，制造出无数难以再降解的化学废料，这样只能使追求绿色生活的观念变得更加肤浅和贫瘠。中国传统的生态美学造物概念，充分体现了作为千年古国源远流长的直觉与智慧。对于天、地、人和谐共处的观念，强调人与物的对应结合。这让我们体会到，设计与制作不仅仅是一场物理上的创造，更是一场充满柔情的精神关怀。

### （二）启迪设计行为：为解决供给与环境矛盾问题而设计

在第一次工业革命之前，人们的生产生活所必需的能源只能依靠自然界的给予，所有可利用的资源都是一手、二手的。在工业革命之后，机械化水平迅速提高，人们为了满足生产、获利的需求不断开拓新的资源，如煤炭、石油、天然气等的发现、开采和利用。人们在不断地开发新型资源，沉浸于物质生活的极大满足时，对自然的任意索取也造成了生态不可逆转的毁坏，并遭到了大自然的回击，出现干旱、洪水、泥石流等灾难，其中人为因素不在少数。虽然人类生存的环境日益糟糕，但历史和社会的发展只能前进，我们无法回到完全的原始时期或农耕时代。现状带给了人类无数忧患，开发无污染、可降解、价格低、资源广、可循环的动能资源是今后社会的重要目标。设计理念的更新与设计实践的发展，正是在人类不断的自我认识中发生的。

工业革命在带来物质丰富的同时也造成了诸如精神空虚、社会两极分化、环境污染等全球性问题，人类社会必须警钟长鸣。近年来，各地频繁出现的环境与气候怪象更是凸显了生态环境问题的严重性，以及需要大力解决的急迫性。另外，中国当前为追求经济和商业利润的设计倾向，所呈现出的设计价值丧失和消费文化畸形等问题也应该引起注意和重视。而绿色设计意在站在可持续的角度解决供给与需求的矛盾，以减量化、再利用、资源再生为核心指导原则。减量化是指减少产品中所消耗的物质及占用的空间；再利用则强调让整体生命周期结束后的产品零部件能够继续发挥作用，并被重新利用；资源再生是指收集本来无法再回到商品市场的剩余、残次物品拆分零部件进行再生，组成新的物品。手工制作物品恰好能够满足这些条件，运用人本身的智慧，创造出更多绿色、环保的使用物。手工制作物品是人们建立在合适的资源构架之上，在人口膨胀、失业率众多、资源紧张的今天，合理安排手工造物，不失为一种改良整体社会生产结构的办法。譬如说，它能使畜牧业、种植业、养殖业形成一个良好有益的循环，从中产生出的原生的、自然的物质资料，也能随着生态整体框架不断循环往复，构成健康持续的生产链。绿色生产主要是针对工业生产提出的，相比消耗巨大的大规模工业生产，小范围的手工造物更具有天然的绿色化生产的优势。由于“有计划废止制度”的提出，生产商通过商品不断的更新换代来刺激人们的消费，从而达到自身利润不断增加的目的。然而，大规模工业生产所带来的大量资源浪费问题日趋严重，大量商品囤积或者没有任何损耗就被人们丢弃，有悖于绿色生产的理念。而手工造物可以将不用的“废弃”资源进行二次创作，使其焕发出新的生机，而且在生产过程中也不会像大规模工业生产那样，产生大量的污染物，更加符合绿色生产的设计理念。手工造物的方式，也能使设计从业者在制作过程中感悟每种材料不同的特殊属性，使设计师与材料之间更能进行亲密沟通，迸发出更多亲近材料本身的设计灵感，达到合理设计、有效节约的效果。

### （三）启迪设计方法：设计应源自生活，答案也在生活中

中国人有赖于祖祖辈辈沉淀下的生活经验与智慧，发展至今。我们不应该忘本，不应该在机械化发达的现代社会忘记先人曾在“桃花源”中循环往复、与自然和谐共生的生活态度，不应该忘记对自然馈赠的感恩，不应该忘记人本身生活的意义。在勤俭节约的中华美德中，“物尽其用”一直备受推崇，而这一思想也对构建绿色环保社会有着重要的指导作用。人类生存发展的状态直接表征于生活。设计是人类发展生活的手段，而生活源于自然，那么自然也就成为设计的源泉。设计师理应从生活当中发现改良与制作的灵感，从生活点滴中体悟传统制物的智慧，感受人与自然和谐发展的重要性。中国传统造物，虽然在现在看来许多造型和功能早已过时，但其中包含的观念和方式却永远不会掩埋在现代发展的节奏中而化为尘土。所以，设计应当从生活中来，并服务于生活。例如，在中国许多地区，泡菜坛是人们常用的一件器物。人们爱吃自家腌制的泡菜，在过去，几乎每家每户都有自己的泡菜坛。人们在泡菜坛注入含有调味配料的盐水并使其达到与空气隔绝的密封效果，用来腌制白菜、萝卜、青菜、辣椒等蔬菜，过了一定的时间便能享用鲜美可口的泡菜。这种传统方法从古到今被世代相传，在生活节奏如此迅速的今天，人们更加喜爱这种相对慢步调的方式、追求质朴的生活态度。但是，泡菜坛也有可改良之处，对泡菜坛的改良，不仅能使其更加贴近现代人的日常生活，也会对其他传统器物的改良起到有益的启示作用。

### （四）启迪设计精神：发散、发想、发明、发现

中国传统哲学中的“穷天人之际”“以人为本”“天人合一”“道法自然”等思想都蕴含宝贵的生态智慧，与现代的绿色设计、可持续发展的思想及人与自然和谐相处的思想，可以形成跨越时空的呼应。这些传统生活智慧就是要让人们深刻意识到大自然是人类赖以生存的唯一家园，促使人们要树立一种生态伦理精神。从技术层面来看，绿色设计是一个方法体系，离不开实践的范畴。要实现可持续发展，就必须将绿色设计融入产品的生产制造等环节；从发展趋势来看，产品的绿色属性越来越成为产品生存的关键之所在，甚至超

越了传统的质量、服务及品牌等。

我国具有悠久的历史和伟大的传统，不应在物质积累和经济高速发展中失去方向，应利用从传统中沉淀下来的精华来塑造具有独特魅力的文化和经济强国。我国制造体系虽然基本建立，但绿色设计还处于发展阶段，使得绿色制造及绿色产品尚存较大的发展空间。从企业的角度来看，应用绿色设计更容易抓住先机，形成特长和优势；从地方政府的角度来看，绿色设计的发展能够实现人、自然、社会、经济的和谐发展，是建构生态文明和实现美丽中国的重要技术手段。我国正在从“中国制造”向“中国创造”转型，在这个过程中，从可持续发展的角度来看，绿色设计无论如何都不应该缺席。绿色设计赋予设计一种伦理的责任，是对生态环境友好的更具智慧的设计。可以预见，绿色设计势必会成为创新设计的重要组成部分和焦点之所在，这对设计师来说，的确充满了挑战和竞争。

# 小结

绿色设计的思想方法将市场经济、生态系统、社会系统甚至整个世界作为一个统一的综合体，以系统思维替换传统的过于强调经济发展和商业利益的价值追求，意识到设计必须从生态整体系统的视角去思考问题、分析问题、解决问题。系统的革新带来了生活方式的改变。绿色设计的宗旨即是通过绿色产品和绿色消费模式引导促进绿色生活方式的建立。

第十二章

# 基于设计活动的研究方法

人类自觉的“设计活动”始于15世纪欧洲文艺复兴时期。莱昂纳多·达·芬奇（1452—1519年）的《莱昂纳多手稿》是世界上第一本真正意义上的工程技术和设计手册，标志着“设计”开始成为一种系统的知识和方法体系。在18世纪60年代的西方社会工业革命后，出现了机器生产、劳动分工和商业的发展，促使设计脱离于生产制造的其他环节，成为一门独立的学科和一个新兴的职业。今天，我们十分清楚地认识到设计已经变成了一个复杂的和多学科性的创造性活动。[1] 基于这样的认识，可知设计活动涉及方方面面的问题，涉及对人的关怀，对技术的应用，同时也要做到对环境的友好，以为我们创造一个更加美好的未来。而基于设计活动的研究自然就会涉及社会的研究、人的生理、心理及习惯的研究、产品工艺、形态及功能等研究。

## 第一节

## 基础研究：特定方向的社会、生理及心理适应性、人的行为习惯研究

任何一个设计都有其产生的情境，都体现了某一地域某一时期的大众的价值取向、思维方式和行为模式等。因此，在进行设计实践活动时，设计师需要关注以上3个方面所形成的体系，主要包括特定方向的社会研究、生理及心理适应性研究、人的行为习惯研究等。

### 一、特定方向的社会研究

设计在社会中产生，是协调人与自然、社会、文化的催化剂，与人类社会息息相关。而社会是设计的环境、土壤和背景。设计的成果，无论是从建筑到交通工具，从家具到服装，从广告到日用品，还是从环境规划到室内设计，都直接进入具体的社会生活中并服务于社会，成为社会的构成要素之一，且具有鲜明的社会功能。在维克多·帕帕奈克所著的《为真实的世界设计》中这样论述：“设计的最大作用不是创造商业价值，也不是包装和风格方面的竞争，而是一种适当的社会变革过程中的元素。”设计作为一种社会行为，可以

[1] 赵江洪. 设计和设计方法研究四十年 [J]. 装饰，2008（9）：44.

产生积极与消极的社会价值，是社会价值观不断形成、转型的过程。在某种意义上，对设计学的研究也是一种对社会与文化价值的思考。那么，在可持续发展理念下的绿色设计显然是一种社会价值观念的转型，这也为社会学介入设计提供了可能，同时也是在设计中进行社会学研究的必然要求。

为什么社会学会对环境感兴趣？一方面，因为种种环境问题并不是自然世界本身产生的，而是人类具体行为的结果，所以它们也是社会问题；另一方面，如同环境与经济互为作用一样，环境也与许多社会和政治因素相联系，如大量的人口会给环境带来压力并影响地区发展，但追寻大量的人口产生的原因，部分是由妇女的文化程度和社会地位所决定的。而且，环境压力和不均衡的发展也能增加社会压力，可以认为，社会中权利的影响和分配是大多数环境和发展问题的关键之所在。因此，可持续发展必然包括社会的公平与公正，特别是在保护弱者等方面，它不仅仅是出于人道主义的关怀。

关于社会内部的不平等讨论，最多的是贫富差距，以及由此带来的许多重大社会问题。国外学者凯特・皮克和理查德・威尔金森所著的富有争议的《精神层面》一书证明了收入不平等与社会问题息息相关。他们考察了由于社会内部的不平等而造成人们生理和精神层面的问题，分析了 23 个经济发达国家的情况，发现收入不平等最终反映在社会成员的寿命、健康和幸福差异方面。这还是经济发达国家的情况，更糟糕的情况是在贫困国家，贫富悬殊和对资源的争夺带来的或许是犯罪、死亡甚至社会动荡。很显然，财富的平均分配难以实现，但是至少可以保证资源分配的机会均等。前面已经提到，设计师在解决国家内部社会不平等的问题上大有作为，所以设计师应该立足本土，更多地关注需要帮助的人群。

对于国家内部的社会不平等，相信每个社会成员都有切身的感受，但最大的社会不平等不在国家内部，而是在国家之间。世界上大约有 14 亿人每天都在辛苦劳作，却依然贫困。例如，在孟加拉国，服装占该国出口经济商品总数的 77%，制衣厂是该国重要的企业。在其中工作的制衣工人有 77% 的是妇女，她们每天工作接近 12h，每周工作 7d，而这样一年所赚的钱却只有 500 美元，相当于美国制衣工人收入的零头。这种不平等的社会模式是一种世界性的现象，经济发达国家之所以富裕，既得益于它们拥有先进的技术和高度发达的生产力，还得益于它们控制了世界的经济。因此，贫困不仅仅是一个“技术问题”，更是一个“政治问题”。即使已经拥有了较高的生产力，人类还必须要解决一些至关重要的、关于资源如何在社会内部及世界各地进行分配的问题。

以上所诉可以归结为代内公平的范畴，也即在兼顾可持续发展的前提下，当代人再利用资源进行自身发展时的机会均等，不能以牺牲其他地区或国家的利益为代价来谋求自身的发展。需要指出的是，除了代内公平，可持续发展理念同样包含代际公平，也即当代人与后代人共享有限的地球资源与环境，当代人不能为了自身的发展而透支后代人的发展，而无节制地使用资源。

可持续发展对于公平的追求是一个漫长的过程，但是，刷新评价人生价值与意义的标准确实就在一念之间：有限度地追求利益并且不损害后代人的生存权利。如果自下而上，每个人都能从单纯追求物质利益和个人享受的观念中解脱出来，选择一种更为合理的生活方式，承担起应尽的责任和义务。那么，公平与公正就离我们并不遥远，即便我们离物质的公平还有一段路程要走，起码还可以做到在精神世界进行平等的对话。另外，可持续设计不仅要满足经济发达国家的需求，而且要满足发展中国家和落后国家的需求；而不同地区的需求有很大的差异，需要从需求层面有区别地对待。所幸已有越来越多的设计师响应美国设计思维史家维克多·马格林的呼吁："……从全球角度看经济和社会发展，解决工业化国家和发展中国家人民资源消耗的严重不平等。"

## 二、生理及心理适应性研究

设计的最终目的是为社会大众服务，对人的生理与心理适应性的考量就会成为设计的基础研究内容。人的生理与心理的适应性主要体现为在使用产品时的体验，也即在使用产品过程中对舒适性、情感性、文化性等的感受。

对于经历与体验，不同的人有着不同的认知和理解。由于体验的复杂性，需要在设计时将体验寓于一定的环境之中，在人与产品的双向交互过程中满足用户的需求以易于得到产品的反馈，并在环境中通过深挖体验来赋予产品一种难以忘怀的特质。对于绿色设计而言，要结合大众的生理及心理适用性将绿色设计的理念融入所设计的对象之中，从而为大众创造一种绿色的生活方式和工作方式。

循环经济指向变革传统生产、生活方式，其中充满变数与波折，为了保证这场经济上的变革能具有实效，绿色设计的设计实践活动必须强化大众的生理及心理适应性的研究，从而建构出新的绿色生活方式。生活方式的转型，从本质上也对应了产品从功能、服务到体验的层级划分。首先，这些生活方式的转型反映了，产品随着时代的发展逐渐从有形的功能属性拓展到无形的体验属性，其对于生活方式的影响开始转向以情感与体验为导向的过程。其次，生活方式的产品或服务设计是人们实现生活方式的一种媒介，在一定的社会、文化等生活方式的条件下产生相对应的意义或价值观。在消费社会中，多元化的消费特征让产品设计需要随时关注不同人群的生活方式，而生活方式也是受产品或服务设计的反作用的。只有正确地把握生活方式设计的属性构架，才能将生活方式的设计往良性的方向引导。因此，在针对生活方式的设计研究中，如何综合生活方式的属性构架以作为生活方式设计的实现媒介，有效地传递意义、发挥产品的引导作用逐渐成为设计领域中关注的重要议题，同时也是关注人的生理及心理使用性的价值之所在。

## 三、人的行为习惯研究

所在的文化环境深深地影响着人的行为习惯，是其价值观与思维模式的直接表征，是一种不会轻易改变的行为倾向。在产品设计中，研究人的行为倾向意义重大，产品只有符合人的行为习惯，才能更好地发挥出产品的效用，让使用更安全、操作更高效，同时也能使人正确地操作产品，使产品尽可能地达到其生命周期寿命。进一步来说，研究人的自然行为倾向，能够有效地预测人的动作和操作，而按照人的习惯动作和操作设计产品则能使产品得到最大限度的优化，从而更好地促进社会和人自身的发展。

在可持续发展理念下的绿色设计从深层次上说是一种生产和生活方式的革新，那么对于人行为习惯的研究，按照人的行为习惯对产品进行设计，有利于将绿色设计的理念转变为大众的生活方式。例如，对于废旧物品的回收，需要研究人在丢弃废弃物的习惯，在设计时满足人的这些习惯将有利于废旧物品的分类回收和再利用。

## 第二节
# 产品研究：特定方向的产品研究

可持续发展的理念需要通过绿色设计最终在产品中予以体现，产品所形成的系统也可以逐渐形成一种可持续发展的文化，以此来推动循环经济的发展。因此，在绿色设计中，对产品本身的研究显得至关重要，主要包括现有产品范围、工艺、材料、结构、应用等的研究。

### 一、现有产品的范围、品种及对现代社会的适应性研究

传统设计主要考虑诸如功能、质量、成本等产品的基本属性，而且涉及产品生命周期结束后的处置成本，但对产品的环境属性疏于考虑。

绿色设计的范围包含产品的生命周期全过程，从最初的概念、生产制造、销售运输、废弃回收及再利用等各个环节。从可持续发展的视角来看，整个产品生命周期强调在概念阶段关照整个生命周期环节，强化产品的环境友好性，以“3R 原则”指导产品创意，实现无废物设计的终极目标。

因此，要对现有产品的范围、品种及对现代社会的适应性进行研究，通过研究来明确在进行设计中应该采用的绿色设计策略，使绿色设计的程度不断加深，尽量减少资源的能耗。

### 二、对现有产品的技术、工艺、材料、结构及市场、销售模式研究

对现有产品的技术、工艺、材料、结构等以生态学原理为焦点，以绿色产物为研究工

具，有效地联系形态学和文化学等相关理论知识，延续传统产物生产和设计制造的突出理念、方式和战略，整合现有技术手段，在绿色发展中实现设计与制造的主要内容与发展方向，实现“人—社会—自然”三者之间的协调共生。

### （一）产品结构优化

（1）整合产品功能。科技的进步使得产品趋向多功能化与人性化，将几种功能进行融合或将几个产品进行重组成为一种设计趋势。这样就可节约大量的原材料和空间，如多功能性的电热锅便集电磁炉、微波炉和烧烤炉的功能于一身。

（2）增加产品的可靠性和耐用性。可靠性与耐用性是传统设计中需要考量的要素，在绿色设计中其重要程度高于传统设计，因为其涉及整个产品生命周期。首先，从源头上必须严抓产品绿色设计的评审，考量是否达到国家标准，是否适合用户的使用习惯等要素；其次，对产品所用原材料和零件进行严谨筛选；最后，需要对整个产品生产制造流程的操作动作进行梳理，避免因不当操作而引起的瑕疵。

（3）易于维护和维修。产品易于清洁、保养及维修等，均能延长自身的使用时间。在绿色设计中，主要需要把握几点：其一，应在视觉上提示产品保养或维修的方式；其二，如有需要特别保养的零部件则需要特别说明；其三，需要定期检查的零部件需要重点说明；其四，要让需要更换的零部件易于操作。

（4）产品的模块化设计。模块化的处理是绿色设计方法的重要方向之一，其主要方式是以功能、属性及规格等为价值取向来分析产品，并在此基础上合理分配功能模块，最后组合形成产品。根据用户的喜好对替换模块进行不同选择和组合，能够组成风格各异的产品；同时，可以规避设计风险，提升产品的可靠性和质量。

（5）加强产品与用户的关系。从节约资源的角度来强化产品与用户之间的关系，如从外观上在迎合大众审美的同时一定要符合人机工程学，以提高易用性和安全性，使用户能够便捷、安全的使用产品；同时，强化产品功能，使产品更加可靠和专业，这样才能增强用户对于产品的信心，从而延长其生命周期。

### （二）选用绿色材料

（1）采用清洁原料。清洁原料，即绿色原料，现有的技术体系可以做到对清洁能源进行清洁、高效和系统化的应用。首先，清洁能源具备高效采纳的技术体系，而不单单是简略的区分类别；其次，清洁能源兼具清洁性与经济性；最后，符合绿色排放标准的清洁性能源，对环境负荷量极小。

（2）采用再循环原材料。尽可能减少不可再生材料的使用量，用可再生的材料加以替换，这样既能够达到对环境友好的目的，又可以降低和节约投入的成本。再循环原材料不仅来自工业制造过程中，而且来自产品使用或报废后。

### （三）产品工艺优化

（1）注重对环境友好的制造工艺的选择。应用并行设计思想，以对环境友好为指向，以绿色材料、绿色能源、优化产品结构等为基点来考虑绿色的产品制造工艺，并尽量缩短工艺流程，以减少能源的使用和废物的排放。

（2）降低生产能耗和使用清洁能源。以技术革新降低现有设备的能耗并建构节能管理模式，严控制造过程中的废物排放，优化过程管理，提高效率来降低能源消耗，同时注重太阳能、水能、风能等清洁能源的使用。

### （四）产品销售模式优化

产品的销售网络应该确保产品从工厂到终端运输方式的有效性，其中主要涉及产品的包装、运输、储存等相关的服务保障体系。

（1）产品包装减量化及其重复利用。减量化能够减少耗材及运输过程中的能耗和废物排放。同时，足够的刚度、稳定性及强度能够减少人工的劳动强度，并使操作便捷安全。

（2）建立完善配送体系。产品运输效率的提高得益于产品配送系统的完善。运输效率的提高也能减少运输过程中的耗能及污染物的排放，从而实现对环境友好。

## 三、产品应用研究

产品在使用过程中，辅助品和消耗品也是设计时必须要考虑的重要方面。其可能发生环境负面影响的因素应成为设计之初着重考虑的要点之一；同时，在产品结束其生命周期之后如何进行回收再利用，也是设计之初应该重点考虑的要点之一。

### （一）弱化使用阶段产品的潜在不利因素

（1）降低产品使用阶段的能耗。多数耐用品在其使用阶段所产生的能耗会多于其制造阶段的能耗，如家用电器、汽车等。因此，设计的重点在于产品使用期间的能耗降低。

（2）使用清洁能源。对于危害环境的污染物排放问题，可以通过使用清洁能源来降低排放，特别是对于高耗能的产品。

（3）降低辅助品和消耗品的用量。在能够实现产品功能的前提下，在设计之初就应该尽可能地降低其对于消耗品的需求，如最大限度地降低对辅助材料的运用。

（4）采用清洁的消耗品或辅助品。如果产品在使用过程中，必须使用到消耗品和辅助品，那么这些消耗品和辅助品也需要在设计时详加考虑并纳入产品生命周期进行评价，从而确保产品使用过程对环境的无害性。

（5）减少消费过程中的废物产生。用户的行为会受到产品设计的影响，如标示刻度的产品（如有刻度的水杯）能够很好地提示和协助用户准确地掌握用量，从而避免不必要的浪费。

### （二）产品用后的回收处理系统优化

产品如何报废？产品如何回收？产品如何再利用？这些问题是在设计的初始阶段应该考虑的设计要点，产品回收利用率的提升或减少产品的直接废弃量，都能够减少对于环境的污染。

（1）提高产品重复利用率。在重复利用的过程中，产品的整体完整性越高，其价值也就越高。设计越是经典的产品，其对于二手用户就越具有吸引力，从而实现阶段性产品在不同用户中的重复利用。这也是最好的重复利用方式。

（2）可拆卸性设计。绿色设计要求在产品的开发设计中考虑产品的拆卸性能，主要有3个方面的益处：其一，可拆卸性能够减少运输中的产品整体所占用的体积；其二，可拆卸的零部件可以实现产品功能的多样化，从而能够满足用户需求的多样性；其三，在使用产品的过程中，零件容易缺失和损坏，需要维修更换，而拆卸化设计便于产品的维修。

（3）产品重新制造。在设计初期就应该考虑产品整体生命周期结束以后，还有哪些零部件具有价值并可以得到再利用，防止其沦为垃圾而被填埋或丢入焚烧炉。例如，在设计中考虑产品的易拆卸性，将有助于产品零部件的回收再利用。

## 四、设计研究：功能、使用方式、结构、工艺及形态之间的关系研究

产品设计需要协调好功能、使用方式、结构、工艺及形态之间的关系，在对这些要素进行充分的设计和整合之后，才能形成具体而实在的产品。对于绿色设计而言，这几者的关系尤为重要，以协同的思维处理好各要素直接的关系，能够将绿色设计的理念贯穿于整个产品中。在研究的过程中，主要着力于以下几个方面。

### （一）整合产品功能

用一个产品来整合多个产品或多种功能，可以节约大量的制造原料，以及减少产品占用的空间。例如，德国VIESSMANN公司就将阳台栏杆与太阳能收集器两种产品和两种功能进行了整合，用厚硼硅酸盐玻璃及真空管玻璃/金属作为载体，既保证了产品的安全性和长寿命，也节省了能源和材料，而产品的性能要好于平板收集器。

### （二）优化产品结构

用优化产品结构的方式能够做到对产品功能的优化，从而延长产品的使用寿命。例如，日本SONY公司通过对电视结构的改进，使得具有危害的哈龙、三氧化锑、PVC塑料等不再使用，既降低了原材料的使用量，又将连接件减少到9枚螺钉，大大提高了装配效率；同时，材料的再生利用率提升到99%，制造成本也相应下降了30%。

### （三）产品部件的功能优化

产品零部件的标准化和规格化能够有助于实现产品的长寿命化，尤其是提高易损零部

件的寿命及易替换性可以提高产品的整体寿命。例如，产品采用易于拆解的螺钉、卡销和钩等连接方式来替代焊接等连接方式，并统一连接点的标准，这些方式的简化有利于产品更换维修和回收再利用。

（四）降低产品使用中的能耗

在绿色设计中，对于产品使用过程中的能耗，需要在设计的初始阶段就加以考虑。例如，飞利浦设计开发了具有“绿色”属性的电视，其待机状态耗电量从 5.1W 降到 0.1W，使用状态耗电量则从 41W 降到 29W。

（1）产品包装的简化。在进行产品包装设计时，应该首先考虑其可持续性，然后考虑其耐用性并做到尽量简约，避免过度包装与奢华装饰。例如，美国福特汽车公司的创立者亨利・福特就曾用木板条制作运输 A 型卡车的包装箱，当卡车到达目的地后，木板条则可以用来制作汽车地板，从而延续了产品包装的使用寿命。

（2）易于保养和维修。易于保养和维修是绿色设计应该赋予产品的品质，从而延长产品使用寿命。保养与维修涉及厂家与用户两个方面。其中，厂家应该给用户提供足够的说明来支持保养，而在设计时，需要有足够的思考来保证产品易于保养和维修。

（3）易于再循环利用。产品生命周期结束后的再利用及最终的处理问题在产品设计的初期就应该予以充分考虑。例如，就目前的技术而言，废旧轮胎的处理主要采用在回收工厂中进行破碎和分解，从而得到小的轮胎块、钢丝来加以利用的方法。

产品的绿色设计是涉及产品设计的方方面面，从产品的功能设定到产品的使用，再到产品的结构与工艺，直到最后的形态设定，需要在设计研究过程中进行系统的考虑。

# 小结

虽然有着各种的阻力和限制，通过坚持绿色设计仍然可能将产品中的非绿色现象不断减少，并且在绿色发展的进程中逐步将“非绿”变为“浅绿”再逐步推向“深绿”的过程，恰恰说明了为什么绿色设计会永远处于在路上的状态，而这种状态也正是激励从事设计实践和研究的人们对设计自身发展不断探索不断追求的动力。

# 第十三章

# 产品绿色设计实践

彻底的绿色设计的实现有着其理论上的可能性，但在实践中，绿色设计涉及整个产品生命周期。在技术水平的限制下，绿色产品虽然经过了绿色设计的各种考量，但在生产消费中仍然或多或少地存在非绿色的现象，如某些有害材料仍然无法找到理想的替代品、制造工艺中仍然会产生大量的切削液、在一些欠发达地区绿色的营销广告方式仍然难以推广等。

产品绿色设计是一个复杂和系统化的过程，涉及供应链、材料、加工工艺、电子电工、机械结构等物理化学属性和加工生产过程，以及运输、销售、回收、再设计和再生产等社会系统和环节。本章重点分析和总结家电、家具、生活用品等主流产品领域的绿色设计问题及其属性，并对实践过程中涉及的材料选择、工艺优化、资源合理利用、能源节约等主要设计方法进行挖掘和提炼。

## 第一节

## 家电产品设计实践

在家电产品中，无论是黑色家电还是白色家电，抑或是新兴的智能家电，其绿色设计问题首先应该考虑的是材料问题：元器件的选择及其如何支持长寿命产品，材料的多样性和复杂性，从原材料到供应链的细节，涉及材料学、化学、加工工艺、电工电子等多种学科，也需要紧跟相关领域技术的发展变化趋势。对于黑色家电来说，以液晶显示面板为例，显示技术的迅速发展会推动主流的 TFT-LCD 技术快速过渡到更节能的 OLED 技术，以及 Curved TV 的推广和普及，不仅给用户带来了全新的视听体验，而且必然带来产品能耗、加工生产等方面的整体变化。随着 CRT 等传统显示器向轻薄、几近无边框的液晶 LED 发展，塑胶材质的大量使用，也势必被更坚固和精巧的金属材料（边框）替代。同时，由于材料的复杂性和多样性，也需要人们了解不同材料在拆解、循环和回收中的不同处理方法和手段，并建立企业和社会层级的更合理的分类回收系统。以能量转换为基础特性的白色家电在满足人们对冷暖温度环境和良好生活品质追求的同时，需要更多地考虑能耗和能效优化的问题，并采用电力能耗、水量消耗等等级标签视觉化的方式来清晰地标识产品的能效水平，以便于人们挑选更为节能环保的家电产品。另外，小家电产品具有种类繁多、功能全面和使用频率特别高等特点，功能日益齐全且新品不断，因此大量为满足生活细微功能需求而产生的小家电产品不断地充斥市场，尤其是近年来不断涌现的日常使用频率不高的新品小家电产品。

在产品定义和市场定位阶段，就需要进行环境影响与商业利益的矛盾平衡与价值审核，不能为满足好奇心或短时的消费冲动而设计所谓的新概念产品，以免造成大量的资源消耗和占用。设计师在商业利益面前需要提升环境意识和责任，企业则更不能为了短期效益而贸然开发和生产所谓的新概念产品，避免导致巨大的环境资源消耗。而作为当前使用频率高于 60% 的电子产品，一方面给人们的生活提供了各种便利，另一方面人们对产品的依赖性也会导致大量影响身体健康、人际关系和产品同质化的问题。因此，针对这类产品，需要更多关注设计优化材料、能耗、结构等方面的特性，使得模块化、轻薄、节材和长寿命等经典的绿色设计原则成为可能，并尽量与消费者所追求的便携、轻巧和多功能等体验优化的目标一致。

## 一、黑色家电

黑色电器是指可以提供音频、视频、娱乐和休闲功能的家用电器，如彩色电视机、音响、游戏机、影像设备、电话等。黑色电器主要使用电气组件、电路板和其他组件，将电能转换为声音和图像，或任何其他能给人的感觉神经带来愉悦和体验的物品。

### （一）材料选择

1. 以材料特性支持产品寿命

（1）LED 发光二极管。在 20 世纪 60 年代，出现了红色发光二极管 LED、GaAsP 材料；在 20 世纪 90 年代，出现了蓝光 LED、GaN 材料。长期以来，仅仅只有红色、绿色、黄色用于指示。而现在，可以通过“混合光 + 蓝光”得到白光，或通过“红色 + 绿色 + 蓝色”来获得白光，并将其用于照明，使用寿命可达 10 万小时。

表 13–1 列出了白光 LED 的发光原理。

**表 13–1　白光 LED 的发光原理**

| 芯片数 | 激发源 | 发光材料 | 发光原理 |
|---|---|---|---|
| 1 | 蓝色 LED | InGaN/YAG | InGaN 的蓝光与 YAG 的黄光混合成白光 |
|  | 蓝色 LED | InGaN/ 荧光粉 | InGaN 的蓝光激发的红、绿、蓝三基色荧光粉发白光 |
|  | 蓝色 LED | ZnSe | 由薄膜层发出的蓝光和在基板上激发出的黄光混色成白光 |
|  | 紫外 LED | InGaN/ 荧光粉 | InGaN 的紫外激发的红、绿、蓝三基色荧光粉发白光 |

续表

| 芯片数 | 激发源 | 发光材料 | 发光原理 |
| --- | --- | --- | --- |
| 2 | 蓝色 LED、黄绿色 LED | InGaN、GaP | 将具有补色关系的两种芯片封装在一起，构成白光 LED |
| 3 | 蓝色 LED、绿色 LED、红色 LED | InGaN、AlInGaP | 将发三原色的 3 种小片封装在一起，构成白光 LED |
| 多个 | 多种光色的 LED | InGaN、GaP、AlInGaP | 将遍布可见光区的多种光芯片封装在一起，构成白光 LED |

当前，大多数液晶电视使用冷阴极荧光灯管（CCFL）作为背光。CCFL 的发光效率较高，但由于它的光线向四周发射，需要反射，所以会损失不少光线。而且，CCFL 的彩色表现能力较差，更大的问题在于环保方面——含有水银。LED 的发光效率较低，只有 CCFL 的 2/3。不过，这种情况会随着 LED 发光效率的提高而改变。LED 相较于 CCFL 具备几大优势：超广色域、节能环保、寿命长、超高对比度。

鉴于上述性能优势，LED 在技术上可以替代 CCFL。除了显示屏外，LED 背光灯（图 13.1 和图 13.2）还可应用于各种发光表面。但是，当前 LED 的市场价格基本上是 CCFL 的 1.5 倍。

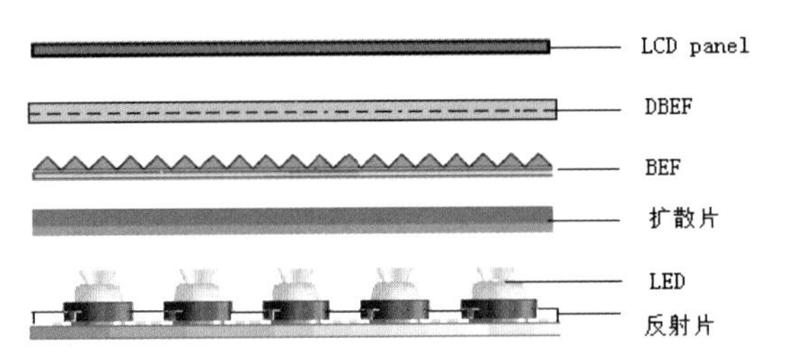

图 13.1　侧光式 LED 背光源在电视上的应用

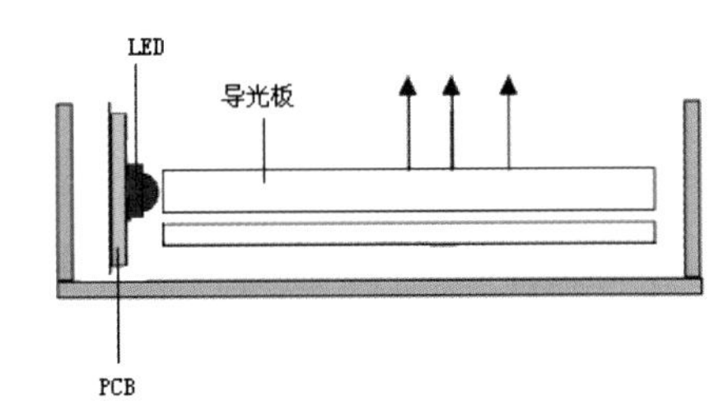

图 13.2　直下式 LED 背光源在电视上的应用

（2）远红外电热元件。远红外电热元件主要通过电阻通电发热来激发红外线辐射，具有很强的穿透力，可节省能源并迅速升温。远红外电热元件可加热特定的红外发光材料，并使用从这些材料发出的远红外辐射来加热物体。如果电阻带远红外辐射加热器，则可用于干燥通道、干燥室、烘箱干燥和加热设备。

远红外电热元件使用了乳白色石英玻璃管（图 13.3），并在石英玻璃管上连接带支架的螺旋形加热丝作为加热元件。其具有电气性能稳定、电热功率稳定、热效率高、加热不氧化、安全可靠等优点。

在 20 世纪 70 年代初出现的远红外加热技术是一种普遍推广的节能技术，其产品应用如红外消毒柜（图 13.4）。远红外辐射加热器有板状、管状和灯形，使用的能量主要是电能，但也可以使用蒸汽、沼气和烟道气等。与传统的加热方式（如蒸汽、热空气、电阻）相比，远红外辐射加热具有许多优点，如加热速度快、产品质量高、设备占地面积小、生产成本低、加热效率高等。

图 13.3　石英玻璃管

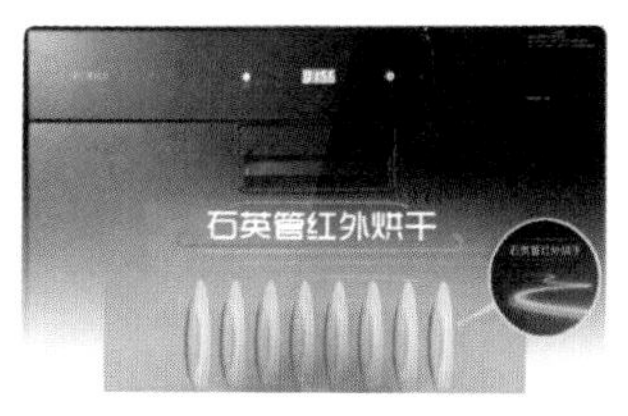


图 13.4　红外消毒柜

2. 材料的多样性

根据《中债资信——家电行业产业链分析专题报告（2017-10-27）》对家电行业的研究分析，彩电产业链如图 13.5 所示。

（1）上游基础材料。彩电使用的上游基础材料主要有玻璃基板、液晶材料、偏光片、彩色滤光片、背光源等。其中，玻璃基板是彩电液晶显示器制造中最重要的成分，如图 13.6 所示。

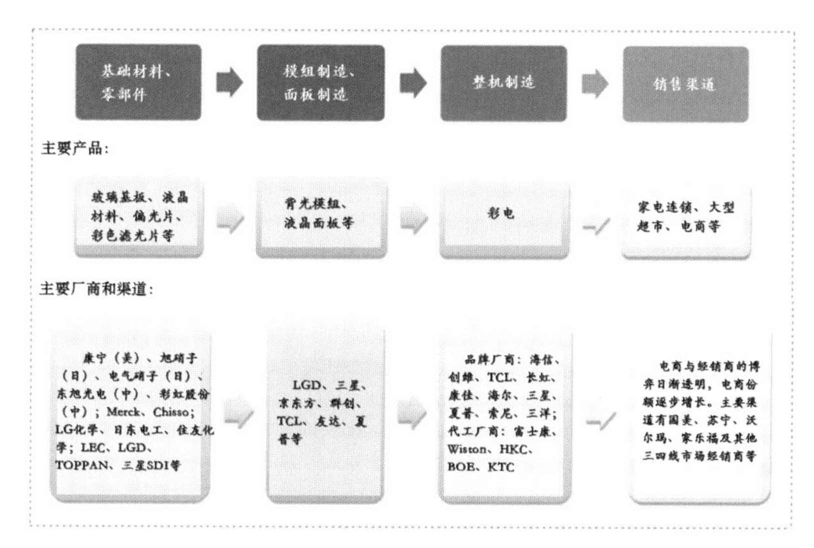


图 13.5　彩电产业链

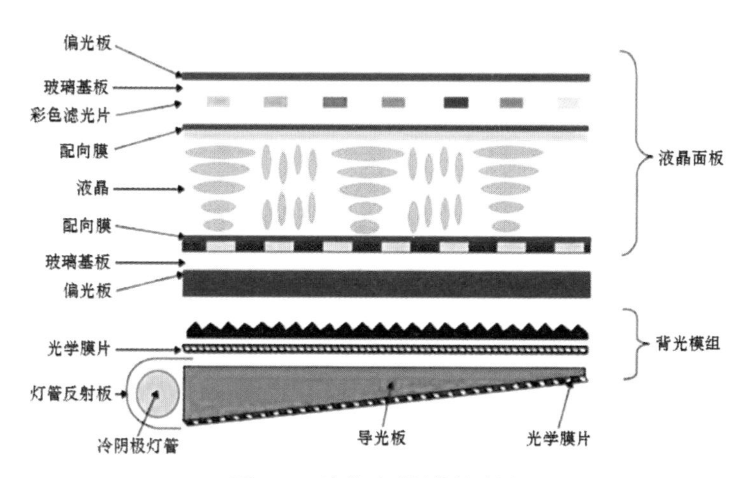


图 13.6　液晶显示器的构造图

液晶显示器的英文是 Liquid Crystal Display，简称 LCD。LCD 玻璃基板可分为两类，即碱性玻璃和无碱玻璃。其中，碱性玻璃包括钠玻璃和中性硼硅酸盐玻璃两种，主要通过浮法制造，主要用于 TN 和 STN LCD。无碱玻璃主要通过铝硅酸盐玻璃制造，碱金属的总含量小于 1%，主要用于 TFT-LCD。

玻璃基板的特性主要取决于玻璃成分，包括热膨胀、黏度（应变、退火、转化率、软化和工作点）、耐化学性、透光率。除了产品质量外，玻璃基板的频率和温度的电特性在很大程度上受材料成分的影响，也取决于生产过程。

背光模组包括背光源、导光板、光学膜片、塑料框架等。背光源具有高亮度、长寿命和均匀发光的特征。当前，有 3 种类型的背光源，即 EL、CCFL、LED。根据光源分布，可将背光源分为边缘照明和直接照明。随着 LCD 模块朝着更亮和更薄的方向发展，侧光 CCFL 背光源已成为背光源开发的主流方向。

（2）中游面板及模组制造。液晶面板是彩电的核心部件，占彩电成本的 70% 左右。彩电产业链价值分布情况如图 13.7 所示。

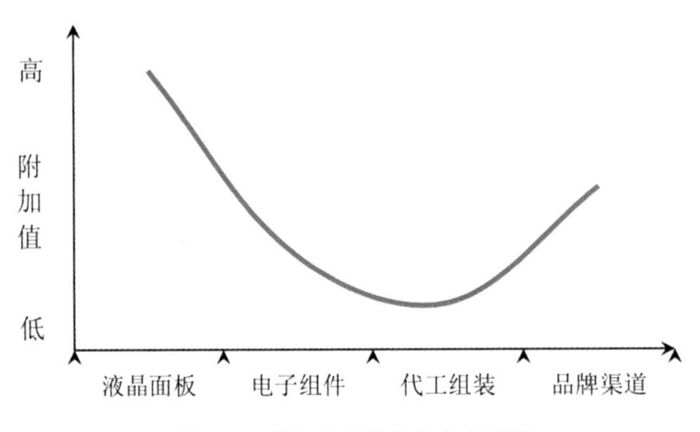


图 13.7　彩电产业链价值分布情况

液晶是介于固体和液体之间的物质，是具有规则分子排列的有机化合物。当加热时，它呈现出透明的液态；而当冷却时，它就变成混浊的固态晶体颗粒。由于这种特性，所以它被称为液晶。液晶显示器中使用的液晶分子结构类似于细火柴棍，被称为向列液晶。使用这种液晶制造的显示器就被称为液晶显示器（LCD）。在 LCD 彩电中，两个玻璃之间的液晶施加了电压，并且通过分子排列的变化和“之”字形的变化来再现图像。屏幕与电子组碰撞以创建图像，而且图像是通过外部光的透视反射形成的。

① STN（超扭曲向列）液晶屏。这是一种无源矩阵 LCD 器件，具有低功耗和最大程度节省功率的优点。彩色 STN 显示原理是在常规的单色 STN LCD 显示器上添加彩色滤光片，并通过彩色滤光片显示红色、绿色和蓝色 3 种原色来显示彩色图像。STN 屏幕显示的响应时间很慢，大约为 200ms，并且在播放动画时拖尾很严重。

② TFT（薄膜晶体管）液晶屏。有源矩阵 LCD 屏幕的背面配有特殊的光管，可以主

动控制屏幕上的每个像素。其优点是响应时间约为 80ms，视角较大，通常约为 130° ；其缺点是会消耗更多的功率且造价相对昂贵。

③ OLED 液晶屏。这是一种有机发光显示器，从根本上就不同于传统的 LCD 显示方式，它不需要背光，使用有机材料和玻璃基材非常薄的涂层。当电流流动时，这些有机材料就会发光。其优点是屏幕更明亮、更薄，具有更大的视角，并能节省功率；其缺点是使用寿命短，并且无法放大屏幕。

④ LTPS 液晶屏。这种液晶屏源自 TFT LCD 的新一代技术产品。它是通过在传统的非晶硅 TFT-LCD 面板中添加激光加工工艺制成的，从而将组件数量减少了 40%，并将连接数量减少了 95%，大大提高了能耗和耐用性。它的水平和垂直视角达到 170° ，显示响应时间达到 12ms，显示亮度达到 500nit，对比度达到 500。

（3）整机制造：机身外壳。CRT 电视机外壳和基础材料是注塑成型的高流动性 ABS（丙烯腈 - 丁二烯 - 苯乙烯）。LCD 彩电外壳的材料很多是亚光的钢琴烤漆屏，大部分是由 ABS+HIPS 制成的。在市场上的各种 LCD 彩电外壳的材质主要有以下几种：

① 螺钉边框。市场上有不少螺丝钉外露的产品，其实这些螺丝钉并不是固定电视边框的螺丝钉，而是固定屏幕和背光组件的螺丝钉，如图 13.8 所示。这类产品满足了市场对低端产品的需要，但边框受外力影响容易造成电视机变形。

② 普通塑料边框。普通塑料边框电视机（图 13.9）是目前市场上的主流产品采用的外壳材料，优点是形态丰富、设计自由度高、低成本，但缺点也很明显，如强度比较弱、表面质感不如金属材质好。这类材质比较普遍，主要采用镜面注塑和油漆喷涂两种技术。其中，镜面注塑需要采用更好的塑料原生颗粒，观感类似玻璃，有一种半透明的感觉。

图 13.8　螺丝钉边框电视机

图 13.9　普通塑料边框电视机

③ 高温蒸汽压膜塑料。高温蒸汽压膜塑料边框电视机采用比较好的模具，通过外壳可以做出类似金属拉丝的质感，触感扎实，感觉不到塑料强度不足的问题，如图 13.10 所示。

④ 不锈钢。不锈钢边框电视机的边框轻盈美观、强度高，可以更好地防止边框的变形，但目前使用得不多，如图 13.11 所示。

⑤ 铝合金。铝合金是目前广泛用于电视机等黑色家电中的材料，如图 13.12 所示，其特点是重量轻、强度高，有多重材质处理工艺（如阳极氧化、喷涂、金属拉丝、磨砂、抛光等）。其中，使用最多的是铝合金的阳极氧化处理和铝合金的拉丝一体弯折。

图 13.10　高温蒸汽压膜塑料边框电视机

图 13.11　不锈钢边框电视机

图 13.12　铝合金外框电视机

## （二）使用功能

1. 强化功能的针对性

目前，曲面显示已进入 2.0 时代。早在 2017 年 8 月，有十几家电视机和显示公司及其相关的渠道供应商（图 13.13）发布了“曲面战略宣言”，宣布扩大曲面市场。随着未来曲面显示技术的发展（图 13.14），越来越多的用户将感受到更多差别化的电视机应用技术。

VA 技术是将液晶纵向安排，在曲面 Curved 状态下也能传达最合适的光；相反，非 VA 技术是将液晶横向安排，在曲面情况下会因液晶扭曲而导致白色斑点产生。VA 型和非 VA 型液晶显示效果对比如图 13.15 所示。

图 13.13　发布“曲面战略宣言”的商家

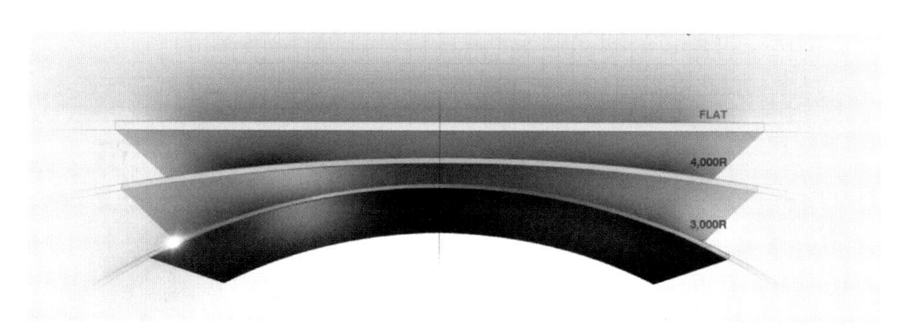


图 13.14　屏幕曲率变化趋势

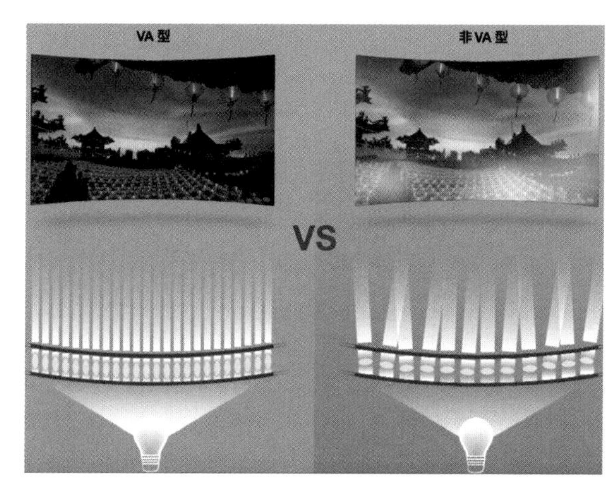


图 13.15　VA 型和非 VA 型液晶显示效果对比

（1）采用 Curved 专用彩色技术。传统色彩和 Curved 专用彩色液晶显示效果对比如图 13.16 所示。

（2）采用更薄、更有弹性的柔性屏幕技术。Curved 电视机不是把一般的平面屏幕生硬地进行弯曲，如果把一般的平面屏幕强制弯成像曲面电视机那样的曲率，屏幕会因无法承受张力导致破裂。Curved Display 为了向视听者提供最佳的曲率，开发出了更薄、更有弹性的柔性屏幕技术，实现了张力最小化的终极 Curved，如图 13.17 所示。

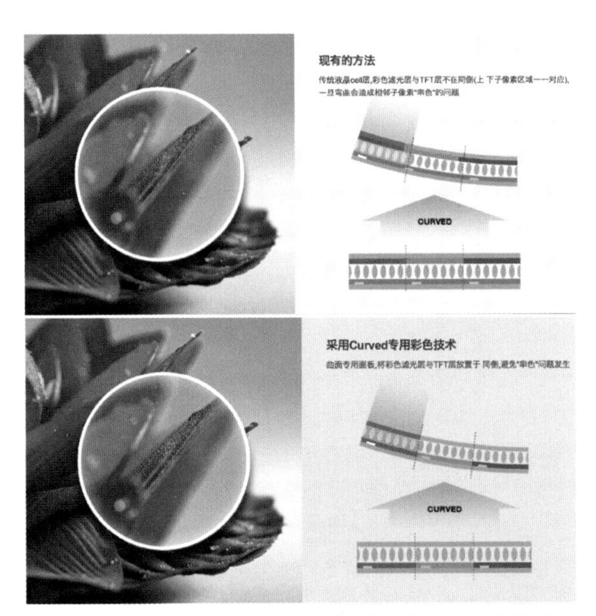


图 13.16　传统色彩和 Curved 专用彩色液晶显示效果对比

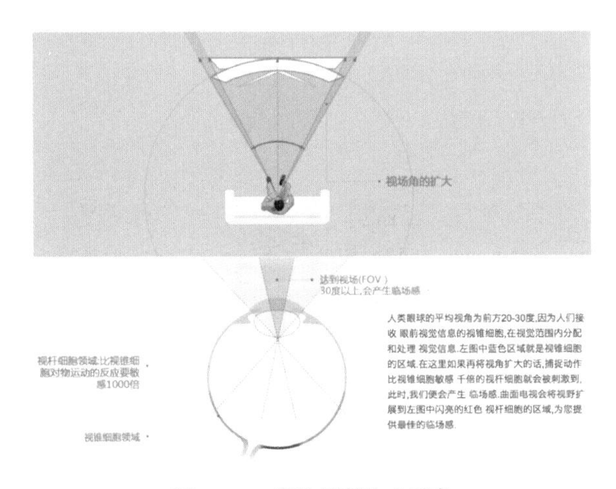


图 13.17　柔性屏幕技术示意

2. 摒弃功能齐备化理念

电视机可以针对不同人群强化某些功能，如适合于幼儿的在线启蒙教育模块（图 13.18）、适合于年轻人的娱乐体验游戏、适合于老年人的健康养生模块。另外，结合当下热门的交互应用，设置手机在线遥控功能也是不错的选择。

3. 功能选择模块化

（1）海尔阿里Ⅱ代电视机。海尔阿里Ⅱ代电视采用可定制模块化进行设计，实现了电视机的软件和硬件同时升级，如图 13.19 所示。它将所有的软件和硬件都聚合在一块可插

图 13.18 在线启蒙教育模块

图 13.19 海尔阿里Ⅱ代电视机

拔的 86PIN 接口模块中，可以实现用户不同功能组合的个性化需求，而且只需要更换模块即可实现软硬件双升级。海尔阿里Ⅱ代电视搭载了 YunOS for TV 系统，可在电视端实现影视、音乐、游戏、教育、购物等功能，包含电视淘宝、视频资源、客厅教育、云游戏、纪录片专区等应用资源。

（2）LG OLED“Wallpaper”电视机。LG OLED“Wallpaper”电视机采用屏幕与扬声器分离的设计，配备了单独的条形音箱——移动回音壁，其两端的圆形扬声器会随着电视的启动自动升起，如图 13.20 所示。电视机的屏幕可以安装在墙上，只需要一条特殊的电缆和接口即可连接到条形音箱主机。该电视机屏幕仅厚 2.57mm，而 65 英寸的电视机仅重 7.7kg。

图 13.20 LG OLED“Wallpaper”电视机

### （三）使用方式

1. 使用方式灵活化，支持设备移动多点使用

智能电视的操作系统允许用户安装和卸载第三方服务提供商提供的软件、游戏和其他程序，并支持多屏交互、语音识别和手势识别。

（1）利用手机、平板电脑操控电视，进行多屏互动。多屏互动基于协议（如 DLNA、WIDI、IGRS）的智能平台、智能应用程序、Wi-Fi 网络连接的智能控件和多媒体（音频）的全面集成，通过查看、控制、分析、发送、共享等来丰富多媒体生活，如图 13.21 所示。

（2）语音识别。语音识别技术的目标是将人类的语音词汇内容转换为计算机可读输入，如按键、二进制代码和字符序列，如图 13.22 所示。与说话者识别和说话者验证不同，后两者试图识别或验证说话者的讲话，而不识别说话者语音中包含的词汇。

图 13.21　多屏互动

图 13.22　语音识别

（3）人脸识别。人脸识别产品使用 AVS03A 图像处理器来检测面部亮度，自动调整动态曝光补偿、面部跟踪检测，以及自动调整图像放大率。人脸识别实际上包括构建人脸识别系统的一系列相关技术，如人脸图像采集、人脸定位、人脸识别预处理、身份验证、身份搜索等，以及 ID 验证或 ID 查找的技术或系统。人脸识别技术使电视成为“所有者”，这是大多数智能电视可以使用人脸识别技术实现的功能，如图 13.23 所示。

（4）手势识别。智能电视使用的手势识别功能（图 13.24）采用动态图像识别技术，先通过摄像头接受动作图像，然后用计算机技术对图像进行分析，将预存储的指令动作与前后屏

图 13.23　人脸识别

图 13.24　手势识别

幕变化进行比较，最后确定要执行的指令。在大家电设备上使用手势识别技术还面临几个重要的问题，包括在不利的光线条件下，该技术能够实现的效果、背景的变化与高功耗等。

2. 采用省电减耗措施，多种能源可供选择

黑色家电主要的耗电在于音频输出的功率和视频输出的屏幕。一般情况下，音频输出的功率越大，功耗就越大；屏幕尺寸越大，功耗就越大。我们所谈论的黑色家电的节能，主要是要求在同样的音频输出功率和同样的屏幕尺寸的情况下，还能够省电。

（1）对于音频输出放大器来说，D 类音频功率放大器（图 13.25）可节省能量。这是因为，D 类音频功率放大器的效率是普通 A、B 类的 2～3 倍；D 类耗电的 75% 都是有效输出，而 A、B 类只有 25% 左右是有效输出。

例如，意法半导体 TDA7498（图 13.26）以高性能设备为目标应用，如 DVD、蓝光播放器、家庭影院、有源音箱及扩充底座等。在上述应用中，D 类音频功率放大器的高能效和低热性可支持轻薄时尚的产品设计，不需要散热器和大功率电源，还可节省成本。D 类音频功率放大器产品满足小尺寸、低功耗、高音频输出的市场主流需求，因而成为音频产品的中坚力量。

图 13.25　D 类音频功率放大器

图 13.26　意法半导体 TDA7498

（2）对于液晶电视来说，采用 LED 背光，也可以节省大量电能。当前，大多数屏幕背光源都使用 CCFL 作为背光源，但如果采用 LED 背光，则可以节省大量电能。CCFL 还因为含汞而被欧盟禁止进口，而且寿命也只有 LED 的 1/3。3 种不同的背光源的应用对比如图 13.27 所示。

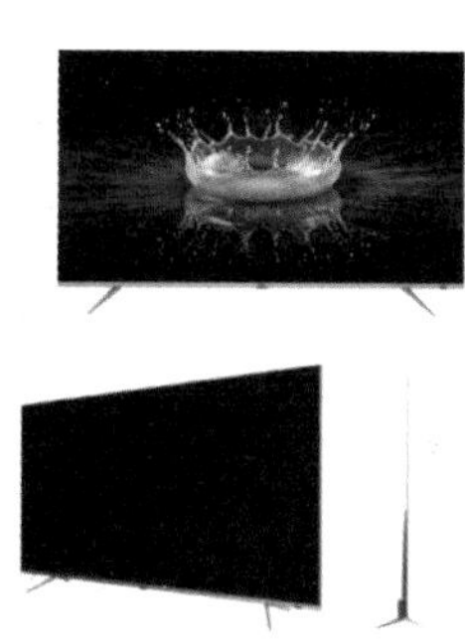

TCL L40S9FE　背光性能：XWCG-CCFL
TCL L32F3301B　背光性能：LED 背光源
TCL 55A860U　背光性能：LED 侧置式背光源

图 13.27　3 种不同的背光源的应用对比

例如，海信推出“3E 节能”技术，实现了高效、节能、环保。首先，采用 AGT、IPS 等新一代液晶模组，运用高效灯管、高效增亮膜，来增加像素孔径，改善液晶屏的透光率，提高整体效率 58%；其次，通过整合电源结构，运用专利的电源转换技术，实现模组电压的一次性转换，使模组电源转换效率提高至 87%。

又如，康佳推出的第二代节能技术，采用更高效节能的背光源，继承了康佳智能控制的节能技术优势，通过节能芯片和 PMS 管理系统实现了双重节能，比普通电视机再节能 52%，能耗低且损耗小，可有效地提高电视的使用寿命，更绿色环保。

又如，TCL 方面则采用变频优化系统，通过智能技术处理，将电视机的光源、功率、电流、电源、电压进行变频优化，实现了节能环保。

再如，长虹推出整机节能技术，采用高效能面板，开机省电 60%，待机功耗较低，进行量子芯节能控制，并采用尖端动态节能技术进行节能减排，有着较为出色的省电效果。

### （四）废弃回收

1. 局部模块可替换

例如，音响可替换的零部件包括橡胶振动膜、防尘网布、吸音棉等，如图 13.28 所示。

2. 零部件易拆卸

例如，音响最基本的组成只有 3 个部分：扬声器单元、箱体和分频器。音响也可能存在其他组件，如吸音棉、倒置管、折叠的“迷宫管”、加强盘 / 加强隔板等，但这些零部件并非必不可少。一般来说，音响机壳的连接是通过螺钉固定的，拆卸也是如此，如图 13.29 所示。

3. 废弃余料处理

废旧家电处理技术可以分为预处理技术、后处理技术和应用技术。预处理技术包括产品专业知识，如制冷剂、发泡剂和润滑剂的回收。后处理技术是指处理包含有毒或有害贵金属的机密材料，如电路板处理、玻璃丝网和锥体处理。应用技术是指对筛网、圆锥体的再利用，制冷剂和润滑剂的净化和利用、聚氨酯绝缘层的再利用等。废家电回收利用新工艺流程如图 13.30 所示。

图 13.28　音响可替换的零部件

图 13.29　音响拆解

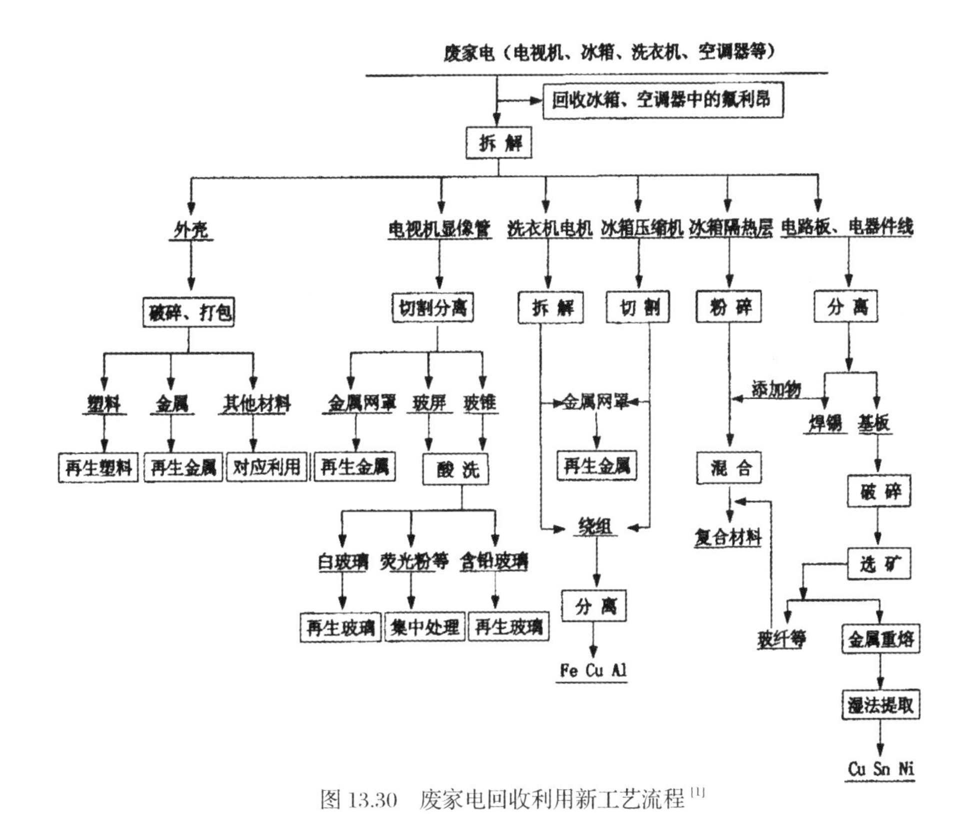


图 13.30　废家电回收利用新工艺流程 [1]

[1]　周彬彬，2007. 废旧家电回收处理体系及相关技术研究 [D]. 北京：北京工业大学 .

（1）普通金属材料的回收利用工艺。废旧家电中所含普通金属也称贱金属，含量约占75%，是回收废旧家电的主要目标。废旧家用电器中的金属回收通常使用火法或物理过程，回收的顺序通常是：铁和铁合金→铜→铝→铅→锡和其他金属。

① 铜材的回收。废旧家电中含有大量铜材，主要存在于各类电线、两器、带材、电动机、线路板和电子元器件中。家用电器和电子工业几乎用到铜材的所有品种。目前，我国生产再生铜的方法主要有两类：第一类是直接利用法，即将废杂铜直接熔炼成不同牌号的铜合金或精铜；第二类是将废杂铜先经火法处理铸成阳极铜，然后电解精炼成电解铜，并在电解过程中回收其他有价值元素。

② 铝材的回收。由于其优异的性能和易于回收利用的特点，纯铝和铝合金已成为家用电器的重要基础材料，并被广泛用于家用电器框架、导热组件和导热组件的制造。从废物中回收其他铝已成为有色金属回收中最重要的部分，其能源消耗和回收成本大大低于原铝的生产（约10%）。与铜一样，铝回收技术的关键是无害和清洁生产，不会造成空气和水污染。

③ 除了可回收的其他贱金属材料铜和铝之外，还存在大量的铁或铁合金、一定量的铅和锡、它们的合金及其他用于处置设备的金属。

在回收这些贱金属材料时，通常先回收铁和铁合金。一般情况下，它们主要以家用电器的外壳、支架、铆钉、螺钉等形式存在，在拆卸过程中可以先进行简单分类和存储，再送到钢铁厂熔化。

（2）贵金属材料的回收利用工艺。

① 金的回收。废旧家电中的黄金主要存在于各种印刷电路板、有源组件和芯片组件中，如普通的锗二极管、硅整流器、硅齐纳二极管、高频三极管、簧片继电器、电容器和电位计等。从包括金、电阻器、集成电路、电击、引线等在内的废物中回收金的关键是，从大多数其他废物（包括各种有机物、贱金属和除金以外的其他贵金属）中回收黄金。因此，有必要在回收之前进行选择和分类，或者进行分解，然后在处理之前进行预浓缩。含金废物的回收技术可分为两种：火法和湿法。火法技术从废旧家电中回收金的工艺流程图如图13.31所示。湿法技术从废家电中回收金的工艺流程图如图13.32所示。

火法技术的优点是工艺简单，操作方便，贵金属回收率高（达90%）；但缺点也很明显，二次污染严重，贵金属外的有色金属回收率低，能源消耗高，有机物的综合利用，资金投入大，经济效益低。最常用的湿法是硝酸－水湿法。湿法技术的优点是排放量低，提取贵金属后残留物的加工更容易，并且比火法技术具有更大的经济效益。因此，湿法技术得到了更广泛的应用。

② 银的回收。由于银的价格远低于黄金，所以家用电器和通信设备等电子产品中使用的白银量远高于金，并且几乎所有电子产品都含有不同量的银。废家电等废弃物已成为银的第二大“矿产资源”，银的回收技术相对容易。当前，在工业上有4种类型适用的含银废物处理和回收方法：燃烧、湿法、浮选和机械。

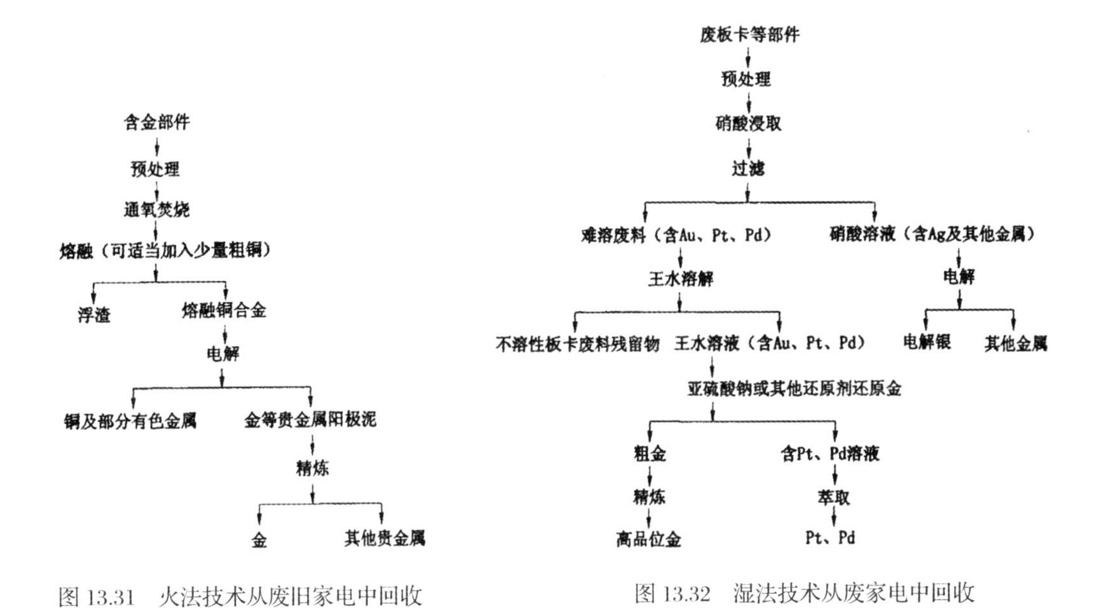


图 13.31　火法技术从废旧家电中回收金的工艺流程图[1]

图 13.32　湿法技术从废家电中回收金的工艺流程图[2]

（3）有机材料的回收利用工艺。与金属材料相比，在废旧家电中处理各种有机物相对困难，这也是无害化处理废旧家电的瓶颈之一。通常用于制造家用电器的聚合物材料是工程塑料、通用塑料和特殊橡胶。常用的工程塑料是 ABS、高抗冲聚苯乙烯（mP）、聚碳酸酯和 ABS 合金（PC/ABS），常见的塑料包括聚氯乙烯（Pvc）、特殊的塑料是硅橡胶（主要用于计算机键盘、手机和电话键等）。

（4）废塑料的回收。一般有几种处置废塑料的方法：回收、生物和光解、深埋和焚化。家用电器是消耗大量塑料的电子产品，这些家用电器中使用的塑料的处理是家用电器生产、消费和报废中最敏感的问题。当前，中国的废旧塑料回收方法主要包括机械回收、循环利用和化学回收。

（5）废橡胶的回收。中国是世界第二大橡胶生产国，但目前废橡胶的回收率仅为 15% 左右。家用电器中使用的硅橡胶具有无味、无毒、强度高等特点，而且有机硅几乎应用于所有家用电器，如计算机、手机和传真机。硅橡胶处理工艺主要包括废胶生产、再生胶工艺和高温热解工艺。废橡胶生产再生橡胶是一种橡胶替代材料，它使用物理和化学过程去除弹性，并再生类似橡胶的刚度、黏度和可硫化性。废橡胶的高温热解过程依靠外部热量来打开化学链，因此，有机材料可以分解、气化和液化，其最终产物是炭黑。

[1]　周彬彬，2007. 废旧家电回收处理体系及相关技术研究 [D]. 北京：北京工业大学 .
[2]　同上 .

## 二、白色家电

白色家电是指可以减轻人们的劳动强度（如洗衣机、某些厨房用具等）、改善生活环境、提高物质生活水平（如空调、冰箱等）的产品。白色家电通过电机将电能转化为热能和动能而起到发挥功能作用。

根据《中债资信——家电行业产业链分析专题报告（2017-10-27）》对家电行业的研究分析，白色家电主要产品及分类见表 13-2，白色家电产业链如图 13.33 所示。

**表 13-2　白色家电主要产品及分类**

| 空　调 | 冰　箱 | 洗衣机 |
| --- | --- | --- |
| 家用空调<br>按工作原理分类：定频空调、变频空调<br>按性能分类：单冷空调、冷暖式空调<br>按款式分类：窗机、挂机、柜机等 | 按用途分类：冷柜、酒柜、冷藏箱、冷藏冷冻箱等 | 波轮式、滚筒式、单/双缸式 |
| 中央空调<br>多联机、大型机（螺杆机、离心机） | 按门体结构分类：双门、三门、对开门等 | |

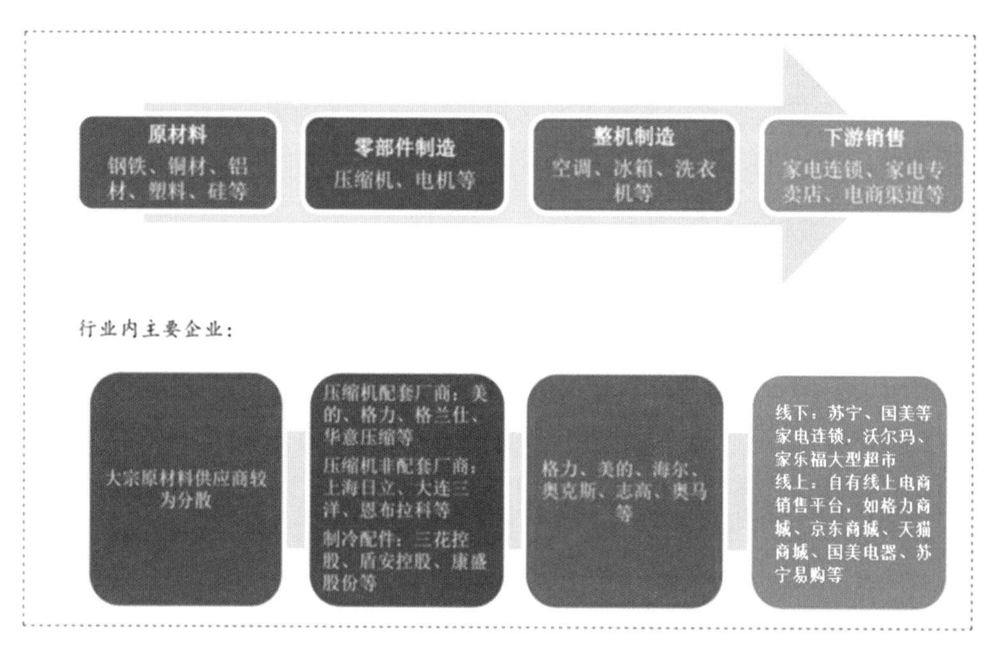


图 13.33　白色家电产业链

### （一）空调节能环保措施

当前，常用的空调节能转换技术包括变频泵、水蓄冷、优化的机组和终端设备、维护结构的隔热、内部和外部遮光技术、节能灯等；其具有巨大前景的包括模糊控制技术、环保节能碳氢制冷剂的应用、磁悬浮技术、高效换热技术、过冷器技术、直流变频技术等。

1. 常用节能改造技术分析

（1）变频泵。风机和水泵节电的原理是使用速度控制代替风挡或节气门来控制气流，这是节省电量的有效方法。当前，在空调采用变频调速技术后，电动水泵的转速普遍下降，从而延长了设备的使用寿命，降低了设备的维护成本。同时，变频器速度稳定，从而减少了对电网的影响。变频器具有非常灵敏的故障检测，诊断和数字显示功能，从而提高了电动机和水泵的可靠性。变频空调的工作原理如图 13.34 所示。

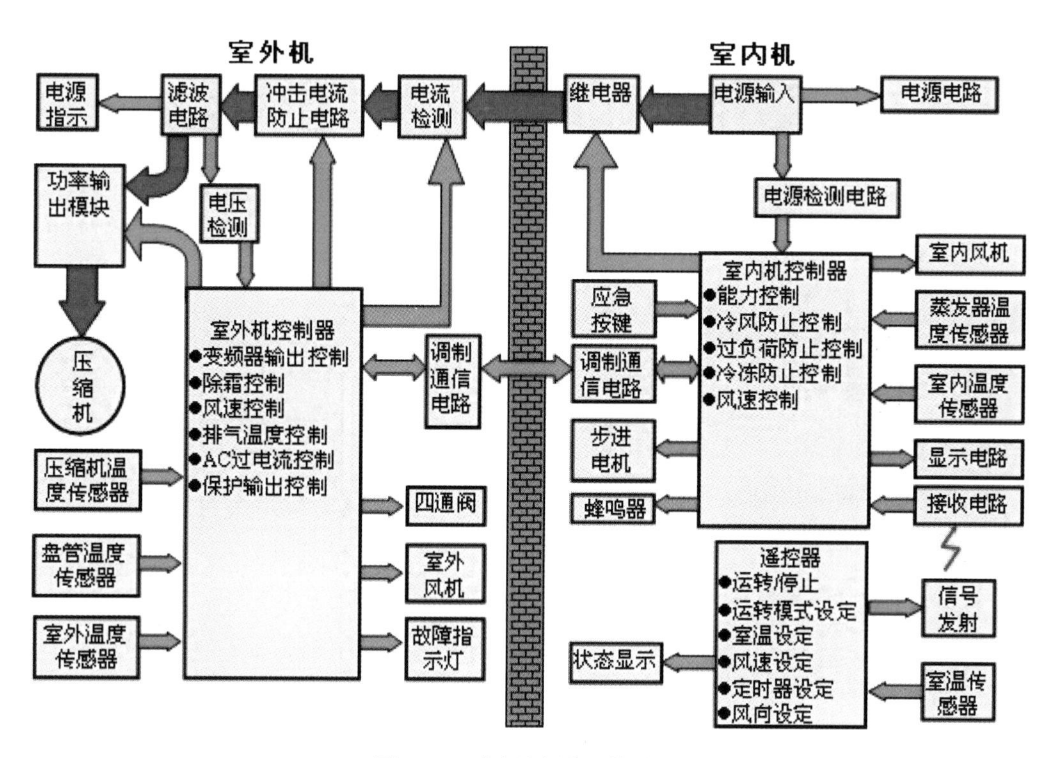

图 13.34　变频空调的工作原理

（2）水蓄冷。水蓄冷是指利用低温水蓄冷，因为使用低温水制冷时水温会发生变化。其通常存储温度为 4～6℃，温差通常为 5～10℃，但制冷量通常较低，并且水冷式存储可直接适用于常规空调系统，不需要其他特殊设备。水蓄冷的优点是减少了制冷过程中的效率损失，具有快速的冷却速度、安全可靠的系统运行及在夜间将峰谷值电价差用于冷藏存储；缺点是系统面积大、冷却损失大、防水性和隔热性很差。水蓄冷运行模式如图 13.35 所示。

水蓄冷有以下两种类型可供选用：

① 全蓄冷。在电网的高峰时段，冷藏室提供了完整的空调负荷。这适用于限制低运营成本、高资本投资、短期空调或制冷功率负荷的空调项目。

② 部分蓄冷。在电网的高峰时段，制冷设备提供了部分空调负荷。这对设备的低投资应优先考虑，因为它可以充分利用所有设备的容量。

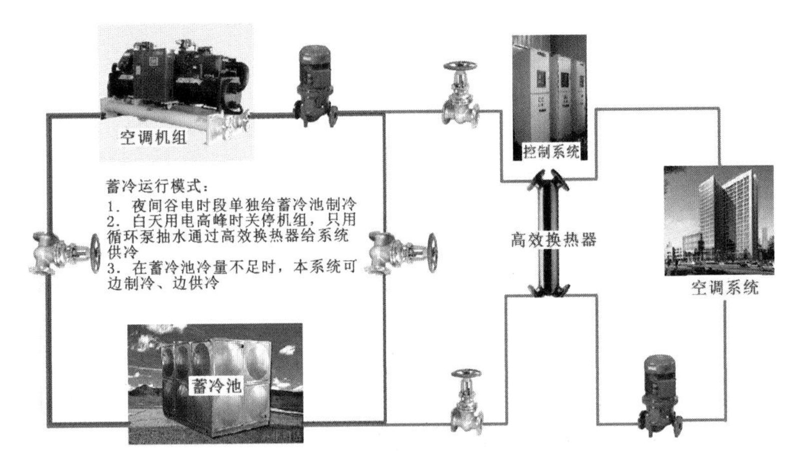


图 13.35 水蓄冷运行模式

2. 空调节能新技术

（1）系统模糊控制节能技术。模糊控制（Fuzzy Logic Control，FLC）是人工智能领域的一个重要领域，适用于复杂的结构问题和难以用常规理论建模的问题，如图 13.36 所示。由于模糊控制可以更好地适应中央空调的特性，所以在空调领域受到了广泛的关注，并已成功应用于家用空调。

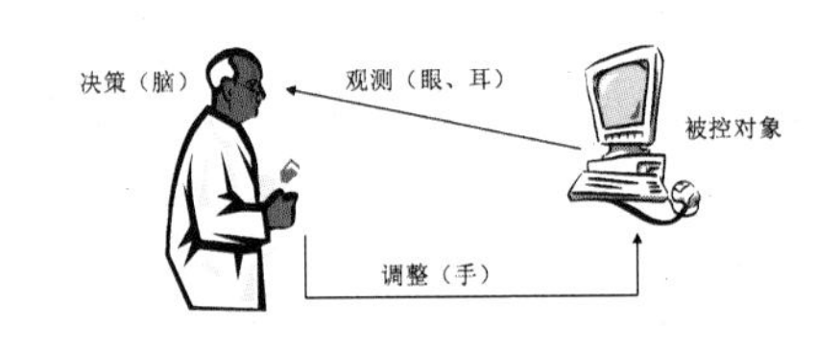


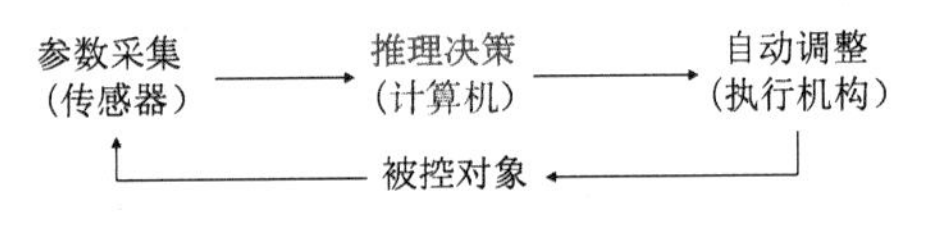


图 13.36 智能模糊控制过程

模糊控制系统基于模糊集理论、模糊语言变量和模糊逻辑的模糊推理，并采用计算机控制技术形成具有反馈通道的闭环数字控制系统。模糊控制系统不依赖于系统的精确数学模型，特别适合与复杂系统（或过程）和模糊对象一起使用。模糊控制系统知识表示，模糊规则和模糊控制的综合推理是智能的、可自主学习的，因为它们会通过操作员的专业知识或成熟的经验和学习不断地进行更新。模糊控制系统的核心是模糊控制器，它基于计算机，具有计算机控制系统的特性，如控制的数字精度和软件编程的软性。

可以应用模糊控制技术的中央系统通常是非线性的，也是时变的。在中央空调系统中，冷却设备的能耗最为重要，占空调系统总能耗的 60%～70%。制冷站包括大型耗能设备，如制冷设备、冷冻水泵、冷却水泵和冷却塔风扇。

（2）BKS 先进的智能模糊控制技术。BKS 是汇通华城楼宇科技有限公司根据中央空调节能控制领域的多年研究、实践和测试而提出的一套完整的科学解决方案。例如，其空调系统控制在 HVAC 智能模糊控制领域开辟了重要的发展方向如图 13.37 所示，其开发的某酒店空调智能节能系统拓扑图如图 13.38 所示。

（3）环保节能型冷媒改造技术。碳氢化合物制冷剂比其他相同容量的制冷剂轻，从而

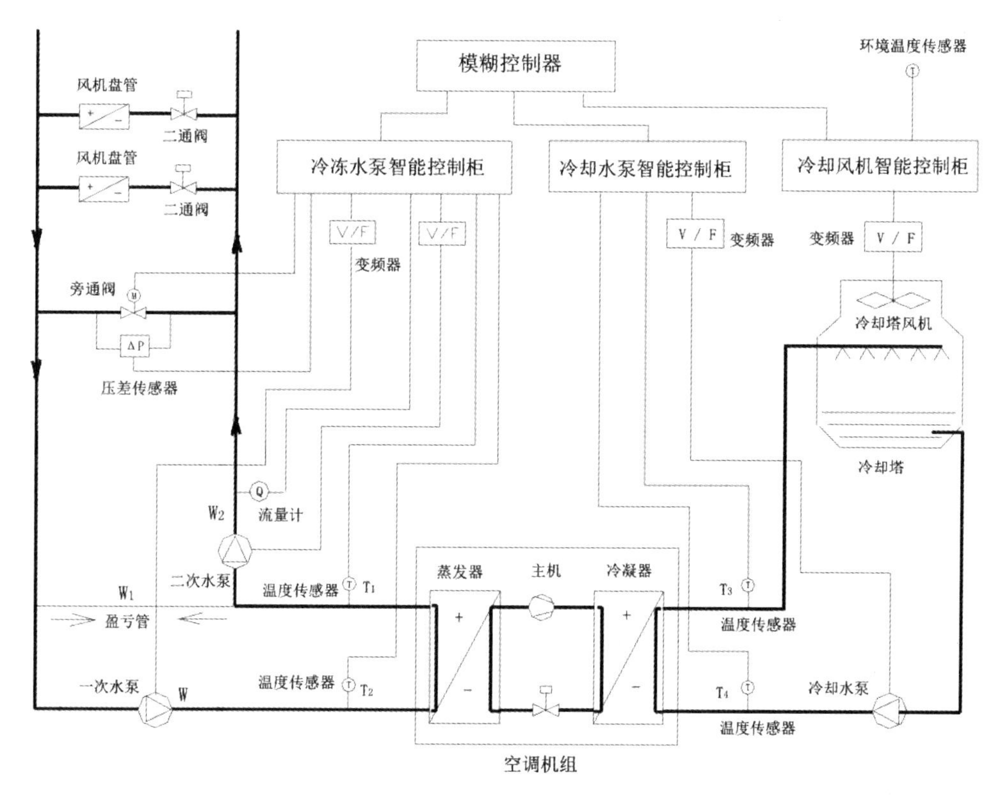


图 13.37 空调机组系统原理图

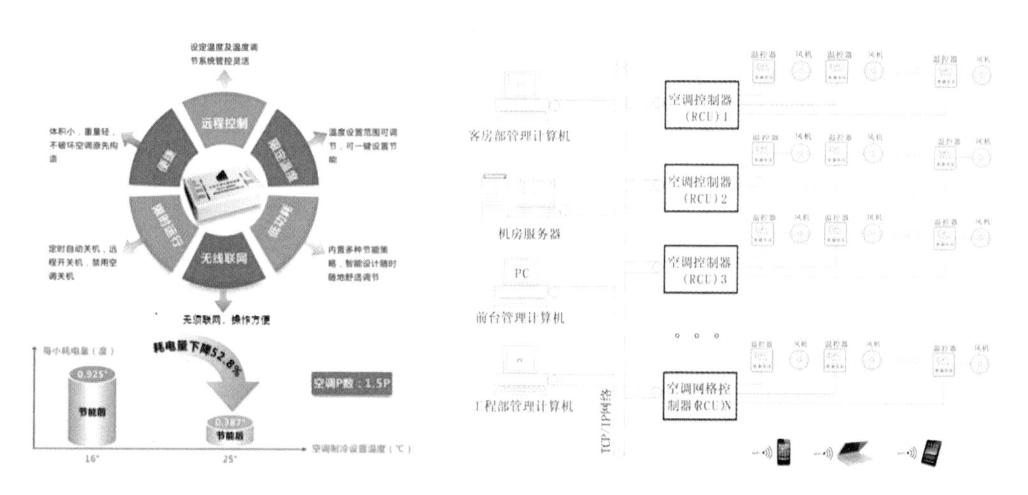


图 13.38 某酒店空调智能节能系统拓扑图

减少了压缩机的负荷和热量，并延长了设备的使用寿命，如图 13.39 所示。而且，碳氢化合物制冷剂的潜热很大，其吸热能力和散热能力都比其他制冷剂大。其制冷剂分子很小，在相同体积下，蒸发面积可能会增加，因为它的分子比其他制冷剂要多。另外，油的混合比例非常高，从而防止了因制冷剂和制冷剂润滑剂之间的不相容而引起的问题。

图 13.39　碳氢冷媒

由于传统制冷剂 CFC、HCFC 和 HFC 破坏了臭氧层，所以《蒙特利尔破坏臭氧层物质管制议定书》（注：联合国为了避免工业产品中的氟氯碳化物对地球臭氧层继续造成恶化及损害，承续 1985 年《保护臭氧层维也纳公约》的大原则，于 1987 年 9 月 16 日邀请所属 26 个会员国在加拿大蒙特利尔所签署的环境保护公约）禁止使用氟氯化碳制冷剂。2010—2013 年，中国逐渐禁止使用这些传统制冷剂。当新一代高效制冷剂逐渐替代传统制冷剂，并用碳氢化合物制冷剂替代其他制冷剂时，比其他常规制冷剂更节能。

变频技术得到广泛应用，节能效果得到了普遍认可。尽管制冷技术的储能率不及其他 3 种节能技术，但其峰值和谷值电价政策可以节省大量运营成本。模糊控制技术具有投资成本低、恢复周期短、节能效果好等优点，因此具有良好的应用前景。环保型碳氢化合物制冷剂投资成本低、回收期短、节能高，几乎没有破坏臭氧或引起全球变暖的潜力，未来应用的前景更加广阔。碳氢制冷剂的应用限制正在逐步被打破，这被认为是未来推广节能改造技术的另一个具有挑战性的新方向。

### （二）冰箱制冷优化

1. 电冰箱能耗与制冷系统优化设计

电冰箱的功耗占家用电器总功耗的 32% 左右，因此节能环保是电冰箱研发的重要课题，而蒸发器和冷凝器的传热能力、软冻结和可变温度技术的优化设计是其中的重要因素。

（1）减少电冰箱保护壳体漏热（图 13.40）。电冰箱壳体通常是冰箱柜体和门体，即可以存储食物的空间。减少电冰箱保护壳体漏热的方法主要有：增加箱体和门体的泡沫层厚度；使用高性能微孔发泡技术，提高发泡性能；在箱体和门体内部增加真空绝热材料板；在箱体和门体内壳上粘贴铝箔胶带、牛皮胶带等物质，降低隔热层的传热系数。电冰箱箱体和门体泡沫层的厚度直接影响冰箱的节能效果，泡沫层厚度的增加和冰箱能耗等级的升高成反比关系。

（2）改进电冰箱结构设计。例如，增加门封安全气囊的数量，降低门封的关闭高度，使用集成式门泡沫技术和双门封，使用强磁条等；又如，改进蒸发器、冷凝器的制冷性能，增大能效比，即增加蒸发器面积、换用热传感更好的材料等。

图 13.40　减少电冰箱保护壳体漏热措施

（3）使用高效压缩机节能的最直接方法是提高压缩机的能源效率。目前，市场上最有效的压缩机 COP 值可达到 2.1。选择压缩机主要根据压缩机的排气量、输入功率及运行时的制冷量来确定，即电冰箱制冷系统对压缩机的性能要求。影响电冰箱能耗等级的主要因素是压缩机的能效比 COP，任何一台节能电冰箱的使用，都配备了一台高效压缩机。

图 13.41　新型磁冷压缩机

例如，GE 实验室的科学家设计了一种使用特殊磁性材料（镍锰合金磁体）的“电冰箱”，该材料利用“磁热效应”原理降低了温度，如图 13.41 所示。这种新型的磁性材料制冷方式完全覆盖了传统的制冷方式。常规压缩机依靠功率来确保冷却效果并消耗过多能量，这种新型的磁冷却技术可以在不消耗大量能量的情况下将温度降低到冰点以下，而且不像压缩机那样需要间歇性制冷，它可以持续制冷。

（4）冷凝器优化设计。在优化冷凝器设计中，除了合理增大冷凝面积外，还应充分考虑以下几点：

① 水平和垂直盘管混合排冷凝器设计。制冷剂在冷凝器中处于气液两相状态，分析冷凝器中制冷剂流量的变化、内部和外部热交换条件及传热水平管冷凝器，发现该系数增加到垂直管式冷凝器的 3 倍以上。通过水平和垂直盘管的组合来提高流体湍流并打破流体边界层的冷凝器，可提高冷凝器的传热效果，并减少制冷剂流动噪声。

② 线管式冷凝器代替百叶窗式冷凝器。在相同条件下，线管式冷凝器具有良好的传热性能，提高了相应的制冷循环效率，降低了能耗。

③ 内置冷凝器更改为外部类型。外部冷凝器的散热条件比内置冷凝器好，这对于降低冷凝和过冷温度非常有益，可以有效地节省能源并减少能耗。

④ 防凝露管节能设计。从压缩机排气管到干燥过滤器出口的整个高压区域对应于冷凝器负载，包括制冷剂蒸气冷却、冷凝和再冷却（过冷）3 个过程，对应设备包括副冷凝器、主冷凝器及门边防凝露管。由于排气温度不同，所以使用不同制冷剂时管道的布置也不同。

（5）蒸发器的优化设计。

① 减小两个冷冻蒸发器和冷冻蒸发器之间的面积比之差。在一定的总面积下，使冷藏室的蒸发器面积尽可能大。使用大直径的蒸发器管，增加蒸发器管的长度，并将两根管并联放置，可以确保在低温或高温环境下具有最佳的启动 / 停止比，并确保最小的功率、在特定环境温度下的消耗量。

② 设计高效蒸发器。冷冻蒸发器是一个复合三维结构，由多个热交换叠片和连接管组成，该连接管从上到下依次连接所有热交换叠片。换热叠片由多个平行的“S”形冷却盘管组成。由于散热片固定在盘管壁的外部，所以大大增加了冷却盘管与空气之间的接触面积。

③ 合理安排蒸发器的位置和制冷剂的方向。根据箱体内的自然对流，制冷剂的流动方向为逆流热交换，毛细管和回流管采用更长的平行焊接或热塑性工艺，以提高热交换效果。

④ 理论计算和实验的结合避免了蒸发器和冷凝器的传热面积合理匹配，降低了制冷机的工作系数，从而避免蒸发压力过低而冷凝压力过高，达到节能的目的。

2. 压缩机的优化设计方法

《家用电器》期刊通过比较国内外同类产品的技术水平（表 13-3 和表 13-4），分析了电冰箱压缩机行业的现状，并提出优化电冰箱压缩机设计的措施。

**表 13-3　国内电冰箱同类产品的技术水平**

| 公司名称 | 主营产品 | 目前 COP 技术水平 | 备　注 |
|---|---|---|---|
| 广州冷机股份有限公司 | R134a | 普通型 COP 1.25 | 批量生产 |
| | | 高效型 COP 1.40 | |
| | | 概念型（变频）COP 1.70 | 样机鉴定阶段 |
| | R600a | 普通型 COP 1.30 | 批量生产 |
| | | 高效型 COP 1.50 | |
| | R152a/R22 | 普通型 COP 1.25 | |
| | | 高效型 COP 1.40 | |
| 上海扎努西 | R134a | 普通型 COP 1.25 | 批量生产 |
| | R600a | 高效型 COP 1.50 | |
| 天津扎努西 | R134a | 普通型 COP 1.25 | 批量生产 |

续表

| 公司名称 | 主营产品 | 目前 COP 技术水平 | 备注 |
| --- | --- | --- | --- |
| 北京恩布拉克 | R134a | 高效型 COP 1.50 | 批量生产 |
| | | 概念型（变频）COP 1.65 | |
| | R600a | 高效型 COP 1.50 | 批量生产 |
| | R152a/R22 | 普通型 COP 1.20 | 批量生产 |
| | | 高效型 COP 1.35 | |
| 无锡松下冷机 | R134a | 高效型 COP 1.50 | 批量生产 |
| | R600a | 高效型 COP 1.50 | |
| 嘉兴加西贝拉 | R600a | 高效型 COP 1.35 | 批量生产 |
| 黄石东贝 | R600a | 高效型 COP 1.40 | 批量生产 |
| 江西华意 | R134a | 高效型 COP 1.30 | 批量生产 |

表 13-4　国外电冰箱同类产品的技术水平

| 公司名称 | 主营产品 | 目前技术水平 | 备注 |
| --- | --- | --- | --- |
| 日本松下 | R134a | 高效型 COP 1.50 | 批量生产 |
| | | 概念型（变频）COP 1.75 | 已提供样机 |
| | R600a | 高效型 COP 1.50 | 批量生产 |
| 意大利扎努西 | R134a | 高效型 COP 1.50 | 批量生产 |
| | | 概念型（变频）COP 1.75 | |
| | R600a | 高效型 COP 1.50 | 批量生产 |
| 丹麦丹佛斯 | R600a | 高效型 COP 1.50 | 批量生产 |
| | | 概念型（变频）COP 1.75 | |

从上表可以看出，与国外压缩机相比，国内电冰箱压缩机行业没有技术优势。仅有一些国内公司通过合资、资产重组、引进或改造技术，暂时缩小了与国外同行的差距。

上述制造商生产的各种规格的压缩机属于连杆活塞往复式低背压压缩机，主要的结构形式可以分为两种：一种是弹簧类型的结构，其中将电动机安装在电动机的顶部，以日本的松下为代表；另一种是弹簧式结构，底部带有压缩泵，如意大利扎努西的压缩泵体上置、电机在下的座簧式结构。为了提高压缩机效率，各制造商不同程度地使用半直接、直接吸入或凹入阀板技术。考虑到中国电冰箱压缩机行业目前的产品结构，基于现有的系列成熟产品，除了采用最先进的技术以外，需要对产品进行设计改善，对策见表 13-5 和表 13-6。

表 13-5　提高效率的对策

| 项　目 | 原　因 | 具 体 措 施 |
|---|---|---|
| 吸气消音器 | 改良吸气消音器可大幅度提高制冷量和 COP 值 | 利用 CFD 计算来优化改良直接或半直接吸气消音器结构，主要包括气体吸入通道和共鸣气柱尺寸，减少气体黏滞阻力损失，以便提高吸气效率 |
| 排气阀组件 | 影响制冷量和 COP 值关键件 | 改良优化凹型阀板的相关尺寸（吸、排气孔及排气通道尺寸等）；<br>调整阀片升程、开启力；<br>优化簧片的弹性参数 |
| 吸气阀片 | 通过减少吸气阻力损失来提高制冷量和 COP 值 | 通过调整吸气阀片的厚度、弹性参数、上弯量等具体措施来减少吸气阻力损失 |
| 电机 | 提高电机效率来提高 COP 值 | 改善硅钢片的导磁性能；<br>电机绕组参数的优化调整；<br>能否去掉转子风扇叶以减少转动惯量来减少摩擦损耗；<br>采用变频无级调速或分挡调速技术 |
| 曲轴 | 影响输入功率和起动性能 | 采用细曲轴和合理润滑结构来减少曲轴的周向摩擦功率和转动惯量，以便降低摩擦工耗 |
| 连杆 | | 通过采用铝质连杆减少连扦的转动惯量来降低摩擦工耗 |
| 活塞 | | 在保证密封无泄漏的前提下尽可能减少活塞与汽缸孔的接触面积，以便降低摩擦工耗 |
| 平面止推轴承 | | 可采用平面滚珠止推轴承来降低轴向止推摩擦损耗 |
| 控制零部件的加工和装配精度 | | 通过控制零部件的加工和装配精度，可在很大程度上降低由装配尺寸链带来的附属摩擦损失 |
| 合理选用冷冻机油 | | 使用合理黏度的冷冻机油可降低各个运动摩擦副的摩擦工耗 |

表 13-6　降噪减震的对策

| 项　目 | 原　因 | 具 体 措 施 |
|---|---|---|
| 吸气消音器 | 压缩机的主要噪声源 | 利用 CFD 计算来优化改良直接或半直接吸气消音器结构，主要包括气体吸入通道和共鸣气柱尺寸，减小气体黏滞回流共鸣噪声 |
| 排气阀组件 | 压缩机的主要噪声源 | 改良优化凹型阀板的相关尺寸（吸、排气孔及排气通道尺寸等）；<br>调整阀片升程、开启力；<br>优化簧片的弹性参数 |
| 吸气阀片 | 压缩机的主要噪声源 | 通过调整吸气阀片的厚度、弹性参数、上弯量等具体措施来降低气流和吸气阀片机械噪声 |
| 改变上、下充形状、厚度 | 加厚上、下壳厚度可抑制压缩机本体噪声的向外辐射 | 利用有限元法合理改良上、下壳形状；<br>加厚上、下壳厚度来抑制压缩机本体噪声 |

续表

| 项　目 | 原　因 | 具 体 措 施 |
| --- | --- | --- |
| 压簧支柱 | 刚性压簧支柱传递噪声、振动的能力远远超过柔性塑料支柱 | 采用柔性塑料支柱 |
| 压簧 | 传递噪声、振动的途径 | 优化改良压簧的弹性参数、圈数等 |
| 内排气管 | 传递噪声、振动的途径 | 优化改良内排气管的成型形状等参数 |
| 内排气管减振块（弹簧） | 消除振动的主要手段 | 优优化改良减振块（弹簧）的结构或弹性参数 |
| 排气消音器结构 | 消除排气气流噪声的主要手段 | 可采用加厚排气消音器厚度或二级消音技术 |
| 压缩机机脚 | 容易引起振动 | 可加厚机脚厚度或刚度（加强筋肋） |
| 控制零部件的加工和装配精度 | 装影响压缩机噪声和振动 | 通过控制零部件的加工和装配精度可很大程度地降低由装配尺寸链带来的附属摩擦噪声 |
| 合理选用冷冻机油 | 影响压缩机噪声和振动 | 选用合理黏度的冷冻机油可降低各个运动摩擦副产生的噪声 |

### （三）洗衣机资源节能措施

1. 技术结构优化

与常规洗衣机相比，节能洗衣机可节省 50% 的电力和 60% 的水。每台节能减排的洗衣机每年可节省约 3.7kg 标准煤，相应地可减排 9.4kg 二氧化碳。如果将 10% 的家用常规洗衣机升级为节能洗衣机，每年可以节省 7 万吨标准煤和减排 17.8 万吨二氧化碳。下面以三星的一款节能滚筒洗衣机（图 13.42）为例，说明节能洗衣机的技术结构优化。

图 13.42　三星节能滚筒洗衣机

（1）高效率的电动机。洗衣机最重要的部分是电动机，因此，选择高效电动机对提高洗衣机的整体效率起着非常重要的作用。传统洗衣机使用由电动机和洗涤桶之间的皮带驱动的单相冷凝器电动机，这中间必然会有因机械磨损而产生的效率损失，电动机的效率仅为 40% 左右；而变频电动机是可以调速的直流无刷电机，用改变频率的方法改变转速，可以实现洗衣、脱水对转速的不同要求，直接驱动洗涤筒洗涤和脱水，省去了中间环节，从而大大提高了整机的效率变频。通过变频控制，洗衣机电动机无须调速，便可精确控制洗涤力度、周转角度、运动频率。宽变频洗衣机采用 120 宽频电动机，其内部空间的直径更宽、厚度更厚，直接驱动内筒，取代了传统的皮带传动，节能超过 40%，噪声减少 30% 以上。

（2）离合器传动系统。通常来说，波轮式洗衣机仅旋转波轮，而洗涤筒不转动。采用离合器双驱动技术，通过改变离合器传动系统后，可使波轮和洗涤筒同时进行反向转动，因而提高了洗涤效果，缩短了洗涤时间，从而达到节能的目的。

（3）内筒结构。全自动波轮洗衣机具有内外筒结构，在清洁过程中，筒内外均存有相同水位。动态节水技术采用特殊的无孔内筒设计，使用带有搅拌杆的波轮和带有不同扬程的喷水器，在清洁过程中，水根据虹吸原理从外筒抽到内筒，使外筒的水位低于内筒的水位，可节省约 30% 的水。

（4）洗衣粉快速溶解技术。采用粉末洗涤剂快速溶解技术，当洗衣机装满水并进入洗涤剂盒时，便改变了盒子的结构，加速了粉末洗涤剂的溶解，大大提高了粉末洗涤剂的效率。这样就提高了清洁效果并缩短了清洁时间，达到了降低功耗的目的。

（5）洗涤模式转变。在清洁过程中改变旋转停止比，无论是从单次洗涤模式到洗涤，还是从浸泡、再洗涤到再浸泡的洗涤过程，都是洗涤过程的一部分。合理设计波轮旋转浸入时间，在相同的功耗条件下浸泡 15min 可将清洁效率提高 10% 以上，并大大提高清洁效果。这不仅提高了清洁率、节省了能源，而且大大提高了用电效率。

2. 消费者日常节能措施

（1）选择合理的洗衣程序。首先将衣物浸入少量水和粉末洗涤剂中一段时间，通常需要提前 15min 浸泡衣服，然后用手洗净严重的污渍，最后使用洗衣机漂洗。用户可以根据污垢的程度选择清洗时间，不仅可以缩短清洗时间、节省水和电，而且可以提高清洗效果。

使用双筒洗衣机时，建议第一次洗衣服后，先甩干衣服，排掉脏水，然后冲洗，这样可以节省水和电。使用带有洗涤剂的筒，可以连续清洗几批衣物。正确添加粉末洗涤剂，并逐一洗涤后冲洗，这样可以节省电能和水，还可以节省洗衣时间。

（2）洗涤衣物要适量。衣物太少或水位太高都会减少衣服之间的摩擦，但会增加洗涤时间；相反，如果一次清洗太多衣物，不仅清洗时间更长，而且电动机将过载，功耗也会增加，容易损坏电动机。

（3）洗涤水量要适中。如果洗衣机中的水过多，则波轮中的水压会增加，电动机上的负载会增加，功耗也会增加；而太少的水会影响被洗衣服的上下颠倒，增加洗涤时间，并增加功耗。

（4）使用洗衣粉要适量。洗涤时，应适当添加粉末洗涤剂。高质量、低泡沫的粉末洗涤剂具有很高的去污能力，并且易于冲洗。通常，与高泡沫清洁粉相比，漂洗过程可以减少 1～2 倍的水量，还可以减少含磷清洁剂的释放。

（5）合理选择洗衣机的功能开关。洗衣机的弱、中、强洗涤功能具有不同的功耗。通常，诸如丝绸和羊毛之类的衣物仅适用弱洗涤功能；棉、混纺、聚酯纤维和其他衣物等适用中洗涤功能；而一些厚的毯子、沙发套和帆布等则适用强洗涤功能。

（6）经常检查洗衣机皮带的松紧度。如果洗衣机使用超过 3 年，那么驱动洗衣机波轮的皮带会打滑。如果皮带滑动，洗衣机的功耗不会降低，但洗涤效果会下降。

### （四）厨房小家电

小家电包括电磁炉、电热水壶和风扇等家用电器。小家电主要产品及分类见表 13–7。小家电行业产业链如图 13.43 所示。下面主要介绍厨房小家电的节能情况。

表 13–7 小家电主要产品及分类

| 小家电类别 | 小家电产品 |
| --- | --- |
| 厨房小家电 | 油烟机、燃气灶、消毒柜、洗碗机、电热水器、燃气热水器等相对大家电；电磁炉、微波炉、电饭煲、电压力锅、电烤箱、豆浆机、榨汁机、酸奶机、热水壶、煮蛋器、电饼铛等相对小家电 |
| 家居小家电 | 电风扇、加湿器、电暖器、吸尘器、空气净化器、净水器、扫地机器人、挂烫机、除湿机、干衣机等 |
| 个人护理小家电 | 剃须刀、电吹风、电动牙刷、按摩器、足疗机、洁面仪、美容器等 |

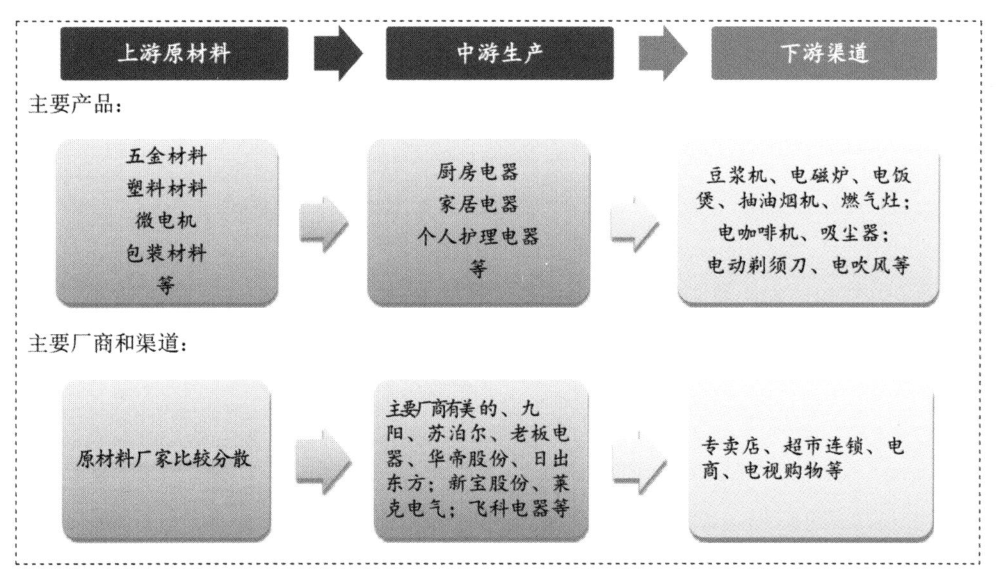


图 13.43 小家电行业产业链

1. 节能的厨房小家电

（1）1 级能效厨房小家电是首选。现在市场上的厨房小家电，都会贴有一张中国能效标识（图 13.44），在选择厨房小家电时，首选 1 级能效厨房小家电，因为它们耗能较低。虽然 1 级能效厨房小家电价格会略高一点，但是考虑到以后长期使用，会省下不少电费。

（2）“节能高手”——微波炉。微波炉比燃气灶更环保、节能，但是由于习惯问题，人们总是忽视了这一点。实际上，微波加热的最大优点是，它仅仅加热包含水分和油的食物，而不加热空气和容器本身。在相同质量的食物上进行对比加热测试证明，微波炉比燃气灶节能 40%。

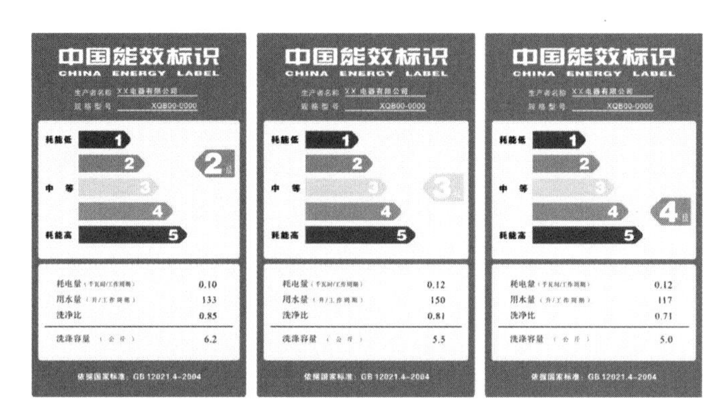


图 13.44　中国能效标识

（3）智能电磁炉。智能电磁炉可以说是节能厨具的后起之秀，它运用高科技的磁性原理，用最小的热源即可满足烹饪的需要，并且不会产生任何气体。因为智能电磁炉导电需要金属表面传感，所以需要运用电磁炉专用炊具进行加热，以保证使用时的安全性。

（4）智能洗碗机比手洗更节水。智能洗碗机的平均功率为 600～1200W。与普通厨房小家电相比，洗碗机更耗电。即使是节水的层流清洁模式，清洁过程也要花费 10min 以上，而且还需要额外 1h 的干燥和消毒时间。但是，根据餐具数量进行设置，洗碗机比手洗更节水。智能洗碗机的智能判断功能消除了在洗涤时摆放餐具位置的麻烦。将餐具放入洗碗机后，系统会根据餐具的类型和污垢程度，自动选择最佳洗涤程序。同时，一次清洗会轻轻清洁顶部易碎的玻璃和陶瓷餐具，并会强烈清洁底部的锅和碗等餐具。

2. 多功能的厨房小家电

（1）多功能电磁炉是厨房必不可少的小型电器。电磁炉是一种利用电磁感应加热原理制成的新型灶具。不同于燃气灶、微波炉、电炉等传统灶具，电磁炉不会提高环境温度，不会消耗氧气，不会产生二氧化碳等有害气体，也不会对人体产生有害的微波辐射。它已成为许多家庭烹饪的主要灶具，并广泛用于火锅店等商业餐厅。

（2）作为新时代的小型厨具，智能洗碗机具有多种功能：完全密封的空间可在不使用抹布的情况下阻止细菌传播；加热和专用清洁消毒剂足以杀死大肠杆菌、葡萄球菌和其他细菌；清洗后直接干燥，以防止水渍和餐具上的污渍滞留；内衬由不锈钢制成，外壳采用粉末喷涂、电泳和磷化处理等工艺，不会生锈和磨损；采用高压水流进行三维清洗，能对餐具彻底冲洗并节水；20min 的高速洗涤可以满足厨房的及时需求。

（3）自助面包机可以制作面包、蛋糕等，它会自动运行，不需要盯着。只需要将必要的食材放入自助面包机，即可一键进行搅拌、发酵和烘烤操作。自助面包机体积小，耗电少且无污染。

## 三、米色家电（IT 产品）

米色家电是指计算机信息产品，即 IT 产品。IT 是“Information Technology”的缩写，意思是“信息技术”，其涵盖范围很广，主要包括最新的计算机、网络通信和其他信息领域技术。

### （一）减量瘦身

1. 材料减量，降低材料成本

（1）塑料是再生材料。

① IT 产品之所以大量使用塑料，是因为塑料具有质量轻、经久耐用、易于加工、抗磁性能优异且成本低廉等特点。IT 产品具体使用的塑料种类有 ABS、PS、HIPC、PC/ABS、PPO 和 POM 等，如台式计算机的外壳用 ABS 和 PC/ABS，GRT 显示器用 ABS，打印机则用 ABS 和 PPO 等。例如，在日本，计算机和打印机用的塑料需求量近年来呈快速上升趋势。

从 IT 产品中产生的废塑料被用于传统的原材料回收过程，包括分解“分类”、研磨的预处理（由废物处理行业进行）和后清洁“混合”和制粒（通过再生者进行）。废塑料的大规模回收主要是工业废塑料，一般由回收公司进行处理。但是，大多数 IT 产品是从国外的废物处理公司进口的，几乎都流入国内的回收公司。当回收公司购买废塑料作为原料时，不得将其与杂质或其他类型的废塑料相混合。在回收过程中，首先检查并清除杂质，然后在使用前与新塑料混合。回收材料的质量取决于清洁和去除杂质的过程。

以 NEC（日本电气股份有限公司）对 IT 产品中对再生塑料的利用为例进行说明。NEC 非常重视将废旧塑料从 IT 产品回收到自己的组件中。经过积极的开发和组织，这些回收产品可用于单个计算机部件，并扩展应用于计算机机箱。其形成的回收流程是：报废公司拆除 NEC 制造的报废计算机后，将散装塑料部件卸下，然后移交给回收公司，进行粉碎、洗涤、混合、制粒并大规模生产塑料。

总而言之，要扩大 IT 产品中废塑料原料的回收利用，需要关注的问题：一是确保废塑料的回收质量，并防止其他塑料和金属涂层等杂质进入，阻燃剂的波幅要小；二是确保供应高质量的再生塑料；三是确保回收成本低于新产品的成本。

② 绿色环保手机。2017 年 4 月，为解决长期以来制造电子产品对环境所造成的冲击，苹果公司公开宣布未来手机将 100% 使用可再生材料制作，并且最终将全部投入使用这种材料。苹果公司此次改革将有机会带动整个产业改变商业模式，提高产品回收比例和再生材料使用率，促进绿色可持续发展。

2019 年 4 月，苹果公司在美国得克萨斯州奥斯汀正式开放了“材料回收实验室”项目。该项目依托名为“黛西”（Daisy）的自动化机械系统进行废旧 iPhone 的材料分离和回收，结合了自动化和人性化的操作，将塑料、金属和玻璃碎片与废旧的 iPhone 分离，如图 13.45 所示。

开发绿色环保手机不仅可以有效减少环境污染，改善不可再生资源的利用，减少资源浪费，而且可以通过使用可再生材料为手机制造商带来长期利益。环保关注环境与能源，功能侧重消费者直接感知，二者缺一不可。对于消费者来说，无污染的手机固然重要，但

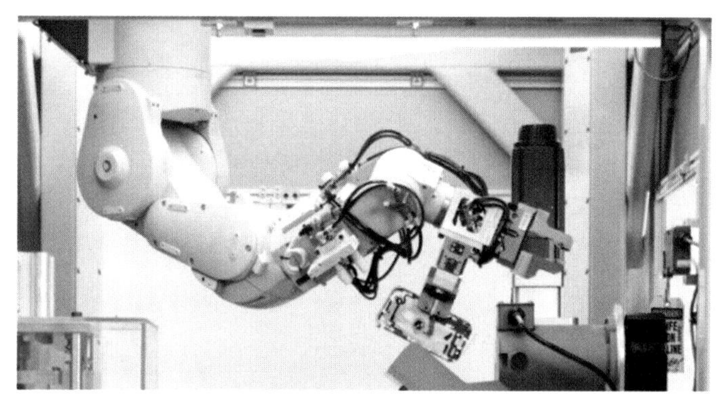

图 13.45　苹果公司 Daisy 回收机器人

手机功能也是选择的重要指标。绿色环保手机虽然还只是少批量生产，但却是手机制造业的一个新方向。

（2）塑料是易取得材料。塑料包括天然塑料和合成塑料两大类。天然塑料是指植物树脂（如虫胶、松香等）组成的材料。合成材料是一种人造材料，可以流化、模制和固化，是从石油、煤炭、空气、水、农业和副产品中提取的化合物。之所以要开发合成塑料，是因为天然塑料的生产和性能远远不能满足生产需求。现在广泛应用的塑料均是指合成塑料。塑料的基本成分是合成聚合物有机化合物，也称为树脂。

有些塑料可以混合使用，比如 ABS 和 PC；有些塑料不可以混用，比如 ABS 和 PS。两种塑料能否混合使用，取决于塑料的溶解度、结晶、极化和氢链等因素。各种电子产品中不同塑料的性能等级如图 13.46 所示。

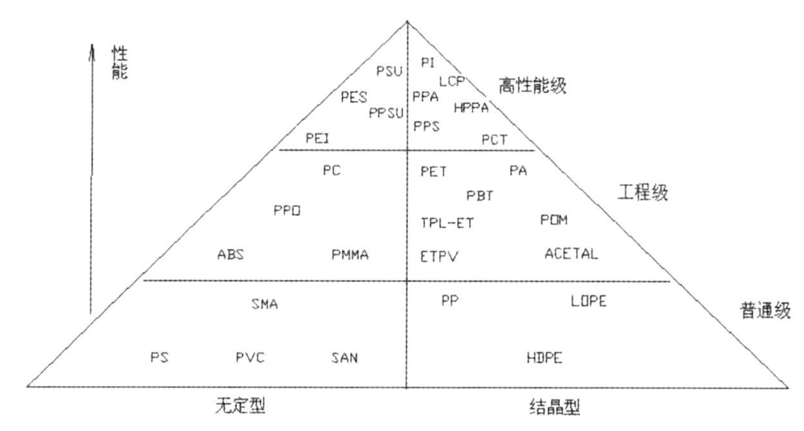


图 13.46　各种电子产品中不同塑料的性能等级

2. 功能减量，适合目标人群的功能单纯化

图 13.47 左图所示是一款由深圳市卡迪尔通讯技术有限公司设计的简单易用的大屏幕 21g 老年人智能手机，曾在京东、淘宝等在线平台销售，经常被抢购一空并获得广泛好评。

图 13.47　21g 老年人智能手机

在用户当中，它被评为“旧机器的上帝机器”和“家用机器的战斗机”。这款手机 UI 界面简单明了，除了具有大字体、大容量、用于 SMS 的手写 / 语音输入、低功耗、Facebook 通讯录和老年人的其他基本需求之外，还具有连接助手、计步器、旧日历功能，并配备天气预报、手电筒和其他与老年人生活有关的应用程序。2014 年，这款手机发布了第二代产品 M2C，如图 13.47 右图所示。

### （二）模块化组合设计

1. 基础运算模块、软件模块包和存储模块

（1）BLOCKS 智能手表（图 13.48）。BLOCKS 智能手表的最大特色在于模块化设计，每一个部分都可以自由搭配，包括方形、圆形的表盘，甚至是心率追踪器、相机、处理器、GPS、额外电池、非接触支付，能够满足各种各样的使用需求。用户可以根据自己的心情、使用环境随意更换组件，更酷的是，它还运行 Android 系统，并支持 iOS 及 Android 设备。

（2）AIAIAI TMA-2 模块化耳机。丹麦音频公司 AIAIAI 也紧追模块化设备趋势，推出了 TMA-2 耳机，其拥有 18 个独立模块，可实现 360 种组合。其中，包括各种头带、线缆、扬声器单元、耳罩款式，给用户从内到外打造了一款专属耳机。

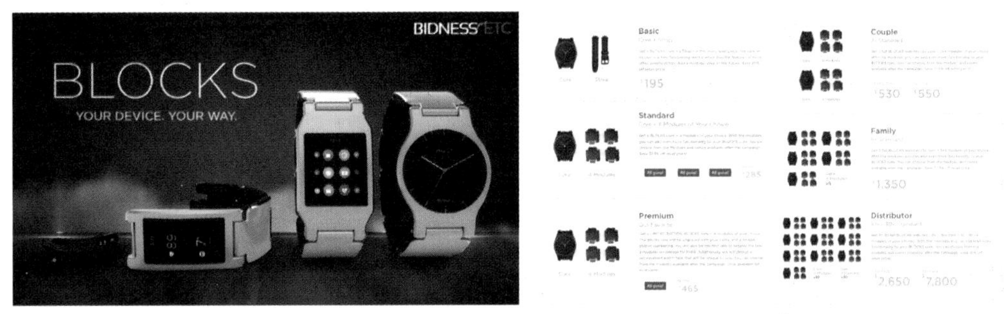


图 13.48　BLOCKS 智能手表

（3）XO-Infinity 笔记本（图 13.49）。XO-Infinity 笔记本是一款专门针对发展中国家的儿童教育市场的非营利性的 OLPC（One Laptop Per Child 的缩写，即儿童笔记本电脑），采用了模块化设计，可以更换处理核心、电池、相机、屏幕及无线网卡，从而实现长久的使用寿命。

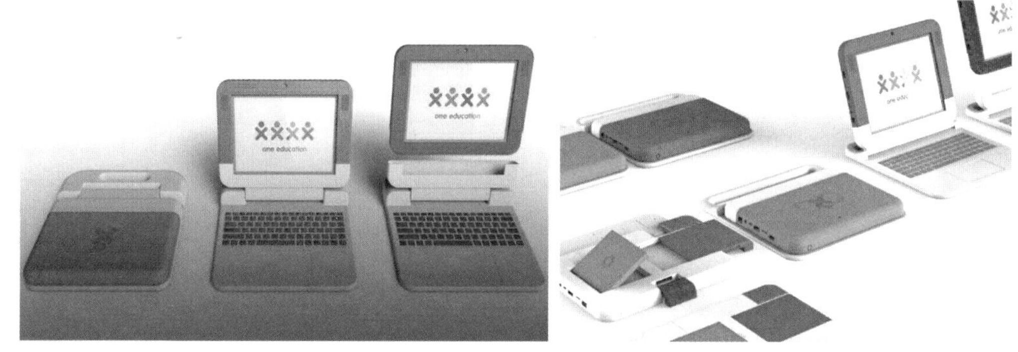

图 13.49　XO-Infinity 笔记本

2. 模块拼装集合箱 / 架

宏碁（acer）Revo Build（图 13.50）是一台可由用户自行扩充和组合的 PC（即个人电脑），由很多模块组成，搭载 Windows 10 操作系统，用户可自行添加磁块组件，包括无线移动电源、便携式硬盘驱动器、语音模块，甚至是图形芯片。宏碁 Revo Build 模块化 PC 搭载英特尔奔腾或赛扬处理器，运行内存最高可升级至 8GB，各模块可以独立工作，如用户完全可以将硬盘模块卸下来丢进包里。

3. BRAVEN BRV-PRO 无线蓝牙音箱

BRAVEN BRV-PRO 无线蓝牙音箱（图 13.51）专为户外运动人群而设计，机身设计充满坦克车的风格，机身外壳采用符合航空标准的铝材质制成，兼具坚固耐用与轻

图 13.50　宏碁 Revo Build

图 13.51　BRAVEN BRV-PRO 无线蓝牙音箱

巧便携的特性，且机身还支持 IPX7 防水功能。除了音质不俗之外，BRAVEN BRV-PRO 无线蓝牙音箱机身上配备了 LED 灯，还可将喇叭当成小型提灯使用，非常适合野外露营、远足等场合，以及各种突发状况。值得一提的是，BRAVEN BRV-PRO 无线蓝牙音箱配置 2800mAh 的高容量锂电池，还搭配了折叠式太阳能面板及 Qi 无线充电设备。

### （三）少儿、老年人 IT 产品

1. 小天才电话手表

小天才电话手表（图 13.52）是为了满足少儿的需求，专为 5～12 岁的孩子量身打造，集打电话、定位、微聊、交友等功能于一体的儿童智能手表。通过小天才电话手表，孩子与家长可以进行更多的交流和互动，让孩子开心，让家长放心。

2. BeanQ 豆豆布丁智能早教机

BeanQ 豆豆布丁智能早教机（图 13.53）作为专为儿童用户设计的同伴智能机器人，外观圆润、呆萌、可爱，手感更适合儿童抱持。该智能早教机以追求用户深层次需求作为设计理念，成功获得“红点最佳设计奖”，这是这项国际著名设计奖项的最高荣誉。

图 13.52　小天才电话手表

图 13.53　BeanQ 豆豆布丁智能早教机

当孩子触摸或抱着它的时候，BeanQ 豆豆布丁智能早教机会像真人一样用丰富的面部表情与孩子进行互动。其内置的 r-kids 智能语音系统是自主研发的，能够准确对儿童的语言表达进行识别，并以最有趣、最巧妙的方式做出反应。作为孩子的伙伴，BeanQ 豆豆布丁智能早教机不仅可以在日常生活中陪伴孩子，而且可以提供系统的教学方法和海量的知识储备，通过学、玩、练、听、扩来充分调动孩子的学习积极性、激发孩子的求知欲，可以起到对学龄儿童的启蒙作用。

3. 雷大白 1C 管家机器人

雷大白 1C 管家机器人（图 13.54）可以说是一个“老少皆宜”的智能机器人。它仅仅通过 8 英寸的屏幕表达情感，可以满足老年人和儿童观看相声、歌剧、动画、游戏和视频通话等的需要。

图 13.54　雷大白 1C 管家机器人

雷大白 1C 管家机器人可以自动跟踪孩子或老人，照顾他们的安全。当然，它也可以用来跟踪宠物。如果家里发生事故，雷大白 1C 管家机器人会主动联系用户实施救援。如果用户长时间出差或在工作时间想念孩子，雷大白 1C 管家机器人可以快速建立视频通话，而且在视频过程可以设置一键拍摄，记录孩子的成长点滴。

## 四、新概念家电展望

近些年来，云计算在科技界非常火爆，“云”概念已与各行各业互联。

### （一）美的健康云

美的健康云与智能家电及众多其他第三方合作，为精准健康产业带来更加积极的影响。

（1）健康数据库。美的健康云种类多、维度全、数据专业，食材数据达 2600 多种，健康管理模型达 20 多个。

（2）未来应用。其一，在“未来厨房”的应用。将健康和营养的元素融入“未来厨房”，它可以根据个人的喜好、饮食禁忌，进行个人和家庭的营养配餐。其二，为消费者挑选和搭配优质食材。美的健康云通过对消费者的健康评估和问卷，以及根据健康评估问卷的结果为消费者定制主食和杂粮配方，并且配送给消费者。其三，应用于美味健康。美的健康云不仅通过体重秤、血压计等硬件来进行数据的统计和分析，而且可以通过 app 的形式来呈现数据报告、健康指南的解决方案。

### （二）智能家居一体化

智能家居又称智能住宅，一般来说，是指集自动化控制系统、计算机网络系统和网络通信技术于一体的网络化智能家居控制系统，如图 13.55 所示。20 世纪 90 年代末以来，数字技术得到了较快的发展，并日益渗透到各个领域，智能家电已经开始进入社会和家庭，智能家居的革命悄然兴起。

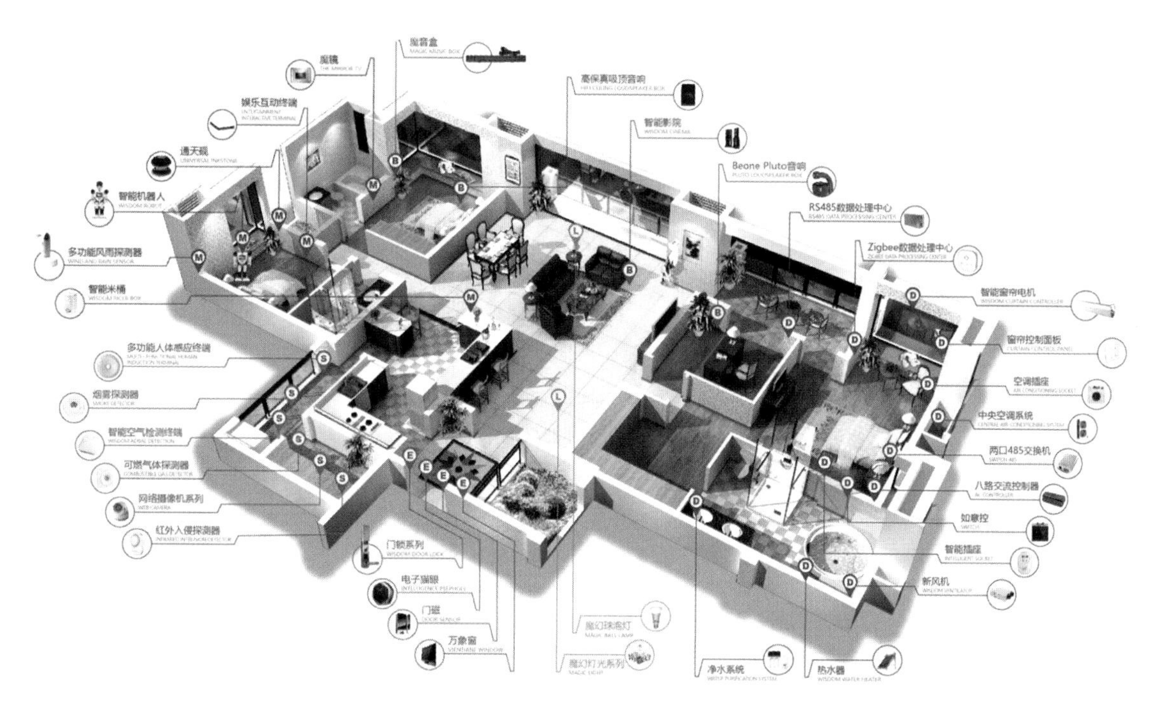


图 13.55 网络化智能家居控制系统

从结构上来讲，集成的智能家居系统需要一个中央控制服务器来连接所有的家庭设备。这些设备可以通过有线方式或无线方式连接到中央控制服务器。对于室内装修来说，一般采用无线方式比较方便。为了覆盖尽可能多的产品，中控服务器支持主流无线传输协议，包括 Wi-Fi、蓝牙和 ZigBee。在设备端，由于大多数家庭设备没有无线传输模块，为了使家庭设备方便地连接到中央控制服务器，所以需要设计一套插件，使家庭设备方便地接入中央控制服务器，并且可以进行控制；同时，需要定义一套接口标准来解决设备多、连接不统一的问题。

集成的智能家居系统将提供两套前端，即网络版和移动版，同时支持内网和互联网接入。此外，整个系统还需要一定的智能化，这主要体现在系统能够自动“学习”用户的需求上，从而自动调整设备配置。

对于集成的智能家居系统来说，用户行为数据的获取非常重要，它主要依靠手机传感器读取数据，然后通过简单的处理，实现对用户行为的识别。一般来说，其主要涉及的传感器有加速度传感器、陀螺仪和 GPS。例如，系统可以识别用户从厨房移动到卧室并坐下的一系列行为，这样中央控制服务器就可以关闭一些厨房设备并打开卧室中相应的设备。而室外用户的运动轨迹数据主要由 GPS 进行监测。通过掌握用户的日常运动轨迹，系统可以估计用户的回家时间，并自动开启空调、电饭煲等智能设备。

## 第二节
# 家具产品设计实践

绿色家具是指环境友好并且节约资源的家具产品，优良的环保性能是绿色家具的首要特征。由于木材资源的稀缺性，所以在设计制作木材家具产品时，有效地节约原材料非常重要。家具产品的外观比较大，其绿色性能可体现在便于拆卸、组装、更换零部件和运输等方面；还有一些家具产品，在回收过程中可以翻新、再利用、分解成零件，最后变废为宝。家具设计环节流程如图 13.56 所示。

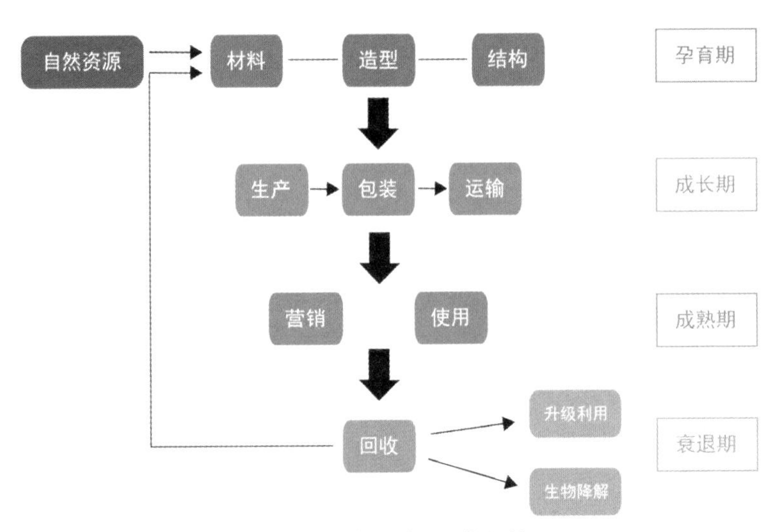


图 13.56　家具设计环节流程

## 一、板式家具

板式家具是指基材采用实木和人造板等为主要材料混合制作的家具。其通常是指产品框架及主要部分采用实木制作，而其他板件或板面等部分采用饰面人造板制作的家具，也称实木和人造板结合的家具。

板式家具与实木家具相比，具有的特点是：产品结构简洁，易拆装和运输；产品部件标准化、专业化；生产方式高机械化、自动化、协作化；产品成本大幅度降低。

### （一）板材的种类与选择

1. 实木板（图 13.57）

工艺：采用完整木材（原木）制成，在实木表面进行凹凸处理并喷漆。

优点：经久耐用，纹理自然，木材香味自然，吸湿透气性好。

缺点：成本高，处理工艺要求严苛，木材资源有限且易变形，维护较麻烦。

选择：边缘平直，无毛刺、裂纹、虫眼等现象；表面光滑，无起泡、皱褶等现象。

2. 集成板（图 13.58）

工艺：将窄的和短的方形条粘在或拼接成某种规格的木材，如实木拼接板、实木拼板。

优点：木材质感，外表美观，易加工。

缺点：容易变形开裂，但比实木板小，成本高。

选择：看年轮，年轮越小，材质就越好；看齿榫，明齿上漆后较易出现不平，但暗齿加工难度要大些；看硬度，木质硬的较好。

3. 胶合板（夹板）（图 13.59）

工艺：单板或单板胶合成三层或多层板，市场上的多层实木板也是胶合板。

优点：变形小，幅宽大，施工方便，无翘曲，横向花纹，抗张性好。

缺点：成本高，胶水含量高；面层不如密度板平整，基层不如密度板坚实。

选择：木纹清晰，正面平整，无卡滞、缺损、脱胶，接缝严密平整。

图 13.57 实木板

图 13.58 集成板

图 13.59 胶合板

4. 细木工板（大芯板）（图 13.60）

工艺：由木芯和上下单板（分别为一层或两层）制成的夹芯板。

优点：规格统一，易加工，握力好，不易变形，质量轻，施工方便。

缺点：生产过程需要大量尿醛胶，有较高的甲醛释放量，需避免潮湿。

选择：芯材密实，无明显缝隙，四周无胶、腻子填充；用尖嘴器具轻敲表面，声音必须无明显差别。

5. 刨花板（图 13.61）

工艺：将锯末和木屑用黏合剂压制而成。横截面由 3 层组成，外侧两层为细小颗粒，中间一层颗粒较大。

优点：价格低廉，吸声、隔音、耐污染、耐老化、美观，可喷涂各种单板。

缺点：密度大，家具质量大；边缘粗糙，易吸湿，边缘应密封，防止变形。

选择：锯末颗粒在截面中心的长度一般为 5～10cm，过长则结构松散，过短则变形抗力差，表面应平整光滑。

6. 密度板（纤维板）（图 13.62）

工艺：以木纤维或其他植物纤维为原料，采用脲醛树脂或其他合适的胶粘剂。表面处理主要是油的混合过程。从密度板的横截面看，都是将同样颜色和材质的细木屑压在一起。

优点：表面光滑平整，具有表面装饰性好、材质细腻且性能稳定。

缺点：耐水性差，固钉力不如刨花板；如果松了，就很难再修好。

选择：表面应光滑平整。

图 13.60　细木工板

图 13.61　刨花板

图 13.62　密度板

7. 装饰面板（图 13.63）

工艺：以胶合板为基材，采用胶合工艺制作单板。不同种类的面板有不同的用途。

选择：主要用于单板，应识别人工单板与天然单板的区别；表面材料应细而均匀，色泽清晰，木纹美观；表面应光洁，无毛刺、沟槽、刨花痕迹；应无透胶现象。

8. 防火板（图 13.64）

工艺：由三层面纸、彩纸和原纸（多层牛皮纸）组成。其基材为刨花板或中密度纤维板，经高温压制而成。

优点：色彩明亮，多种封边形式，耐磨、耐高温、耐划、不透水、易清洗、防潮、防褪色、手感细腻、价格实惠，可避免在室内喷漆，减少污染。

缺点：门板是平板，不能进行凹凸、金属等立体效果，设计感较差。

选择：不仅要采购防火单板，而且要采购单板和压板制成的防火板。

9. 三聚氰胺板（图 13.65）

工艺：将纸张浸泡在三聚氰胺树脂胶中，干燥至一定程度固化后铺在纤维板表面，经热压而成的装饰板。

优点：表面平整较耐磨、色彩艳丽、不易变形、耐腐蚀，价格实惠。

缺点：边缘易开裂，胶迹明显，纹理多，但颜色选择少，不能直接用锣花封边。

选择：色泽是否均匀，有无划痕、压痕、污渍、毛孔、水泡、局部纸张撕裂等缺陷。只要不使用三聚氰胺，就不会对人体造成伤害。在正常情况下，三聚氰胺也不会挥发，但是含有甲醛。

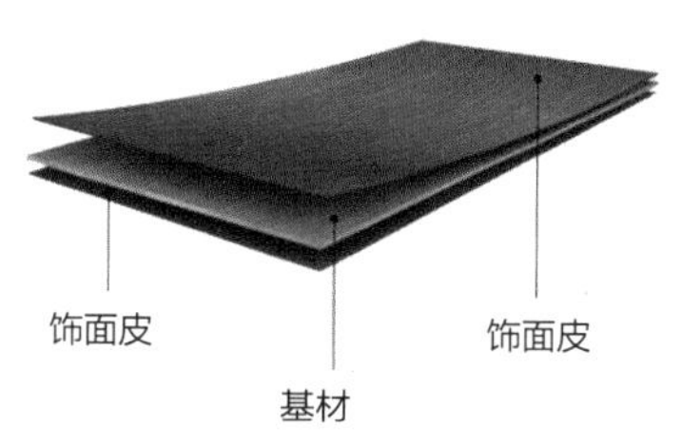

图 13.63 装饰面板

图 13.64 防火板

图 13.65 三聚氰胺板

10. 烤漆板（图 13.66）

工艺：将密度板作为基础材料，表面抛光 6～9 遍，打底、烘干、抛光，并进行高温烘烤。烤漆板可分为光漆、哑光漆和金属漆。

优点：色彩鲜明，选择多，易清洗，对光线空间有一定的作用。

缺点：工艺要求高，废品率和价格较高，磕碰、划伤、损坏后难以修复，只能整体更换；用于厨房时，如果厨房油烟较多，则容易出现色差。

选择：表面光滑平整，厚度均匀，手感舒适；有光泽，涂层饱满，无划痕，无变色，表面涂层无裂纹，是否有异味。

11. 铝扣板（图 13.67）

工艺：铝扣板是在铝合金板的基础上，经切割、切角、成型、表面涂覆等工序加工而成。

优点：使用寿命长，防火、防潮、防静电，易清洁，质地好，档次高，易与瓷砖、浴室、橱柜形成统一风格。

缺点：安装要求高，铝扣板吊顶接头不如塑钢扣板吊顶接头方便，且铝扣板的样式不如塑钢扣板的样式丰富。

选择：声音明显清脆，涂层一般只有 0.02～0.03mm，膜厚一般小于 0.15mm。但是，有些产品达不到规定的厚度。

12. 石膏板（图 13.68）

工艺：由石膏和纤维制成。

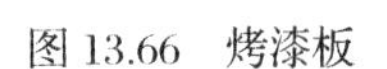
图 13.66　烤漆板

图 13.67　铝扣板

图 13.68　石膏板

优点：质量轻、隔音、不燃，可锯可钉，外形美观。

缺点：防潮性差。

选择：表面应平整光滑，无毛孔、污渍、裂纹、缺角、色泽不均、缺件；石膏板上下两层牛皮纸应牢固；石膏板质地密实，无空鼓现象；手敲声应非常坚实，这说明石膏板坚固耐用。

### （二）板式家具常见的连接方式

1. 榫卯结合

榫卯结合是中国古典家具与现代家具的基本结合，也是现代框架家具的主要结合，如图 13.69 所示。

2. 三合一连接件

三合一连接件即紧固件或组合器，由偏心轮、杆、胶粒组成，适用于 15 厘以上板的连接，如图 13.70 所示。

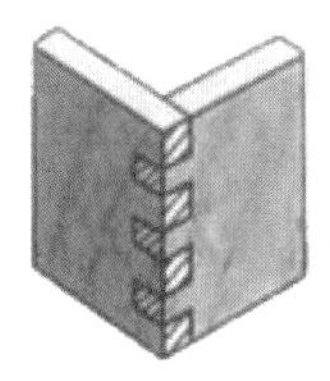
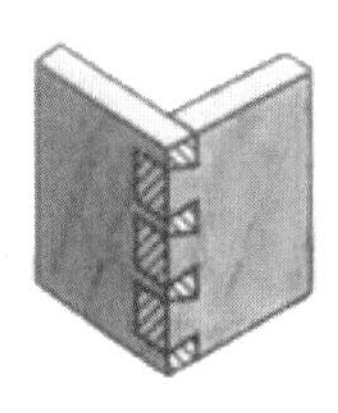

图 13.69　榫卯结合的方式

图 13.70　三合一标准连接件

3. 二合一连接件

二合一连接件适用于 12 厘板的连接，受力没有三合一连接件强，一般用于抽屉、背板的连接，如图 13.71 所示。

4. 射钉枪

射钉机是一种能射钉的现代扣件技术产品，属于直接固化技术，它是木工和建筑所必需的手工工具，如图 13.72 所示。射钉机可以直接将钉子打入钢、混凝土、砖石或岩石中，不需要电源、风道等外部能量，因为射钉机本身含有能产生爆炸推力的药物，直接射钉钢钉，可使门窗等构件固定牢固，多用于保温板、隔声层、装饰品、管道、钢件、木制品等与底座的连接。

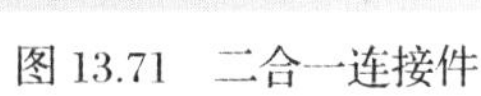

图 13.71　二合一连接件

图 13.72　射钉枪

（三）扁平化低成本板式家具

例如，宜家家居是世界上第一家提出“平”概念的家居制造商，其大部分家具产品采用平板包装，都可以通过简单操作进行组装，减少了包装与安装人员费，并且减少了物流所需要的空间，从而大大增加了物流的效率，同时也节省了资源。

法国视觉艺术家和摄影师 Christian Desile 擅长嵌套、叠置和平面设计，他通过简单几何元素的组合，可以构造出有趣而有用的东西，如图 13.73 所示。

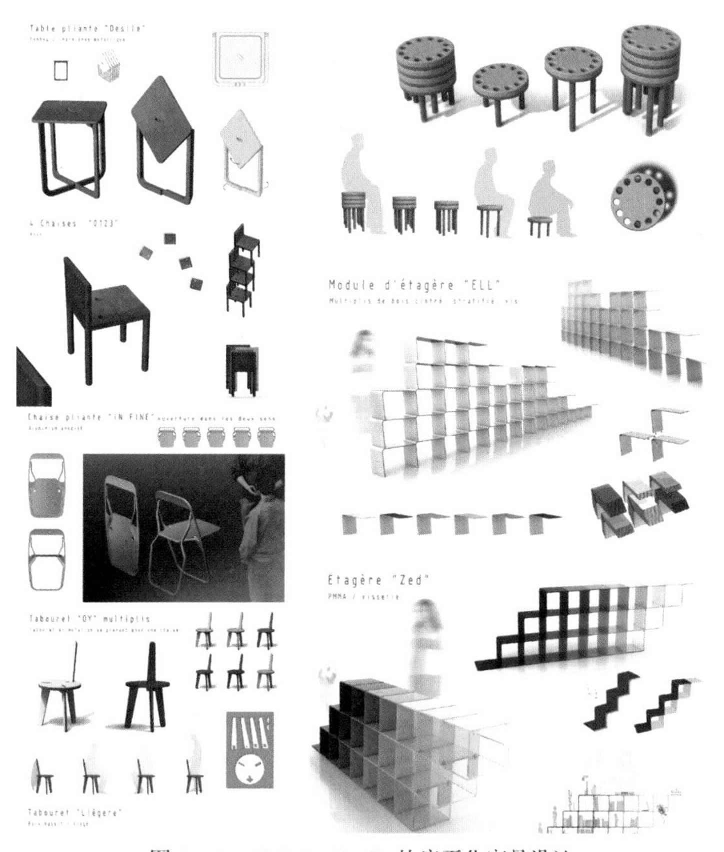


图 13.73　Christian Desile 的扁平化家具设计

### （四）DIY 家具

DIY（“Do It Yourself”的英文缩写）是 20 世纪 60 年代起源于西方的一个概念，最初的意思是人们不依赖或雇用专业的工匠使用合适的工具和材料来修复房子。虽然 DIY 的概念由来不明，可能是逐渐形成的，但 DIY 术语的兴起可能归功于英国工匠巴里・巴克内尔。他首先定义了 DIY 的概念并进行大力推广，使其广为人知。人们发现，自己动手装修房子更具个性，而且还节省费用。在那之后，人们逐渐发现了 DIY 的优点，装修房子成了工作之余的一大乐趣，不仅减轻了工作压力，还学到了一门技能。DIY 可以自主选择材料，实现绿色环保。因此，DIY 就变得流行起来，内容也变得包罗万象。

在墙上钉一块木板，然后随意组合排列木桩，组成任意形状，是不是很有趣？这个名叫“Bang Bang Pegboard”的组合木桩墙就是如此有趣，如图 13.74 和图 13.75 所示。一大块木栓板，上面整齐排列着很多孔位，按照自己的需要将小木桩插在上面组成任意形状，再放上小木板，就可以组成一个置物架，既节省了空间，又充满了趣味。

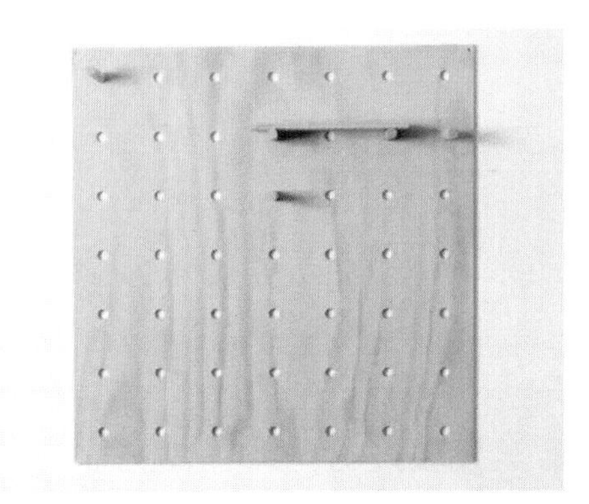

图 13.74 Bang Bang Pegboard 组合木桩墙 1

图 13.75 Bang Bang Pegboard 组合木桩墙 2

## 二、多功能和模块化的家具

家具要方便人们使用，延长家具使用寿命是实现其节能环保的最直接、有效的途径。从用户普遍更换家具的原因来看，很大一部分是因为生活场所的变化和家具风格的淘汰而造成的。因此，在绿色家具设计中，应尽量使家具在更换居住场所时便于携带和运输。绿色家具设计可以通过更换部件及可拆卸、可清洗、可更换的造型，对家具产品进行更新改造，以满足新的审美或环境要求。

### （一）多功能家具

有些家具是为一类人群专门设计的。如在儿童家具设计中，应考虑儿童成长迅速，家具的尺寸可能会被淘汰，因此儿童家具一般具有可调、可转换的特点，以适合儿童成长的不同时期；而对于老年人家具来说，性能要相对稳定，注重质量、稳定性和安全性。

例如，爱沙尼亚一家公司设计的 Smart Kid 儿童床组（图 13.76）将婴儿床改造成儿童家具，在床组生命周期结束时可以继续使用。其中，床板可变成板，床架可变成桌，使仅能使用 3 年的婴儿床可供 10 岁儿童使用。

图 13.76 Smart Kid 儿童床组

### （二）可折叠家具

可折叠家具可以减少体积和重量，减少包装的体积和强度；可以增加刚性，降低包装强度；可以增强抗震、抗压和抗外力能力，减少防护措施；也可以采用模块化、可拆卸、可折叠的方法压缩家具空间，重新组合各部分的布置。而在家具产品的生命周期中，可能出现多次运输过程（图 13.77），因此在设计时应考虑节约营销成本的措施。

例如，久坐已经成为现代人的一种通病，3 个来自新西兰惠灵顿的年轻人，试图通过设计来改变这一现状。他们设计了一种可折叠的办公桌——Refold（图 13.78），既便携又环保，而且让使用者可以在坐式与站立式两种姿态之间任意切换。在闲置时，可以将 Refold 折叠起来，其空间占有率很低。

虽然 Refold 是采用纸板做成的，但它的承重能力不差，一位成年男性站在上面丝毫不摇晃。这款纸板桌采用 7mm 的双层牛皮纸板制作，总重量只有 6.5kg，拥有 6 个部件，在

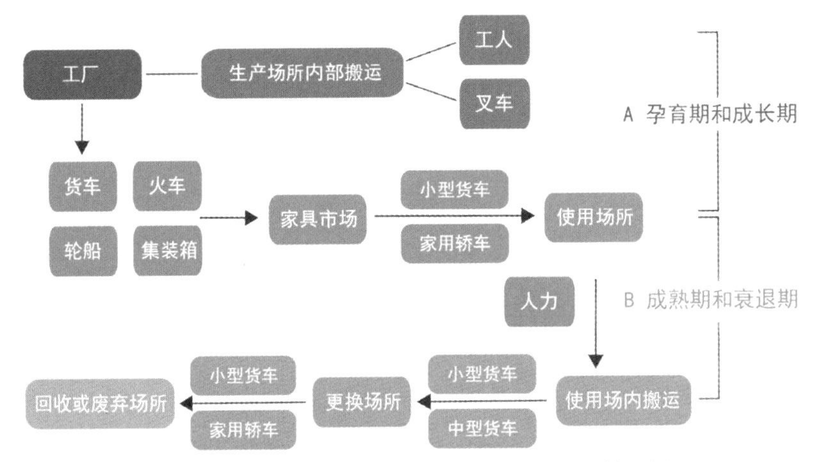


图 13.77 家具产品生命周期中可能出现多次运输过程

图 13.78 可折叠的办公桌——Refold

2min 内可以完成组装和拆卸过程，全部零部件以拼插方式组合，不需要任何胶带或螺丝。比较人性化的是，Refold 有 3 种高度可供选择，分别适用于 160cm 左右、160～185cm、185cm 身高的人群。使用者不仅可以根据自身的条件调整桌子的高度，而且能随身携带。需要用的时候，它就是一张桌子；需要带走的时候，它就是几张叠放整齐的纸板。Refold 的设计还符合人体工程学，当你想坐下时，高度恰好合适；当你想站起来活动一下时，只需要轻掰桌面改变组合角度，就可以根据自己的身高调整高度。

### （三）可拆卸家具

可拆卸家具的优点主要在于易于拆装、包装和运输方便。例如，美国 Herman Miller 公司推出的 Embody 座椅，在保证座椅舒适性的同时，使用可以循环利用的材料，极大地减少了资源消耗，也延长了产品的使用寿命。同时，Embody 座椅的各个部位都能拆卸，在使用过程中也满足了绿色设计要求。

家具材料的循环示意图如图 13.79 所示。

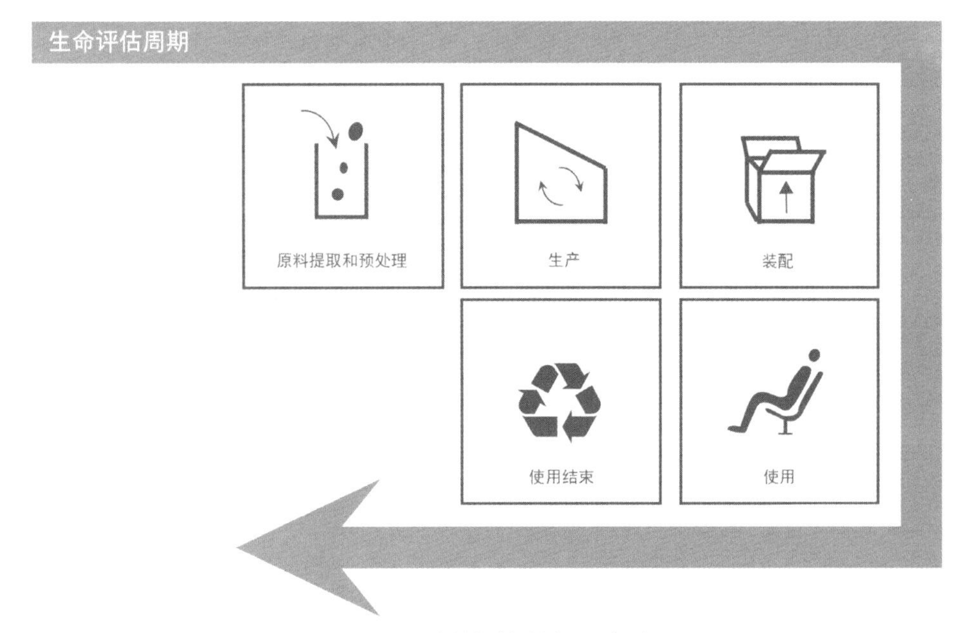


图 13.79　家具材料的循环示意图

## 三、资源丰富材料家具

传统产品的生命周期是一个“从摇篮到坟墓”的过程。而采用绿色环保的原料制作的家具，从一开始就保证了产品的环保特性。

### （一）竹材家具

竹材家具是一种新型的低碳家具产品，因为竹子生长迅速，具有高硬度和超韧性。竹材是替代实木的理想家具材料，具有明显的护林效果，是符合绿色设计的好材料。因此，发展竹材家具产品更符合人们对绿色设计的追求。

1. 竹材的优势

（1）经过深度炭化处理的竹材家具，在很长一段时间内不会变色，能加强对室内有害气体的吸收。

（2）竹材的颜色自然，有弹性，强度高，并且可以防潮。

2. 竹材的处理

在使用、制作竹材之前，需要对其进行一些处理。它不同于传统的家具产品，需要通过高温来彻底消毒，从根本上防止虫蛀和发霉。例如，用竹材设计的一款桌子 Lock（图 13.80），利用竹材的可塑性，通过挤压、弯曲和联锁，形成一个美丽的形状。

图 13.80　竹材桌子 Lock

### （二）藤材家具

藤材家具是一种古老的家具品种。它将手工编织与工业生产相结合，巧妙地融合了不同的造型、图案，保留了所有的原色。藤材家具的每件作品都像是大自然赐予的手工艺品，它是密切人与自然关系的捷径，是融入自然的桥梁。

（1）藤材家具透气性强，手感清新。藤本植物对神经系统有镇静作用，夏季在卧室里使用藤材家具，将有利于睡眠。一张优雅的藤床，配上精致的藤材床柜、藤材落地灯，并挂上藤材窗帘，可以营造出一种清凉的小视觉。

（2）藤材家具冬暖夏凉，但是价格较高。藤材家具加工过程要经过蒸煮、干燥、漂白等多种工序，这也是藤材家具价格居高不下的原因之一。

（3）藤材家具密实、牢固、轻便、坚韧，而且易弯曲。

（4）藤本植物再生能力强，生长速度快。藤材家具适用于阳台、花园、茶楼、书房、客厅等。

图 13.81　藤材家具 Insulaire（岛）

例如，法国某设计团队展出了一系列以藤材为主题的家具——Insulaire（岛），如图 13.81 所示，他们用藤材来建构各种复杂的结构，形成了他们独特的风格。该设计团队发现，藤材作为一种家具材料，不仅足够坚固，而且具有不错的柔韧性，还可以制作出复杂多变的结构。

### （三）其他植物类家具

英国设计师 Wiktoria Szawiel 在设计初期，将树脂倒在不同种类的花草上，制作出类似化石的样品。后来，Wiktoria Szawiel 将藤、柳、木编织成椅子、凳子等结构，将乳白色树脂直接倒入专门为椅子、凳子设计的模具中，模型出来后再用砂纸打磨，就能清楚地看到模型里面交错的纤维画，如图 13.82 所示。

另外，Wiktoria Szawiel 根据不同的材质，调整相应的树脂比例，形成不同的质感和透明度。例如，木材使用透明度低的树脂，只看到表面的纹理图案；而藤条选用透明度高的树脂，则可以清楚地看到里面的纹理图案。天然纤维和人造树脂形成了鲜明的对比。结合使用植物纤维与树脂材料的家具如图 13.83 所示。

图 13.82　具有交错纤维图案的树脂凳子

图 13.83　结合使用植物纤维与树脂材料的家具

## 四、中国传统家具再设计

中国传统家具文化源远流长，创造了辉煌的成就。但是，以前由于材料的缺乏，各种民族和具有地域风格的家具比较普遍，而人们多以拥有一套西式家具为自豪。当前，我国家具行业已达到相当规模，但主要集中在出口加工和仿制上。尤其是金融危机导致出口导向型家具行业产能严重过剩，这让我们不得不思考如何树立中国家具的形象。然而，由于中西文化的差异，以及西方文化影响较深的现状，如何认清中国家具的发展方向，这是一个值得探讨的话题。

### （一）新中式家具

新中式家具在传统美学标准下，运用现代材料和工艺，演绎中国传统文化中的古典精髓，使家具不仅具有高雅、端庄的中国风味，而且具有明显的现代特征。

新中式家具的设计在许多方面都简化了，多使用简单的几何图形来呈现，但这不仅仅呈现在外表上，如图 13.84 所示。新中式家具是在古代经验的基础上发展起来的，是古代

图 13.84　新中式家具

图 13.85　Hans J.Wegner 设计的 Y Chair

家具向现代演变的产物，取其精华，取其外在形式，取其现代方式。

（二）新材料的运用

例如，丹麦家具设计大师 Hans J.Wegner 设计的 Y Chair 的灵感就来自中国明式家具，去繁就简，比简洁的明式家具来得更直接，如图 13.85 所示。这张椅子的结构科学，充分阐发了材料的个性，同时也蕴含中国明式家具所特有的历史韵味，再加上人工绑上的天然纸纤维坐垫，其优美的线条与触感，将意象上的抽象美与功能上的适用性相结合，让人有一种莫名的亲切感。

## 五、回收余料再利用家具

在绿色产品生命周期结束时，产品将被循环利用，其中一些产品将被降解。这部分零部件和材料可以为新家具的生产提供原材料，是绿色家具设计的发展趋势和方向。

再生材料的回收包括两类：一类是家具再生材料的回收，包括对仍有使用价值的零部件的翻新和再利用，以及降解后家具原材料的再加工。例如，旧的木制家具被劈开，木头被抛光，损坏的部分被移除，有缺陷的部分被修复，家具被翻新和制造；或者重复使用螺钉、连接件、金属、玻璃和其他仍然有价值但没有损坏的附件。另一类是利用其他再生材料，如利用废瓦楞纸箱、锯末、废纸、废布等。

（一）回收物品再设计家具

废旧家具大部分被丢弃或者流入旧货市场，只有很少一部分真正被回收利用。常规的旧家具难以回收，即便能回收再利用，也会造成高能耗。而纸家具的优势是，回收和再利用工艺已经很成熟。以瓦楞纸家具为例，在通常情况下，瓦楞纸被视为无承受力、废弃的材料。但是，美国建筑大师 Frank Gehry 设计制作了一系列造型独特的椅子，极大地颠覆了普通人的思维习惯，给人们以巨大的惊喜，如图 13.86 所示。随着全球气候变暖的趋势加强，可再生环保材料成为风向潮流，Frank Gehry 的设计展示了一个全新的视角，使人们明白可以将环保可回收再利用的纸用于家具设计。

例如，这张色彩缤纷的椅子 T-shirt Chair（图 13.87）是获得“瑞典绿色家具设计大奖”的首奖作品，由瑞典一位年轻的设计师 Maria Westerberg 设计制作。这张椅子的材料是 Maria Westerberg 从她的 40 位朋友那里收集的旧 T-shirt，并混搭了她奶奶的旧窗帘及自己最心爱的破牛仔裤。由这些来自朋友与家人的旧素材，所拼贴出的当然不只是旧物再利用的绿色价值，更重要的是，它背后所传达的概念，是希望每个人都可以用自己的布来

图 13.86　Frank Gehry 设计制作的瓦楞纸椅子

图 13.87　Maria Westerberg 设计制作的 T-shirt Chair

装饰这张椅子，依照自己喜欢的颜色与布料进行选材，而不管是旧衣服还是任何对自己有情感意义的布料。

### （二）展示家具和办公环境家具

例如，杭州品物流形产品设计有限公司先后荣获 20 多项国际设计大奖，包括意大利米兰家具展的唯一奖项。该公司先后以“余杭”为主题，在世界各地举办了多次展览。

“来自余杭”对余杭传统文化和工艺进行解构，并将其融入当代设计。该公司历时 4 年，覆盖余杭各村落，与 10 多位传统工匠合作。其中，这把“飘飘”椅是“来自余杭”主题展作品（图 13.88），源自余杭纸伞的传统工艺，设计师大胆创意，把宣纸制作成椅子。“飘飘”椅利用了宣纸的细腻质感和韧性，不仅具有温暖的触感，而且提供了很好的支撑。宣纸是由安徽景县米纸车间生产的，纸贴是由设计师和余杭伞大师粘贴完成的。让我们惊讶的是，在特定的工艺条件下，宣纸与实木具有同样的硬度。另外，他们工厂的办公桌都由自己的工厂加工而成，桌子的结构由纸块、纸盒、塑料连接件、木板制成，如图 13.89 所示。

图 13.88　纸椅“飘飘”

图 13.89　纸材办公桌

### （三）家具余料

随着社会经济的迅速发展，家具行业的生产规模化对地球资源环境的消耗越来越大，大量树木的砍伐和生产加工严重破坏了原有的生态环境。在木材资源日趋减少的同时，许多家具生产企业将大量实木家具生产加工余料进行废弃处理，最大限度地利用木材资源，尽量将生产做到合理化和人性化。

图 13.90　手绘树桩画

高品格、高质量的陈设工艺品不仅外形美观，能够美化空间环境，而且能体现出收藏者的生活品位，有着宽广的发展空间和市场前景。将实木家具生产余料进行再利用设计，生产具有独特造型和艺术观念的各类陈设工艺品，不仅符合绿色环保设计的要求，而且能满足人们精神生活的需求，因而深受人们的喜爱。例如，当前流行一种手绘树桩画，如图 13.90 所示。

## 第三节
## 生活与工作产品设计实践

### 一、家居用品

在 20 世纪的最后几十年中，世界上兴起了生态设计的思潮，到如今已经席卷了整个世界。不管是材质的再利用、废弃器具的再设计，还是能源的重新开发、绿化盆栽的新点子，设计师们已经开始行动了。特别是 20 世纪七八十年代，“生态意识”的觉醒促使世界各国设计界纷纷关注“生态设计”的新概念，使得生态设计的理念和行为日益深入人心。从建筑设计到室内设计，从家具设计到家用小产品设计，都在这股思潮中得到了新的发展。下面我们从日常工作、与生活密切相关的家居等方面来探寻绿色设计实践。

#### （一）地域传统生活可持续

1. 环境可持续发展的原则

20 世纪 80 年代，世界环境与自然保护发展组织提出：“可持续发展是指即满足当代人的需求，又不以影响下一代人需求为代价。”可持续发展坚持持续性、公平性和共同性 3 个原则。从宏观层面看，可持续发展可以理解为人与自然共同协调进化，即“天—天”关系；从中观层面看，可持续发展可以理解为满足当代人的需求，这符合当地人民和全球人民的利益，即“人—地”关系；从微观层面看，可持续发展可以理解为经济、环境和社会的协调发展，也就是在合理、可持续利用条件下的最大经济效益和社会效益与资源环境保护的关系，即“人—人”关系。可持续发展是一个综合的、动态的概念，不是单一的经济问题，而是与社会和生态问题三者互相影响的综合体。

2. 地域可持续发展的特性

居住环境的可持续发展主要依赖生态环境和人文环境的建设。生态环境的可持续发展是建立在空间物质实体和社会因素长期、严密发展的基础上的。

地域文化的特征是由物理性空间和精神性空间决定的，是与环境的“生态建设”与“人文建设”互相对应，其在物理性空间和精神性空间方面的具体内容见表 13-8。地域文化行程是一个继承与更新、保存与创造相结合的动态发展过程，但在特定的时空范围内，它又是不断地在重复的，并保持一定的稳定性。

**表 13-8　地域文化的特征**

| 物理性空间 | 精神性空间 |
| --- | --- |
| 地形、气候 | 地域风情及社会心理 |
| 生态、植被 | 历史遗迹 |
| 土地利用现状 | 文学、民乐、艺术、的发展等 |

3. 地域文化在设计中的特点

（1）动态性。中国传统文化源远流长，地域文化是中国传统文化不可或缺的组成部分。新文化不断涌现和发展，地域文化也随着各国的文化交流而不断变化。因此，从哲学的角度来看，区域文化也在不断地发展变化。

（2）个性化。在一定程度上，地域文化是设计师对地域文化中人文精神的独特理解，而被运用到作品的创作过程中。

（3）人性化。人性化是地域文化与室内设计融合过程的特点之一，也是设计者所必须达到的目标之一。

4. 地域文化对于居住环境中可持续发展的作用

（1）地域文化体现出人与自然的和谐关系。不同的人生活在不同的地域环境中，不同的人创造了不同的身份和文化。人们生活在一定地区的自然环境中，与自然有着千丝万缕的联系。人与自然的和谐关系是实现地域文化可持续发展的前提，而人与环境和谐统一的关系又符合中国古代“天人合一”的哲学思想。

（2）地域文化有利于居住环境保持本土特征。一件环境设计作品不仅仅要体现出时代特征，更要体现出当地文化，否则就会形成千篇一律的局面。因此，一件环境设计作品就是“原住的环境”的本质特征与其文化渊源的反映。运用地域文化的相关事项，并结合今天的发展载体，设计师可以探索出真正属于自己的地域风格，保持可持续发展的地域特色。例如，传统山水思想在居住环境设计中的体现如图 13.91 所示。

图 13.91　传统山水思想在居住环境设计中的体现

## （二）传统工艺的再设计

传统工艺是指用具有鲜明民族风格和地方特色的天然材料制成的工艺品种和工艺。一般来说，传统工艺具有多年的历史和完整的工艺流程，是历史和文化的载体。

1. 传统工艺的分类

（1）工具器械制作工艺（表 13-9）。

**表 13-9　工具器械制作工艺分类**

| | |
|---|---|
| 罗盘制作工艺 | 指南车、司南、罗盘 |
| 舟车类 | 木船、木车制作工艺 |
| 乐器类 | 箫、笛、芦笙、弦乐器等制作工艺 |
| 日用器具类 | 扇子、油纸伞、舟、筏、锁等制作工艺 |

（2）传统饮食加工工艺（表 13-10）。

**表 13-10　传统饮食加工工艺分类**

| | |
|---|---|
| 制茶类 | 乌龙茶、白茶、武夷岩茶等制作工艺 |
| 酿造类 | 酒、醋、酱油、豆豉、腐乳酿造工艺 |
| 制盐类 | 井盐、海盐、池盐等制作工艺 |
| 腌制类 | 火腿、咸菜等腌制工艺 |
| 制碱类 | 制碱 |

（3）传统建筑营造工艺（表 13-11）。

**表 13-11　传统建筑营造工艺分类**

| | |
|---|---|
| 传统建筑 | 木瓦石作、油漆彩绘、搭材、园林叠造等工艺 |
| 民居和少数民族建筑类 | 汉族传统民居、少数民族营造工艺 |
| 功能建筑类 | 传统瓷窑营造工艺 |
| 桥梁类 | 廊桥、石桥等营造工艺 |

（4）雕塑工艺（表 13-12）。

**表 13-12　雕塑工艺分类**

| | |
|---|---|
| 玉石雕类 | 玉石雕塑：玉雕、翡翠雕刻、水晶、玛瑙雕工艺等 |
| 石雕类 | 文房石雕：砚台、印章、把玩件等<br>大型石雕：曲阳、寿山石、惠安石雕、徽州三雕、彩绘石刻等<br>石刻：碑刻、摩崖石刻、墓志铭 |
| 砖雕类 | 砖雕 |
| 木雕类 | 朱金器、黄杨、潮州、东阳木雕、湘东傩面具、木偶制作、印章、木模具等 |

续表

| 竹刻类 | 宝庆、嘉定竹刻工艺 |
| --- | --- |
| 面塑 | 面塑技艺：面人、花馍等 |
| 泥塑类 | 大型泥塑：石窟塑像、庙宇塑像<br>民间泥塑：天津泥人、惠山泥人、泥咕咕、凤翔泥塑等制作工艺 |

（5）染织工艺（表13-13）。

**表13-13　染织工艺分类**

| 桑蚕丝织类 | 桑蚕丝织、宋锦、缂丝、织锦、云锦、绫绢、苗锦、蜀锦、侗锦、丝绸织染等工艺 |
| --- | --- |
| 棉纺织类 | 土布、棉纺织等工艺 |
| 麻纺织类 | 夏布织造工艺 |
| 印染类 | 蓝印花布印染、夹缬染色、香云纱染整工艺等 |
| 服装缝纫类 | 戏装戏具制作、中式服装裁缝、千层底布鞋、旗袍制作、皮帽制作、皮靴制作技艺等 |
| 刺绣挑花类 | 顾绣、马尾绣、苗绣、盘绣、挑花、香包绣等工 |

（6）编制轧制工艺。包括竹编、草编、纸编、纸织画，彩灯、风筝等制作工艺。

（7）陶瓷制作工艺（表13-14）。

**表13-14　陶瓷制作工艺分类**

| 制陶类 | 陶器、紫砂器、牙舟陶、唐三彩、原始瓷等烧制工艺 |
| --- | --- |
| 制瓷类 | 瓷器：原始瓷器到现代瓷器 |
| 砖瓦类 | 御窑金砖制作、贡砖烧制工艺 |
| 琉璃类 | 琉璃、料器制作工艺 |

（8）金属冶煅加工工艺（表13-15）。

**表13-15　金属冶煅加工工艺分类**

| 采冶类 | 生铁冶铸、铜冶炼、水银提炼、黄金采冶、炼锌工艺等 |
| --- | --- |
| 铸造类 | 青铜器、铁器、金银器等 |
| 锻造类 | 金箔、兵器、农具、铁画、金银饰品、乐器（锣等）、日用器锻造工艺等 |
| 装饰类 | 金银花丝工艺、鎏金工艺、洒金工艺、厚胎珐琅制作工艺等 |

（9）髹漆工艺。包括雕漆类、推光漆器、脱胎漆器、漆线雕髹饰等。

（10）家具制作工艺。包括椅子、桌子、几、凳子、床、屏风、窗、案等制作，技艺包括传统榫卯结合、黏合方法、木雕、嵌螺钿、上漆、打磨等技艺。

（11）文房用品制作工艺（表 13-16）。

**表 13-16　文房用品制作工艺分类**

| 造纸类 | 宣纸、桑皮纸、竹纸等制作工艺 |
|---|---|
| 制墨类 | 徽墨、印泥制作工艺 |
| 制砚类 | 端砚、歙砚、洮河砚、澄泥砚等 |
| 制笔类 | 毛笔 |
| 颜料类 | 矿物颜料、植物色素 |

（12）印刷术。包括雕版印刷、活字印刷等工艺。

（13）刻绘工艺。包括剪纸、刻纸、木版年画、内画、庙画、彩绘、皮影等工艺。

（14）特种工艺及其他。包括传统书画装裱、修复技艺、文物修复、其他传统技艺。

2. 传统工艺的现状及发展

传统工艺面临的现状比较复杂，有些技艺面临失传的境地，主要是因为工艺复杂、经济效益低下、后继无人等原因。庆幸的是，国家已经出台了一些政策挽救传统工艺，比如保护非物质文化遗产，社会媒体也在大力宣传。当然，越来越多的人关注传统工艺，并以各种方式在努力挽救，希望这些传统工艺能够代代相传。

### （三）绿色设计语境下传统工艺发展面临的挑战

传统技术虽然蕴含丰富的创造理念、可持续发展的理念和智能技术文化因素，并在绿色设计浪潮下获得了新的发展机遇，但由于社会生活方式的改变，用户和传承者的减少，再加上设计创新困难、技术资源薄弱、管理方法陈旧等，传统技术现在的生存仍处于困境之中。下面从影响传统技术绿色发展的重要因素入手，分析传统技术绿色发展面临的问题。

1. 手工制作的效率低下

在传统工艺中，工匠的精湛技艺和思想感情是通过“物”的雕刻来体现的。其在生产过程中，注重手工艺人员的触觉、视觉和大脑的协调。从现实和发展来看，这种纯手工或半手工的制造方式显然赶不上批量生产的速度，因此不利于手工制品的市场扩展。例如，竹编工艺虽然样式精美，但是手工复杂，不利于批量化生产，如图 13.92 所示。

图 13.92　样式美观精致但手工复杂的竹编工艺

2. 天然材料的短缺

绿色设计提倡使用天然或可再生材料，以减少产品对生活环境的影响。传统的手工艺品大多采用直接开采的自然材料，但有些材料是稀有资源，而且价格极其昂贵。比如说，玉雕用的和田羊脂玉、墨玉，传统家具用的紫檀、黄梨等硬木，显然，在自然资源严重短缺的情况下，不仅原材料供应存在问题，而且给传统技术的保护和发展带来了许多困难。因此，要在节约和消耗自然资源之间找到平衡，就必须考虑如何利用现代材料的发展成果和设计策略，根据资源稀缺性的分类评价指标，考虑使用自然材料和生态替代材料，拓展传统技术的发展道路。

3. 传统工艺人才的缺失

传统工艺行业存在劳动强度大、经济收入低、真才实学难以培养等诸多原因，导致后继无人，这已成为阻碍传统工艺发展的重要因素之一。在人员构成上，由于传统工艺的创新融合了许多科技因素，所以需要一支由具有多学科文化背景的技术和设计人员组成的专业团队，在调查、设计中形成优化的实施框架及生产、销售等环节，从而更加科学合理地实现传统工艺的可持续发展。

### （四）绿色设计概念下传统工艺的可持续发展途径

1. 合理利用现代技术

一方面，要提炼传统工艺的优秀特性，并将其有效地融入当前的设计中；另一方面，运用现代技术和设计创新，更新传统工艺设计，创造出兼具民族精神和现代审美价值的绿色工艺，从而更直接有效地适应当代社会、生活、时尚和文化的发展。

2. 多角度利用材料

从选材的角度来看，可以直接从自然界中获取和利用一些生长周期较短的可再生原料；而那些难以获得的原料，可以采用相似的原料代替，也可以组合使用，或者与可重复使用的合成材料匹配使用。例如，丹麦家具设计大师 Hans J.Wegner 设计的 Y Chair 没有使用珍贵的屏风，而是选择了樱桃木，通过简化装饰，优化靠背扶手，增加坐垫设计，使产品具有古典韵味，如图 13.93 所示。

3. 多渠道培养工艺创新人才

传统工艺行业由于市场发展乏力、收入低，所以从业人员较少，而且高校也缺乏传统工艺人才培养的机制，使其后继者少之又少。我们需要依托相关行业组织、社区、研究机构、高校等部门，通过多种方式、多种形式，大力培养传统工艺美术人才。

4. 多渠道宣传工艺绿色价值理念

传统工艺的传承和发展需要通过多种途径和渠道。这激励着我们把传统手工艺品的生态环境特征作为提高产品市场竞争力的重要因素，不仅要让消费者感受到传统手工艺品的文化内涵、内在品质、时尚美和绿色价值，而且要让消费者真正感受到他们的消费行为对环境可持续发展的贡献和努力，以及他们对健康生活的有效投入，使得绿色消费观念成为他们生活中的自觉行为。图 13.94 所示是一款采用老竹新编的手提袋，既时尚，又具有文化内涵。

### （五）传统生物材料的再设计

生物材料也称为生物技术或生物技术。它以生物学和工程学原理为基础，以生物材料

图 13.93　Hans J.Wegner 设计的 Y Chair 的细节

图 13.94　传统工艺再设计案例——老竹新编手提袋

和生物学的独特功能为导向，建立具有特定特点的生物新品种综合科学技术体系。通过基因工程，人们可以根据愿望生产出更多、更好的生物制品。

1. 生物材料快速成型设备的设计与实现

（1）生物材料对材料的生物相容性、生物降解性、无毒性、孔隙率、力学性能、控释性能等，都提出了很多要求。

（2）快速成型设备的系统设计。

使能要求：不同的材料需用不同的喷射启用方法。在注射成型结构材料之前，它一般是一种高黏度流体。高压挤压喷嘴的使用可以保证稳定的喷射和瞬间的开关响应。同时，生长因子和其他功能性辅助材料一般都是低黏度流体。射流采用低压开关阀或压电喷嘴。整个启动系统是一个多喷嘴喷射系统。

数控要求：堆垛工艺与 FDM（工艺熔融沉积制造）工艺有相似之处，区别主要是由于多种材料的操作，在同一层压制造工艺中，需要同时使用轮廓扫描方式和点控制方式，实现注塑成型结构材料和功能辅助材料。

热环境要求：在低温喷涂过程中，材料挤压到基体后要立即固化结合，成型环境要达到一定的低温；在成型过程中，既要保证材料在喷嘴中不固化、不堵塞，又要保证材料的生物性高温下活性不能改变，必须严格控制喷涂系统的温度。

洁净要求：保证一定的密封性，还要便于拆卸、清洗和更换。

（3）基于快速成型中离散叠层制造思想的生物材料快速成型机。四喷嘴喷雾、低温成型腔和大扫描速度的特点，不仅满足了生物材料快速成型的要求，而且为生物材料快速成型的发展留下了很大的空间。

2. 传统生物材料再设计案例

Biofore（芬欧汇川集团创造出来的一个新工业类别）的设计师采用模块化设计，实现了生产和运输的高效率，探索了深厚的中国茶文化和尖端的芬欧汇川（世界领先的跨国森林工业集团之一，简称 UPM）生物材料产品。

设计师们将自己的设计才能和芬欧汇川创新的生物材料完美结合，创作出雅致、富有意

图 13.95 Biofore 茶馆内景

义并具有可持续性的作品，如 Biofore 茶馆（图 13.95）。Biofore 茶馆使用的材料是可持续和可回收的。整体框架和装饰面墙采用坚固耐用的 WISA 胶合板，主体墙采用环保耐用的木质材料 UPM grada，实现了设计的无限可塑性。地板采用优质、现代的 UPM profi 复合材料，由再生材料制成，材料本身是可回收的。UPM profi 是一种耐用的材料，颜色宜人，触感舒适。

3. 生物材料再设计案例——秸秆再利用的设计研究

鉴于资源紧张、废弃物质对环境的污染及焚烧等对环境的影响等问题，人们通过对秸秆原材料收集后期处理现场考证、秸秆产品的实地考察和网络资料的收集整合等研究活动，揭示了秸秆可再利用且对环境保护至关重要的道理，从而在研究后期探索出秸秆发展的新趋势：替代传统材料，突出绿色设计，有效降低环境污染；结合其他材料，进行整合应用，创造崭新的时代材质感。这两种趋势将会将秸秆这一高产量、短周期的材料纳入社会生产的范畴，不仅在不增加附加劳动的情况下增加农民的收入、解决部分农民的温饱问题，而且能缓解现代社会高需求的材料供给问题，同时能缓解地球上的能源问题，增强人们的环保意识。

（1）秸秆成分分析。秸秆是成熟农作物茎叶部分的总称，是一种具有多用途的可再生生物资源。秸秆也是一种粗饲料，特点是粗纤维含量高并含有木质素等，分解后可产生可再利用物质木焦油、木醋液、可燃气等。其中，木焦油可用作消毒剂、防腐剂；木醋液可用于土壤改良、除臭，也可作为植物生长调节剂、饲料添加剂等。秸秆提取后的剩余物可制成秸秆炭以提供能量，其产出关系见表 13-17。秸秆覆盖地面时，还可以隔离阳光对土壤的直射，对土体与地表温热的交换起到调剂作用。

**表 13-17 秸秆提取后的产出关系**

| 种　类 | 木质素 | 纤维素 | 半纤维素 | 果　胶 | 聚戊糖 |
|---|---|---|---|---|---|
| 棉秆 | 22% | 50.23% | 75.10% | 3.51% | 19.21% |
| 麦秸 | 18.34% | 40.40% | 71.30% | 0.30% | 25.56% |
| 杉木 | 24.91% | 50.43% | 44.69% | 1.69% | 25.90% |

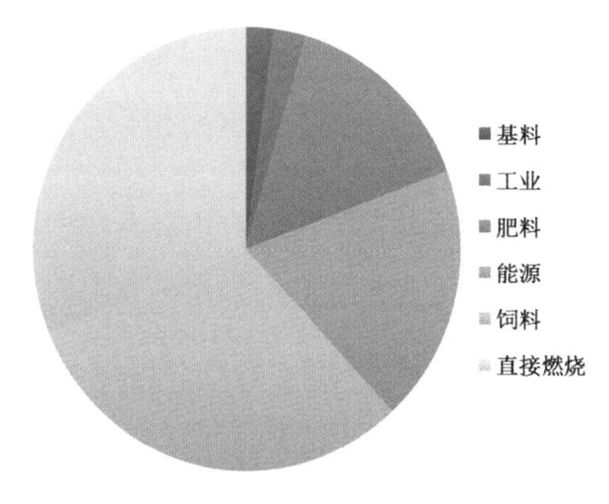

图 13.96 秸秆在各行业的利用情况

（2）秸秆再利用现状。秸秆成型燃料作为一种非燃料，在工业应用上，是一种高效、长期的轻工业、纺织建材原料，可以部分替代砖木等材料。

稻草墙板的保温、装饰和耐久性都很好，因此许多发达国家在建筑业中广泛使用稻草墙板代替砖木。针对传统建材存在的诸多难题，以秸秆为原料的生态秸秆再生砖凭借其优良的品质得到了国家政策的支持。此外，秸秆还可以加工成人造丝、麦芽糖等。秸秆在各行业的利用情况如图 13.96 所示，其中，直接燃烧所占比例最大。

（3）秸秆相关案例分析。秸秆用作建材类的产品有秸秆砖、秸秆轻质隔墙板、秸秆彩瓦等。在人们重视环境及可再生资源的利用后，秸秆又成为许多设计师运用的重要材料。例如，山东泉林纸业有限责任公司采用新技术将秸秆转变成日常生活用纸，不仅缓解了造纸业因采用木浆而大量砍伐树木的问题，而且给人们提供了一个新思路：像秸秆这样的农作物不仅仅只用于施肥或做成工艺品才可以降低对环境的污染，我们还可以结合现代科学技术，将其用于其他领域。

20 世纪伊始，我国开始大量烧制红砖作为建造房屋的基础材料，但烧制红砖占用了大量社会资源，也浪费了大量土地和木材资源，如图 13.97 所示。到了 21 世纪，国家开始规定不允许开窑烧制实心黏土砖。图 13.98 所示是用秸秆（稻草、谷壳、麦秸、玉米秆、甘蔗渣、棉花秆、锯末、枯草、树枝叶等任何一种原料）作为原料生产的保温砖，使用后不需要在墙体加保温材料，而且平均每立方米的材料可节省近一半的价格。

秸秆轻体隔墙板可代替实心黏土砖块、瓷砖、涂料等，具有体轻、便宜、耐水、保温、隔音、阻燃等优点；而且，墙体厚度为红砖的一半，可增加使用面积近 15%，可节约

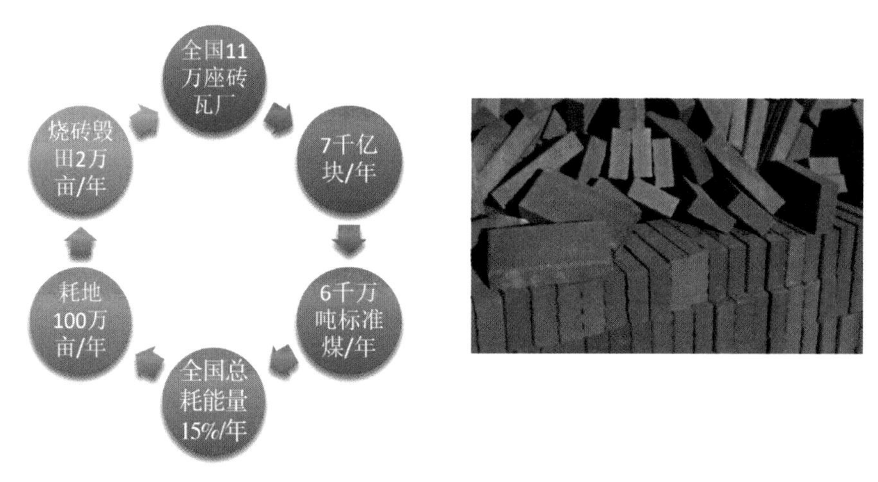

图 13.97 烧制红砖浪费资源

工程总造价约 10%。秸秆轻体隔墙板为建筑材料的更新开辟了一条道路，是极具推广意义的建材主体。秸秆建材既不毁田取土，又保护了耕地，使用寿命与水泥制品相同，可再生使用且不污染环境，因此被誉为绿色建材。这种绿色建材在发达国家已经使用了很多年，目前在世界各地都很流行。甚至在一些国家，秸秆用作建筑材料的比例高达 80%。秸秆和其他材质的对比见表 13-18。

图 13.98 用秸秆作为原料生产的保温砖

**表 13-18 秸秆和其他材质对比表**

| 秸秆＼对比材料 | 成 本 | 克服缺点 |
| --- | --- | --- |
| 石膏 | 1/2 | 强度低、不防水 |
| 木材 | 1/3 | 易燃、室内易腐朽 |
| 玻璃 | 1/10 | 易碎 |
| 红砖 | 1/2 | 施工率低 |

图 13.99 所示的秸秆复合彩釉瓦以农作物秸秆、锯末及各种石粉为主要原料，将这些废料变废为宝，加工成为彩瓦，继续利用。由于中国建筑行业发展迅猛，所以秸秆复合彩釉瓦的应用将有非常大的市场空间。

图 13.100 所示是由东方麦田工业设计股份有限公司设计的新款自动化数控锅炉，主要功能是以燃烧秸秆或者煤块来供能。这款锅炉改变了传统锅炉体积大、难安装、延伸难、操作劳动强度大等问题。锅炉在设计上的日趋完善，使得秸秆等原材料得到了进一步的利用，在一定程度上缓解了能源问题。

图 13.99 秸秆复合彩釉瓦

图 13.100 东方麦田设计的自动化数控锅炉

图 13.101 所示的秸秆房由超轻质的秸秆制成，性能稳定且隔热防水，轻巧节能，冬暖夏凉。更重要的是，在发生自然灾害和地震时，这种秸秆房非常安全，因它每平方米的质量只有 3kg 左右。例如，在巴基斯坦，秸秆房已大面积投入使用，有效地利用了各地的资源。

图 13.101　秸秆房

图 13.102 所示的可降解秸秆花盆造型简洁优美，在植物栽培过程中一起种植到土壤中，然后经生物降解成优质肥料，可以避免在移栽过程中对植物根系的损害。

图 13.103 所示的是秸秆塑料日用品类。秸秆在回收之后，先依照程序进行精细加工，再将加工后的秸秆与 PP 塑料进行混合，倒入特定的压制机器中进行挤压等，便可得到秸秆造粒，最后将这些秸秆造粒进行高温熔化，倒入模板中可以做成牙刷柄、梳子、日用餐具等生活用品。例如，平均一天时间，1t 秸秆可以生产出约 10 万把梳子。在秸秆与塑料的混合物料中，至少有 40% 的秸秆含量和至少一半的玉米淀粉含量。如果跟聚乳酸混合，则这些制品能够完全降解，因为聚乳酸可以降解。

图 13.104 所示是秸秆编织类家居生活产品。编织技术是人类最古老的手工艺技术之一，我国的编织手工艺品按原材料划分，主要分为竹、藤、稻草、棕、柳、麻 6 类。编辫是稻草编织中最常用的技术，没有经纱或纬纱的分别。它将稻草作为原材料，将其编织成

图 13.102　可降解秸秆花盆

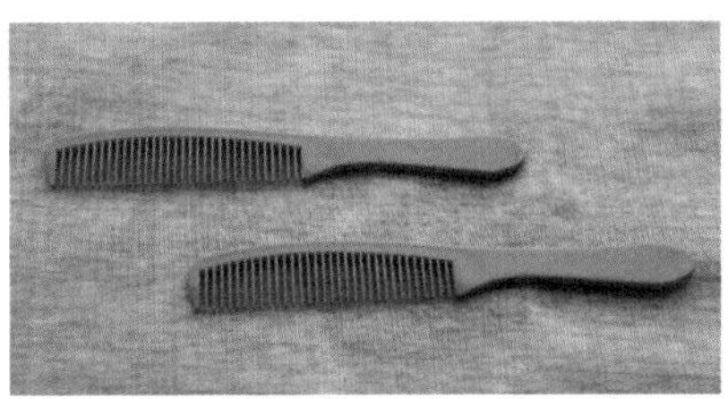
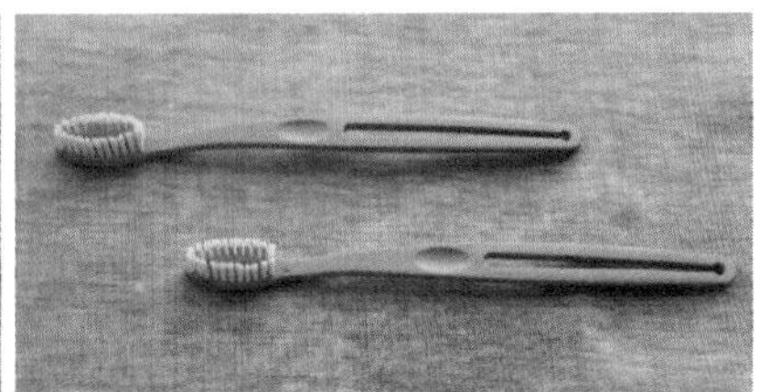

图 13.103　秸秆塑料日用品类

3～7 条编织物，通常用作草篮、草帽和草席原料的半成品。草编技术大多掌握在手工艺人或者以此谋生的农民手中，草编产品在产品类别中大部分属于家居生活类。

图 13.105 所示的是新兴的工业物流托盘。大多数秸秆产品使用物理、化学、电气和机械技术原理，将经过研磨的纤维与树脂相混合，然后通过高压成型或者其他机械设备进行成型。托盘是现代物流业、包装业、工商业产品生产、周转、运输、存储的重要工具。过去，大多数托盘都使用实木作为原材料来生产。如今，植物纤维复合模压托盘是国际上近些年兴起的一种新兴的“植物性纤维复合材料”产品，这种轻质、高强度的托盘通过一次性模压成型工艺制成。它比实木托盘轻 70%、耐磨损，具有很高的耐冲击强度，而且由于没有钉子和锋利的边角，所以操作更安全。此外，它还具有抗紫外线和耐化学腐蚀等性能。从植物纤维模压托盘的目标市场来看，在我国，90% 的实木托盘都需要更新换代，这其实是一个空间很大的市场。

对新兴的工业物流托盘进行模压成型的整体工艺流程如图 13.106 所示。

图 13.104　秸秆编织类家居生活产品

图 13.105　新兴的工业物流托盘

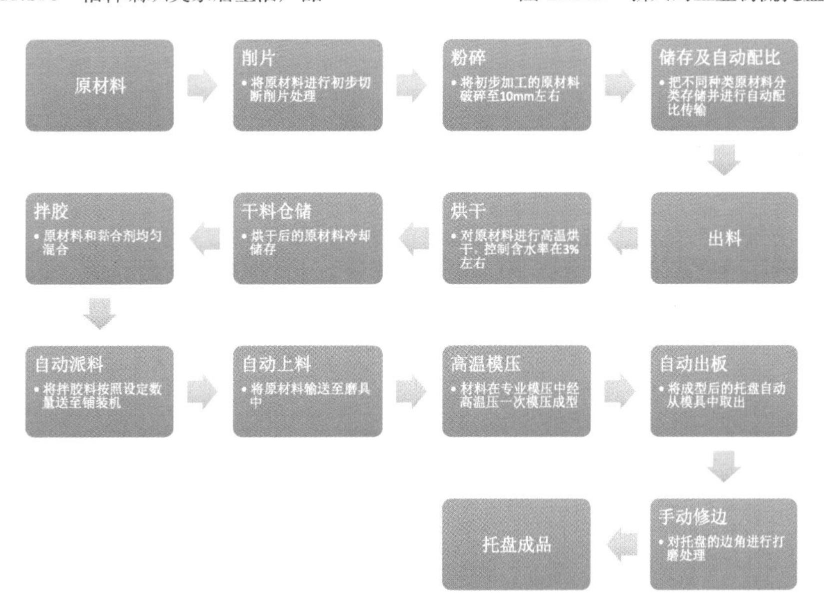


图 13.106　新兴的工业物流托盘模压成型的整体工艺流程

若能以秸秆为原料替代木材或黏土制产品，只需要利用不到20%的秸秆即可填补全部木材缺口和避免土地流失。另外，由于秸秆利用属于废物利用，可以大大降低原料的成本，且其生产不受地域、气候、季节、环境因素的影响，拥有广阔的市场空间和极强的市场竞争力。秸秆相对于其他材料的优点分析见表13-19，人们可以根据秸秆的优点来替代传统材料，实现绿色设计，以有效降低环境污染。

**表13-19 秸秆相对于其他材料的优点分析**

| 材料 | 秸秆的优点 | |
|---|---|---|
| 塑料 | 自然降解，对环境无污染 | ←秸秆 |
| 金属 | 废弃后无须工业加工，可直接回收利用 | |
| 纸质 | 不浪费森林资源，能够有效缓解木材的资源短缺问题 | |
| 橡胶 | 成本低，简易可得 | |
| 陶瓷、玻璃 | 韧性大，与高硬度物体碰撞不易碎 | |

秸秆与其他设计材料在产品中的应用，要综合考虑产品性质、造型结构形式、比例尺度等，合理地去选用材料，确定好不同材料的使用比例、位置关系。在绿色设计中，将秸秆与其他材料结合应用，可在不同程度上打破秸秆呆板、沉闷、不精致等缺点，如图13.107所示的秸秆环保盒就十分精致。

（4）秸秆产品成果展示。图13.108所示的这款圆珠笔的材质以秸秆为主，加入其他聚合物等，经过混合、模压后直接出模组装即可使用，制作非常简单。因为秸秆原材料的生命周期短、可降解性强，所以整支笔都可回收再利用，是一种环保性很强的产品。秸秆材料还可以加入不同颜色的着色剂，以适用于不同的人群需求。这款秸秆圆珠笔设计说明如图13.109所示。

图13.107 秸秆环保盒

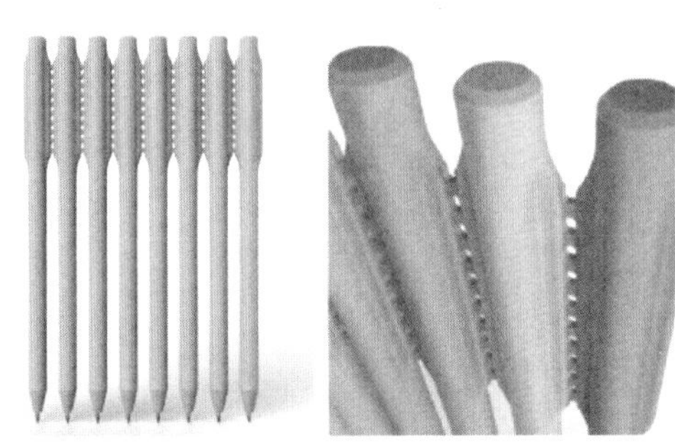

图13.108 秸秆圆珠笔

（六）绿色照明类

秸秆和木头在材质上属于同种属性的材料，质暖、大颗粒，都属热性物质；而光面塑料、玻璃、金属质暖，颗粒细微，都属于冷调物质。水泥既属于冷调物质，也属于大颗粒物质。鉴于以上，秸秆与塑料、玻璃、金属的对比更加强烈，与水泥的对比次之。秸秆与木头的最大不同在于，秸秆材质纹理微小，具有视觉整体性；而木头的纹理无

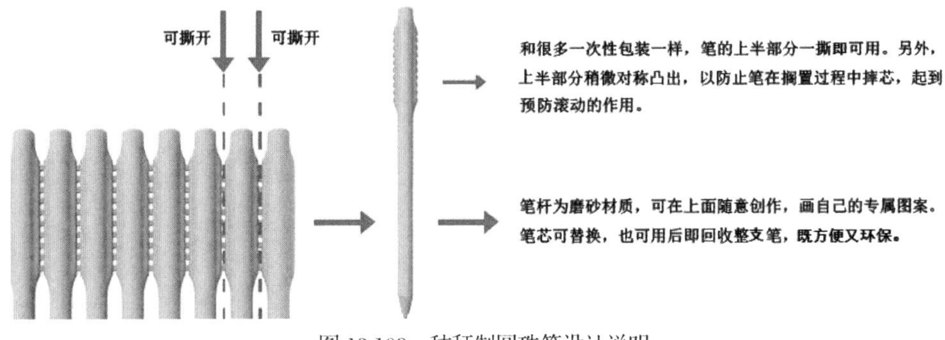


图 13.109 秸秆制圆珠笔设计说明

秩序，导致其具有特殊性，使其在视觉上与秸秆大不相同。通过秸秆与其他材质的搭配组合，不仅环保，而且能增加产品的多重发展方向。秸秆和其他材料穿插的灯罩对比如图 13.110 所示。

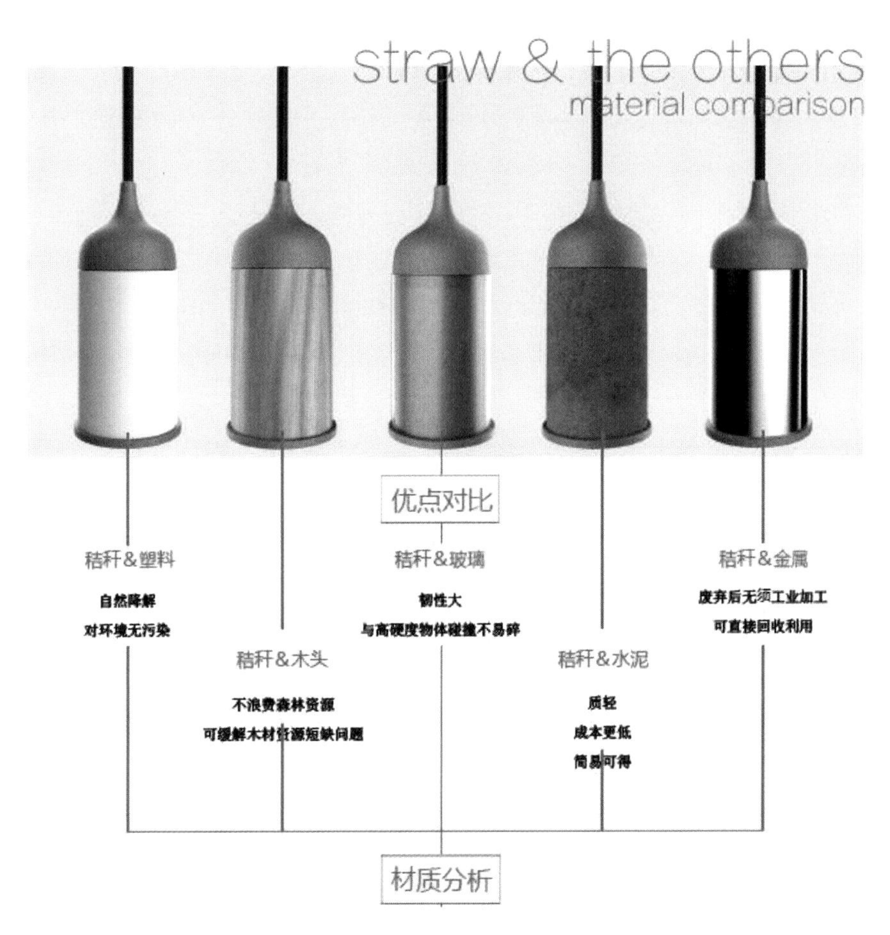


图 13.110 秸秆和其他材料穿插的灯罩对比

## 二、厨房用品

厨房用品指的是锅碗瓢盆、炉灶、抽油烟机、小家电等物品。厨房是家庭空间的重要组成部分，随着生活水平的提高，人们不断追求厨房生活的质量，尤其是一些时尚女性对现代厨房的要求更高。

绿色环保是当今世界的流行主题，有很多新型厨房用品进入我们的生活。例如，法国花色家居推出多款硅胶产品，它们根据国际标准选择多种高质量的环保材料（如纳米硅胶、玻璃、陶瓷、不锈钢等）设计生产整套厨房用品，如刀具、锅具、餐具、茶具、保鲜用具等。它们具有绿色环保、轻便实用等优点，为那些热爱生活、追求生活品质的人提供了新的选择。

### （一）食品保鲜及腌制器物

常见的食品保鲜技术有冷藏和冷冻、罐头制作、辐射处理、脱水技术、冷冻干燥技术、盐渍法、酸渍法、巴氏灭菌法、发酵法、碳酸化作用法、干酪制作法、化学保鲜法等。

### （二）保鲜原理

在特定情况下，保鲜技术也会破坏食物中天然含有的酶，这些酶可导致食物迅速变质或变色。酶是一种可以被作为化学反应的催化剂的特殊蛋白质，而且它易于被破坏。当食物的温度达到约 66℃时，酶就会被破坏。无菌食物是没有细菌的。除非经过灭菌和密封处理，否则所有食物都是包含细菌的。例如，如果在室温下条件把牛奶放在橱台上，里面的天然细菌会使牛奶在 2～3h 内变质；而如果把牛奶放在冰箱里，虽然没有除去其中已经存在的细菌，但减缓了细菌的作用，足以使牛奶保鲜 1～2 周。

### （三）常见保鲜技术——脱氧剂

导致食品品质劣化的因素有 3 个，即生物因素、化学因素和物理因素。除了物理因素之外，生物因素与化学因素都与氧的存在密切相关。冷冻、冷藏、干燥、腌制、热压杀菌、堆装、使用食品添加剂等储藏技术，虽有抑制生物因素的功效，但因不能消除氧的影响，所以其储藏保鲜效果有限。为消除包装内的氧所导致的食品腐败变质，虽然可以通过使用真空包装和利用惰性气体填充包装的方法，但是这两种方法都是物理除氧的方法，具有不能完全排除氧的缺点。而脱氧剂是通过化学吸收来除氧的，可以除掉 100% 的氧。

脱氧剂最初只用于防止食品生霉、变色，并不大用于防止食品发生氧化作用而变味。但是，随着人们对食品品质的日益重视，人们要求防止食品氧化、保存食品的营养和风味，故使用脱氧剂的目的趋向于全面地保持食品品质、控制细菌数量等保鲜指标。

### （四）灶台用具

1. 灶台的发展

灶台在我国的历史悠久，早在春秋时期，就已经广泛出现在住宅空间中。在《孟子·梁惠王上》中，就记载了“是以君子远庖厨也”这样的说法。我国地域辽阔，受不同地区的气候和生产方式的影响，灶台的形式和功能都会发生变化。灶台的演化与火的关系密切，其演化进程大致可分为“火堆—火塘地灶—锅台灶—天然气灶”这 4 个阶段。当自然之火进入人类生活以后，就产生了最初的灶台形式——火塘地灶；到了秦代，灶台已发展成与今日的锅台灶十分类似的形式；但是，成熟的锅台灶则是到西汉中期才出现的。我国南北灶台的形式和功能差异较大，这是受地域文化、民族风俗和自然环境等多方面因素影响的结果。此后历经千百年，灶台的形式因材料和工艺的变化，从土石垒成的火塘，到近代砌筑的灶台，再到现代的金属制品灶具，但从功能上来讲一直未有实质性的变化，它们都是居家生活所必需的炊事设施。在灶台的发展中，砌筑的灶台历史最久，发展最成熟，应用范围也最广。时至今日，在一些乡间村落，这种砌筑的灶台仍在沿用，如图 13.111 所示。

图 13.111　常见的地方土灶台

2. 灶台的结构及工作原理

做饭是灶台最原始和最基本的功能。传统灶台自上而下分成 3 个区，依次为操作层、明火层、除灰层。其中，除灰层的延伸部分就是烟道与烟囱。

（1）操作层。根据不同的饮食需求，在操作层上设有多个大小和数量不同的锅具，通常至少会有 1 口大锅和 2 口小锅。在特殊情况下，可能只设置一口大锅。例如，当烹饪饲料时，就会设置一个相对简单的独立灶台。由于会同时存在不同尺寸的锅具，所以操作层的深度也有所不同。

（2）明火层。锅口之下是明火层，明火层分为灶口和灶台内部的燃烧区这两个部分。秸秆从灶口进入灶台内部进行燃烧。一般灶口小，而灶台内部燃烧区大，这种尺寸差异的设计一方面可以防止明火外窜，另一方面可以扩大燃烧区以增加锅底的受热面积。

（3）除灰层。每口锅对应的除灰层与明火层有两处连接：一是在燃烧层之下设置铁制或砖制的箅子相隔，新鲜空气从下部烟灰出口进入，并从箅子的间隙上升到明火以参与燃烧，同时燃烧产生的灰烬通过箅子落到下部除灰层；二是在燃烧层和灶口相反的一侧设有排气口，与灶台靠墙一侧的烟道相通，废气受热上升，由排气口经烟道排出室外。

3. 灶台的绿色创新设计

秸秆燃料的热效率一般仅为 10% 左右，即使使用节能灶具，利用率也不足 30%。灶台产生的余热以烟气、热辐射等形式向外传播，造成了巨大的热量和资源的浪费，也造成了污染。如以一个 6 口人的农村家庭为例，假设每日燃烧 15kg 的薪柴，则浪费约 216MJ 的热量。如果利用这些热量驱动吸收式热泵，就可提供足够的热水、暖气，会大大改善该家

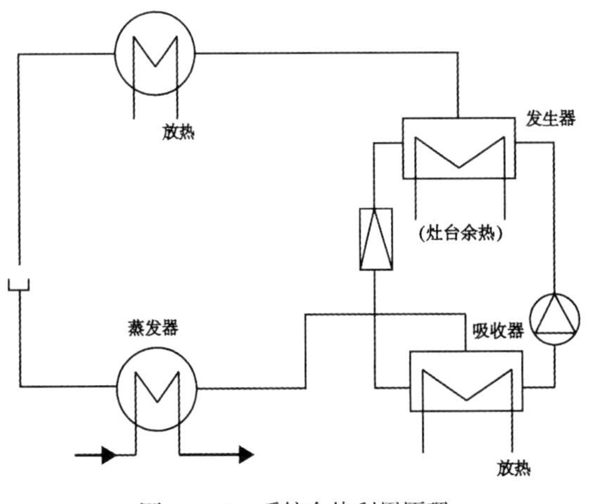

图 13.112　系统余热利用原理

庭的生活条件。所以，可以考虑在灶台内安装吸收式热泵的发生器，利用灶台余热直接驱动吸收式热泵，并且将排出的烟气导入蒸发器内，通过充分回收其中的余热来提高热泵的供热系数。假设灶台内的温度为 500℃左右，则灶内的盘管温度将达到 300℃甚至更高。系统余热利用原理如图 13.112 所示。该系统由发生器、吸收器、蒸发器、放热及管道组成，具有结构简单、初期投资小的优点。如果将这部分热量用于冷却，则可以解决或部分解决农村地区冰箱和空调的问题，而不需要运行成本。值得一提的是，固体吸附式制冷是进行冷却的有效方法。

### （五）厨房餐具

从严格意义上来讲，厨具指的是做饭时需要的一些东西，如菜刀、砧板之类；餐具指的是吃饭时用的一些东西，如筷子、碗、盘子；炊具指的是灶台上的东西，如抽油烟机、液化气灶等。这些都属于日常生活用品，吃饭、做饭都离不开这 3 类东西，但一般所说的厨具都涵盖了以下 3 类东西。

1. 环保绿色餐具设计

图 13.113 所示的合二为一的叉勺餐具采用耐用且可重复利用的材料制成，既可作为勺子来使用，又可作为叉子来使用，轻巧且方便携带。这种合二为一的叉勺餐具可分别使用竹子、可再生塑料和钛合金材质制作，目前已在快餐行业及航空餐饮中广泛使用。

2. 废弃物再设计的餐具

图 13.114 所示的由回收电路板制成的杯垫大大方方地保留了电路板的纹路，形成了独有的图案装饰。它们减少了垃圾填埋场的“压力”，也能帮助人们避免热饮烫坏桌子，既然美观又实用。

图 13.113　合二为一的叉勺餐具

图 13.114　由回收电路板制成的杯垫

### （六）其他物品

在厨具的使用中，也存在各种各样的浪费。图 13.115 所示的创意刀具，一刀具有多种用途，通过创意设计极大地发挥了刀具的作用，在细节处倡导可持续发展的生活理念。

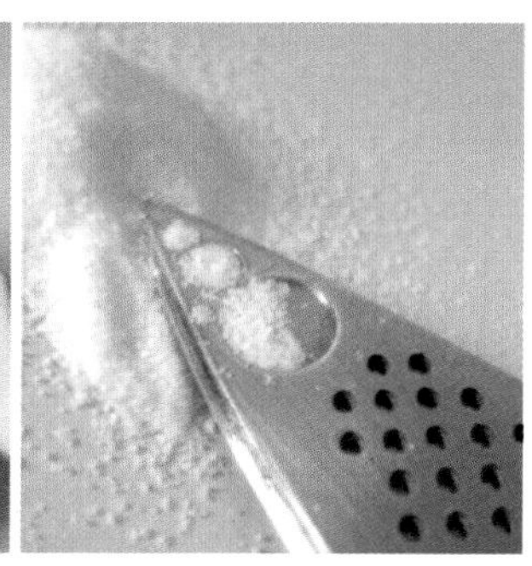

图 13.115　创意刀具——一刀多用

## 三、绿色办公用品

办公用品通常在人们的日常生活起到辅助的作用，主要被应用于企业工作单位。办公用品所指领域广泛，包括文件档案用品、桌面办公用品、办公相关设备等一些与工作相关的产品。

我国办公用品行业目前的发展状态良好，且在国际上也具有强大的竞争力。在这个行业中，各企业秉持专业、高效、节能的方向，正在逐步向工业化和大规模发展的方向迈进。随着我国办公用品行业需求市场的不断扩大和出口量的增加，各企业面临着新的发展机遇。

### （一）再生纸质办公信笺、信封及文件夹

在我国，再生纸的主要用途有 5 个方面，分别是纸板和纸箱、包装纸袋、卫生纸等生活用纸、新闻用纸、办公文化用纸。前 4 个方面的用途已十分普及，而办公文化用纸的用途仍处于起步。我国已有许多商家利用再生纸制作一些办公用品，如复印纸、名片、文件夹、档案盒等。例如，在全国“两会”期间，会场和代表、委员驻地的办公用纸，全部采用了再生纸。

1. 独特的再生纸名片设计

独特的再生纸名片设计如图 13.116 所示。

2. 新型再生造纸机设计

在日常办公时，纸张浪费的现象时有发生。但是，办公用过的废纸必须进行专门的加工处理才能循环再用。例如，日本的打印设备制造商爱普生（EPSON）推出了一款小型再生纸制造机（Paper Lab）（图 13.117），放入废旧纸张就能制造出再生纸。Paper Lab 机长

图 13.116　再生纸名片设计

图 13.117　EPSON 小型再生纸制造机（Paper Lab）

图 13.118　Paper Lab 设备流转示意

2.6m，高 1.8m，宽 1.2m，体积比普通商用影印机要大。但是，它非常易于操作，放入废纸后只要按下“启动”按钮，只需要 3min 就可以制作出首张再生纸，之后每一分钟能够制造出 14 张再生纸，前提是所放的废纸要足够。

Paper Lab 使用了一种叫“干纤维技术”（Dry Fiber Technology）的技术，在不使用大量水的情况下就能制造出再生纸，相当环保。废纸被分解后，还能加入其他颜料和香料制造出不同颜色和香味的纸张，纸张的尺寸和厚度也能根据需求定制。据 EPSON 表示，Paper Lab 安装很简单，不需要额外连接任何东西，工作时只要少量水保持内部湿度即可；而且，为了便于在狭小空间放置，Paper Lab 今后还将进一步实现小型化。Paper Lab 设备流转示意如图 13.118 所示。Paper Lab 纸张再生示意如图 13.119 所示。Paper Lab 纸张再生流程如图 13.120 所示。

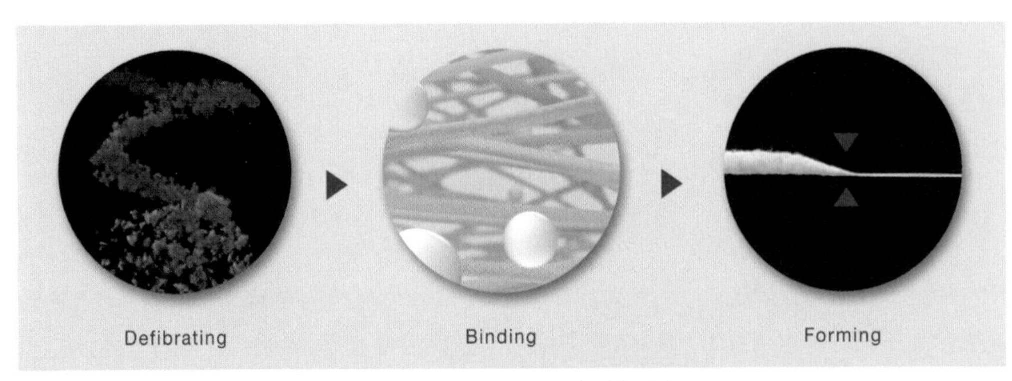


图 13.119　Paper Lab 纸张再生示意

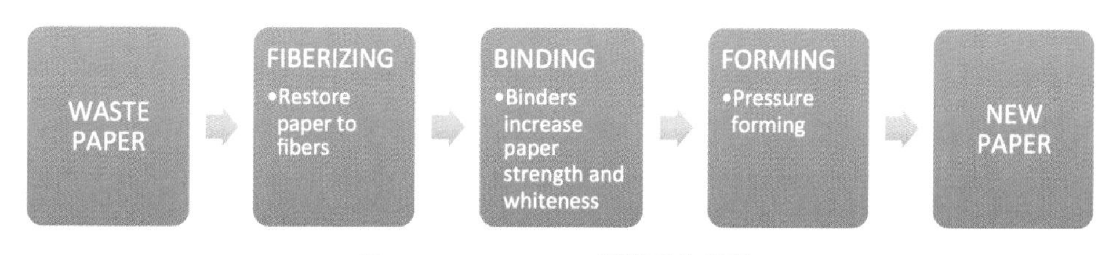


图 13.120 Paper Lab 纸张再生流程

### （二）再生纸质文具系列

纸品设计作为文具设计的一部分，已在市场上特别是在青年市场上占据了很大的份额。简单的纸品设计，如记事本、便条本、账本、速写本等，都是以纸为主要原料。但是，国内相关领域的设计水平尚在起步阶段，基本上只进行一些图形模仿和简单的设计，缺乏对功能栏目、纸质选择等方面的尝试。要进行市场突破，则需要设计师能够开发自主品牌，针对不同人群，尝试运用不同的纸张搭配进行设计开发和研究，在满足青少年审美需求的同时不断提升创新设计能力，并面向国际纸品市场竞争。

例如，日本一家文具公司 KOKUY 开发了一系列面向办公室年轻一族的文具盒类产品，如图 13.121 所示。该系列产品构思十分巧妙，一经推出就大受欢迎，一度在日本市场出现断货情况。该系列产品外观漂亮，极具个性，很多产品上印有广受欢迎的卡通形象，特别惹人喜爱，因此吸引了办公一族的眼球，从而轻松取代了原来比较普通的办公室文具。这种既实用又美观的新产品，拓展了消费群体，使年轻人成为消费的主体，一个全新的市场由此形成。

图 13.121 KOKUY 文具公司开发的文具盒类产品中的一款

根据纸质文具的材料选择要求，一般选择 F 型细瓦楞纸板裱糊白卡纸。为装饰和美化文具盒，提高商品价值，一般瓦楞纸板的面纸都需要进行染色加工，颜色根据文具盒整体效果而定。而且，文具盒面纸要进行彩色胶印，并要上亚光油。所以，就材料而言，该产品与普通包装材料没有太大区别，只是装饰方法略有不同。出于使用方便考虑，该产品采用自锁底盒的结构，也就是普通包装的常用盒型，无须将盒底进行粘封，展开就能使用。

为了满足社会经济发展的需要，日本制定了一系列有关保护生态环境和回收废物的法律法规，并在全国建立了“回收循环”社会制度；以此为基础，使废物得到合理处置，并将废物作为资源重新使用，从而将产生的废物和造成的环境污染降至最低。这样做不仅可以节省资源，而且可以保护环境，并为可持续社会和经济的发展提供了有力保证。

在日本，制造商在加工后的产品加工和回收过程中起着重要作用。生态产品已不仅是废物回收再利用的“补偿型绿色设计”，“零排放”的新概念正在实现，即通过工厂内部及制造商之间的再循环来最大限度地减少工业浪费。“零排放”的倡议是在联合国《21 世纪议程》中提出的，旨在创建以下内容：一是通过改进各种工业加工方法将对环境的影响最小化的系统；二是有利生态的工业系统，即通过各工业部门之间的有效而系统的合作转化资源和能源，从而最大限度地减少浪费和对环境的影响。日本通商产业省将“零排放”设想为“将工业产生的所有废物用作其他领域的资源，并实现零废物”。这种“零排放”的方案可以通过源和过程来解决生态和环境问题，实际上被称为“适应型绿色设计”，可以促进环境改善和科学技术发展。

在我国，改革开放以来，经济持续快速增长，但也产生了生态环境受到严重破坏及资源没有得到有效利用的负面影响。借鉴其他国家在保护生态环境和废物回收方面的实践和经验，我们应尽最大的努力节约能源并实现废物回收，为构建“再生循环”社会体系做出应有的贡献。

# 小结

我们在分析家电、家具及家居产品等领域的绿色设计问题时，应重点关注产品的生态属性和常用的绿色设计方法，其核心理念仍是以产品生命周期的系统化思考为基础，整合全流程的各个节点，包括设计、材料、工艺、生产、运输、销售、售后、回收等。运用产品生命周期评价法也是产品绿色设计的基本方法之一。

# 第十四章

# 交通工具绿色设计实践

交通出行是人们生产、生活中重要的一部分。随着交通工具的快速发展，使用传统能源的车辆的尾气排放已成为主要的空气污染源。本章主要分析了交通工具设计实践案例，包括个人出行工具、公共出行工具和工程装备类交通工具等，从新能源替代到人性化、个性化的出行方案，再到高效率的工程设备等方面，对设计方案进行了全面而详细的分析。

## 第一节
# 新能源交通工具

## 一、电能的利用

### （一）发展电动交通工具的必要性

随着交通工具的快速发展，汽车的生产量和社会保有量快速增加，尾气排放已成为主要的空气污染源。随着社会生产力的发展，人们对能源特别是汽车能源的需求变得越来越大，能源问题也越来越被全球所重视。对于生活环境的改善、资源的节约、资源消耗的减少 3 个方面来说，开发新能源有着重大意义。

电动交通工具的发展具有明显的环境效益，与燃料汽车相比，它能减少废气污染，而且噪声污染和能耗很小是其优势所在。为车辆开发新的能源，可以减轻石油消耗的负担，也可以减少由车辆排放物引起的环境污染问题。现在，电动交通工具是解决这个问题的好方法。

### （二）电动交通工具的形式

1. 纯电动交通工具

尽管与传统汽车相比，纯电动交通工具对环境的影响较小，前景广阔，但当前相关的技术尚未成熟。例如，纯电动汽车的动力完全来自可充电电池（如铅酸电池、镍镉电池、镍氢电池、锂离子电池等）。虽然纯电动汽车已有百余年的历史，但仅限于特定应用环境且市场很小，主要因为各种类型的电池具有严重的缺陷，如价格高、寿命短、尺寸和重量大、充电时间长等。

2. 混合电动交通工具

混合动力汽车是指具有将两个或多个可以同时运行的单个驱动系统组合在一起的驱动系统的车辆，并且车辆的驱动力可以由驱动系统单独或共同提供。混合动力汽车也可以根据车辆的实际行驶条件、共同提供的不同的组件、布局和控制策略形成不同的分类形式。混合动力汽车的节能和低排放特性已引起汽车行业的广泛关注，并已成为汽车研究与开发的重点。混合动力装置不仅具有连续运行时间长、发动机输出功率优异的优点，而且具有电机污染小、噪声低的优点。混合动力装置相辅相成，可使汽车的热效率提高 10% 以上。早在 2010 年，世界就进入了汽车混合动力电源时代。

### （三）电能的存储方法

1. 铅酸电池

铅酸电池（图 14.1）作为一种蓄电池，其电极主要由铅及其氧化物制成，电解液是硫酸溶液。在放电状态下，电池的正极主要成分为二氧化铅，负极主要成分为铅；在充电状态下，正负极的主要成分均为硫酸铅。

铅酸电池可以根据结构与用途被粗略地分为 4 类：启动用铅酸蓄电池；动力用铅酸蓄电池；固定型阀控密封式铅酸蓄电池；其他类，包括小型阀控密封式铅酸蓄电池、矿灯用铅酸蓄电池等。

2. 镍镉电池

镍镉电池（图 14.2）是一种直流供电电池，其优点是经济耐用，可以重复充放电达 500 次以上。作为一种非常理想的直流供电电池，镍镉电池可以实现快速充电，又可以提供较大的电流，而且电池放电时电压变化很小。

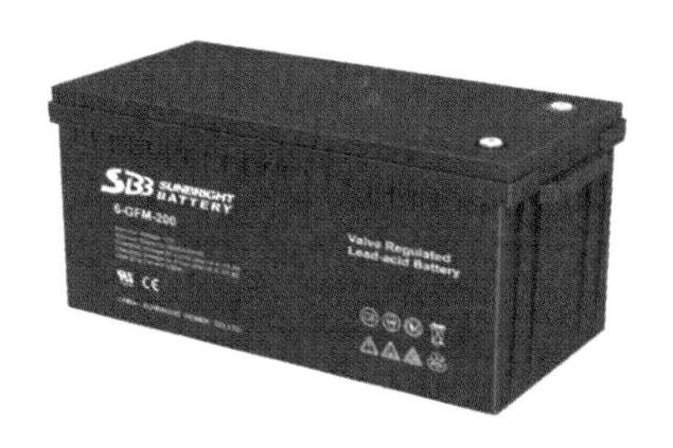


图 14.1　铅酸电池

图 14.2　镍镉电池

但是，镍镉电池最致命的缺点是，如果它在充电和放电过程中处理不当，则会出现严重的“记忆效应”，并且寿命会大大缩短。所谓的“记忆效应”，是指电池在充电之前没有完全放电，随着时间的流逝，电池容量将减少，在电池充放电的过程中（放电较为明显），会在电池极板上产生些许小气泡，这些小气泡会随着时间累积而减小了电池板的面积，从而间接影响电池容量。当然，可以通过掌握合理的充放电方法来减轻镍镉电池的“记忆效应”。另外，由于镉具有毒性，所以镍镉电池不利于生态环境保护。基于这些缺点，镍镉电池基本上不在数码设备应用的范围之内。

3. 镍氢电池

镍氢电池（图 14.3）是一种性能良好的蓄电池，分为高压镍氢电池和低压镍氢电池。

它的正极活性物质为 Ni（OH）$_2$（称 NiO 电极），负极活性物质为金属氢化物（也称储氢合金，电极称储氢电极），电解液为 6mol/L 氢氧化钾溶液。作为氢能利用的重要方面，镍氢电池受到了越来越多的关注。

近些年来，随着人类的大规模开发和使用，化石燃料变得越来越稀缺，氢能的开发和利用受到了越来越多的关注。作为氢能利用的重要方面，镍氢电池正受到越来越多的关注。虽然镍氢电池性能良好，但航天用镍氢电池是高压镍氢电池（氢压可达 3.92MPa，即 40kg/cm$^2$），而在一个高压的环境下存储在薄壁容器内的氢气非常容易爆炸，镍氢电池也需要贵金属作为催化剂，所以这种电池极其昂贵，难以为一般大众所接受。

4. 锂电池

锂电池（图 14.4）的负极材料使用锂金属或锂合金，并使用非水电解质溶液。锂电池大致可分为两类，即锂金属电池和锂离子电池。由于锂金属的化学性质非常活跃，所以锂金属的加工、存储和使用对环境的要求都十分苛刻，导致锂电池长期没有得到推广应用。但随着技术的发展，锂电池的使用已经越来越普遍了。

图 14.3　镍氢电池

图 14.4　锂电池

5. 铁电池

据国内外的研究，目前铁电池分为高铁和锂铁两种，仍难以大规模使用。其中，高铁电池是通过合成稳定的铁酸盐（$K_2FeO_4$、$BaFeO_4$ 等）作为正极材料，以此制作的新型化学电池。

铁电池技术是世界新能源汽车领域的最前沿的科学技术，具有以下特点：

（1）高安全。在极端高低温和碰撞实验中，铁电池性能保持稳定，并具有很高的安全指数。

（2）低成本。铁原料资源丰富且易于获取，同时价格相对低廉，有利于进行商业化发展。

（3）长寿命。电池的循环寿命是指保证电池性能的前提下，电池可全充、全放的次数。铁电池的循环寿命超 2000 次，一块铁电池可以让电动车使用 10 年，行驶 60 万千米。

（4）绿色环保。在生产和使用过程中，铁电池对环境无污染，并且旧电池可以回收利用。

6. 氢燃料电池

氢燃料电池（图 14.5）是指使用氢储存能量的电池。氢燃料电池的基本原理是电解水的逆反应，其中氢和氧分别提供给阳极和阴极，在氢扩散出阳极并与电解质反应后，发射的电子通过外部负载到达阴极。氢燃料电池具有以下特点：

（1）无污染。氢燃料电池对环境无污染，它通过电化学反应，仅产生水和热量。从可再生能源（太阳能电池板、风力发电等）产生氢气时，整个循环过程不会产生有害排放物。

（2）无噪声。氢燃料电池在使用时所发出的噪声约为55dB，相当于人们正常交谈时的噪声水平。所以，氢燃料电池适合安装于室内或室外对噪声有限制的地方。

（3）高效率。使用氢燃料电池发电，效率能达到50%以上。这取决于氢燃料电池的转换特性，可将化学能直接转换为电能，而在中间无须转换热能和机械能。

7. 石墨烯电池

石墨烯电池（图14.6）是通过利用锂离子在石墨烯表面和电极之间的快速且大的往返运动而开发的新能源电池。例如，美国俄亥俄州的Nanotek仪器公司开发了一种新型电池，这款新型电池将充电时间减少到不到1min。分析人士认为，快速充电的石墨烯电池的工业化将改变电池行业，将推动新能源汽车行业的创新。

图14.5　氢燃料电池

图14.6　石墨烯电池

## 二、太阳能的利用

### （一）太阳能的原理

太阳能作为太阳的辐射能量，是经过太阳内氢原子发生氢氦聚变而产生的巨大核能。太阳能一般被用来发电和为热水器供能。

### （二）太阳能的优缺点

1. 优点

（1）普遍。不受地域限制，能直接开发利用，开发及运输成本为零。

（2）无害。最清洁、零污染的能源之一，在污染问题备受关注的今天尤其重要。

（3）巨大。传达到地球表面的太阳能每年的总量约等于130万亿吨煤，是地球上能够开发的最大能源。

（4）长久。太阳中氢的储量足够维持上百亿年，相比较而言，地球的寿命为几十亿年，可以说太阳的能量是用之不竭的。

2. 缺点

（1）分散性。地球表面的太阳能整体有很大的总量，但是非常分散。在夏季天气相对晴朗的北回归线地区附近，中午的太阳辐射最强，在垂直于太阳光方向的 $1m^2$ 区域中平均接收的太阳能约为 1000W；但若按全年日夜平均计算，则只有 200W 左右。这种类型的能量流密度非常低，在冬天大约为 1/2，而在阴天大约为 1/5。因此，当使用太阳能时，通常需要大面积的收集和转换装置，以获得特定的转换功率。

（2）不稳定性。由于受自然条件（白天、夜间、季节、地理纬度和海拔等）和天气（晴天、阴天、雨天等）等随机因素的影响，到达特定地面的太阳辐射具有间歇性并且十分不稳定，这使得大规模应用太阳能变得非常困难。只有解决了储能问题，使太阳能的供给更加稳定，才能够使太阳能成为与常规能源相竞争的替代能源。但是，储能也是太阳能利用中的薄弱环节之一。

（3）效率低和成本高。太阳能的经济性无法与传统能源相提并论，尤其体现在某些太阳能设备具有效率低、成本高的特点上，并且目前的实验室使用率不超过 30%。所以，太阳能利用的发展在很长一段时间内，在很大程度上都会受到经济性的限制。

（4）太阳能电池板污染。目前看来，太阳能电池板具有一定的使用寿命，但通常太阳能电池板的更换周期最多为 5 年，而太阳能电池板的废料本质上非常难以被分解，会造成很大的污染。

### （三）太阳能的利用

1. 光电利用

太阳能的光电利用主要用来发电。利用太阳能发电的方式有多种，但实用的主要有以下两种：

（1）光—热—电转换。即利用太阳辐射所产生的热能发电。通常，太阳能的热经过太阳能集热器被转化为蒸汽，发电机则在蒸汽驱动汽轮机的驱动下完成发电操作。其前半部分是将光能转换为热能（图 14.7），后半部分是将热能转换为电能（图 14.8）。

（2）光—电转换。其基本原理是运用太阳能电池，将太阳辐射能在光伏效应的作用下直接转换为电能，如太阳能电池（图 14.9）就运用了这一原理。

2. 光化利用

太阳能光化利用是一种光能到化学能的转换方式，主要方法是利用太阳辐射能直接分解水制氢。光合作用、光电化学作用、光分解反应都属于光化利用。光化转换的基本形式就是通过利用植物的光合作用和物质的化学变化等方式来存储太阳能的光化学反应。例如，植物自身的生长和繁殖可以通过叶绿素将光能转化为化学能供给自身（图 14.10），基于此原理进行研究，使得未来使用人工叶绿素进行发电成为可能。

3. 燃油利用

欧盟的研发团队从 2011 年 6 月就开始致力于“太阳能”燃油的研发，并首次成功生产出实验室规模的可再生燃料，而且该燃料完全符合欧盟对于飞机和汽车燃料的标准要求。

图 14.7　太阳灶

图 14.8　太阳能电站

图 14.9　太阳能电池

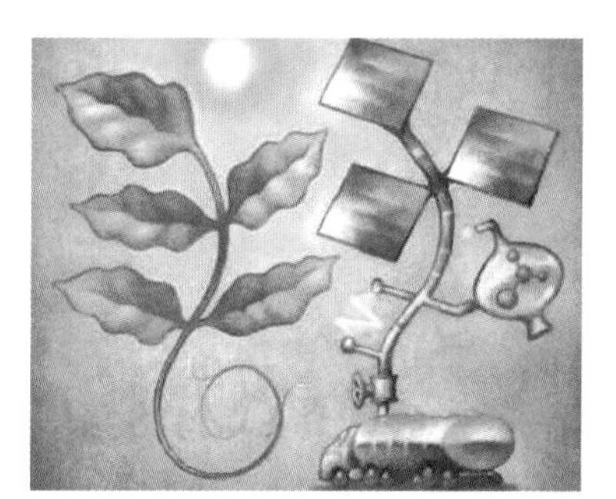
图 14.10　光合作用

## 三、风能的利用

### （一）风能的概念

风能是空气流动所产生的动能，是太阳能的一种转化形式。由于太阳辐射导致地球表面加热不均匀，大气中的压力分布变得不平衡，并且由于水平压力梯度的影响，致使空气水平移动并形成风。风能的优点是储量大、分布广，是可再生的清洁能源，但它也具有能量密度低（只有水能的 1/800）和不稳定的缺点。

风能的利用主要是指将大气运动时所具有的动能转化为其他形式的能量。在某些技术条件下，可以开发风能并将其用作重要的能源。风力涡轮机可将风动能转换为机械能、电能和热能。

### （二）风能的形式

空气的移动形成风，这主要是由于地球上各个纬度接收的太阳光线的强度所致。在赤道和低纬度地区，太阳长时间直射，使得地面能够接受更多热量；而在高纬度地区则相反。这种低纬度与高纬度之间的温度差异使得空气移动，直接促使了风的形成。

1. 季风

理论上，风应沿水平气压梯度方向吹，但是同时，地球大气运动还受到地转偏向力（自转使得空气产生偏移的力）的影响。所以，总体来说，这两种力一起促成了大气的真实运动。除此之外，海洋、地形同样能够在很大程度上影响地面风，如山隘和海峡改变风的方向和提升风速，而丘陵、山地则能产生相反的作用。因此，风向和风速的时空分布较为复杂。例如，海陆差异对气流运动产生影响，在冬季，风从大陆吹向海洋；在夏季则相反，风从海洋吹向内陆。这种随季节转换风向和风速的风称为季风。

2. 海陆风

海陆风的概念比较复杂，示意图如图 14.11 所示。在白天时，大陆上的气流受热膨胀上升至高空流向海洋，到海洋上空冷却下沉，在近地层海洋上的气流吹向大陆，补偿大陆的上升气流，低层风从海洋吹向大陆，一般称为海风；在夜晚时，情况则相反，低层风从大陆吹向海洋，一般称为陆风。

3. 山谷风

在山区，由于热力原因引起的白天由谷地吹向平原或山坡，夜间由平原或山坡吹向谷底的风就是山谷风。前者称为谷风，后者称为山风，如图 14.12 所示。

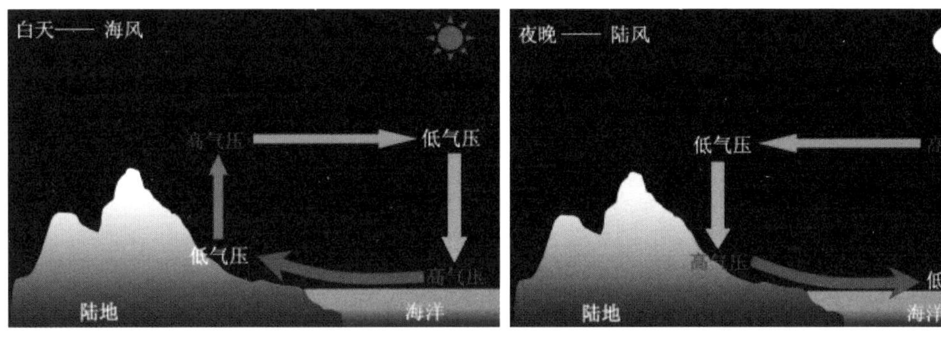


图 14.11　海陆风示意图

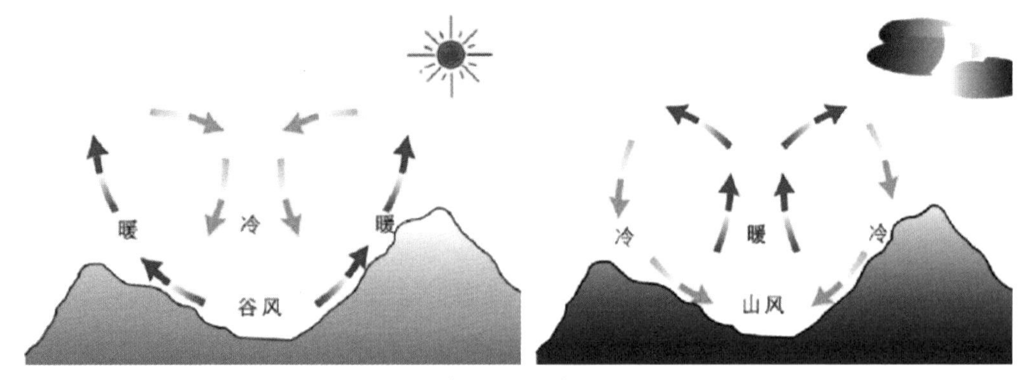


图 14.12　山谷风

## （三）风能的优缺点、限制及弊端

1. 优点

（1）风能为洁净的能量来源。

（2）风能的设施的发展在不断进步，目前已能做到低成本地批量生产。尤其在特定地点，风能发电能做到比其他类型发电成本更低。

（3）大多数风能设施都是无规模的，可以保护土地和生态系统。

（4）风力发电是可再生能源，很环保，也很洁净。

（5）风力发电节能环保。

2. 缺点

（1）干扰鸟类是风力发电在生态方面最主要的问题。例如，美国堪萨斯州在风车出现之后，当地的松鸡逐渐灭绝了。对这方面的问题，目前的解决方案是离岸发电，相对于普通风力发电方式来说，虽然更高效，但也需要高成本。

（2）在一些地区，风力发电的经济性不足。风力具有间歇性和地区性，十分不稳定，所以对诸如压缩空气之类的储能技术的研发很有必要。

（3）风力发电场占地面积大。

（4）风力发电机在发电时会产生噪声。

（5）总体来看，目前风力发电技术尚未成熟。

3. 限制及弊端

（1）风速不稳定，产生的能量大小不稳定。

（2）风能受位置及地形的制约。

（3）风能的转换效率低。

（4）风力发电设备的发展尚不成熟。

### （四）风能利用的主要技术

（1）水平轴风力发电机组技术。水平轴风力发电机的风能转换效率高、旋转轴短，相对于大型风力发电机来说更为经济，因此占市场份额的95%以上，是国际上风力发电的主流。相比之下，垂直轴风力发电机组因其风能转换效率不高、旋转轴过长，以及启动、停机和变桨困难等问题，导致其应用场景十分有限。但是，由于垂直轴风力发电机组具有的全风向对风和变速装置及发电机可以置于风轮下方（或地面）等优点，所以近年来也在不断地被研究和改善。

（2）风力发电机组单机容量持续增大，利用效率不断提高。目前，世界上运行的最大风力发电机组单机容量为5MW，并已开始进行10MW级风力发电机的设计与研发。

（3）海上风电技术的发展。目前，建设海上风电场的经济性仍不如在陆地建设风电场，但是未来海上风电的成本会不断降低。

（4）变桨变速、功率调节技术因为具有控制平稳、安全和高效等优点，而在大型风力发电机组上应用广泛。

（5）无齿轮箱的直取方式可以有效地减少由于齿轮箱问题引起的单元故障，因其有效地提高了系统的运行可靠性和使用寿命，并具有成本降低等优点，所以非常受市场欢迎。

（6）新型垂直轴风力发电机组技术。新型垂直轴风力发电机组采用新型结构和材料，具有达到微风就启动、无噪声、抗12级以上台风、不受风向影响等优点，可以大量用于别墅、高层建筑、路灯等中小型应用场合。基于其所建立的风能与太阳能互补的发电系统，它拥有输出功率稳定、经济效益高、对环境影响小的优点，很好地解决了太阳能发电对电网产生影响的问题。

（五）风能应用实例

法国西北方的Bouin原本以临海所产之蚵及海盐闻名，但在2004年7月，这里建设的8台风力发电机正式投入运行。如此一来，吸引了来自全国各地的许多游客，给当地带来了丰厚的旅游收入。

我国台湾地区的苗栗县后龙镇的好望角位于沿海丘陵的制高点，早年这里是俯瞰台湾海峡的好地方。后来，人们在这附近安装了21台高度为100m的风力涡轮机，打造了令人赞叹的风景线，吸引了不少游人前往探访。

### 四、综合能源的利用

煤炭、石油等传统不可再生的化石能源终有枯竭的一天，所以在社会经济快速发展的今天，提高能源利用率、开发新能源、进行可再生能源的研究就成为解决能源需求增长与能源短缺，以及能源利用与环境保护之间日益加剧的矛盾的必然选择。探索综合能源的利用，最终就是要打破原有各种能源供用的既有模式，在规划、设计、建设和运行阶段，对不同能源系统进行整体优化，最终实现一体化的社会综合能源系统。

## 第二节
## 乘用车

### 一、针对废弃及再利用的先期预案设计

1. 汽车回收再利用体系

（1）德国汽车回收再利用体系。

德国在2002年便建立了报废汽车回收管理系统，囊括了政府部门、汽车最终用户、汽车生产企业、回收站、拆解厂和回收利用企业，如图14.13所示。

由汽车生产企业通过独立、联合、委托第三方等方式建立报废汽车回收站，以此来接收对应品牌的报废汽车。根据欧盟法规，汽车制造商需要支付全部或大部分处置报废汽车

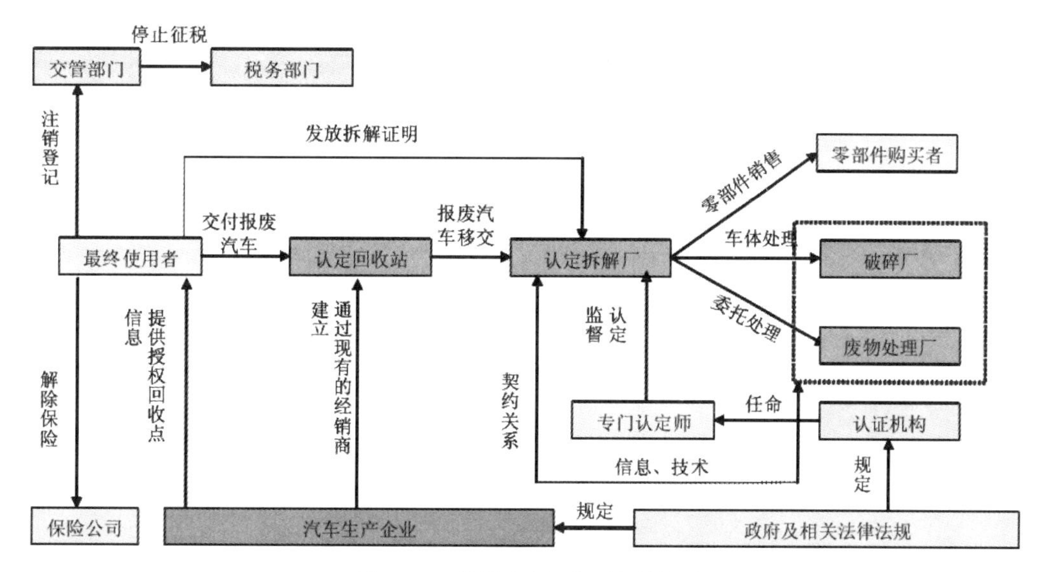


图 14.13 德国汽车回收再利用体系

的费用。因此，当汽车最终用户将汽车交付到授权的回收站时，即便汽车没有市场价值，也可以免费回收。

回收站将把报废汽车统一移交给指定的拆解处理机构。这些拆解处理机构必须在获得许可证后方被允许进行相关活动，《欧洲议会和理事会发布的关于报废车辆指令》规定了这些拆解处理机构的最低资质要求。例如，进行报废之前的储存点（包括临时存储）必须有以下设施：

① 储存点必须防泄漏，且必须配置滴漏收集设施、除油设备、清洗器。

② 有水（包括雨水）处理设备且必须符合相关健康与环境法规。

除此之外，拆解处理场地还必须具备以下设施：

① 有适宜的存储场所去存储拆除的零部件。此外，应有防渗透地面防止部分具有油污染的零部件。

② 具有合适的容器，容器中包括存储电池（原地或异地电解液中和）、过滤器和含PCB/PC 冷凝器。

③ 存储容器可以分离和存储报废汽车液体（燃油、机油、齿轮油、传动油、液压油、冷却液、防冻剂、制动液、电池酸液、空调液及报废车辆内含有的其他液体）。

④ 用于存储废旧轮胎的适宜场所，包括防火措施和堆放过量预防措施。

在进入拆解厂后，报废汽车必须要严格执行 3 个步骤：第一步是通过拆解处理来除去有毒有害物质和回收能够再使用、再利用、再制造的零部件；第二步是通过粉碎进行金属废料的回收；第三步是通过 ASR 处理将废料中的塑料颗粒、纤维残渣等分拣出来。德国汽车回收拆解过程如图 14.14 所示。

图 14.14　德国汽车回收拆解过程

在德国，只要获得相关品牌的汽车制造商的授权，相关方都可以参与零部件再使用、再利用、再制造的操作。这吸引了所有汽车制造商的参与，当然也有利于零部件的回收利用的发展。

因为 ASR 的残量直接决定对环境的污染程度，所以粉碎 ASR 处理是整个流程中非常关键的一步。汽车生产企业在回收方面的参与和研究，对这一问题的解决有极大的帮助。可以说，德国的这种汽车生命周期的各企业相互促进，在整体上十分有利于整个行业的发展。

（2）上海汽车回收再利用体系。

我国东部地区的上海经济发展迅速，汽车早已进入千家万户，随之而来的就是汽车的报废量也逐渐增加，这使得上海环境的问题更加突出。于是，上海有关政府部门率先同上海大众、华东拆车厂、上海交通大学等进行“产、学、研”的深度合作，建立了首个报废汽车回收与综合利用示范工程，其内容包括：建立科学合理的报废汽车回收管理体系；重点建设一个报废汽车拆解示范企业；针对汽车退役零部件初步形成回收利用体系。

① 建立“1+4+1+i”的报废汽车回收管理模式，如图 14.15 所示。

“1”——在上海组建报废汽车回收服务中心，针对市行政区域内的地方（不含部队）报废汽车进行统一回收。

“4”——针对大型货车、小型货车、大型客车、小型汽车（含摩托车）这 4 种车，通过资产重组和业务重组，分别组建对应的 4 家“报废汽车专业拆解厂”。

“1”——针对不可利用件，在冶金企业附近设“报废汽车破碎厂”进行统一破碎。

“i”——建立覆盖全市的报废汽车处置与管理信息网络系统，如图 14.16 所示。

② 建立符合中国国情的报废汽车拆解示范企业。不同于传统的人围绕车转，工艺过程采用凭经验的拆解模式，拆解示范企业采用流水线作业模式，如图 14.17 所示。其特点是：在主拆解车间进行整车拆卸，在精拆区进行部件拆卸（分别设发动机、变速箱、轮胎等拆卸区）；

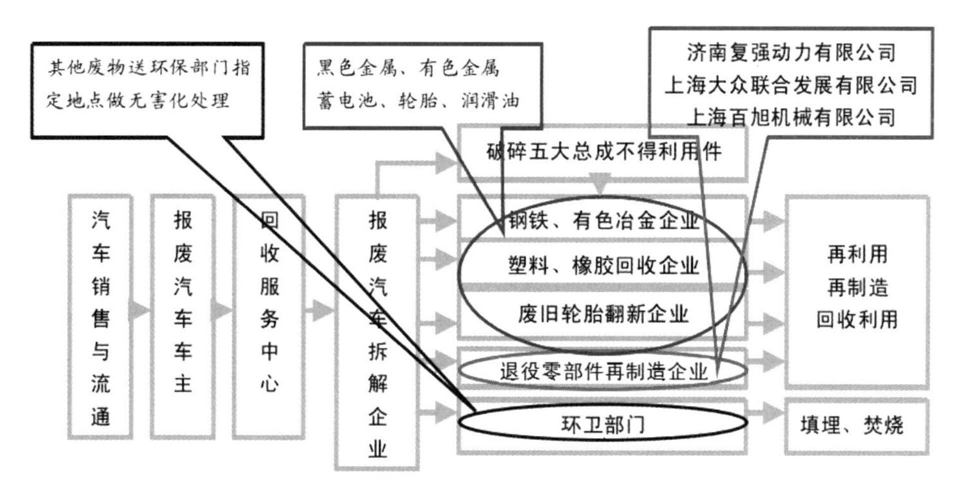

图 14.15 “1+4+1+i”的报废汽车回收管理模式

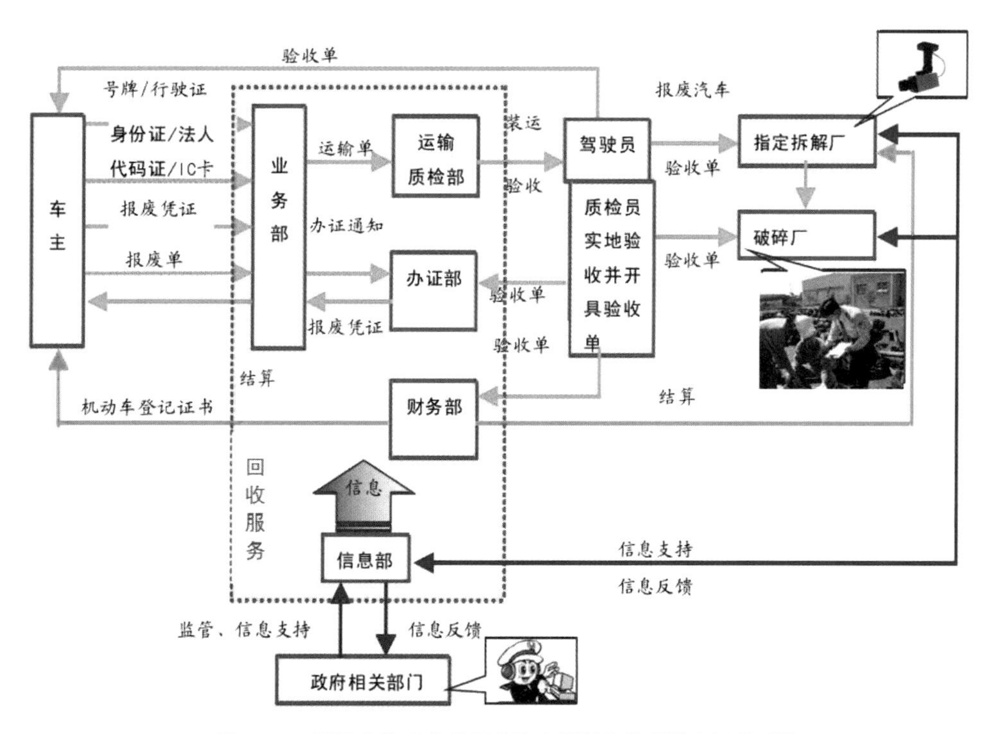

图 14.16 覆盖上海全市的报废汽车处置与管理信息网络系统

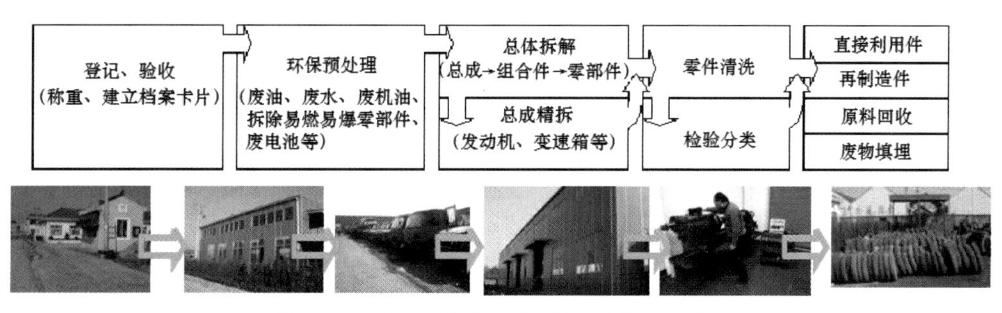

图 14.17 拆解示范企业采用的流水线作业模式

对各拆卸工位装备特定的工位拆卸工具；拆下的零部件由指定的搬运工具按指定方向分流。

在中国，低廉的劳动力成本是现阶段经济发展的优势，而发达国家的大型自动化回收设备不适合中国的国情，且设备昂贵。因此，拆解示范企业采用的机械化手工拆解为主的拆解方式，提高了生产效率，促进了安全生产，提升了零件再使用价值，实现了物料搬运机械化。拆解工具的机械化包括：物料搬运机械化——拆卸升降机、物料传输设备、机械搬运设备（运输车、叉车）、整车起吊设备（龙门吊）；拆解工具机械化——广泛采用气动工具、在特定工位采用专用工具（剥胎机、剪切机等）。

传统拆解企业设施和场地简陋，缺乏环境保护意识，容易造成二次环境污染。因此，拆解示范企业是严格按照清洁生产规范和报废汽车拆解生产工艺流程，在设施建设方面考虑的措施有：拆车流程中针对渗漏和废气污染有对应的规范、设施与措施；针对“四废”（废油、废液、废气、废水）建立相对应预处理平台；针对废电池的处理，建立严格的拆卸与处置规范、仓储条件、设施与规范。

当前，中国报废汽车的回收利用主要基于金属材料的再利用。拆解工作后，可以依靠冶金公司将其作为废钢再利用处理。但是，流程中的污染问题也较严重，如针对泡沫、塑料零部件等的回收技术并不成熟，如处理不当则会对土壤和水资源造成严重的污染。

随着国家相关政策的颁布，零部件的再利用和再制造必将成为我国报废汽车产业的主要发展方向。从上海示范工程的建立可以看出，基于拆解企业建立报废零件再制造坯料处理与物流中心，并向下游再制造企业提供坯料，可以形成新的经济增长点。由于整个回收利用产业链涉及面非常广，涵盖零件供应商、车厂、修理厂、拆解厂、再制造企业等，建立一套具有中国特色的汽车回收利用产业体系仍然需要时间，如图 14.18 所示。

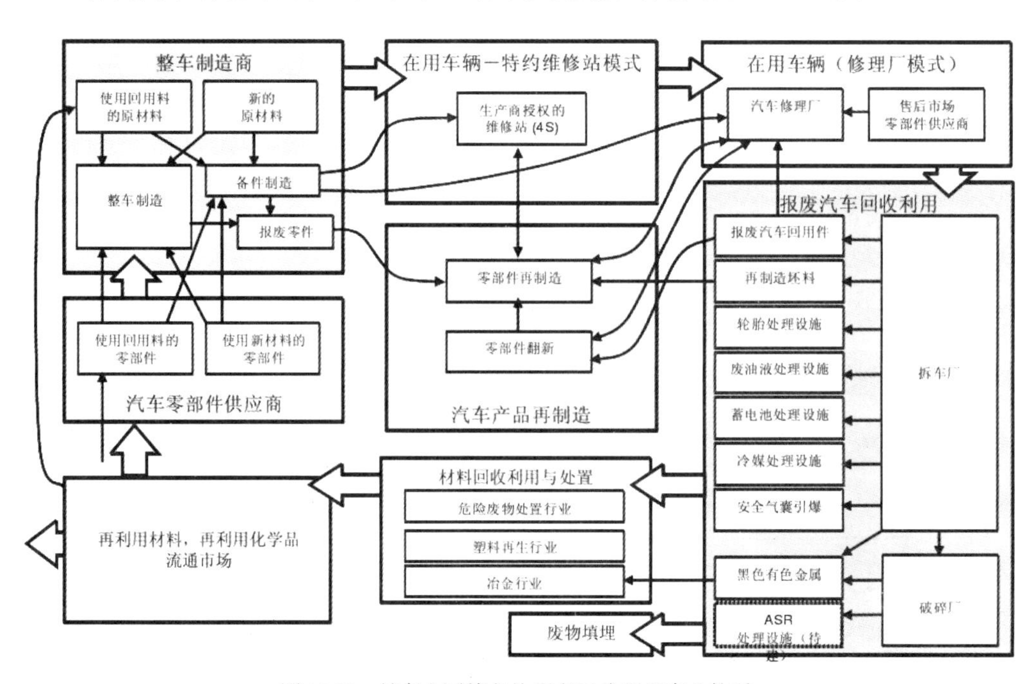


图 14.18　具有中国特色的汽车回收利用产业体系

## 二、汽车回收技术

1. 车用金属回收利用

车用金属有黑色金属和有色金属两种。

（1）黑色金属主要是钢和铸铁。其中，钢有钢板和特殊钢两种，铸铁则有灰口铸铁、球墨铸铁、蠕墨铸铁、可锻铸铁和合金铸铁几种。再使用、再制造和物理再利用都是针对钢铁的回收利用方法，并且目前都能较为成熟应用，其中有商业价值的零部件都进行了再制造，如上海大众的发动机再制造。发动机再制造主要有拆解、分类清洗、再制造加工和组装这几道工序。同时，再制造工艺的选用，根据零部件性能的不同也会有所差异。

针对废钢的物理再利用处理，主要采用剪切、打包、破碎、分选、清洗、预热等形式。同时，根据废料的形式、尺寸和受污染程度，以及回收用途和质量要求，也会选用对应最合适的处理方式。

（2）有色金属主要是铝合金、镁合金、铜合金，以及少量的钛合金、铅合金、铂族金属。为使轿车轻量化，就会经常使用铝合金、镁合金及钛合金，其中轿车用量最大的是铝合金，而跑车上多用镁合金，高级豪华车则更多地使用性能优良和昂贵的钛合金。轿车散热和电气装置主要使用铜合金，车上的铅酸蓄电池选用铅合金，汽车上的尾气净化器则使用的是铂族金属。其他金属在轿车上用得较少。针对有色金属的回收利用主要采用物理再利用的方法。铅酸蓄电池含有有毒的铅，所以要合理地回收，其物理再利用工艺有冶炼法、综合回收法、氢氧化物沉淀、硫化沉降法、全湿法、循环铅工艺等。尾气净化器中的铂族金属十分昂贵，具有回收价值，其物理再利用工艺有空气－盐酸浸出法、酸浸法、酸溶－阴离子交换法、全溶法、选择溶解法、铜捕集回收法、高温氰化法、氯化干馏法、亚砜萃取法、整体式基体法、离子熔融法、等离子电弧炉熔炼法、硫酸盐化焙烧－水浸出法等。

2. 聚合物回收利用

车用聚合物分为工程塑料和复合材料两种。

（1）热塑性工程塑料和热固性工程塑料是两种常用的工程塑料。

热塑性工程塑料在成型前即处于高分子状态。热塑性工程塑料的优点是易成型、力学性能较高，缺点是耐热性和刚性比较差。在工业生产中，热塑性塑料占总塑料产量的80%左右，数量上有绝对优势。常用的车用热塑性塑料有PP、PE、ABS、PVC、PA、PET、PMMA、PC、PTFE、PU、PF等。

热固性塑料的特点是在初次加热时会软化、易成型，但在固化后加热不仅不会软化，而且不溶于溶剂。热固性塑料具有高耐热性和抗压变形的优点，但力学性能较差。常用的车用热固性塑料有PU、PF等几种。

对各类塑料的鉴别和分离是进行回收的首要工作。塑料的鉴别法主要有红外光谱鉴别法、燃烧鉴别法、综合鉴别法和物理特性鉴别法等。塑料分离法主要有粉碎分离法、浮选法、电动分离法、摩擦筒分离法、温差分选法、湿浆法、溶液分选法、准流体分离法和选择溶解分离法等。

工程塑料的回收利用产出及工艺见表 14–1。工程塑料的能量回收是通过燃烧废塑料产生的能量，而燃烧的灰烬用作水泥生产的原料。

**表 14–1　工程塑料的回收利用产出及工艺**

| 序号 | 回收材料 | 回收利用产出 | 工　艺 |
|---|---|---|---|
| 1 | PP | 建筑模板型材、竹塑复合板材、复合管材、建筑制品、聚丙烯颗粒等 | 挤压成型法、共混改性法、增韧改性、熔融法、干粉共混法、填充改性法等 |
| 2 | PE | 塑料管材、桶状容器、周转箱、混合纤维、塑料地板、建筑用瓦等 | 挤压成型法、吹塑法、注射成型法、共混法、溶解法、塑炼法等 |
| 3 | ABS | ABS 塑料漆、注塑组合物、再生 ABS 等 | 混合 – 搅拌 – 研磨法、共混法、低温粉碎法 / 浮选法 / 粉碎 – 分离法等 |
| 4 | PVC | 再生电线穿管、再生地板、再生凉鞋、防水卷材、活性炭纤维等 | 吹塑中空成型法、挤出法、捏合法、注射成型法、压延成型法、溶解法等 |
| 5 | PA | 玻璃增强尼龙、热熔衬胶、PP/ 胶粉复合材料、丙烯酸酯复合材料法等 | 溶解 – 结晶法、改性法、搅拌 – 挤出法、混炼法等 |
| 6 | PET | 聚酯颗粒、涂漆、聚合物混凝土等 | 冷相造粒法 / 摩擦造粒法 / 熔融造粒法、溶解 – 研磨法、混合法等 |
| 7 | PMMA | 有机玻璃浆液、干式剥漆粉、建筑涂料、聚中基丙烯酸多胺等 | 溶解法、研磨 – 混合法、聚合 – 涂料复配法、化学反应合成法等 |
| 8 | PC | PC/ABS 塑料合金等 | 熔融混炼法等 |
| 9 | PTFE | 油墨的改性添加剂、再生 PTFE、POM 复合材料等 | 混合法、粉碎法、填充改性法等 |
| 10 | PU | 隔热材料、体育用垫、改性丁腈橡胶、PU 泡沫成品、板材等 | 混合法、混合 – 压制法、填充改性法、黏结再生处理法、模压法 / 层压法等 |
| 11 | PF | 热固性混合料、涂料、胶粘剂等 | 混合 – 粉碎法等 |

（2）车用复合材料主要有高分子基复合材料、金属基复合材料和陶瓷基复合材料 3 种。

复合材料的回收利用方法主要有物理再利用、化学再利用和能量回收。复合材料的能量回收主要是 FRP 和电子线路板，前者的能量回收方法与工程塑料相同，后者的能量回收方法是将电子线路板热解以产生电力并产生焦炭。其中，电子线路板是一种相对特殊的复合材料，在汽车电器和电子元件中广泛应用。复合材料的回收利用产出及工艺见表 14–2。

表 14-2 复合材料的回收利用产出及工艺

| 序号 | 回收材料 | 回收利用产出 | 工 艺 |
| --- | --- | --- | --- |
| 1 | FRP | 改性不饱和聚酯树脂、SMC 的填充料、再生玻璃纤维增强 PF 等 | 填充改性法、压制成型法、机械回收法等 |
| 2 | 铝基复合材料 | 铝、废渣等 | 精炼法、熔融盐法等 |
| 3 | 电子线路板 | 塑料粉和金属、复合材料、海绵银和海绵钯、金属和玻璃纤维等 | 低温破碎工艺 / 机械分离法 / 直接冶炼法、共混法、火法 / 湿法、超临界 $CO_2$ 回收法等 |

3. 橡胶的回收利用

橡胶在汽车中的使用占总材料量的 5%，每辆车上的橡胶件数量在 400～500 个，包括减振零件、软管密封条、油封和传动带等；而轮胎的橡胶用量占总用量的 70% 左右，是汽车中橡胶用量最多的产品。

橡胶主要有再制造、能量回收、化学再利用和物流再利用这 4 种回收利用方法。橡胶再制造的工艺主要有预硫化法、热硫化法、胎面压合法、胎面浇注法、冷翻法等，主要体现在废旧轮胎的翻新。

（1）将废旧橡胶加工成胶粉是物理再利用的第一步。首先，为了提高胶粉的再生质量，通常采用的方法是活化；其次，胶粉或活化胶粉作为原料可以生产许多产品。再生橡胶生产也是物理再利用的主要应用之一，是基于废轮胎的碎片化或粉末化，使用脱硫技术制造可再硫化的橡胶。橡胶的回收利用产出及工艺见表 14-3。

表 14-3 橡胶的回收利用产出及工艺

| 序号 | 回收材料 | 回收利用产出 | 工 艺 |
| --- | --- | --- | --- |
| 1 | 生产胶粉 | 胶粉 | 空气膨胀制冷法、空气冷冻粉碎法、低温电爆粉碎法、LY 型液氮冷冻法、辊筒式常温粉碎法等 |
| 2 | 胶粉活化 | 活化胶粉 | 开炼机捏炼法、搅拌反应法、高温搅拌法、本体接枝改性法、包覆涂层法等 |
| 3 | 胶粉再利用 | 耐磨胶管 / 传动带 / 三角带 / 橡胶轨枕热 /V 带底胶 / 全胶粉地板 / 防水涂料 / 彩色沥青瓦 / 建筑用泥桶 / 微孔鞋底 / 胶板等 | 混炼法、微生物分解法、母体法等 |
| 4 | 生产再生胶 | 再生胶 | 低温塑化脱硫法、快速脱硫法、螺杆挤出脱硫法、高温连续脱硫法、无油脱硫法、微波脱硫法等 |

（2）化学再利用方面涉及的工艺方法有流化床热裂解法、密闭热裂解法、催化裂解法等，主要产出物有炭黑、柴油、汽油和橡胶颗粒等。

（3）能量回收方面涉及的工艺方法主要是焚烧发电法，其主要产出是灰烬和电能等。

4. 玻璃及陶瓷回收再利用

玻璃作为汽车上十分重要的外装件，在汽车中的使用占总材料量的 3% 左右（轿车）。普通平板玻璃、钢化玻璃和夹层玻璃等几类是较常使用的玻璃。普通平板玻璃因其强度低且易碎，所以不适合作为汽车用玻璃。相对而言，更安全坚固的钢化玻璃、夹层玻璃等才是汽车用玻璃的首选。物理再利用是玻璃的主要回收利用方法。

物理再利用涉及的工艺方法主要有烧成法、熔融法、成型－烧结法、模具烧结工艺、固化脱模、混合－粉磨法、混合填充法、混合研磨－发泡烧成法、高温压制成形法、离心铸造法、粉末烧结法等，其分别产出陶粒、玻璃马赛克、建筑面砖、玻璃装饰板 / 道砖、人造花岗石、泡沫玻璃制品、VAE 乳液 /PVC 黏合物 / 热熔性黏合物、隔热保温瓷化砖、玉质装饰板材、玻璃－铝复合材料、玻璃基复合材料等。

应用于汽车的陶瓷材料种类主要有普通陶瓷、功能陶瓷和工程陶瓷 3 种。普通陶瓷在汽车上应用发动机火花塞；功能陶瓷相对于普通陶瓷而言，具有多种特殊性能，如介电性、压电性、导电性、透气性和磁性，主要是压电陶瓷、陶瓷电容器等；工程陶瓷应用于燃气涡轮机零件、柴油机喷嘴、气门零件和活塞等。物理再利用是陶瓷的主要回收利用方法。

## 三、内饰无毒化与文化元素氛围

1. 内饰无毒化

除了少数顶级豪车的内饰是手工定制的之外，我们平常开的车大多数是由批量生产的各种零部件组装而成，从座椅到安全带扣，都是由供应商运到汽车厂家再进行装配。另外，还有车身组装的一些机械类附件，也不完全是汽车厂家的自产产品。因此，对于这些生产原材料，很难做到在质量上严密把关，这就和食品生产领域一样，在市场利益的驱使下，有的汽车厂家会使用不合标准的有害物质，掺杂在整车、零部件和材料等生产环节。

目前，汽车上“有毒”的材质有 4 种，即石棉、沥青、聚苯乙烯、甲醛，因为成本较低或者具有不可替代性等原因，所以它们仍有可能被继续使用在车辆制造过程中。

（1）石棉。石棉主要用于密封、隔热及摩擦材料。作为刹车片的主要材料（图 14.19），我国早在 2003 年就已经禁止使用石棉这类产品。但是，作为汽车改装等隔热、隔音材料，石棉并没有被禁止，它因廉价而被使用在发动机盖的隔热层中。石棉的主要危害是：其纤维断裂后产生的微小纤维，尺寸比 PM2.5 还小，是典型的致癌物质。

（2）沥青。沥青主要用作车身钢板贴合处的沥青阻尼片（图 14.20），起到防震、降噪和隔热的作用。国外早在 20 世纪 80 年代，就在逐步淘汰并禁止使用沥青材料，因为当车辆在阳光下暴晒时，贴近钢板的沥青容易分解和老化并释放有害物质，并且这还是一个长期持续的过程。沥青的主要危害是：除了散发刺激性气味之外，还是典型的致癌物质。

（3）聚苯乙烯。聚苯乙烯主要用作车座（图 14.21）、包装膜等一些塑料零件上，因其是热塑性材料而加工方便，所以被广泛使用。不止内饰方面，汽车外饰零件也常用到聚苯乙烯。不过，目前已经兴起的 ABS 材料已经可以取代含苯材料了，ABS 材料无毒无味，还兼有其他成分的优点。聚苯乙烯的主要危害是：易燃易挥发，会对人的造血功能产生影响。

（4）甲醛。甲醛主要存在于汽车内饰（图 14.22）零部件的黏合剂成分中，它是车内有毒气体的主要来源，也一直是一个老大难问题，因为甲醛是黏合剂必需的原料，相关标准也只能对它规定一个含量上限。甲醛的主要危害是：在夏季高温时的挥发往往达到最高值，是诱发癌症和白血病的元凶之一。

图 14.19　石棉刹车瓦

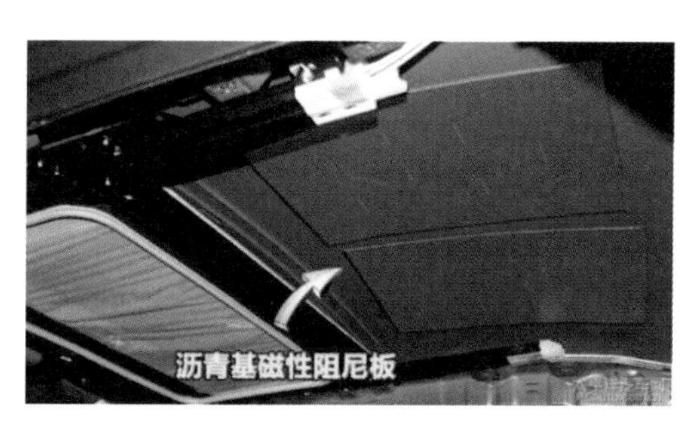

图 14.20　沥青基磁性阻尼板

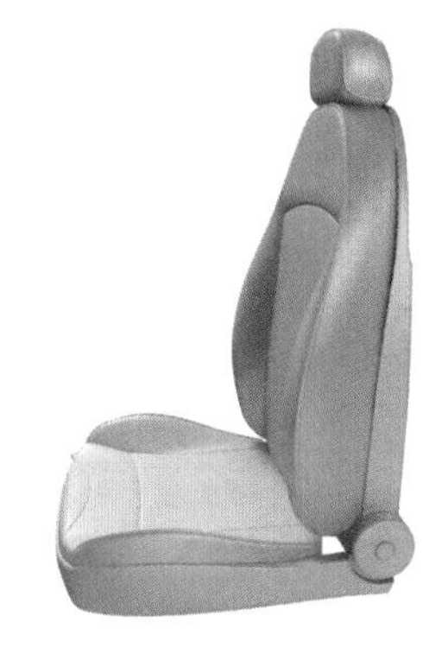
图 14.21　聚苯乙烯车座

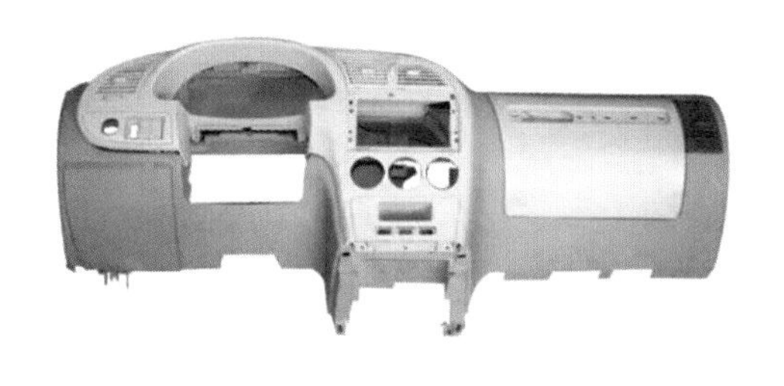
图 14.22　含甲醛的汽车内饰

2. 文化元素氛围

（1）健康和谐的汽车文化。从汽车工业到汽车社会，再到对汽车文化的演绎，汽车文化体现了汽车文明的建设过程。汽车文明主张构筑更加和谐健康的发展道路，采取策略积极地消除矛盾，构筑人与汽车多重关系的良性转变。中国汽车文化的文明发展，是建设有中国特色的健康和谐的汽车文化的路径。

（2）汽车文化的特征及表现形式。

① 汽车文化的特征。以汽车为载体的汽车文化具有独特的文化氛围，其特征主要有：汽车文化是丰富的文化积淀及优秀汽车文化的保存和继承的产物，如以汽车作为基础事业，汽车文化就是社会文化的亚文化；汽车文化所建立的文化元素是汽车发展中的重大突

破，汽车文化的元素存在不同的时代差异；汽车性能和质量的不断创新表明，创新和发展过程是对汽车文化的一种诠释，能使汽车具有品牌和民族特色。

② 汽车文化的表现形式。汽车文化的多样性决定了其文化表达的多样性。一言以蔽之，汽车文化的表现形式包括公共关系、传承与教育、美学及艺术。汽车文化元素的建构依托于这些文化，强调整体性发展。汽车文化引领和谐健康的生活方式，在许多方面改变着人们的生活世界。

（3）中国汽车文化的思考。中国的汽车文化的发展经历了两个阶段：汽车工业和汽车社会。汽车文化已逐渐成为一种流行文化。汽车文化的浓厚商业氛围和民族气血，是汽车文化多元化发展的现实需要。汽车已经成为现代生活中的重要工具，汽车工业的发展所带来的经济利益是客观的，汽车对现代社会建设和发展的促进是正面的，但是我们必须正视其中存在的问题。

（4）构建健康和谐的汽车文化的路径。

① 营造良好的汽车文化发展环境。汽车文化的健康和谐发展基于良好的汽车开发环境，而健康和谐的汽车文化的发展应加强政府主导的制度建设。通过引进相关行业发展体系，引导汽车工业发展，建立起更加健康和谐的汽车文化。

② 创造人、车、自然的和谐社会氛围。环境问题日益成为社会关注的重点，需要人们共同承担社会责任，从而创造人、车、自然的和谐社会氛围。

③ 汽车文化产业的繁荣。汽车文化产业的繁荣发展对汽车企业来说，与开拓进取是密不可分的。汽车工业重视“人造木材”的文化观念，汽车文化不仅追求经济利益，而且是关于民族、时代和创新的文化映射。

建立与各种社会环境相适应的健康的汽车文化，不仅是汽车社会发展的内在要求，而且是汽车工业发展的必然要求。通过营造一种使汽车与自然和谐相处的社会氛围，可以促进汽车文化产业的发展，满足现代社会的发展需要。

## 四、车体可折叠、移动概念及空间变化概念

1. BMW GINA

BMW GINA 车身织物采用无缝织物材料覆盖整个金属结构，车架可通过电动和液压传动装置来更换，在这种设计的基础上，驾驶员可以随意改变汽车的形状，如图 14.23 所示。

2. 日产“变色龙”

日产公司正运用纳米技术开发一款能根据驾驶者喜好，可以自行改变颜色的“变色龙”汽车，如图 14.24 所示。这款变色汽车，外壳涂上了一层纳米颗粒物质，这些颗粒能根据电流强弱的变化，改变彼此间的距离，从而使整个涂层的颜色发生变化。据介绍，这种“变色龙”汽车颜色变化的前提条件就是汽车引擎必须发动并产生电流，在这种情况下驾驶者只要轻轻按下驾驶室内的颜色调节按钮，车身颜色就会立即改变；而一旦汽车引擎

图 14.23 BMW GINA

图 14.24 日产“变色龙”

熄灭，没有电流提供时，整个汽车的外观颜色就恢复成白色。

3. 英国“圣甲虫”

英国“圣甲虫”汽车拥有 4 个车轮和 1 个碳纤维车架，看起来更像是小型飞机的驾驶舱，如图 14.25 所示。“圣甲虫”可以使用多种能源做动力，既可以通过电池驱动，也可以通过生物燃料或燃料电池驱动。“圣甲虫”最大的优点就是节省空间，不占地方。不用的时候，把“圣甲虫”折叠起来，一个普通的停车位可以停放 4 辆“圣甲虫”。

4. 瑞典“Presto”

瑞典“Presto”汽车通过底部的电动机，转动两个 746mm 长的金属螺钉，以挤压固定在后机架上的低摩擦精密套筒，使得汽车像抽屉一样推动后身，如图 14.26 所示。尽管“Presto”车身的长度是可变的，但是车身具有足够的刚度并被设计为固定长度，以避免在操作期间车身长度的变化。

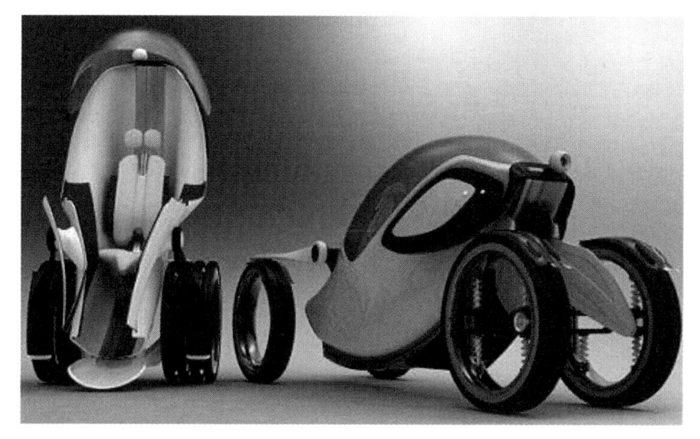
图 14.25 英国“圣甲虫”

图 14.26 瑞典“Presto”

## 五、老年人电动车

1. 老年人电动车的概念

老年人电动车也叫老年人踏板车或老年人轻便摩托车，这种车辆性能相对稳定，速度较慢，使用电力时无须加油，是老年人出行的理想工具。老年人电动车使用的能源主要有铅酸电池（含铅酸胶体电池）、镍铁电池、锂电池、燃料电池等。它不经过热机过程，因此不受卡诺循环的限制，能量转化效率高（达 40% ～ 60%），几乎不产生废气的排放。

2. 老年人电动车与电动汽车的区别

许多电动汽车企业将电动汽车称为老年人电动车，并将其出售给老年人。但实际上，电动汽车的外观和安全系统与老年人电动车完全不同。不少老年人开电动汽车上路被交警拦住，因为电动汽车上路是需要牌照的，也需要持有驾照。所以，老年人在购买老年人电动车的时候，一定要分清车辆的种类。

3. 老年人电动车的组成部分

一般来说，老年人电动车由电池、电机轮毂、控制系统、充电器等几个部分组成。而老年人对老年人电动车有着较高的安全性要求，制造商就会根据车辆的设计思路进行总体设计。

（1）电池。老年人电动车多使用铅酸电池作为能源，因为它比锂电池的制造成本低。老年人电动车的电源系统通常由一组 12V 铅酸电池串联而成。

（2）电机轮毂。老年人电动车的电机轮毂分为有刷有齿高速电动轮毂（也称高速电机或有声电机）、有刷无齿低速电动轮毂（也称低速电机或无声电机）。

（3）控制系统。老年人电动车的控制系统一般是由主控制器、仪表显示器、速度控制旋钮和制动器断电旋钮组成的。按照控制方式划分，控制器可分为全动作型、智能型、双控制型和非零启动型 4 类。

（4）充电器。根据输出插头的类型，老年人电动车的充电器可以分为莲花插头类型和普通计算机插头类型；根据充电性能的不同，老年人电动车的充电器可以分为普通充电器和快速充电充电器；根据充电电压分类，老年人电动车的充电器可以分为 24V、36V、48V 几种。

## 六、工程机械

### （一）工程机械绿色设计概况

工程机械是工程施工中使用的工程机械的总称。工程机械已成为社会建设必不可少的工具，广泛应用于建筑、水利、电力、道路、矿山、港口等工程领域。但是，在应用过程中，工程机械仍然存在一些问题，如工程机械产品的零部件多且复杂，常常会因为一个零部件或模块的损坏而造成整机报废，并且产品回收难度很大。因此，进行工程机械产品的绿色设计势在必行。

近些年来，在可持续发展的时代背景和相关政策的支持下，我国工程机械的绿色设计得到了一定程度的发展。我国一些高等院校和研究院研究探索了一些工程机械的绿色设计策略与方法。我国首次提出了适合机械行业的绿色设计技术开发体系，还研究了车辆的拆装和回收技术等。此外，国内一些先进的工程机械制造企业也在不断地响应政府的号召，积极发展“绿色智造”。为了实现经济效益和社会效益的双赢，许多企业已投入绿色设计的潮流中。但是目前，工程机械的绿色设计还有很长的路要走，而积极研究绿色设计方法并在产品生命周期中使用这些方法是解决问题的最有效途径之一。

### （二）工程机械绿色设计的原则与思路

1. 工程机械绿色设计的原则

首先，工程机械的绿色设计应遵循绿色设计的“3R 原则”。这是为了在减少材料和能源的消耗、减少排放有害物质的同时，使产品和零部件易于分类、回收、再循环或再利用。其次，对于工程机械领域而言，其绿色设计还应遵循以下原则：

（1）闭环设计原则。在产品的整个生命周期中要符合绿色设计的特点，主要包括 6 个阶段，分别是产品设计、制造、运输、销售、使用和废物处理。

（2）资源回收再利用原则。应该尽可能控制对环境造成的危害，如在机械产品设计中，可以最大限度地提高产品的可拆卸性和回收再利用性。

（3）节能降耗原则。在选材时应该尽量选用清洁能源，在满足基本的生产工艺要求条件下，应该争取做到产品在整个生命周期循环中能耗最少。

（4）成本优化原则。在设计的早期阶段，应该建立基于机械产品整个生命周期的成本管理模型，该模型综合应考虑了产品生命周期的各个阶段。

（5）技术先进原则。应该采用最先进的技术来验证绿色设计的效果，如开发设计、适应性设计、组合类型选择设计等方法可以被采用和创造性地应用，以获得最大的经济效益。

（6）污染最低原则。在设计中，应执行预防型的清洁生产策略，并应充分考虑如何消除污染源，从根本上预防环境污染。

2. 工程机械绿色设计的思路

产品生命周期设计是最常用的绿色设计方法之一。机械产品的生命周期是指涉及产品演示设计、制造、使用、维护和报废的所有阶段。工程机械的产品生命周期也是我们需要探索的一个重点部分，如图 14.27 所示。

下面将结合工程机械产品生命周期的各个阶段，总结工程机械产品绿色设计的方法。

### （三）从产品生命周期角度考虑工程机械的绿色设计

1. 产品的论证、设计阶段

在设计开始时，设计人员就要定义机械产品的绿色设计目标，从全局角度评估和分析整个产品过程，并确保在整个产品生命周期过程中执行绿色功能。而且，保证在整个产品生命周期中，系统地考虑了环境、健康和安全的设计过程。例如，我们首先提出了一种节能设计，以最大限度地减少产品制造阶段对环境的影响；其次，可以采用先进的设计方法来减少资源消耗，并在使用阶段最大限度地减少有害副产品的设计；最后，在产品寿命结束时，真正提高了产品回收效率，包括材料和产品回收设计、拆卸设计。

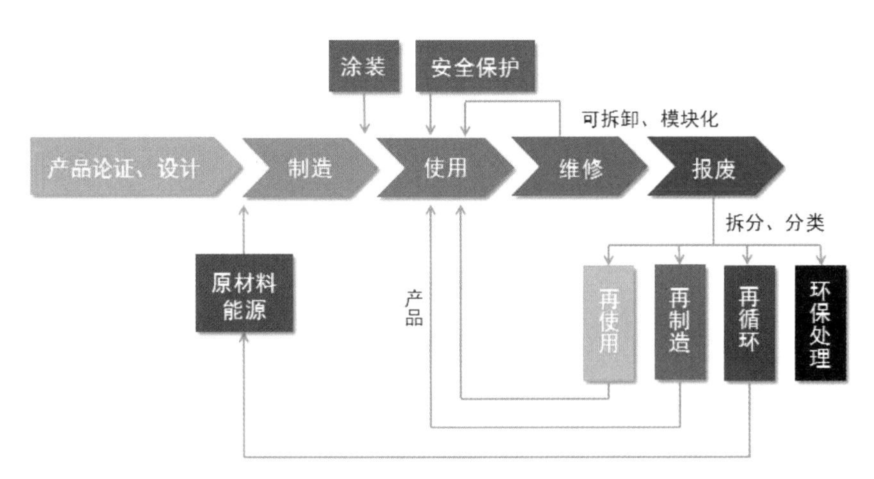


图 14.27　产品的生命周期设计简图

例如，卡特彼勒公司是全球最大的工程机械和采矿设备、燃气发动机和工业燃气轮机制造商之一，也是全球最大的柴油发动机制造商之一。在建筑业中，卡特彼勒公司制造的采矿设备、往复式发动机、工业燃气轮机等在世界上处于领先位置。在产品设计之初，卡特彼勒公司就设定了产品绿色设计的目标，并从总体角度考虑了可持续发展，其运营管理目标如图 14.28 所示。

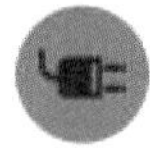

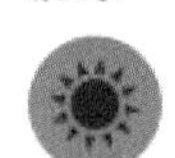

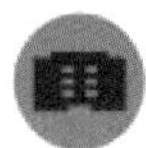

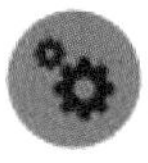

图 14.28　卡特彼勒公司的运营管理目标

2. 产品的制造阶段

（1）原材料选择。科学发展观对机械材料的选择和应用提出了新的要求：我们不仅要重视纯机械设计的发展，而且要实现机械设计与经济、环境保护的协调可持续发展。在工程机械产品原材料的选择和应用中，要注意其对产品的适用性和经济性，要注意环境保护，坚决贯彻可持续发展的理念。绿色材料具有 3 个显著的特征，即良好的性能、资源利用率高、对生态环境无负作用（最低环境合规值）。

2015 年，柳工集团在国际上首次将微合金非调质钢用于工程机械零部件，经过在装载机半轴、活塞杆、铰接销轴等典型大杆径零部件的试验应用，其所开发的产品满足了工程机械的重载、低速、冲击载荷下的可靠性要求。柳工集团设计制造的工程机械产品如图 14.29 所示。

2015 年，约翰迪尔公司是世界领先的农业和林业领域先进产品和服务供应商，其在产品上使用再循环或可再生材料，如收割机和某些拖拉机零部件的原材料为源自玉米或大豆的塑料。约翰迪尔公司设计制造的工程机械产品如图 14.30 所示。

图 14.29　柳工集团设计制造的工程机械产品

图 14.30　约翰迪尔公司设计制造的工程机械产品

（2）能源选择。工程机械产品是耗能产品。传统机械产品在使用时大多使用不可再生能源，如汽油和柴油，燃烧时会产生大量有害气体，尤其是柴油车辆排放的气体中含有致癌污染物，对人体健康有害，对环境造成严重污染。因此，工程机械产品在设计中应尽可能使用清洁能源。

2016 年，三一集团有限公司在引进意大利和德国技术的基础上，开发了一款纯电动小型挖掘机，如图 14.31 所示。这款纯电动小型挖掘机采用世界先进的电气技术，使用可充电电池和电动机代替原有的发动机和燃油系统，更加节能、环保、安静，而且适应性强和零排放，特别适合于城市建设环保要求高的水利改造项目。

山河智能开发的电动叉车和液化石油气叉车分别使用电力和液化石油气作为清洁燃料，其能源消耗的综合维护成本仅为内燃叉车（柴油动力）的 20%～25%。其中，基于汽车设计理念开发的新型三支点电动叉车（图 14.32），采用国际最新技术的全交流驱动控制系统，整体上更加高效、环保，而且高效节能的电液控制系统可降低能耗。

图 14.31 三一集团有限公司开发的纯电动小型挖掘机

图 14.32 山河智能开发的电动叉车

图 14.33 全球首台 LNG 推土机 SD20-5

2015 年，山推工程机械股份有限公司开发的全球首台 LNG 推土机 SD20-5 在推土机行业中首家使用天然气，节省了 30% 以上的燃料成本，减少了 50 多种碳排放，可吸入颗粒物排放量基本为零，使中国的推土机行业进入了“天然气”时代，如图 14.33 所示。该推土机的特点是：减少了 90% 以上的有害气体排放，低碳环保；LNG 充分燃烧，无积碳，有效延长了发动机的使用寿命；使用成本低，综合效益显著；安装温控风机系统，节能环保。

（3）涂装设计。工程机械产品的涂层是产品外观设计的一部分。涂料中应使用环保材料，以减少涂料中重金属元素的含量，并且配色应力求美观。

2016 年 9 月，三一集团有限公司开展了挖掘机涂料业务，并与晨阳水性涂料有限公司展开了深入合作，将其高质量的工业涂料作为三一集团有限公司挖掘机的唯一指定喷涂材料。三一集团有限公司从车间工人的健康状况和国家环境标准出发，对挖掘机用涂料的选择有非常严格的要求。晨阳水性涂料有限公司的水性涂料之所以能够通过筛选，是因为它不含甲醛、有毒的重金属和其他有害物质，并且不会刺激气味，对人体无毒无害。此外，水性涂料的应用还具有节能减排、低碳环保的特点。早在 2016 年年初，三一集团有限公司就开始对推土机的 6 个结构零部件进行喷涂，开创了在整个工程机械上使用水性涂料的先河。

3. 产品的使用阶段

（1）产品使用的安全保护设计。大多数工程机械产品都是在户外工作，因此，安全保护设计在工程机械产品中尤为重要。近些年来，由于操作不当或机械故障引起的一些事故造成了人员的伤亡。绿色设计应强调“以人为本”的思想，首先要确保产品的安全性和可靠性。在产品设计过程中，应充分考虑“人 - 机 - 环境”系统之间的关系，以加强产品使用过程中的安全设计。

首先，色彩工程可以应用于工程机械产品的外观安全警告设计。工程机械产品是在城乡建设中进行挖掘和提升的理想机器，它们的外观应以功能为主导，应合理使用颜色来划分形状、优化比例和引起注意。例如，意大利的 Zagato 设计公司为中联重科股份有限公司的工程机械产品设计了一种新涂料，涂料以“自然”和“环保”为内涵，涂料的新主题色为星耀灰色、粗砂灰和极光绿，如图 14.34 所示。与以前的色彩设计相比，它巧妙地减少了涂料中无机颜料中所含的重金属元素，有利于环境保护，并向人们传达了企业“绿色智能制造”的理念，既增强员工的工作活力，又具有激励作用。

其次，可以改变传统的危险使用方式，降低事故发生的可能性。例如，三一集团有限公司设计制造的 A8 砂浆大师用于建筑领域，可使建筑项目效率得到极大的提高，如图 14.35 所示。当使用三一重工 A8 砂浆大师 8 号喷雾器喷涂墙壁时，水渗透率比以前低了 90%。此外，无须在现场手动搅拌砂浆，可以减少粉尘污染；而且砂浆通过砂浆泵直接泵送到高层，无须借助施工升降机。这些都大大降低了整体操作成本，也提高了建筑物的安全性，从而提高了产品的整体价值。

图 14.34　中联重科股份有限公司工程机械产品的新涂装

图 14.35　三一重工 A8 砂浆大师在“绿地 · 海外滩”施工

（2）创新技术研发。创新技术研究和工程机械产品开发是实现绿色设计的最有效方法之一。技术创新与可持续发展是相辅相成、相互依存的。通过技术创新和技术水平的提高，可以加快新材料和新能源的研究开发，减少有害物质的释放，提高回收率，降低产品成本等。

例如，徐工集团工程机械有限公司在节能产品的各个技术领域均进行了积极探索，并取得了成果，早在 2012 年其完整的技术、卓越的品牌活力及对节能装载机产品的研发就为自己赢得了强有力的头衔，使得公司产品在工程机械行业中排名前列。徐工集团工程机械有限公司首款以天然气为燃料的节能高效机械单钢轮压路机一经推出，便再次引领了中国工程机械“绿色制造”的最先进水平。其开发的 XE215HB 混合动力挖掘机如图 14.36 所示。

4. 产品的维修阶段

模块化设计的特点是面向模块和功能分析，可以通过模块的选择和组合快速形成绿色机械产品系列。绿色机械产品的模块化设计，是在一定范围内对功能相同、性能不同、规格不同的不同功能或产品进行功能分析的基础上，划分并设计出一系列功能模块，通过选择和组合构成不同的产品模块。它不仅可以解决产品规格，设计制造周期与生产成本之间的矛盾，而且可以为产品的快速升级、提高质量、增强竞争力提供必要的条件。

例如，叉车产品结构复杂，设计生产周期长，如图 14.37 所示。如果对这些结构逐一进行设计，将消耗大量资源，并对环境产生巨大影响。根据模块化设计思想，安徽合力股份有限公司根据叉车的结构将叉车分为几个模块，如车身、驾驶室、门架、驱动系统、电池、控制系统等，每个模块的形状和功能都相对固定，但规格几乎可以无限微调，并且使得每个模块彼此兼容。通过采用模块化设计，它们的研发部门降低了产品的开发成本和研发周期，制造部门在有限的条件下提高了生产效率和生产灵活性，从而使产品易于使用和维护，并且避免出现因零件损坏而报废的车辆。随着制造业的发展，模块化设计的优势将得以最大化。

图 14.36　徐工集团工程机械有限公司开发的 XE215HB 混合动力挖掘机

图 14.37　安徽合力股份有限公司开发的叉车

5. 产品的报废阶段

（1）再使用。大量的生命周期评估结果表明，产品在使用后的维修阶段问题非常严重。为了解决这个问题，有必要从产品设计阶段开始考虑使用后的拆卸和资源的回收，其实质是优化资源利用和减少环境污染的系统工程。

可拆卸设计是一种设计方法，可以定期从产品或组件中删除可用的零部件，并确保拆卸过程不会造成损坏。例如，德国政府要求制造商对其产品的废物处理负责；福特汽车公司收购了一家汽车回收公司，以扩大其业务范围，涵盖汽车从组装到销毁的整个生命周期；施乐公司在设计的早期阶段就加强了对环境的考虑，并在产品生产中注入生态管理，在生产过程中，其目标是产品的 100% 再利用和回收。

（2）再制造。再制造以废品的备件为空白，主要以先进的表面工程技术为修复手段。因此，无论材料的来源还是再制造过程如何，对能源和资源的需求及废气的排放都是很少的，并且具有高度的绿色环保性。再制造产品的质量和性能不低于原型新产品，其中一些高于原型新产品，但成本仅为原型新产品的 50%，能源节约 60%，材料节约 70%，大大减少了对环境的不利影响。例如，徐工集团工程机械有限公司设计生产的再制造液压油缸如图 14.38 所示。

再制造的出现改善了整个生命周期的内涵，并使产品在整个生命周期结束时（即在报废阶段）不再成为固体废物。再制造不仅可以使废品恢复生命，而且可以解决资源节约和环境污染的问题。因此，再制造是产品整个生命周期的延伸和扩展，它赋予废品以新的生命，并形成了产品的多生命周期。

例如，徐工集团工程机械有限公司设计生产的再制造平衡梁如图 14.39 所示。再制造平衡梁采用等离子喷焊技术、堆焊技术，对平衡梁中心孔及侧孔的磨损表面进行修复，使内孔表面硬度得到强化，耐磨性明显提升。

图 14.38　徐工集团工程机械有限公司设计生产的再制造液压油缸

图 14.39　徐工集团工程机械有限公司设计生产的再制造平衡梁

又如，徐工集团工程机械有限公司设计生产的再制造中心回转体如图 14.40 所示。再制造中心回转体采用纳米电刷镀技术、堆焊技术对平衡梁固定体铸造缺陷及套筒内表面磨损进行修复，使再制造中心回转体套筒内表面硬度提升，再制造固定体性能达到新品性能要求。

图 14.40　徐工集团工程机械有限公司设计生产的再制造中心回转体

2015 年，“工程机械的绿色再制造”是三一集团有限公司承担的国家“十二五”科技支撑计划项目。由于工程机械的重量大、生产材料成本高，所以开发工程机械的绿色再制造技术具有重要意义。作为中国最大的混凝土机械制造商，三一集团有限公司以该项目为契机，与湖南科技大学、华中科技大学、陕西科技大学联合开发了一整套混凝土泵车再制造技术。该课题的研究成果已经推广应用到其他类型的工程机械中，促进了中国工程机械制造业的绿色可持续发展。

（3）再循环。近些年来，我国工程机械行业逐步发展成熟，已经逐渐步入后市场时代。随着市场保有量的快速增长，以旧换新、二手机械业务越来越被重视。根据发达国家以往的经验，市场发展到一定阶段终将趋于饱和状态，届时新机械销售增速将大幅下降，以旧换新、二手机械业务将从一种促销手段变成一种业务模式，将促进工程机械发展进入再循环。

（4）环保处理。工业生产会使大量的工业、农业和生活废弃物排入水、空气中，使水、空气受到污染。在工程机械产品的绿色设计中，对污染问题的处理也是至关重要的。

例如，中联重科股份有限公司从环境管理、污染物排放上践行绿色设计，如下所述：

① 严格遵守环保法规。注重环境保护和生态环境保护，严格遵守国家和地方环境保护法律法规，实现环境与经济的协调发展。为进一步推动企业走节约发展、清洁发展之路，率先响应政府号召，力争打造“节约资源，环境友好”的两个示范企业。

② 建立健全环境管理体系。中联重科股份有限公司于 2006 年通过了 ISO 14001 环境管理体系认证，并于 2009 年和 2012 年进行了换证审核。根据环境综合管理体系，建立了职业健康安全管理体系，部分业务部门自主推广了计量管理体系、质量管理体系等国内外领先标准体系，逐步将各分支机构和部门统一起来。另外，各子公司要确保公司的业务联系对口承担产业和社会责任。

③ 在清洁生产中，各种污染物的排放量远低于国家标准。2009—2013 年，中联重科股份有限公司完成 30 余项节能工作，加大生产、生活园区环保设施配备建设力度，对各个工业园的污水处理站和设施进行修缮修建；完善环保专业人员配备，对相关环保设备设施加强管理，保证其有效运行；定期对外排的废水、废气进行检测，对废矿物油等危害固体废弃物选择有资质单位回收处理。

## 七、特种车辆

### （一）地震救援工作车、运输车和指挥车

随着城市现代化进程的加快，城市灾害更加复杂多变，而且灾害的严重性越来越大。特别是在市区，地震灾害往往是“一次灾害引起的多重灾害”，即灾害具有连续性和复杂性。有时候，地震后引发的一系列灾害，比直接地震造成的灾害更为严重。

地震灾害应急救援队是一支专业的救援队，经过了严格、规范、系统、科学的培训，配备了精良的救援设备。当地震灾害导致建筑物倒塌时，应急救援队将进行应急救援。应急救援队通常由 4 个小组组成，即搜救、救援、医疗和安全小组，其团队的基本结构如图 14.41 所示。

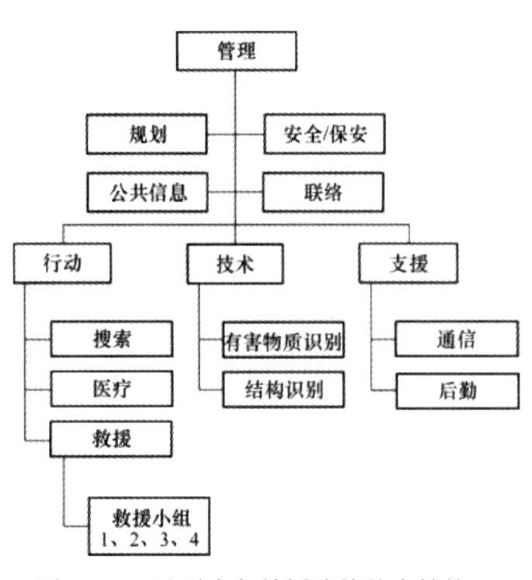


图 14.41　地震应急救援队的基本结构

1. 地震救援装备配备的基本要求

（1）体积小、重量轻，便于携带。

（2）易于启动和操作，安全防护性能好，维护保养方便。

（3）具有较强的功能拓展性、组合性和兼容性。

（4）地震救援装备常在狭小空间中使用，要充分考虑人体工程学的要求。

（5）应满足环境安全性的要求，避免对救援人员和被压埋人员构成危害。

2. 地震救援装备的分类

（1）按照用途分类，地震救援装备可分为侦检设备、搜索设备、营救设备、动力照明、通信设备、医疗急救、个人装备、后勤保障、救援车辆 9 类。

（2）按照动力性质分类，地震救援装备可分为液压、气动、电动、机动和手动等。

3. 地震救援装备配置的注意事项

除具备安全有效地在包括重型木质、无钢筋砖石、有钢筋的砖石和脊型屋顶混凝土建筑物的倒塌和破坏环境下开展搜索和救援行动的能力外，还必须具备在具有钢筋混凝土或钢框架结构建筑物倒塌和高层建筑物严重破坏的环境下，安全有效进行搜索和救援的最低能力。因此，配好救援装备是救援队达到最低搜索与救援能力的必要条件，以下一些问题值得注意：

（1）搜索装备的配置要注意功能的兼顾性。例如，在现场嘈杂、余震不断的环境中，音频生命探测仪探出的结果不一定准确；在堆积较高、人员压埋较深的废墟中，视频生命探测仪就很难伸入废墟内部发现目标；雷达生命探测仪理论上可对较大规模的废墟进行成片探测扫描，但实际结果并不理想。又如，在危险和有毒有害环境中，可以选配搜索机器人。但是，有线的机器人在倒塌废墟中行进常常会发生导线缠绕，而影响搜救进程；无线机器人在倒塌废墟中因为钢筋等金属所产生的屏蔽作用，而会失去控制。

（2）对于营救装备的选配要充分考虑液压、气动、电动、机动和手动装备的适用性。例如，在救援现场，无齿锯对于切割废墟表面的钢筋具有明显的效果；但深入狭小空间作业时，切割预制板中的钢筋就会受到空间和方向的阻碍，没有氧气切割、电动钢筋剪断器使用方便。破碎镐在救援中发挥了很好的作用，但携带和操作上没有冲击钻方便。内燃破碎机动力虽强，但有尾气排放，不能在狭小空间作业，同时禁止仰角操作。手动破拆工具使用方便，而且在易燃易爆环境中可以作业，但效率较低。应适当选配绳索救援套具、船型担架、三节水平拉梯等高空救援装备。

（3）侦检仪器和预警装置的配备是不容忽视的问题。前面已述，大地震会造成大量房屋倒塌、危险化学品和煤气泄漏，余震会造成房屋的二次坍塌。这些危险因素时刻威胁着救援队员和幸存者的生命安全，在救援行动过程中必须要加以严密的监控，才能确保行动安全。

（4）个人防护装备的配备必须坚固（防割、阻燃）、耐用、穿着舒适，并满足恶劣环境条件下的作业的要求，同时应选配一定数量的防化服和防辐射服。

（5）配置通信装备。信息就是行动命令，信息就是生命的希望，如果应急通信系统不畅，会给救援行动的指挥协调带来巨大的困难。应急通信装备的配置应最大限度地实现指挥部的行动命令与救援信息的上传，队长与队员、队员与队员之间的互联互通。常用的解决方案是海事卫星通信系统和集群通信系统。

（6）医疗器材和后勤保障物资应根据救援队的规模和出队的人数合理配置。例如，重型救援队医疗装备配备一般要保证 70 名救援队员和搜索犬的基本治疗需要，救援行动期间的器材和药品能满足救治 10 名重伤员、15 名中度伤员和 25 名轻伤员的要求。后勤装备不仅应保障救援行动基地 72h 的动力照明、饮食、水净化、露宿和警戒等正常运行，而且应满足现场救援装备维护保养的基本需要。

4. 地震救援装备的开发方向

地震救援风险高、危险因素多、时间要求急、持续时间长，尤其是大震巨灾救援阶段要持续 200h 左右，而且救援一旦展开救援人员将 24h 不间断进行工作。这对救援人员的素质和救援装备的性能均是一个严峻的挑战。历次地震救援实践告诫我们，研发被压埋人员的快速定位技术、改进营救装备技术性能、提高救援人员个人防护技术及装备水平是实现科学、有序、安全、高效救援的重要条件。例如，微型救援舱、太阳能照明设备、小型多功能组合机械、遥控救援装备、多功能医疗救助器材、结构稳定性和余震报警装置等，均是未来地震救援急需配备的装备和仪器。

5. 地震救援工作车

地震救援工作车是一辆集成卫星、短波、移动通信、光纤 4 套通信方式，随时随地与指挥中心联系的车辆，如图 14.42 所示。它可以将方圆 1km 之内的震区图像搜集起来，传回指挥中心。例如，2016 年 5 月 29 日，经过半年的设计、改造，从瑞士漂洋过海来到中国，落户河南省地震局的地震现场指挥平台，成为河南省首台“超级地震车”，造价不菲。

图 14.42　地震救援工作车

（二）消防灭火车辆

消防灭火车辆也称为消防车，是指主要用于消防任务的特种车辆。消防车也用于其他紧急救援目的。消防车可以将消防员运送到灾难现场，并为他们提供各种工具来执行救灾任务。现代消防车通常配备钢梯、水枪、手提式灭火器、自给式呼吸器、防护服、破损工具、急救工具和其他设备。有些消防车还携带大型灭火设备，如水箱、水泵、泡沫灭火器等。在大多数地区，消防车的外观是红色的；但在某些地区，消防车的外观是黄色的。消防车的顶部通常装有警报器、警报灯和闪光灯。消防车的常见类型包括水箱消防车、泡沫消防车、泵消防车、攀登平台消防车和梯式消防车。

消防车的功能复杂，种类繁多，可根据消防车底盘的承载能力分为小型消防车、轻型消防车、中型消防车和重型消防车；可根据消防车的外观结构分为单桥消防车、双桥消防车、平头消防车和尖头消防车；可根据消防车上水泵的安装位置分为前泵消防车、中泵消防车、后泵消防车、倒车消防车。在我国，消防车通常分为以下几类：

（1）灭火消防车。这类消防车可喷射灭火剂，独立扑救火灾，又分为泵浦消防车、水罐消防车、高倍泡沫消防车、二氧化碳消防车、干粉消防车等。

（2）举高消防车。这类消防车装备举高和灭火装置，可进行登高灭火或消防救援的消防车，又分为云梯消防车、登高平台消防车、举高喷射消防车等。

（3）专勤消防车。这类消防车担负除灭火之外，还负责专项消防技术作业，又分为通信指挥消防车、照明消防车、抢险救援消防车、勘察消防车、排烟消防车、供水消防车等。

（4）供液消防车。这类消防车上的主要装备是泡沫液罐及泡沫液泵装置，是专给火场输送补给泡沫液的后援车辆。

（5）机场消防车。这类消防车专用于处理飞机火灾事故，可在行驶中喷射灭火剂，又分为机场救援先导消防车、机场救援消防车。

（6）后援消防车。这类消防车向火场补充各类灭火剂或消防器材，又分为器材消防车、救护消防车、宣传消防车等。

#### （三）救护车

救护车是指救助病人的车辆。现代救护车的内部比较宽敞，使救护人员有足够的空间在去往医院的途中对患者进行救护处理。救护车内还携带了大量绷带和外敷用品，可以帮助患者止血、清洗伤口、预防感染。救护车上的工作人员都是专业急救人员，他们能够进行高水平的急救工作。

## 八、非能源交通工具

#### （一）概念自行车

1. 再生材料自行车

（1）以色列工程师兼自行车爱好者伊扎尔·加夫尼用再生硬纸板设计制造了一辆自行车，如图 14.43 所示。这辆自行车除了车胎和链条等配件之外，其他零部件完全由回收利用的硬纸板制成，而且成本仅为 12 美元。有了这种环保廉价的自行车，都市人群又多了一种节能减排的出行方式。而且，这款自行车在收入较低的发展中国家将大有市场。

图 14.43 再生材料自行车

（2）墨西哥企业家 Alberto González 设计制造了世界

上第一辆用再生纸制成的自行车，如图 14.44 所示。这款自行车比一般的自行车便宜，如果它受潮变湿了，也不必担心，因为它会恢复原状的。

（3）以色列某大学工业设计系学生 Dror Peleg 的毕业设计是一台颜色鲜艳且所有材料都是由再生塑料注塑而成的城市自行车，如图 14.45 所示。这款自行车的设计初衷是降低汽车尾气排放和减少工业垃圾。

图 14.44　再生纸自行车

图 14.45　再生塑料自行车

2. 扁平化自行车

死飞自行车（Fixed Gear Bicycle，又称为 Fixie Bike）后轮的齿轮与后轮直接用螺栓固接（不像普通自行车，后轮齿轮与后轮是通过棘轮棘爪连接，而且普通自行车反向踩脚踏板时后轮不受力），如图 14.46 所示。通常，死飞自行车通过换挡来变速是不可能的。但是，也有厂家会给死飞自行车配前、后闸，甚至也会配变速齿轮。在死飞自行车的领域，停车就叫“漂移”。

3. 健身自行车

（1）健身自行车在运动科学领域叫作“功率自行车”，分为直立式、背靠式（也称为卧式）健身车两种，可以调整运动时的强度（功率），起到健身的效果，如图 14.47 所示。

图 14.46　死飞自行车

图 14.47　健身自行车

（2）健身自行车的分类。

① 磁控健身自行车。磁控健身自行车产生阻力的金属飞轮外围（或内围）有磁铁挨近，通过人力旋钮拉线方式，调节磁铁与金属飞轮的远近调节阻力大小来实现不同运动强度的要求。当前，这类健身自行车是入门级家用健身自行车的主力军。

② 电磁控健身自行车。电磁控健身自行车的原理与磁控健身自行车类似，但是电动机的出现，加上计算机程序，使得电磁控健身自行车的阻力调节段数可以更细微。

③ 自发电健身自行车。自发电健身自行车设置有增速机构和发电装置，能够将人运动时所消耗的体力转化为电能，并储存在健身自行车中。它是一种新型绿色、环保、节能、低碳、无污染的新能源产品。

### （二）滑板等个人移动工具

1. 电动滑板车

电动滑板车是继传统滑板之后的又一滑板运动的新型产品形式，如图 14.48 所示。电动滑板车节省能源，充电快速且航程能力长，整车造型美观，操作方便。

图 14.48　电动滑板车

（1）技术优势。

① 由以前的单后减震增加为双后减震，骑行起来更加舒适放心。

② 电池可轻松拆卸，方便携车上楼。

③ 增加了车座位与车把距离。

④ 电机加装散热片，较以前更加美观，同时电机的稳定性和使用寿命得到了提高。

⑤ 大多数电动滑板车采用锂电池折叠，折叠后尺寸为 25cm × 14cm × 100cm，续航能力为 30km，重约 14.5kg，可轻松带上公交、地铁等公共交通。

（2）技术特点。

① 具有抗龟裂、抗变形、抗冷和耐磨的功能。

② 加固的铝合金支架和底座不容易破裂，滑板表面有各种精美的图案。

③ 运动平稳，能支承各种奇特的动作。

④ 可增加个人娱乐的动态平衡能力，有效瘦身。

2. 电动平衡车

电动平衡车又叫体感车、思维车、摄位车等，主要有独轮和双轮两类，如图 14.49 所示。

（1）技术原理。它的运行是基于“动态稳定”的即时和自平衡能力的基本原理。中央处理器经过一段时间对高精度的精确计算，使电机达到了平衡效果。

（2）技术特点。

① 左右两轮电动车，采用独特的平衡设计方案。

图 14.49　电动平衡车

② 集“嵌入式 + 工业设计 + 艺术设计”于一体的产品集成创新技术，以嵌入式技术提升产品的内在智能化，以适应当代产品数字化、智能化的趋势，实现由内而外的创新。

（3）产品信息建模。

① 绿色环保。电动平衡车不会完全被电池污染，具有绿色特性，可以充电并反复使用。此外，电动机具有高运转的效率，不仅减少了噪声污染，而且节省了能源。

② 智能运行。在没有制动系统的情况下，电动平衡车通过陀螺仪检测角速度信号，通过加速度计检测角度信号，并通过融合获得两轮电动摆轮的准确角度信号。然后，将信号发送到单片机，而单片机的核心模块可以控制电动平衡车的前后电动机。

③ 控制方便。电动平衡车仅通过身体的前后倾斜就可以改变两轮的前进、后退及运行速度，比传统的交通工具方便灵活得多。

④ 发展前景。生活正在朝着智能和便利的方向发展。与其他交通工具相比，平衡车的独特之处在于节能和环保。能源危机是当今世界的重要危机之一，这是节能环保汽车发展的必然趋势，也为平衡车的发展提供了广阔的发展空间。

# 小结

随着科技的发展，越来越多的清洁、可再生能源被开发并运用于交通工具，而交通工具的设计所针对的使用对象与功能也越来越细分。这些变化，都会促使交通工具的设计实践日益向着多元化方向发展。

第十五章

# 环境设施绿色设计实践

应该说，环境设施与环境接触最为紧密，且环境设施设计也是人们最早提出的可持续设计的领域之一。本章选取城乡户外设施、临时售卖设施、公交车站、生态示范服务设施、防灾救援设施、智能服务设施等案例，从宏观城市规划到设施细节设计深入探讨绿色设计之于环境设施的重要性与方法。

## 第一节

## 城乡户外设施 / 城市房外设施

城乡户外设施 / 城市房外设施是建设城市物质文明和精神文明的重要保证，是城市发展的基础，也是确保城市可持续发展的关键设施。它主要由交通、供水、排水、燃气、环卫、供电、通信、防灾等工程系统组成。

### 一、城市道路雨水收集循环利用

城市道路雨水收集是指收集和利用城市开发建设区域，主要涉及道路、庭院、广场和绿地等城市区域，以充分利用资源，减轻供水压力。

#### （一）澳大利亚悉尼维多利亚公园道路建设

澳大利亚悉尼维多利亚公园是一个为 5000 人提供中高密度住宅、商务及零售设施的城市空间，面积达 $24hm^2$。这里的道路除了满足基本的交通功能之外，还可以作为路面雨水收集和处理的基础设施使用，如图 15.1 所示。

图 15.1　维多利亚公园道路建设示意图

处理流程：

（1）维多利亚公园的道路上除了常见的街道树木外，还有开阔的景观沟渠，里面种满了植物，可以收集雨水并让其渗透到道路绿化隔离区中。

（2）雨水经过植物和砂滤层后，被储存在由4个蓄水池组成的蓄水系统中。

（3）经过湿地处理后，蓄水池中的水被用作再灌溉的水源。当水面因蒸发而下降至低位时，蓄水系统将给蓄水池中补水。

建设意义：通过建立城市道路基础设施与公园绿地系统之间的关系，可以达到减少地表径流、净化水质、收集雨水、调节旱涝的多种效果，为提供多样化的生物栖息地，找到了一种可持续的景观途径。

### （二）济南某居住区雨水收集绿化系统

以济南某居住区为例，研究人员分析了其雨水资源利用的潜力，并计算了雨水利用量和需求量。经计算，其雨水资源可满足居民区的用水量，已达到47%。因此，雨水收集系统尤其是车库顶板绿色区域中的雨水收集设计，对该居住区而言十分重要。雨水收集采用塑料蓄排水板，具有防水、保持土壤湿润、通风的功能。经过收集之后，雨水可以储存在居住区的人工湖中，经过简单处理后可以再利用。

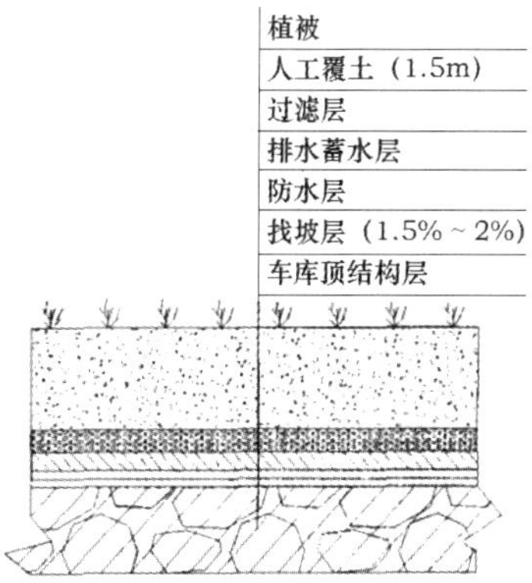

植被
人工覆土（1.5m）
过滤层
排水蓄水层
防水层
找坡层（1.5% ~ 2%）
车库顶结构层

图15.2　车库顶板排水构造示意图

处理流程：

（1）雨水收集系统。居住区内车库为半地下大型车库，车库顶板进行了大面积的绿化，这就为车库顶板雨水收集系统的设计提供了充足的环境资源，如图15.2所示。

图15.3所示为车库顶板蓄排水层与排水孔示意图。图15.4所示为一种塑料蓄排水板。根据上层建筑和工程周边的排水限制，确定排水路径和边坡处治措施，利用斜坡制作层在车库顶板划分集水区。

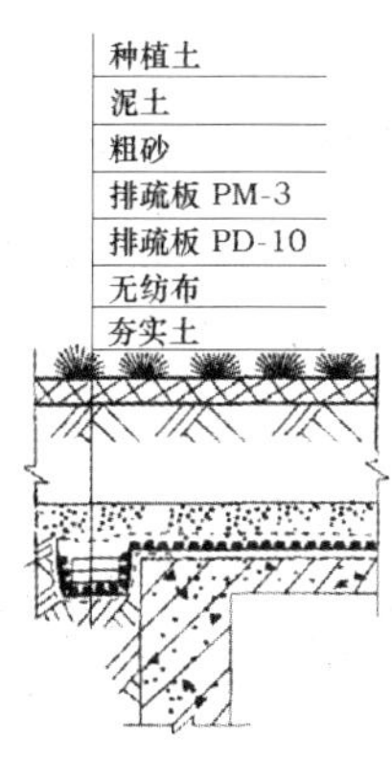


图15.3　车库顶板蓄排水层与排水孔示意图

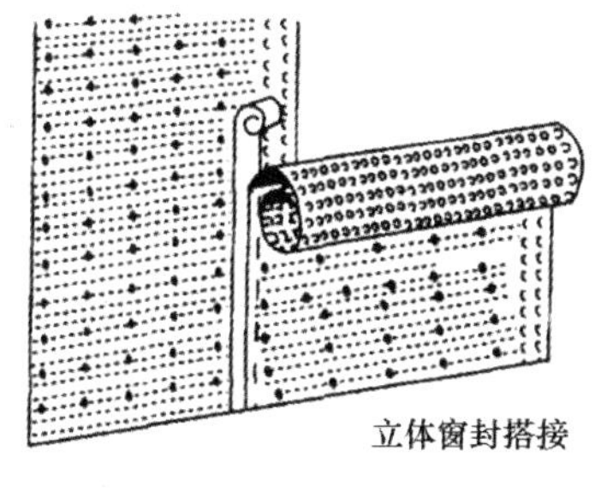


图15.4　塑料蓄排水板

（2）储存系统。雨水收集后，可利用小区的人工湖进行雨水的储存，或修建地下雨水调蓄池进行储存。

雨水—储存池—过滤—消毒—小区杂用

图 15.5　居住区雨水处理工艺流程

（3）处理系统。居住区雨水处理工艺流程如图 15.5 所示。通过对济南市城郊不同地方的雨水水质进行监测和分析，需要在储水池中进行过滤和消毒，主要用于绿化灌溉、道路浇洒和景观补灌等。一般来说，前 10min 的初始径流雨水的水质指数接近景观水质。

建设意义：通过对济南某居住区雨水利用量的计算分析，可以看出车库顶板的绿化带将产生良好的环境效益、经济效益和社会效益。车库顶板的绿化带采用新型的塑料蓄排水板，具有防水、保湿、通风的作用。

## 二、建筑雨水收集绿化系统

建筑雨水收集绿化系统是指在城市广场绿化带、众多建筑区域、景观池等进行雨水收集，收集到的雨水资源可用于绿化浇灌、道路浇洒和景观补灌等方面。

### （一）德国柏林波茨坦广场雨水收集利用系统

德国柏林波茨坦广场修建了餐厅、购物中心、剧院和电影院，是柏林最迷人的地方之一。这里的水景观不仅是当地人经常光顾的地方，而且吸引了来自其他地方的游客，每天有几万人访问这个美丽的地方。但是，大多数游客可能不知道波茨坦广场水景观的所有水源都来自雨水的收集和再利用。这是德国雨水收集利用的典范之一。

处理流程：

（1）雨水收集及处理系统。雨水将通过特殊的雨水渗漏管进入具有一定过滤作用的地下通用储水罐，经过初步过滤和沉淀后，通过地下控制室的水泵和过滤器流向两个部分：一部分雨水流向每座建筑物的再生水系统，用来冲洗厕所并浇灌屋顶花园和广场草地；另一部分雨水流向地上人工河和水池中，用作补灌植物和微生物的净化栖息地。波茨坦广场雨水收集利用系统示意图如图 15.6 所示。而且，地下总蓄水池设有水质自动监测系统，当水面因蒸发而下降时，蓄水罐中的水就会被自动系统调入进行补充，如图 15.7 所示。

图 15.6　波茨坦广场雨水收集利用系统示意图

（2）打造自然生态环境。波茨坦广场雨水收集利用系统规划图如图 15.8 所示。

雨水净化的景观展示方式由北水面、音乐广场的前水面、三角形主水面和南水面组成，如图 15.9 所示。通过人造水系统，波茨坦广场将城市生活和自然元素融为一体，在净化雨水的同时为嘈杂和拥挤的城市增加了贴近自然的公共空间。

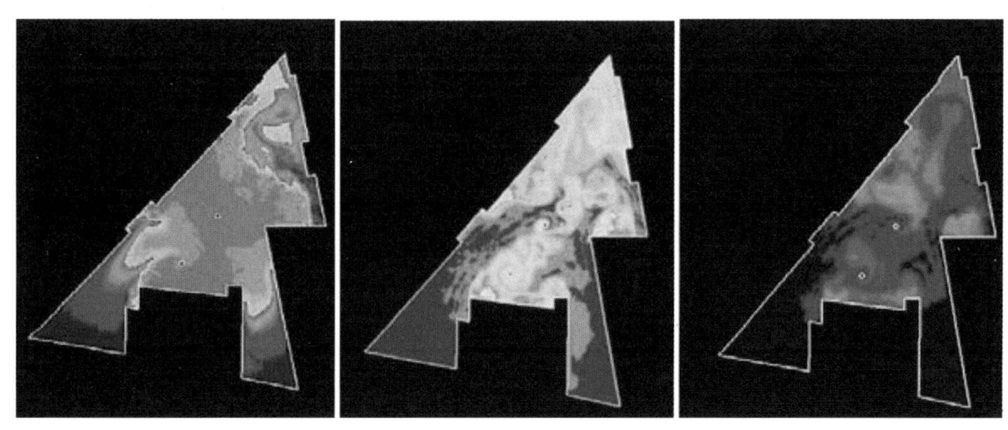

图 15.7　波茨坦广场水质自动监测系统

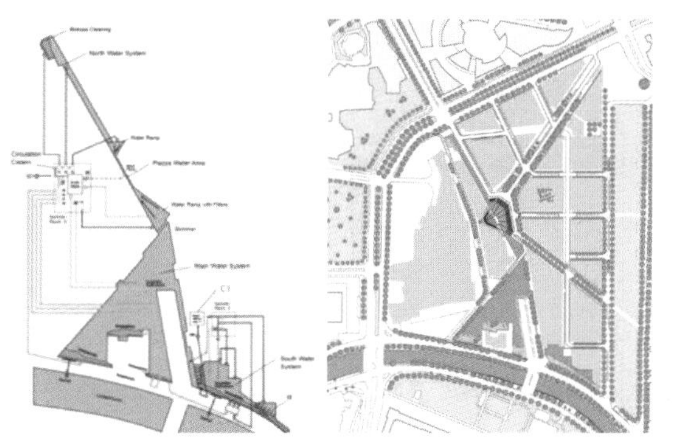

图 15.8　波茨坦广场雨水收集利用系统规划图

图 15.9　波茨坦广场索尼中心大楼前

戴姆勒－克莱斯勒公司总部大楼的前面是三角人工湖，是广场的中心区域，如图 15.10 所示。鸭子在水中嬉戏，金鱼在湖中游弋，行人络绎不绝，非常惬意。

在柏林国际电影节的“电影宫”前，阶梯状水流为城市居民提供了自然舒适的公共空间，如图 15.11 所示。

### （二）荷兰鹿特丹雨水广场

近些年来，极端天气频繁发生，许多城市经常遭受暴雨袭击，这给城市排水系统带来压力。对于像荷兰鹿特丹这种位于海平面以下的城市来说，若无法在短时间内排水，便会形成严重的积水问题甚至内涝。为了解决这个问题，荷兰城市规划人员和工程师制定了一套“水规划”——荷兰鹿特丹雨水广场公共空间原型，主要包括下沉式广场、街道部分、水气球和大坝拦截坡。他们通过景观学和工程学的综合运用，将城市中有效的蓄水量与公共空间结合起来，根据具体环境的规模、空间的利用和雨水蓄水量的要求进行规划。这个公共空间原型可被应用于不同的地方。

图 15.10　波茨坦广场三角形人工湖

图 15.11　阶梯状水流

处理流程：

（1）雨水收集及处理系统。该广场（图 15.12 和图 15.13）主要有两个部分，即运动场和其中的山形游乐设施。运动场位于地下 1m 处，周围是人们可以用来观看比赛的台阶。山形游乐设施包括不同级别的可供休息、娱乐和休息的空间。广场周围是草坪和树木。在遇到强降雨时，广场会改变其正常外观和功能，成为临时雨水储存设施。在一年中的大部分时间，广场都处于干燥期；即使在正常的雨季，雨水也会渗入土壤或被水泵抽入排水系统。如果遇到持续暴雨的情况，广场积水将逐渐泛滥，直到运动场被淹没，这时广场将会被当作水库使用。

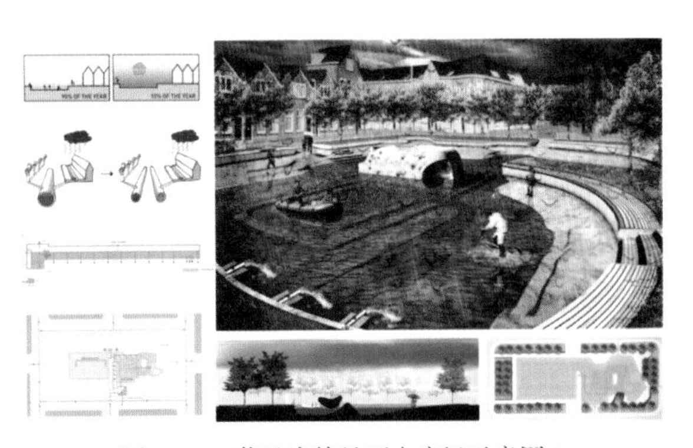
图 15.12　荷兰鹿特丹雨水广场示意图 1

图 15.13　荷兰鹿特丹雨水广场示意图 2

该广场旨在容纳社区内多达 1000$m^3$ 的雨水，但雨水通常不会在广场上存放太长时间，最长时间也就 32h。从理论上讲，这种情况每两年才发生一次，因此，即使在多雨的夏季也不会有太大问题。

（2）安全性问题。该广场蓄满水时的安全性是一个问题，为此设计师采用了具有公共空间美感的预警系统。该系统通过色码灯指示水深，不同颜色的光标记雨水方块的不同高度（颜色从黄色变为橙色，最后变为红色），水位越高，将出现越多红灯。此外，简单的边界护栏可以防止儿童进入蓄满水的广场。

建设意义：通过景观设计将公共空间与雨水存储结合起来。这些空间的功能与平时其他公共空间的功能类似，但在下暴雨的情况下，这些空间可以起到临时存储雨水的功能。这样的雨水广场可成为城市的独特景观，同时起到了缓冲雨水蓄积和改善城市水质的作用。

（三）“鸟巢”雨水收集利用系统

“鸟巢”（图 15.14）雨水收集利用系统建在地面设施下，安装有滤膜、渗水沟、雨水收集池、泵站等地下设备，经过系统收集的雨水经过微滤、超滤和纳滤三重净化步骤后可以重复使用。这是一套综合的公园雨水利用系统，使用了全球奥林匹克合作伙伴通用电气公司（GE）的膜技术。

图 15.14　鸟巢效果图

处理流程：

（1）水收集系统。该系统考虑到地下建筑的分布和雨水收集的可行性，通过计算，在南流域建立了 5 个雨水库。这 5 个雨水库的分布及其负荷面积如图 15.15 所示。其中 1 个雨水库用于在中央体育场收集雨水，容量为 1000m$^3$，另外 4 个雨水库用于收集体育场屋顶和周围区域的雨水，如图 15.16 所示。

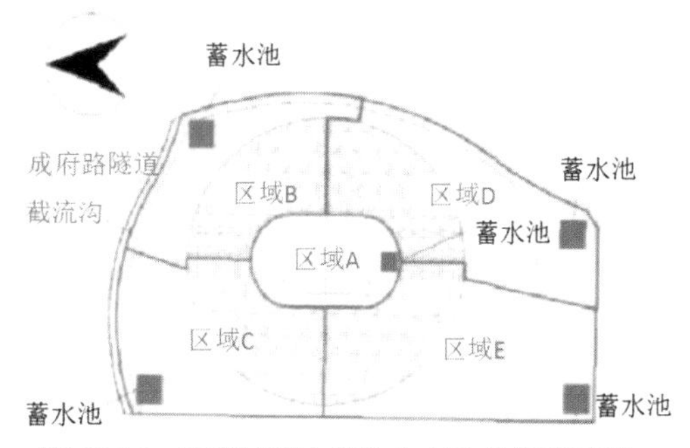

图 15.15　南流域雨水库的分布及其负荷面积

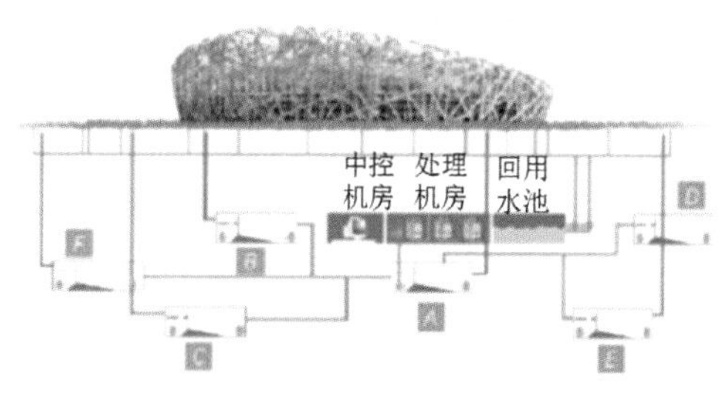

图 15.16　鸟巢雨水收集示意图

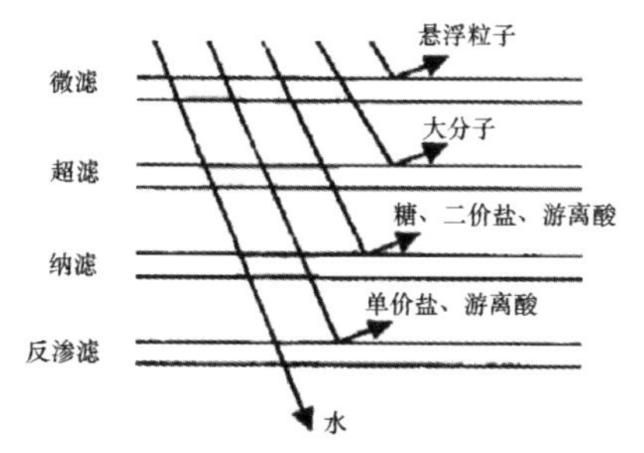

图 15.17　微滤、超滤和纳滤三重净化步骤示意图

雨水系统由 3 个部分组成，即重力系统、集水箱和虹吸系统。屋顶排水沟中装有一个重力雨水桶。膜单元及其外壳中的雨水通过重力排水与悬挂在屋顶主外壳梁下方的水平集水箱连接，将虹吸式雨水桶装在排水沟中。集水箱中类似高度的虹吸式雨水漏斗通过虹吸排水悬挂管与立管连接。立管在建筑物外围框架的指定位置沿钢柱下降到地板下方，并沿屋顶铺设，直到建筑物周围的雨水沿管道系统排出为止。

（2）雨水处理系统——GE 水处理系统，如图 15.17 所示。微滤可以去除水中的悬浮固体、胶体和其他污染物，如花粉、人发、煤灰、色素等；超滤可以通过使用小孔膜技术去除水中的细菌和大分子物质，如石棉和炭黑；GE 提供的纳滤膜技术是“鸟巢”地下雨水回收利用系统的核心技术，用于进一步处理在前两个部分中净化的水，可以去除水溶性盐，如钙和镁。通过这一系列步骤，常规雨水处理已达到再生水的标准。

建设意义：该系统每小时可处理多达 100t 的雨水，并使用地下水水箱产生 80t 循环水。这些水可用于景观绿化、消防和卫生用水，直接节省了体育场的常规耗水量。传统的水处理方法覆盖面积大并添加了化学物质，而该技术使用非化学方法进行水处理，占地面积小，且可以直接安装在地下室。

## 第二节

# 临时售卖设施

临时售卖设施一般为私营企业在一定时间内进行非固定店面售卖的商品售卖设施，区别于店面售卖设施，具有流动性、轻量化的特点。

### 一、Sweet Pea 冰激凌售卖车

Sweet Pea 是一个冰激凌品牌，它的全电动冰激凌售卖车和生物降解制品包装为其环境友好型的品牌形象的塑造打下了良好基础。

（1）全电动冰激凌售卖车。作为全球第一台全电动冰激凌售卖车，它具有无污染的优点。这些售卖车配有制冷设备，用于储存和流动出售冰激凌产品，而且这些制冷设备均为电能驱动，如图 15.18 和图 15.19 所示。

图 15.18　Sweet Pea 冰激凌售卖车

图 15.19　Sweet Pea 冰激凌售卖车车体宣传海报

（2）生物降解制品包装。Sweet Pea 冰激凌的包装全部采用可生物降解的材料制作，如使用竹节等作为包装原材料，如图 15.20 所示。

图 15.20　Sweet Pea 包装

## 二、Redesigning Food Trucks

Redesigning Food Trucks 由美国最大的食品卡车制造商 AA Cater Truck 设计制造，并经过多次修改，如图 15.21 所示。设计师 Andrea Lenardin 希望将这辆食物售卖车设计成一个人性化的、环保的售卖体系，而不仅仅是一辆冰冷的铁皮车体。

图 15.21　Redesigning Food Trucks 车体

（1）太阳能的使用。该车在太阳能电池板屋顶上安装了光伏电池，这种能量可以让 Redesigning Food Trucks 保证多套设备的同时运行。

（2）食用油的再利用。为了获得额外的绿色能源，该车的燃料将采用炸过食物的食用油，对食用油进行再利用。

# 第三节
# 公交车站

## 一、现状分析

通过对一些城市的公交车站候车亭系统设施的调查，归纳出以下现状：

（1）设计不够人性化。现有的大多数公交车站候车亭都没有任何庇护所。在极端天气下，对于乘客而言，候车并非是一件舒服的事情。乘客在等候公交车时，也会被迫吸入大量车辆尾气。

（2）外观设计千篇一律。大量的不锈钢材质亭棚、大幅面的滚屏广告设计、站牌设计的布局和字体几乎相同，城市各区域的公交车站候车亭极其相似、毫无新意，甚至连不同城市的公交车站候车亭也一样。

（3）功能性流于形式。对于外来者或老年人来说，他们不容易理解站牌上的信息，因此经常出现上错车的现象。即使在雨天，候车亭也会滞留许多乘客。

## 二、需求分析

设计改良的新型环保公交车站应包括以下功能：

（1）进行空气质量检测、污染或尾气处理，让乘客能有一个清新的候车环境。

（2）实现供电节能化，要求环保且节约能源。

（3）候车亭应安装动态公交车信息牌，包括当前站公交车经停信息和相应的公交车进站情况，还应有天气、时间、路况等信息显示等，具有智能化、人性化的特点。

## 三、案例分析

### （一）Environmental Health of the Bus Station

设计师 Yuanhua Wu 设计了一种新型的健身与公交车站结合的方式，一方面能为公交车站提供能源，另一方面能为市民健身提供一个良好的场所，如图 15.22 所示。

特点：结合健身器材和便携式发电机，使动能转换成电能，进行高效的发电和蓄电，可为公交车站提供照明。这既有效解决了 21 世纪城市能源需求的部分问题，也提高了人们的出行质量和环保意识。整个公交车站都是环保的，候车亭顶棚铺上草坪，设置了雨水排放和灌溉的循环系统。

图 15.22　Environmental Health of the Bus Station 示意图

### （二）新型环保公交车站候车亭的改进设计

1. 设计特点

（1）站牌的顶部设置有时间显示，可以及时提醒正在候车的人。同时，顶部有遮挡板，在炎热的天气可以为人们遮挡阳光，在下雨天可以为人们遮挡雨水，给人们出行带来便捷。将候车亭的广告牌板设计为多个部分，可以展示更多的信息。安装有一排凳子，可供人们在候车时休息。候车亭的整体造型稳重且流畅。

（2）候车亭外设有水雾喷洒器，可以通过传感器来测试空气中的灰尘量。当灰尘较多时，喷洒器会自行启动喷洒，进行降尘处理。

（3）候车亭顶部安装有太阳能装置，可将太阳能转化为电能，为候车亭的其他装置提供能源。

（4）候车亭两侧的道路底部安装有尾气吸收装置，可及时吸收亭内的尾气，并通过内部的处理装置将其净化。

2. 设计创新点

（1）空气质量检测和污染处理。在路基处安装了空气质量检测传感器，可以监视道路上有害气体和浮尘的强度，并将数据传输给候车厅内控制器。控制器根据道路上的空气质量和浮尘做出反应，通过喷雾装置向道路上喷洒水雾。而且，传感器和喷雾装置可以延伸到公交车站两侧的路基。

（2）公交车站内的车辆尾气处理装置。当检测到车辆进入车站时，废气处理装置将自动启动并开始处理车辆的废气；当检测到车辆离开车站时，设备将停止运行。这样，汽车排放的废气不会排放到空气中，可以转化为无害的气体和水，还可以回收利用。

（3）主机和站内照明装置均由太阳能供电。公交车站顶部可收集太阳能，并将其在站内转化为电能，为控制主机和照明装置提供电能。

### （三）Hydroleaf

Hydroleaf 不仅是一个公共车候车亭，而且是路灯、雨水集水系统和饮水机，如图 15.23 所示。伊朗的工业设计专业学生 Mostafa Bonakdar 设计的这个项目适用于发展中国家的干旱地区。

特点：太阳能面板的雨棚像叶子一样收集雨水，并将其蓄在嵌入杆中的水箱中。过滤器可以过滤清洁雨水，雨水将在嵌入杆底部的分配器中再分流。在饮水机上有一个细小的红色和蓝色的按钮，按下这两个按钮可以分别排出可供饮用的冷水和热水。照明利用太阳能资源，白天储存太阳能，夜晚将转化为电能提供照明。这个设计非常独特，可以扩展到更多的应用区域，可以为城镇甚至城市提供补充住所、照明和饮用水。

图 15.23　Hydroleaf 模型图

## 第四节
# 生态示范与服务设施

生态示范城市是指可以满足绿色设计的实验试点或建成城市，是充满绿色空间、生机勃勃的开放城市，是管理高效、协调运转、适宜创业的健康城市，是以人为本、舒适恬静、适宜居住和生活的家园城市，是独具特色和风貌的文化城市，也是环境、经济和社会可持续发展的动态城市。这5个方面是生态城市的充分和必要条件，也是生态城市的五大目标。

## 一、海绵城市

海绵城市是新一代城市雨洪管理的概念，在适应环境变化和应对雨水带来的自然灾害等方面具有良好的“弹性”，也可称为水弹性城市，如图15.24和图15.25所示。海绵城市的国际通用术语为“低影响开发雨水系统构建”，在下雨时可吸水、蓄水、渗水、净水，在需要水资源时可将储存的水“释放”并加以利用。

图15.24 海绵城市示意图1　　图15.25 海绵城市示意图2

（1）低影响开发。低影响开发指的是通过对雨水的渗透、储存、调节、传输、截污、净化等处理，有效地控制径流总量、径流峰值和径流污染。

（2）降低开发对雨水径流的影响。

建设意义：海绵城市不仅具有渗水、抗压、耐磨、防滑等特点，而且环保美观、舒适易维护、吸声减噪，让城市路面成为“会呼吸”的城镇景观路面，起到缓解城市热岛效应的作用，让城市路面不再发热。

## 二、“Rain Bank”雨岸

“Rain Bank”雨岸利用“雨水收集回用”的思路，类似于海绵城市的构想，是关于生态新技术的运用。“Rain Bank”雨岸是澳大利亚布里斯班河南岸的南岸公园的一个流域收集雨洪系统。

### （一）“Rain Bank”雨岸展示

在南岸公园中，高高低低的木栈道在丛林中穿行，与植物错开或交接，旁边辅以溪流（有水和无水的）。当然，这些基本都是人工重新建造的，不是保留的自然现状。

雨岸处理设备房（图 15.26）位于南岸公园丛林区的一个角落，门口的木质座椅可供人休憩。该设备房故意设计成玻璃幕墙（图 15.27），让人可以看到其内部的设施，特意将机械设备展现在世人面前，让人感受到科技的力量并受到科学知识的熏陶，可用于科普教育。该设备房采用玻璃幕墙的方式，在建筑设计上打破陈规，具有创新性，在一定程度上反映了时代的发展趋势。

图 15.26　雨岸处理设备房

图 15.27　雨岸处理设备房的玻璃幕墙

南岸公园的雨水收集有雨季与旱季之分。雨季来临则溪流蜿蜒，旱季之时可形成干涸河道，两种季节景色各异，各有千秋，如图 15.28 和图 15.29 所示。

图 15.28　雨季时形成小溪流

图 15.29　旱季时河道干涸

在南岸公园中，还设计了一些细节，在木栈道旁边人工堆砌错落的石块，种植地被植物，摆放一些预制混凝土砌块，作为小型的挡土墙和跌水设施。在雨季，溪流给鸟雀提供了水资源和栖息地，同时溪流两边的地被植物长势较好，形成了一个小型的生态系统。

### （二）“Rain Bank”雨岸运作

雨水收集回用是一个可持续性的处理进程，大致有几个阶段：凝结处理→薄板澄清→过滤砂→过滤碳→紫外线消毒杀菌→加氯消毒，如图 15.30 所示。

由图可知，进行雨水收集时，先将水通过溪流汇聚在一个大型的凝结池中，再运用管道进行连接，使收集的雨水通往薄板澄清器具，起到水体净化的作用。之后，通过几个步骤的过滤处理过程，使雨水能够达到安全的使用程度。同时，雨水收集回用系统采用不同颜色的罐子进行展示，如图 15.31 所示。

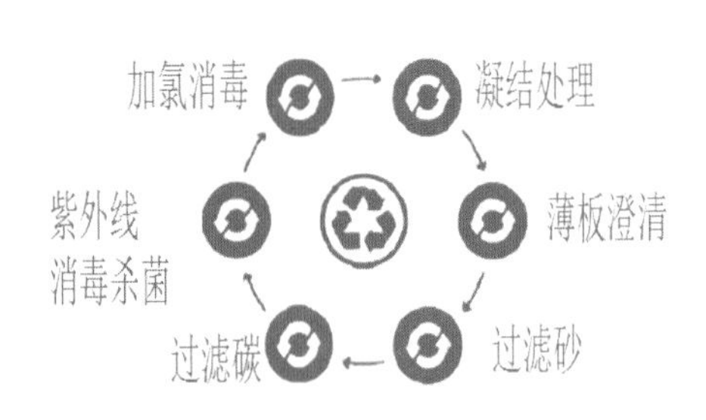

图 15.30　雨岸系统运作阶段

图 15.31　雨水收集回用系统采用的罐子

建设意义：每年，“Rain Bank”雨岸用于灌溉、存储、再利用的雨水量相当于 30 多个标准游泳池的储水量。而且，“Rain Bank”雨岸提供了南岸公园大部分绿地的灌溉用水和非饮用水，其水量供应足以持续服务 17hm$^2$ 的公共绿地。

## 三、产生可再生能源的游乐场

国外 3 位工业设计师 Funfere Koroye、Andrew Simeoni、Joel Lim 设计出一座游乐场的蓝图，游乐设施可以通过收集机械能来转化电能，如图 15.32 所示。

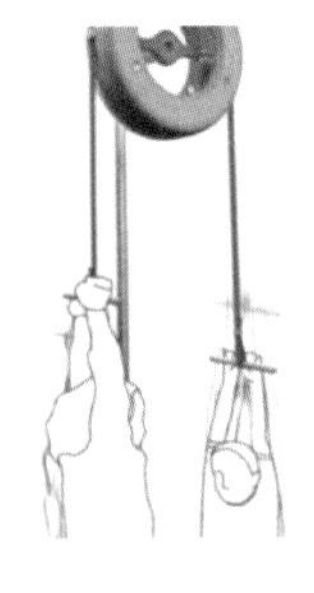

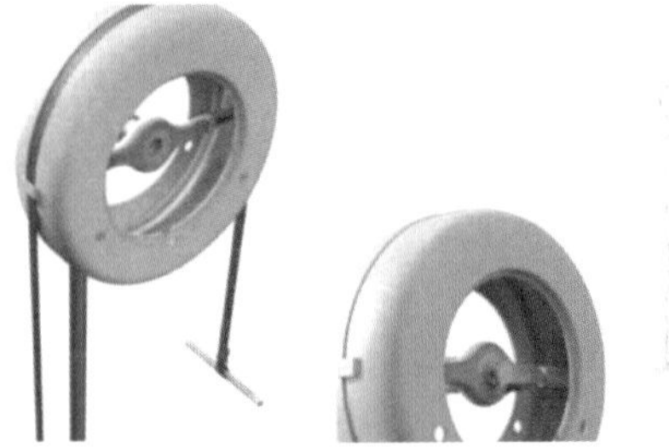

图 15.32　能产生可再生能源的游乐场模型图

这个概念设计称为“Kidetic”，它通过游戏运动的方式，可以将游乐设施上收获的机械能转换成电能，给灯泡提供电力，以便在晚上使用。

建设意义：根据设计师的测算，每台发电机每小时可产生 31.5W 的功率，这能为 20 个灯泡供电 1h。这将为节省城市电力能源做出一些贡献。

## 第五节
# 防灾救援设施

防灾、减灾、救灾工作是关乎民众生命财产安全、社会和谐稳定的重要工作，也是衡量政府领导力、彰显民族凝聚力的重要方面。当灾难危及生命安全时，宝贵的时间可以换取生命，而有效的防灾救援设施可以为救援赢得宝贵的时间。因此，有针对性、创新性地设计出应对多种灾难环境的防灾救援设施，对于提高抢险救援工作效率，减小灾害对受灾民众生命财产安全的影响，同时最大限度地保障施救人员的安全，都具有极其重要的意义。

### 一、山区防灾避险亭舍

山区防灾避险亭舍是建设在山体上的户外设施。它在发生气象灾害（如飓风、暴风雪等），或发生地质灾害（如山体崩塌、滑坡、泥石流等）时，可以帮助附近居民规避灾害风险。与平原地区防灾避险亭舍相比，山区防灾避险亭舍的建造需要考虑施工可行性和风险规避指数，因为山区地势多崎岖不平且山体较多岩石地貌。

#### （一）山区环保避难所：Earth Lodge 2.0

Earth Lodge 2.0 采取了具有成本效益的战略，利用当地生产的工具和材料进行建造。与传统建筑相比，这种生态友好型的方法可以大大降低生产制作成本。Earth Lodge 2.0 的设计和实施是一个自我维持的项目，辅以永续栽培和森林园艺的概念，如图 15.33 所示。

图 15.33　Earth Lodge 2.0 建筑

Earth Lodge 2.0 的特点如下：

（1）沙包的设计。从现场开挖土壤，用作建筑材料。

（2）建筑木材。建筑木材是二次利用的木材，如在大火中被烧过的树木。

（3）雨水收集。设计雨水收集设施，雨水将被收集在中心位置，并通过生物过滤器过滤。

（4）堆肥厕所。利用厕所进行堆肥，在这种环境下是必需的，也是健康的。

（5）太阳能和风能。太阳能系统和风力发电机可以提供备用电源。

（6）绿色屋顶。这个项目必须与洒水系统组合，可以保护房屋免受烈日和寒风侵蚀。

（7）管状天窗。通过管状天窗的形式，使所有空间都有自然光线。

### （二）地下家园

地鼠和霍比特人（电影《魔戒》中的人种，身材矮小）并不是生活在地下家园的唯一居民，比如在美国，全国各地建有6000多处地下家园，如图15.34所示。这种房屋可以抵御飓风、山体崩塌等自然灾害。而且，如果将这种房屋功能与太阳能系统结合起来，那么就可以免费用电。另外，这种房屋位于地下，还具有隔音效果。

（1）功能。地下家园的建设者知道如何根据房主的需求建造不同模式的房屋，一些已知的模式有洞穴、竖井、隧道等。这些地下家园与大自然融为一体，连停车位设计都非常有特点，如图15.35所示。

图15.34　地下家园

图15.35　地下家园停车位

（2）安全性。地下家园的另一个吸引力是安全，能够抵抗山体灾害、外部入侵者，甚至一些小型地震。而且，进入地下家园的出入口很少，保护起来容易得多。

## 二、水难救援/避难设备

水难救援/避险设备是指在发生洪涝灾害或发生其他意外事件时，能提供援助或提供避难港的设施或设备。

## （一）浮动太阳能发电机

浮动太阳能发电机是一个在洪水期间提供急需能源的共享项目，可为救援行动提供动力，如图 15.36 所示。浮动太阳能发电机运载 4 块大型太阳能电池板，每天可提供高达 2.45kW 的电力，可为洪水受困者的灯具、手机等充电。

## （二）巴黎溢洪道防洪亭

巴黎溢洪道防洪亭于 2014 年设计，如图 15.37 所示，将一个封闭的圆形玻璃条放置在喇叭口形的溢洪道上，可以让洪水从周边进入，从而引导水流进入溢洪道。

图 15.36　浮动太阳能发电机

图 15.37　巴黎溢洪道防洪亭

（1）巴黎溢洪道防洪亭的圆形空间被用作坡道引导，可使洪水进入位于可移动玻璃复合地板下的溢洪道。内部空间的工业功能与硬质外壳相结合，形成了光线自然的反射，通过蚀刻的玻璃可以看到水流流向蓄水湖的壮观景象。另外，轻质复合纤维单体壳盖覆盖了漩涡形成的空间，引导洪水绕过其表面进入下面的溢洪道。

（2）巴黎溢洪道防洪亭的设计灵感源自巴黎城市精致的井盖，硬质外壳结构使得防洪亭结构更强，如图 15.38 所示。

图 15.38　巴黎溢洪道防洪亭结构图

## 三、公众及家庭应急套装设备

公众及家庭应急套装设备是指在发生自然灾害时，可以快速有效地为受害者提供避难场所或救援的设备，一般具有快速安装和坚固耐用的特点。

### （一）宜家太阳能平板组装避难所

宜家可以把任何地区变成一个舒适、温馨的空间，它为世界各地难民提供临时避难帐篷。宜家太阳能平板组装避难所拼装图如图 15.39 所示。

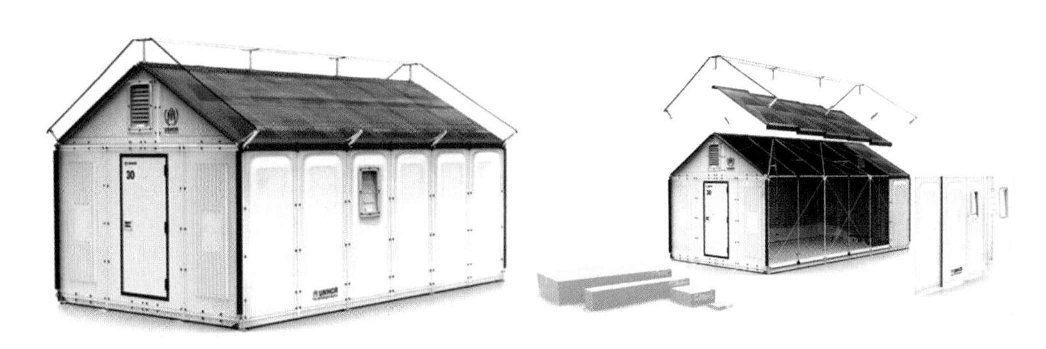

图 15.39　宜家太阳能平板组装避难所拼装图

（1）太阳能供给能源。这些房屋屋顶都镶嵌太阳能电池板，难民可以自己收集电能，而不需要使用蜡烛或煤油灯。这种屋顶能够转移 70% 的太阳能，让房屋内部在白天保持凉爽、在夜晚保持温暖。

（2）减少运输成本且用材可回收。宜家的太阳能平板组装避难所是由易于运输的可回收轻质塑料装建的，这些材料在组装前可装在 4 个纸箱里，所占体积较小，减少了运输空间，如图 15.40 所示。

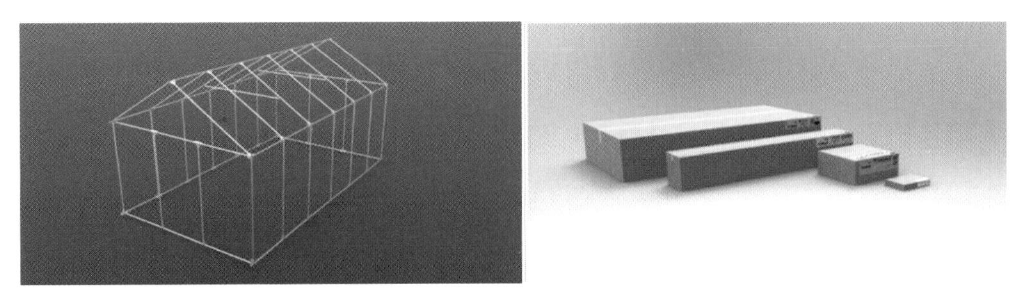

图 15.40　宜家太阳能平板组装避难所材料

（3）减少安装成本。要装建一座 100 多平方米的宜家太阳能平板组装避难所十分简单，仅仅需要 4h，且安装不需要任何额外的工具，如图 15.41 所示。它的大小是普通难民帐篷的两倍，可以让 5 个人睡上好觉。

图 15.41　宜家太阳能平板组装避难所拼装现场

### （二）可折叠结构的并提供水电能源的难民营

加拿大建筑设计师 Abeer Seikaly 设计了一款避难营，如图 15.42 和图 15.43 所示。该设计由一种结构织物组成，“模糊了结构和织物之间的区别”，从而扩大了私人围栏，为“流动性”创造了契机；同时，设计了现代人所需要的一些基本设施，包括水和可再生电力设施。

图 15.42　能提供水电能源的可折叠结构的难民营模型图

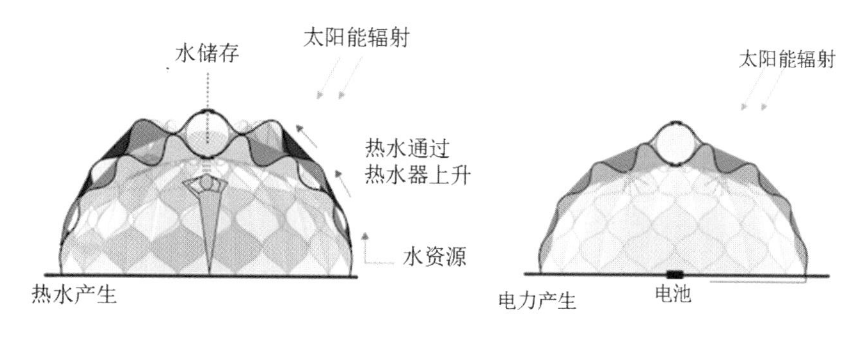

图 15.43　能提供水电能源的可折叠结构的难民营结构图

（1）外层结构可以吸收太阳能，然后转换成电能；内层结构可以提供存储空间，特别是难民营的下半部分，空间较大。难民营顶部的波浪形设计是为了增加能源转换空间，可以最大限度地获取太阳能。

（2）雨水再利用。难民营顶部的储水箱可以蓄存雨水，用于淋浴。当雨水溢出后，可通过虹吸系统和排水系统排出，确保难民营不被水淹。

（三）Uber 紧急住房

设计师拉斐尔·史密斯设计了一个名为“Uber Emergency Shelter”的生态友好型住房，如图 15.44 所示。该住房可以隔成两三个房间，用可回收和可重复使用的材料建成，不仅具有墙面和屋顶等基本结构，而且可以调整，以适应不同的环境。

图 15.44　Uber 紧急住房模型图

Uber 紧急住房拼装起来比较简单，如图 15.45 所示。安装在住房屋顶上的太阳能电池板可将太阳能转化成电能，可以运行一个小冰箱，并照亮整个设置。四面遮蔽的外墙也可以从各个角度吸收太阳能。

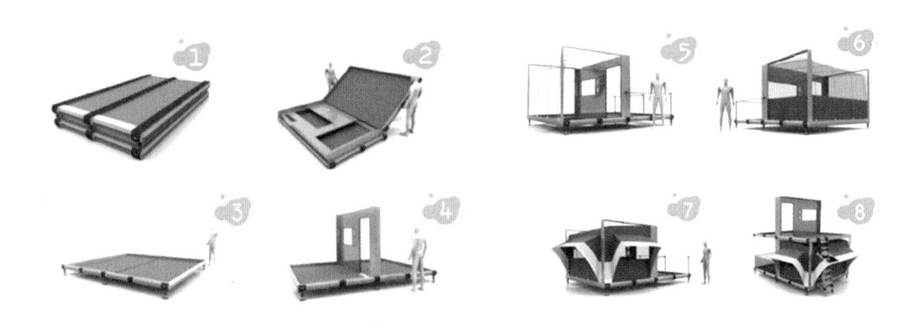

图 15.45　Uber 紧急住房拼装图

## 四、防灾避难公园应急设施

防灾避难公园应急设施是指当灾害发生在城市公园及其辐射用地时，能为受害者提供避难并减少损失的公共防灾避难设施。防灾避难公园应能承载大量涌入的城市人口，具有大规模、高效率的特点。

（一）日本东京临海防灾公园

日本东京临海防灾公园（图 15.46）占地 13.2hm²，在发生灾难时，可以容纳大约 27 万名滞留人员。公园内设有配备电源插座，并和路灯连接，还备有临时厕所、长凳、打火炉。除了提供电力、烹饪器具和物资供应之外，该公园还将公园管理人员的信息公布给当地居民。该公园既是防灾避难场所，又是区域救助单位的核心基地，还是灾害医疗救助的基地。

（1）公园配备太阳能充电站，可供电动自行车和智能手机充电。公园长凳可以变成烹饪炉灶，沙井可以兼作紧急厕所。在绵延起伏的丘陵和樱花树下，建有充足的水库和储藏室，可为整个地区在灾难发生后的72h内提供维持生命所需的应急物资，如图15.47所示。

图15.46 日本东京临海防灾公园

图15.47 公园仓库陈列的应急物资

（2）公园建有地下指挥与监控中心，在灾难发生时可用于指挥调度、维持秩序等，如图15.48所示。

### （二）日本中野中央公园

日本中野中央公园将办公室、餐厅和会议室等场所的减灾措施充分地融合在一起，如图15.49所示。该公园的设计提出了一种在传统办公室不可能实现的绿色工作的新风格，公园的3.5hm$^2$的开放空间被医院、警察局、大学、办公室和公寓楼包围，几乎全部使用隔震系统进行建造。

图15.48 地下指挥与监控中心

图15.49 日本中野中央公园

而且，日本中野中央公园还与当地政府协调，重新制定应急措施，以应对地震或其他灾难的可能性。这些措施包括灾难网络、紧急补给仓库、防灾井、防灾水箱、灾难撤离者受理空间、电池充电站、灾害时使用的厕所、供水等。

值得一提的是，日本中野中央公园使用特别设计的隔震系统（图15.50和图15.51），而且实现了比当前要求强1.25倍的抗震性能。该公园所运用的抗震技术的一部分是阻尼器，其在发生中小型地震时可以维持建筑结构。

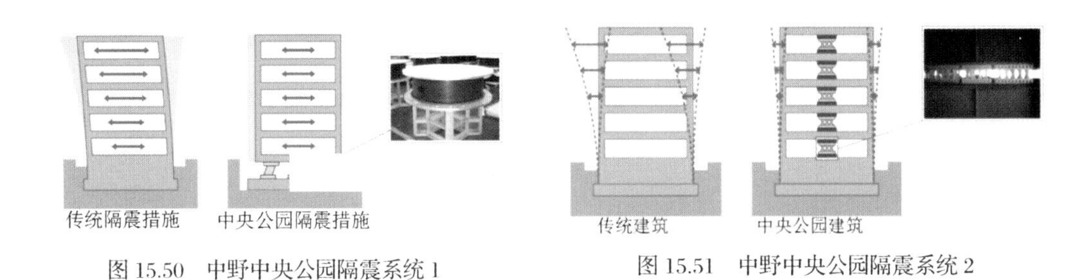


图 15.50　中野中央公园隔震系统 1

图 15.51　中野中央公园隔震系统 2

## 五、简易救援工具

简易救援工具是指在发生自然灾害或突发事件时，受害者能被其他人救援或自救时使用的工具，一般具有轻量化、易携带、易操作的特点。

### （一）日本紧急救援筒

日本经常遭受地震和海啸等灾害，所以出现了许多专门用来保护生命和应对紧急情况的设计。日本 Nendo 实验室设计了金属应急装置“MINIM+AID”，俗称日本紧急救援筒，这是一款大有奥妙的救援产品，如图 15.52 所示。

（1）日本紧急救援筒的外观是一个光滑的金属筒，并且具有紧凑的内部结构。在尺寸上，这个直径不足 2 英寸的筒形装置基本上与一把伞的长度差不多。

（2）日本紧急救援筒一共由 5 个部分组成，每个部分都可被拆卸下来单独使用，还可以组装成一体，非常方便携带，如图 15.53 所示。

图 15.52　日本紧急救援筒

图 15.53　日本紧急救援筒的组成部分

（3）日本紧急救援筒其中一部分是一个手摇发电的收音机，它可以让人们在灾后无法供电的情况下收听政府的紧急广播。除了可以手摇充电之外，这部收音机可以通过 USB 接口进行充电，其中还包括必备的 LED 照明灯，如图 15.54 所示。

（4）日本紧急救援筒有一部分储存了可供用户紧急使用的饮用水。饮用水是被密封在真空袋中的，在使用时可以将饮用水倒入救援筒中饮用，如图 15.55 所示。

（5）日本紧急救援筒还收纳了轻量化的雨衣，可以在恶劣天气下用于遮挡身体，如图 15.56 所示。

（6）日本紧急救援筒中还有一个急救箱，其中提供绷带、剪刀、应急药品等救治物品，如图 15.57 所示。如果需要诸如胰岛素这类特殊药品，还可以在购买时进行个人定制。

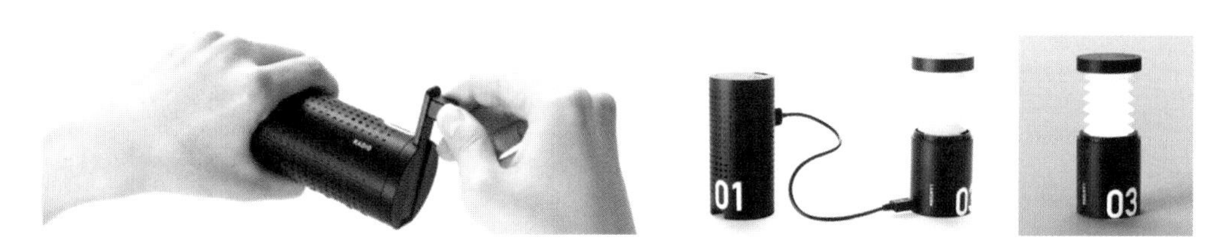


图 15.54　日本紧急救援筒——收音机和 LED 照明灯

图 15.55　日本紧急救援筒——饮用水　图 15.56　日本紧急救援筒——雨衣　图 15.57　日本紧急救援筒——急救箱

最重要的是，日本紧急救援筒非常轻便，人们可以将它放在任何随手可触的地方，当灾害发生时拿上它就能为自己争取了更多的生存机会。

### （二）自救手镯

自救手镯是一款非常轻薄的用于落水时自救的设计，如图 15.58 所示。在紧急情况下，可以简单地通过拉动自救手镯来激活漂浮装置，这个动作将使得手镯中的压缩空气迅速膨胀，使漂浮装置的压缩气室及其周围的腔室充满空气，可以帮助受困者在等待救援时漂浮在水面。

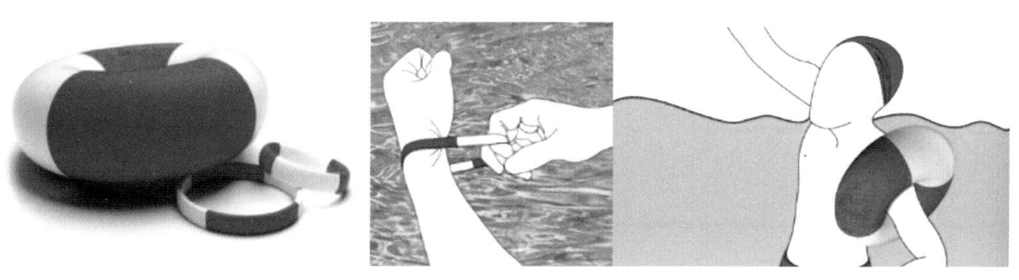

图 15.58　自救手镯

（三）日本紧急救援担架

日本紧急救援担架是日本消防、医院、公安、电厂、学校、铁路、体育馆、养老院等自主救灾的常备品。其特点是：轻量化，仅重 3.5kg，妇女儿童均可轻松使用；耐水性，双面防水处理，不怕雨雪和血污，易于清洁维护；耐久性，把手几处各承重 80kg，主体承重 500kg，浸水 24h 后仍可承重 200kg；保管性，可三折收纳，折叠后尺寸仅为 730mm × 600mm × 50mm，可轻易放入乘用车内；环保性，利用再生纸材料制造，埋入土中可完全分解，不产生环境污染。

## 第六节
# 智能服务设施

智能服务设施借助高新技术来搭建，是促进城市发展的新模式，与网络系统完全融合对接，并对现代城市公共设施进行全面的规划和管理。智能服务设施搭建各种信息平台，从而实现人与人、人与物、物与物之间的联系交流，让人们在医疗卫生、社会保障、社区服务等各种公共设施中获得舒适、方便的服务。

### 一、街区应急救助设施

街区应急救助设施是指使一个区域内的群众在发生灾害时能获得救助的设施。

（一）Solar Call Station

Solar Call Station 是一个具有太阳能发电功能的轻量化紧急电话呼叫亭，如图 15.59 所示。

（1）Solar Call Station 的设计比较人性化，有线紧急呼叫站（配备相机和扬声器选项），在紧急情况下可以进行摄像等。

（2）Solar Call Station 设有太阳能紧急呼叫站，在发生自然灾害或断电时，可以通过白天积蓄的太阳能转化成的电能进行通话。

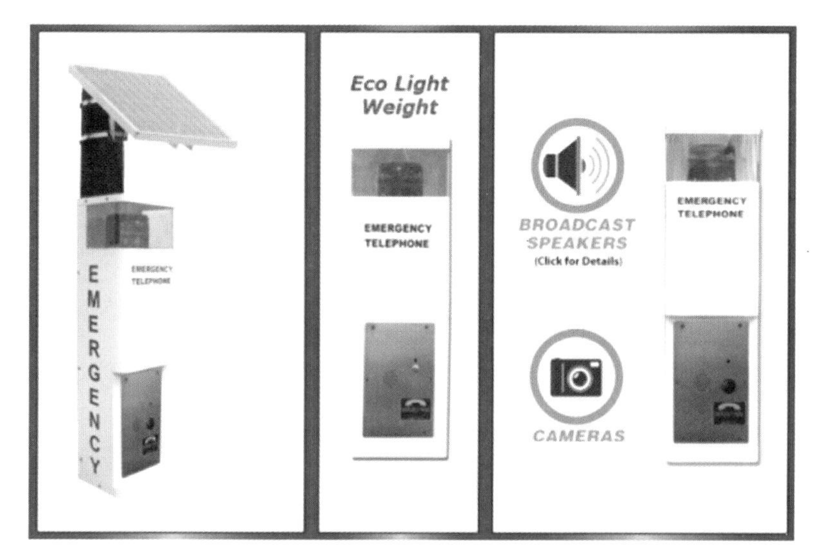


图 15.59 Solar Call Station 效果图

（二）X2Shelter

Geotectura 建筑事务所设计了一个绿色且易于部署的概念应急避难所，被称为 X2Shelter，如图 15.60 所示。X2Shelter 可以被空投到无法到达的灾区，并由可再生能源提供动力。X2Shelter 可以作为住宅、卫生和保健的独立帐篷，也可以与其他 X2Shelter 连接，为灾民提供庇护。

图 15.60 X2Shelter 示意图

（1）X2Shelter 优化了无源通风和照明，还配备了太阳能电池板和小型风力涡轮机，可为照明和通信提供所需的能源。

（2）X2Shelter 屋顶上有一个雨水收集器，用来储存雨水。使用后，X2Shelter 可以折叠回收，重新使用。X2Shelter 易于运输和安装，只要两个人就可以完成安装，而且可以被最大限度地拆解，可减少运输成本，如图 15.61 所示。

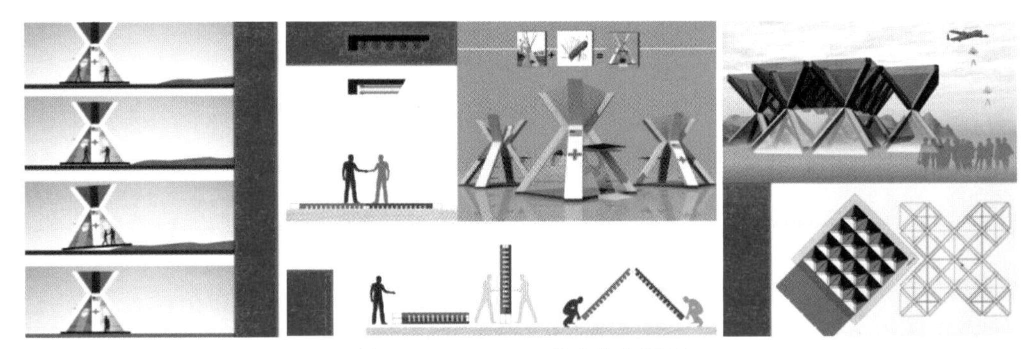
图 15.61 X2Shelter 的安装与拆解

## 二、城市智能服务终端

城市智能服务终端是指为打造和推进智能城市发展，而在城市普遍使用的具有城市相关数据分享功能的设备，可以监测环境质量、空气质量、噪声、行人和交通状况等。

为了满足生态友好型的公共设施的需要，韩国设计师 Soyoung Park、Song-Young You、Jae-Hong Lee 设计了一个 Econology 人造自行车亭。这个自行车亭的概念结合了人们生活中的两个重要元素：自然和技术。其周围地面表面起伏的绿地和形态特征象征着自然，一个靠太阳能充电的媒体墙可为使用者提供导航服务，如图 15.62 所示。

设计概念：生态友好型概念设计；使用了基本无害的环保材料；提高服务用户的质量。

细节特征（图 15.63）：车棚顶部安装有一块太阳能电池板；导航系统视觉识别优化；收集雨水为覆盖车棚顶部的绿植提供水资源；车辆解锁安全系统；整体设计为自然绿色设计，

图 15.62 Econology 人造自行车亭效果图

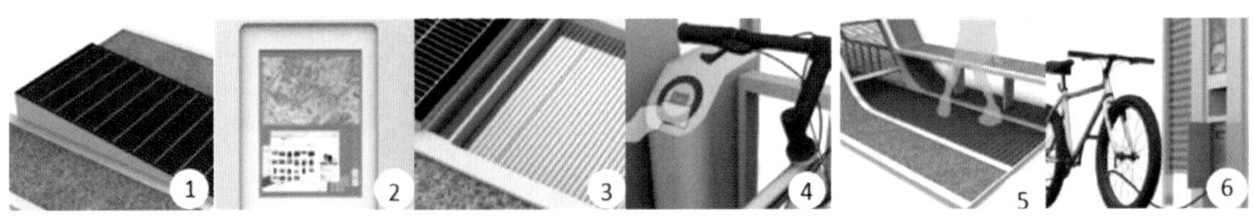

图 15.63 Econology 人造自行车亭细节特征

顶部与部分地面为绿植覆盖；手动打开充气开关可为自行车轮胎充气。

功能运行：雨水被车棚顶部的遮罩收集装置收集，为覆盖车棚的绿植提供水资源；将太阳能转换为电能，用于车棚的媒体墙和照明设备。Econology 人造自行车亭服务系统如图 15.64 所示。

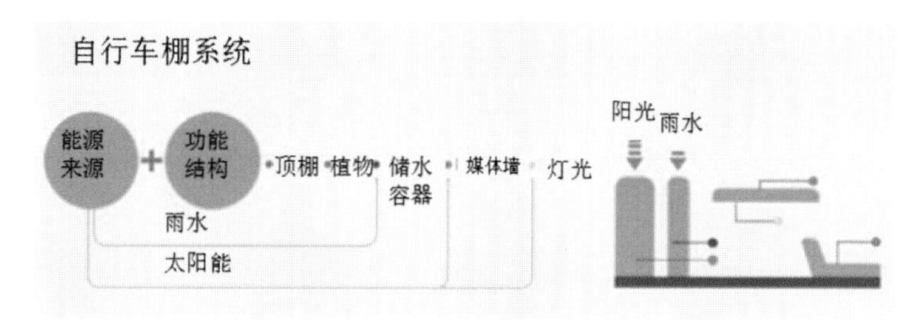


图 15.64 Econology 人造自行车亭服务系统

# 小结

环境设施的绿色设计应充分利用原生环境条件，趋利避害、因势利导，运用人性化、减量化、多用途、智能化等设计方法，并将地域文化特征融入设计之中进行多维度考量，以共同构建出绿色健康的公共环境。

# 第十六章

# 非物质化服务产品设计实践

产品服务系统（Product Service System，PSS）的概念在理论界首次被提出来时，是一种能实现制造企业可持续发展的解决方案，即预先设计好的包含产品、服务、支持网络和基础设施，并能够满足客户需求、相对传统商业模式来说具有更小的环境影响的方案。其核心思想是制造企业向客户提供产品功能而非产品实体，进而满足市场需求，实现价值链重组。[1]

根据产品和服务的比重不同，产品服务系统可以分为3种类型：产品导向型系统（Product-Oriented Service，POS）、使用导向型系统（Use-Oriented Service，UOS）、结果导向型系统（Result-Oriented Service，ROS）。[2] 其中，对于使用导向型系统来说，生产制造企业会保留其产品产权，并以多种方式（包括租赁、共享等）出售产品的使用权。[3]

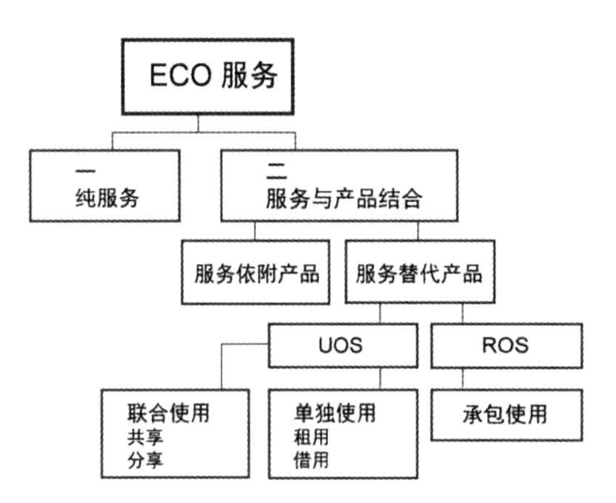

图 16.1　Hrauda 和 Jasch 的产品服务体系分类

而国外学者 Hrauda 和 Jasch 的产品服务体系分类如图 16.1 所示。

本章将以交通出行工具系统和公共服务系统为例，通过具体案例的展示，描述产品服务系统如何在满足消费者需求的同时实现生态效益的提升。

## 第一节
# 乘用车租赁服务系统

乘用车租赁指的是在一段约定的时间内，租赁经营人将租赁的乘用车交付给承租人使用，但不提供驾驶劳务的经营方式。[4] 目前，国内外主要的乘用车租赁服务模式有两类：一类是以汽车短租 / 长租业务为主的 P2P（Person to Person）共享租车模式，即所租车辆

[1] 江平宇，朱琦琦．产品服务系统及其研究进展 [J]. 制造业自动化，2008（12）：14-21.

[2] Mont O.K.. *Clarifying the concept of Product-Service System*[J]. Journal of Cleaner Production，2002，10（3）：237-245.

[3] 谢晓宇．共享经济背景下产品服务系统设计研究 [J]. 设计，2016（23）：60-61.

[4] 瞿良．我国汽车租赁经营与管理 [J]. 交通与运输，2009（03）：18-19.

归车主所有，车辆可能是出租车或私家车，车主负责维护和保养车辆，租客支付平台租赁费用；另一类是从传统汽车短租业务中切分出时间模块更短的以分时租赁业务为主的 B2C（Business to Customer）共享租车模式，即所租车辆归平台所有，平台负责维护和保养车辆，租客支付平台租赁费用。乘用车租赁服务系统通过整合汽车租赁行业资源，在一定程度上，可为公共交通服务提高道路使用率，缓解交通压力，引导绿色出行。

## 一、长途旅行用车租赁

以中国汽车运输规定为参考标准（图 16.2）：0～5km 为短途出行，5～50km 为中短途出行，50km 以上为中长途出行。长途旅行用车租赁服务主要有两种形式：兼顾短租和长租的传统汽车租赁、P2P 共享租车。这里我们主要分析基于共享经济的 P2P 共享租车模式（图 16.3）。国内的 P2P 租车平台主要有 PP 租车、宝驾租车、友友租车、凹凸租车，以及新面孔壹壹租车等。

PP 租车（已更名为“START 共享有车生活平台”）成立于 2012 年 10 月，现已发展成为亚洲较大的 P2P 租车平台。START 共享有车生活平台官网及其共享汽车用车操作流程分别如图 16.4 和图 16.5 所示。

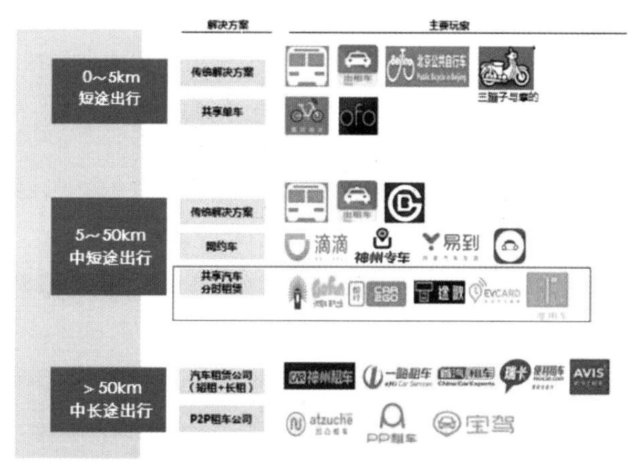


图 16.2　出行方式选择汇总图

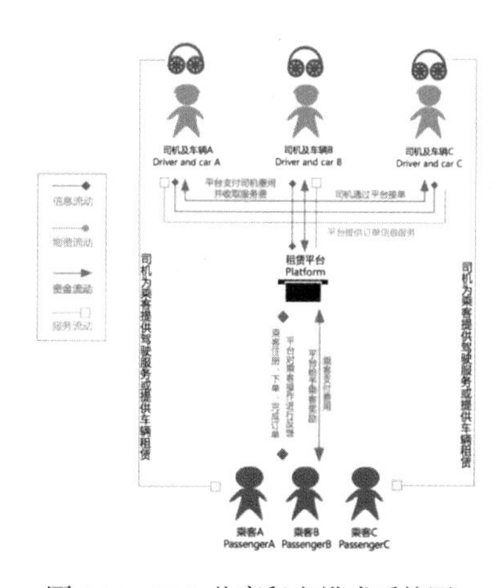


图 16.3　P2P 共享租车模式系统图

图 16.4　START 共享有车生活平台官网

图 16.5　START 共享汽车用车操作流程

PP 租车提供 P2P 租车服务，使得参与进来的每一个人都能体验到舒适、便捷、利好的用车服务。PP 租车秉持共享的理念，构建了私家车出租模式，把闲置的私家车和租客的用车需求联系在一起，从而实现车主在能掌控自己爱车的同时招租养车，而租客在可方便快捷用车的前提下花费较低价格来享受私家车服务。

## 二、市内租赁

市内租赁主要是针对 5～50km 的中短途市内出行，采用以分时租赁业务为主的 B2C 共享租车模式。

### （一）法国 Autolib 自助租车服务

法国 Autolib 自助租车服务是由巴黎市政府推出的城市交通服务管理计划的项目，于 2011 年开始运营，在全球有十几万用户和几千根充电桩。其最终意图是引发城市居民出行习惯的革命性变化，使城市更加自由、出入更加便利、更加适合于生活。法国 Autolib 自助租车服务相关图片如图 16.6 所示。

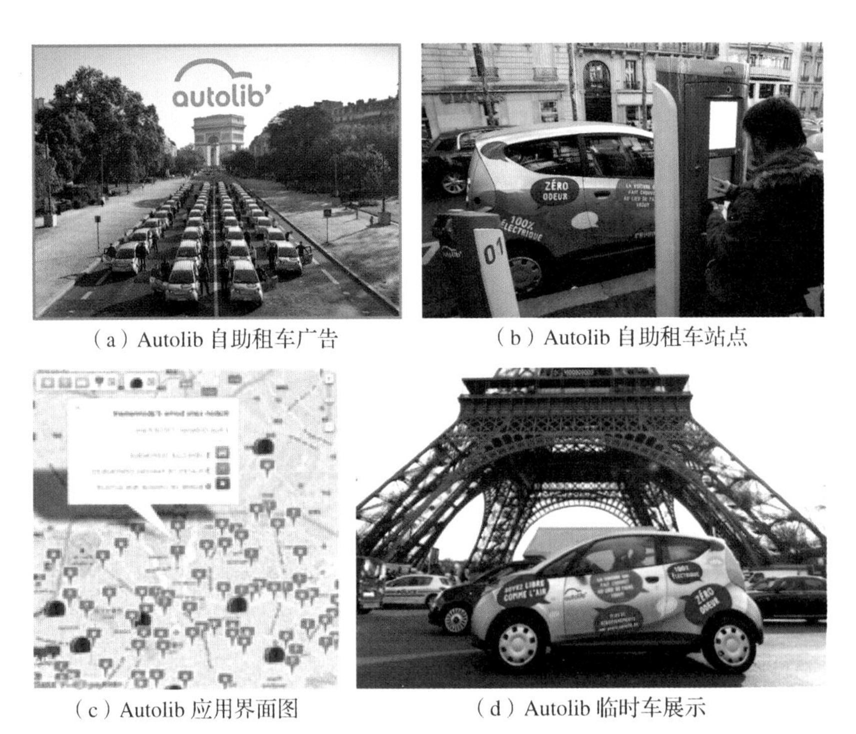


（a）Autolib 自助租车广告　（b）Autolib 自助租车站点

（c）Autolib 应用界面图　（d）Autolib 临时车展示

图 16.6　法国 Autolib 自助租车服务相关图片

法国 Autolib 自助租车服务的对象是所有需要临时用车的人，如前往约会、接送小孩或临时采购大件商品的人等。租用人可以在一个站点租用汽车，在另一个站点归还。而且，由于巴黎市和周围 46 个近郊市镇可以形成一个密集的车辆租用网络，所以这有可能引导人们放弃使用私家车，使 Autolib 服务真正成为一种市内出行的绿色环保的替代方案。法国 Autolib 自助租车服务的租车流程如图 16.7 所示。

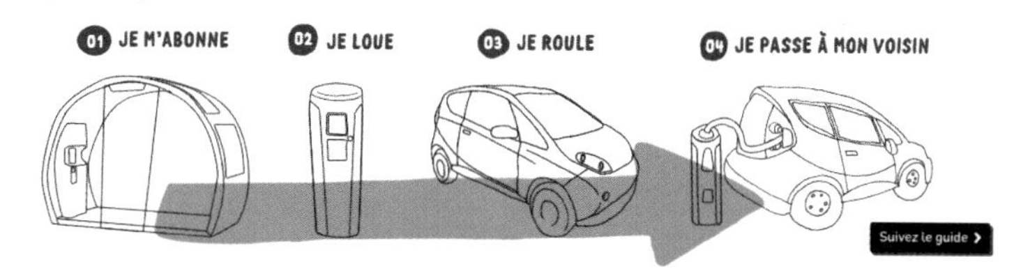


（a）简单租车流程

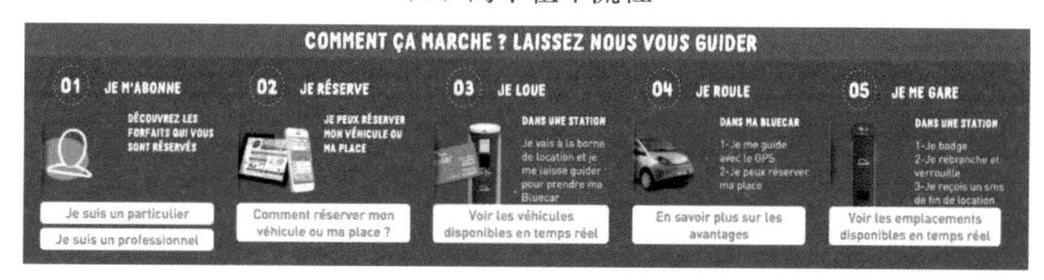


（b）利用电子设备租车流程

图 16.7　法国 Autolib 自助租车服务的租车流程

Autolib 使用的车辆为纯电动车，车型为叫作“Bluecar”（蓝车）的电动车。这一项目具有两大重要的环保特性：一是不产生任何温室气体；二是电动车行车寂静无声，有助于减少城市重要污染之一的噪声。但为了防止无声行驶对骑自行车者和行人造成危险，该车车内装有一特殊发声器，可用来提醒行人。

（二）Car2go

2008 年，德国戴姆勒股份公司提出了创新城市可持续绿色交通的理念，推出 Car2go 项目。该项目主要采用随取随用、即租即还、按分钟计费的运营模式，已在欧洲和北美洲的 25 个城市成功实施运营，并已成为这些城市公共交通系统的重要组成部分。

图 16.8　Car2go 共享汽车展示

Car2go 目前只有一款车型 Smart Fortwo，如图 16.8 所示。Car2go 项目是单程、自由流动式的汽车即时共享体系，用户无须在固定地点租车和还车，用车更为便捷、灵活。用户只需通过 App 寻找附近的可租车辆，再用手机解锁汽车后即可按分钟付费租用，用完车后将汽车停到运营区域内的任何合法停车点即可，如图 16.9 所示。

根据 Car2go 调研报告发现，Car2go 的部分会员会因为使用 Car2go 而卖掉私家车，1 辆 Car2go 车会抑制 4～9 辆购买私家车的需求。该报告还称，1 辆 Car2go 能够代替 7～11 辆私家车，可减少 6%～16% 的汽车行驶距离，同时减少 4%～18% 的温室气体排放。

图 16.9　Car2go 手机 App 用车示意

## 第二节
# 非动力交通工具租赁系统

### 一、自行车和拖车租赁

#### （一）自行车租赁系统

自行车是一种环保节能的交通工具，将自行车尤其是共享单车纳入城市公共交通的大框架，可以起到缓解城市公共交通和环境压力的作用。国外很多城市都提出了“Bike-Sharing 拯救城市”的口号，如米兰的“Bike-Mi”、巴黎的“Vélib”、巴塞罗那的“Bicing”、哥本哈根的“Bycyklen”等，都已取得不错的效果。随着中心城市交通拥挤、环境污染等问题加剧，这种绿色交通形式逐渐得到各国政府的重视和民众的欢迎，被看作一种拯救城市的交通方式。

在国内，摩拜单车（图 16.10）是一种互联网短途出行解决方案，但主要是无桩借还车的智能硬件模式。摩拜单车通过这种方式，希望鼓励人们回归单车这种绿色低碳而且占地面积小的出行方式，从而缓解城市交通压力并保护环境。

人们利用智能手机就能快速搜索、租用和归还摩拜单车，使用手机扫描单车上的二维

图 16.10　摩拜单车展示

码，注册之后即可打开车锁，如图 16.11 所示。摩拜单车研发并推向市场的有两种车型，即普通车型和轻骑兵 Lite 车型，前者通过骑行提供电力支持车锁的电力供应，后者车锁的电力供应依靠车筐里的太阳能板提供，如图 16.12 所示。

图 16.11　通过手机使用摩拜单车

（a）普通车型

（b）轻骑兵 Lite 车型

图 16.12　摩拜单车的两种车型

### （二）社区拖车共享

我国南京某社区推出了“共享拖车”服务（图 16.13），一排排蓝色的小拖车在社区各出入口“上岗”，四轮“驱动”，免费供居民取用。物业也配合社区，将放在单元楼下的小拖车整理好，及时摆放到社区各出入口。在明令禁止自行车、小型货运车禁止进入社区的情况下，“共享拖车”不仅为居民的日常采购和搬运提供了便利，而且确保了社会环境整洁和秩序井然。

图 16.13　南京某社区的“共享拖车”服务

## 二、滑板车、轮椅和婴儿车租赁

### （一）电动滑板车租赁

新加坡 Neuron Mobility 公司推出一款 Neuron 共享电动滑板车（图 16.14），希望借用共享单车的模式，鼓励人们选择电动滑板车作为出行方式。在 2016 年，新加坡投放了约 2 万辆共享电动滑板车。

图 16.14　新加坡 Neuron 共享电动滑板车

Neuron 共享电动滑板车不仅有自动锁、QR 码解锁、退还押金等功能，而且提供专用智能充电坞。Neuron 共享电动滑板车还内置了 GPS 和物联网传感器，能够识别滑板车的具体位置并进行实时定位，用户可通过手机端的 App 进行预订。

### （二）轮椅租赁

图 16.15　轮椅租赁服务

我国苏州三百山医疗器械有限公司于 2017 年推出“轮椅共享，出行无忧”的轮椅短长租公益项目，如图 16.15 所示。该项目提供以周或月计算的轮椅短期租赁服务，用户只需要花费很少的费用就可以解决短期轮椅使用的需求，让出行不便的人士享受到“共享”的便利的同时，很大程度上也解决了老年人旅游出行、病人对轮椅的短期需求等问题，更节省了时间与空间上不必要的成本浪费。

### （三）共享婴儿车租赁

笛檬小车（图 16.16）是一款共享婴儿车品牌，推出“免押金借车”服务，依托国内庞大的亲子游市场和母婴市场，利用互联网和智能硬件，实现儿童推车分时租赁和实时共享功能。笛檬小车为用户提供便捷的儿童推车租赁服务，用户可以随时随地寻找身边的共享儿童推车，只需要缴纳押金即可扫码用车，并可以自助还车，如图 16.17 所示。

图 16.16　共享婴儿车——笛檬小车

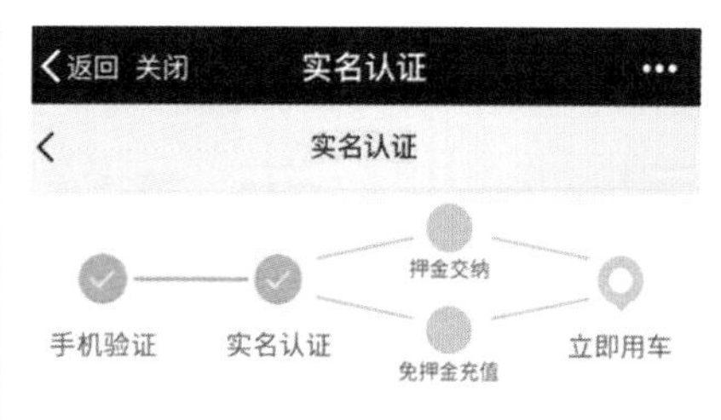


图 16.17　笛檬小车用车实名认证

## 三、机器人租赁

在当前工业快速发展的形势下，在各行各业机器人逐渐代替人来完成一些工作。我国在 2014 年提出的国家战略级行动纲领“中国制造 2025”中，大力倡导“机器换人”战略，并成立各种基金，给予企业高额补助以支持“机器换人”。但是，机器人代替人所带来的昂贵成本，并不是任何企业都能承受的。因此，机器人租赁能有效解决这个问题，不仅可以分担企业的成本，而且可以对企业未来的发展大有帮助。早在 20 世纪 80 年代，日本就出现了“机器人长期租赁公司”，企业只需要每个月支付较少的租金就能长期使用机器人，从而减轻在购置机器人方面的资金负担。而且，生产具有季节性的企业可以在旺季时租赁更多机器人，在淡季时则可以减少或停止租赁机器人。

### （一）除草机器人租赁

德国创新公司 Deepfield Robotics 研发出来的除草机器人 Bonirob（图 16.18）能够从根上除去杂草，以让种植的作物获得良好的生长优势。除草机器人 Bonirob 在胡萝卜栽培试验基地的农田中进行测试，除草效率高达 90%，而且整个过程完全机械化，不需要任何除草剂。除草机器人 Bonirob 将通过租赁的方式，出租给希望减少体力劳动成本的农民。

图 16.18　除草机器人 Bonirob

### （二）搬运机器人租赁

2016 年，智久机器人科技有限公司推出“机器人租赁”——RAAS（Robot as a Service）模式，即“以租赁取代销售”模式，如图 16.19 所示。客户无须购买机器人，仅需按月或按季度支付租赁费用，即可享受智久提供的搬运机器人服务和智久全套的租后服务。

图 16.19　智久搬运机器人租赁服务

## 四、便捷公共移动设备

### （一）携程旅行 Wi-Fi

携程旅行 Wi-Fi 通过携程会员自身建立的信用体系，正式上线免押金租赁出境 Wi-Fi 服务，如图 16.20 所示。该服务优化操作体验，只需要三步即可租借到产品，有效地解决消费者申请流程烦琐、押金偏高、退还押金存在一定时间差等痛点。而且，会员积分超过 650 分的消费者，可在出行前挑选带有“免押金”标签的出境 Wi-Fi 产品，归来后根据实际使用天数，再结算租赁费用。

图 16.20　携程旅行 Wi-Fi

## （二）Cinch 太阳能帐篷

Cinch 号称世界上最先进的弹出式帐篷，具备热调节、太阳能、LED 照明和伸缩顶棚等多种不同功能，如图 16.21 所示。在炎热的夏季，阳光的照射会让帐篷内变得闷热，而 Cinch 的顶棚可以反射光线的热量，使帐篷内部保持凉爽。在夜晚，Cinch 的顶棚还能减少帐篷内的热量流失。Cinch 附带一个太阳能移动电源，其容量达到 13000mA·h，可同时给两部移动设备充电。

Cinch 还附带了一个可展开的顶棚，能将空间扩大 75%，让用户可以在当中烹饪、就餐、放松或者玩游戏，如图 16.22 所示。Cinch 的双层设计可有效避免帐篷内的冷凝现象，加厚的防潮布也会尽可能提高休息时的舒适程度。帐篷的外层是 4000HH 织物材质，防水能力是普通材料的 3 倍。

图 16.21　Cinch 太阳能帐篷

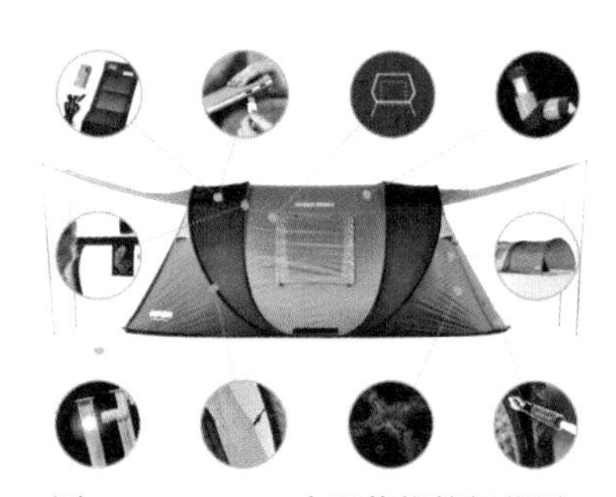

图 16.22　Cinch 太阳能帐篷细节图

## （三）户外多功能篝火充电器

如图 16.23 所示，这是一款户外多功能篝火充电器。这款神奇的“野营炉”组合，可以一边取暖一边充电，在短短的 4～5min 就可以烧开一杯热水。其中，Base Camp 炉子边上固定一个装载有热电发电机的橘黄色电源箱，能将火中的热能转换成电能。同时，利用电力带动风扇进行强制换气，这样可以让炉子中的柴火燃烧得更加充分。剩余的电量则会通过 USB 接口输入，用户可以给自己的电子设备进行充电。

图 16.23　户外多功能篝火充电器

Base Camp 炉子整体采用了模块化设计思路，用户可通过需求搭配自己需要的，而且由于是可拆式设计，所以使用过后的清洁工作也很简单，如图 16.24 所示。

图 16.24　户外多功能篝火充电器细节图

（四）便携式微型风力发电设备

德国汉堡大学的 Nils Ferber 设计制造了一款紧凑、轻巧、便携的户外远足必备便携式微型风力发电设备（图 16.25），可以用 USB 给手机等移动设备充电，有效地解决了在野外手机没电的问题及其他用电需求。该便携式微型风力发电设备采用了轻量化设计，不到 1kg 的质量，可以向下折叠成只有一根登山杖的大小，携带非常方便。该装置即使在非常低的风速下，仍然有着高达 40%的电能输出，非常适合户外旅行使用。

（五）Drink Pure 随行净水器

瑞士 Drink Pure 随行净水器（图 16.26）的净重只有 150g，而且使用简单，可以直接旋在市面上常见的经过商业认证的饮料瓶口上。轻轻按饮料瓶，水流便通过多级过滤系统和高性能净化膜流出，直径为 12mm 的过滤膜上多达 63 亿个毛孔，可以随时随地滤出安全净水。而且，Drink Pure 随行净水器附送一只可折叠的水袋配合使用。其过滤膜的生产工艺所产生的废水要比同类膜的生产工艺所产生的废水少 4 倍。据世界权威的实验室认证，Drink Pure 随行净水器的细菌杀灭率高达 99.99%，病毒杀灭率高达 99%，是目前仅有的一款同时拥有生态生成膜、活性炭和自身消毒体的便携式净水器。

图 16.25　便携式微型风力发电设备

图 16.26　Drink Pure 随行净水器

## 五、社区 / 校园公共服务设施

21 世纪伊始，社会公共服务机构得到了很快的发展。这使得全球经济的格局和形式发生了巨大变化，方便快捷的自助服务商业模式逐渐走入人们的生活，并得到了广大民众的青睐。

### （一）远程医疗服务系统

由于现代社会人口老龄化的趋势加强，医疗服务提供商数量过少，同时患者数量庞大、分散、范围广，很多患者又缺乏相关专业的医疗知识，所以导致医疗服务成本越来越高。远程医疗服务系统是一项全新的医疗服务方式，它可以提高诊断和医疗水平，降低医疗开支，满足广大人民群众的医疗需求。

从 2010 年起，远程医疗开始走入社区、走进家庭，更多地面向个人，并针对不同群体提供定向医疗服务。远程医疗与物联网技术的发展和智能手机的普及密不可分，它开始借助云计算、云服务的优势发力，众多智能医疗产品不断面世，给人们提供了更方便、更贴心的日常医疗预防和监控服务。自此，远程医疗也从疾病救治阶段发展到疾病预防阶段。

例如，米家 iHealth 血压计（图 16.27）用更科学的方式关心家人健康，用户只要打开手机 App，就能一键测量血压，如图 16.28 所示。测量结果云端同步，可让用户轻松了解自己的血压、心率等现状，并根据科学专业的建议合理改善健康状况。

米家 iHealth 血压计摒弃了原本生硬难懂的血压数字，在测试过程中，它能反映用户的情绪变化并跟踪血液的压力变化，将收缩压、舒张压、心率、脉搏、测量时间、平均值等数

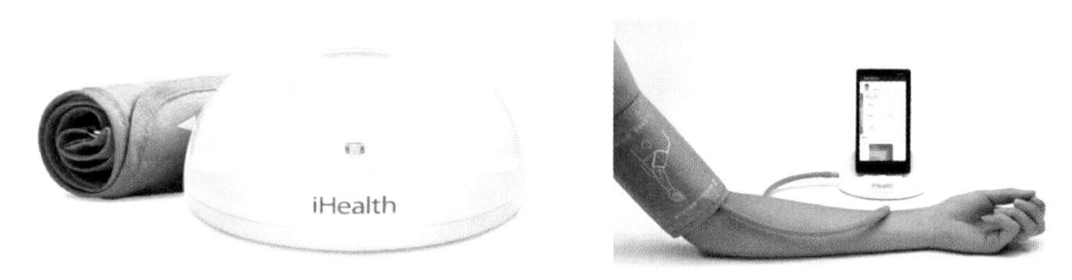


图 16.27　米家 iHealth 血压计

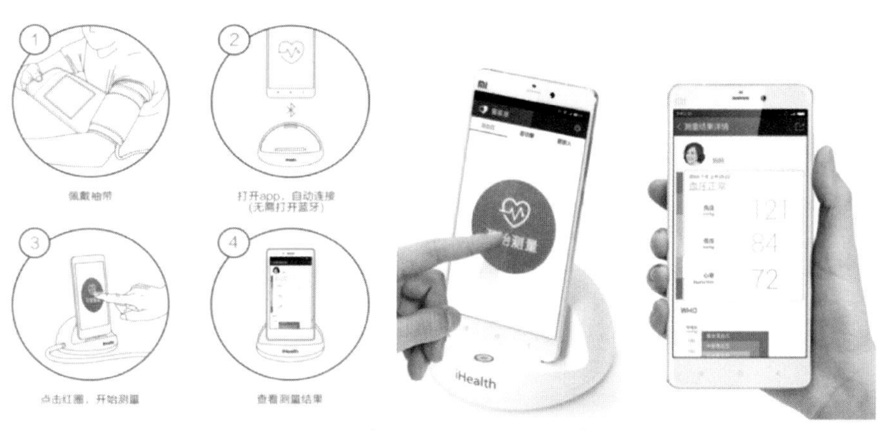


图 16.28　米家 iHealth 血压计手机应用

据通过简单的图表形式表现出来，并会提出改善建议。其测量结果一目了然，简单易懂。

### （二）公用自助洗衣设施

公用自助洗衣设施是使用便捷且节约水电资源的洗衣服务项目。在欧美等发达国家，公用自助洗衣设施随处可见，如自助洗衣房。自助洗衣房将一系列产品及服务相结合，打造全新的洗衣体验，通过用户“自己”来完成“洗衣”，其为用户提供的不仅仅是产品，还有服务。自助洗衣模式不仅在生活上为人们提供了便利，让人们在时间管理上有很大的改善空间，而且解决了资源浪费问题，真正实现了将绿色设计作为服务的理念。

目前的社区公用自助洗衣房都是商家投资建设的，这种模式下洗衣机的维护和消毒工作都是由商家承担的。而校园自助洗衣房一般由校方购置洗衣机，把维护和消毒工作交给后勤部门负责，这种经营方式与商家投资的方式存在较多相似之处。

例如，伊耐净校园自助洗衣阁就是一种校园自助洗衣房的模式，如图 16.29 所示。它以节能、环保、快捷为理念，采用投币或者刷卡的方式，消费者自行选择洗涤方式（程序）和烘干方式（时间和温度），在 24h 自助洗衣阁内可以对衣服进行自助式洗涤和烘干操作。它的最大特点就是不需要提供人工服务，从洗涤到烘干都由消费者自己借助洗衣房内提供的洗衣设备来完成。

图 16.29　伊耐净校园自助洗衣阁

# 小结

产品服务系统作为比产品设计更系统的企业战略和产品开发策略，已成为实现制造企业可持续发展的解决方案和商业创新的前瞻性设计方法。产品服务系统以预先设计好的包含产品、服务、支持网络和基础设施的完整系统来满足客户需求，相对传统商业模式来说，具有更小的环境影响和更高的系统性生态效益。

# 参考文献


2016年左右家电业的六大政策 [J]. 环球聚氨酯，2016（02）：18-20.

Arnold Tukker. *Eight types of Product-Service System: Eight Ways to Sustainability?* Experiences from Suspronet [J]. Business Strategy and the Environment，2004，13（4）：246-260.

Baines T.S.，H.Lightfoot，E. Steve，A.Neely，R.Greenough，J.Peppard，R. Roy，et al. *State-of-the-Art in Product-Service Systems* [J]. Proceedings of the Institution of Mechanical Engineers，Part B：Journal of Engineering Manufacture，2007，221（10）：1543-1552.

Manzini E.，Vezzoli C.. *A strategic design approach to develop sustainable product service systems: Examples taken from the "environmentally friendly innovation" Italian prize* [J]. Journal of Cleaner Production，2003，11（8）：851-857.

Oksana Mont. *Clarifying the concept of Product-Service System* [J]. Journal of Cleaner Production，2002，10（3）：237-245.

白光林，李国昊．绿色消费认知、态度、行为及其相互影响 [J]. 城市问题，2012（09）：64-68.

白光林，万晨阳．城市居民绿色消费现状及影响因素调查 [J]. 消费经济，2012（2）：57，92-94.

曹东，赵学涛，杨威杉．中国绿色经济发展和机制政策创新研究 [J]. 中国人口·资源与环境，2012（5）：48-54.

陈凯，李华晶，郭芬．消费者绿色出行的心理因素分析 [J]. 华东经济管理，2014（06）：129-134.

陈凯，肖敏．大学生绿色消费认知、态度、意愿以及行为的调查分析——以北京地区大学生为例 [J]. 企业经济，2012（03）：160-163.

陈学妍，董斌，王军．低碳经济下中国绿色贸易的发展研究 [J]. 湖北民族学院学报（哲学社会科学版），2014（03）：58-61.

陈转青，高维和，谢佩洪．绿色生活方式、绿色产品态度和购买意向关系——基于两类绿色产品市场细分实证研究 [J]. 经济管理，2014（11）：166-177.

仇立．基于绿色品牌的消费者行为研究 [D]. 天津：天津大学，2012.

崔永坤．基于欧洲城市"Bike-Sharing"的产品服务系统设计研究 [D]. 上海：同济大学，2010.

单晓彤，汤重熹，向智钊，冯宝亨．绿色材料应用设计研究——以水浮莲编织产品设计为例 [J]. 生态经济（学术版），2014（02）：108-114.

邓蕊，赵士明．冶金机械绿色设计应用关键问题研究[J]．河北冶金，2014（2）：75-76.

丁建华．公共建筑绿色改造方案设计评价研究[D]．哈尔滨：哈尔滨工业大学，2013.

董长进．浅议建筑空调与节能[J]．中国高新技术企业，2010（7）：110-111.

董鸿翔．基于环保属性模型的绿色产品政府补贴政策研究[D]．合肥：中国科学技术大学，2012.

杜伟强，曹花蕊．基于自身短期与社会长远利益两难选择的绿色消费机制[J]．心理科学进展，2013，21（5）：775-784.

郭斌．绿色需求视角的企业绿色发展动力机制研究[J]．技术经济与管理研究，2014（08）：43-46.

郭丹丹．科学发展观背景下的绿色消费问题研究[D]．济南：齐鲁工业大学，2013.

郭伟，阎晗．以旧换新 促进工程机械进入再循环[J]．今日工程机械，2011（4）：79.

郭宇．促进服务经济发展的税收政策研究[D]．南昌：江西财经大学，2012.

韩娜．消费者绿色消费行为的影响因素和政策干预路径研究[D]．北京：北京理工大学，2015.

何德旭，夏杰长．服务经济学[M]．北京：中国社会科学出版社，2009.

何凤波．城市居民绿色消费行为影响因素的研究[D]．长春：吉林大学，2010.

何军林，润心．什么叫绿色建筑[J]．建筑工人，2011（7）：52.

何晓萍．工业经济的节约型增长及其动力[J]．经济学（季刊），2012（04）：1287-1304.

贺志博．基于机械产品绿色设计的研究[J]．机电技术，2010（04）：236.

胡南乾．我国食品质量安全认证问题研究[D]．广州：华南理工大学，2011.

黄新川．关于绿色产品设计现状及其发展趋势[J]．中国科技博览，2013（29）：476.

黄旭阳．认知绿色材料[J]．建材与装饰，2016（50）：143-144.

惠风和畅．广州垃圾分类VS日本垃圾分类[J]．环境，2011（6）：32-35.

具桂顺．浅谈民族地区图书馆文献信息资源共建共享存在问题及对策[J]．延边党校学报，2010（02）：122-123.

劳可夫．消费者创新性对绿色消费行为的影响机制研究[J]．南开管理评论，2013（4）：106-113，132.

李江华．《中华人民共和国食品安全法》规定的主要制度[J]．肉类研究，2011（9）：1.

李锦锦．消费者为何言行不一：绿色消费意向—行为差距影响因素研究[D]．武汉：华中农业大学，2015.

李正图．中国发展绿色经济新探索的总体思路[J]．中国人口·资源与环境，2013（04）：11-17.

梁贤．深入推进我国机械业的绿色设计与绿色制造[J]．河南科技，2010（16）：12.

廖亚军，王丹蕾．食品包装以绿色环保示人[J]．中国食品工业，2012（3）：21-24.

刘北辰．绿色食品的标志和标准[J]．湖南包装，2011（4）：20-21.

刘慧，樊杰，Guillaume Giroir．中国碳排放态势与绿色经济展望[J]．中国人口·资源与环境，2011，21（3）：151-154.

刘琪．专车之后："汽车共享"新消费浪潮[J]．上海信息化，2015（09）：75-77.

刘淑敏．绿色贸易壁垒对我国对外贸易的影响及法律对策[J]．对外经贸，2013（03）：32-33.

刘晓敏，乔毅．国外绿色生活教育的经验及启示 [J]. 鸡西大学学报，2012（11）：1-2.

刘雅君．韩国低碳绿色经济发展研究 [D]. 长春：吉林大学，2015.

刘言松，曹巨江．我国绿色包装研究进展 [J]. 包装与食品机械，2014（01）：60-64.

刘宇熹，谢家平．可持续发展下的制造企业商业模式创新：闭环产品服务系统 [J]. 科学学与科学技术管理，2015（1）：53.

柳冠中．设计方法论 [M]. 北京：高等教育出版社，2011.

柳冠中．中国工业设计断想 [M]. 南京：江苏凤凰美术出版社，2018.

陆洋．技术创新与可持续发展的关系 [J]. 决策与信息（中旬刊），2013（7）：96.

罗春光．论我国废弃物品回收利用法律制度的完善——以循环经济为视角 [D]. 延吉：延边大学，2011.

罗力，詹文瑶．绿色设计视域下的电子商务时代网购包装设计 [J]. 生态经济，2015（10）：186.

马兰云．生态文明视域中的生活方式变革 [D]. 石家庄：河北师范大学，2014.

梅敏君，潘于旭．论文化对生活方式的建构作用 [J]. 浙江社会科学，2012（5）：120-123.

牛向乔．绿色设计在产品包装设计中的应用 [D]. 大连：大连理工大学，2013.

汽车百科全书编纂委员会．汽车百科全书 [M]. 北京：中国大百科全书出版社，2010.

钱争鸣，刘晓晨．中国绿色经济效率的区域差异与影响因素分析 [J]. 中国人口·资源与环境，2013（07）：104-109.

任思聘，解念锁．绿色材料在现代设计及制造中的应用 [J]. 科技创新导报，2010（6）：142.

茹雪．防水材料选购的五大技巧 [J]. 科普天地（资讯版），2013（03）：12.

石振宇，汤重熹．中国卫浴基础研究 [J]. 山东工业技术，2015（05）：32-38.

宋孝方．独有产品到共享服务的转变 [D]. 武汉：武汉理工大学，2013.

苏白莉，苏楠．关于绿色生活方式的量表开发与检验 [J]. 江西电力职业技术学院学报，2011，24（2）：89-92，96.

苏立宁，李放．“全球绿色新政”与我国“绿色经济”政策改革 [J]. 科技进步与对策，2011（8）：95-99.

孙伟．绿色设计理念在工程机械产品研发中的运用 [D]. 天津：天津科技大学，2013.

孙玮，邵杭钟，莫冠华，王玲丽．中国主题：践行绿色生活 [N]. 丽水日报，2015-06-05（A04）.

唐啸．绿色经济理论最新发展述评 [J]. 国外理论动态，2014（1）：125-132.

汤重熹，曹瑞忻．产品设计理念与实务 [M]. 合肥：安徽科学技术出版社，1998.

陶纪明．服务经济的本质与内涵：理论渊源 [J]. 科学发展，2010（10）：3-12.

田歌．发展循环经济促进我国经济可持续发展 [J]. 商情，2013（40）：19.

涂自力，王朝全．发展循环经济的企业内生动力问题 [J]. 社会科学研究，2009（01）：53-57.

王国胜．服务设计与创新 [M]. 北京：中国建筑工业出版社，2015.

王立端，吴菡晗．再论绿色设计 [J]. 生态经济，2013（10）：192-199.

王晓云 . 基于家具产品全生命周期的绿色设计研究 [D]. 大连：大连理工大学，2013.

王瑶 . 基于绿色生活方式的电动自行车设计研究 [D]. 泉州：华侨大学，2014.

王永芹 . 当代中国绿色发展观研究 [D]. 武汉：武汉大学，2014.

王占斌 . 关于服务经济发展的若干认识 [J]. 中国商贸，2013（27）：153-155.

汪玲萍，刘庆新 . 绿色消费、可持续消费、生态消费及低碳消费评析 [J]. 湖北民族学院学报（哲学社会科学版），2013（01）：215-218.

吴波 . 绿色消费研究评述 [J]. 经济管理，2014（11）：178-189.

吴凯 . 绿色设计在包装领域的应用研究 [D]. 日照：曲阜师范大学，2014.

吴芸 . 全方位推行生活方式绿色化 [J]. 唯实，2015（10）：59-62.

吴智慧 . 中国板式家具产业的升级与可持续发展 [J]. 家具与室内装饰，2011（10）：3-9.

向书坚，郑瑞坤 . 中国绿色经济发展指数研究 [J]. 统计研究，2013（03）：72-77.

徐滨士 . 再制造工程的现状与前沿 [J]. 材料热处理学报，2010，1（31）：10.

徐滨士，马世宁，刘世参，张伟 . 21 世纪的再制造工程 [J]. 中国机械工程，2000（Z1）：37.

徐芹芳，陈萍，裘益芳，石静，黄贝贝 . 杭州居民“低碳生活—绿色出行”方式的调查研究 [J]. 现代物业（上旬刊），2011（03）：90-101.

徐盛国，楚春礼，鞠美庭，石济开，彭乾，姜贵梅 .“绿色消费”研究综述 [J]. 生态经济，2014（07）：65-69.

许迪 . 公用自助洗衣服务系统设计研究 [D]. 成都：西南交通大学，2017.

许彧青 . 绿色设计 [M]. 北京：理工大学出版社，2007.

杨宝路，冯相昭，邹骥 . 我国绿色出行现状分析及对策探讨 [J]. 环境保护，2013（23）：39-40.

杨才君，高杰，孙林岩 . 产品服务系统的分类及演化——陕鼓的案例研究 [J]. 中国科技论坛，2011（02）：59-65.

杨凡 . 绿色消费的现状及对策分析 [J]. 现代营销，2012（12）：146.

杨冉冉，龙如银 . 国外绿色出行政策对我国的启示和借鉴 [J]. 环境保护，2013（19）：68-69.

杨玉英，邱灵，洪群联 . 我国服务经济发展的现状评价和趋势预测 [J]. 经济纵横，2013（03）：66-72.

杨智，董学兵 . 价值观对绿色消费行为的影响研究 [J]. 华东经济管理，2010（10）：131-133.

原海英 . 网络环境下的服务创新及典型应用模式分析 [D]. 上海：上海交通大学，2010.

曾贤刚，毕瑞亨 . 绿色经济发展总体评价与区域差异分析 [J]. 环境科学研究，2014，27（12）：1564-1570.

曾智林 . 基于色彩工学探究工程机械产品外观安全警示设计 [J]. 包装工程，2012（12）：90.

詹文瑶 . 基于可持续发展理念的电商时代网购包装设计设想 [J]. 生态经济（学术版），2014（02）：164.

张丹丹 . 绿色设计中材料选择关键技术研究 [D]. 青岛：山东科技大学，2011.

张婕．传统中式家具元素在现代家具中的再设计研究——以 YĪ（衣）系列座椅外套设计为例 [J]. 设计，2016（15）：128–129.

张雷，彭宏伟，刘志峰，鲍宏，卞本羊．绿色产品概念设计中的知识重用 [J]. 机械工程学报，2013（07）：72–79.

张玲，王正肖，潘晓弘，董天阳．绿色设计中产品拆卸序列生成与评价 [J]. 农业机械学报，2010（12）：199–204.

张露，帅传敏，刘洋．消费者绿色消费行为的心理归因及干预策略分析——基于计划行为理论与情境实验数据的实证研究 [J]. 中国地质大学学报（社会科学版），2013（05）：49–55，139.

张琬茂．绿色材料及其评价方法研究 [J]. 科协论坛（下半月），2011（5）：116–117.

张绪美．基于生态足迹的绿色制造系统集成及运行研究 [D]. 武汉：武汉科技大学，2016.

张莹，刘波．我国发展绿色经济的对策选择 [J]. 开放导报，2011（5）：73–76.

赵忠国．机械设计中的材料的选择和应用 [J]. 科技风，2011（17）：58.

郑继水．煤矿机械绿色设计与加工的途径 [J]. 山东煤炭科技，2011（02）：274.

周斌．绿色设计思潮对产品包装设计的启示 [J]. 包装工程，2011（02）：99–101，105.

周振华．服务经济的内涵、特征及其发展趋势 [J]. 科学发展，2010（07）：3–14.

朱婧，孙新章，刘学敏，宋敏．中国绿色经济战略研究 [J]. 中国人口·资源与环境，2012（4）：7–12.

朱盛镭．太阳能汽车发展 [J]. 汽车与配件，2012（24）：50.

诸大建．绿色经济新理念及中国开展绿色经济研究的思考 [J]. 中国人口·资源与环境，2012（5）：40–47.

邹晓旭，姚瑶，方鹏骞，许栋，饶从志．分级医疗服务体系构建：国外经验与启示 [J]. 中国卫生经济，2015（2）：32–36.

# 后　记

本书作为国家社会科学基金艺术学重大招标项目“绿色设计与可持续发展研究”的研究成果，是课题组以可持续思想理念为引导、以构建绿色生活方式推进绿色发展为宗旨、以践行生态文明价值观为研究规范、以开展绿色行动实践为依据，在连续 4 年开展“绿色设计与可持续发展研究”的基础上编写而成的。

本项目研究围绕绿色设计价值与伦理、视野与思维、类型与方法诸方面内容，探讨了人与自然、经济发展与环境保护、生产消费需求不断增长与资源消耗导致环境问题的矛盾日益突出的问题。

基于可持续发展的中国绿色设计体系展示了以设计实践为基础的研究所具有的丰富的想象力的潜力，提出了产品供给与消费方式、实用功能与环境责任契合在一起系统开展绿色行动的方法与措施，以及在当前可持续发展的背景下，重新思考人类的物质和消费文化的必要性：设计不仅要顺应世界发展潮流，而且应该在与之相适应的设计价值观和伦理观的基础上提出新规范，以此来指导设计实践。

我们认为，设计要推动可持续发展，必须从不同学科的视角，包括工业设计、建筑与规划、城市设计、社会学、心理学、文化研究、废物管理及公共政策等，整体进行施行。特别是针对设计师和建筑师来说，他们要探讨现有的各种改变方式及观察视角，即行为方式是价值观和信念、标准和传统习惯等在日常生产生活及更广泛的城乡环境中的体现。

我们还认为，绿色设计并非必须具有“高不可攀”的技术，也绝非仅仅属于少数专业人士的分内事。与此相反的是，基于可持续发展的中国绿色设计应该是全民参与、可融入生命之中的生活态度和体现人们对待事物的行为方式。

在人类的历史长河中，人与自然的关系是一个长久的话题。可持续发展意味着人类的一切创造活动始终处于发展之中。那么，作为推进可持续发展的绿色设计也必然会处于“永远在路上”的状态。设计本身就应该不断地去发现问题、面对问题和解决问题。所以，基于可持续发展的中国绿色设计体系在适应和服务可持续发展的过程中，也需要不断地去丰富和补充、不断地去重塑与完善。

王立端<br>2019 年 9 月于四川美术学院